최신 플랜트

배관설계편람

Mechapia
NO.1 Mechapia Technical knowledge portal

현장실무 활용서

[최신]

플랜트 배관설계편람

현장실무활용서

인　　쇄 | 2019년 1월 4일
발　　행 | 2019년 1월 11일

저　　자 | 메카피아 노수황
발 행 인 | 최영민
발 행 처 | 피앤피북
주　　소 | 경기도 파주시 신촌2로 24
전　　화 | 031-8071-0088
팩　　스 | 031-942-8688
전자우편 | pnpbook@naver.com
출판등록 | 2015년 3월 27일
등록번호 | 제406 - 2015 - 31호

정가 : 30,000원

ISBN 979 - 11 - 87244 - 34 - 9 93550

이 도서의 국립중앙도서관 출판예정도서목록(CIP)은 서지정보유통지원시스템 홈페이지(http://seoji.nl.go.kr)와 국가자료공동목록시스템(http://www.nl.go.kr/kolisnet)에서 이용하실 수 있습니다. (CIP2018036373)

머리말

배관설계 및 플랜트 설계는 파이프, 피팅과 플랜지, 밸브 등 배관 자재에 관한 폭넓은 지식과 조선, 해양, 담수, 정유, 석유화학, 발전 분야 등의 크고 작은 각종 프로젝트를 수행하며 새로운 경험과 실무 지식을 쌓아가는 전문 엔지니어링 분야라고 할 수 있다.

예전에는 배관설계를 수작업으로 하다 CAD 시스템을 활용하여 도면 작성을 하였지만 현재는 3D 모델링 등의 실무 능력 또한 요구되고 있는 실정으로 관련 업계에서 지속적인 경쟁력을 가지고 살아남기 위해서는 이런 기술도 필수적으로 익힐 것을 추천한다.

본서는 기계, 건축 전공자 외에도 배관 분야 직종에 근무하는 기술자들에게 도움이 될 수 있는 데이터를 최신의 KS 규격에 의거하여 수록하고 있다. 특히 설계자는 도면을 보고 이해할 수 있는 능력이 필요하며 또한 관련 규격 데이터를 적절하게 활용하여 설계하는 능력이 중요하다고 본다.

한국산업표준(KS)은 산업표준화법에 따라 제정되는 대한민국 국가표준으로서, 산업 제품 및 산업 활동 관련 서비스의 품질과 생산효율 및 기술을 향상하는데 기여하고 있다.

배관 분야 또한 산업 표준화하여 제정된 사항이 많은데 아직까지 국내에는 예전 번역서 외에 제대로 된 배관 관련 실무 기술 도서 등도 부족한 실정이며, 여기에는 여러 현실적인 요인으로 점차 침체되어 가는 전문기술서적 출판계의 안타까운 현실도 배제할 수 없다.

KS 규격의 국제 표준화 작업에 따라 본서에서는 배관용 강관, 구조용 강관 및 관이음, 관플랜지 등의 최신 규격 데이터와 더불어 철강 및 비철금속 재료의 이해를 돕기 위한 데이터, 배관 관련 기계요소와 용어의 해설 등을 수록하였으며, 가급적이면 국제 표준 규격으로 개정된 것이나 최신의 개정 규격에 따라 편집 구성하였다.

글로벌 기술 경쟁 시대에 플랜트 배관 분야는 전문 기술인력도 부족하지만 아직 해당 분야의 국가기술자격 제도 또한 제대로 갖추어져 있지 않은 것이 우리나라의 현실이다. 특히 플랜트 분야는 해외 프로젝트도 많고 규모도 크며, 현장 기술 용어들 또한 전문 외국어로 통용되는 사례가 많으므로 배관 엔지니어로 성공하기 위해서는 이러한 부분도 대비해야 하는 다른 어떤 기술 분야보다도 많은 노력이 필요한 분야라고 생각한다.

끝으로 관련 분야를 전공하는 공학도와 현장 실무 기술자들에게 부디 도움이 될 수 있기를 바라며, 본서의 출간에 있어 많은 도움을 주신 출판 관계자 여러분께 감사의 말씀을 드린다.

2019년 1월

저 자 드림

Contents

CHAPTER

01 배관, 펌프 용접 관련 기호 및 기술용어

CHAPTER

02 배관계 나사

차 례

CHAPTER 03 배관계 볼트

CHAPTER 04 철강 및 비철금속 재료 기호 일람표

Contents

CHAPTER 05 현장 기술 일본어 해독

CHAPTER 06 가스켓, 오링 및 패킹

CHAPTER 07 배관용 강관

차 례

CHAPTER 08 구조용 강관

Contents

CHAPTER 09

열 전달용 강관

CHAPTER 10

특수 용도 강관 및 합금관

CHAPTER 11 관 이음 및 관 이음쇠

CHAPTER 12 관 플랜지

배관, 펌프 용접 관련 기호 및 기술용어

1-1 배관계의 식별 표시 KS A 0503 : 2015

1 식별 표시

• 물질의 종류와 그 식별색

물질의 종류	식별색
물	파랑
증기	어두운 빨강
공기	흰색
가스	연한 노랑
산 또는 알칼리	회보라
기름	어두운 주황
전기	연한 주황

2 색의 지정

• 식별 표시에 사용하는 12종류의 색의 지정

색	색도 좌표의 범위								휘도율[a]	색의 참고치[b]
	①[b]		②[c]		③[b]		④[c]			
	x[a]	y[a]	x[a]	y[a]	x[a]	y[a]	x[a]	y[a]		
빨강	0.690	0.310	0.595	0.315	0.569	0.341	0.655	0.345	0.07 이상	7.5 R 4/15
어두운 빨강	0.518	0.326	0.424	0.335	0.436	0.353	0.543	0.354	0.05~0.09	7.5R 3/6
연한 주황	0.436	0.365	0.371	0.348	0.378	0.362	0.443	0.390	0.35~.049	2.5 YR 7/6
주황	0.631	0.369	0.551	0.359	0.516	0.394	0.584	0.416	0.25 이상	2.5 YR 6/14
어두운 주황	0.486	0.408	0.401	0.375	0.403	0.391	0.481	0.434	0.15~0.24	7.5 YR 5/6
연한 노랑	0.429	0.421	0.373	0.379	0.368	0.392	0.419	0.444	0.49~0.67	2.5 Y 8/6
노랑	0.519	0.480	0.468	0.442	0.427	0.483	0.465	0.534	0.45 이상	2.5 Y 8/14
파랑	0.184	0.227	0.230	0.269	0.246	0.258	0.208	0.216	0.15~0.25	2.5 PB 5/8
회보라	0.294	0.251	0.265	0.243	0.285	0.279	0.302	0.283	0.15~0.24	2.5 P 5/5
자주	0.358	0.090	0.330	0.236	0.388	0.263	0.506	0.158	0.07 이상	2.5 RP 4/12
흰색	0.350	0.360	0.300	0.310	0.290	0.320	0.340	0.370	0.75 이상	N 9.5
검정	0.385	0.355	0.300	0.270	0.260	0.310	0.345	0.395	0.03 이상	N1

주

[a]. 색도좌표 x, y 및 휘도율은 KS A 0066(물체색의 측정 방법)에 규정하는 조명 및 수광의 기하학적 조건 a(45° 조명, 수직수광)에서 표준의 광 D_{65} 및 XYZ 표색계에 의하여 구한 값이다. 다만, 휘도율은 완전 확산 반사면의 값을 1.00으로 한 값으로 표시한다.

[b]. ①, ②, ③, ④는 색도 좌표 범위의 각을 표시한다.

[c]. 색의 참고치는 KS A 0062(색의 3속성에 의한 표시방법)에 따른 것으로서 표준의 광 C에 따른 것이다.

[d]. 색은 KS A 3501에 규정한 것이다.

1-2 용접 기호 KS B 0052 : 2007

1 기본 기호 및 보조 기호

기본 기호			
번호	명칭	그림	기호
1	돌출된 모서리를 가진 평판 사이의 맞대기 용접. 에지 플랜지형 용접(미국)/돌출된 모서리는 완전 용해	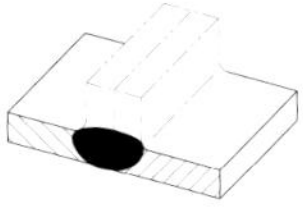	
2	평행(I형) 맞대기 용접	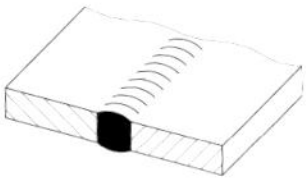	
3	V형 맞대기 용접	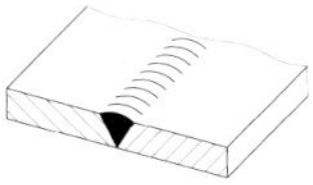	
4	일면 개선형 맞대기 용접	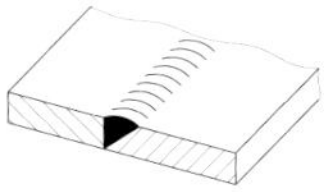	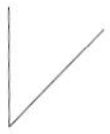
5	넓은 루트면이 있는 V형 맞대기 용접	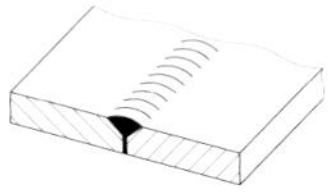	
6	넓은 루트면이 있는 한 면 개선형 맞대기 용접	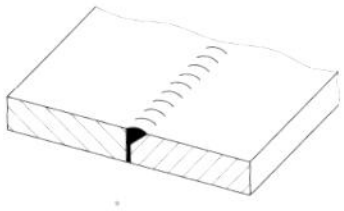	
7	U형 맞대기 용접(평행 또는 경사면)	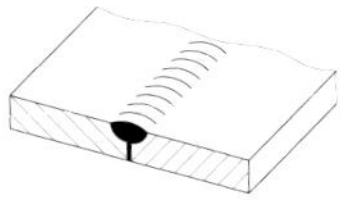	
8	J형 맞대기 용접	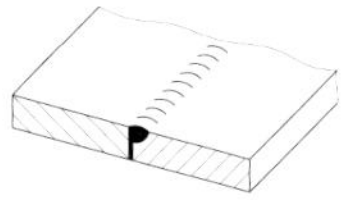	

■ 기본 기호 및 보조 기호 (계속)

기본 기호			
번호	명칭	그림	기호
9	이면 용접	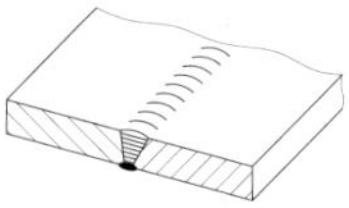	
10	필릿 용접	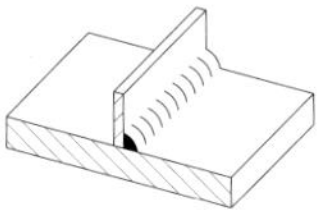	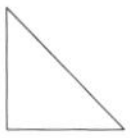
11	플러그 용접 : 플로그 또는 슬롯 용접(미국)	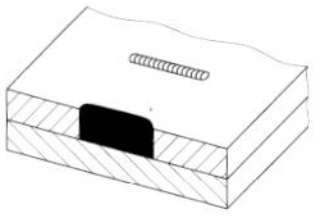	
12	점 용접	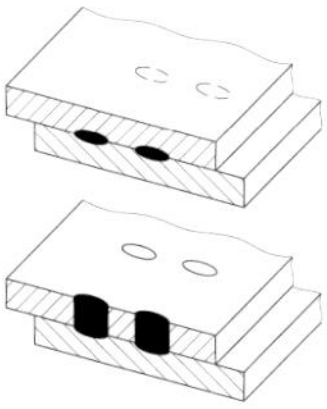	
13	심(seam) 용접	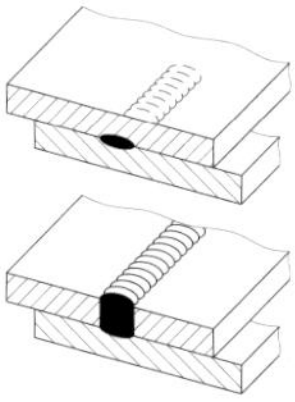	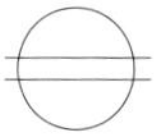
14	개선 각이 급격한 V형 맞대기 용접	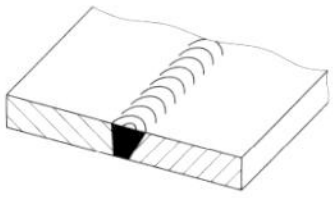	
15	개선 각이 급격한 일면 개선형 맞대기 용접	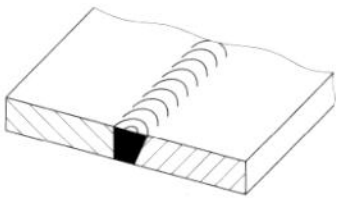	

■ 기본 기호 및 보조 기호 (계속)

기본 기호			
번호	명칭	그림	기호
16	가장자리(edge) 용접	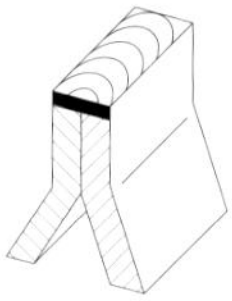	
17	표면 육성	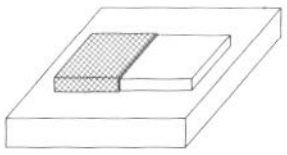	
18	표면(surface) 접합부	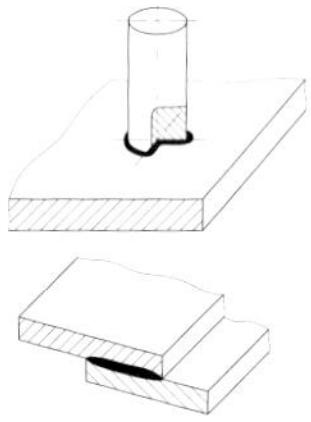	
19	경사 접합부	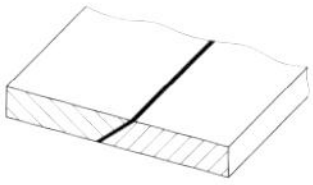	
20	겹침 접합부	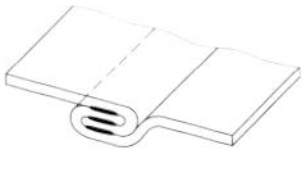	

양면 용접부 조합 기호(보기)			
번호	명칭	그림	기호
1	양면 V형 맞대기 용접(X용접)	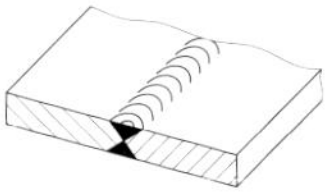	
2	K형 맞대기 용접	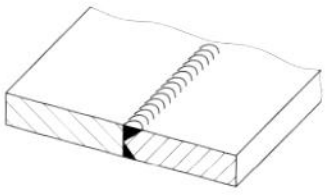	

■ 기본 기호 및 보조 기호 (계속)

양면 용접부 조합 기호(보기)			
번호	명칭	그림	기호
3	넓은 루트면이 있는 양면 V형 용접		
4	넓은 루트면이 있는 양면 K형 용접		
5	양면 U형 맞대기 용접		

보조 기호		
번호	용접부 표면 또는 용접부 형상	기호
1	평면(동일한 면으로 마감 처리)	
2	볼록형	
3	오목형	
4	토우를 매끄럽게 함	
5	영구적인 이면 판재(backing strip) 사용	M
6	제거 가능한 이면 판재 사용	MR

■ 기본 기호 및 보조 기호 (계속)

보조 기호의 적용 보기			
번호	명칭	그림	기호
1	평면 마감 처리한 V형 맞대기 용접		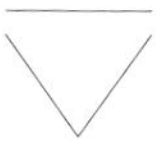
2	볼록 양면 V형 용접		
3	오목 필릿 용접	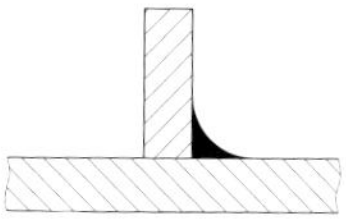	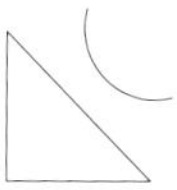
4	이면 용접이 있으며 표면 모두 평면 마감 처리한 V형 맞대기 용접		
5	넓은 루트면이 있고 이면 용접된 V형 맞대기 용접		
6	평면 마감 처리한 V형 맞대기 용접		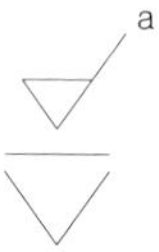 a
7	매끄럽게 처리한 필릿 용접	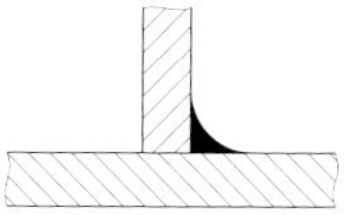	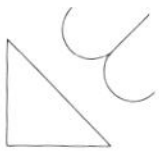

2 도면에서 기호의 위치

화살표와 접합부와의 관계

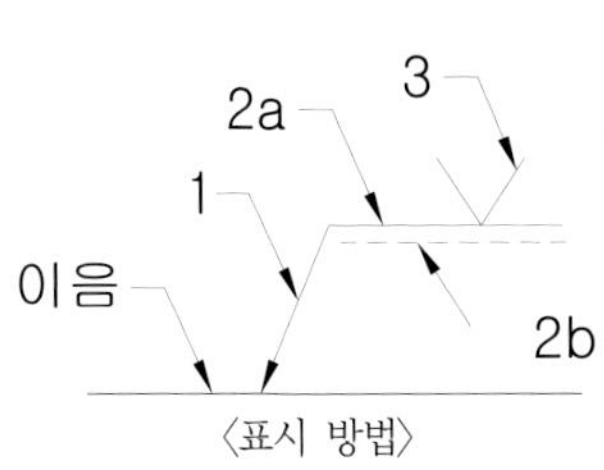

〈표시 방법〉

1 = 화살표
2a = 기준선(실선)
2b = 식별선(점선)
3 = 용접기호

한쪽 면 필릿 용접의 T 접합부

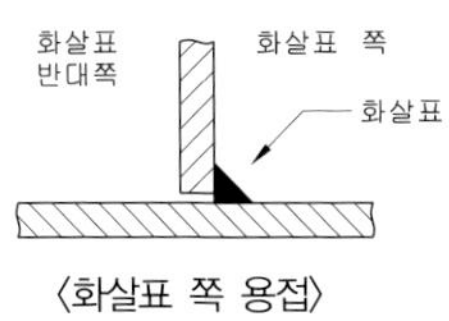

〈화살표 쪽 용접〉

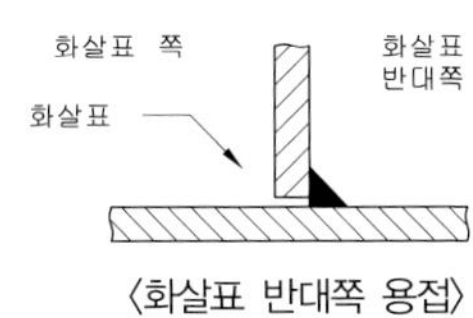

〈화살표 반대쪽 용접〉

양면 필릿 용접의 십자(+)형 접합부

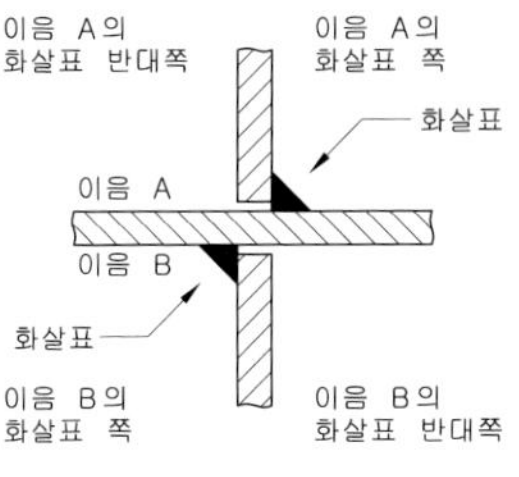

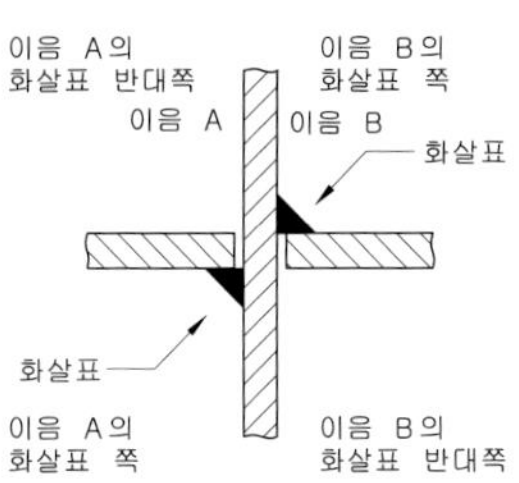

■ 도면에서 기호의 위치 (계속)

화살표의 위치

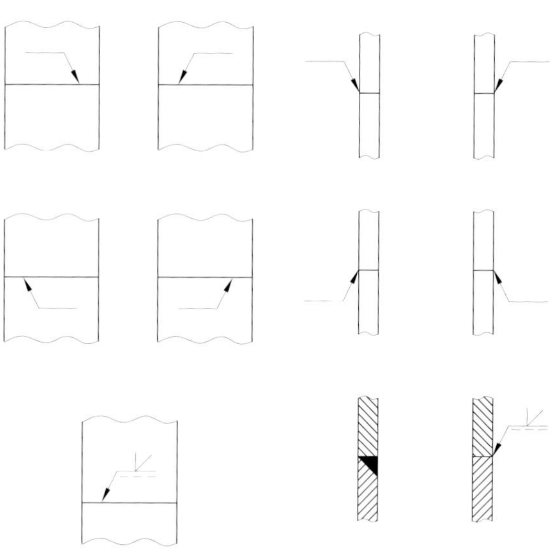

기준선에 대한 기호의 위치

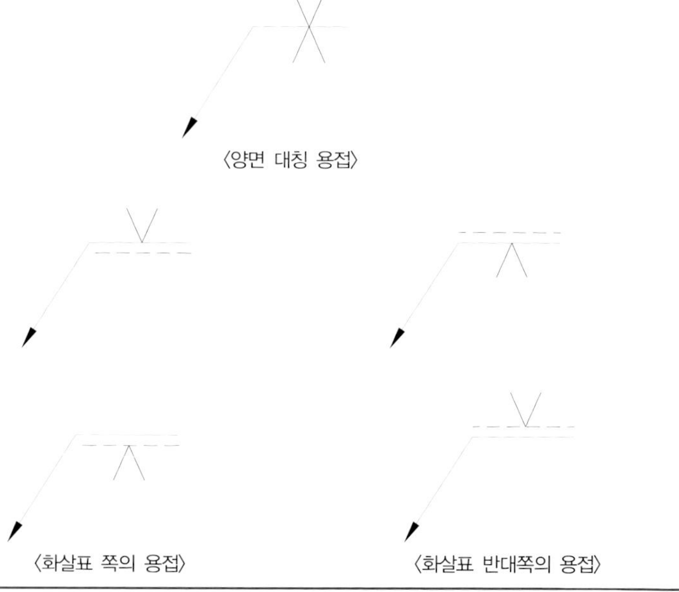

3 용접부 치수 표시

표시 원칙의 예

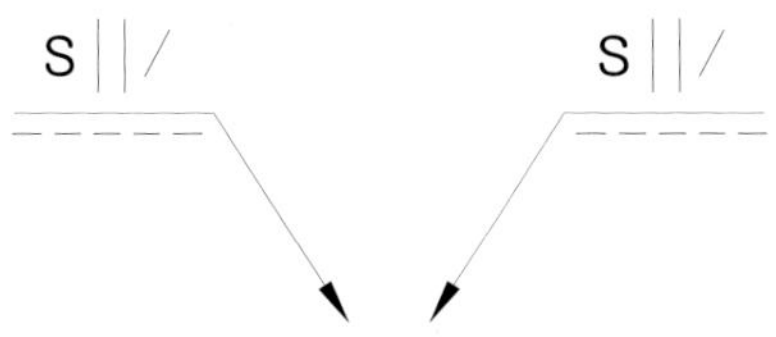

필릿 용접부의 치수 표시 방법

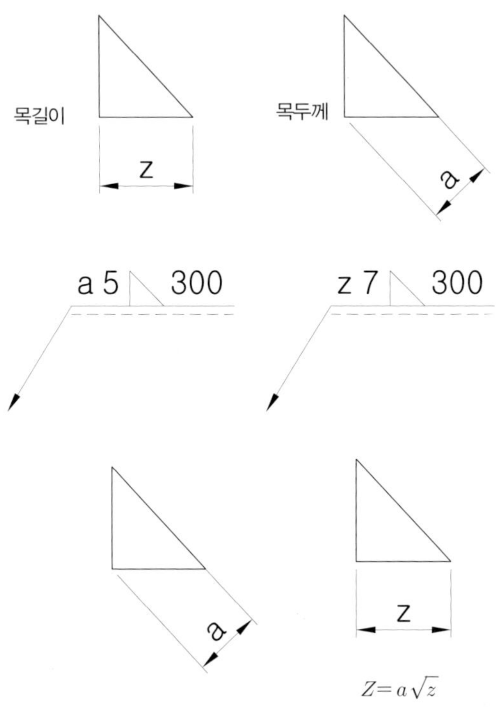

■ 용접부 치수 표시 (계속)

필릿 용접의 용입 깊이의 치수 표시 방법

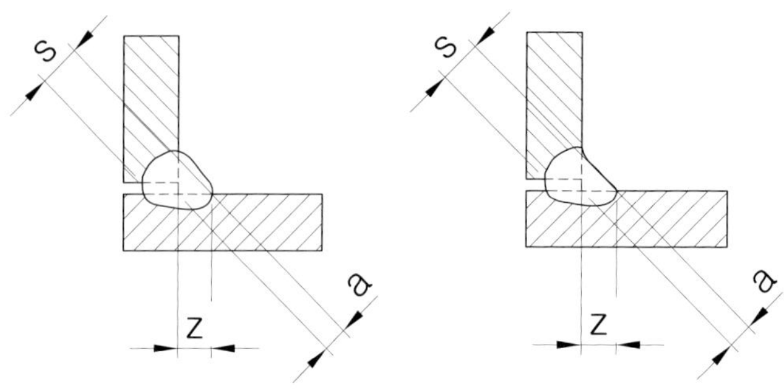

주요 치수

번호	명칭	그림	용어의 정의	표시
1	맞대기 용접		s : 얇은 부재의 두께보다 커질 수 없는 거리로서 부재의 표면부터 용입의 바닥까지의 최소 거리	s
2	플랜지형 맞대기 용접		s : 용접부 외부 표면부터 용입의 바닥까지의 최소 거리	s
3	연속 필릿 용접		a : 단면에서 표시될 수 있는 최대 이등변삼각형의 높이 z : 단면에서 표시될 수 있는 최대 이등변삼각형의 변	a z

■ 용접부 치수 표시 (계속)

주요 치수				
번호	명칭	그림	용어의 정의	표시
4	단속 필릿 용접	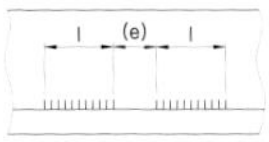	l : 용접길이(크레이터 제외) (e) : 인접한 용접부 간격 n : 용접부 수 a : 3번 참조 z : 3번 참조	a ◺ n × l(e) z ◺ n × l(e)
5	지그재그 단속 필릿 용접	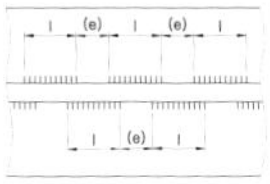	l : 4번 참조 (e) : 4번 참조 n : 4번 참조 a : 3번 참조 z : 3번 참조	a n × l (e) a n × l (e) z n × l (e) z n × l (e)
6	플러그 또는 슬롯 용접	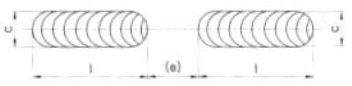	l : 4번 참조 (e) : 4번 참조 n : 4번 참조 c : 슬롯의 너비	c ⊓ n × l (e)
7	심 용접		l : 4번 참조 (e) : 4번 참조 n : 4번 참조 c : 용접부 너비	c ⊖ n × l (e)
8	플러그 용접	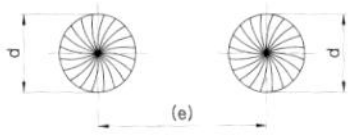	n : 4번 참조 (e) : 간격 d : 구멍의 지름	c ⊓ n (e)
9	점 용접	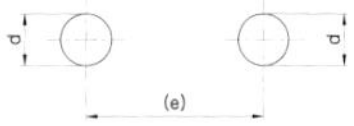	n : 4번 참조 (e) : 간격 d : 점(용접부)의 지름	c ○ n (e)

4 보조 표시 예

번호	명칭	표시 예
1	일주 용접 (용접이 부재의 전체를 둘러서 이루어질 때 기호)	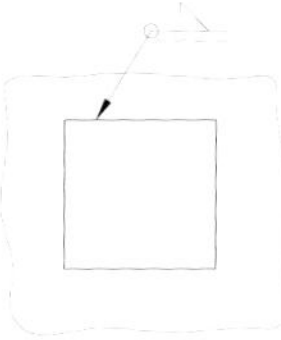 〈일주 용접의 표시〉
2	현장 용접 (깃발기호)	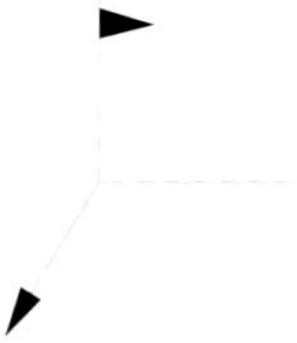 〈현장 용접의 표시〉
3	용접 방법의 표시 (기준선의 끝에 2개 선 사이에 숫자로 표시)	23 〈용접 방법의 표시〉
4	참고 표시의 끝에 있는 정보의 순서	A1 〈참고 정보〉 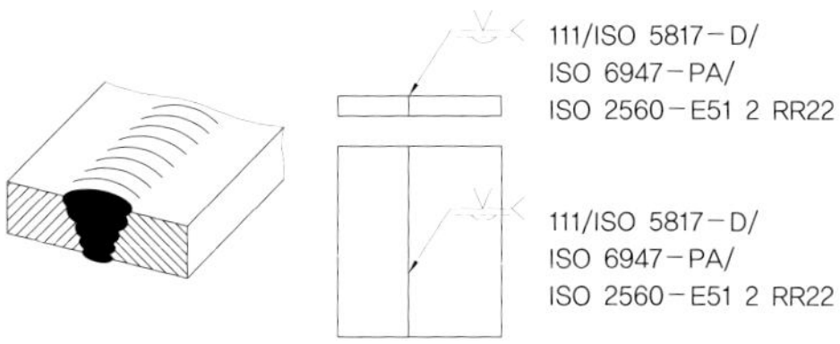 111/ISO 5817－D/ ISO 6947－PA/ ISO 2560－E51 2 RR22 111/ISO 5817－D/ ISO 6947－PA/ ISO 2560－E51 2 RR22 〈이면 용접이 있는 V형 맞대기 용접부〉

5 점 및 심 용접부에 대한 적용의 예

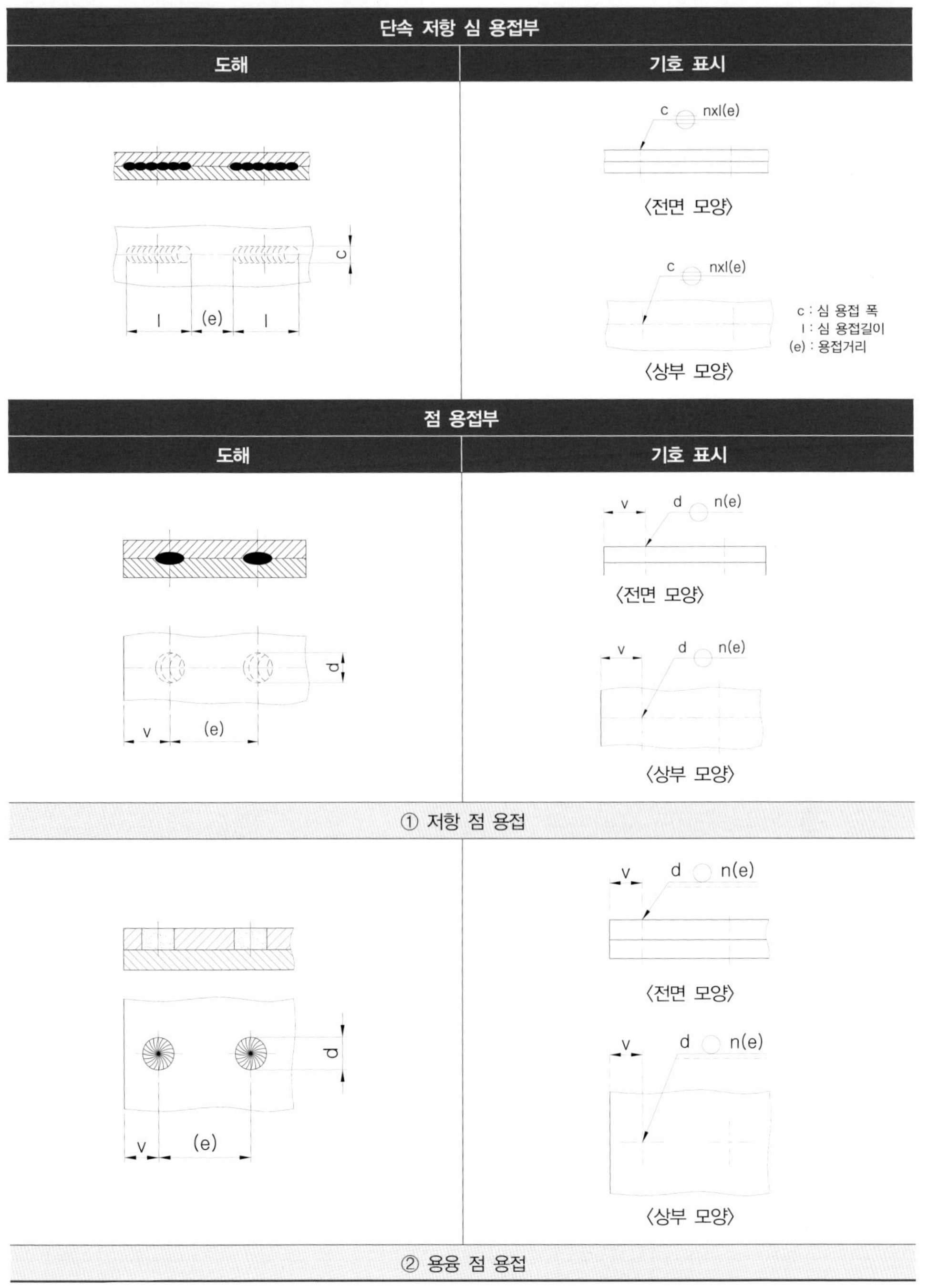

■ 점 및 심 용접부에 대한 적용의 예 (계속)

점 용접부	
도해	기호 표시

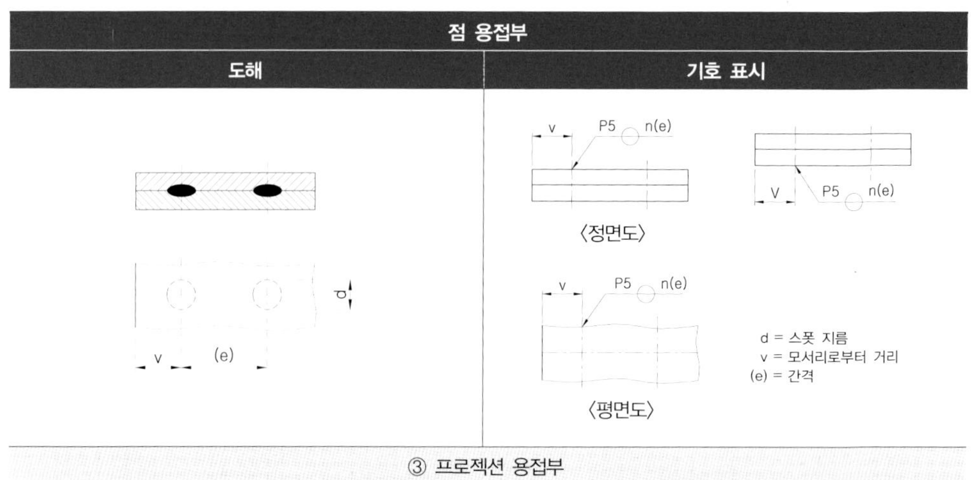

③ 프로젝션 용접부

■ 기호의 사용 예

기본 기호 사용 보기						
번호	명칭, 기호	그림	표시		기호 사용 보기	
					(a)	(b)
1	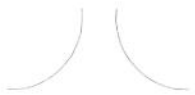 플랜지형 맞대기 용접					
2						
3	I형 맞대기 용접					
4						

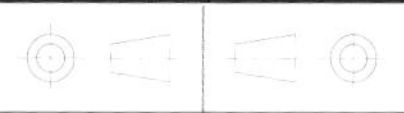

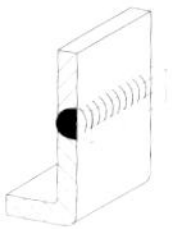

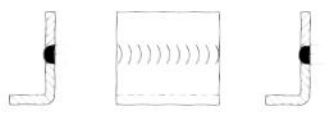

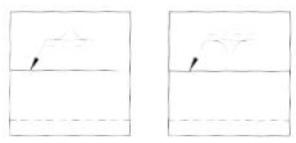

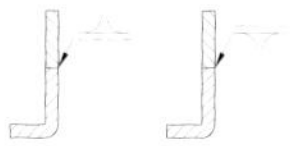

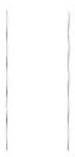

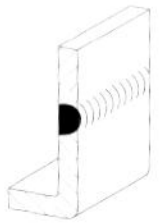

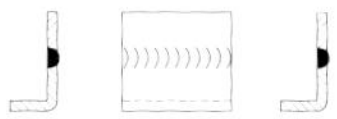

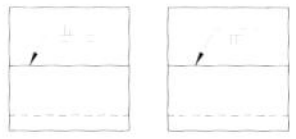

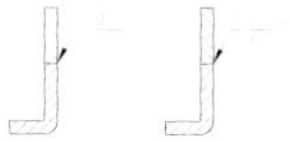

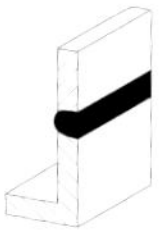

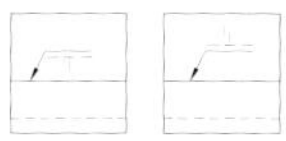

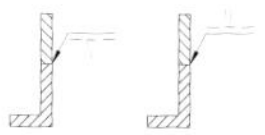

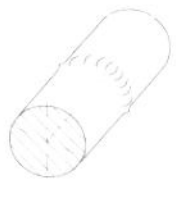

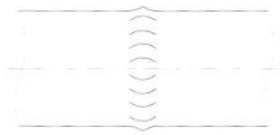

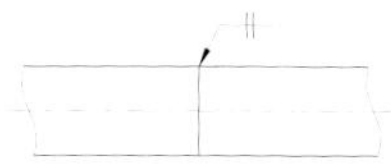

■ 점 및 심 용접부에 대한 적용의 예 (계속)

기본 기호 사용 보기					
번호	명칭, 기호	그림	표시	기호 사용 보기	
			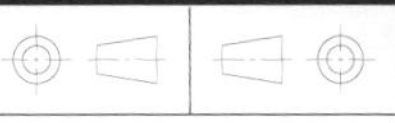	(a)	(b)
5	 V형 맞대기 용접	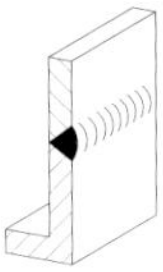	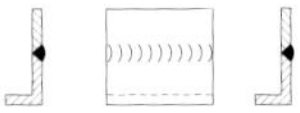		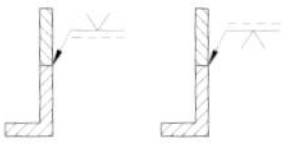
6		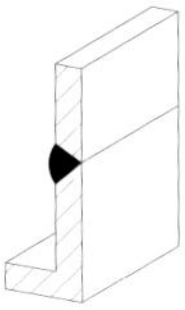		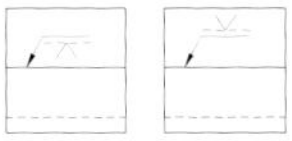	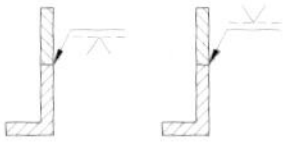
7	 일면(한면) 개선형 맞대기 용접	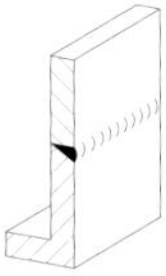		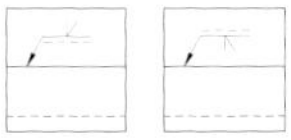	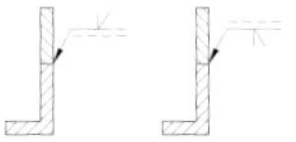
8		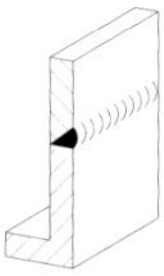	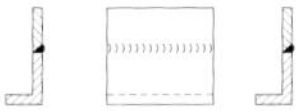	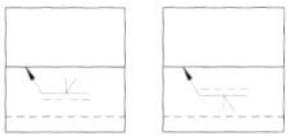	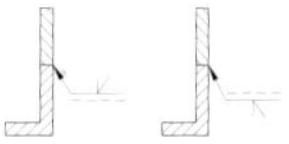
9		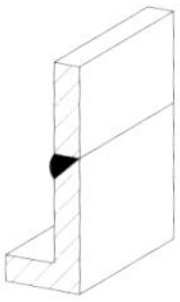		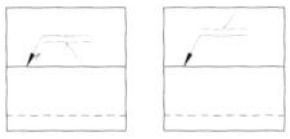	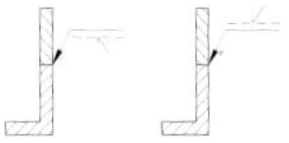
10		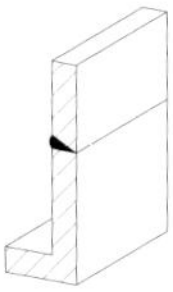			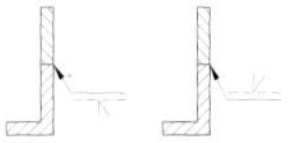

■ 점 및 심 용접부에 대한 적용의 예 (계속)

기본 기호 사용 보기					
번호	명칭, 기호	그림	표시	기호 사용 보기 (a)	기호 사용 보기 (b)
11	넓은 루트면이 있는 V형 맞대기 용접	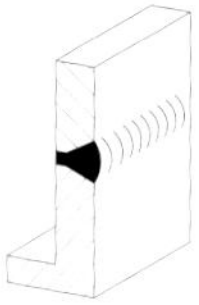	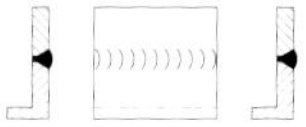	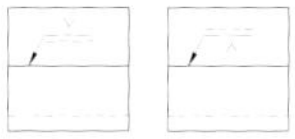	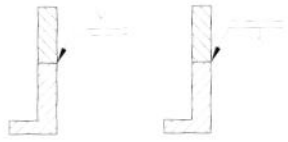
12	넓은 루트면이 있는 일면 개선형 맞대기 용접	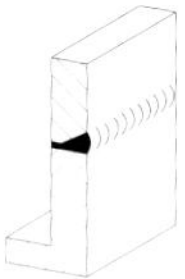	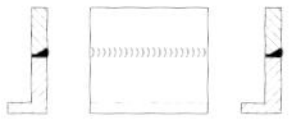		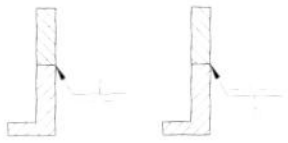
13		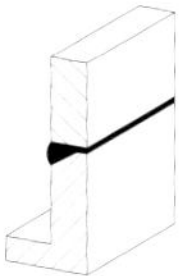		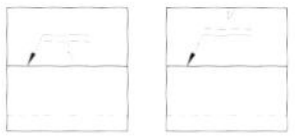	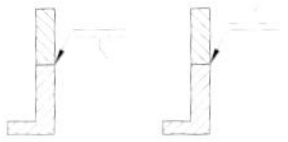
14	U형 맞대기 용접	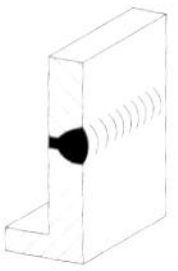	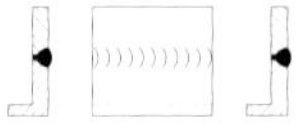	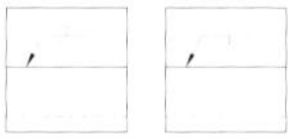	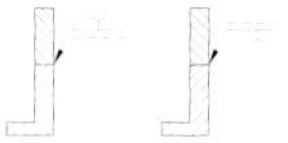
15	J형 맞대기 용접	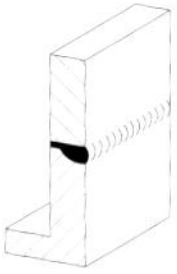	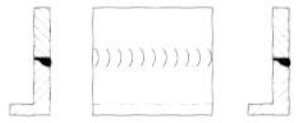	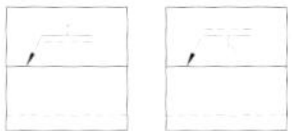	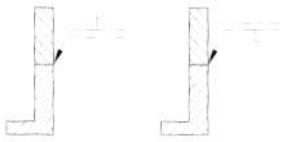
16		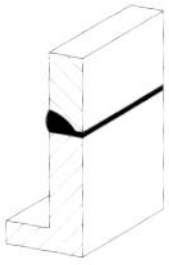			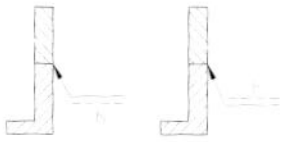

■ 점 및 심 용접부에 대한 적용의 예 (계속)

기본 기호 사용 보기						
번호	명칭, 기호	그림	표시		기호 사용 보기	
				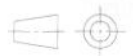	(a)	(b)
17	필릿 용접	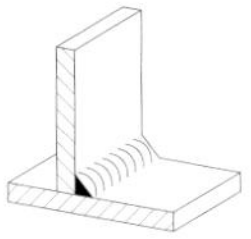	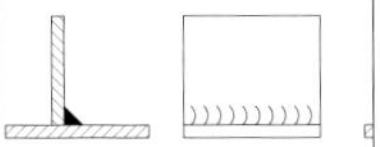		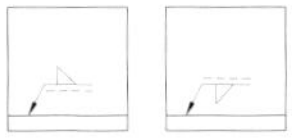	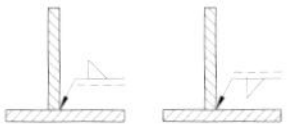
18		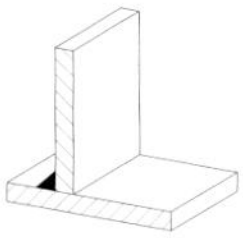			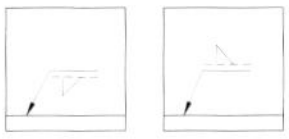	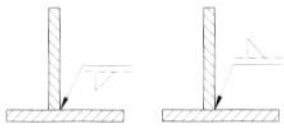
19	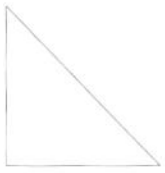	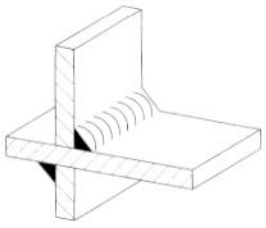	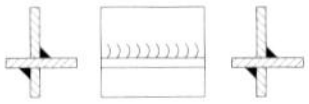		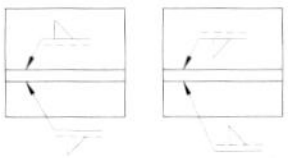	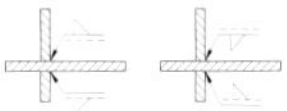
20		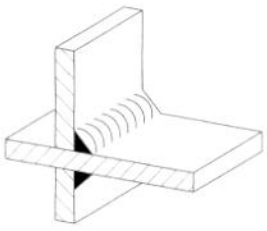	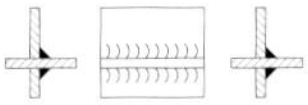		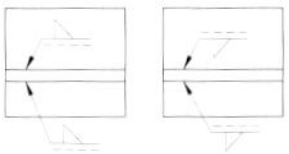	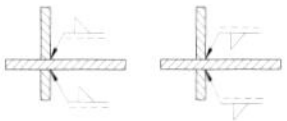
21		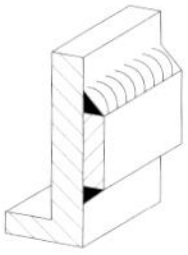	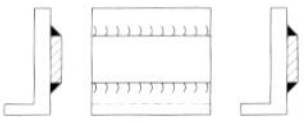		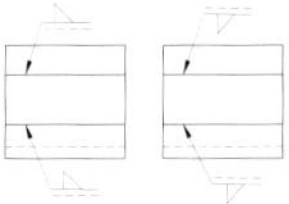	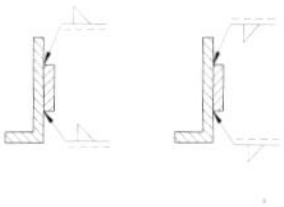
22	플러그 용접	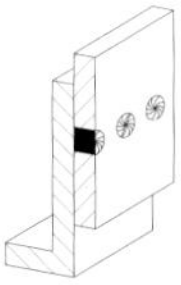	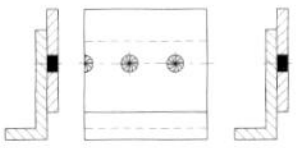		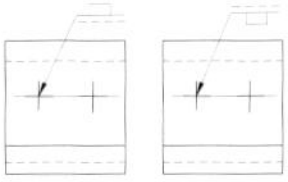	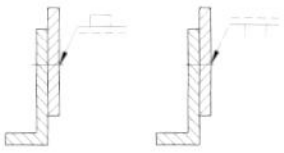
23		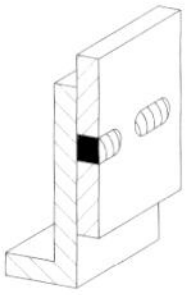	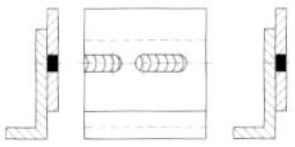		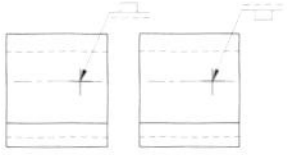	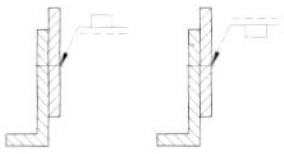

■ 점 및 심 용접부에 대한 적용의 예 (계속)

기본 기호 사용 보기						
번호	명칭, 기호	그림	표시		기호 사용 보기	
					(a)	(b)
24	점 용접					
25						
26	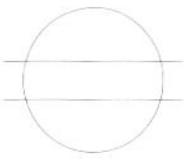 심 용접					
27						

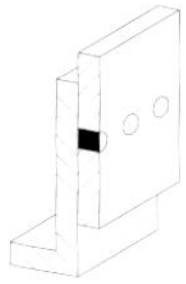

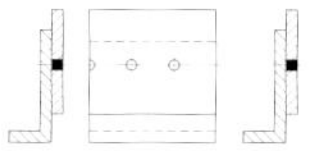

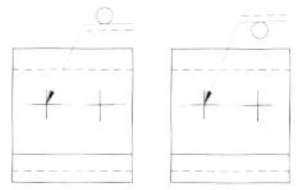

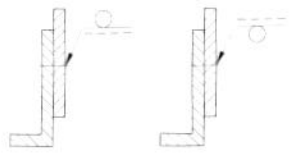

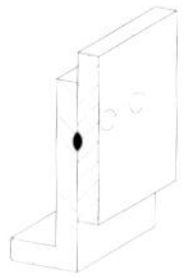

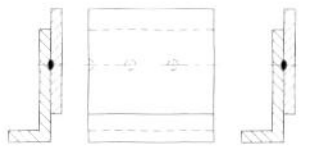

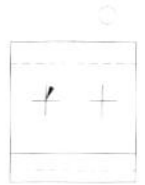

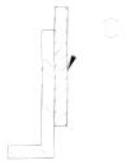

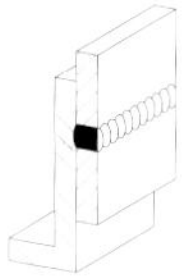

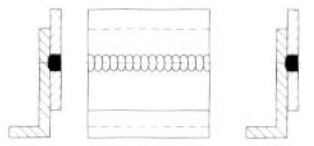

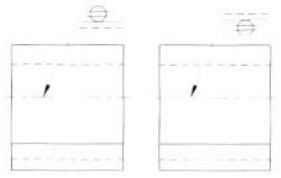

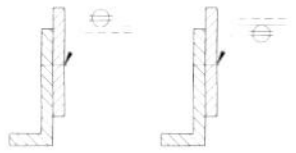

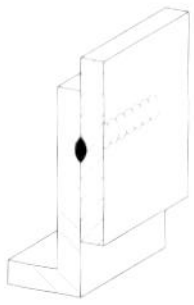

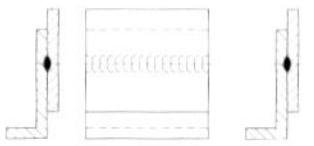

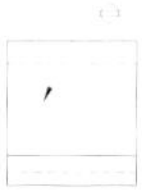

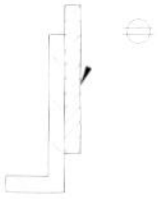

기본 기호 조합 보기						
번호	명칭, 기호	그림	표시		기호 사용 보기	
					(a)	(b)
1	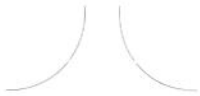 플랜지형 맞대기 용접 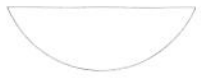 이면 용접					

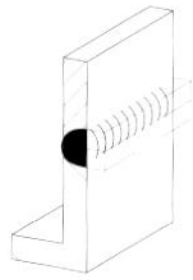

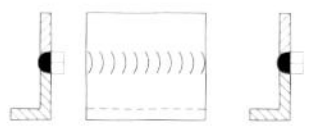

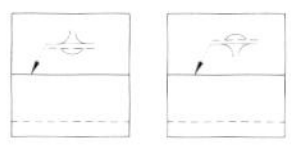

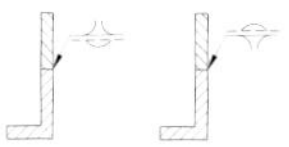

■ 점 및 심 용접부에 대한 적용의 예 (계속)

기본 기호 조합 보기					
번호	명칭, 기호	그림	표시	기호 사용 보기 (a)	기호 사용 보기 (b)
2	I형 맞대기 용접 양면 용접	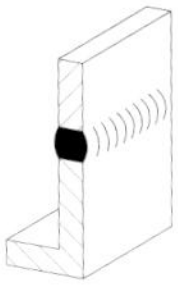	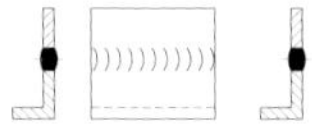		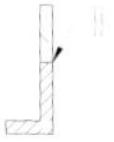
3	V형 용접 이면 용접	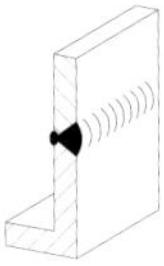	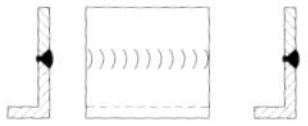	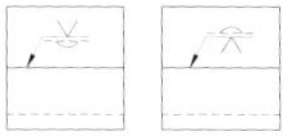	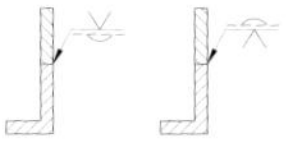
4		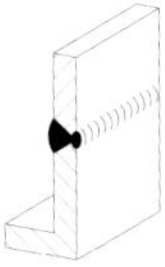	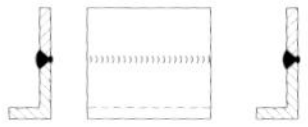	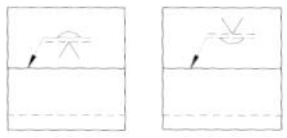	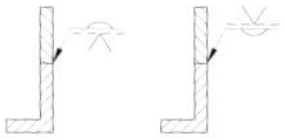
5	양면 V형 맞대기 용접	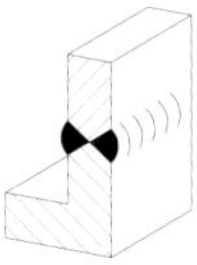	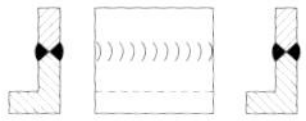	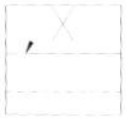	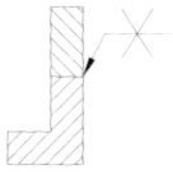
6	K형 맞대기 용접	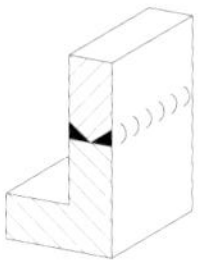	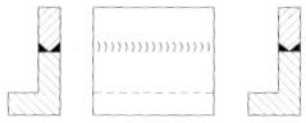		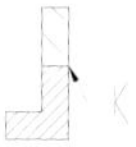
7		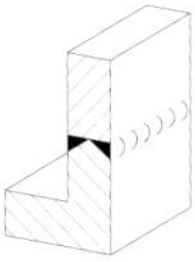	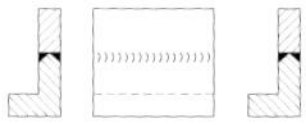		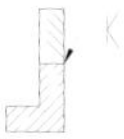

■ 점 및 심 용접부에 대한 적용의 예 (계속)

기본 기호 조합 보기					
번호	명칭, 기호	그림	표시	기호 사용 보기	
				(a)	(b)
8	넓은 루트면이 있는 양면 V형 맞대기 용접	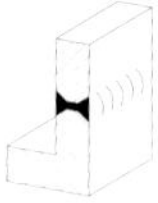			
9	넓은 루트면이 있는 K형 맞대기 용접	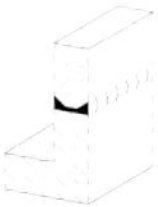			
10	 양면 U형 맞대기 용접				
11	양면 J형 맞대기 용접	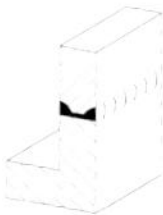			
12	일면 V형 맞대기 용접 일면 U형 맞대기 용접		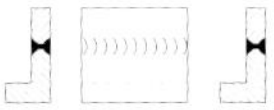		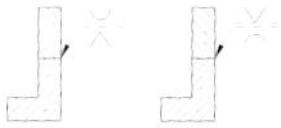
13	필릿 용접	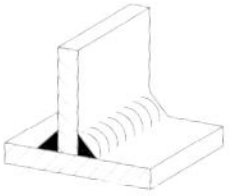	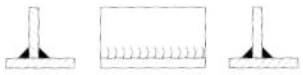		
14	필릿 용접	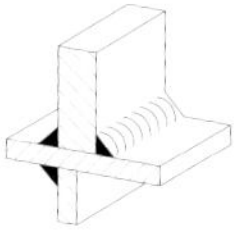	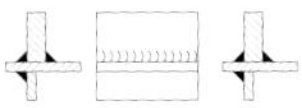	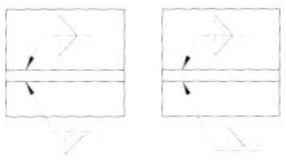	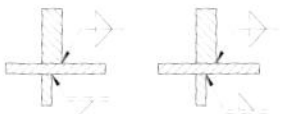

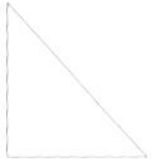

■ 점 및 심 용접부에 대한 적용의 예 (계속)

기본 기호 조합 보기						
번호	기호	그림	표시		기호 사용 보기	
			◎ ⊏	⊐ ◎	(a)	(b)
1						
2						
3						
4						
5						
6						
7	 MR				MR MR	MR MR

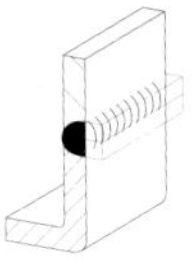

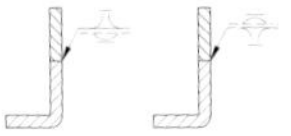

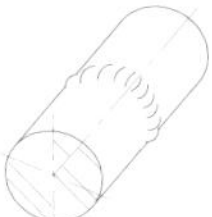

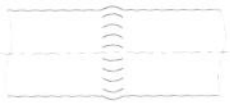

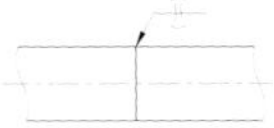

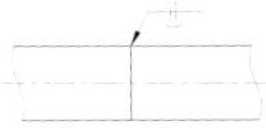

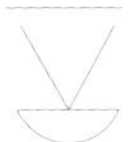

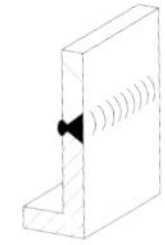

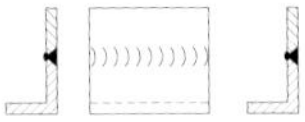

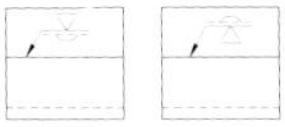

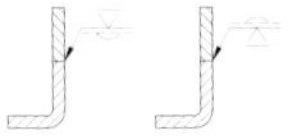

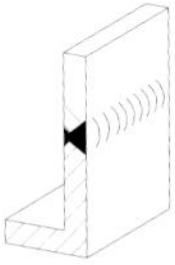

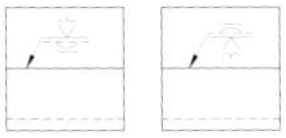

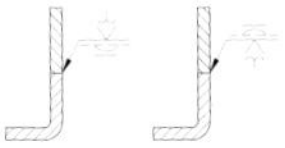

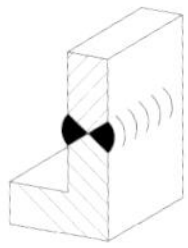

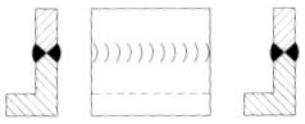

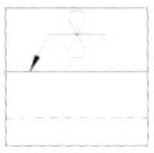

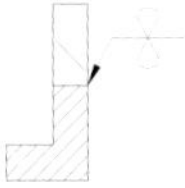

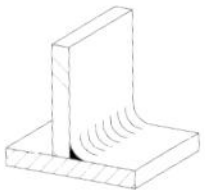

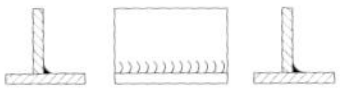

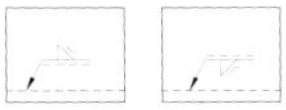

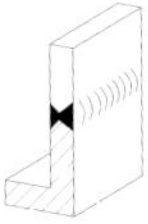

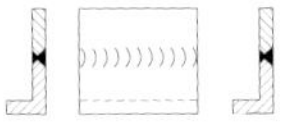

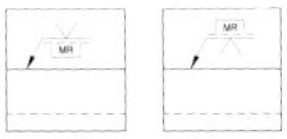

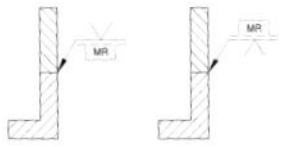

■ 점 및 심 용접부에 대한 적용의 예 (계속)

예외 사례			기호		
번호	그림	표시 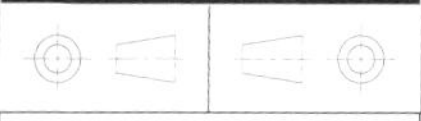	(a)	(b)	잘못된 표시
1	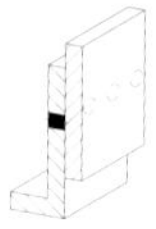		–	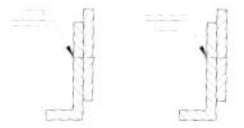	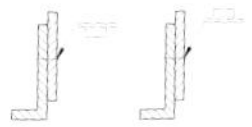
2	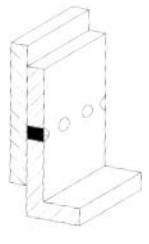	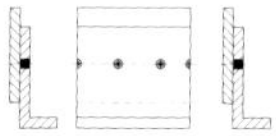	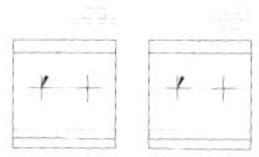	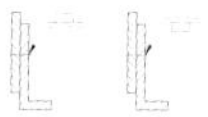	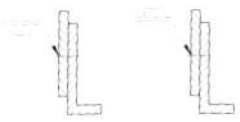
3	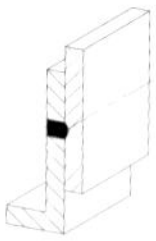		–	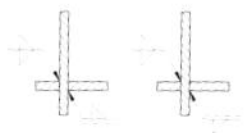	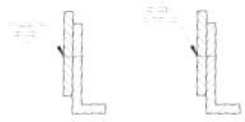
4	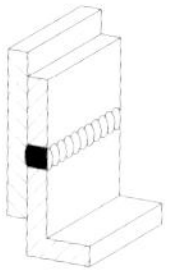	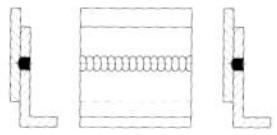	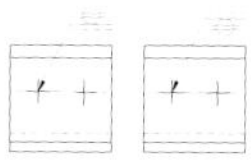	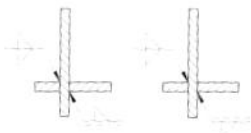	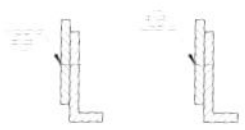
5	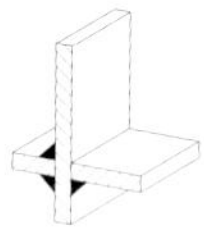	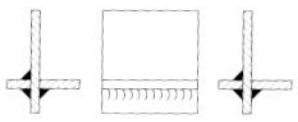	–	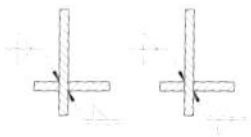	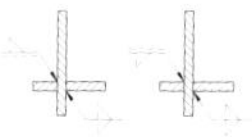
6	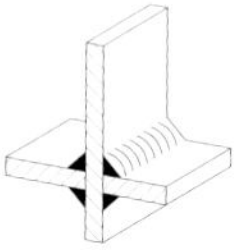	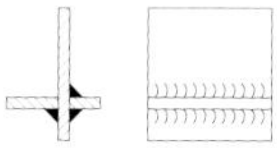	–	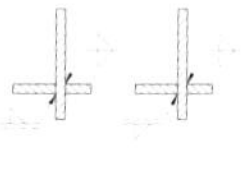	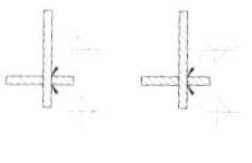
7	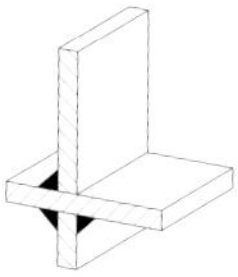	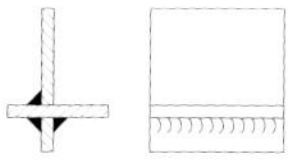	권장하지 않음	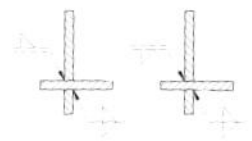	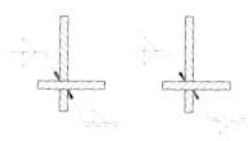

■ 점 및 심 용접부에 대한 적용의 예 (계속)

예외 사례				기호		
번호	그림	표시		(a)	(b)	잘못된 표시
8						

부속서 B (참고)

- **ISO 2553 : 1974에 따라 작성된 도면을 ISO 2553 : 1992에 따른 새로운 체계로 변환하기 위한 지침**
- ISO 2553 : 1974(용접부 – 도면에 기호 표시)에 의거 작성된 구도면을 변환하기 위한 임시방편으로서, 다음과 같은 허용 가능한 방법이 있다. 그러나 이것은 규격 개정 기간 동안 잠정적인 조치가 된다. 새로운 도면에는 언제나 2중 기준선 ―――― 을 사용하게 된다.

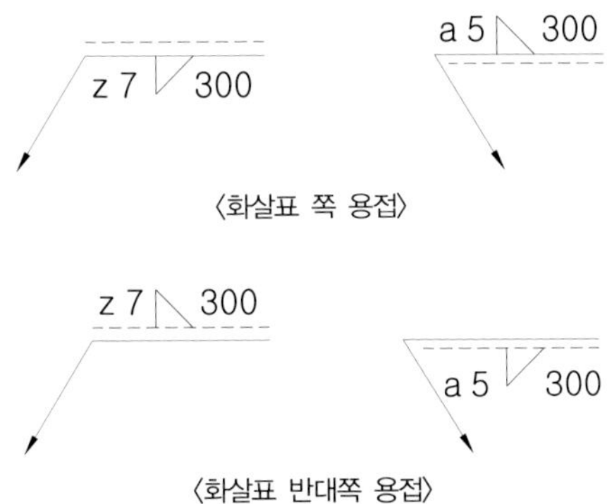

〈화살표 쪽 용접〉

〈화살표 반대쪽 용접〉

비 고

- ISO 2553 : 1974의 E 또는 A 방법 중 하나로 작성된 도면을 새로운 체계로 변환할 때는 필릿 용접부에 있어서 각장(z) 또는 목 두께(a) 치수는 기준선의 용접 기호에 연결되어 사용되는데, 그 치수 앞에 문자 a 또는 z를 첨가하는 것이 특별히 중요하다.

1-3 유압 및 공기압 도면 기호 KS B 0054 : 2014

1 기호 요소

번호	명칭	기호	용도	비고
1-1	선			
1-1.1	실선		(1) 주관로 (2) 파일럿 밸브에의 공급관로 (3) 전기 신호선	• 귀환 관로를 포함 • 2-3.1을 부기하여 관로와의 구별을 명확히 한다.
1-1.2	파선		(1) 파일럿 조작관로 (2) 드레인 관로 (3) 필터 (4) 밸브의 과도위치	• 내부 파일럿 • 외부 파일럿
1-1.3	1점 쇄선		포위선	• 2개 이상의 기능을 갖는 유닛을 나타내는 포위선
1-1.4	복선	$\frac{1}{5}l$	기계적 결합	• 회전축, 레버, 피스톤 로드 등
1-2	원			
1-2.1	대원	l	에너지 변환기기	• 펌프, 압축기, 전동기 등
1-2.2	중간원	$\frac{1}{2} \sim \frac{3}{4} l$	(1) 계측기 (2) 회전 이음	
1-2.3	소원	$\frac{1}{4} \sim \frac{1}{3} l$	(1) 체크 밸브 (2) 링크 (3) 롤러	• 롤러 : 중앙에 ⊙점을 찍는다.
1-2.4	점	$\frac{1}{8} \sim \frac{1}{5} l$	(1) 관로의 접속 (2) 롤러의 축	
1-3	반원	l	회전각도가 제한을 받는 펌프 또는 액추에이터	
1-4	정사각형			
1-4.1		l	(1) 제어기기 (2) 전동기 이외의 원동기	• 접속구가 변과 수직으로 교차한다.

■ 기호 요소 (계속)

번호	명칭	기호	용도	비고
1-4.2		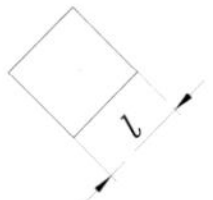	유체 조정기기	• 접속구가 각을 두고 변과 교차한다. • 필터, 드레인 분리기, 주유기, 열 교환기 등
1-4.3		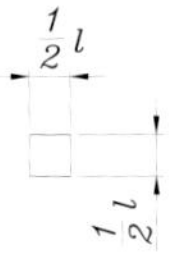	(1) 실린더내의 쿠션 (2) 어큐뮬레이터(축압기) 내의 추	
1-5	직사각형			
1-5.1		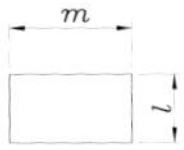	(1) 실린더 (2) 밸브	• $m>l$
1-5.2		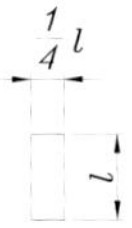	피스톤	
1-5.3		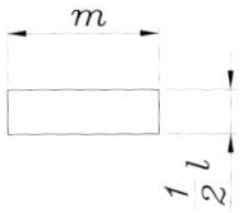	특정의 조작방법	• $l \leqq m \leqq 2l$ • 표6 참조
1-6	기타			
1-6.1	요형 (대)	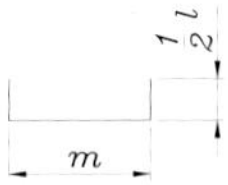	• 유압유 탱크 (통기식)	• $m>l$
1-6.2	요형 (소)	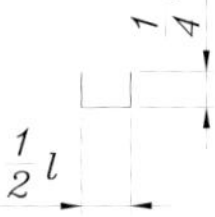	• 유압유 탱크(통기식)의 국소 표시	
1-6.3	캡슐형	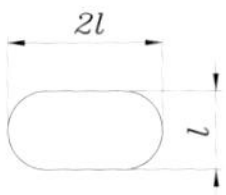	(1) 유압유 탱크(밀폐식) (2) 공기압 탱크 (3) 어큐뮬레이터 (4) 보조가스용기	

비 고

• 치수 l은 공통의 기준치수로 그 크기는 임의로 정하여도 좋다. 또 필요상 부득이할 경우에는 기준치수를 대상에 따라 변경하여도 좋다.

2 기능요소

번호	명칭	기호	용도	비고
2-1	정삼각형			• 유체 에너지의 방향 • 유체의 종류 • 에너지원의 표시
2-1.1	흑		유압	
2-1.2	백		• 공기압 또는 기타의 기체압	• 대기 중에의 배출을 포함
2-2	화살표 표시			
2-2.1	직선 또는 사선		(1) 직선 운동 (2) 밸브내의 유체의 경로와 방향 (3) 열류의 방향	
2-2.2	곡 선	90° l	회전운동	• 화살표는 축의 자유단에서 본 회전방향을 표시
2-2.3	사 선		가변조작 또는 조정수단	• 적당한 길이로 비스듬히 그린다. • 펌프, 스프링, 가변식전자 액추에이터
2-3	기 타			
2-3.1			전기	
2-3.2			폐로 또는 폐쇄 접속구	폐로 접속구

■ 기능요소 (계속)

번호	명칭	기호	용도	비고
2-3.3			전자 액추에이터	
2-3.4			온도지시 또는 온도 조정	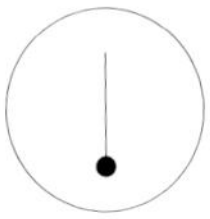
2-3.5			원동기	
2-3.6			스프링	• 11-3, 11-4 참조 • 산의수는 자유
2-3.7		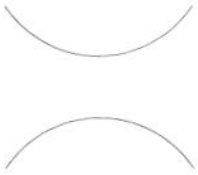	교축	
2-3.8		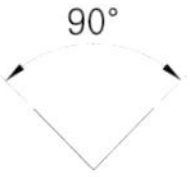 90°	체크밸브의 간략기호의 밸브시트	

3 관로

번호	명칭	기호	비고
3-1.1	접속	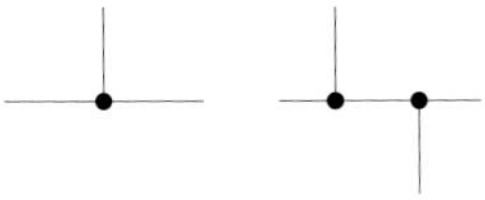	
3-1.2	교차	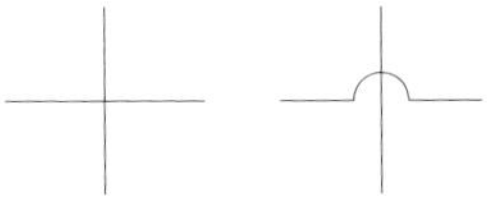	• 접속하고 있지 않음
3-1.3	처짐 관로		• 호스(통상 가동부분에 접속된다)

4 접속구

번호	명칭	기호	비고
4-1	공기 구멍		
4-1.1		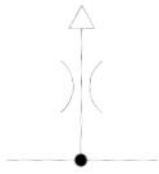	• 연속적으로 공기를 빼는 경우
4-1.2		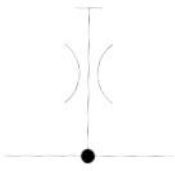	• 어느 시기에 공기를 빼고 나머지 시간은 닫아놓는 경우
4-1.3		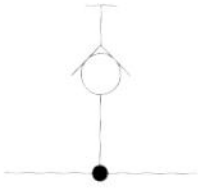	• 필요에 따라 체크 기구를 조작하여 공기를 빼는 경우
4-2	배기구		
4-2.1		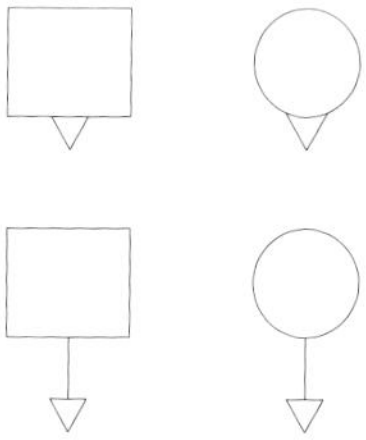	• 공기압 전용
4-2.2			• 접속구가 없는 것 • 접속구가 있는 것
4-3	급속이음		
4-3.1			• 체크밸브 없음
4-3.2		 〈접속상태〉 〈떨어진 상태〉	• 체크밸브 붙이(셀프실 이음)
4-4	회전이음		• 스위블 조인트 및 로터리 조인트
4-4.1	1관로	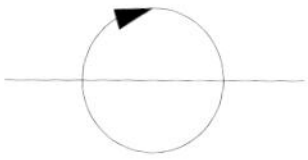	• 1방향 회전
4-4.2	3관로	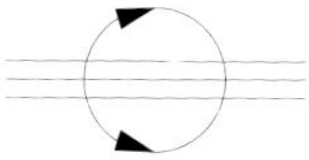	• 2방향 회전

5 기계식 구성 부품

번호	명칭	기호	비고
5-1	로드		• 2방향 조작 • 화살표의 기입은 임의
5-2	회전축	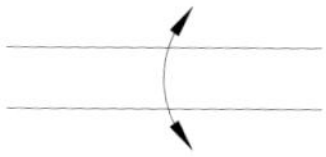	• 2방향 조작 • 화살표의 기입은 임의
5-3	멈춤쇠	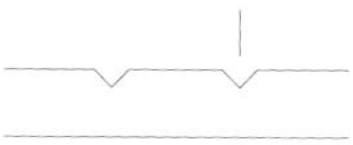	• 2방향 조작 • 고정용 그루브 위에 그린 세로선은 고정구를 나타낸다.
5-4	래치	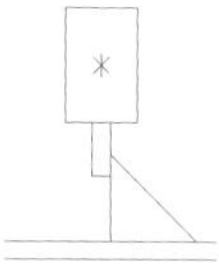 *	• 1방향 조작 • *해제의 방법을 표시하는 기호
5-5	오버센터 기구	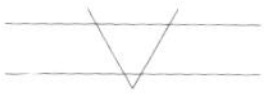	• 2방향 조작

6 조작 방식

번호	명칭	기호	비고
6-1	인력 조작	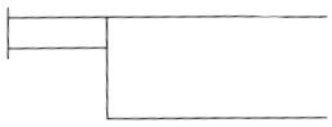	• 조작방법을 지시하지 않은 경우, 또는 조작 방향의 수를 특별히 지정하지 않은 경우의 일반기호
6-1.1	누름 버튼	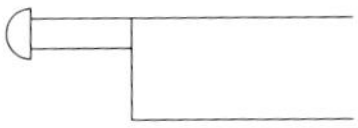	• 1방향 조작
6-1.2	당김 버튼	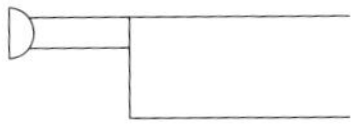	• 1방향 조작
6-1.3	누름-당김버튼	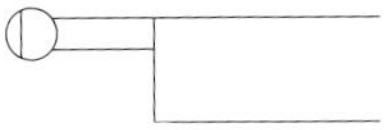	• 2방향 조작
6-1.4	레버	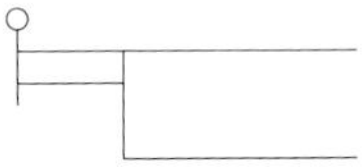	• 2방향 조작(회전운동을 포함)
6-1.5	페달	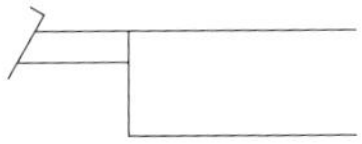	• 1방향 조작(회전운동을 포함)
6-1.6	2방향 페달	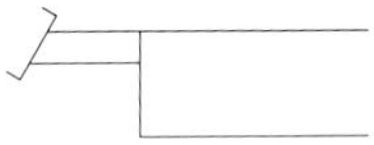	• 2방향 조작(회전운동을 포함)
6-2	기계 조작		
6-2.1	플런저		• 1방향 조작
6-2.2	가변행정제한 기구	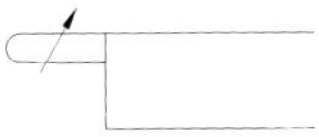	• 2방향 조작

■ 조작 방식 (계속)

번호	명칭	기호	비고
6-2.3	스프링	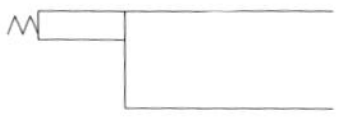	• 1방향 조작
6-2.4	롤러	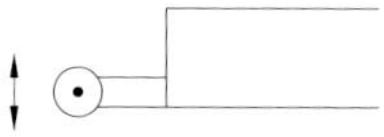	• 2방향 조작
6-2.5	편측작동롤러	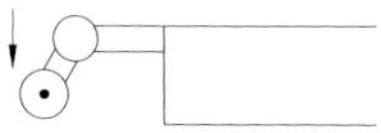	• 화살표는 유효조작 방향을 나타낸다. • 기입을 생략하여도 좋다. • 1방향 조작
6-3	전기 조작		
6-3.1	직선형 전기 액추에이터		• 솔레노이드, 토크모터 등
6-3.1.1	단동 솔레노이드		• 1방향 조작 • 사선은 우측으로 비스듬히 그려도 좋다.
6-3.1.2	복동 솔레노이드		• 2방향 조작 • 사선은 위로 넓어져도 좋다.
6-3.1.3	단동 가변식 전자 액추에이터	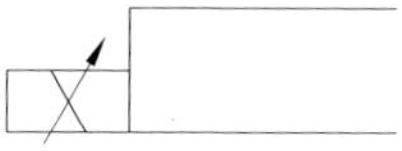	• 1방향 조작 • 비례식 솔레노이드, 포스모터 등
6-3.1.4	북동 가변식 전자 액추에이터	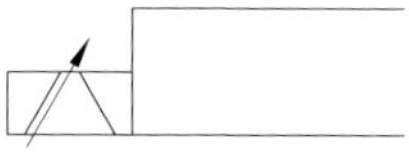	• 2방향 조작 • 토크모터
6-3.2	회전형 전기 액추에이터	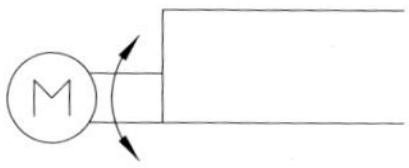 M	• 2방향 조작 • 전동기

■ 조작 방식 (계속)

번호	명칭	기호	비고
6-4	파일럿 조작		
6-4.1	직접 파일럿 조작		
6-4.1.1			
6-4.1.2		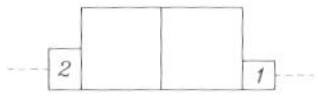 2 1	• 수압면적이 상이한 경우, 필요에 따라, 면적비를 나타내는 숫자를 직사각형속에 기입한다.
6-4.1.3	내부 파일럿	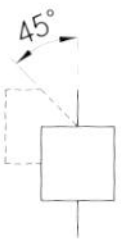 45°	• 조작유로는 기기의 내부에 있음
6-4.1.4	외부 파일럿	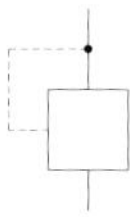	• 조작유로는 기기의 외부에 있음
6-4.2	간접 파일럿 조작		
6-4.2.1	압력을 가하여 조작하는 방식		
(1)	공기압 파일럿	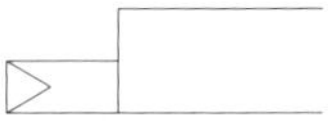	• 내부 파일럿 • 1차 조작 없음
(2)	유압 파일럿	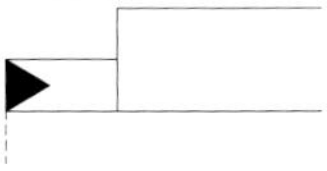	• 외부 파일럿 • 1차 조작 없음
(3)	유압 2단 파일럿	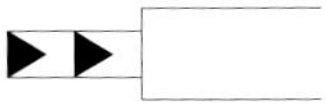	• 내부 파일럿, 내부 드레인 • 1차 조작 없음
(4)	공기압 · 유압 파일럿	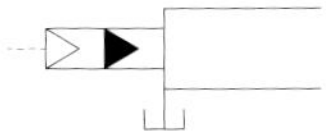	• 외부 공기압 파일럿, 내부 유압 파일럿, 외부 드레인 • 1차 조작 없음
(5)	전자 · 공기압 파일럿	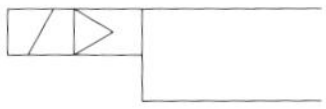	• 단동 솔레노이드에 의한 1차 조작 붙이 • 내부 파일럿
(6)	전자 · 유압 파일럿	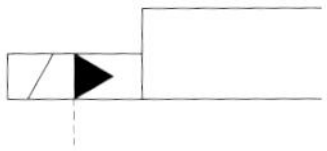	• 단동 솔레노이드에 의한 1차 조작 붙이 • 외부 파일럿, 내부 드레인

■ 조작 방식 (계속)

번호	명칭	기호	비고
6-4.2.2	압력을 빼내어 조작하는 방식		
(1)	유압 파일럿	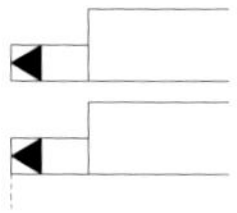	• 내부 파일럿 · 내부 드레인 • 1차 조작 없음 • 내부 파일럿 • 원격조작용 벤트포트 붙이
(2)	전자 · 유압 파일럿	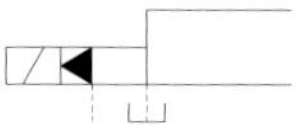	• 단동 솔레노이드에 의한 1차 조작 붙이 • 외부 파일럿, 외부 드레인
(3)	파일럿 작동형 압력제어 밸브	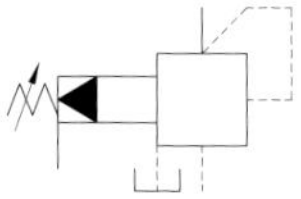	• 압력조정용 스프링 붙이 • 외부 드레인 • 원격조작용 벤트포트 붙이
(4)	파일럿 작동형 비례전자식 압력제어 밸브	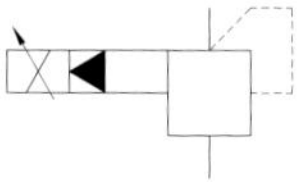	• 단동 비례식 액추에이터 • 내부 드레인
6-5	피드백		
6-5.1	전기식 피드백	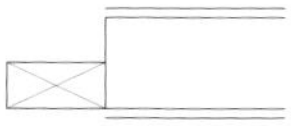	• 일반 기호 • 전위차계, 차동변압기 등의 위치검출기
6-5.2	기계식 피드백	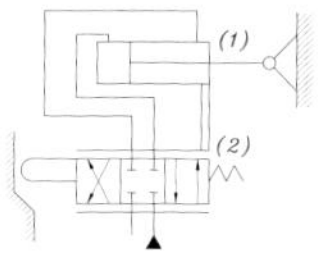 (1) (2)	• 제어대상과 제어요소의 가동부분간의 기계적 접속은 1-1.4 및 8.1.(8)에 표시 (1) 제어 대상 (2) 제어 요소

7 펌프 및 모터

번호	명칭	기호	비고
7-1	펌프 및 모터	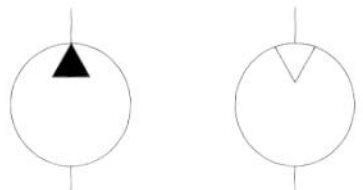 〈유압 펌프〉 〈공기압모터〉	• 일반기호
7-2	유압 펌프	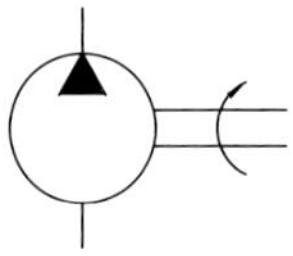	• 1방향 유동 • 정용량형 • 1방향 회전형
7-3	유압 모터	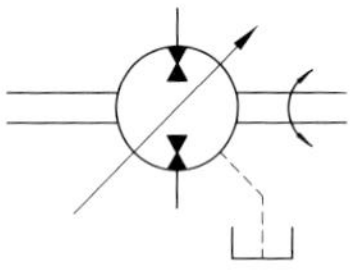	• 1방향 유동 • 가변용량형 • 조작 기구를 특별히 지정하지 않는 경우 • 외부 드레인 • 1방향 회전형 • 양축형
7-4	공기압 모터	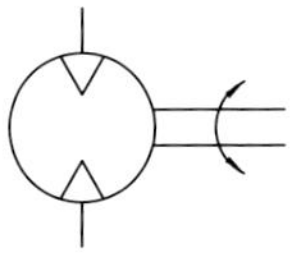	• 2방향 유동 • 정용량형 • 2방향 회전형
7-5	정용량형 펌프 · 모터	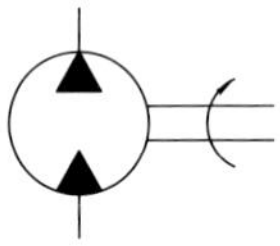	• 1방향 유동 • 정용량형 • 1방향 회전형
7-6	가변용량형 펌프 · 모터 (인력조작)	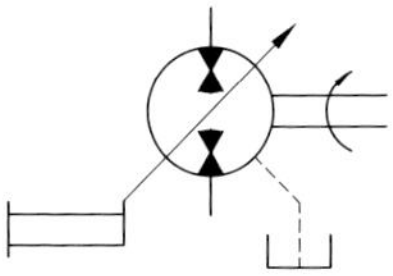	• 2방향 유동 • 가변용량형 • 외부드레인 • 2방향 회전형
7-7	요동형 액추에이터	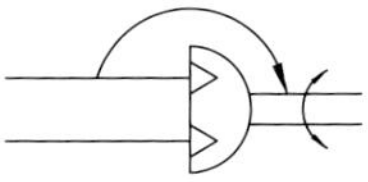	• 공기압 • 정각도 • 2방향 요동형 • 축의 회전방향과 유동방향과의 관계를 나타내는 화살표의 기입은 임의 (부속서 참조)

■ 펌프 및 모터 (계속)

번호	명칭	기호	비고
7-8	유압 전도장치	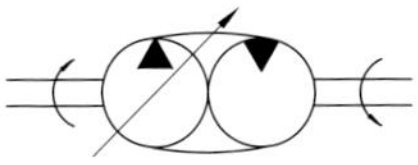	• 1방향 회전형 • 가변용량형 펌프 • 일체형
7-9	가변용량형 펌프 (압력보상제어)	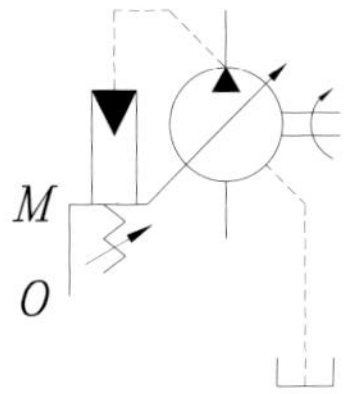 M O	• 1방향 유동 • 압력조정 가능 • 외부 드레인 (부속서 참조)
7-10	가변용량형 펌프 · 모터 (파일럿조작)	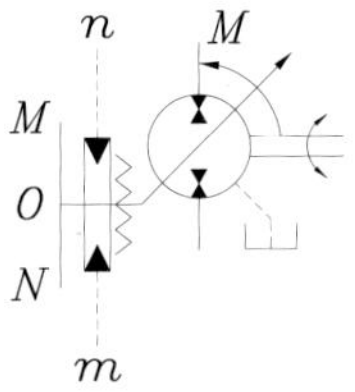 n M M O N m	• 2방향 유동 • 2방향 회전형 • 스프링 힘에 의하여 중앙위치 (배제용적 0)로 되돌아오는 방식 • 파일럿 조작 • 외부 드레인 • 신호 m은 M방향으로 변위를 발생시킴 (부속서 참조)

8 실린더

번호	명칭	기호	비고
8-1	단동 실린더	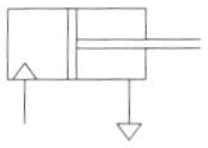 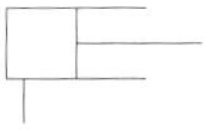 〈상세 기호〉 〈간략 기호〉	• 공기압 • 압출형 • 편로드형 • 대기중의 배기(유압의 경우는 드레인)
8-2	단동 실린더 (스프링붙이)	① 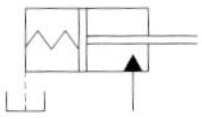 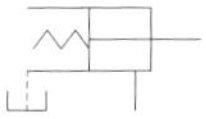 ② 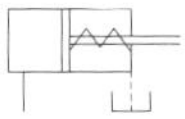 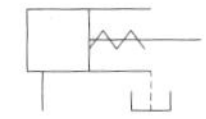	• 유압 • 편로드형 • 드레인축은 유압유 탱크에 개방 ① 스프링 힘으로 로드 압출 ② 스프링 힘으로 로드 흡인
8-3	복동 실린더	① 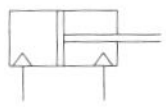 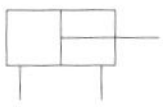 ② 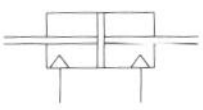 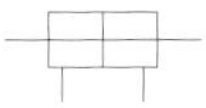	① • 편로드 • 공기압 ② • 양로드 • 공기압

■ 실린더 (계속)

번호	명칭	기호	비고
8-4	복동 실린더 (쿠션붙이)	2:1 2:1	• 유압 • 편로드형 • 양 쿠션, 조정형 • 피스톤 면적비 2:1
8-5	단동 텔레스코프형 실린더		• 공기압
8-6	복동 텔레스코프형 실린더		• 유압

9 특수 에너지 (변환기기)

번호	명칭	기호	비고
9-1	공기유압 변환기	〈단동형〉 〈연속형〉	
9-2	증압기	1 2 〈단동형〉 1 2 〈연속형〉	• 압력비 1:2 • 2종 유체용

10 에너지 (용기)

번호	명칭	기호	비고
10-1	어큐뮬레이터		• 일반기호 • 항상 세로형으로 표시 • 부하의 종류를 지시하지 않는 경우
10-2	어큐뮬레이터	〈기체식〉 〈중량식〉 〈스프링식〉	• 부하의 종류를 지시하는 경우
10-3	보조 가스용기		• 항상 세로형으로 표시 • 어큐뮬레이터와 조합하여 사용하는 보급용 가스용기
10-4	공기 탱크		

11 동력원

번호	명칭	기호	비고
11-1	유압(동력)원		• 일반기호
11-2	공기압(동력)원		• 일반기호
11-3	전동기	M	
11-4	원동기	M	(전동기를 제외)

12 전환 밸브

번호	명칭	기호	비고
12-1	2포트 수동 전환밸브	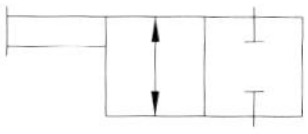	• 2위치 • 폐지밸브
12-2	3포트 전자 전환밸브	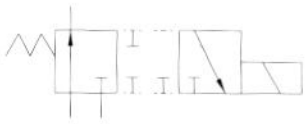	• 2위치 • 1과도 위치 • 전자조작 스프링 리턴
12-3	5포트 파일럿 전환밸브	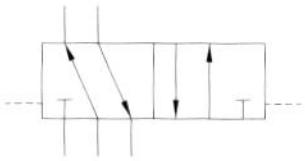	• 2위치 • 2방향 파일럿 조작
12-4	4포트 전자파일럿 전환밸브	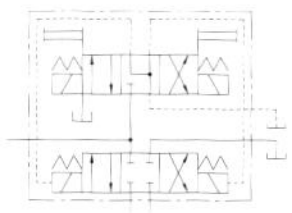 〈상세 기호〉 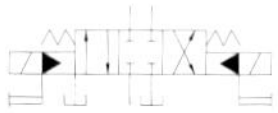 〈간략 기호〉	• 주밸브 – 3위치 – 스프링센터 – 내부 파일럿 • 파일럿 밸브 – 4포트 – 3위치 – 스프링센터 – 전자조작 (단동 솔레노이드) – 수동 오버라이드 조작 붙이 – 외부 드레인
12-5	4포트 전자파일럿 전환밸브	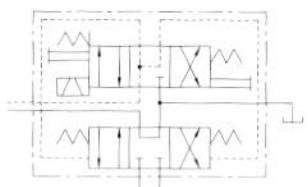 〈상세 기호〉 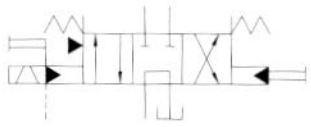 〈간략 기호〉	• 주밸브 – 3위치 – 프레셔센터 (스프링센터 겸용) – 파일럿압을 제거할 때 작동위치로 전환된다. • 파일럿 밸브 – 4포트 – 3위치 – 스프링센터 – 전자조작 (복동 솔레노이드) – 수동 오버라이드 조작 붙이 – 외부 파일럿 – 내부 드레인
12-6	4포트 교축 전환밸브	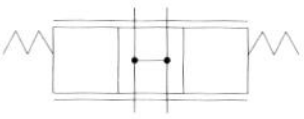 〈중앙위치 언더랩〉 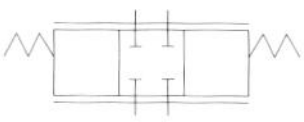 〈중앙위치 오버랩〉	• 3위치 • 스프링센터 • 무단계 중간위치
12-7	서보 밸브	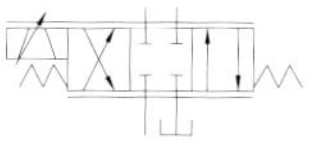	• 대표 보기

13 체크밸브, 셔틀밸브, 배기밸브

번호	명칭	기호	비고
13-1	체크밸브	① 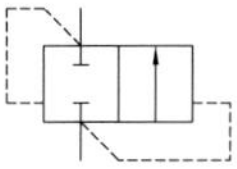  ② 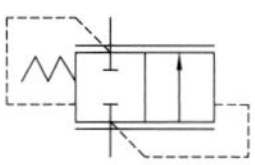  〈상세기호〉 〈간략기호〉	① 스프링 없음 ② 스프링 붙이
13-2	파일럿 조작 체크밸브	① 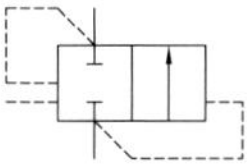 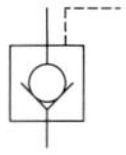 ② 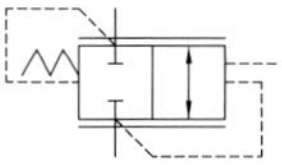 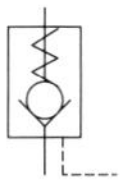 〈상세기호〉 〈간략기호〉	① • 파일럿 조작에 의하여 밸브 폐쇄 • 스프링 없음 ② • 파일럿 조작에 의하여 밸브 열림 • 스프링 붙이
13-3	고압우선형 셔틀밸브	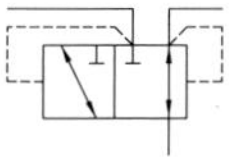 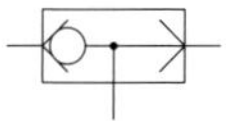 〈상세기호〉 〈간략기호〉	• 고압측의 입구가 출구에 접속되고, 저압쪽측의 입구가 폐쇄된다.
13-4	저압우선형 셔틀밸브	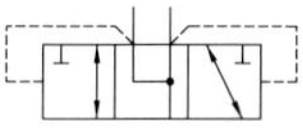 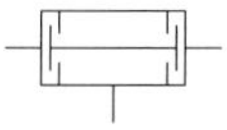 〈상세기호〉 〈간략기호〉	• 저압측의 입구가 저압우선 출구에 접속되고, 고압측의 입구가 폐쇄된다.
13-5	급속 배기밸브	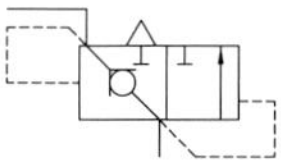 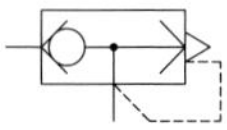 〈상세기호〉 〈간략기호〉	

14 압력제어 밸브

번호	명칭	기호	비고
14-1	릴리프 밸브	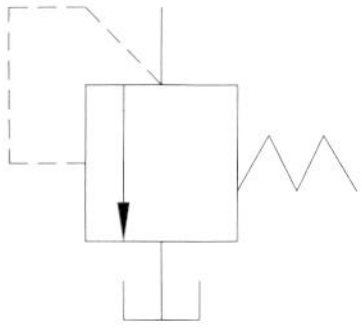	• 직동형 또는 일반기호
14-2	파일럿 작동형 릴리프 밸브	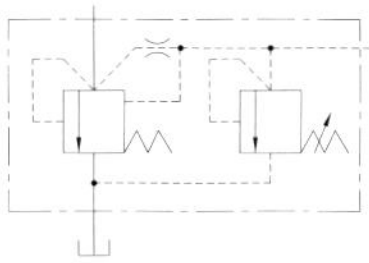 〈상세기호〉 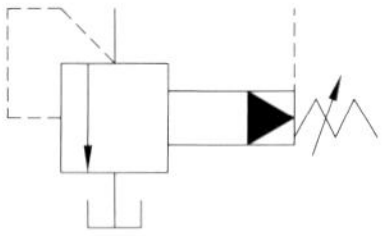 〈간략기호〉	• 원격조작용 벤트포트 붙이
14-3	전자밸브 장착 (파일럿 작동형) 릴리프 밸브	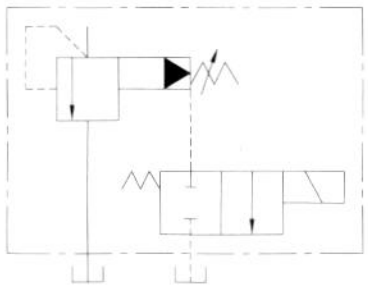	• 전자밸브의 조작에 의하여 벤트포트가 열려 무부하로 된다.
14-4	비례전자식 릴리프 밸브 (파일럿 작동형)	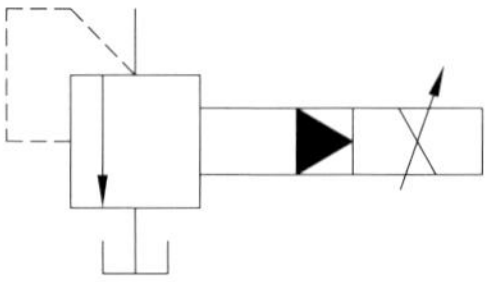	• 대표 보기
14-5	감압 밸브	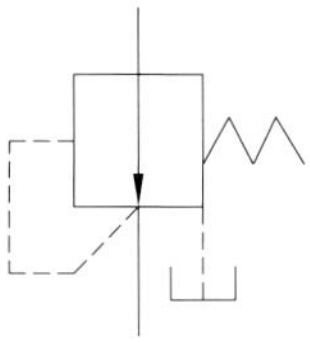	• 직동형 또는 일반기호
14-6	파일럿 작동형 감압밸브	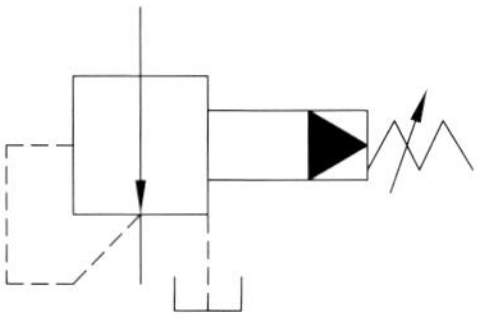	• 외부 드레인

■ 압력제어 밸브 (계속)

번호	명칭	기호	비고
14-7	릴리프 붙이 감압밸브	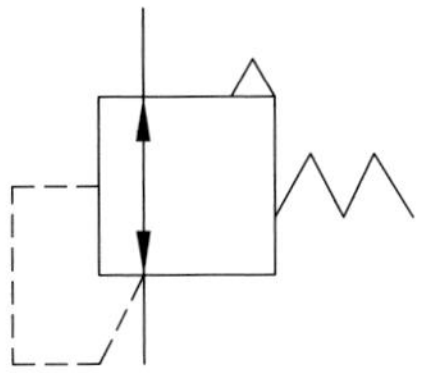	• 공기압용
14-8	비례전자식 릴리프 감압밸브 (파일럿 작동형)	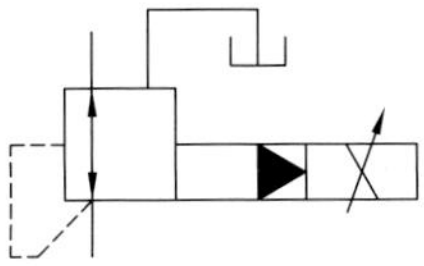	• 유압용 • 대표 보기
14-9	일정비율 감압밸브	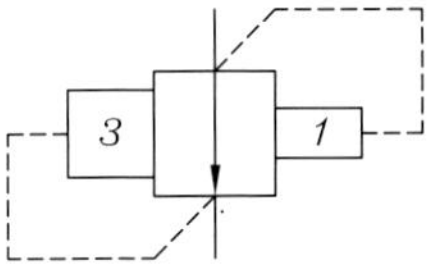 3 1	• 감압비 : $\frac{1}{3}$
14-10	시퀀스 밸브	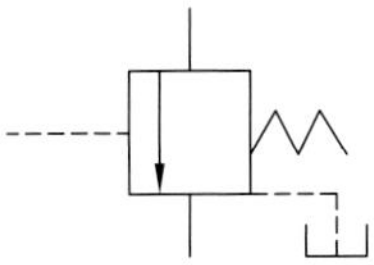	• 직동형 또는 일반 기호 • 외부 파일럿 • 외부 드레인
14-11	시퀀스 밸브 (보조조작 장착)	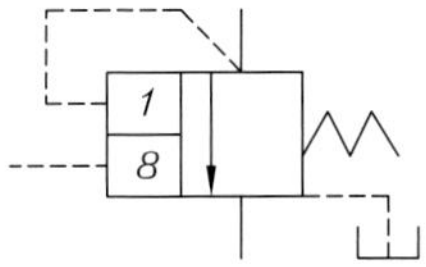 1 8	• 직동형 • 내부 파일럿 또는 외부 파일럿 조작에 의하여 밸브가 작동됨. • 파일럿압의 수압 면적비가 1:8인 경우 • 외부 드레인
14-12	파일럿 작동형 시퀀스 밸브	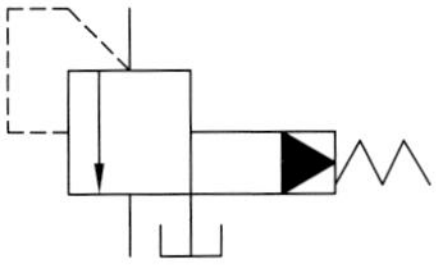	• 내부 파일럿 • 외부 드레인

■ 압력제어 밸브 (계속)

번호	명칭	기호	비고
14-13	무부하 밸브	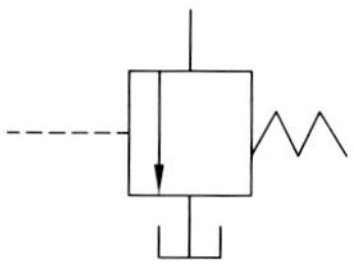	• 직동형 또는 일반기호 • 내부 드레인
14-14	카운터 밸런스 밸브	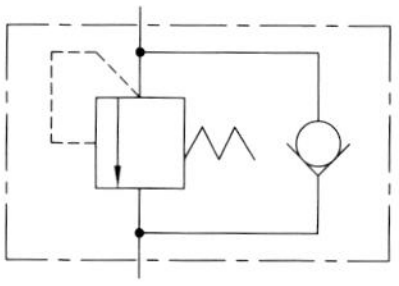	
14-15	무부하 릴리프 밸브	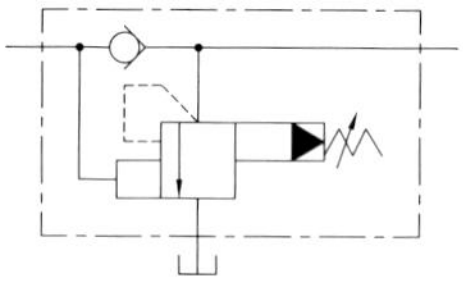	
14-16	양방향 릴리프 밸브	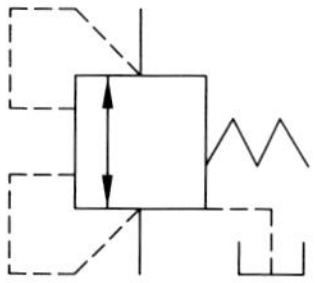	• 직동형 • 외부 드레인
14-17	브레이크 밸브	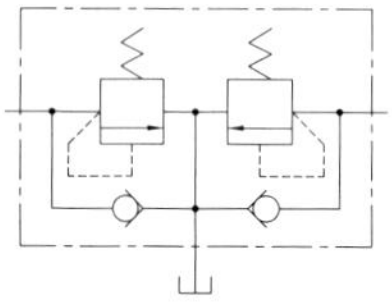	• 대표 보기

15 유량 제어밸브

번호	명칭	기호	비고
15-1	교축 밸브		
15-1.1	가변 교축밸브	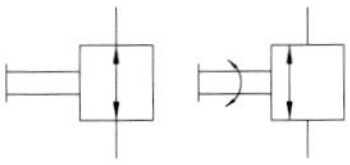 〈상세 기호〉  〈간략기호〉	• 간략기호에서는 조작방법 및 밸브의 상태가 표시되어 있지 않음 • 통상, 완전히 닫쳐진 상태는 없음
15-1.2	스톱 밸브		
15-1.3	감압밸브 (기계조작 가변 교축밸브)	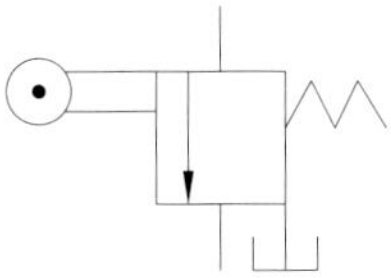	• 롤러에 의한 기계조작 • 스프링 부하
15-1.4	1방향 교축밸브 속도제어 밸브(공기압)	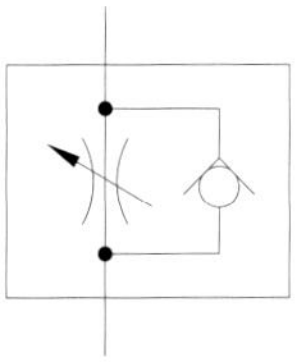	• 가변교축 장착 • 1방향으로 자유유동, 반대방향으로는 제어유동
15-2	유량조정 밸브		
15-2.1	직렬형 유량조정 밸브	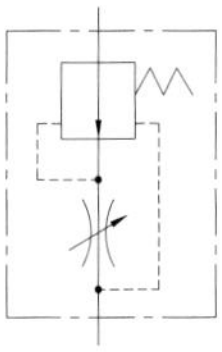 〈상세 기호〉 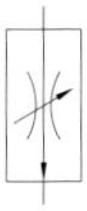 〈간략기호〉	• 간략기호에서 유로의 화살표는 압력의 보상을 나타낸다.

■ 유량 제어밸브 (계속)

번호	명칭	기호	비고
15－2.2	직렬형 유량조정 밸브 (온도보상 붙이)	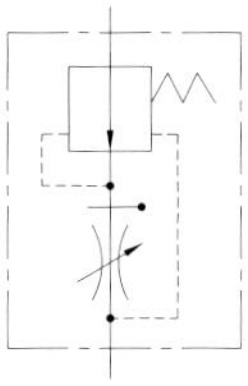 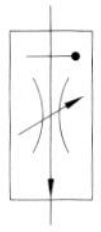 〈상세 기호〉 〈간략기호〉	• 온도보상은 2－3.4에 표시한다. • 간략기호에서 유로의 화살표는 압력의 보상을 나타낸다.
15－2.3	바이패스형 유량조정 밸브	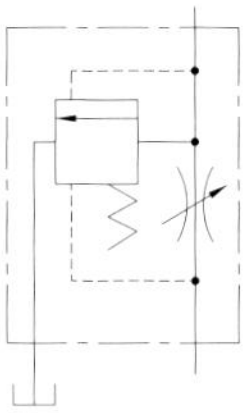 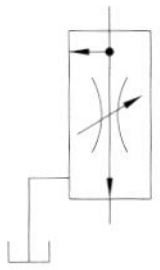 〈상세 기호〉 〈간략기호〉	• 간략기호에서 유로의 화살표는 압력의 보상을 나타낸다.
15－2.4	체크밸브 붙이 유량조정 밸브 (직렬형)	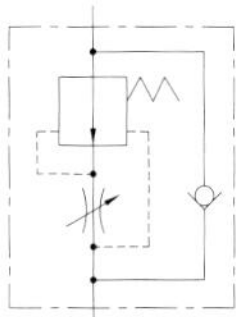 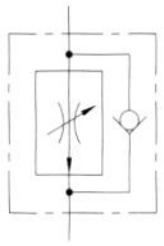 〈상세 기호〉 〈간략기호〉	• 간략기호에서 유로의 화살표는 압력의 보상을 나타낸다.
15－2.5	분류 밸브	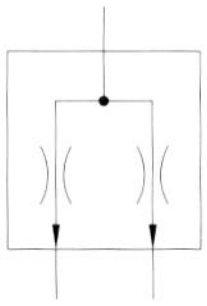	• 화살표는 압력보상을 나타낸다.
15－2.6	집류 밸브	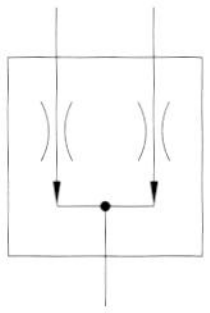	• 화살표는 압력보상을 나타낸다.

16 기름 탱크

번호	명칭	기호	비고
16-1	기름 탱크(통기식)	① 	① 관 끝을 액체 속에 넣지 않는 경우
		② 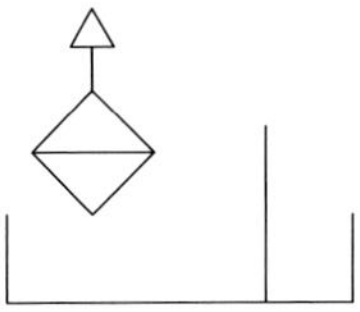	② • 관 끝을 액체 속에 넣는 경우 • 통기용 필터(17-1)가 있는 경우
		③ 	③ 관 끝을 밑바닥에 접속하는 경우
		④ 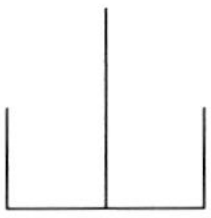	④ 국소 표시기호
16-2	기름 탱크(밀폐식)	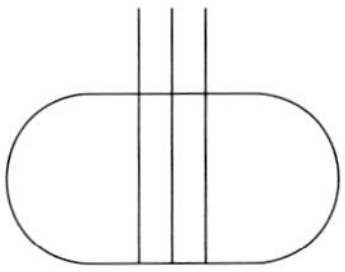	• 3관로의 경우 • 가압 또는 밀폐된 것 • 각관 끝을 액체 속에 집어넣는다. • 관로는 탱크의 긴 벽에 수직

17 유체조정 기기

번호	명칭	기호	비고
17-1	필터	① 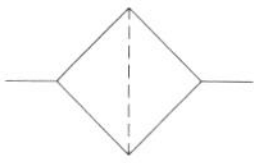	① 일반기호
		② 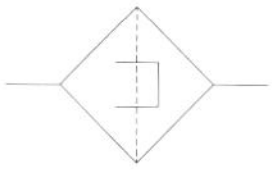	② 자석붙이
		③ 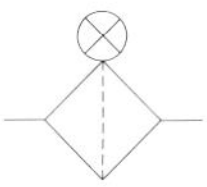	③ 눈막힘 표시기 붙이
17-2	드레인 배출기	① 	① 수동배출
		② 	② 자동배출
17-3	드레인 배출기 붙이 필터	① 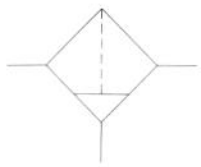	① 수동배출
		② 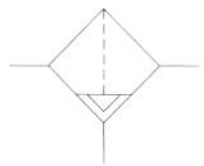	② 자동배출
17-4	기름분무 분리기	① 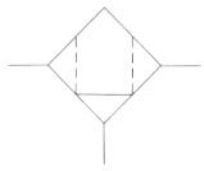	① 수동배출
		② 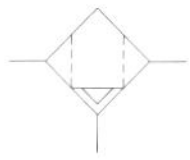	② 자동배출

■ 유체조정 기기 (계속)

번호	명칭	기호	비고
17-5	에어드라이어	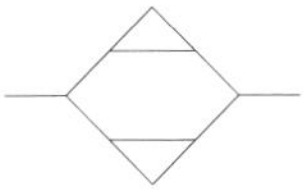	
17-6	루브리케이터	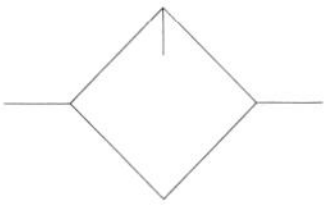	
17-7	공기압 조정유닛	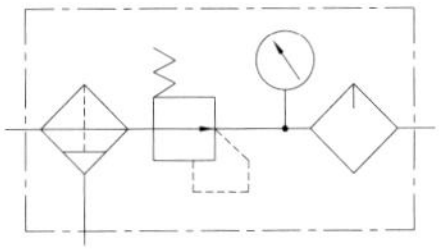 〈상세 기호〉	
		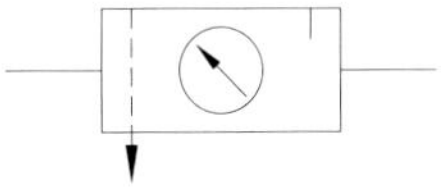 〈간략기호〉	• 수직 화살표는 배출기를 나타낸다.
17-8	열교환기		
17-8.1	냉각기	① 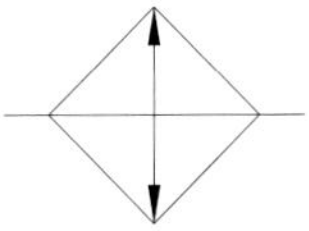 ② 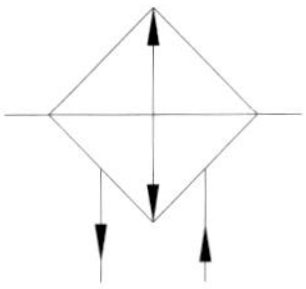	① 냉각액용 관로를 표시하지 않는 경우 ② 냉각액용 관로를 표시하는 경우
17-8.2	가열기	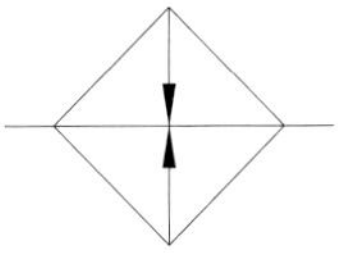	
17-8.3	온도 조절기	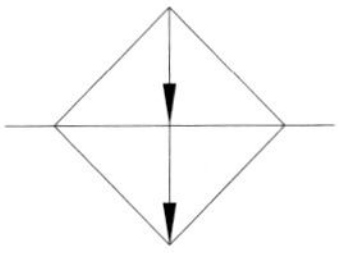	• 가열 및 냉각

18 보조 기기

번호	명칭	기호	비고
18-1	압력 계측기		
18-1.1	압력 표시기		• 계측은 되지 않고 단지 지시만 하는 표시기
18-1.2	압력계		
18-1.3	차압계		
18-2	유면계	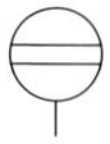	• 평행선은 수평으로 표시
18-3	온도계	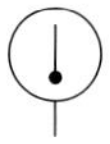	
18-4	유량 계측기		
18-4.1	검류기		
18-4.2	유량계	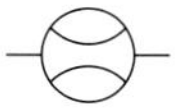	
18-4.3	적산 유량계	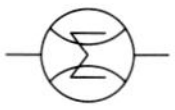	
18-5	회전 속도계	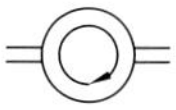	
18-6	토크계	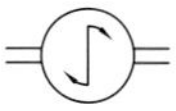	

19 기타의 기기

번호	명칭	기호	비고
19-1	압력 스위치	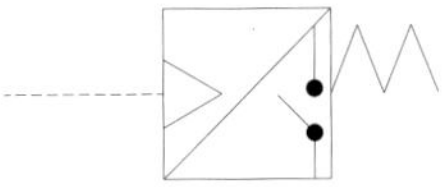	• 오해의 염려가 없는 경우에는, 다음과 같이 표시하여도 좋다. 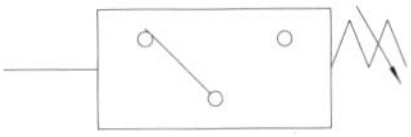
19-2	리밋 스위치	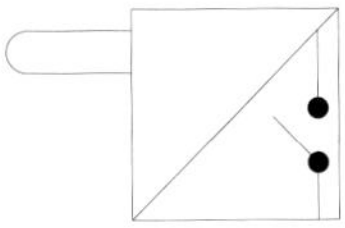	• 오해의 염려가 없는 경우에는, 다음과 같이 표시하여도 좋다. 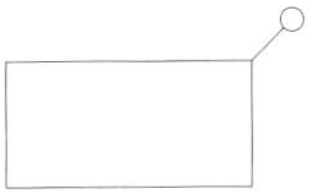
19-3	아날로그 변환기	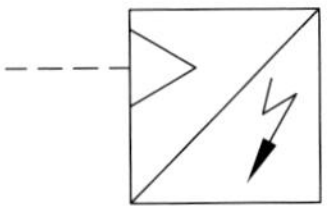	• 공기압
19-4	소음기	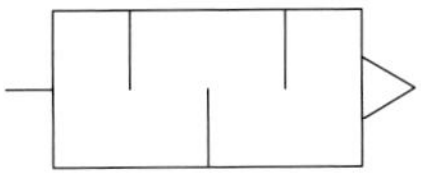	• 공기압
19-5	경음기		• 공기압용
19-6	마그넷 세퍼레이터	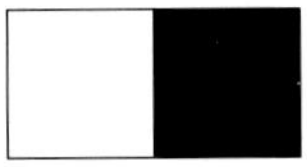	

20 부속서(회전용 에너지 변환기기의 회전방향, 유동방향 및 조립내장된 조작요소의 상호관계 그림기호)

번호	명칭	기호	비고
A-1	정용량형 유압모터	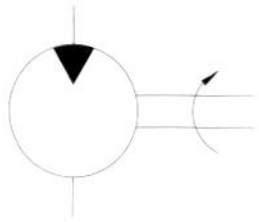	① 1방향 회전형 ② 입구 포트가 고정되어 있으므로 유동 방향과의 관계를 나타내는 회전 방향 화살표는 필요없음
A-2	정용량형 유압펌프 또는 유압모터 ① 가역회전형 펌프 ② 가역회전형 모터	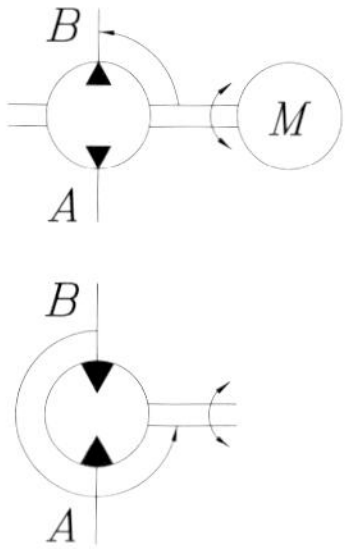 B M A B A	• 2방향 회전, 양축형 • 입력축이 좌회전할 때 B포트가 송출구로 된다. • B포트가 유입구일 때 출력축은 좌회전이 된다.
A-3	가변용량형 유압 펌프	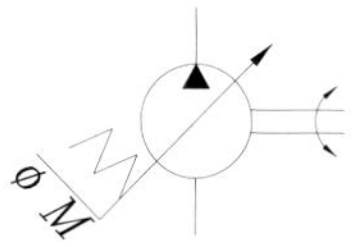 φ M	① 1방향 회전형 ② 유동방향과의 관계를 나타내는 회전방향 화살표는 필요없음 ③ 조작요소의 위치표시는 기능을 명시하기 위한 것으로서, 생략하여도 좋다.
A-4	가변용량형 유압 모터	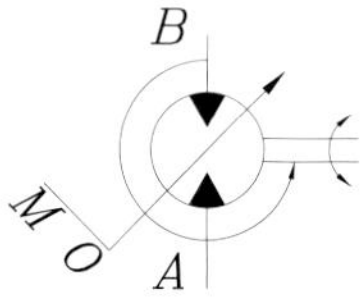 B M O A	• 2방향 회전형 • B포트가 유입구일 때 출력축은 좌회전이 된다.
A-5	가변용량형 유압 오버센터 펌프	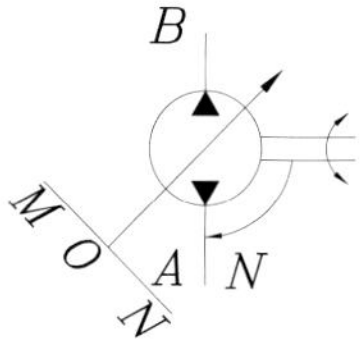 B M O N A N	• 1방향 회전형 • 조작 요소의 위치를 N의 방향으로 조작하였을 때 A포트가 송출구가 된다.

■ 부속서(회전용 에너지 변환기기의 회전방향, 유동방향 및 조립내장된 조작요소의 상호관계 그림기호) (계속)

번호	명칭	기호	비고
A-6	가변용량형 유압 펌프 또는 유압모터 ① 가역회전형 펌프	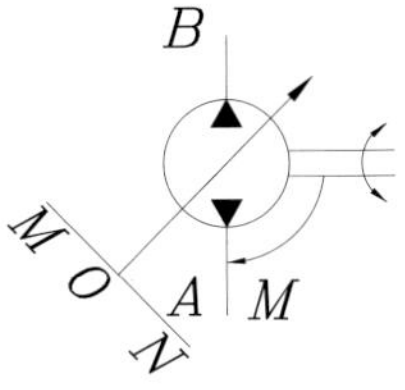	• 2방향 회전형 • 입력축이 우회전할 때 A포트가 송출구로 되고 이때의 가변 조작은 조작 요소의 위치 M의 방향으로 도니다.
	② 가역회전형 모터	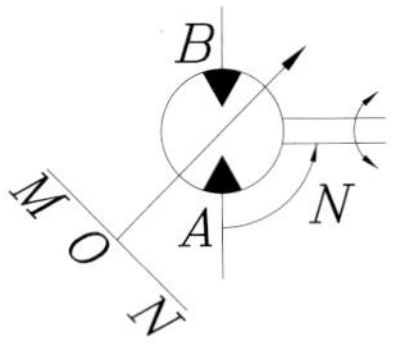	• A포트가 유입구일 때 출력축은 좌회전이 되고 이때의 가변조작은 조작요소의 위치 N의 방향으로 된다.
A-7	정용량형 유압 펌프 또는 유압모터	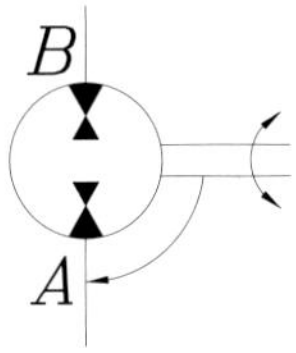	• 2방향 회전형 • 펌프로서의 기능을 하는 경우 입력축이 우회전할 때 A포트가 송출구로 된다.
A-8	가변용량형 유압 펌프 또는 유압모터	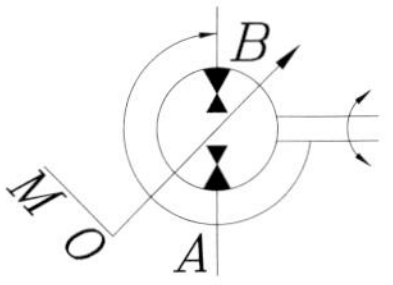	• 2방향 회전형 • 펌프로서의 기능을 하는 경우 입력축이 우회전할 때 B포트가 송출구로 된다.
A-9	가변용량형 유압 펌프 또는 유압모터	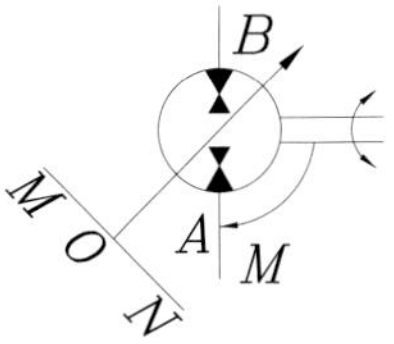	• 1방향 회전형 • 펌프 기능을 하고 있는 경우 입력축이 우회전할 때 A포트가 송출구로 되고 이때의 가변조작은 조작요소의 위치 M의 방향이 된다.

■ 부속서(회전용 에너지 변환기기의 회전방향, 유동방향 및 조립내장된 조작요소의 상호관계 그림기호) (계속)

번호	명칭	기호	비고
A-10	가변용량형 가역회전형 펌프 또는 유압모터	B, A, M, O, N, N	• 2방향 회전형 • 펌프 기능을 하고 있는 경우 입력축이 우회전할 때 A포트가 송출구로 되고 이때의 가변조작은 조작요소의 위치 N의 방향이 된다.
A-11	정용량형 가변용량 변환식 가역회전형 펌프	Mmax, B, A, M, O, 0~max	• 2방향 회전형 • 입력축이 우회전일 때는 A포트를 송출구로 하는 가변용량펌프가 되고, 좌회전인 경우에는 최대 배제용적의 적용량 펌프가 된다.

1-4 진공 장치용 도시 기호 KS B 0082 : 1996 (2011 확인)

1 진공 펌프

번호	종류	도시 기호	비고
1.0	진공 펌프		1. 펌프를 나타내는 도형은 정사각형으로 한다. 2. 특별히 형식을 지정하지 않는 일반적인 도시
1.1	용적 이송식 진공 펌프		• 특별히 형식을 지정하지 않는 일반적인 도시

■ 진공 펌프 (계속)

번호	종류	도시 기호	비고
1.1.1	피스톤 진공 펌프	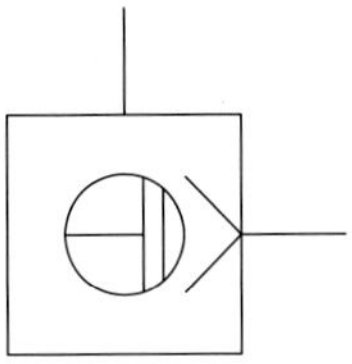	
1.1.2	액봉 진공 펌프	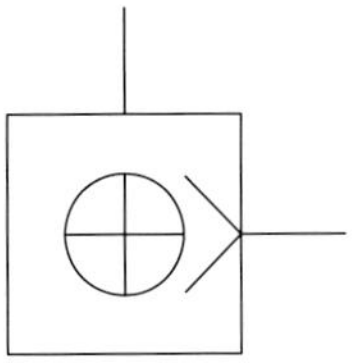	• 다단 펌프의 경우는 이중 동그라미 표시를 한다.
1.1.3	기름 회전 (진공) 펌프 1단 펌프 다단 펌프	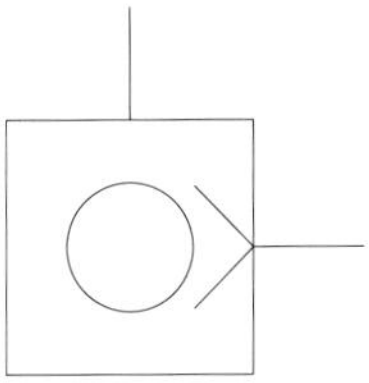 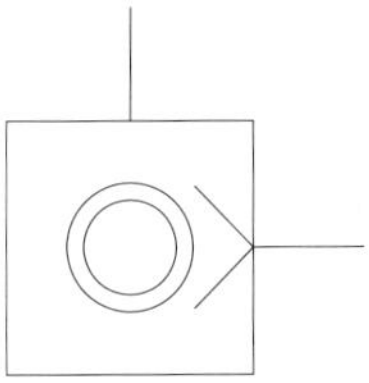	• 회전 날개형, 캠형 및 요동 피스톤형 기름 회전 펌프에 공통
1.1.4	루트 (진공) 펌프	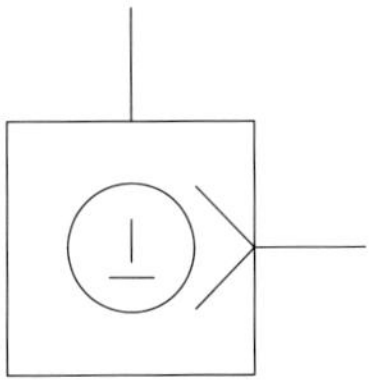	• 다단 펌프의 경우는 이중 동그라미 표시를 한다.

■ 진공 펌프 (계속)

번호	종류	도시 기호	비고
1.1.5	가스 밸러스트(진공) 펌프	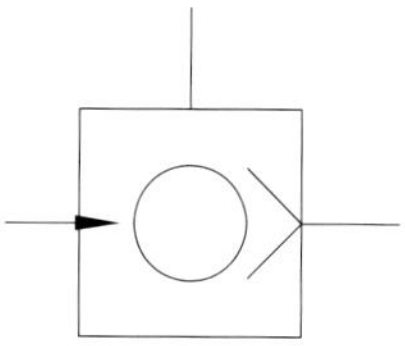	• 다단 펌프의 경우는 이중 동그라미 표시를 한다.
1.2.1	터보 분자 펌프	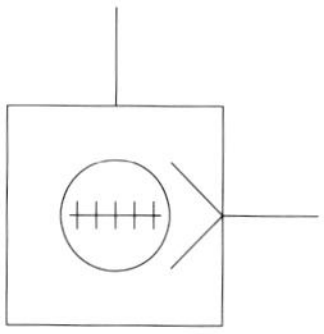	
1.2.2	이젝터(진공) 펌프	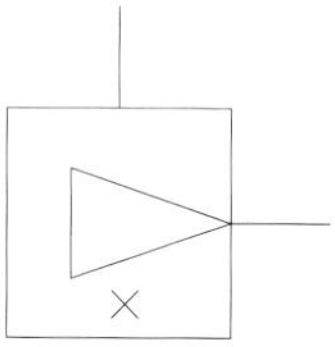 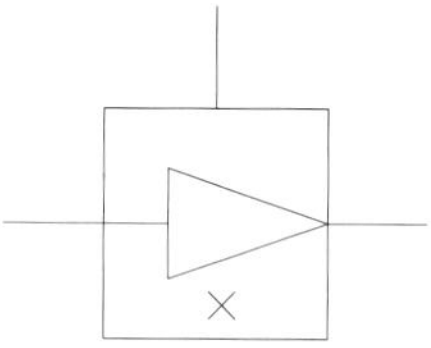	1. x표는 기호의 일부가 아니다. 이 위치에 작동 유체의 명칭 또는 그 기호를 나타내도 된다. 보기 CH : 기름, Hg : 수은, H_2O : 물, A : 공기, S : 수증기 2. 작동 유체가 외부에서 공급된다는 것을 나타내는 경우는 하단의 도시 기호를 사용해도 된다.
1.2.3	확산 펌프	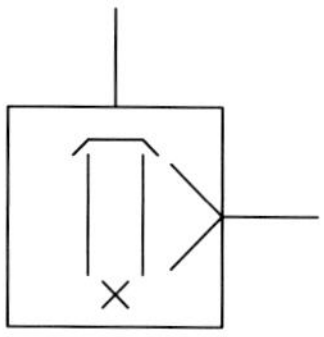	• X표는 기호의 일부가 아니다. 이 위치에 작동 유체의 명칭 또는 그 기호를 나타내도 된다. • 보기 CH :기름, Hg :수은

■ 진공 펌프 (계속)

번호	종류	도시 기호	비고
1.3	기체 저장식 진공 펌프		• 특별히 형식을 지정하지 않는 일반적인 도시
1.3.1	흡착 펌프		• adsorption pump
1.3.2	서브리메이션 펌프	×	• X표는 기호의 일부가 아니다. 이 위치에 승화 재료의 명칭을 나타낸다.
1.3.3	스패터 이온 펌프		
1.3.4	크라이오 펌프	×	• X표는 기호의 일부가 아니다. 이 위치에 냉매의 온도를 나타낸다.

2 트랩 및 배플

번호	종류	도시 기호	비고
2.1	트랩	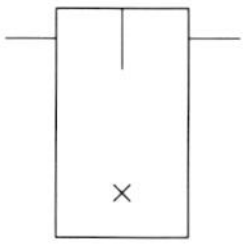 ×	1. 특별히 형식을 지정하지 않는 일반적인 도시 2. X표는 기호의 일부가 아니다. 이 위치에 트랩 온도를 나타내도 된다.
2.1.1	냉각 트랩	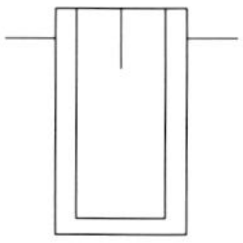	• 한제 저조식
2.1.2	콘덴서	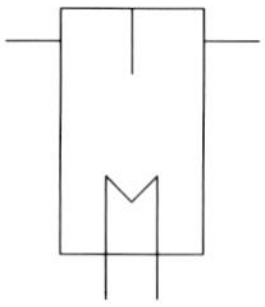	• 냉매를 흘려보내는 방식
2.2	배플	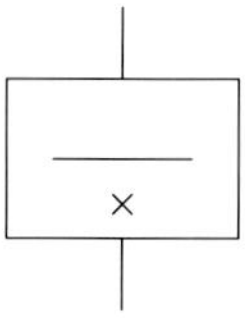 ×	1. 특별히 형식을 지정하지 않는 일반적인 도시 2. X표는 기호의 일부가 아니다. 이 위치에 배플 온도를 나타내도 된다.
2.2.1	냉각 배플	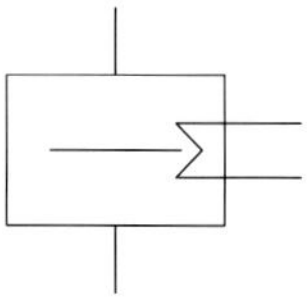	1. 냉매를 흘려보내는 형식에 사용한다. 2. 필요할 때는 액의 종류 및 온도를 나타내도 된다.

3 진공계

번호	종류	도시 기호	비고
3.0	진공계(일반)		1. 특별히 형식을 지정하지 않는 일반적인 도시 2. KS B 0054의 압력계의 도시 기호와 같다.
3.1.1	U자관 진공계	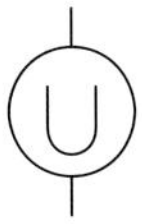	• 필요할 때는 사용 액체를 나타내도 된다.
3.1.2	격막 진공계	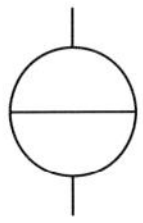	
3.1.3	부르동관 진공계		
3.1.4	매크라우드 진공계	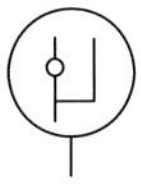	
3.2.1	열전도 진공계	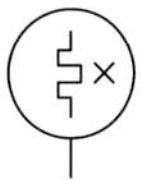	• X표는 기호의 일부가 아니다. 이 위치에 진공계의 종류를 나타내도 된다. 보기 P : 피라니 Tm : 서미스터 Tc : 열전대
3.3.1	냉음극 전리 진공계	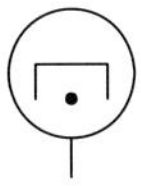	
3.3.2	가이슬러관	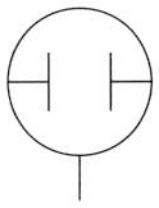	

■ 진공계 (계속)

번호	종류	도시 기호	비고
3.3.3	열음극 전리 진공계	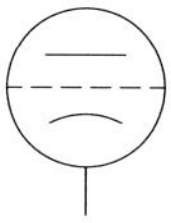	
3.3.3.1	베어드-알퍼트 진공계		
3.4	분압 진공계	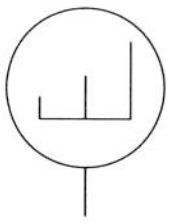	

4 관로 및 접속

번호	종류	도시 기호	비고
4.0	배관		• 흐름의 방향을 나타낼 필요가 있을 때는 화살표를 붙인다.
4.1	배관 말단부	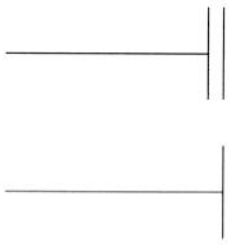	• 플랜지에 의한 봉지 • 용접식 캡 또는 일반적인 봉지
4.2.1	관이 접속되어 있지 않을 때	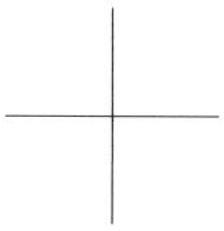	
4.2.2	관이 접속되어 있을 때	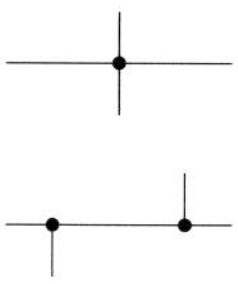	• 접속되어 있을 때를 표시하는 검은 동그라미는 도면을 복사 또는 축소했을 때에도 명백하도록 그려야 한다.

5 밸브

번호	종류	도시 기호	비고
5.0	밸브(일반)		1. 특별히 형식을 지정하지 않는 일반적인 지시 2. 앵글 밸브 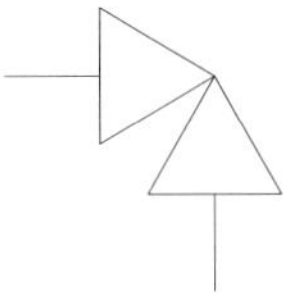 • 삼방향 밸브 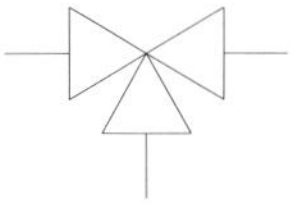
5.1	칸막이 밸브	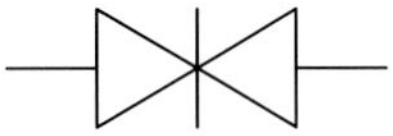	• 게이트 밸브, 슬루스 밸브 중 하나를 사용한다.
5.2	가변 유량 밸브	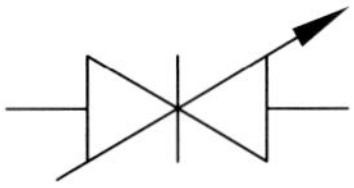	
5.3	수동 밸브	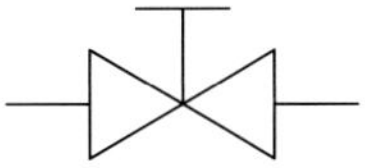	
5.4	원격 조작 밸브	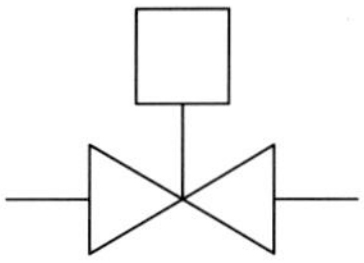	
5.4.1	실린더 밸브	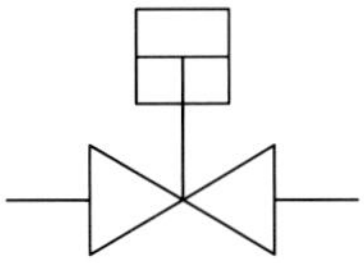	

■ 밸브 (계속)

번호	종류	도시 기호	비고
5.4.2	전자 밸브		
5.4.3	전동 밸브	M	

6 기타

번호	종류	도시 기호	비고
6.1	조립 유닛		
6.2	가열 가능 영역		
6.3	진공조		• 필요할 때는 틀 안에 명칭을 나타내도 된다.

참 고

• 도시 기호의 사용 보기

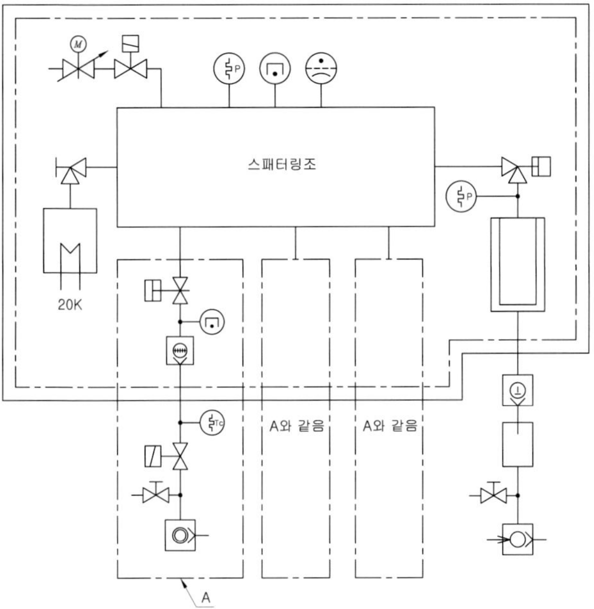

비 고

1. 이 그림은 규격 본체에 규정된 도시 기호를 되도록 많이 사용할 의도로 예시한다.
   가열 가능 영역의 지시에 대해서는 엄밀한 범위를 나타낸 것이 아니다. 필요에 따라 주기를 덧붙이는 것이 바람직하다.
2. 복합된 기능을 가진 부품(보기 : 실린더 구동의 칸막이 밸브)은 규격 본체 중의 도시 기호 일부를 조합해서 도시하였다.

1 종류 및 명칭에 관한 용어

(1) 일반

번호	용어	용어의 의미	대응 영어 (참고)
1101	밀봉장치	• 유체의 누설 또는 외부로부터의 이물질의 침입을 방지하기 위하여 사용되는 장치의 총칭	seling device
1102	실	• 밀봉장치와 동일하다.	seal
1103	운동용 실	• 회전운동이나 왕복운동 등과 같은 운동 부분의 밀봉에 사용되는 실의 총칭	dynamic seal
1104	고정용 실	• 보기를 들면 배관용 플랜지 등과 같이 정지 부분의 밀봉에 사용되는 실의 총칭. 정지용 실이라고도 한다.	static seal
1105	패킹	• 운동용 실과 동일하다.	packing
1106	가스켓	• 고정용 실과 동일하다.	gasket
1107	비금속 패킹	• 비금속제 패킹의 총칭	non−metallic packing
1108	비금속 가스켓	• 비금속제 가스켓의 총칭	non−metallic gasket
1109	반금속 패킹	• 금속재료와 비금속재료를 조합하여 만든 패킹의 총칭	semi−metallic packing
1110	반금속 가스켓	• 금속재료와 비금속재료를 조합하여 만든 가스켓의 총칭	semi−metallic gasket
1111	금속 패킹	• 금속제 패킹의 총칭	metallic packing
1112	금속 가스켓	• 금속제 가스켓의 총칭	metallic gasket
1113	셀프 타이트닝 패킹	• 보기를 들면 오일실 등과 같이 부착할 때 특별한 조립 조정을 필요로 하지 않는 패킹	self−tightening packing
1114	셀프 실 패킹	• 밀봉하는 유체의 압력에 의해 밀봉을 하는 패킹	self−seal packing
1115	셀프 실 가스켓	• 밀봉하는 유체의 압력에 의해 밀봉을 하는 가스켓	self−seal gasket
1116	축 패킹	• 축에 접촉하여 사용되는 패킹의 총칭	shaft packing
1117	로드 패킹	• 로드에 접촉하여 사용되는 패킹의 총칭(왕복운동용)	rod packing
1118	피스톤 패킹	• 피스톤에 부착되어 실린더에 접촉하여 사용되는 패킹의 총칭(왕복운동용)	piston packing
1119	플런저 패킹	• 플런저와 상대운동을 하는 상대 측에 부착되어 플런저에 접촉하여 사용되는 패킹의 총칭(왕복운동용)	plunger packing
1120	코일 패킹	• 나선 모양으로 감긴 단면이 각형, 원형 등인 패킹재로서 잘라서 사용한다.	packing coil
1121	스파이럴 패킹	• 스파이럴 모양으로 감긴 단면이 각형, 원형 등인 패킹재로서 잘라서 사용한다.	packing spiral
1122	액상 실	• 액상의 실 재료로서 실 면에 도포하여 밀봉을 하는 것의 총칭으로 실런트라고도 한다.	fluid sealant

(2) 성형 패킹

번호	용어	용어의 의미	대응 영어 (참고)
1201	성형 패킹	• 형(型)을 사용하여 성형가공에 의해 만들어진 패킹의 총칭	
1202	몰드 패킹	• 성형 패킹의 일종으로 몰드하여 제작된 패킹의 총칭	molded packing
1203	립 패킹	• 컵 패킹, 플랜지 패킹, V 패킹, U 패킹, 오일 실 등과 같이 립(lip)을 갖는 성형 패킹	lip packing
1204	스퀴즈 패킹	• O링, 각(角) 링 등과 같이 찌그러짐 여유를 주어 사용하는 성형 패킹의 총칭	squeeze packing
1205	컵 패킹	• 컵 모양의 피스톤 패킹으로 바깥지름 측의 립으로 밀봉하는 성형 패킹. L 패킹 또는 접시 패킹이라고도 한다.	cup packing
1206	플랜지 패킹	• 안지름 측의 립으로 밀봉하는 플랜지 모양의 성형 패킹. J 패킹 또는 햇 패킹이라고도 한다.	flange packing
1207	V 패킹	• 단면이 V형인 링 모양의 성형 패킹. V 링이라고도 한다.	V packing, V ring
1208	U 패킹	• 단면이 U형인 링 모양의 성형 패킹. U 링이라고도 한다.	U packing, U ring
1209	U컵 패킹	• 단면이 U형에 가까운 컵 모양의 성형 패킹	U−cup packing
1210	W 패킹	• 단면이 W형인 링 모양의 성형 패킹. W 링이라고도 한다.	W packing, W ring
1211	O 링	• 단면이 원형인 링 모양의 스퀴즈 패킹으로 가스켓에도 사용된다.	O ring
1212	각(角) 링	• 단면이 각형인 링 모양의 스퀴즈 패킹으로 가스켓에도 사용된다.	square ring

(3) 글랜드 패킹

번호	용어	용어의 의미	대응 영어 (참고)
1301	글랜드 패킹	(1) 일반적으로 단면이 각형이며 스터핑 박스에 채워 넣어 사용되는 패킹의 총칭 (2) 스터핑 박스에 사용되는 패킹의 총칭	gland packing
1302	브레이드 패킹	• 석면, 면, 마 등을 짜서 단면이 각형 또는 원형의 끈 모양으로 한 패킹. 짜는 방법은 주머니 짜기, 격자 짜기, 여덟가닥 짜기 등이 있다.	braided packing
1303	석면 브레이드 패킹	• 석면사를 사용한 브레이드 패킹	braided asbestos packing
1304	흑연처리 석면 브레이드 패킹	• 내열 윤활유와 흑연으로 처리한 석면사를 사용한 브레이드 패킹	graphited braided asbestos packing
1305	흑연칠 석면 브레이드 패킹	• 석면 브레이드 패킹의 표면을 그라파이트로 도장한 것	graphited-coated braided asbestos packing
1306	코튼 패킹	• 면사를 재료로 하여 만들어진 패킹의 총칭	cotton packing
1307	그리스처리 코튼 브레이드 패킹	• 면사를 사용한 브레이드 패킹을 윤활유지로 처리한 것	greased braided cotton packing
1308	그리스처리 플랙스 브레이드 패킹	• 아마사를 사용한 브레이드 패킹을 윤활유지로 처리한 것	greased braided flax packing
1309	금속선 브레이드 패킹	• 금속선을 사용한 브레이드 패킹	braided metal-wire packing
1310	금속박 패킹	• 금속박의 리본을 사용하여 적당히 감아 겹치거나 조합한 패킹	-
1311	솜 모양 패킹	• 글랜드 패킹의 일종으로 솜 모양인 것	-
1312	고무 석면포 감아 겹치기형 패킹	• 고무입힌 석면포를 감아서 겹쳐 단면을 각형 또는 원형으로 한 패킹	rubber asbestos-cloth packing
1313	고무 면포 적층 패킹	• 면포와 고무를 교대로 적층하여 단면을 각형으로 하고, 그 교호면이 축에 접하도록 하여 사용되는 패킹. 적층 방향이 축면에 수직인 것을 특히 아마존 패킹이라 한다.	-

(4) 오일실

번호	용어	용어의 의미	대응 영어 (참고)
1401	오일실	• 립을 사용하여 레이디얼 방향으로 죄어 회전운동 또는 왕복운동 하는 부분의 밀봉을 하는 실	oil seal
1402	더스터 립(오일실의)	• 더스터(duster)붙이 오일실의 먼지막기 등과 같이 외부로부터 이물질의 침입을 방지하기 위하여 사용하는 립	duster lip(of oil seal)
1403	스프링들이 바깥둘레 고무 오일실	• 스프링을 사용한 립과 금속고리로 되어 있으며, 바깥 둘레 면이 고무로 덮힌 방식의 오일실	embedded-case spring loaded oil seal
1404	스프링들이 바깥둘레 금속 오일실	• 스프링을 사용한 립과 금속고리로 되어 있으며, 바깥 둘레 면이 금속고리로 구성되어 있는 방식의 오일실	metal-bonded-case spring loaded oil seal
1405	스프링없는 바깥둘레 고무 오일실	• 스프링을 사용하지 않은 립과 금속고리로 되어 있으며, 바깥 둘레 면이 고무로 덮힌 방식의 오일실	embedded-case springless oil seal
1406	스프링없는 바깥둘레 금속 오일실	• 스프링을 사용하지 않은 립과 금속고리로 되어 있으며, 바깥 둘레 면이 금속고리로 구성되어 있는 방식의 오일실	metal-bonded-case springless oil seal
1407	스프링들이 바깥둘레 고무 더스터붙이 오일실	• 스프링을 사용한 립과 금속고리 및 스프링을 사용하지 않은 더스터로 되어 있으며, 바깥 둘레 면이 고무로 덮힌 방식의 오일실	embedded-case spring loaded oil seal with duster lip
1408	스프링들이 바깥둘레 금속 더스터붙이 오일실	• 스프링을 사용한 립과 금속고리 및 스프링을 사용하지 않은 더스터로 되어 있으며, 바깥 둘레 면이 금속고리로 구성되어 있는 방식의 오일실	metal-bonded-case spring loaded oil seal with duster lip

(5) 미캐니컬 실

번호	용어	용어의 의미	대응 영어 (참고)
1501	끝면(단면) 실	• 축에 대략 수직인 두 평면 간의 접촉 압력에 의해 회전 부분의 밀봉을 하는 실의 총칭. 액셜 실이라고도 한다.	end-face seal
1502	미캐니컬 실	• 끝면(단면) 실의 일종으로 완충기구를 갖는 실 유니트	mechanical seal

(6) 가스켓

번호	용어	용어의 의미	대응 영어 (참고)
1601	개스키팅	• 시트, 스파이럴, 코일 모양 등으로 만들어진 가스켓 재의 총칭이며, 이것으로부터 가스켓을 잘라내어 사용한다.	gasketing
1602	시트 개스키팅	• 시트 모양의 개스키팅이며 이것으로부터 가스켓을 잘라내어 사용하는 것의 총칭	sheet gasketing
1603	석면조인트 시트 개스키팅	• 석면을 주재료로 하고 고무를 바인더로 하여 만들어진 시트 개스키팅. 단순히 석면 조인트 시트라고도 한다.	compressed asbestos sheet gasketing
1604	고무 시트 개스키팅	• 고무를 재료로 하여 만들어진 시트 개스키팅. 단순히 고무 시트라고도 한다.	rubber seat gasketing
1605	천들이 고무 시트 개스키팅	• 천을 보강재로 넣은 고무를 재료로 하여 만들어진 시트 개스키팅. 단순히 천들이 고무 시트라고도 한다.	cloth-inserted rubber sheet gasketing
1606	고무입힌 석면포 시트 개스키팅	• 고무를 입힌 석면포를 재료로 하여 만들어진 시트 개스키팅. 단순히 고무입힌 석면포 시트라고도 한다.	rubber coated asbestos-cloth sheet gasketing
1607	철망들이 석면 조인트 시트 개스키팅	• 철망을 보강재로 넣은 석면 조인트 시트 개스키팅. 단순히 철망들이 석면 조인트 시트라고도 한다.	compressed asbestos sheet gasketing reinforced with wire-netting
1608	오일 시트 개스키팅	• 종이를 내유, 내용제성 함침제로 처리한 것. 단순히 오일 시트라고도 한다.	oil sheet gasketing
1609	파이버 시트 개스키팅	• 가공지를 재료로 하는 시트 개스키팅. 단순히 파이버 시트라고도 한다.	fiber sheet gasketing
1610	평형 가스켓	• 시트로부터 잘라낸 대로의 상태로 사용되는 평평한 가스켓의 총칭	flat gasket
1611	금속 평형 가스켓	• 금속제의 평형 가스켓	solid-metal flat gasket
1612	접어겹친형 가스켓	• 판 모양의 재료를 접어 겹쳐서 만든 가스켓의 총칭	folded gasket
1613	석면포 접어겹친형 가스켓	• 고무를 입힌 석면포를 접어 겹쳐서 만든 가스켓	asbestos-cloth folded gasket
1614	재킷형 가스켓	• 심의 재료를 금속, 플라스틱 등의 피복 재료로 전면적으로 또는 부분적으로 피복한 가스켓의 총칭	jacketed gasket
1615	금속 재킷형 가스켓	• 석면 그 밖의 내열재료를 금속으로 피복한 재킷형 가스켓. 온 피복, 반 피복, 이중 피복, 파형 피복, 둥근형 피복, 안팎둘레 피복 등이 있다.	metal jacketed gasket
1616	플라스틱 재킷형 가스켓	• 펠트 모양 석면 그 밖의 재료를 합성수지로 피복한 재킷형 가스켓	plastic jacketed gasket
1617	스파이럴 가스켓	• 테이프 모양의 파형 금속판과 석면, 합성수지 등을 겹쳐 스파이럴 모양으로 감아 판 모양의 링으로 만든 가스켓	spiral wound gasket
1618	파형 가스켓	• 동심원의 파형을 붙인 판을 사용한 가스켓	corrugated gasket
1619	석면사들이 금속 파형 가스켓	• 금속제의 파형 가스켓의 주름에 따라 동심원 모양으로 석면사를 끼워 넣은 것	corrugated metal gasket with asbestos- cord cemented in corrugations
1620	톱니 모양 가스켓	• 금속판의 양면을 톱니 모양의 요철면으로 가공한 가스켓	serrated gasket
1621	온면형 가스켓	• 접합면 전체와 같은 형의 가스켓	full-case gasket
1622	링 가스켓	• 플랜지의 볼트의 안쪽에 부착되는 링 모양의 가스켓 또는 그 밖의 링 모양 가스켓	ring gasket
1623	링 조인트 가스켓	• 링 조인트형 플랜지에 사용되는 금속링 가스켓 단면이 타원형인 오벌링, 단면이 8각형인 옥태거널링이 있다.	ring joint gasket
1624	렌즈 링	• 일반적으로는 볼록렌즈의 중앙을 도려낸 모양으로 플랜지와 선 접촉하는 금속제의 링 가스켓	lens ring
1625	금속 O링	• 금속제의 중공 O링이며, 일반적으로 고온 고압용의 가스켓으로 사용한다.	metal O ring
1626	성형 가스켓	• 형을 사용하여 성형가공에 의해 만들어진 가스켓의 총칭	–
1627	몰드 가스켓	• 성형 가스켓의 일종이며 몰드하여 만들어진 가스켓의 총칭	molded gasket

(7) 기타

번호	용어	용어의 의미	대응 영어 (참고)
1701	석면사	• 석면섬유를 꼰 실	asbestos yarn
1702	금속선들이 석면사	• 금속선을 넣어 꼰 석면사	wire inserted asbestos yarn
1703	석면포	• 석면사로 짠 천	asbestos cloth
1704	석면지	• 석면섬유를 걸어 종이 모양으로 한 것	asbestos paper
1705	석면 테이프	• 석면지를 테이프 모양으로 한 것	asbestos tape
1706	석면 밀보드	• 석면섬유에 내열성 풀을 혼합하여 두꺼운 종이 모양으로 만든 것	asbestos mill-board
1707	다이어프램 실	• 상대운동을 하는 내외의 2부분에 부착되어 변형하여 상대운동에 대응하는 막모양 실. 다이어프램 패킹 또는 단순히 다이어프램이라고도 한다.	diaphragm seal
1708	평형 다이어프램	• 평평한 관에 펀칭 또는 성형된 다이어프램	flat diaphragm
1709	접시형 다이어프램	• 중심부가 바깥둘레부의 높이보다 눌려 내려앉은 모양으로 성형된 접시 모양의 다이어프램이며, 같은 지름의 평형 다이어프램보다 큰 행정으로 사용할 수 있다.	dished diaphragm
1710	전동형 다이어프램	• 내외의 2부분이 상대운동할 때, 다이어프램이 늘어나 막의 한 쪽이 구름접촉을 하면서 벽으로부터 떨어지고 다른 쪽이 벽과 구름 접촉을 시작하는 구조로 만들어진 다이어프램	rolling diaphragm, convolution diaphragm
1711	벨로스	• 단독의 실 또는 실의 일부로서 사용되는 주름 상자 모양의 부품	bellows
1712	레버린스 패킹	• 밀봉부에 좁은 통로를 두어 밀봉을 하는 비접촉형 실	labyrinth packing
1713	펠트 링	• 펠트제의 링 모양 패킹	felt ring
1714	카본 링	• 흑연 또는 카본을 링 모양으로 성형한 패킹	carbon ring
1715	와이퍼 링	• 잉여유체 또는 이물질을 제거하기 위하여 왕복운동의 패킹에 병용되는 링. 스크레이퍼 링이라고도 한다. 펠트와이퍼는 보통 급유도 겸한다.	wiper ring, scraper ring
1716	실 립	• 립 모양의 실의 밀봉면을 형성하고 있는 부분으로서 축방향으로 돌출되어 있거나(이것을 레그라고도 한다) 또는 경사진 얇은 혀 모양을 하고 있는 개소를 말한다. 단순히 립이라고도 한다.	seal lip
1717	밀봉면	• 실이 축, 하우징 그 밖의 것과 접촉하여 밀봉하는 면. 실 자신의 면도 상배방의 면도 다같이 말한다.	sealing surface
1718	접촉면	• 실의 면과 상대방의 면이 접촉하고 있는 면(기능상에서 보면 밀봉면)	contact surface
1719	힐(패킹의)	• 패킹의 아래 부분과 측면의 사이와의 모서리 부분	heel(of packing)
1720	숄더(패킹의)	• 컵패킹, 플랜지 패킹, U 패킹 등의 힐의 바로 윗 부분으로서 여기에서 패킹재료는 각도를 가지고 성형된다. 패킹의 힐을 포함할 때도 있다. 숄더 부근으로부터 힐까지의 부분을 허리라고도 한다.	shoulder(of packing)
1721	원형 짜기	• 단면을 원형으로 짠 것으로 원칙적으로 주머니 짜기	round braid
1722	각형 짜기	• 단면을 각형으로 짠 것	square braid
1723	격자 짜기	• 각형짜기의 일종으로 단면에 있어 실의 방향이 대각선에 평행하게 격자 모양으로 짠 것	interlocking braid
1724	여덟가닥 짜기	• 각형짜기의 일종으로 8개의 스트랜드로 짠 것	8-carrier braid
1725	주머니 짜기	• 고리 모양 둘레에 단면이 원형 또는 각형인 고리 모양으로 짠 것(한 겹 또는 여러 겹)	braid over braid
1726	스트랜드	• 섬유나 철사로 만든 실을 꼬은 뭉치	strand

2 사양에 관한 용어

(1) 치수에 관한 것

번호	용어	용어의 의미	대응 영어 (참고)
2101	립 지름(립 패킹의)	• 패킹의 립의 직경으로 컵 패킹에서는 바깥지름, 플랜지 패킹에서는 안지름, U 패킹 및 V 패킹에서는 안지름 및 바깥지름을 가리킨다.	lip diameter
2102	립 죔새(립 패킹의)	• 립 패킹의 립 지름과 그것이 접촉하는 축 또는 구멍의 지름과의 차의 1/2	lip interference
2103	벌어짐(립 패킹의)	• 립 지름과의 힐의 지름과의 차에 의하여 생기는 벌어짐	flare
2104	쌓아올린 높이 (V 패킹의)	• V 패킹을 여러 장 겹쳐서 사용하는 경우의 부착하였을 때의 높이	stack height, stack depth
2105	유효 지름 (다이어프램의)	• 다이어프램의 추력으로 유효하게 작용하는 면의 지름	effective diameter
2106	가스켓 나비	• 가스켓 자리와의 관계를 고려하지 않은 가스켓 자신의 나비(W)	gasket width
2107	가스켓의 접촉 가능 나비	• 가스켓과 가스켓 자리가 접촉하는 나비(N)로 가스켓의 양 면에서 접촉 나비가 다른 경우에는 큰 쪽을 취한다.	possible contact width
2108	기본 가스켓 나비	• 가스켓의 자리, 가스켓의 접촉 가능 나비, 가스켓의 재질 및 가스켓의 두께에 따라 결정되는 나비로서 유효 가스켓 나비를 정하기 위해 사용한다. 가스켓 자리가 평면일 때에는 가스켓의 재질에 관계없이 가스켓의 접촉 가능 나비의 1/2이 된다.	basic gasket seating width
2109	유효 가스켓 나비	• 가스켓이 유효하게 작용하고 있다고 생각되는 나비	effective gasket seating width
2110	귀(O링의)	• O링을 성형할 때의 금형의 틈새로 새어나온 자리	flash
2111	찌부러짐 여유(O링의)	• O링이 부착되었을 때의 굵기의 감소량	squeeze
2112	찌부러짐률(O링의)	• 찌부러짐 여유와 O링의 굵기와의 비를 %로 표시한 것	

(2) 품질 및 성능에 관한 것

번호	용어	용어의 의미	대응 영어 (참고)
2201	스프링 경도	• 스프링식 경도 시험기에 의하여 측정한 경도 (KS M 6518 참조)	
2202	경도 변화 (고무 재료의)	• 고무 재료의 노화 전후의 경도의 변화량	hardness change
2203	인장 응력 (특정한 신장에 대한)	• 특정한 신장을 주었을 때의 재료의 응력으로서 고무 재료 등의 강성을 표시하기 위하여 사용된다. 모듈러스라고도 한다.	modulus, tensile stress
2204	압축률	• 짧은 시간의 압축력에 의하여 생긴 변형량의 원 두께에 대한 비율	compressibility
2205	최대 탄성 에너지	• 고무 시험편을 파단점까지 인장하는데 요구되는 에너지를 시험편의 원 체적으로 나눈 값(kg· cm/cm²)으로서, 응력-변형률 선도에 있어서의 변형률 축과 응력-변형률선으로 둘러싸인 면적에 의해 측정되는 적분값. 프루프리질리언스라고도 한다.	proof resilience
2206	스웰링	• 고무재료 등이 기체나 액체 등을 흡수하여 그 결과 체적이 증가하는 현상. 편의적으로는 스웰링을 체적 변화율이나 질량 변화율로서 표시할 경우가 많다.	swelling
2207	노화	• 시간의 경과와 더불어 성능이 저하하는 현상	aging
2208	공기 가열 노화	• 시료를 정해진 온도의 가열공기 중에 유지하였을 때 생기는 노화	air heat aging
2209	내노화성	• 노화되기 힘든 성질	aging resistance
2210	내유성	• 기름에 견디는 성질	oil resistance

(2) 품질 및 성능에 관한 것 (계속)

번호	용어	용어의 의미	대응 영어 (참고)
2211	내수성	• 물에 견디는 성질	water resistance
2212	내산성	• 산에 견디는 성질	acid resistance
2213	내용해성 (수도용 고무의)	• 수도용 고무재료의 배합 성분이 물에 용출되기 힘든 성질	
2214	내화염성	• 착화하였을 때 불꽃을 내며 연소를 계속하기 힘든 성질	flame resistance, fire resistance
2215	내열성	• 열에 견디는 성질	heat resistance
2216	내한성	• 저온에서 물리적 성질이 변화하지 않는 성질	low temperature resistance
2217	저온 취성 (고무 재료의)	• 고무재료가 저온에서 유연성, 탄성이 감소되어 약해지는 성질	low temperature brittlenese
2218	반발 탄성	• 타격하였을 때 흡수되지 않고 잔류한 위치 에너지의 크기를 척도로 하여 표시되는 성질	impact resilience
2219	인열 강도	• 고무재료, 합성수지 등의 인열에 대한 강도	tear strength
2220	영구 변형	• 외력에 의하여 고무재료, 합성수지 등에 영구 변형이 생기는 현상	permanent set
2221	영구 연신	• 고무재료, 합성수지 등에 인장력을 주어 일정 시간 방치한 후의 잔류 변형	tension set
2222	압축 영구 변형	• 고무재료, 합성수지 등을 일정 시간 일정 온도로 압축하였을 때의 잔류 변형	compression set
2223	콜드 플로	• 고무재료, 합성수지 등이 응력에 의해 연속적 소성 변형을 일으키는 현상. 크리프라고도 한다.	cold flow
2224	응력 완화	• 일정한 길이로 신장 또는 압축된 상태로 유지하였을 때 고무재료, 합성수지 등에 일어나는 응력의 연속적 감소	stress relaxation
2225	복원율	• 일정한 시간, 온도, 하중하에서 생긴 압축 변형에 대한 하중을 제거한 후 회복한 변형의 비율	recovery
2226	두께 변화율	• 고무재료, 합성수지 등을 일정 온도의 액체 속에 일정 시간 유지한 후의 두께의 변화량의 원 값에 대한 비율	thickness change
2227	체적 변화율	• 고무재료, 합성수지 등을 일정 온도의 액체 속에 일정 시간 유지한 후의 체적 변화량의 원 값에 대한 비율	volume change
2228	연신 변화율 (노화 후의)	• 고무재료의 노화에 따른 연신의 변화량의 원 값에 대한 비율	elongation change
2229	인장 강도 변화율 (노화 후의)	• 고무재료의 노화에 따른 인장강도의 변화량의 원 값에 대한 비율	tensile strength change
2230	중량 변화율	• 고무재료, 합성수지 등을 일정 온도의 액체 속에 일정 시간 유지한 후의 중량 변화량의 원 값에 대한 비율	weight chang
2231	가열 감량	• 시료가 가열됨으로써 생기는 중량의 감소	heating loss
2232	강열 감량	• 시료가 강열됨으로써 생기는 중량의 감소. 일반적으로 고온에서 함량이 될 때까지 또는 일정 시간 가열하였을 때의 감량을 %로 표시한다.	ignition loss
2233	습분(석면의)	• 석면의 시료가 물리적으로 보유하고 있는 수분. 일반적으로 105℃에서 1시간 가열하였을 때의 감량을 %로 표시한다.(KS L 5301 참조)	moisture content
2234	접착 강도	• 실 재료의 접착한 부분의 박리에 대한 강도	adhesive strength

(2) 품질 및 성능에 관한 것 (계속)

번호	용어	용어의 의미	대응 영어 (참고)
2235	점착	• 실 재료가 상대 금속에 접착하는 현상	tacking
2236	반복 굽힘 균열	• 반복 굽힘에 의해 발생하는 표면의 균열	flex cracking
2237	찌부러짐	• 고무재료, 합성수지 등이 압축되어 갈라짐, 영구변형 등이 생기는 현상	crushing
2238	비틀림 파손(O링의)	• O링에 생기는 비틀림 응력에 의한 파손으로서 회전 운동보다도 오히려 왕복 운동에서 발생한다.	spiral failure
2239	밀려나옴(틈새에의)	• 실 재료의 일부가 부착된 개소의 틈새로 변형하여 들어가는 것	extrusion
2240	박리	• 가황고무와 금속 혹은 합성수지와의 접착부 또는 고무로 밀착된 포층 상호간 혹은 고무층과 포층이 떨어지는 것	peel
2241	밀봉성	• 실 부분을 지나 유체가 누설되거나 이물질이 침입하는 것을 방지 또는 제어할 수 있는 성능	sealing performance
2242	누설	• 정적 또는 동적인 실 부분으로부터 유체가 유출 또는 유입하는 현상	leakage
2243	미끄럼면 누설(패킹의)	• 패킹의 상대 운동이 있는 접촉면으로 부터의 누설	leakage along sliding surface
2244	뒷면 누설	• 패킹의 상대 운동이 없는 접촉면으로 부터의 누설	
2245	접촉면 누설	• 패킹 또는 가스켓의 접촉면으로 부터의 누설	leakage along contact surface
2246	침투 누설	• 패킹 또는 가스켓 자체를 침투하여 일어나는 누설	penetration leakage

(3) 시험 및 검사에 관한 것

번호	용어	용어의 의미	대응 영어 (참고)
2301	원 상태	• 고무재료, 합성수지 등에서 제조 직후 노화되지 않은 상태를 말한다.	original state
2302	경도 시험	• 고무재료, 합성수지 등의 경도를 측정하기 위한 시험으로서 다음의 방법 등이 있다. ① 스프링식 경도시험 ② 정하중식(오르젠식)경도시험 ③ 정하중식(프세이, 죤즈식)경도시험	hardness test
2303	듀로미터	• 고무재료, 합성수지 등에 사용하는 스프링식 경도시험기의 일종	durometer
2304	인장 시험	• 고무재료, 합성수지 등의 인장강도, 신장률 및 특정한 신장률에 대한 인장응력 등을 측정하기 위하여 하는 시험	tension test
2305	굽힘 시험	• 고무재료, 합성수지 등의 시료를 소정의 지름의 둥근 봉에 소정의 각도로 감았을 때의 균열의 유무에 의하여 유연성을 조사하는 시험	bending test
2306	노화 시험	• 고무재료 등의 내노화성을 측정하기 위하여 하는 시험으로서 소정의 방법에 의하여 가열한 후 인장강도, 신장률, 인장응력, 경도 등의 여러 성질을 측정한다.	aging test
2307	공기 가열 노화 시험	• 시료를 소정의 온도로 조절된 공기 가열 노화 시험기에 소정의 시간 방치하여 가열 공기에 대한 내노화성을 측정하기 위하여 하는 시험	air oven aging test
2308	기어식 노화 시험기	• 가황 고무의 공기 가열 노화 시험에 사용하는 노화시험기의 일종	Gear oven aging tester
2309	시험관 가열 노화 시험	• 시료를 유리제 시험관 내에 매달고 시험관을 기름 등의 열매체로 가열하여 하는 노화 시험	test tube aging

(3) 시험 및 검사에 관한 것 (계속)

번호	용어	용어의 의미	대응 영어 (참고)
2310	가압 산소 가열 노화 시험	• 시료를 가압 산소 용기에 넣어서 가열하여 하는 노화 시험	oxygen pressure aging test
2311	촉진 노화 시험	• 시험조건을 가혹하게 하여 노화를 단시간에 진행시켜 하는 노화 시험	accelerated aging test
2312	부식 시험	• 패킹, 가스켓 재료의 상대 금속에 대한 부식성을 조사하는 시험	corrosion test
2313	침지 시험	• 물, 윤활유, 연료유, 에틸렌글리콜 그 밖의 액체에 시료를 담그어 침지 후의 시료의 물리적 성질의 변화를 측정하는 시험	immersion test
2314	내유 시험	• 내유성을 조사할 목적으로 윤활유, 연료유, 에틸렌글리콜 그 밖의 기름을 사용하여 시행하는 침지 시험	oil resistant test
2315	내수 시험	• 내수성을 조사할 목적으로 물을 사용하여 시행하는 침지 시험	water resistant test
2316	내산 시험	• 내산성을 조사할 목적으로 염산, 황산 그 밖의 산을 사용하여 시행하는 침지 시험	acid resistant test
2317	용해 시험 (수도용 고무의)	• 수도용 고무재료의 내용해성을 조사할 목적으로 염소를 함유한 물을 사용하여 시행하는 침지 시험	
2318	내한 시험	• 고무재료, 합성수지 등의 저온에서의 취성 및 경도 등을 측정하기 위하여 시행하는 시험으로소 저온 굽힘 시험, 충격 취화 시험 등이 있다.	low temoerature resistant test
2319	저온 굽힘 시험	• 고무재료, 합성수지 등의 시료를 저온의 지정 온도에서 지정시간 방치하여 신속히 굽혀 균열의 유무에 따라 저온에서의 취성을 조사하는 시험	low temperature resistant test
2320	충격 취화 시험	• 고무재료, 합성수지 등의 시료에 저온조 내에서 타격을 주어 저온에서의 취성을 조사하는 시험	impact test of brittleness
2321	반발 탄성 시험	• 일정한 높이에서 일정한 중량의 둥근 철봉 등으로 고무재료, 합성수지 등의 시료를 타격하였을 때의 반발 높이를 측정하여 반발 탄성을 조사하는 시험	impact resilience test
2322	영구 연신 시험	• 고무재료, 합성수지 등의 영구 연신을 측정하기 위하여 시행하는 시험	tension set test
2323	압축 영구 변형 시험	• 고무재료, 합성수지 등의 압축 영구 변형을 측정하기 위하여 시행하는 시험	compression set test
2324	박리 시험	• 내박리성을 조사하기 위하여 하는 시험. 금속 또는 합성수지와 가황고무 사이의 접착강도를 측정하는 경우와 적층재료의 포층 상호간 또는 고무층과 포층과의 사이의 접촉강도를 측정하는 경우와는 각각 시험 방법이 다르다.	adhesion test
2325	반복 굽힘 시험	• 반복 굽힘에 대한 재료의 강도를 조사하는 시험	flex test
2326	인열 시험	• 소정의 시험 방법에 의하여 시료를 찢어 인열강도를 측정하는 시험	tear test
2327	찌부러짐 시험(O링의)	• O링을 금속판에 끼워 소정의 조건으로 압축하여 갈라짐, 영구변형 등의 상태를 조사하는 시험	crush test
2328	피로 시험(O링의)	• O링을 피로 시험기의 시험축의 홈에 당겨 늘려서 벨트와 같이 걸어 일정시간 구동시켜 피로강도를 조사하는 시험	fatigue test
2329	누설 시험	• 소정의 조건으로 패킹, 가스켓 등으로부터의 유체의 누설을 조사하는 시험	leakage test

(4) 기타

번호	용어	용어의 의미	대응 영어 (참고)
2401	어댑터(V 패킹의)	• V 패킹을 지지하기 위하여 사용되는 링으로서 한쪽면이 이것과 접촉하는 패킹의 만곡면과 같은 모양을 이루고 있다. 수 어댑터와 암 어댑터가 있다.	adapter
2402	수 어댑터	• 패킹과의 접촉면이 볼록 면을 한 어댑터	male adapter
2403	암 어댑터	• 패킹과의 접촉면이 오목 면을 한 어댑터	female adapter
2404	폴로어(컵 패킹의)	• 캡 패킹을 피스톤 등에 고정하기 위하여 사용되며 립의 안쪽 또는 패킹의 뒷면에 넣어 사용되는 부품	follower
2405	서포트 링 (U 패킹 및 U 컵패킹의)	• U 패킹 또는 U 컵패킹을 고정하기 위하여 사용되는 부품. 페데스털링이라고도 한다.	support ring
2406	스페이서 링(패킹의)	• 패킹의 죔 압력의 균일화, 변형 방지, 방열 등의 목적으로 패킹 사이에 넣거나 또는 패킹의 과대 죔을 방지할 목적으로 부착부에 사용하는 링	spacer ring
2407	랜턴 링	• 스터핑 박스의 패킹 사이 또는 패킹의 한 끝에 넣는 단면이 H형인 링으로서 주로 윤활을 목적으로 하여 급유구와 서로 관계되어 있다.	lantem ring
2408	외륜 (스파이럴형 가스켓의)	• 위치결정의 목적 및 과대한 조임 압력이 가스켓에 가해지거나 조임에 의해 가스켓이 변형하는 것을 방지할 목적으로 스파이럴형 가스켓의 바깥 쪽에 넣는 금속재 링	outer ring (of spiral wound gasket)
2409	내륜 (스파이럴형 가스켓의)	• 과대한 조임 압력이 가스켓에 가해지거나 조임에 의해 가스켓이 변형하거나 하는 것을 방지할 목적으로 스파이럴형 가스켓의 안쪽에 넣는 금속제 링	inner ring (of spiral wound gasket)
2410	백업 링	• 실의 한쪽 또는 양쪽에 보강 또는 빠져나감을 방지할 목적으로 사용되는 링	back－up ring
2411	스터핑 박스	• 패킹이 들어가는 패킹 실	stuffing box
2412	패킹 글랜드	• 패킹의 누름 뚜껑. 보통 글랜드라고도 한다.	packing gland
2413	패킹 누르개(글랜드의)	• 스터핑 박스에 돌출되어 있어 패킹을 누르는 역할을 하는 글랜드의 부분 또는 부품	gland follower
2414	패킹 홈	• 패킹을 넣는 홈	packing groove
2415	가스켓 홈	• 가스켓을 넣는 홈	gasket groove
2416	온 면자리 플랜지	• 접합면의 온면을 평면으로 다듬은 플랜지	flat face flange
2417	큰 평면자리 플랜지	• 접합면의 볼트 구멍의 안쪽에 대략 접하는 원형의 평면자리를 둔 플랜지	large raised face flange
2418	작은 평면자리 플랜지	• 큰 평면자리보다 작은 평면자리를 둔 플랜지	small raised face flange
2419	홈형 플랜지	• 접합면의 한쪽에 둔 홈에 다른 쪽의 볼록부가 들어가게 만든 플랜지	tongue and groove flange
2420	끼워맞춤형 플랜지	• 접합면을 암, 수의 모양으로 만든 플랜지	male－female flange
2421	링 조인트형 플랜지	• 링 조인트 가스켓을 넣는 홈을 가진 플랜지	ring joint gasket flange
2422	익스팬더(립패킹의)	• 립 패킹의 립에 벌어짐을 주기 위하여 사용되는 부품으로서 핑거 스프링, 거터 스프링, 스플릿 링 그 밖의 것이 있다. 스프링 스프레더라고도 한다.	expander
2423	핑거 스프링(립패킹의)	• 립 패킹의 익스팬더로서 사용되는 1열의 혀를 가진 링 모양의 스프링	finger spring
2424	패킹 죔 압력	• 패킹을 죄었을 때 패킹에 작용하는 죔 압력	
2425	가스켓 죔 압력	• 가스켓을 죄었을 때 가스켓의 단위 면적마다에 작용하는 압력	

(4) 기타 (계속)

번호	용어	용어의 의미	대응 영어 (참고)
2426	유효 죔 압력	• 내압이 걸려 있을 때 실제로 가스켓에 가해져 있는 조임 압력으로서 가스켓 죔 압력으로부터 내압에 의한 볼트의 신장으로 인한 죔 압력의 감소분을 뺀 것	
2427	최소 유효 죔 압력	• 가스켓에 누설이 생기지 않게 하기 위하여 필요한 최소의 유효 죔 압력	
2428	최소 가스켓 죔 압력	• 가스켓의 접촉하여야 할 면이 가스켓 자리와 밀착하기 위하여 필요한 최소의 죔 압력	minimum seating stress
2429	플랜지 압력	• 플랜지의 볼트를 죄었을 때 가스켓에 작용하는 죔 압력으로서 겉보기 플랜지 압력과 참 플랜지 압력이 관용적으로는 가스켓 하중이라고도 한다.	flange pressure
2430	겉보기 플랜지 압력	• 볼트의 조임 토크에서 계산한 플랜지 압력으로 특정의 계산식에 의해 구한다.	apparent flange pressure
2431	참 플랜지 압력	• 볼트를 죄었을 때의 진실한 플랜지 압력. 보통 겉보기 플랜지 압력에서 여러 조건을 고려하여 추정한다.	actual flange pressure
2432	가스켓 계수	• 가스켓에 있어서의 누설을 일으키지 않는 한계의 유효 조임 압력과 내압과의 비	gasket factor
2433	불균일 죔	• 패킹 또는 가스켓의 불균일한 조임 상태	
2434	가황 부족	• 고무재료의 가황의 정도가 소정의 양보다 부족한 것	under cure
2435	적정 가황	• 고무재료의 가황의 정도가 소정량대로 인 것	optimum cure
2436	과 가황	• 고무재료의 가황의 정도가 소정량보다 과잉인 것	over cure
2437	펀칭(가스켓 등의)	• 시트 개스키팅 등으로부터 펀칭 다이로 소정의 모양의 것을 펀칭하는 것	punching
2438	스코치	• 작업 중이나 보관 중에 열 때문에 미가황고무의 가황이 일부 진행하는 것	scorch
2439	블룸	• 가황 전 또는 가황 후에 고무재료의 표면에 가황제 등이 뿜어나옴으로써 생기는 흐림. 블리딩이라고도 한다.	bloom

1-6 철강재 관 이음 용어 KS B 0121 : 2006 (2016 확인)

1 기본

번호	용어	용어의 의미	대응 영어 (참고)
1001	관	• 유체를 통과시키는 통	pipe, tube
1002	관이음	• 배관에 있어 다음의 목적으로 접속 등에 사용하는 이음 a) 유체의 방향 전환 b) 유체의 갈래 또는 집합 c) 관의 접속 d) 관의 지름이 다른 것과의 접속 e) 관 끝의 폐쇄 f) 계기, 밸브 등의 부착 g) 팽창, 수축 등의 흡수 h) 관의 회전 또는 굴곡	pipe fitting pipe joint pipe coupling tube fitting tube coupling

■ 기본 (계속)

번호	용어	용어의 의미	대응 영어 (참고)
1003	결합 방식	• 관 또는 관 이음을 관, 관 이음 또는 기기와 접속하는 방식	connection type
1004	고정식 관 이음	• 유체의 갈래, 집합 혹은 방향 전환 또는 관의 접속이나 폐쇄 목적을 위하여 사용하는 관 이음 [비고] 관 이음 자체는 결합하는 관의 변위를 조정하지 않는다.	fixed fitting
1005	가동식 관 이음	• 관 축방향의 신축, 가로 방향의 변위, 굽힘 변위, 진동 등에 대응하는 목적으로 사용하는 관 이음	adjustable fitting
1006	같은 지름 관 이음	• 지름의 호칭이 모두 같은 관 이음	equal fitting
1007	지름이 다른 관 이음	• 호칭 지름이 2개 이상 다른 관 이음	reducing fitting
1008	편심 관 이음	• 상대하는 관의 축심을 평행으로 하여 접속하는 관 이음	eocentric fitting
1009	동심 관 이음	• 상대하는 관의 축심을 동일 직선상에 접속하는 관 이음	concentric fitting
1010	관 플랜지	• 관, 기기 등의 접속에 사용하는 날밑 모양의 관 이음	pipe flange

2 결합 방식

번호	용어	용어의 의미	대응 영어 (참고)
2001	나사 결합식	• 관용 나사로 접속하는 결합 방식	threaded type, screwed type
2002	유니언식	• 부품을 유니언 너트 및 유니언 나사로 조여 접속하는 결합 방식	union type
2003	맞대기 용접식	• 끝 부분을 맞대고 용접하는 결합 방식	butt welding type
2004	삽입 용접식	• 끝 부분을 꽂아 용접하는 결합 방식 [비고] 슬립 온 용접식 및 소켓 용접식이 있다.	socket welding type, slip-on welding type
2005	슬립 온 용접식	• 삽입 용접식에서 끝 부분 위치결정 방법이 없는 것	slip-on welding type
2006	소켓 용접식	• 삽입 용접식에서 스토퍼(stopper)가 있는 것	socket welding type
2007	플랜지식	• 관 플랜지를 볼트 및 너트로 접속하는 결합 방식	flanged type
2008	억지물림식	• 금속제의 슬리브가 관의 끝 부분을 억지로 물리게 하여 접속하는 결합 방식	bite type, flareless type, olive type
2009	플레어식	• 관의 끝 부분을 원뿔 모양으로 넓혀 접속하는 결합 방식	flared type
2010	메커니컬식	• 삽입구 부에 관을 꽂아 쐐기형 링 모양의 가스켓을 압륜 또는 누름쇠 기구로 조이는 결합 방식	mechanical type
2011	하우징식	• 접속 양 끝 부분에 특수한 형태의 가스켓을 끼워 넣고 그 위에서부터 하우징을 뒤집어 씌워 볼트, 너트, 핀 등으로 조이는 결합 방식	housing type

3 고정식 관 이음

(a) 관 이음

번호	용어	용어의 의미	대응 영어 (참고)
3101	엘보	• 서로 어떤 각도를 이루는 2개의 관 접속에 사용하는 곡률 반지름이 비교적 작은 관 이음	elbow
3102	밴드	• 서로 어떤 각도를 이루는 2개의 관 접속에 사용하는 곡률 반지름이 비교적 큰 관 이음 [비고] 뒤집기 밴드(KS B 1531)는 곡률 반지름이 매우 작다.	bend

(a) 관 이음 (계속)

번호	용어	용어의 의미	대응 영어 (참고)
3103	티(T)	• 3개의 관을 T자형으로 접속하기 위하여 사용하는 T형 관이음	tee
3104	와이(Y)	• 3개의 관을 Y자형으로 접속하기 위하여 사용하는 Y형 관이음	lateral
3105	크로스	• 4개의 관을 +자형으로 접속하기 위하여 사용하는 +형 관이음	cross
3106	리듀서	• 지름이 다른 2개의 관을 같은 직선상 또는 평행으로 접속하기 위하여 사용하는 주로 맞대기 용접식 관 이음	reducer
3107	소켓	• 2개의 관을 직선 상태로 접속하기 위하여 사용하는 주로 나사결합식 관 이음 [비고] KS B 1532에서는 지름이 다른 것을 인크리저라 한다.	socket
3108	커플링	• 2개의 관을 직선 상태로 접속하기 위하여 사용하는 주로 소켓 용접식 관 이음	coupling
3109	캡	• 관의 끝 부분을 폐쇄하기 위하여 사용하는 모자 모양의 관 이음	cap
3110	플러그	• 관의 끝 부분 및 관 구멍을 폐쇄하기 위하여 사용하는 마개 모양의 관 이음	plug
3111	유니언	• 유니언식의 조립 관 이음	union
3112	쌍 플랜지	• 관 플랜지 2개 1쌍의 플랜지식의 관 이음	flange union
3113	부싱	• 안, 바깥면에 지름이 다른 암나사와 수나사가 있는 관 이음	bushing
3114	(관용) 고정 나사	• 나사결합식 관 이음 풀림 방지에 사용하는 너트 모양의 관 이음	lock nut
3115	니플	• 직선 축의 양 끝에 수나사가 있는 관 이음	nipple
3116	하프 커플링	• 한쪽 끝을 기기, 관의 측면 등에 용접하고 다른 끝을 관에 나사 박음식 또는 삽입 용접으로 접속하는 관 이음	half coupling
3117	태커	• 주로 배수 배관의 보수에 사용하는 관 이음 [비고] 한쪽 끝 부분을 납 등으로 봉인한다.	tacker
3118	U 트랩	• 배수 배관에 사용되는 것으로 U자 부분에 물을 고여 하수도로부터 기류를 차단하는 관 이음	U trap
3119	스터브 엔드	• 끝 부분에 날밑이 있고 유합형 플랜지와 조합하여 사용하는 관 이음	stub end
3120	아웃렛	• 본 관에 인출 구멍을 뚫고 가지관을 접속하는 관 이음	outlet
3121	마이터 밴드	• 서로 어떤 각도를 이루는 2개의 관 접속에 사용하고, 관을 비스듬하게 이어서 만든 관 이음 [비고] 굽힘 관 또는 굽음 관이라고도 한다.	miter bends

(b) 관 플랜지

번호	용어	용어의 의미	대응 영어 (참고)
3201	판 플랜지	• 평판 상태의 관 플랜지 [비고] 허브가 없는 것으로 둥근형, 각형 및 달걀형이 있다.	plate flange
3202	허브 플랜지	• 허브가 있는 관 플랜지 [비고] 나사결합식 및 삽입용접식이 있다.	hubbed flange
3203	넥 플랜지	• 주로 맞대기 용접을 위한 긴 허브가 있는 관 플랜지 [비고] 맞대기 용접식 플랜지(welding neck flange)라고도 한다.	neck flange
3204	폐지 플랜지	• 관의 끝을 막기 위하여 사용하는 관 플랜지	blank flange, blind flange
3205	안경 플랜지	• 둥근형 관 플랜지와 폐지 플랜지가 안경형으로 일체가 되어 있는 관 플랜지	spectacleflange
3206	일체 플랜지	• 배관 부품의 일부이며 일체로 구성된 관 플랜지	integral flange
3207	유합형 플랜지	• 스터브 엔드와 함께 사용하는 관 플랜지 [비고] 랩 조인트라고도 한다.	loose flange, lapped flange, lap joint
3208	O링형 플랜지	• O링이 들어갈 수 있는 홈이 있는 관 플랜지	O ring flange
3209	델타 링형 플랜지	• 델타 링이 들어갈 수 있는 홈이 있는 관 플랜지 [비고] 델타 링은 단면이 그리스 문자(델타)와 비슷한 모양의 가스켓	delta ring flange

b) 관 플랜지 (계속)

번호	용어	용어의 의미	대응 영어 (참고)
3210	렌즈 링형 플랜지	• 렌즈 링을 끼우고 조여서 접속하는 관 플랜지 [비고] 렌즈 링은 중앙에 구멍이 있는 블록 렌즈 형태의 가스켓	lens ring flange
3211	전면자리	• 관 플랜지의 접합면에서 전면을 평행으로 완성한 것	flat face
3212	평면자리	• 관 플랜지의 접합면에서 볼트 구멍 안쪽에 평평한 자리면을 만든 것 [비고] 볼트 구멍 안쪽과 거의 만나는 평면 자리의 큰 평면 자리와 큰 평면 자리보다 작은 평면 자리의 작은 평면 자리로 구별하는 경우도 있다.	raised flange
3213	홈형	• 관 플랜지의 접합면에서 한쪽에 만들어진 홈에 다른 블록한 부분이 들어가도록 만들어진 것	tongue and groove
3214	텅 자리	• 홈형의 블록한 부분이 있는 쪽의 접합면	tongue
3215	그루브 자리	• 홈형의 홈이 있는 쪽의 접합면	groove
3216	끼워넣기형	• 관 플랜지의 접합면에서의 암·수형으로 만든 것	male and female, spigot and recess
3217	메일 자리	• 끼워넣기형의 수쪽 접합면	male, spigot
3218	피메일 자리	• 끼워넣기형의 암쪽 접합면	female, recess
3219	링 조인트 자리	• 관 플랜지의 접합면에서 링 조인트 가스켓이 들어갈 수 있는 홈이 있는 것	ring joint

4 가동식 관 이음

(a) 가동식

번호	용어	용어의 의미	대응 영어 (참고)
4101	회전 관 이음	• 정속으로 연속 회전할 수 있는 관 이음	rotary joint
4102	스위블 관 이음	• 속도와 방향이 일정하지 않고 천천히 회전할 수 있는 관 이음	swivel joint
4103	볼 관 이음	• 내부에 구면형의 미끄럼면이 있고 각 변위를 가능하게 하는 관 이음	ball joint
4104	매커니컬형 관 이음	• 매커니컬식 관 이음 [비고] 관의 휨 및 신축을 흡수할 수 있다.	mechanical type joint
4105	하우징형 관 이음	• 하우징식 관 이음 [비고] 관의 휨 및 신축을 흡수할 수 있고 숄더형, 그루브형 및 링형이 있다.	housing type joint
4106	미끄럼 신축형 관 이음	• 몸체의 스터핑 박스에 글랜드 패킹을 채우고, 글랜드로 누름으로써 기밀성을 유지하는 관 이음 [비고] 관의 신축을 흡수할 수 있다.	slip expansion joint
4107	플렉시블 금속 호스	• 굴곡 운동, 진동 등을 흡수하기 위하여 물결형으로 가공한 관과 고정식 관 이음이 1쌍으로 되어 있는 관 이음	corrugated flexible metal hose
4108	인터록 금속 호스	• 굴곡 운동, 진동 등을 흡수하기 위하여 금속 조대를 맞물리고 나사형으로 연속하여 가공한 관과 고정식 관 이음이 1쌍으로 되어 있는 관 이음	interlocked flexible metal hose
4109	신축 밴드	• 온도 변동 등으로 인해 발생하는 신축을 흡수하는 U자형 또는 루프 상태의 관 이음	expansion loop

(b) 벨로우즈형

번호	용어	용어의 의미	대응 영어 (참고)
4201	벨로우즈형 신축 관 이음	• 축 방향, 축 직각 방향, 구부러짐 등의 변위를 벨로우즈의 신축, 굴곡으로 흡수하는 관 이음 [비고] 벨로우즈 소자 1개를 사용한 것을 단식, 2개 사용한 것을 복식이라고 한다.	bellows expansion joint
4202	보강 링 없는 벨로우즈형 신축 관 이음	• 벨로우즈와 끝 관 또는 관 플랜지로 구성하는 벨로우즈형 신축 관 이음	unreinforced bellows expansion joint
4203	로드붙이 벨로우즈형 신축 관 이음	• 리밋 로드와 양 끝관에 부착한 스테이판으로 이상 시에는 내압 추력을 지지하고, 주로 축방향 변위를 흡수하는 벨로우즈형 신축 관 이음	bellows expansion joint with rods
4204	보강 링붙이 벨로우즈형 신축 관 이음	• 벨로우즈의 골 부분에 보강 링을 사용한 구조를 가지고 있고, 주로 고압력으로 사용하는 벨로우즈형 신축 관 이음	reinforced bellows expansion joint
4205	바깥통붙이 벨로우즈형 신축 관 이음	• 벨로우즈를 외부 장해로부터 보호하기 위한 바깥통을 장비한 벨로우즈형 신축 관 이음	covered bellows expansion joint
4206	압력 밸런스식 벨로우즈형 신축 관 이음	• 내부 추력을 신축 관 자체가 흡수할 수 있는 벨로우즈형 신축 관 이음 [비고] 직관부 압력 밸런스식, 곡관부 압력 밸런스식 및 유니버설 압력 밸런스식이 있다.	pressure balanced bellows expansion joint
4207	짐벌식 벨로우즈형 신축 관 이음	• 짐벌 링, 핀 및 암을 양쪽 끝 관에 부착한 구조로 내압 추력을 지지하고, 임의 평면 축 굽힘 변위를 흡수하는 벨로우즈형 신축 관 이음	gimbal bellows expansion joint
4208	힌지식 벨로우즈형 신축 관 이음	• 힌지 암 및 핀을 양쪽 끝 관에 부착한 구조로 내압 추력을 지지하고 1평면의 축 굽힘 변위를 흡수하는 벨로우즈형 신축 관 이음	hinged bellows expansion joint
4209	유니버셜식 벨로우즈형 신축 관 이음	• 타이 로드와 양쪽 끝 관에 부착한 스테이판으로 내압추력을 지지하고, 3개의 벨로우즈를 사용하여 주로 축 직각 방향의 변위를 흡수하는 벨로우즈형 신축 관 이음	universal bellows expansion joint
4210	스윙식 벨로우즈형 신축 관 이음	• 스윙 바 및 핀을 양끝 관에 부착한 구조에 의해 내압추력을 지지하고 2개의 벨로우즈를 사용하여 1평면의 축직각 방향 변위 또는 축직각 방향 변위와 축굽힘 변위의 조합변위를 흡수하는 벨로우즈형 신축 관 이음	swing bellows expansion joint
4211	팬터그래프붙이 벨로우즈형 신축 관 이음	• 조정 링에 팬터그래프를 부착함으로써 벨로우즈형의 각 볼록한 부분이 균등하게 신축하는 벨로우즈형 신축 관 이음	bellows expansion joint with pantographs
4212	링크붙이 벨로우즈형 신축 관 이음	• 양끝 관 및 중간 파이프에 팬터그래프를 부착함으로써 2개의 벨로우즈가 균등하게 신축하는 벨로우즈형 신축 관 이음	pantograph linked bellows expansion joint
4213	외압식 벨로우즈형 신축 관 이음	• 벨로우즈 바깥 면에 유체의 압력을 받는 구조로 드레인 및 가스의 정체를 없앨 수 있는 벨로우즈형 신축 관 이음	external pressure type bellows expansion joint
4214	보강 링	• U형 벨로우즈의 안 둘레 원 모양 고리 부분(파도형의 골 부분)의 바깥 둘레에 삽입하는 보강 부재. 반원 분할식 및 전원 일체식이 있고 단면 형태는 원형, 원관, 그 밖의 형태가 있다.	reinforced ring
4215	조정 링	• 보강 링의 일종으로 T자형 단면 형태이고 내압 성능의 강화 및 벨로우즈의 각 볼록한 부분에 신축을 배분하는 기능이 있는 것. 또 내압력에 따른 사행 방지 성능이 있다.	equalizing ring

(b) 벨로우즈형 (계속)

번호	용어	용어의 의미	대응 영어 (참고)
4216	리밋 로드	• 정규 작동 상태에서 벨로우즈의 축 방향, 축직각 방향, 축 굽힘의 변위량을 제한하고 이상 시에는 내압력에 따른 축방향의 추력을 지지하는 능력이 있는 것. 일반적으로 로드, 볼트 또는 바형으로 벨로우즈형 신축 관 이음에 부착할 수 있다.	limit rod
4217	컨트롤 로드	• 유니버셜식 벨로우즈형 신축 관 이음 등의 복수 벨로우즈 최대 변위를 배분하는 기능이 있는 것. 다만 내압력에 의한 축 방향의 추력은 지지할 수 없다. 일반적으로 로드 또는 바형으로 벨로우즈형 신축 관 이음에 부착할 수 있다.	control rod
4218	타이 로드	• 내압력에 의한 축 방향의 추력을 항상 지지하는 것. 일반적으로 로드, 볼트 또는 바형으로 유니버셜식 및 압력 밸런스식의 벨로우즈형 신축 관 이음에 부착할 수 있다.	tie rod

1-7 배관의 간략 표시－제1부 : 일반 규칙 및 정투상도 KS B ISO 6412－1

1 선의 굵기

일반적으로 선의 굵기는 1종류만을 사용한다. 다만 선의 굵기를 2종류 이상 사용해야 하는 경우는 ISO 128에서 선택하고, 선 굵기의 상대비 a : b : c는 2 : $\sqrt{2}$: 1로 한다. 굵기가 다른 선들은 다음과 같이 사용한다.

- 선의 굵기 a : 주류선(主流線)
- 선의 굵기 b : 2차 유선, 문자
- 선의 굵기 c : 인출선, 치수선 등

2 선의 종류

선의 종류	호칭 방법	선의 적용
	굵은 실선	A1 유선 및 결합 부품
	가는 실선	B1 해칭 B2 치수 기입(치수선, 치수 보조선) B3 인출선 B4 등각 격자선
	프리핸드 파형의 가는 실선	C1/D1 파단선 (대상물의 일부를 파단한 경계 또는 일부를 제거한 경계를 표시함)
	지그재그의 가는 실선	
	굵은 파선	E1 다른 도면에 명시된 유선

선의 종류	호칭 방법	선의 적용
------------------------------	가는 파선	F1 바닥 F2 벽 F3 천장 F4 구멍(뚫린 구멍)
—·—·—·—·—	가는 1점 쇄선	G1 중심선
—·—·—·—·—	매우 굵은 1점 쇄선[1]	EJ1 도급 계약의 경계
—··—··—··—	가는 2점 쇄선	K1 인접 부품의 윤곽 K2 절단면의 앞에 있는 형체

[1] 선의 종류 G의 4배의 굵기

3 선의 틈새

평행한 선(해칭을 포함한다) 간의 틈새는 ISO 128에 따라 가장 굵은 선 굵기의 2배 이상으로 하며, 최소 틈새는 0.7mm로 한다.

인접하는 유선 간 및 유선과 그 밖의 선과의 최소 틈새는 10mm로 하는 것이 좋다.

4 문자

문자는 KS B ISO 3098 시리즈, 특히 KS B ISO 3098-2에 따르는 것으로 하고, B형 직립체 문자가 바람직하다. 문자의 굵기는 그 문자 가까이에 있는 또는 그 문자가 관련되는 도시 기호와 같은 굵기로 한다(ISO 3461-2 참조).

5 치수 기입

(1) 일반적으로 치수의 기입은 KS B ISO 128-1에 따른다. 호칭 치수는 단축 기호 "DN"을 사용하여 ISO 3545에 따라 지시하여도 좋다.

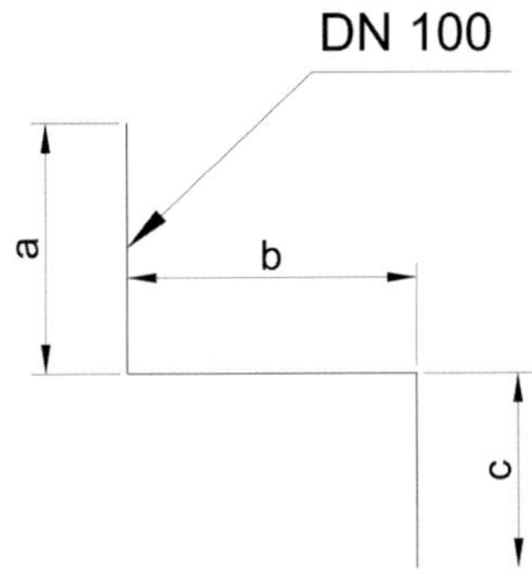

관의 바깥지름(d) 및 두께(t)는 KS B ISO 129-1에 따라 지시하여도 좋다.

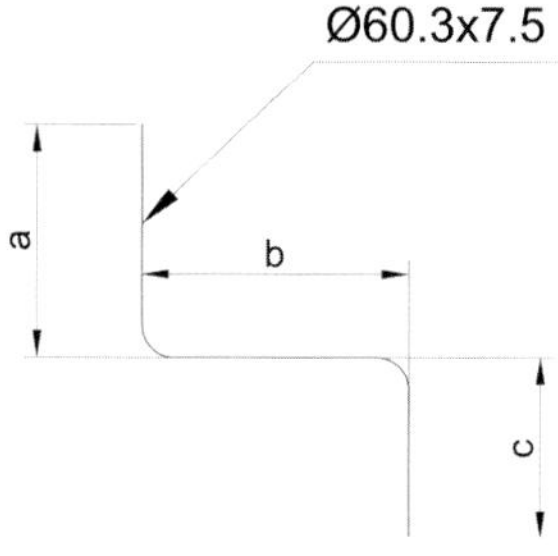

필요하다면, 관련 설비를 포함하는 관에 대한 부가 정보를 기입한 부품표(KS A ISO 7573 참조)를 도면에 추가하여도 좋다. 길이는 그것이 적절한 경우에는 언제나 관 말단부의 바깥 표면, 플랜지면 또는 이음의 중심부터로 한다.

참 고

- 관의 호칭 지름에 대하여, 배관에 대한 한국산업표준에서는 "A" 또는 "B"의 기호를 숫자 뒤에 붙여 구분하는 것도 있다. 또 "DN"은 표준 사이즈(nominal size)를 표시한다.

(2) 만곡부를 가지는 관은 일반적으로 배관의 중심선부터 중심선까지의 치수를 기입하는 것이 좋다. 관의 바깥면 보호재의 바깥쪽 혹은 안쪽, 또는 관 표면의 바깥쪽 혹은 안쪽부터의 치수를 명기할 필요가 있는 경우에는, 치수 보조선 또는 관을 표시하는 유선에 평행하고 짧은 가는 실선을 첨가하여 그 선에 화살표를 붙여서 치수를 지정하여도 좋다. 바깥쪽에서 바깥쪽까지, 안쪽에서 안쪽까지 및 안쪽에서 바깥쪽 정점까지의 치수를 각각 나타낸다.

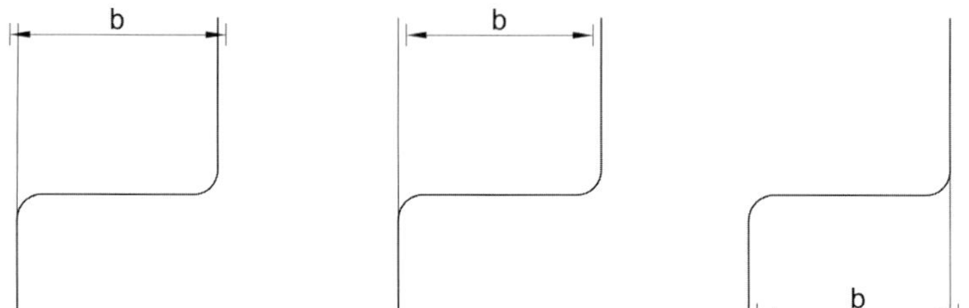

(3) 만곡부의 반지름 및 각도는 아래와 같이 지시하여도 좋다.

기능적인 각도를 지시한다. 다만 일반적으로 90°는 지시하지 않는다.

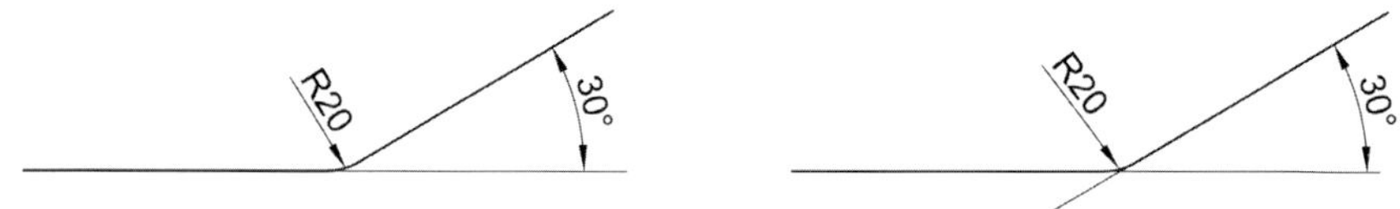

(4) 배관의 높이는 일반적으로 관의 중심에서 표시하고, KS B ISO 129－1에 따라 지시하는 것이 좋다. 특별한 경우, 관의 아랫면까지 높이를 지정할 필요가 있는 경우에는 짧은 가는 실선에 붙여 놓은 기준 화살표(reference arrow)로 지시한다. 관 윗면까지의 높이를 표시하는 경우도 같은 규칙을 적용한다.

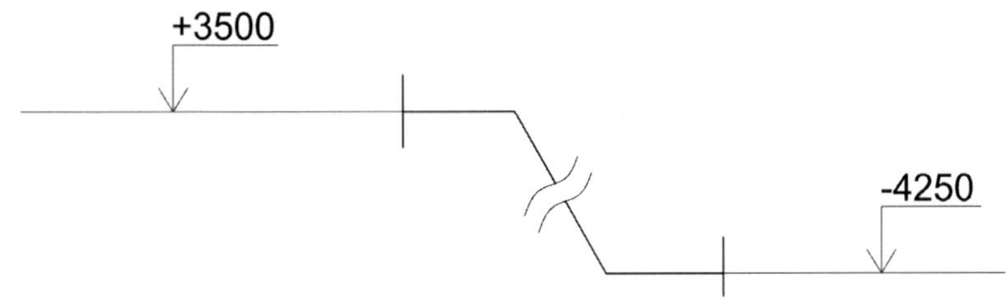

(5) 구배 방향은 직각 삼각형의 뾰족한 끝이 높은 곳에서 낮은 곳을 가리키도록 유선의 상부에 지시한다. 구배의 크기는 나타내는 방법으로 지시한다.
경사진 관의 높이를 관의 높은 쪽의 끝 혹은 낮은 쪽의 끝, 또는 어디에서나 편리한 점에서 기준으로 삼는 높이에 관련시켜 명기하면 유용한 경우가 있다.

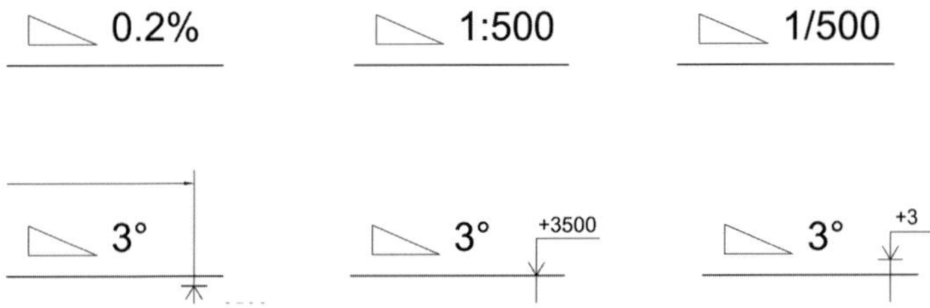

(6) 허용차

허용차는 ISO 406에 따라 지시한다.

5 교차부 및 접속부

(1) 접속하지 않는 교차부는, 보통 뒤에 숨은 관을 표시하는 유선에 끊김을 두지 않고 교차시킨 채 그린다. 다만 어떤 관이 또 하나의 관의 배후를 지나야 한다는 것을 반드시 지시해야 하는 경우에는, 뒤에 숨은 관을 표시하는 유선에 끊김을 표시한다. 각각의 끊김의 나비는 실선 굵기의 5배 이상으로 한다.

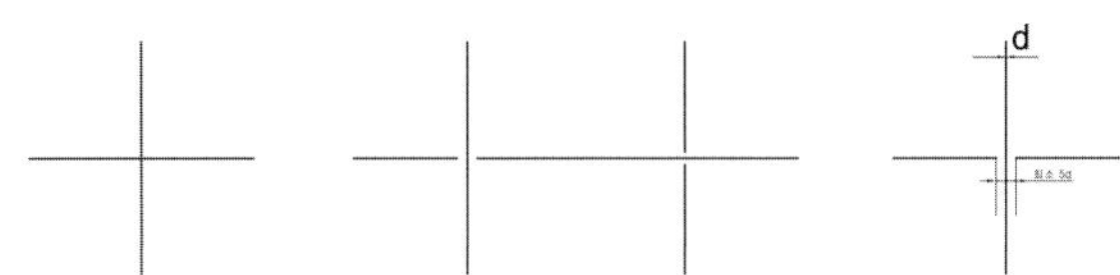

(2) 영구 결합부(용접 또는 다른 공법에 의한다.)는 KS B 0054에 따라 PLOT 눈에 띄는 크기의 점으로 표시한다. 점의 지름은 선 굵기의 5배로 한다.

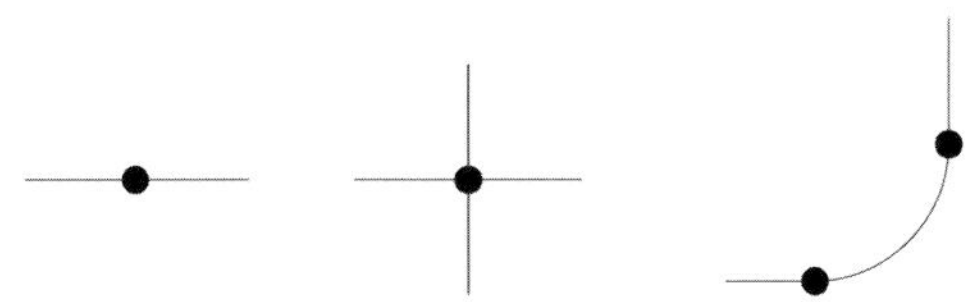

(3) 착탈식 결합부는 ISO 4067－1에 따라 도시하는 것이 좋다.[1)]

[1)] 이 표준의 대응국제표준 발행 시점에서 장래, 배관계에 사용하는 다른 도시 기호 전부를 포함하는 ISO 4067의 증보가 예상된다.

6 장치의 표시

(1) 일반

장치, 기계류, 밸브 등 모든 것은 유선과 같은 굵기의 도시 기호를 사용하여 도시한다(ISO 3461－2 참조).

(2) 관 이음

① 노즐, T, 벤드(bend)와 같은 관 이음은 유선과 같은 굵기의 선으로 그리는 것이 좋다.

② 가로 단면을 변화시키기 위한 변환 부품은 따라 도시한다. 그 호칭 지름은 기호의 상부에 지시한다.

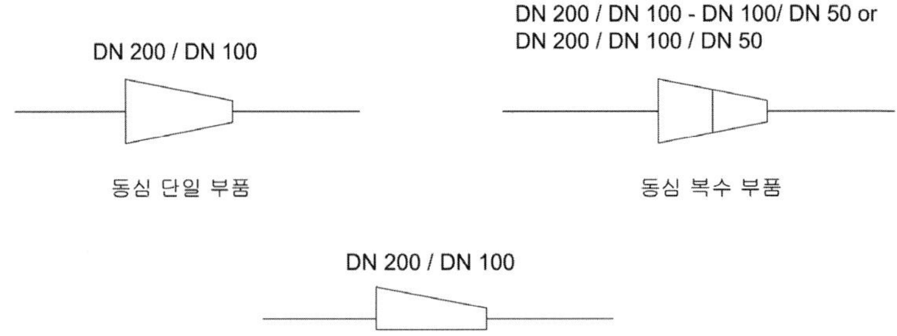

(3) 지지 장치 및 행어

지지 장치 및 행어는 적당한 기호를 사용하여 표시한다. 반복하여 사용되는 부속물을 표시하는 경우에는 같이 간략화하여도 좋다.

비 고

• 행어만을 표시한다. 지지 장치의 경우에도 같은 기호를 사용하는 것이 좋으나, 방향이 반대가 됨은 말할 것도 없다.

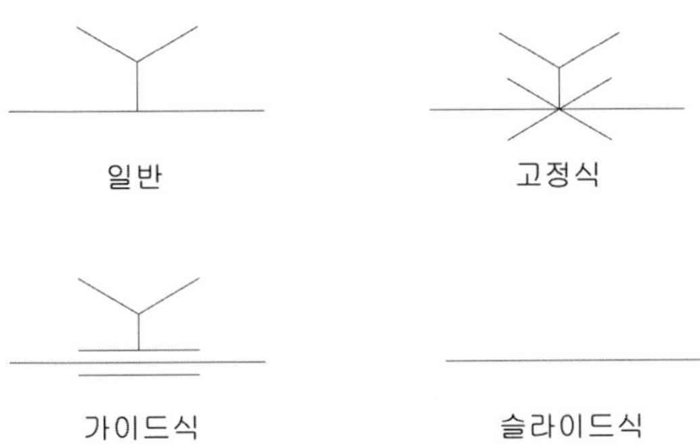

필요하다면 지지 장치 및 행어의 종류에 대한 더 많은 정보를 표시하는 영문 숫자 기호에 일련번호를 붙여 나타내는 기호에 부가하여도 좋다. 일련번호를 붙인 기호는 도면상 또는 부속 문서 중에 명시하여야 한다.

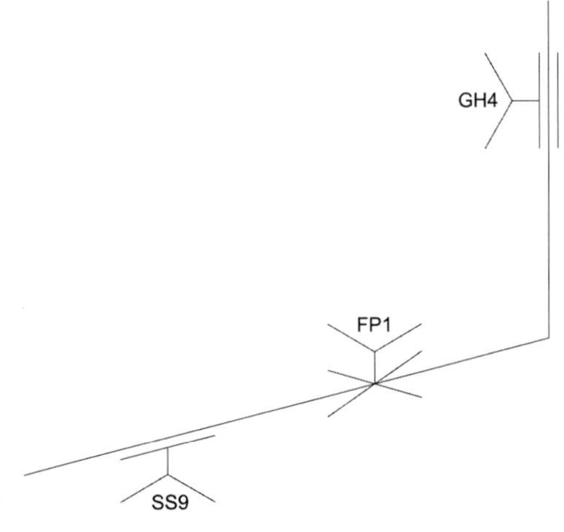

FP1 : 고정점 No.1
SS9 : 슬라이드식지지 장치 No.9
GH4 : 가이드식 행어 No.4

(4) 부대 설비

보온 · 보랭, 피복, 스트림 트레이서라인 등의 부대 설비를 적어 넣어 명시하여도 좋다.

(5) 인접 장치

필요하다면 배관 자체에 포함되지 않는 탱크, 기계류와 같은 인접 장치는 아래 그림과 같이 가는 2점 쇄선(표 : 선의 종류 K 및 KS A 0109 참조)을 사용하여 그들의 윤곽을 도시하여도 좋다.

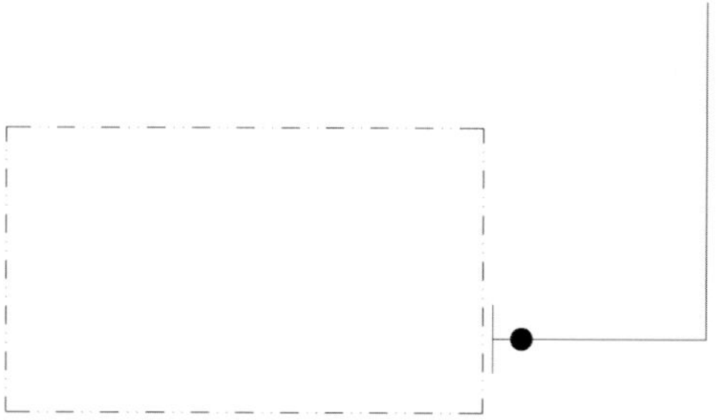

(6) 흐름의 방향

흐름의 방향은 유선상 또는 밸브를 표시하는 도시 기호의 근처에 화살표(ISO 4067-1 참조)로 지시한다.

(7) 플랜지

플랜지는 종류 및 사이즈에 관계없이 관의 도시에 사용한 선과 같은 굵기의 선을 사용하여, 다음에 따라 도시한다.

- 정면으로부터의 그림에 대하여는 동심인 2개의 원
- 배면으로부터의 그림에 대하여는 하나의 원
- 측면으로부터의 그림에 대하여는 짧은 하나의 선

플랜지 볼트 구멍의 간략 도시 방법으로, 적당한 수의 십자 기호를 그들의 중심선상에 그려도 좋다.

7 보기

정투영의 보기를 나타낸다.

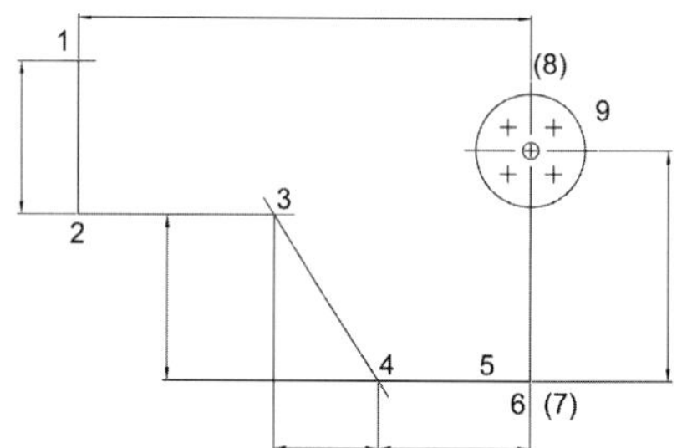

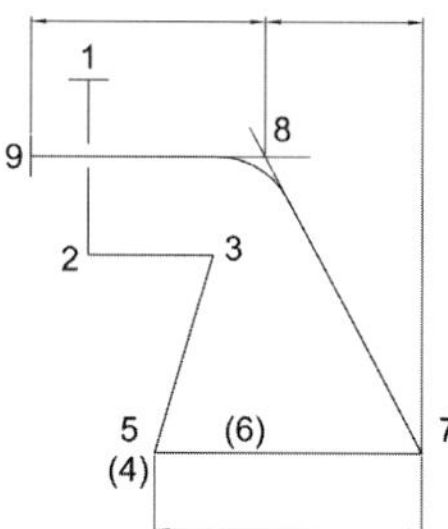

조회 번호	말단점의 좌표		
1	$X_1=-8$	$Y_1=+72$	$Z_1=+50$
9	$X_9=-20$	$Y_9=0$	$Z_9=+40$

비 고

- 이것 이외의 보기는 ISO 3511-3 및 ISO 3753에 나타낸다.

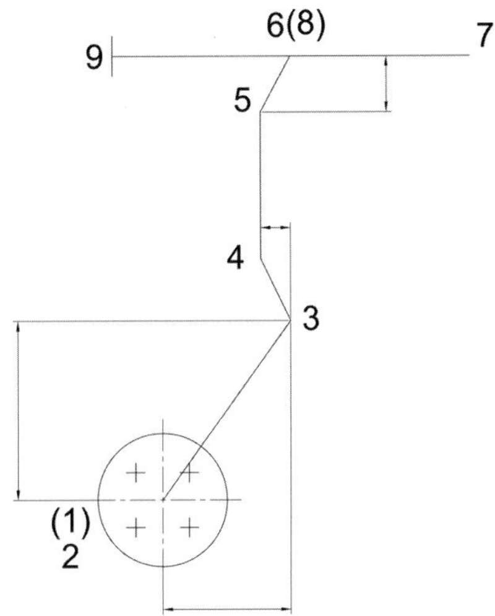

1-8 배관의 간략 표시-제2부 : 등각 투상도 KS B ISO 6412-2

1 적용범위

이 표준은 KS B ISO 6412-1에 규정하는 통칙에 추가하여 등각 투상도에 적용하는 보충 규칙에 대하여 규정한다. 등각 투상도는 배관의 특징을 3차원으로 명확하게 표시하려는 경우에 사용한다.

2 용어와 정의

(1) 정투상도 (orthogonal representation)

투영선을 투영면에 대하여 직각인 방향으로 대는 투영 방법에 의한 그림

(2) 등각 투상도 (isometric representation)

3개의 좌표축 각각을 투영면 위에 같은 각도로 기울이는 투영 방법에 의한 그림

(3) 유선 (flow line)

입구 또는 출구의 흐름의 유료, 또는 물질, 에너지 혹은 에너지 매체의 유로를 표시한 것

3 좌표

예를 들면, 계산 또는 공작 기계의 수치 제어를 위하여 직교 좌표계를 사용할 필요가 있으면 좌표축은 아래 그림에 따른다.

모든 경우에서 개개의 관 또는 조립된 관의 좌표는 설치 전체에 대하여 채용된 좌표에 따르는 것이 좋으며, 그 좌표를 도면상 또는 부속 문서 중에 지시하여야 한다.

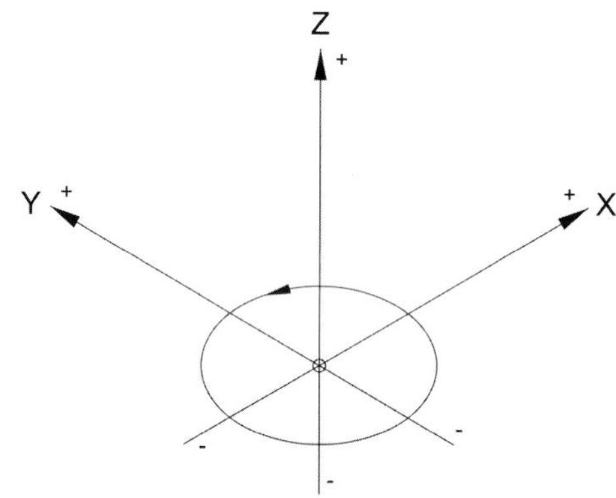

4 좌표축 방향 이외의 배관 도시 방법

(1) 일반

좌표축에 평행하게 뻗은 관 또는 관의 부분은 특별한 지시를 하지 않고 그 축에 평행하게 그린다. 좌표축 방향 이외의 방향에 경사된 관 또는 관의 부분의 경우에는 아래 그림과 같이 해칭을 한 보조 투영면을 사용하여 표시하는 것이 바람직하다.

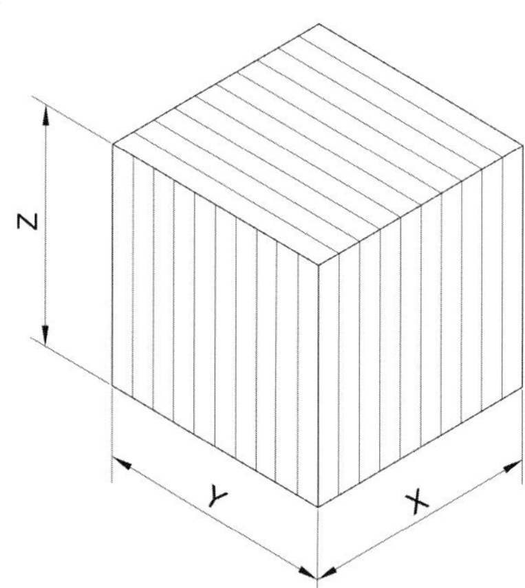

구 분	설 명	그 림
② 연직면 내의 관	연직면 내에서 경사된 관 또는 관의 부분은 수평면 위에 그 투영을 나타냄으로써 표시한다.	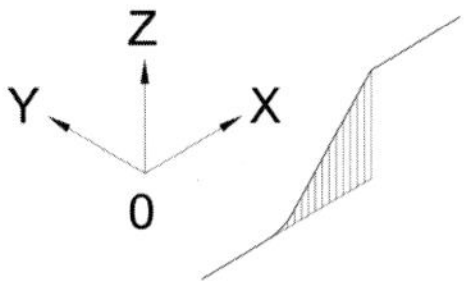
③ 수평면 내의 관	수평면 내에서 경사된 관 또는 관의 부분은 연직면 위에 그 투영을 나타냄으로써 표시한다.	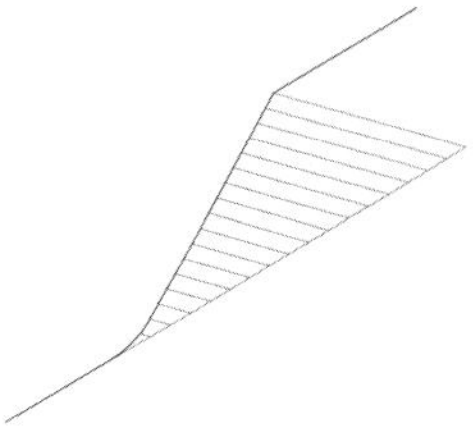
④ 어느 좌표면에도 평행하지 않은 관	어느 좌표면에 대하여도 평행하지 않은 관 또는 관의 부분은 수평면 위 및 연직면 위의 양 방향에 그 투영을 나타냄으로써 표시한다.	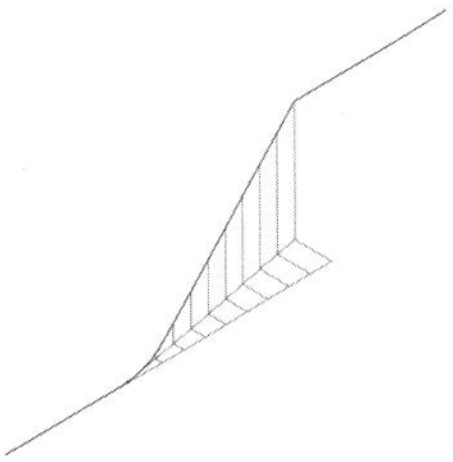

(2) 보조 투영면

보조 투영면의 경계는 삼각형의 직각부를 사용하여 표시하는 것이 바람직하다. 보조 투영면은 해칭으로 강조하여도 좋다. 해칭은 수평한 보조 투영면에 대하여는 X축 또는 Y축에 평행하게, 그 밖의 보조 투영면에 대하여는 연직으로 실시한다. 이와 같은 해칭이 불편한 경우에는 생략하여도 좋으나, 그 경우에는 가는 실선(선의 종류 B, ISO 128 참조)을 사용하여 아래와 같이 직사각형 또는 직육면체를 표시하는 것이 좋다. 이 때 직사각형 또는 직육면체의 대각선이 관에 상당하도록 그린다.

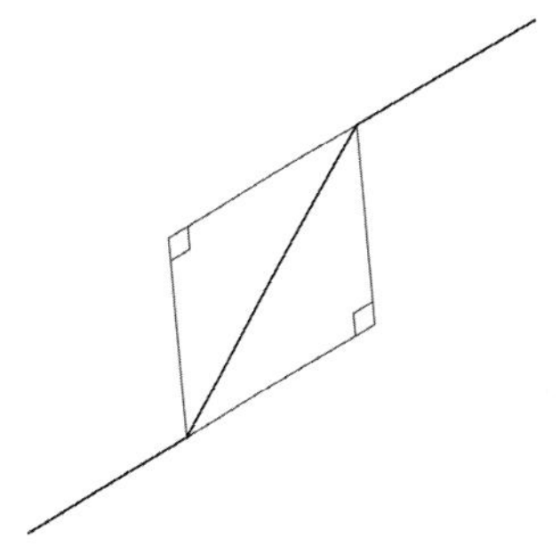

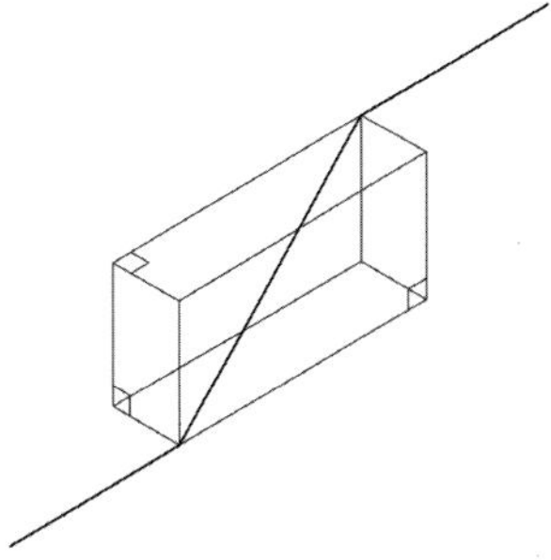

5 치수 기입 및 특별한 규칙

(1) 일반

도면에는 KS B ISO 129－1에 따라 치수를 기입한다. 다만, 배관의 등각 투영에 대하여는 5－(2)~(10)에 규정하는 특별한 규칙이 있다.

(2) 지름 및 두께

관의 바깥지름(d) 및 두께(t)는 KS B ISO 129－1에 따라 지시하여도 좋다. 호칭 치수는 단축 기호 "DN"을 사용하여 ISO 3545에 따라 지시하여도 좋다.

(3) 길이 및 각도 치수

길이 및 각도 치수는 KS B ISO 129－1에 따라 지시하는 것이 좋다. 길이는 그것이 적절한 경우에는 언제나 관의 끝부분의 바깥 표면, 플랜지면 또는 이음의 중심부터로 한다.

(4) 만곡부를 가지는 관

만곡부를 가지는 관은 중심선에서 중심선까지의 치수 또는 중심선에서 관 끝부분까지의 치수를 기입한다.

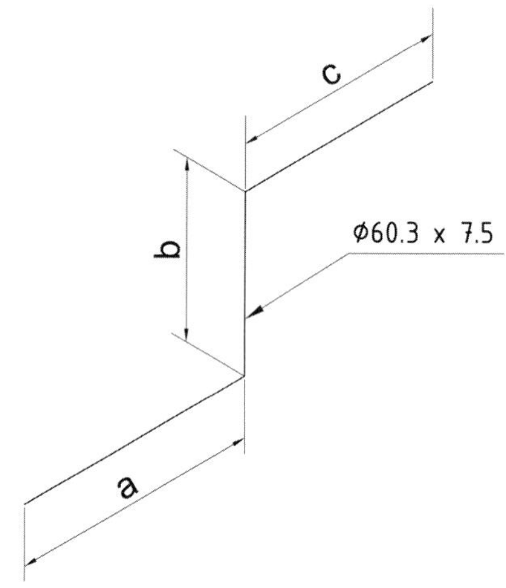

(5) 만곡부의 반지름 및 각도

만곡부의 반지름 및 각도는 아래 그림과 같이 지시하여도 좋다. 기능적인 각도를 지시하여야 한다.

비 고

• 만곡부는 간략화하고 관을 표시한 선을 정점까지 똑바로 뻗어나가게 하여도 좋다. 그러나 보다 명확하게 표시하기 위하여 실제로 만곡부를 표시하여도 좋다. 이때 만곡부의 투영을 타원으로 표시하여야 할 경우라도, 이들 투영은 간략하게 원호를 그려도 좋다.

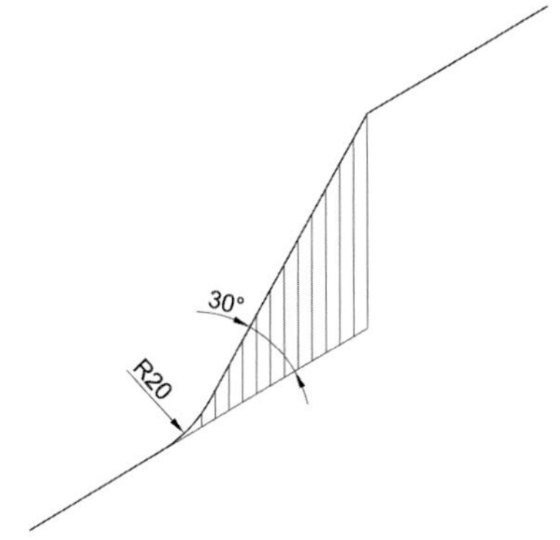

(6) 배관의 높이

배관의 높이는 KS B ISO 129-1 및 KS B ISO 6412-1에 따라 지시함이 바람직하다. 인출선의 수평부는 그 유선의 방향과 같게 하여야 한다.

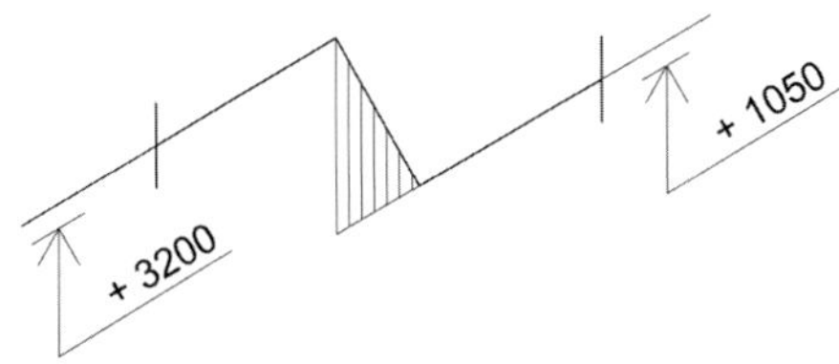

(7) 기울기의 방향

기울기의 방향은 직각 삼각형의 뾰족한 끝이 관의 높은 곳에서 낮은 곳을 가리키도록, 유선의 등각 방향을 변경시키지 않은 채 선의 위쪽에 표시한다. 기울기의 크기는 아래 그림 및 KS B ISO 6412-1에 표시하는 방법으로 지시한다. 기울기는 기준으로 하는 높이에 관련시켜서 지정하면 유용한 경우가 있다.

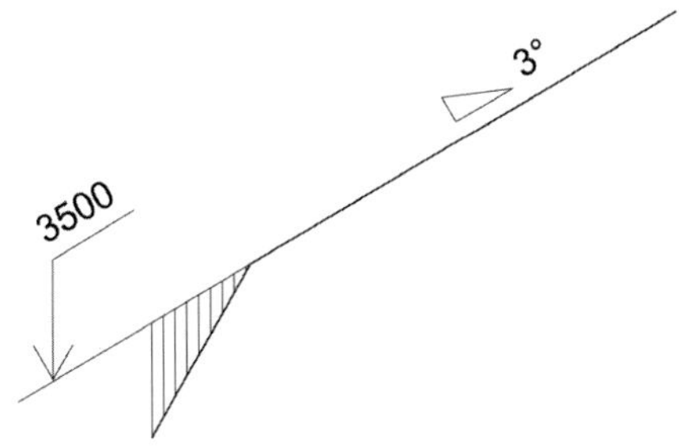

(8) 관 끝부분의 위치

필요하다면 관 끝부분의 위치를 끝면의 중심을 표시하는 좌표로 지정하여도 좋다. 인접하는 도면이 있는 경우에는 참조할 것을 기재하는 것이 좋다.

(9) 중복 치수의 기입

필요하다면 해칭을 한 보조 투영면의 치수를 아래 그림과 같이 기입할 수 있다.

제조상 및 또는 기술상의 이유로 치수를 중복하여 기입할 필요가 있는 경우에는 그 중 한쪽을 괄호 안에 지시하는 것이 좋다.

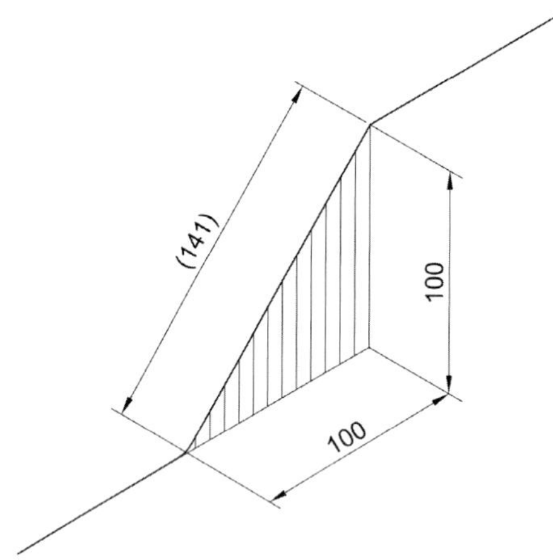

(10) 관 굽힘 가공기를 위한 치수 기입 방법

이 치수 기입 방법은 기준 방식(원점 기준)에 따라 정의된다.

6 그림 기호

(1) 일반

배관계에 대한 그림 기호는 2. 및 부속서 A에 표시한 표준에 따르는 것을, 등각 투영법을 사용하여 그려야 한다.

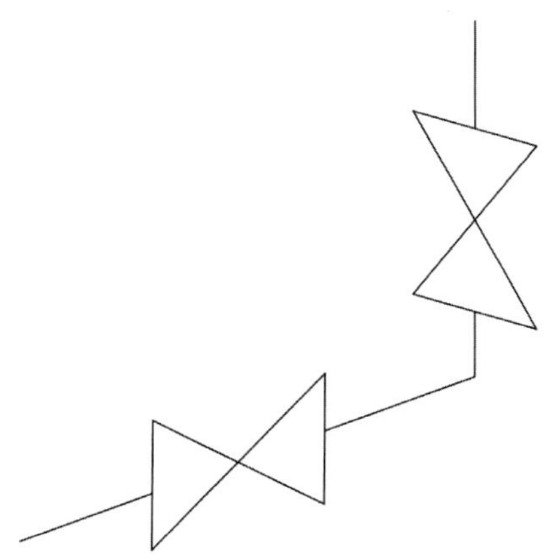

(2) 등각 투영법으로 그린 그림 기호의 보기

(2)-1 밸브

아래 그림의 보기를 참조한다.

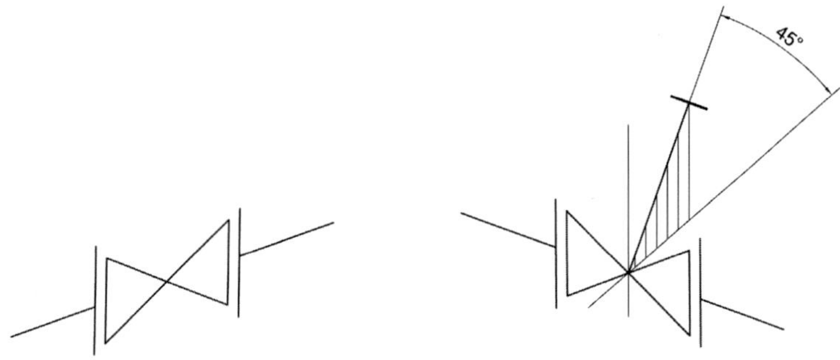

비 고

- 밸브 액츄에이터는 액츄에이터의 위치 또는 종류(스핀들, 피스톤 등)를 명시할 필요가 있는 경우에만 표시하는 것이 좋다.
- 밸브 액츄에이터를 표시하는 경우, 어느 것이건 좌표에 평행한 액츄에이터에는 치수를 기입할 필요가 없다. 좌표에 평행하지 않은 경우에는 경사를 지시하는 것이 좋다.

(2)-2 리듀서

부품의 호칭 지름은 그림 기호의 윗 부분에 지시한다.

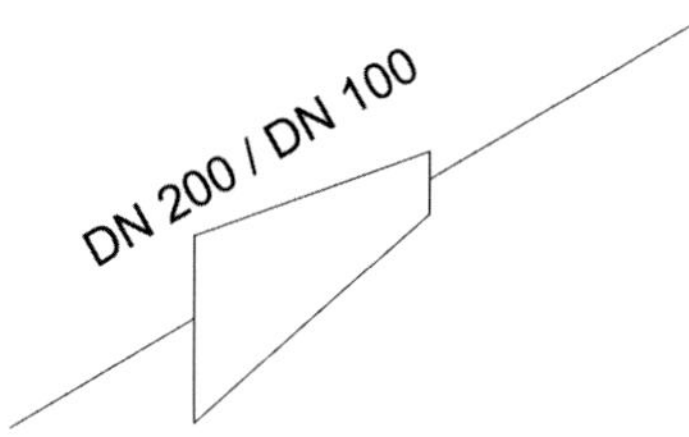

(2)-3 지지 장치 및 행어(hanger)

아래 그림의 보기를 참조한다. KS B ISO 6412-1의 6.3도 참조한다.

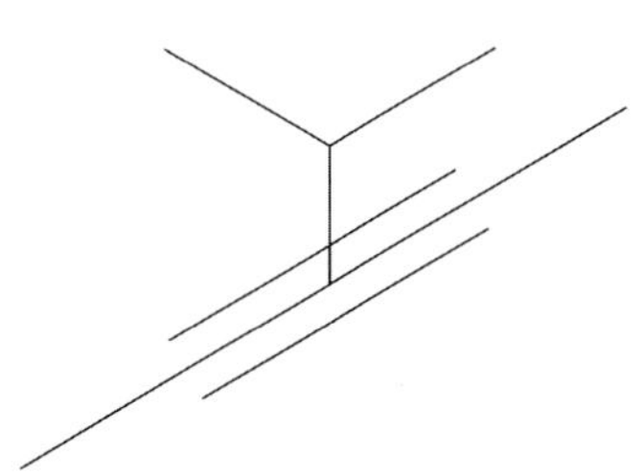

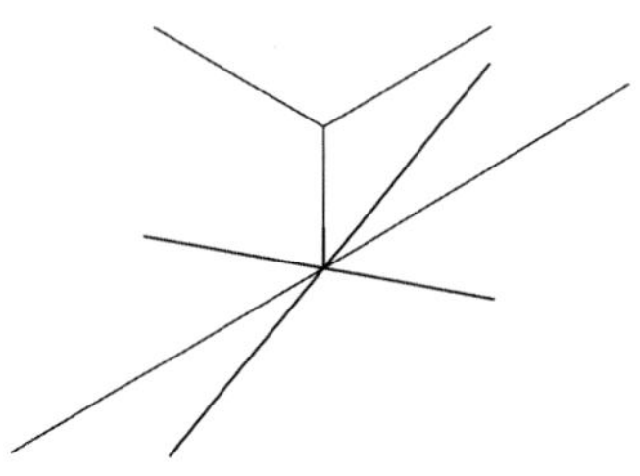

(2)-4 교차부

교차부는 KS B ISO 6412-1의 5.1에 따라 표시한다.
어떤 관이 또 하나의 관의 배후를 지나야 함을 명시해야 하는 경우에는 뒤에 숨은 관을 표시하는 유선에 끊김을 둔다. 각 끊김의 나비는 실선 굵기의 5배 이상으로 한다.

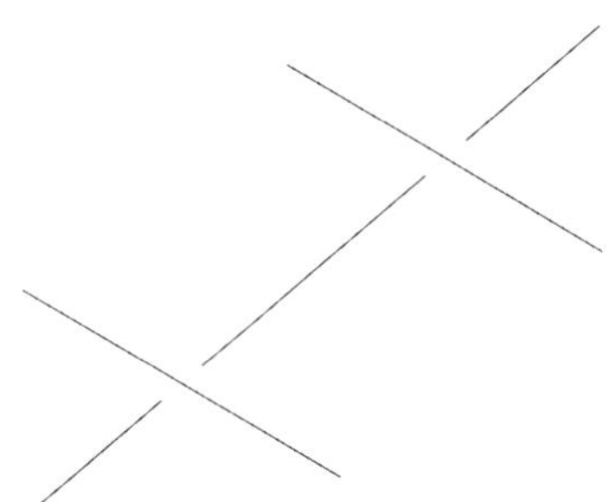

(2)-5 영구 결합부

아래 그림의 용접 및 현장 용접의 보기를 참조한다.

(2)-6 일반적인 결합부

접속의 종류 또는 형태가 지정되어 있지 않은 경우에는(KS A ISO 4067-1에 규정하는 보다 상세한 기호 대신에) 일반적인 기호를 사용하는 것이 바람직하다. 아래 그림의 보기를 참조한다.

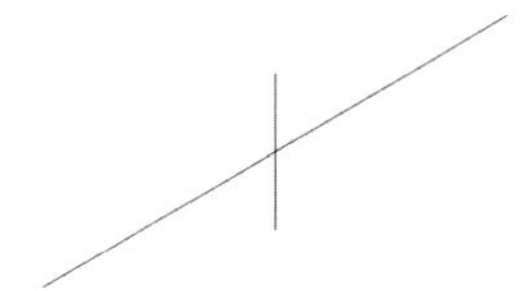

(2)-7 플랜지

아래 그림의 보기를 참조한다.

7 보기

등각 투상도의 보기를 아래에 나타낸다.

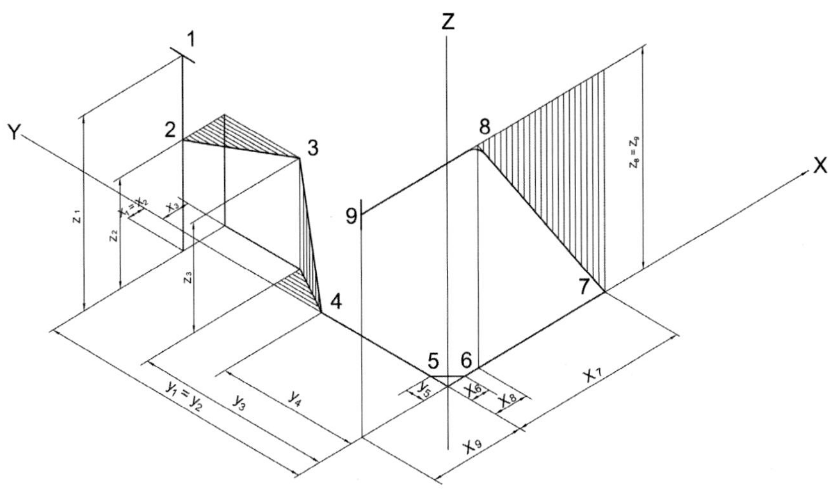

조합 번호	좌표		
1	$x_1 = -8$	$y_1 = +72$	$z_1 = +50$
2	$x_2 = -8$	$y_2 = +72$	$z_2 = +25$
3	$x_3 = +7$	$y_3 = +42$	$z_3 = +25$
4	$x_4 = 0$	$y_4 = +28$	$z_4 = 0$
5	$x_5 = 0$	$y_5 = +7$	$z_5 = 0$
6	$x_6 = +7$	$y_6 = 0$	$z_6 = 0$
7	$x_7 = +32$	$y_7 = 0$	$z_7 = 0$
8	$x_8 = +10$	$y_8 = 0$	$z_8 = +40$
9	$x_9 = -20$	$y_9 = 0$	$z_9 = +40$

비 고

- 관이 방향을 바꾸는 점 및 접합부를 조합 번호로 지시하고 있다. 관 및 조합 번호는 KS B ISO 6412 – 1의 그림 25에 나타내는 정투상도의 것들과 동일하다.

1-9 배관의 간략 표시–제3부 : 환기계 및 배수계의 끝부분 형체 KS B ISO 6412-3

1 적용 범위

이 표준은 배관계의 환기 및 배수의 끝부분 장치의 제도에 사용하는 간략 표시에 대하여 규정한다.

2 설계 및 도시

아래 표에 나타내는 간략 표시는, 예를 들면 액츄에이터 또는 관의 그림 기호와 조합하여 사용하여도 좋다. 일반 원칙 및 추가 그림 기호는 KS B ISO 6412-1에 나타낸다.

3 간략 표시

아래 표를 참조한다. No1~9의 끝부분 장치는 각각 2개의 정투영도로 나타내고 있다. [1.1, 2.1, 3.1 등은 정면도, 1.2, 2.2, 3.2 등은 평면도이다(KS A 0111 참조).

No10의 끝부분 장치는 덕트 내에 일정 방향으로 놓인 베인에 적용된다. 10.1은 베인이 두 짝인 통기 구멍 덕트를 나타내며, 10.2는 베인이 한 짝이며 방향이 반대인 T분기 덕트를 나타낸다.

No.	명 칭	간략 도시	
		정면도	평면도
1	배수구		
2	콕이 붙은 배수구		
3	악취 방지 장치 및 콕이 붙은 배수구		
4	공기판(구스넥)		
5	벽붙이 환기 삿갓	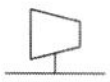	
6	머슈룸형 환기 장치 [비고] 적용 가능하면 "스크린붙이"로 지시한다.		
7	폐쇄 장치붙이 머슈룸형 환기 장치 [비고] 적용 가능하면 "스크린붙이"로 지시한다.		
8	고정식 환기 삿갓		
9	회전식 환기 삿갓 9.1 출구 또는 배기구 9.2 입구 또는 급기구		
10	유선(관 또는 덕트)내에 일정 방향으로 놓인 베인 [비고] 비스듬한 선분은 베인의 위치를 지시하고, 이 선분에 수직인 짧은(평행)선은 베인의 수를 지시한다.		

CHAPTER 02

배관계 나사

2-1 나사의 종류를 표시하는 기호 및 나사의 호칭에 대한 표시 방법의 보기

<table>
<tr><th colspan="2">구분</th><th colspan="2">나사의 종류</th><th>나사의 종류를 표시하는 기호</th><th>나사의 호칭에 대한 표시 방법의 보기</th><th>관련 표준</th></tr>
<tr><td rowspan="18">일반용</td><td rowspan="9">ISO 표준에 있는것</td><td colspan="2">미터보통나사</td><td rowspan="2">M</td><td>M8</td><td>KS B 0201</td></tr>
<tr><td colspan="2">미터가는나사</td><td>M8x1</td><td>KS B 0204</td></tr>
<tr><td colspan="2">미니츄어나사</td><td>S</td><td>S0.5</td><td>KS B 0228</td></tr>
<tr><td colspan="2">유니파이 보통 나사</td><td>UNC</td><td>3/8-16UNC</td><td>KS B 0203</td></tr>
<tr><td colspan="2">유니파이 가는 나사</td><td>UNF</td><td>No.8-36UNF</td><td>KS B 0206</td></tr>
<tr><td colspan="2">미터사다리꼴나사</td><td>Tr</td><td>Tr10x2</td><td>KS B 0229의 본문</td></tr>
<tr><td rowspan="3">관용테이퍼 나사</td><td>테이퍼 수나사</td><td>R</td><td>R3/4</td><td rowspan="3">KS B 0222의 본문</td></tr>
<tr><td>테이퍼 암나사</td><td>Rc</td><td>Rc3/4</td></tr>
<tr><td>평행 암나사</td><td>Rp</td><td>Rp3/4</td></tr>
<tr><td rowspan="6">ISO 표준에 없는것</td><td colspan="2">관용평행나사</td><td>G</td><td>G1/2</td><td>KS B 0221의 본문</td></tr>
<tr><td colspan="2">30도 사다리꼴나사</td><td>TM</td><td>TM18</td><td></td></tr>
<tr><td colspan="2">29도 사다리꼴나사</td><td>TW</td><td>TW20</td><td>KS B 0206</td></tr>
<tr><td rowspan="2">관용 테이퍼나사</td><td>테이퍼 나사</td><td>PT</td><td>PT7</td><td rowspan="2">KS B 0222의 본문</td></tr>
<tr><td>평행 암나사</td><td>PS</td><td>PS7</td></tr>
<tr><td colspan="2">관용 평행나사</td><td>PF</td><td>PF7</td><td>KS B 0221</td></tr>
<tr><td colspan="2" rowspan="9">특수용</td><td colspan="2">후강 전선관나사</td><td>CTG</td><td>CTG16</td><td rowspan="2">KS B 0223</td></tr>
<tr><td colspan="2">박강 전선관나사</td><td>CTC</td><td>CTC19</td></tr>
<tr><td rowspan="2">자전거나사</td><td>일반용</td><td rowspan="2">BC</td><td>BC3/4</td><td rowspan="2">KS B 0224</td></tr>
<tr><td>스포크용</td><td>BC2.6</td></tr>
<tr><td colspan="2">미싱나사</td><td>SM</td><td>SM1/4 산40</td><td>KS B 0225</td></tr>
<tr><td colspan="2">전구나사</td><td>E</td><td>E10</td><td>KS C 7702</td></tr>
<tr><td colspan="2">자동차용 타이어 밸브나사</td><td>TV</td><td>TV8</td><td>KS R 4006의 부속서</td></tr>
<tr><td colspan="2">자전거용 타이어 밸브나사</td><td>CTV</td><td>CTV8 산30</td><td>KS R 8004의 부속서</td></tr>
</table>

2-2 관용 평행 나사 (G) KS B 0221 : 2009

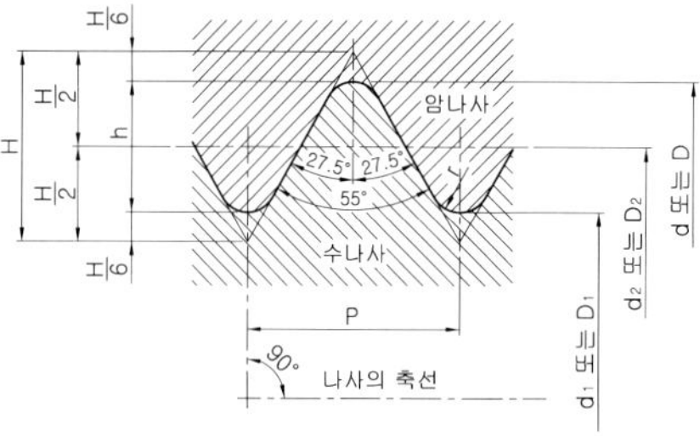

• 굵은 실선은 기준 산 모양을 나타낸다.

$P = \frac{25.4}{n}$

$H = 0.960491P$

$h = 0.640327P$

$r = 0.137329P$

$d_2 = d - h$

$d_1 = d - 2h$

$D_2 = d_2$

$D_1 = d_1$

▶ 기준산 모양 및 기준치수

단위 : mm

나사의 호칭	나사 산수 (25.4mm 에 대한) n	피 치 P (참고)	나사산의 높이 h	산의 봉우리 및 골의 둥글기 r	수나사		
					바깥 지름 d	유효 지름 d_2	골 지름 d_1
					암나사		
					골 지름 D	유효 지름 D_2	안 지름 D_1
G 1/16	28	0.9071	0.581	0.12	7.723	7.142	6.561
G $\frac{1}{8}$	28	0.9071	0.581	0.12	9.728	9.147	8.566
G $\frac{1}{4}$	19	1.3368	0.856	0.18	13.157	12.301	11.445
G $\frac{3}{8}$	19	1.3368	0.856	0.18	16.662	15.806	14.950
G $\frac{1}{2}$	14	1.8143	0.162	0.25	20.955	19.793	18.631
G $\frac{5}{8}$	14	1.8143	0.162	0.25	22.911	21.749	20.587
G $\frac{3}{4}$	14	1.8143	0.162	0.25	26.441	25.279	24.117
G $\frac{7}{8}$	14	1.8143	0.162	0.25	30.201	29.039	27.877
G 1	11	2.3091	1.479	0.32	33.249	31.770	30.291
G 1$\frac{1}{8}$	11	2.3091	1.479	0.32	37.897	36.418	34.939
G 1$\frac{1}{4}$	11	2.3091	1.479	0.32	41.910	40.431	38.952
G 1$\frac{1}{2}$	11	2.3091	1.479	0.32	47.803	46.324	44.845
G 1$\frac{3}{4}$	11	2.3091	1.479	0.32	53.746	52.267	50.788
G 2	11	2.3091	1.479	0.32	59.614	58.135	56.656
G 2$\frac{1}{4}$	11	2.3091	1.479	0.32	65.710	64.231	62.752
G 2$\frac{1}{2}$	11	2.3091	1.479	0.32	75.184	73.705	72.226
G 2$\frac{3}{4}$	11	2.3091	1.479	0.32	81.534	80.055	78.576
G 3	11	2.3091	1.479	0.32	87.884	86.405	84.926
G 3$\frac{1}{2}$	11	2.3091	1.479	0.32	100.330	98.851	97.372
G 4	11	2.3091	1.479	0.32	113.030	111.551	110.072
G 4$\frac{1}{2}$	11	2.3091	1.479	0.32	125.730	124.251	122.772
G 5	11	2.3091	1.479	0.32	138.430	136.951	135.472
G 5$\frac{1}{2}$	11	2.3091	1.479	0.32	151.130	149.651	148.172
G 6	11	2.3091	1.479	0.32	163.830	162.351	160.872

비 고

• 표 중의 관용 평행나사를 표시하는 기호 G는 필요에 따라 생략하여도 좋다.

종류와 등급

• 관용 평행 나사의 종류는 관용 평행 수나사 및 관용 평행 암나사로 하고, 관용 평행 수나사의 등급은 유효 지름의 치수 허용차에 따라 A급과 B급으로 구분한다.

표시 방법

• 수나사의 경우 : G 1$\frac{1}{2}$A, G 1$\frac{1}{2}$ B　　　암나사의 경우 : G 1$\frac{1}{2}$

■ 치수 허용차

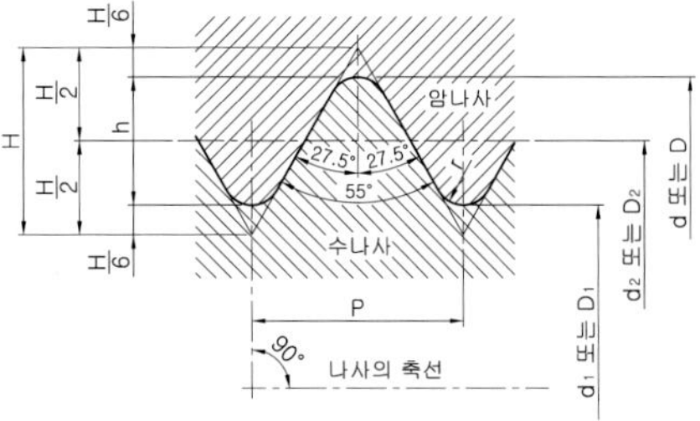

단위 : ㎛

나사의 호칭	나사산 수 (25.4mm에 대한) n	수나사							암나사					
		바깥지름 d		유효 지름 d_2			골지름 d_1		골지름 D		유효지름 D_2		안지름 D_1	
		위 허용차	아래 허용차	위 허용차	아래 허용차 A급	아래 허용차 B급	위 허용차	아래 허용차	아래 허용차	위 허용차	아래 허용차	위 허용차	아래 허용차	위 허용차
G 1/16	28	0	−214	0	−107	−214	0	규정하지 않는다	0	규정하지 않는다	0	+107	0	+282
G 1/8	28	0	−214	0	−107	−214	0		0		0	+107	0	+282
G 1/4	19	0	−250	0	−125	−250	0		0		0	+125	0	+445
G 3/8	19	0	−250	0	−125	−250	0		0		0	+125	0	+445
G 1/2	14	0	−284	0	−142	−284	0		0		0	+142	0	+541
G 5/8	14	0	−284	0	−142	−284	0		0		0	+142	0	+541
G 3/4	14	0	−284	0	−142	−284	0		0		0	+142	0	+541
G 7/8	14	0	−284	0	−142	−284	0		0		0	+142	0	+541
G 1	11	0	−360	0	−180	−360	0		0		0	+180	0	+640
G 1 1/8	11	0	−360	0	−180	−360	0		0		0	+180	0	+640
G 1 1/4	11	0	−360	0	−180	−360	0		0		0	+180	0	+640
G 1 1/2	11	0	−360	0	−180	−360	0		0		0	+180	0	+640
G 1 3/4	11	0	−360	0	−180	−360	0		0		0	+180	0	+640
G 2	11	0	−360	0	−180	−360	0		0		0	+180	0	+640
G 2 1/4	11	0	−434	0	−217	−434	0		0		0	+217	0	+640
G 2 1/2	11	0	−434	0	−217	−434	0		0		0	+217	0	+640
G 2 3/4	11	0	−434	0	−217	−434	0		0		0	+217	0	+640
G 3	11	0	−434	0	−217	−434	0		0		0	+217	0	+640
G 3 1/2	11	0	−434	0	−217	−434	0		0		0	+217	0	+640
G 4	11	0	−434	0	−217	−434	0		0		0	+217	0	+640
G 4 1/2	11	0	−434	0	−217	−434	0		0		0	+217	0	+640
G 5	11	0	−434	0	−217	−434	0		0		0	+217	0	+640
G 5 1/2	11	0	−434	0	−217	−434	0		0		0	+217	0	+640
G 6	11	0	−434	0	−217	−434	0		0		0	+217	0	+640

비 고

1. 이 표에는 산의 반각의 허용차 및 피치의 허용차는 특히 정하지 않지만, 이것은 유효지름으로 환산하여 유효지름의 공차 중에 포함되어 있다.
2. 수나사 및 암나사의 유효지름은 얇은 두께의 제품에 대하여는 이 허용차는 서로 직각의 방향으로 측정한 2개의 유효지름의 평균치에 대하여 적용한다.

■ ISO 228－1에 규정되어 있지 않은 관용 평행 나사

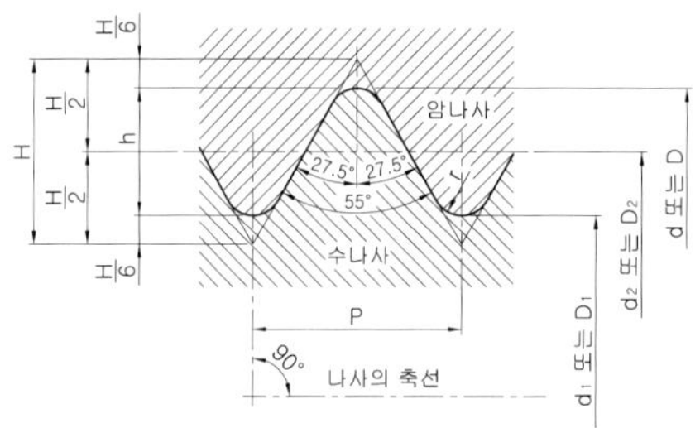

• 굵은 실선은 기준 산 모양을 나타낸다.

$P=\frac{25.4}{n}$

H=0.960491P

h=0.640327P

r=0.137329P

$d_2=d-h$

$d_1=d-2h$

$D_2=d_2$

$D_1=d_1$

▶ 기준산 모양 및 기준치수

단위 : mm

나사의 호칭	나사 산수 (25.4mm에 대한) n	피 치 P (참고)	나사산의 높이 h	산의 봉우리 및 골의 둥글기 r	수나사		
					바깥 지름 d	유효 지름 d_2	골 지름 d_1
					암나사		
					골 지름 D	유효 지름 D_2	안 지름 D_1
PF 1/8	28	0.9071	0.581	0.12	9.728	9.147	8.566
PF 1/4	19	1.3368	0.856	0.18	13.157	12.301	11.445
PF 3/8	19	1.3368	0.856	0.18	16.662	15.806	14.950
PF 1/2	14	1.8143	1.162	0.25	20.955	19.793	18.631
PF 5/8	14	1.8143	1.162	0.25	22.911	21.749	20.587
PF 3/4	14	1.8143	1.162	0.25	26.441	25.279	24.117
PF 7/8	14	1.8143	1.162	0.25	30.201	29.039	27.877
PF 1	11	2.3091	1.479	0.32	33.249	31.770	30.291
PF $1\frac{1}{8}$	11	2.3091	1.479	0.32	37.897	36.418	34.939
PF $1\frac{1}{4}$	11	2.3091	1.479	0.32	41.910	40.431	38.952
PF $1\frac{1}{2}$	11	2.3091	1.479	0.32	47.803	46.324	44.845
PF $1\frac{3}{4}$	11	2.3091	1.479	0.32	53.746	52.267	50.788
PF 2	11	2.3091	1.479	0.32	59.614	58.135	56.656
PF $2\frac{1}{4}$	11	2.3091	1.479	0.32	65.710	64.231	62.752
PF $2\frac{1}{2}$	11	2.3091	1.479	0.32	75.184	73.705	72.226
PF $2\frac{3}{4}$	11	2.3091	1.479	0.32	81.534	80.055	78.576
PF 3	11	2.3091	1.479	0.32	87.884	86.405	84.926
PF $3\frac{1}{2}$	11	2.3091	1.479	0.32	100.330	98.851	97.372
PF 4	11	2.3091	1.479	0.32	113.030	111.551	110.072
PF $4\frac{1}{2}$	11	2.3091	1.479	0.32	125.730	124.251	122.772
PF 5	11	2.3091	1.479	0.32	138.430	136.951	135.472
PF $5\frac{1}{2}$	11	2.3091	1.479	0.32	151.130	149.651	148.172
PF 6	11	2.3091	1.479	0.32	163.830	162.351	160.872
PF 7	11	2.3091	1.479	0.32	189.230	187.751	186.272
PF 8	11	2.3091	1.479	0.32	214.630	213.151	211.672
PF 9	11	2.3091	1.479	0.32	240.030	238.551	237.072
PF 10	11	2.3091	1.479	0.32	265.430	263.951	262.472
PF 12	11	2.3091	1.479	0.32	316.230	314.751	313.272

비 고

• 표 중의 관용 평행나사를 표시하는 기호 PF는 필요에 따라 생략하여도 좋다.

■ 치수 허용차

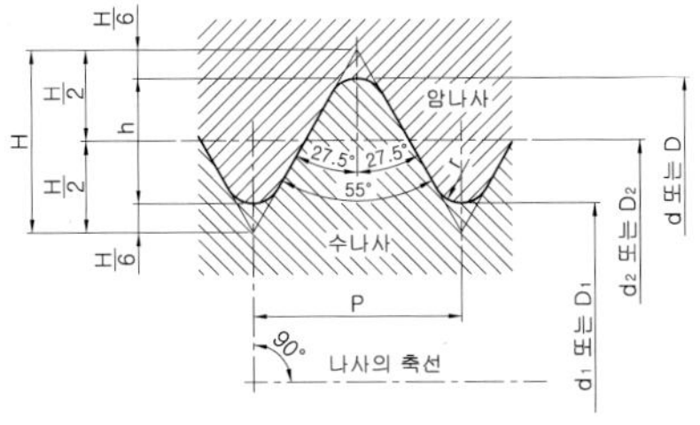

단위 : μm

나사의 호칭	나사 산수 (25.4mm에 대한) n	수나사 바깥지름 d 위 허용차	수나사 바깥지름 d 아래 허용차	수나사 유효 지름 d_2 위 허용차	수나사 유효 지름 d_2 아래 허용차 A급	수나사 유효 지름 d_2 아래 허용차 B급	수나사 골지름 d_1 위 허용차	수나사 골지름 d_1 아래 허용차	암나사 골지름 D 아래 허용차	암나사 골지름 D 위 허용차	암나사 유효지름 D_2 아래 허용차	암나사 유효지름 D_2 위 허용차 A급	암나사 유효지름 D_2 위 허용차 B급	암나사 안지름 D_1 아래 허용차	암나사 안지름 D_1 위 허용차
PF 1/8	28	0	−214	0	−107	−214	0	규정하지 않는다	0	규정하지 않는다	0	+107	+214	0	+282
PF 1/4	19	0	−250	0	−107	−250	0		0		0	+125	+250	0	+445
PF 3/8	19	0	−250	0	−125	−250	0		0		0	+125	+250	0	+445
PF 1/2	14	0	−284	0	−125	−284	0		0		0	+142	+284	0	+541
PF 5/8	14	0	−284	0	−142	−284	0		0		0	+142	+284	0	+541
PF 3/4	14	0	−284	0	−142	−284	0		0		0	+142	+284	0	+541
PF 7/8	14	0	−284	0	−142	−284	0		0		0	+142	+284	0	+541
PF 1	11	0	−360	0	−142	−360	0		0		0	+180	+360	0	+640
PF $1\frac{1}{8}$	11	0	−360	0	−180	−360	0		0		0	+180	+360	0	+640
PF $1\frac{1}{4}$	11	0	−360	0	−180	−360	0		0		0	+180	+360	0	+640
PF $1\frac{1}{2}$	11	0	−360	0	−180	−360	0		0		0	+180	+360	0	+640
PF $1\frac{3}{4}$	11	0	−360	0	−180	−360	0		0		0	+180	+360	0	+640
PF 2	11	0	−360	0	−180	−360	0		0		0	+180	+360	0	+640
PF $2\frac{1}{4}$	11	0	−434	0	−180	−434	0		0		0	+217	+434	0	+640
PF $2\frac{1}{2}$	11	0	−434	0	−217	−434	0		0		0	+217	+434	0	+640
PF $2\frac{3}{4}$	11	0	−434	0	−217	−434	0		0		0	+217	+434	0	+640
PF 3	11	0	−434	0	−217	−434	0		0		0	+217	+434	0	+640
PF $3\frac{1}{2}$	11	0	−434	0	−217	−434	0		0		0	+217	+434	0	+640
PF 4	11	0	−434	0	−217	−434	0		0		0	+217	+434	0	+640
PF $4\frac{1}{2}$	11	0	−434	0	−217	−434	0		0		0	+217	+434	0	+640
PF 5	11	0	−434	0	−217	−434	0		0		0	+217	+434	0	+640
PF $5\frac{1}{2}$	11	0	−434	0	−217	−434	0		0		0	+217	+434	0	+640
PF 6	11	0	−434	0	−217	−434	0		0		0	+217	+434	0	+640
PF 7	11	0	−636	0	−318	−636	0		0		0	+318	+636	0	+640
PF 8	11	0	−636	0	−318	−636	0		0		0	+318	+636	0	+640
PF 9	11	0	−636	0	−318	−636	0		0		0	+318	+636	0	+640
PF 10	11	0	−636	0	−318	−636	0		0		0	+318	+636	0	+640
PF 12	11	0	−794	0	−397	−794	0		0		0	+397	+794	0	+800

비 고

1. 이 표에는 산의 반각의 허용차 및 피치의 허용차는 특히 정하지 않지만, 이것은 유효지름으로 환산하여 유효지름의 공차 중에 포함되어 있다.
2. 규격의 몸통에 규정하는 나사를 포함하여 서로 다른 등급의 수나사와 암나사를 조합하여 사용할 수 있다.
3. 이 표에 있는 ▭ 의 부분은 이 부속서의 규정 외 사항이지만 그 허용차는 위 표에 규정하는 나사의 호칭 G 1/8~G6의 수나사 및 암나사의 허용차와 같다. 그리고 나사의 호칭이 다르므로 ISO 규격과의 정합성상 사용하지 않는 것이 좋다.

2-3 관용 테이퍼 나사(R) KS B 0222 : 2007 (2017 확인)

• 테이퍼 수나사 및 테이퍼 암나사에 대하여 적용하는 기본 산 모양 기본 산 모양

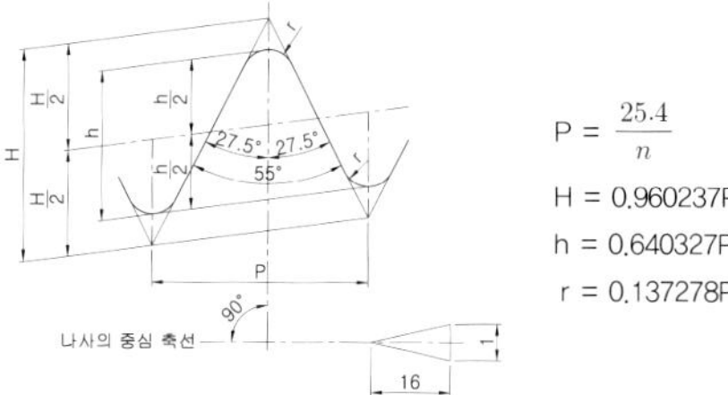

• 굵은 실선은 기본 산 모양을 나타낸다.

• 평행 암나사에 대하여 적용한 기본 산 모양

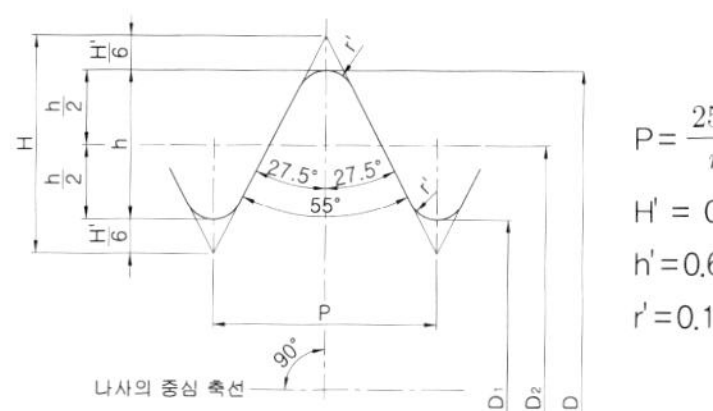

• 굵은 실선은 기본 산 모양을 나타낸다.

▶ 기준 산 모양, 기준 치수 및 치수허용차

단위 : mm

나사의 호칭	나사산				기준 지름			기준 지름의 위치			평행 암나사의 D, D_2 및 D_1의 허용차	유효 나사의 길이(최소)				배관용 탄소강관의 치수(참고)	
					수나사			수나사		암나사		수나사	암나사				
					바깥지름 d	유효지름 d_2	골지름 d_1	관 끝으로부터		관끝부분			불완전 나사부가 있는 경우		불완전 나사부가 없는 경우		
					암나사							기본지름의 위치부터 큰지름쪽으로 f	테이퍼 암나사	평행 암나사	테이퍼 암나사, 평행 암나사		
	나사산 수 (25.4 mm에 대한) n	피치 P (참고)	산의 높이 h	둥글기 r 또는 r'	골지름 D	유효지름 D_2	안지름 D_1	기본길이 a	축선방향의 허용차 b	축선방향의 허용차 c			기준지름의 위치부터 작은지름 쪽으로 l	관, 관이음 끝으로부터 l' 참고	기본지름 또는 관, 관이음 끝으로부터 t	바깥지름	두께
R 1/16	28	0.9071	0.581	0.12	7.723	7.142	6.561	3.97	±0.91	±1.13	±0.071	2.5	6.2	7.4	4.4	–	–
R 1/8	28	0.9071	0.581	0.12	9.728	9.147	8.566	3.97	±0.91	±1.13	±0.071	2.5	6.2	7.4	4.4	10.5	2.0
R 1/4	19	1.3368	0.856	0.18	13.157	12.301	11.445	6.01	±1.34	±1.67	±0.104	3.7	9.4	11.0	6.7	13.8	2.3
R 3/8	19	1.3368	0.856	0.18	16.662	15.806	14.950	6.35	±1.34	±1.67	±0.104	3.7	9.7	11.4	7.0	17.3	2.3
R 1/2	14	1.8143	1.162	0.25	20.955	19.793	18.631	8.16	±1.81	±2.27	±0.142	5.0	12.7	15.0	9.1	21.7	2.8
R 3/4	14	1.8143	1.162	0.25	26.441	25.279	24.117	9.53	±1.81	±2.27	±0.142	5.0	14.1	16.3	10.2	27.2	2.8
R 1	11	2.3091	1.479	0.32	33.249	31.770	30.291	10.39	±2.31	±2.89	±0.181	6.4	16.2	19.1	11.6	34.0	3.2
R 1 1/4	11	2.3091	1.479	0.32	41.910	40.431	38.952	12.70	±2.31	±2.89	±0.181	6.4	18.5	21.4	13.4	42.7	3.5
R 1 1/2	11	2.3091	1.479	0.32	47.803	46.324	44.845	12.70	±2.31	±2.89	±0.181	6.4	18.5	21.4	13.4	48.6	3.5
R 2	11	2.3091	1.479	0.32	59.614	58.135	56.656	15.88	±2.31	±2.89	±0.181	7.5	22.8	25.7	16.9	60.5	3.8
R 2 1/2	11	2.3091	1.479	0.32	75.184	73.705	72.226	17.46	±3.46	±3.46	±0.216	9.2	26.7	30.1	18.6	76.3	4.2
R 3	11	2.3091	1.479	0.32	87.884	86.405	84.926	20.64	±3.46	±3.46	±0.216	9.2	29.8	33.3	21.1	89.1	4.2
R 4	11	2.3091	1.479	0.32	113.030	111.551	110.072	25.40	±3.46	±3.46	±0.216	10.4	35.8	39.3	25.9	114.3	4.5
R 5	11	2.3091	1.479	0.32	138.430	136.951	135.472	28.58	±3.46	±3.46	±0.216	11.5	40.1	43.5	29.3	139.8	4.5
R 6	11	2.3091	1.479	0.32	163.830	162.351	160.872	28.58	±3.46	±3.46	±0.216	11.5	40.1	43.5	29.3	165.2	5.0

주

- 이 호칭은 테이퍼 수나사에 대한 것으로서, 테이퍼 암나사 및 평행 암나사의 경우는 R의 기호를 Rc 또는 Rp로 한다.
- 테이퍼 나사는 기준 지름의 위치에서 작은 지름 쪽까지 길이, 평행 암나사는 관 또는 관이음 끝까지의 길이

비 고

(1) 관용 나사를 나타내는 기호(R, Rc 및 Rp)는 필요에 따라 생략하여도 좋다.
(2) 나사산은 중심 축선에 직각으로, 피치는 중심 축선에 따라 측정한다.
(3) 유효 나사부의 길이는 완전하게 나사산이 깍인 나사부의 길이이며, 최후의 몇 개의 산만은 그 봉우리에 관 또는 관 이음쇠의 면이 그대로 남아 있어도 좋다. 또, 관 또는 관 이음쇠의 끝이 모떼기가 되어 있어도 이 부분을 유효 나사부의 길이에 포함시킨다.
(4) a, f 또는 t가 이 표의 수치에 따르기 어려울 때는 별도로 정하는 부품의 규격에 따른다.

KS B ISO 7-1에 규정되어 있지 않은 관용 테이퍼 나사

- 테이퍼 수나사 및 테이퍼 암나사에 대하여 적용하는 기준 산 모양 굵은 실선은 기준 산 모양을 나타낸다.

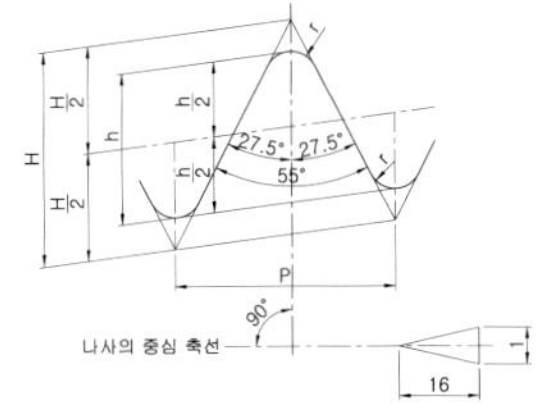

$$P = \frac{25.4}{n}$$

$$H = 0.960237P$$

$$h = 0.640327P$$

$$r = 0.137278P$$

- 평행 암나사에 대하여 적용한 기준 산 모양 굵은 실선은 기준 산 모양을 나타낸다.

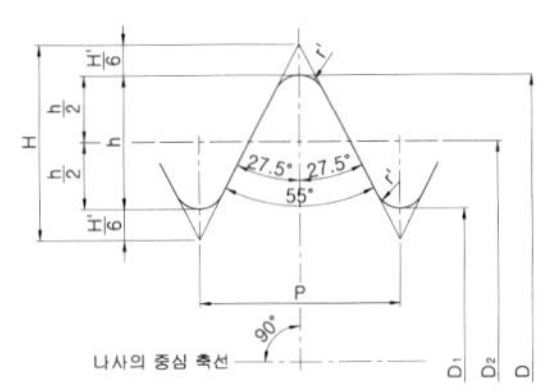

$$P = \frac{25.4}{n}$$

$$H' = 0.960491P$$

$$h' = 0.640327P$$

$$r' = 0.137329P$$

▶ 기준 산 모양, 기준 치수 및 치수허용차

단위 : mm

나사의 호칭	나사산				기준 지름			기준 지름의 위치			평행암나사의 D, D_2 및 D_1의 허용차	유효 나사의 길이(최소)				배관용 탄소 강관의 치수(참고)	
					수나사			수나사		암나사		수나사	암나사				
					바깥지름 d	유효지름 d_2	골지름 d_1	관 끝으로부터		관끝부분		기본지름의 위치부터 큰지름쪽으로 f	불완전 나사부가 있는 경우		불완전 나부가 없는 경우		
					암나사								테이퍼 암나사	평행 암나사	테이퍼 암나사, 평행 암나사		
	나사 산수 (25.4 mm에 대한) n	피치 P (참고)	산의 높이 h	둥글기 r 또는 r'	골지름 D	유효지름 D_2	안지름 D_1	기본길이 a	축선방향의 허용차 b	축선방향의 허용차 c			기준 지름의 위치부터 작은 지름 쪽으로 l	관, 관이음 끝으로부터 l' 참고	기본지름 또는 관, 관이음 끝으로부터 t	바깥지름	두께
PT 1/8	28	0.9071	0.581	0.12	9.728	9.147	8.566	3.97	±0.91	±1.13	±0.071	2.5	6.2	7.4	4.4	10.5	2.0
PT 1/4	19	1.3368	0.856	0.18	13.157	12.301	11.445	6.01	±1.34	±1.67	±0.104	3.7	9.4	11.0	6.7	13.8	2.3
PT 3/8	19	1.3368	0.856	0.18	16.662	15.806	14.950	6.35	±1.34	±1.67	±0.104	3.7	9.7	11.4	7.0	17.3	2.3
PT 1/2	14	1.8143	1.162	0.25	20.955	19.793	18.631	8.16	±1.81	±2.27	±0.142	5.0	12.7	15.0	9.1	21.7	2.8
PT 3/4	14	1.8143	1.162	0.25	26.441	25.279	24.117	9.53	±1.81	±2.27	±0.142	5.0	14.1	16.3	10.2	27.2	2.8
PT 1	11	2.3091	1.479	0.32	33.249	31.770	30.291	10.39	±2.31	±2.89	±0.181	6.4	16.2	19.1	11.6	34.0	3.2
PT $1\frac{1}{4}$	11	2.3091	1.479	0.32	41.910	40.431	38.952	12.70	±2.31	±2.89	±0.181	6.4	18.5	21.4	13.4	42.7	3.5
PT $1\frac{1}{2}$	11	2.3091	1.479	0.32	47.803	46.324	44.845	12.70	±2.31	±2.89	±0.181	6.4	18.5	21.4	13.4	48.6	3.5
PT 2	11	2.3091	1.479	0.32	59.614	58.135	56.656	15.88	±2.31	±2.89	±0.181	7.5	22.8	25.7	16.9	60.5	3.8
PT $2\frac{1}{2}$	11	2.3091	1.479	0.32	75.184	73.705	72.226	17.46	±3.46	±3.46	±0.216	9.2	26.7	30.1	18.6	76.3	4.2

▶ 기준 산 모양, 기준 치수 및 치수허용차 (계속)

단위 : mm

나사의 호칭	나사산: 나사산수(25.4mm에 대한) n	나사산: 피치 P (참고)	나사산: 산의 높이 h	나사산: 둥글기 r 또는 r'	기준 지름 (수나사): 바깥지름 d / (암나사): 골지름 D	기준 지름 (수나사): 유효지름 d_2 / (암나사): 유효지름 D_2	기준 지름 (수나사): 골지름 d_1 / (암나사): 안지름 D_1	기준 지름의 위치 (수나사) 관 끝으로부터: 기본길이 a	기준 지름의 위치 (수나사) 관 끝으로부터: 축선방향의 허용차 b	기준 지름의 위치 (암나사) 관끝부분: 축선방향의 허용차 c	평행암나사의 D, D_2 및 D_1의 허용차	유효 나사의 길이(최소) 수나사: 기본지름의 위치부터 큰지름쪽으로 f	유효 나사의 길이(최소) 암나사, 불완전 나사부가 있는 경우, 테이퍼 암나사: 기준 지름의 위치부터 작은 지름 쪽으로 l	유효 나사의 길이(최소) 암나사, 불완전 나사부가 있는 경우, 평행 암나사: 관, 관이음 끝으로부터 l' 참고	유효 나사의 길이(최소) 암나사, 불완전 나부가 없는 경우, 테이퍼 암나사 평행 암나사: 기본 지름 또는 관 관이음 끝으로부터 t	배관용 탄소강관의 치수(참고): 바깥지름	배관용 탄소강관의 치수(참고): 두께
PT 3	11	2.3091	1.479	0.32	87.884	86.405	84.926	20.64	±3.46	±3.46	±0.216	9.2	29.8	33.3	21.1	89.1	4.2
PT 3½	11	2.3091	1.479	0.32	100.330	98.851	97.372	22.23	±3.46	±3.46	±0.216	9.2	31.4	34.9	22.4	101.6	4.2
PT 4	11	2.3091	1.479	0.32	113.030	111.55	110.072	25.40	±3.46	±3.46	±0.216	10.4	35.8	39.3	25.9	114.3	4.5
PT 5	11	2.3091	1.479	0.32	138.430	136.951	135.472	28.58	±3.46	±3.46	±0.216	11.5	40.1	43.5	29.3	139.8	4.5
PT 6	11	2.3091	1.479	0.32	163.83	162.351	160.872	28.58	±3.46	±3.46	±0.216	11.5	40.1	43.5	29.3	165.2	5.0
PT 7	11	2.3091	1.479	0.32	189.230	187.751	186.272	34.93	±5.08	±5.08	±0.318	14.0	48.9	54.0	35.1	190.7	5.3
PT 8	11	2.3091	1.479	0.32	214.630	213.151	211.672	38.10	±5.08	±5.08	±0.318	14.0	52.1	57.2	37.6	216.3	5.8
PT 9	11	2.3091	1.479	0.32	240.030	238.551	237.072	38.10	±5.08	±5.08	±0.318	14.0	52.1	57.2	37.6	241.8	6.2
PT 10	11	2.3091	1.479	0.32	265.430	263.951	262.472	41.28	±5.08	±5.08	±0.318	14.0	55.3	60.4	40.2	267.4	6.6
PT 12	11	2.3091	1.479	0.32	316.230	314.751	313.272	41.28	±6.35	±6.35	±0.397	17.5	58.8	65.1	41.9	318.5	6.9

주

- 이 호칭은 테이퍼 수나사 및 테이퍼 암나사에 대한 것으로서, 테이퍼 수나사와 들어맞는 평행 암나사의 경우는 PT의 기호를 PS로 한다.

비 고

(1) 관용 테이퍼 나사를 나타내는 기호(PT 및 PS)는 필요에 따라 생략하여도 좋다.
(2) 나사산은 중심 축선에 직각으로 하고, 피치는 중심 축선을 따라 측정한다.
(3) 유효 나사부의 길이란 완전하게 나사산이 깍인 나사부의 길이이며, 최후 몇 개의 산만은 그 봉우리에 관 또는 관 이음쇠의 끝이 그대로 남아 있어도 좋다. 또, 관 또는 관 이음쇠의 끝이 모떼기가 되어 있어도 이 부분을 유효 나사부의 길이에 포함시킨다.
(4) a, f 또는 t가 이 표의 수치에 따르기 어려울 때는 별도로 정하는 부품의 규격에 따른다.
(5) 이 표의 ▒▒의 부분은 이 부속서의 규정 사항이지만 그 내용은 본체 부표 1에 규정한 나사의 호칭 R 1/8~R3 및 R4~R6에 대한 것과 동일하다. 그러나 호칭이 다르므로 ISO 규격과의 일치성 때문에 사용하지 않는 것이 좋다.

■ 내밀성 향상을 목적으로 한 관용 테이퍼 수나사의 기준치수 및 정도 JIS B 0203

▶ 내밀성 향상을 목적으로 한 관용 테이퍼 수나사의 기준치수

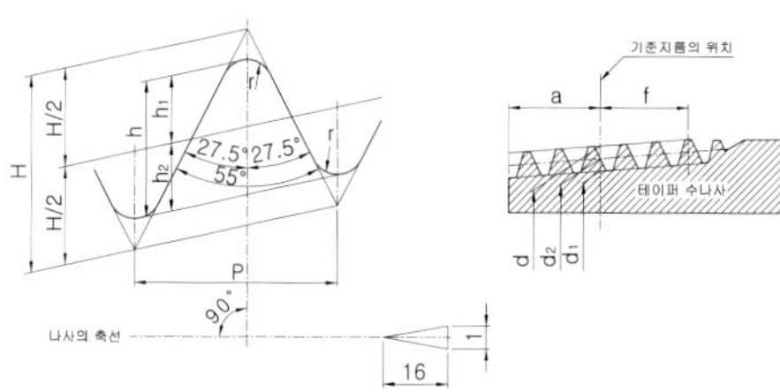

단위 : mm

나사의 호칭	나사산		기준 지름	
	산의 위까지의 높이 h_1	골 아래까지의 깊이 h_2	바깥 지름 d	골 지름 d_1
R $\frac{1}{4}$	0.478	0.378	13.257	11.545
R $\frac{3}{8}$	0.478	0.378	16.762	15.050
R $\frac{1}{2}$	0.631	0.531	21.055	18.731
R $\frac{3}{4}$	0.631	0.531	26.541	24.217
R1	0.7895	0.6895	33.349	30.391
R1 $\frac{1}{4}$	0.7895	0.6895	42.010	39.052
R1 $\frac{1}{2}$	0.7895	0.6895	47.093	44.945
R2	0.7895	0.6895	59.714	56.756

▶ 내밀성 향상을 목적으로 한 관용 테이퍼 수나사의 정도(1종)

단위 : mm

나사의 호칭	테이퍼 각	진원도		나사산 끝의 높아짐	
		고압용	저압용	고압용	저압용
R $\frac{1}{4}$	3° 17'~3° 52'	0.03 이하	0.08 이하	0.01 이하	0.02 이하
R $\frac{3}{8}$					
R $\frac{1}{2}$					
R $\frac{3}{4}$					
R 1					
R1 $\frac{1}{4}$		0.05 이하	0.10 이하		

주

1. 진원도는 나사의 골 아래에서 측정한 최대 반지름과 최소 반지름의 차
2. 고압용은 1MPa를 초과하는 압력의 배관에 적용하고, 저압용은 1MPa 이하의 압력의 배관에 적용한다.

▶ 내밀성 향상을 목적으로 한 관용 테이퍼 수나사의 정도(2종)

단위 : mm

나사의 호칭	테이퍼 각	진원도		나사산 끝의 높아짐	
		고압용	저압용	고압용	저압용
R $\frac{1}{4}$	3° 17'~4° 00'	0.04 이하	0.10 이하	0.02 이하	0.03 이하
R $\frac{3}{8}$					
R $\frac{1}{2}$					
R $\frac{3}{4}$					
R 1		0.07 이하	0.12 이하		
R1 $\frac{1}{4}$					
R1 $\frac{1}{2}$					
R2					

주

1. 진원도는 나사의 골 아래에서 측정한 최대 반지름과 최소 반지름의 차
2. 고압용은 1MPa를 초과하는 압력의 배관에 적용하고, 저압용은 1MPa 이하의 압력의 배관에 적용한다.

2-4 29° 사다리꼴 나사 KS B 0226 : 2017

▶ 29° 사다리꼴 나사의 산수 계열

호 칭	산 수 (25.4mm 당)	호 칭	산 수 (25.4mm 당)	호 칭	산 수 (25.4mm 당)	호 칭	산 수 (25.4mm 당)
TW 10	12	TW 34	4	TW 60	3	TW 90	2
TW 12	10	TW 36	4	TW 62	3	TW 92	2
TW 14	8	TW 38	$3\frac{1}{2}$	TW 65	$2\frac{1}{2}$	TW 95	2
TW 16	8	TW 40	$3\frac{1}{2}$	TW 68	$2\frac{1}{2}$	TW 98	2
TW 18	6	TW 42	$3\frac{1}{2}$	TW 70	$2\frac{1}{2}$	TW100	2
TW 20	6	TW 44	$3\frac{1}{2}$	TW 72	$2\frac{1}{2}$		
TW 22	5	TW 46	3	TW 75	$2\frac{1}{2}$		
TW 24	5	TW 48	3	TW 78	$2\frac{1}{2}$		
TW 26	5	TW 50	3	TW 80	$2\frac{1}{2}$		
TW 28	5	TW 52	3	TW 82	$2\frac{1}{2}$		
TW 30	4	TW 55	3	TW 85	2		
TW 32	4	TW 58	3	TW 88	2		

[비고]
기준산형이란 나사산의 실제 모양을 정하기 위한 기초가 되는 나사산 1 피치분의 모양을 말하며, 또 기준치수란 기준산형을 가진 나사의 각 주요 치수를 각 호칭에 대하여 구한 수치를 말한다.

비 고

- 특별히 필요해서 이 표의 호칭과 산수의 관계 또는 이 표의 호칭 나사 지름을 사용할 수 없는 경우에는 이것을 변경하여도 지장이 없다. 다만, 산수는 이 표 중의 것에서 선택한다.

▶ 29° 사다리꼴 나사의 나사산의 기준 치수

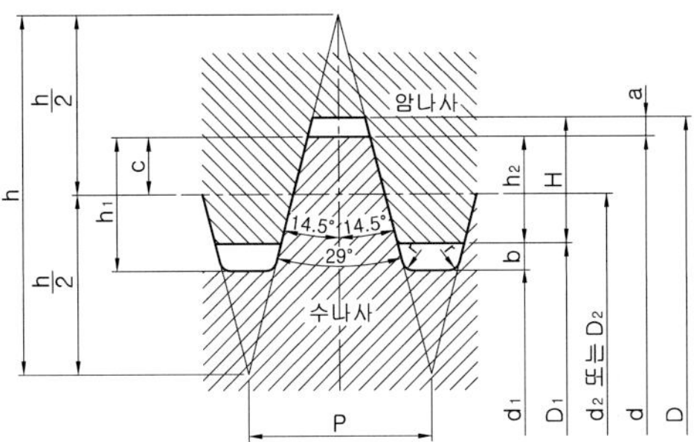

• 굵은 실선은 기준 산 모양을 표시한다.

$P = \frac{25.4}{n}$

다만, n은 산 수 (25.4mm 당)

$h = 1.9335P$	$d_2 = d - 2c$
$c ≒ 0.25P$	$d_1 = d - 2h_1$
$h_1 = 2c + a$	$D = d + 2a$
$h_2 = 2c + a - b$	$D_2 = d_2$
$H = 2c + 2a - b$	$D_1 = d_1 + 2b$

단위 : mm

산수 (25.4mm 당) n	피 치 P	틈새		c	맞물리는 높이 h_2	수나사의 나사산 높이 h_1	암나사의 나사산 높이 H	수나사 골 구석의 둥글기 r
		a	b					
12	2.1167	0.25	0.50	0.50	0.75	1.25	1.00	0.25
10	2.5400	0.25	0.50	0.60	0.95	1.45	1.20	0.25
8	3.1750	0.25	0.50	0.75	1.25	1.75	1.50	0.25
6	4.2333	0.25	0.50	1.00	1.75	2.25	2.00	0.25
5	5.0800	0.25	0.75	1.25	2.00	2.75	2.25	0.25
4	6.3500	0.25	0.75	1.50	2.50	3.25	2.75	0.25
$3\frac{1}{2}$	7.2571	0.25	0.75	1.75	3.00	3.75	3.25	0.25
3	8.4667	0.25	0.75	2.00	3.50	4.25	3.75	0.25
$2\frac{1}{2}$	10.1600	0.25	0.75	2.50	4.50	5.25	4.75	0.25
2	12.7000	0.25	0.75	3.00	5.50	6.25	5.75	0.25

▶ 29° 사다리꼴 나사의 기준 치수

단위 : mm

호 칭	산수 (25.4mm 당) n	피 치 P	수나사			암나사		
			바깥 지름 d	유효 지름 d_2	골 지름 d_1	골 지름 D	유효 지름 D_2	안 지름 D_1
TW 10	12	2.1167	10	9.0	7.5	10.5	9.0	8.5
TW 12	10	2.5400	12	10.8	9.1	12.5	10.8	10.1
TW 14	8	3.1750	14	12.5	10.5	14.5	12.5	11.5
TW 16	8	3.1750	16	14.5	12.5	16.5	14.5	13.5
TW 18	6	4.2333	18	16.0	13.5	18.5	16.0	14.5
TW 20	6	4.2333	20	18.0	15.5	20.5	18.0	16.5
TW 22	5	5.0800	22	19.5	16.5	22.5	19.5	18.0
TW 24	5	5.0800	24	21.5	18.5	24.5	21.5	20.0
TW 26	5	5.0800	26	23.5	20.5	26.5	23.5	22.0
TW 28	5	5.0800	28	25.5	22.5	28.5	25.5	24.0
TW 30	4	6.3500	30	27.0	23.5	30.5	27.0	25.0
TW 32	4	6.3500	32	29.0	25.5	32.5	29.0	27.0
TW 34	4	6.3500	34	31.0	27.5	34.5	31.0	29.0
TW 36	4	6.3500	36	33.0	29.5	36.5	33.0	31.0
TW 38	$3\frac{1}{2}$	7.2571	38	34.5	30.5	38.5	34.5	32.0
TW 40	$3\frac{1}{2}$	7.2571	40	36.5	32.5	40.5	36.5	34.0
TW 42	$3\frac{1}{2}$	7.2571	42	38.5	34.5	42.5	38.5	36.0
TW 44	$3\frac{1}{2}$	7.2571	44	40.5	36.5	44.5	40.5	38.0
TW 46	3	8.4667	46	42.0	37.5	46.5	42.0	39.0
TW 48	3	8.4667	48	44.0	39.5	48.5	44.0	41.0
TW 50	3	8.4667	50	46.0	41.5	50.5	46.0	43.0
TW 52	3	8.4667	52	48.0	43.5	52.5	48.0	45.0
TW 55	3	8.4667	55	51.0	46.5	55.5	51.0	48.0
TW 58	3	8.4667	58	54.0	49.5	58.5	54.0	51.0
TW 60	3	8.4667	60	56.0	51.5	60.5	56.0	53.0
TW 62	3	8.4667	62	58.0	53.5	62.5	58.0	55.0
TW 65	$2\frac{1}{2}$	10.1600	65	60.0	54.5	65.5	60.0	56.0
TW 68	$2\frac{1}{2}$	10.1600	68	63.0	57.5	68.5	63.0	59.0
TW 70	$2\frac{1}{2}$	10.1600	70	65.0	59.5	70.5	65.0	61.0
TW 72	$2\frac{1}{2}$	10.1600	72	67.0	61.5	72.5	67.0	63.0
TW 75	$2\frac{1}{2}$	10.1600	75	70.0	64.5	75.5	70.0	66.0
TW 78	$2\frac{1}{2}$	10.1600	78	73.0	67.5	78.5	73.0	69.0
TW 80	$2\frac{1}{2}$	10.1600	80	75.0	69.5	80.5	75.0	71.0
TW 82	$2\frac{1}{2}$	10.1600	82	77.0	71.5	82.5	77.0	73.0
TW 85	2	12.7000	85	79.0	72.5	85.5	79.0	74.0
TW 88	2	12.7000	88	82.0	75.5	88.5	82.0	77.0
TW 90	2	12.7000	90	84.0	77.5	90.5	84.0	79.0
TW 92	2	12.7000	92	86.0	79.5	92.5	86.0	81.0
TW 95	2	12.7000	95	89.0	82.5	95.5	89.0	84.0
TW 98	2	12.7000	98	92.0	85.5	98.5	92.0	87.0
TW 100	2	12.7000	100	94.0	87.5	100.5	94.0	89.0

2-5 미터 사다리꼴 나사 KS B 0229 : 1992 (2009 확인)

▶ 미터 사다리꼴 나사의 호칭 지름과 피치의 조합

단위 : mm

호칭 지름			피치																					
1란	2란	3란	44	40	36	32	28	24	22	20	18	16	14	12	10	9	8	7	6	5	4	3	2	1.5
8																								1.5
	9																						2	1.5
10																							2	1.5
	11																					3	2	
12																						3	2	
	14																					3	2	
16																					4		2	
	18																				4		2	
20																					4		2	
	22																8			5		3		
24																	8			5		3		
	26																8			5		3		
28																	8			5		3		
	30													10				6			3		
32															10				6			3		
	34														10				6			3		
36															10				6			3		
	38														10			7				3		
40															10			7				3		
	42														10			7				3		
44														12				7				3		
	46													12			8					3		
48														12			8					3		
	50													12			8					3		
52														12			8					3		
	55												14			9						3		
60													14			9						3		
	65											16			10						4			
70												16			10						4			
	75											16			10						4			
80												16			10						4			
	85										18			12							4			
90											18			12							4			
	95										18			12							4			
100										20				12							4			
		105								20				12							4			
	110									20				12							4			
		115							22				14						6					
120									22				14						6					
		125							22				14						6					
	130								22				14						6					
		135						24					14						6					
140								24					14						6					
		145						24					14						6					
	150							24				16							6					
		155						24				16							6					
160							28					16							6					
		165					28					16							6					

▶ 미터 사다리꼴 나사 호칭 지름과 피치의 조합 (계속)

단위 : mm

호칭 지름			피 치																					
1란	2란	3란	44	40	36	32	28	24	22	20	18	16	14	12	10	9	8	7	6	5	4	3	2	1.5
	170						28					16							6					
		175					28					16					8							
180							28				18						8							
		185				32					18						8							
	190					32					18						8							
		195				32					18						8							
200						32					18						8							
	210				36					20							8							
220					36					20							8							
	230				36					20							8							
240					36				22								8							
	250			40					22					12										
260				40					22					12										
	270			40				24						12										
280				40				24						12										
	290		44					24						12										
300			44					24						12										

주

1. 1란을 우선적으로 필요에 따라 2란, 3란의 순서로 선택한다. 3란의 나사는 새 설계의 기기 등에는 사용하지 않는다.
2. 음영으로 표시한 피치의 것을 우선적으로 한다.

미터 사다리꼴 나사의 호칭 표시 방법

① 한 줄 나사의 호칭 표시 방법

한 줄 미터 사다리꼴 나사의 호칭은 나사의 종류를 표시하는 기호 Tr, 나사의 호칭지름 및 피치를 표시하는 숫자(mm 단위인 것)를 다음 보기와 같이 조합하여 표시한다.

[보기] 호칭지름 40mm, 피치 7mm인 경우 Tr40x7

② 여러 줄 나사의 호칭 표시 방법

여러 줄 미터 사다리꼴 나사의 호칭은 나사의 종류를 표시하는 기호 Tr, 나사의 호칭지름, 리드 및 피치를 표시하는 숫자(mm 단위인 것)를 다음 보기와 같이 조합하여 표시한다. 이 때 피치는 그 숫자 앞에 P의 문자를 붙이고 리드 뒤에 ( )를 붙여 표시한다.

[보기] 호칭지름 40mm, 리드 14mm, 피치 7mm인 경우 Tr40x14(P7)

③ 왼나사의 표시 방법

왼 미터 사다리꼴 나사의 호칭은 호칭 뒤에 LH 기호를 붙여서 표시한다.

[보기] Tr40x7LH, Tr40x14(P7)LH

■ 미터 사다리꼴 나사의 기준치수

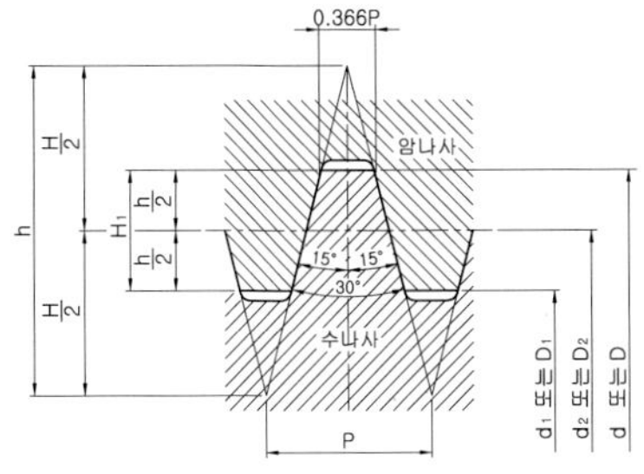

미터 사다리꼴 나사의 기준산형을 그림의 굵은 실선으로 표시한다.

$H=1.866P$ $d_2=d-0.5P$
$H_1=0.5P$ $d_1=d-P$
$D=d$ $D_2=d_2$
$D_1=d_1$

미터 사다리꼴 나사의 기준 치수 산출에 사용하는 공식

▶ 미터 사다리꼴 나사의 기준 치수

단위 : mm

나사의 호칭	피치 P	접촉 높이 H_1	암나사 골지름 D / 수나사 바깥 지름 d	암나사 유효 지름 D_2 / 수나사 유효 지름 d_2	암나사 안지름 D_1 / 수나사 골지름 d_1
Tr 8 × 1.5	1.5	0.75	8.000	7.250	6.500
Tr 9 × 2	2	1	9.000	8.000	7.000
Tr 9 × 1.5	1.5	0.75	9.000	8.250	7.500
Tr 10 × 2	2	1	10.000	9.000	8.000
Tr 10 × 1.5	1.5	0.75	10.000	9.250	8.500
Tr 11 × 3	3	1.5	11.000	9.500	8.000
Tr 11 × 2	2	1	11.000	10.000	9.000
Tr 12 × 3	3	1.5	12.000	10.500	9.000
Tr 12 × 2	2	1	12.000	11.000	10.000
Tr 14 × 3	3	1.5	14.000	12.500	11.000
Tr 14 × 2	2	1	14.000	13.000	12.000
Tr 16 × 4	4	2	16.000	14.000	12.000
Tr 16 × 2	2	1	16.000	15.000	14.000
Tr 18 × 4	4	2	18.000	16.000	14.000
Tr 18 × 2	2	1	18.000	17.000	16.000
Tr 20 × 4	4	2	20.000	18.000	16.000
Tr 20 × 2	2	1	20.000	19.000	18.000
Tr 22 × 8	8	4	22.000	18.000	14.000
Tr 22 × 5	5	2.5	22.000	19.500	17.000
Tr 22 × 3	3	1.5	22.000	20.500	19.000
Tr 24 × 8	8	4	24.000	20.000	16.000
Tr 24 × 5	5	2.5	24.000	21.500	19.000
Tr 24 × 3	3	1.5	24.000	22.500	21.000
Tr 26 × 8	8	4	26.000	22.000	18.000
Tr 26 × 5	5	2.5	26.000	23.500	21.000
Tr 26 × 3	3	1.5	26.000	24.500	23.000
Tr 28 × 8	8	4	28.000	24.000	20.000
Tr 28 × 5	5	2.5	28.000	25.500	23.000
Tr 28 × 3	3	1.5	28.000	26.500	25.000
Tr 30 × 10	10	5	30.000	25.000	20.000
Tr 30 × 6	6	3	30.000	27.000	24.000
Tr 30 × 3	3	1.5	30.000	28.500	27.000

▶ 미터 사다리꼴 나사 기준 치수 (계속)

단위 : mm

나사의 호칭	피치 P	접촉 높이 H_1	암나사		
			골지름 D	유효 지름 D_2	안지름 D_1
			수나사		
			바깥 지름 d	유효 지름 d_2	골지름 d_1
Tr 32 × 10	10	5	32.000	27.000	22.000
Tr 32 × 6	6	3	32.000	29.000	26.000
Tr 32 × 3	3	1.5	32.000	30.500	29.000
Tr 34 × 10	10	5	34.000	29.000	24.000
Tr 34 × 6	6	3	34.000	31.000	28.000
Tr 34 × 3	3	1.5	34.000	32.500	31.000
Tr 36 × 10	10	5	36.000	31.000	26.000
Tr 36 × 6	6	3	36.000	33.000	30.000
Tr 36 × 3	3	1.5	36.000	34.500	33.000
Tr 38 × 10	10	5	38.000	33.000	28.000
Tr 38 × 7	7	3.5	38.000	34.500	31.000
Tr 38 × 3	3	1.5	38.000	36.500	35.000
Tr 40 × 10	10	3	40.000	35.000	30.000
Tr 40 × 7	7	3.5	40.000	36.500	33.000
Tr 40 × 3	3	1.5	40.000	38.500	37.000
Tr 42 × 10	10	5	42.000	37.000	32.000
Tr 42 × 7	7	3.5	42.000	38.500	35.000
Tr 42 × 3	3	1.5	42.000	40.500	39.000
Tr 44 × 12	12	6	44.000	38.000	32.000
Tr 44 × 7	7	3.5	44.000	40.500	37.000
Tr 44 × 3	3	1.5	44.000	42.500	41.000
Tr 46 × 12	12	6	46.000	40.000	34.000
Tr 46 × 8	8	4	46.000	42.000	38.000
Tr 46 × 3	3	1.5	46.000	44.500	43.000
Tr 48 × 12	12	6	48.000	42.000	36.000
Tr 48 × 8	8	4	48.000	44.000	40.000
Tr 48 × 3	3	1.5	48.000	46.500	45.000
Tr 50 × 12	12	6	50.000	44.000	38.000
Tr 50 × 8	8	4	50.000	46.000	42.000
Tr 50 × 3	3	1.5	50.000	48.500	47.000
Tr 52 × 12	12	6	52.000	46.000	40.000
Tr 52 × 8	8	4	52.000	48.000	44.000
Tr 52 × 3	3	1.5	52.000	50.500	49.000
Tr 55 × 14	14	7	55.000	48.000	41.000
Tr 55 × 9	9	4.5	55.000	50.500	46.000
Tr 55 × 3	3	1.5	55.000	53.500	52.000
Tr 60 × 14	14	7	60.000	53.000	46.000
Tr 60 × 9	9	4.5	60.000	55.500	51.000
Tr 60 × 3	3	1.5	60.000	58.500	57.000
Tr 65 × 16	16	8	65.000	57.000	49.000
Tr 65 × 10	10	5	65.000	60.000	55.000
Tr 65 × 4	4	2	65.000	63.000	61.000
Tr 70 × 16	16	8	70.000	62.000	54.000
Tr 70 × 10	10	5	70.000	65.000	60.000
Tr 70 × 4	4	2	70.000	68.000	66.000

▶ 미터 사다리꼴 나사의 기준 치수 (계속)

단위 : mm

나사의 호칭	피치 P	접촉 높이 H_1	암나사		
			골지름 D	유효 지름 D_2	안지름 D_1
			수나사		
			바깥 지름 d	유효 지름 d_2	골지름 d_1
Tr 75 × 16	16	8	75.000	67.000	59.000
Tr 75 × 10	10	5	75.000	70.000	65.000
Tr 75 × 4	4	2	75.000	73.000	71.000
Tr 80 × 16	16	8	80.000	72.000	64.000
Tr 80 × 10	10	5	80.000	75.000	70.000
Tr 80 × 4	4	2	80.000	78.000	76.000
Tr 85 × 18	18	9	85.000	76.000	67.000
Tr 85 × 12	12	6	85.000	79.000	73.000
Tr 85 × 4	4	2	85.000	83.000	81.000
Tr 90 × 18	18	9	90.000	81.000	72.000
Tr 90 × 12	12	6	90.000	84.000	78.000
Tr 90 × 4	4	2	90.000	88.000	86.000
Tr 95 × 18	18	9	95.000	86.000	77.000
Tr 95 × 12	12	6	95.000	89.000	83.000
Tr 95 × 4	4	2	95.000	93.000	91.000
Tr 100 × 20	20	10	100.000	90.000	80.000
Tr 100 × 12	12	6	100.000	94.000	88.000
Tr 100 × 4	4	2	100.000	98.000	96.000
Tr 105 × 20	20	10	105.000	95.000	85.000
Tr 105 × 12	12	6	105.000	99.000	93.000
Tr 105 × 4	4	2	105.000	103.000	101.000
Tr 110 × 20	20	10	110.000	100.000	90.000
Tr 110 × 12	12	6	110.000	104.000	98.000
Tr 110 × 4	4	2	110.000	108.000	106.000
Tr 115 × 22	22	11	115.000	104.000	93.000
Tr 115 × 14	14	7	115.000	108.000	101.000
Tr 115 × 6	6	3	115.000	112.000	109.000
Tr 120 × 22	22	11	120.000	109.000	98.000
Tr 120 × 14	14	7	120.000	113.000	106.000
Tr 120 × 6	6	3	120.000	117.000	114.000
Tr 125 × 22	22	11	125.000	114.000	103.000
Tr 125 × 14	14	7	125.000	118.000	111.000
Tr 125 × 6	6	3	125.000	122.000	119.000
Tr 130 × 22	22	11	130.000	119.000	108.000
Tr 130 × 14	14	7	130.000	123.000	116.000
Tr 130 × 6	6	3	130.000	127.000	124.000
Tr 135 × 24	24	12	135.000	123.000	111.000
Tr 135 × 14	14	7	135.000	128.000	121.000
Tr 135 × 6	6	3	135.000	132.000	129.000
Tr 140 × 24	24	12	140.000	128.000	116.000
Tr 140 × 14	14	7	140.000	133.000	126.000
Tr 140 × 6	6	3	140.000	137.000	134.000
Tr 145 × 24	24	12	145.000	133.000	121.000
Tr 145 × 14	14	7	145.000	138.000	131.000
Tr 145 × 6	6	3	145.000	142.000	139.000

▶ 미터 사다리꼴 나사의 기준 치수 (계속)

단위 : mm

나사의 호칭	피치 P	접촉 높이 H_1	암나사		
			골지름 D	유효 지름 D_2	안지름 D_1
			수나사		
			바깥 지름 d	유효 지름 d_2	골지름 d_1
Tr 150 × 24	24	12	150.000	138.000	126.000
Tr 150 × 16	16	8	150.000	142.000	134.000
Tr 150 × 6	6	3	150.000	147.000	144.000
Tr 155 × 24	24	12	155.000	143.000	131.000
Tr 155 × 16	16	8	155.000	147.000	139.000
Tr 155 × 6	6	3	155.000	152.000	149.000
Tr 160 × 28	28	14	160.000	146.000	132.000
Tr 160 × 16	16	8	160.000	152.000	144.000
Tr 160 × 6	6	3	160.000	157.000	154.000
Tr 165 × 28	28	14	165.000	151.000	137.000
Tr 165 × 16	16	8	165.000	157.000	149.000
Tr 165 × 6	6	3	165.000	162.000	159.000
Tr 170 × 28	28	14	170.000	156.000	142.000
Tr 170 × 16	16	8	170.000	162.000	154.000
Tr 170 × 6	6	3	170.000	167.000	164.000
Tr 175 × 28	28	14	175.000	161.000	147.000
Tr 175 × 16	16	8	175.000	167.000	159.000
Tr 175 × 8	8	4	175.000	171.000	167.000
Tr 180 × 28	28	14	180.000	166.000	152.000
Tr 180 × 18	18	9	180.000	171.000	162.000
Tr 180 × 8	8	4	180.000	176.000	172.000
Tr 185 × 32	32	16	185.000	169.000	153.000
Tr 185 × 18	18	9	185.000	176.000	167.000
Tr 185 × 8	8	4	185.000	181.000	177.000
Tr 190 × 32	32	16	190.000	174.000	158.000
Tr 190 × 18	18	9	190.000	181.000	172.000
Tr 190 × 8	8	4	190.000	186.000	182.000
Tr 195 × 32	32	16	195.000	179.000	163.000
Tr 195 × 18	18	9	195.000	186.000	177.000
Tr 195 × 8	8	4	195.000	191.000	187.000
Tr 200 × 32	32	16	200.000	184.000	168.000
Tr 200 × 18	18	9	200.000	191.000	182.000
Tr 200 × 8	8	4	200.000	196.000	192.000
Tr 210 × 36	36	18	210.000	192.000	174.000
Tr 210 × 20	20	10	210.000	200.000	190.000
Tr 210 × 8	8	4	210.000	206.000	202.000
Tr 220 × 36	36	18	220.000	202.000	184.000
Tr 220 × 20	20	10	220.000	210.000	200.000
Tr 220 × 8	8	4	220.000	216.000	212.000
Tr 230 × 36	36	18	230.000	212.000	194.000
Tr 230 × 20	20	10	230.000	220.000	210.000
Tr 230 × 8	8	4	230.000	226.000	222.000
Tr 240 × 36	36	18	240.000	222.000	204.000
Tr 240 × 22	22	11	240.000	229.000	218.000
Tr 240 × 8	8	4	240.000	236.000	232.000

▶ 미터 사다리꼴나사의 기준 치수 (계속)

단위 : mm

나사의 호칭	피치 P	접촉 높이 H_1	암나사		
			골지름 D	유효 지름 D_2	안지름 D_1
			수나사		
			바깥 지름 d	유효 지름 d_2	골지름 d_1
Tr 260 × 40	40	20	260.000	240.000	220.000
Tr 260 × 22	22	11	260.000	249.000	238.000
Tr 260 × 12	12	6	260.000	254.000	248.000
Tr 270 × 44	40	20	270.000	250.000	230.000
Tr 270 × 24	24	12	270.000	258.000	246.000
Tr 270 × 12	12	6	270.000	264.000	258.000
Tr 280 × 44	40	20	280.000	260.000	240.000
Tr 280 × 24	24	12	280.000	268.000	256.000
Tr 280 × 12	12	6	280.000	274.000	268.000
Tr 290 × 44	44	22	290.000	268.000	246.000
Tr 290 × 24	24	12	290.000	278.000	266.000
Tr 290 × 12	12	6	290.000	284.000	278.000
Tr 300 × 44	44	22	300.000	278.000	256.000
Tr 300 × 24	24	12	300.000	288.000	276.000
Tr 300 × 12	12	6	300.000	294.000	288.000

• 기호 Tr은 미터 사다리꼴나사를 나타내는 기호이다.

CHAPTER 03

배관계 볼트

3-1 볼트 구멍 및 카운터 보어 지름 KS B ISO 273 : 2010 (MOD ISO 273 : 1979)

- 나사 호칭 지름
  나사의 바깥지름 d
- 볼트 구멍 지름
  볼트의 틈새 구멍 지름 d_h

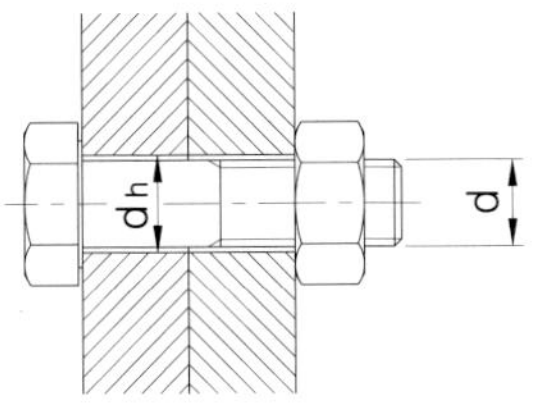

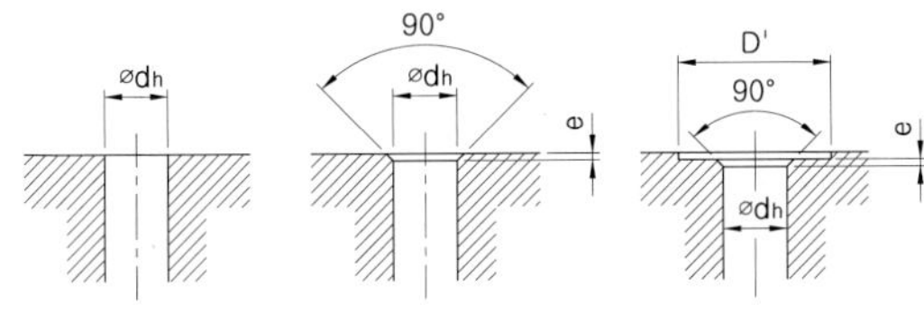

단위 : mm

나사의 호칭 지름	볼트 구멍 지름 dh				모떼기 (e)	카운터 보어 지름 (D')
	1급	2급	3급	4급		
1	1.1	1.2	1.3	–	0.2	3
1.2	1.3	1.4	1.5	–	0.2	4
1.4	1.5	1.6	1.8	–	0.2	4
1.6	1.7	1.8	2	–	0.2	5
※ 1.7	1.8	2	2.1	–	0.2	5
1.8	2.0	2.1	2.2	–	0.2	5
2	2.2	2.4	2.6	–	0.3	7
2.2	2.4	2.5	2.8	–	0.3	8
※ 2.3	2.5	2.6	2.9	–	0.3	8
2.5	2.7	2.9	3.1	–	0.3	8
※ 2.6	2.8	3	3.2	–	0.3	8
3	3.2	3.4	3.6	–	0.3	9
3.5	3.7	3.9	4.2	–	0.3	10
4	4.3	4.5	4.8	5.5	0.4	11
4.5	4.8	5	5.3	6	0.4	13
5	5.3	5.5	5.8	6.5	0.4	13
6	6.4	6.6	7	7.8	0.4	15
7	7.4	7.6	8	–	0.4	18
8	8.4	9	10	10	0.6	20
10	10.5	11	12	13	0.6	24
12	13	14	14.5	15	1.1	28
14	15	16	16.5	17	1.1	32
16	17	18	18.5	20	1.1	35
18	19	20	21	22	1.1	39
20	21	22	24	25	1.2	43
22	23	24	26	27	1.2	46
24	25	26	28	29	1.2	50
27	28	30	32	33	1.7	55

나사의 호칭 지름	볼트 구멍 지름 dh				모떼기 e	카운터 보어 D'
	1급	2급	3급	4급		
30	31	33	35	36	1.7	62
33	34	36	38	40	1.7	66
36	37	39	42	43	1.7	72
39	40	42	45	46	1.7	76
42	43	45	48	–	1.8	82
45	46	48	52	–	1.8	87
48	50	52	56	–	2.3	93
52	54	56	62	–	2.3	100
56	58	62	66	–	3.5	110
60	62	66	70	–	3.5	115
64	66	70	74	–	3.5	122
68	70	74	78	–	3.5	127
72	74	78	82	–	3.5	133
76	78	82	86	–	3.5	143
80	82	86	91	–	3.5	148
85	87	91	96	–	–	–
90	93	96	101	–	–	–
95	98	101	107	–	–	–
100	104	107	112	–	–	–
105	109	112	117	–	–	–
110	114	117	122	–	–	–
115	119	122	127	–	–	–
120	124	127	132	–	–	–
125	129	132	137	–	–	–
130	134	137	144	–	–	–
140	144	147	155	–	–	–
150	155	158	165	–	–	–

주

1. 볼트 구멍 지름 중 4급은 주로 주조 구멍에 적용한다.
2. 볼트 구멍 지름 dh의 허용차는 1급 : H12, 2급 : H13, 3급 : H14이다.

비 고

1. ISO 273에서는 fine(1급 해당), medium(2급 해당) 및 coarse(3급 해당)의 3등급으로만 분류하고 있다. 따라서 이 표에서 규정하는 나사의 호칭 지름 및 볼트 구멍 지름 중 네모(　　)를 한 부분은 ISO 273에서 규정되지 않은 것이다.
2. 나사의 구멍 지름에 ※표를 붙인 것은 ISO 261에 규정되지 않은 것이다.
3. 구멍의 모떼기는 필요에 따라 실시하고, 그 각도는 원칙적으로 90°로 한다.
4. 어느 나사의 호칭 지름에 대하여 이 표의 카운터 보어 지름보다 작은 것, 또는 큰 것을 필요로 하는 경우에는, 될 수 있는 한 이 표의 카운터 보어 지름 계열에서 수치를 선택하는 것이 좋다.
5. 카운터 보어면은 구멍의 중심선에 대하여 직각이 되도록 하고, 카운터 보어 깊이는 일반적으로 흑피가 없어질 정도로 한다.

3-2 6각 볼트 (부품 등급 A) KS B 1002 : 2016

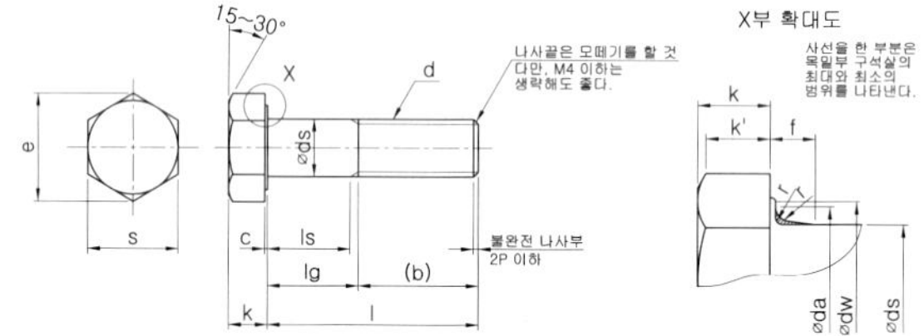

▶ 호칭지름 6각 볼트(부품 등급 A)의 모양 및 치수

단위 : mm

나사의 호칭 d		M3	M4	M5	M6	M8	M10	M12	(M14)	M16	M20	M24
피치 P		0.5	0.7	0.8	1	1.25	1.5	1.75	2	2	2.5	3
b (참고)	(1)	12	14	16	18	22	26	30	34	38	46	54
	(2)	–	–	–	–	–	–	–	40	44	52	60
c	최소	0.15	0.15	0.15	0.15	0.15	0.15	0.15	0.15	0.2	0.2	0.2
	최대	0.4	0.4	0.5	0.5	0.6	0.6	0.6	0.6	0.8	0.8	0.8
da	최대	3.6	4.7	5.7	6.8	9.2	11.2	13.7	15.7	17.7	22.4	26.4
ds	최대(기준치수)	3	4	5	6	8	10	12	14	16	20	24
	최소	2.86	3.82	4.82	5.82	7.78	9.78	11.73	13.73	15.73	19.67	23.67
dw	최소	4.6	5.9	6.9	8.9	11.6	14.6	16.6	19.6	22.5	28.2	33.6
e	최소	6.07	7.66	8.79	11.05	14.38	17.77	20.03	23.35	26.75	33.63	39.98
f	최대	1	1.2	1.2	1.4	2	2	3	3	3	4	4
k	호칭(기준치수)	2	2.8	3.5	4	5.3	6.4	7.5	8.8	10	12.5	15
	최소	1.88	2.68	3.35	3.85	5.15	6.22	7.32	8.62	9.82	12.28	14.78
	최대	2.12	2.92	3.65	4.15	5.45	6.58	7.68	8.98	10.18	12.72	15.22
k'	최소	1.3	1.9	2.28	2.63	3.54	4.28	5.05	5.96	6.8	8.5	10.3
r	최소	0.1	0.2	0.2	0.25	0.4	0.4	0.6	0.6	0.6	0.8	0.8
s	최대(기준치수)	5.5	7	8	10	13	16	18	21	24	30	36
	최소	5.32	6.78	7.78	9.78	12.73	15.73	17.73	20.67	23.67	29.67	35.38
호칭길이(기준치수) *l*		20~30	25~40	25~50	30~60	35~80	40~100	45~120	50~140	55~150	65~150	80~150

비 고

1. 나사의 호칭에 ( )를 붙인 것은 될 수 있는 한 사용하지 않는다.

3-3 6각 볼트 (부품 등급 B) KS B 1002 : 2016

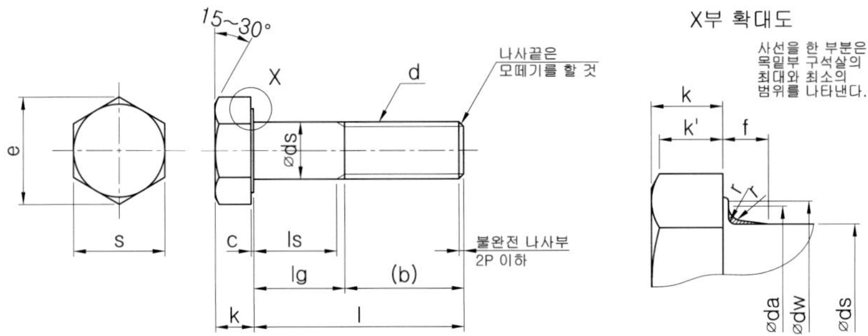

▶ 호칭지름 6각 볼트(부품 등급 B)의 모양 및 치수

단위 : mm

나사의 호칭 d		M5	M6	M8	M10	M12	(M14)	M16	M20	M24	M30	M36
피치 P		0.8	1	1.25	1.5	1.75	2	2	2.5	3	3.5	4
b (참고)	(1)	16	18	22	26	30	34	38	46	54	66	78
	(2)	–	–	28	32	36	40	44	52	60	72	84
	(3)	–	–	–	–	–	–	57	65	73	85	97
c	최소	0.15	0.15	0.15	0.15	0.15	0.15	0.2	0.2	0.2	0.2	0.2
	최대	0.5	0.5	0.6	0.6	0.6	0.6	0.8	0.8	0.8	0.8	0.8
da	최대	5.7	6.8	9.2	11.2	13.7	15.7	17.7	22.4	26.4	33.4	39.4
ds	최대(기준치수)	5	6	8	10	12	14	16	20	24	30	36
	최소	4.82	5.82	7.78	9.78	11.73	13.73	15.73	19.67	23.67	29.67	35.61
dw	최소	6.7	8.7	11.4	14.4	16.4	19.2	22	27.7	33.2	42.7	51.1
e	최소	8.63	10.89	14.20	17.59	19.85	22.78	26.71	32.95	39.55	50.85	60.79
f	최대	1.2	1.4	2	2	3	3	3	4	4	6	6
k	호칭(기준치수)	3.5	4	5.3	6.4	7.5	8.8	10	12.5	15	18.7	22.5
	최소	3.26	3.76	5.06	6.11	7.21	8.51	9.71	12.15	14.65	18.28	22.08
	최대	3.74	4.24	5.54	6.69	7.79	9.09	10.29	12.85	15.35	19.12	22.92
k'	최소	2.28	2.63	3.54	4.28	5.05	5.96	6.8	8.5	10.3	12.8	15.5
r	최소	0.2	0.25	0.4	0.4	0.6	0.6	0.6	0.8	0.8	1	1
s	최대(기준치수)	8	10	13	16	18	21	24	30	36	46	55
	최소	7.64	9.64	12.57	15.57	17.57	20.16	23.16	29.16	35	45	53.8
호칭길이(기준치수) l		35~50	35~60	35~80	40~100	45~120	50~140	55~150	65~200	80~240	90~300	110~300

비 고

1. 나사의 호칭에 ( )를 붙인 것은 될 수 있는 한 사용하지 않는다.

주

(1) 이 b 치수는 호칭길이(l)가 125mm 이하인 것에 적용한다.
(2) 이 b 치수는 호칭길이가 125mm를 초과, 200mm 이하인 것에 적용한다.
(3) 이 b 치수는 호칭길이가 200mm를 초과하는 것에 적용한다.

3-4 6각 볼트 (부품 등급 C) KS B 1002 : 2016

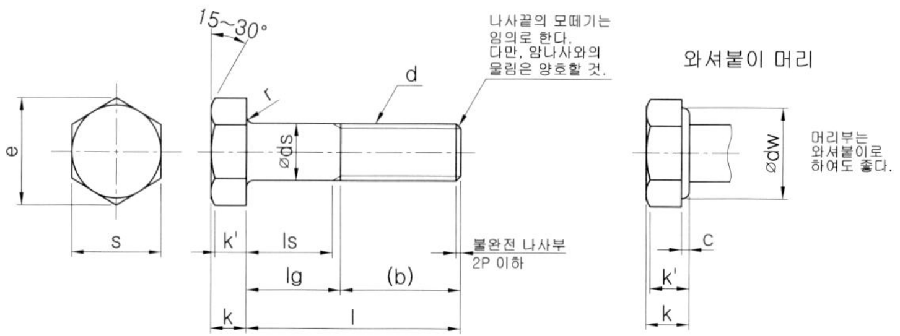

▶ 호칭지름 6각 볼트(부품 등급 C)의 모양 및 치수

단위 : mm

나사의 호칭 d		M5	M6	M8	M10	M12	(M14)	M16	M20	M24	M30	M36
피치 P		0.8	1	1.25	1.5	1.75	2	2	2.5	3	3.5	4
b (참고)	(1)	16	18	22	26	30	34	38	46	54	66	78
	(2)	–	–	28	32	36	40	44	52	60	72	84
	(3)	–	–	–	–	–	–	57	65	73	85	97
c	최대	0.5	0.5	0.6	0.6	0.6	0.6	0.8	0.8	0.8	0.8	0.8
da	최대	6	7.2	10.2	12.2	14.7	16.7	18.7	24.4	28.4	35.4	42.4
ds	최대(기준치수)	5.48	6.48	8.58	10.58	12.7	14.7	16.7	20.84	24.84	30.84	37
	최소	4.52	5.52	7.42	9.42	11.3	13.3	15.3	19.16	23.16	29.16	35
dw	최소	6.7	8.7	11.4	14.4	16.4	19.2	22	27.7	33.2	42.7	51.1
e	최소	8.63	10.89	14.20	17.59	19.85	22.78	26.17	32.95	39.55	50.85	60.79
k	호칭(기준치수)	3.5	4	5.3	6.4	7.5	8.8	10	12.5	15	18.7	22.5
	최소	3.12	3.62	4.92	5.95	7.05	8.35	9.25	11.6	14.1	17.65	21.45
	최대	3.88	4.38	5.68	6.85	7.95	9.25	10.75	13.4	15.9	19.75	23.55
k'	최소	2.2	2.5	3.45	4.2	4.95	5.85	6.5	8.1	9.9	12.4	15.0
r	최소	0.2	0.25	0.4	0.4	0.6	0.6	0.6	0.8	0.8	1	1
s	최대(기준치수)	8	10	13	16	18	21	24	30	36	46	55
	최소	7.64	9.64	12.57	15.57	17.57	20.16	23.16	29.16	35	45	53.8
호칭길이(기준치수) l		25~50	30~60	35~80	40~100	45~120	50~140	55~160	65~200	80~240	90~300	110~300

비 고

1. 나사의 호칭에 ( )를 붙인 것은 될 수 있는 한 사용하지 않는다.

주

(1) 이 b 치수는 호칭길이가 (l)가 125mm 이하인 것에 적용한다.
(2) 이 b 치수는 호칭길이가 125mm를 초과, 200mm 이하인 것에 적용한다.
(3) 이 b 치수는 호칭길이가 200mm를 초과하는 것에 적용한다.

3-5 6각 볼트 (상) KS B 1002 : 2016

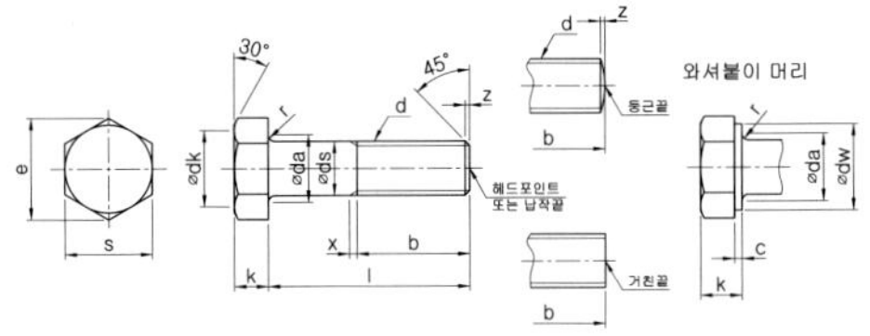

▶ 6각 볼트(상)의 모양 및 치수

단위 : mm

나사의 호칭 d		ds		k		s		e	dk	r	da	z	A−B	ℓ
보통 나사	가는 나사	기준 치수	허용차	기준 치수	허용차	기준 치수	허용차	약	약	최소	최대	약	최대	길이
M3	−	3	0 −0.1	2	±0.1	5.5	0 −0.2	6.4	5.3	0.1	3.6	0.6	0.2	5~32
(M3.5)	−	3.5		2.4		6		6.9	3.8	0.1	4.1	0.6	0.2	5~32
M4	−	4		2.8		7		8.1	6.8	0.2	4.7	0.8	0.2	6~40
(M4.5)	−	4.5		3.2	±0.15	8		9.2	7.8	0.2	5.2	0.8	0.3	6~40
M5	−	5		3.5		8		9.2	7.8	0.2	5.7	0.9	0.3	7~50
M6	−	6		4		10		11.5	9.8	0.25	6.8	1	0.3	7~70
(M7)	−	7	0 −0.15	5		11	0 −0.25	12.7	10.7	0.25	7.8	1	0.3	11~100
M8	M8 × 1	8		5.5		13		15	12.6	0.4	9.2	1.2	0.4	11~100
M10	M10 × 1.25	10		7	±0.2	17		19.6	16.5	0.4	11.2	1.5	0.5	14~100
M12	M12 × 1.25	12	0 −0.2	8		19	0 −0.35	21.9	18	0.6	14.2	2	0.7	18~140
(M14)	(M14 × 1.5)	14		9		22		25.4	21	0.6	16.2	2	0.7	20~140
M16	M16 × 1.5	16		10		24		27.7	23	0.6	18.2	2	0.8	22~140
(M18)	(M18 × 1.5)	18		12		27		31.2	26	0.6	20.2	2.5	0.9	25~200
M20	M20 × 1.5	20		13		30		34.6	29	0.8	22.4	2.5	0.9	28~200
(M22)	(M22 × 1.5)	22		14		32	0 −0.4	37	31	0.8	24.4	2.5	1.1	28~200
M24	M24 × 2	24		15		36		41.6	34	0.8	26.4	3	1.2	30~220
(M27)	(M27 × 2)	27		17		41		47.3	39	1	30.4	3	1.3	35~240
M30	M30 × 2	30		19	±0.25	46		53.1	44	1	33.4	3.5	1.5	40~240
(M33)	(M33 × 2)	33	0 −0.25	21		50		57.7	48	1	36.4	3.5	1.6	45~240
M36	M36 × 3	36		23		55	0 −0.45	63.5	53	1	39.4	4	1.8	50~240
(M39)	(M39 × 3)	39		25		60		69.3	57	1	42.4	4	2.0	50~240
M42	−	42		26		65		75	62	1.2	45.6	4.5	2.1	55~325
(M45)	−	45		28		70		80.8	67	1.2	48.6	4.5	2.3	55~325
M48	−	48		30		75		86.5	72	1.6	52.6	5	2.4	60~325
(M52)	−	52	0 −0.3	33	±0.3	80		92.4	77	1.6	56.6	5	2.6	130~400
M56	−	56		35		85	0 −0.55	98.1	82	2	63	5.5	2.8	130~400
(M60)	−	60		38		90		104	87	2	67	5.5	3.0	130~400
M64	−	64		40		95		110	92	2	71	6	3.0	130~400
(M68)	−	68		43		100		115	97	2	75	6	3.3	130~400
−	M72 × 6	72		45		105		121	102	2	79	6	3.3	130~400
−	(M76 × 6)	76		48		110		127	107	2	83	6	3.5	130~400
−	M80 × 6	80		50		115		133	112	2	87	6	3.5	130~400

비 고

1. 나사의 호칭에 ( )를 붙인 것은 될 수 있는 한 사용하지 않는다.
2. 이 규격은 ISO 4014~4018에 따르지 않는 일반적으로 사용하는 강제의 6각 볼트, 스테인리스 강제의 6각 볼트 및 비철 금속의 5각 볼트에 대하여 규정한다.
3. 전조 나사의 경우에는 M6 이하인 것은 특별히 지정이 없는 한 ds를 대략 나사의 유효 지름으로 한다.
   또한, M6을 초과하는 것은 지정에 따라 ds를 대략 나사의 유효 지름으로 할 수 있다.
4. 특별히 큰 자리면을 필요로 하는 경우에는 한 계단 큰 s 및 e 치수를 사용하여도 좋다.

3-6 6각 볼트 (중) KS B 1002 : 2016

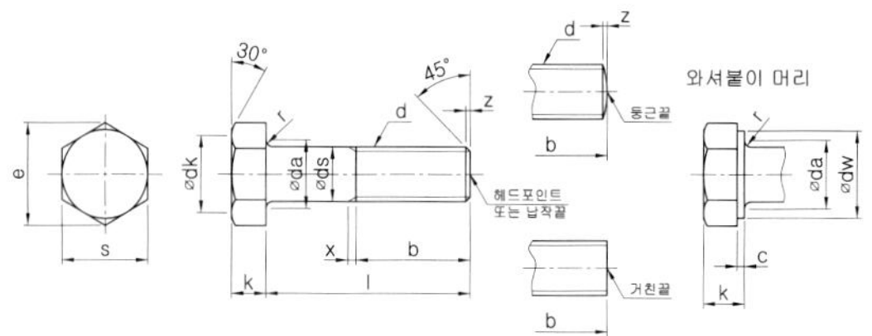

▶ 6각 볼트(중)의 모양 및 치수

단위 : mm

나사의 호칭 d		ds		k		s		e 약	dk 약	r 최소	da 최대	z 약	A−B 최대	ℓ 길이
보통 나사	가는 나사	기준 치수	허용차	기준 치수	허용차	기준 치수	허용차	약	약	최소	최대	약	최대	
M6	−	6	0 −0.2	4	±0.25	10	0 −0.6	11.5	9.8	0.25	6.8	1	0.3	7~70
(M7)	−	7		5		11	0 −0.7	12.7	10.7	0.25	7.8	1	0.3	11~100
M8	M8 × 1	8		5.5		13		15	12.6	0.4	9.2	1.2	0.4	11~100
M10	M10 × 1.25	10		7	±0.3	17		19.6	16.5	0.4	11.2	1.5	0.5	14~100
M12	M12 × 1.25	12	0 −0.25	8		19	0 −0.8	21.9	18	0.6	14.2	2	0.7	18~140
(M14)	(M14 × 1.5)	14		9		22		25.4	21	0.6	16.2	2	0.7	20~140
M16	M16 × 1.5	15		10		24		27.7	23	0.6	18.2	2	0.8	22~140
(M18)	(M18 × 1.5)	18		12	±0.35	27		31.2	26	0.6	20.2	2.5	0.9	25~200
M20	M20 × 1.5	20	0 −0.35	13		30		34.6	29	0.8	22.4	2.5	0.9	28~200
(M22)	(M22 × 1.5)	22		14		32	0 −1.0	37	31	0.8	24.4	2.5	1.1	28~200
M24	M24 × 2	24		15		36		41.6	34	0.8	26.4	3	1.2	30~220
(M27)	(M27 × 2)	27		17		41		47.3	39	1	30.4	3	1.3	35~240
M30	M30 × 2	30		19	±0.4	46		53.1	44	1	33.4	3.5	1.5	40~240
(M33)	(M33 × 2)	33	0 −0.4	21		50		57.7	48	1	36.4	3.5	1.6	45~240
M36	M36 × 3	36		23		55	0 −1.2	63.5	53	1	39.4	4	1.8	50~240
(M39)	(M39 × 3)	39		25		60		69.3	57	1	42.4	4	2.0	50~240
M42	−	42		26		65		75	62	1.2	45.6	4.5	2.1	55~325
(M45)	−	45		28		70		80.8	67	1.2	48.6	4.5	2.3	55~325
M48	−	48		30		75		86.5	72	1.6	52.6	5	2.4	60~325
(M52)	−	52	0 −0.45	33	±0.5	80		92.4	77	1.6	56.6	5	2.6	130~400
M56	−	56		35		85	0 −1.4	98.1	82	2	63	5.5	2.8	130~400
(M60)	−	60		38		90		104	87	2	67	5.5	3.0	130~400
M64	−	64		40		95		110	92	2	71	6	3.0	130~400
(M68)	−	68		43		100		115	97	2	75	6	3.3	130~400
−	M72 × 6	72		45		105		121	102	2	79	6	3.3	130~400
−	(M76 × 6)	76		48		110		127	107	2	83	6	3.5	130~400
−	M80 × 6	80		50		115		133	112	2	87	6	3.5	130~400

비 고

1. 나사의 호칭에 ( )를 붙인 것은 될 수 있는 한 사용하지 않는다.
2. 이 규격은 ISO 4014~4018에 따르지 않는 일반적으로 사용하는 강제의 6각 볼트, 스테인리스 강제의 6각 볼트 및 비철 금속의 5각 볼트에 대하여 규정한다.
3. 전조 나사의 경우에는 M6 이하인 것은 특별히 지정이 없는 한 ds를 대략 나사의 유효 지름으로 한다.
   또한, M6을 초과하는 것은 지정에 따라 ds를 대략 나사의 유효 지름으로 할 수 있다.
4. 특별히 큰 자리면을 필요로 하는 경우에는 한 계단 큰 s 및 e 치수를 사용하여도 좋다.

3-7 6각 볼트 (흑) KS B 1002 : 2016

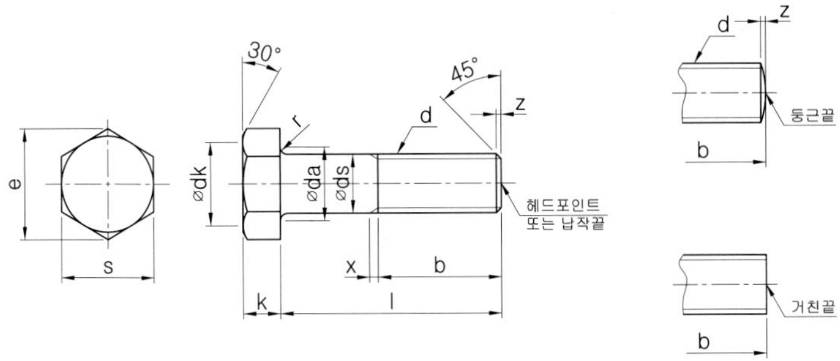

▶ 6각 볼트(흑)의 모양 및 치수

단위 : mm

나사의 호칭 d		ds		k		s		e	dk	r	da	z	A−B	ℓ
보통 나사	가는 나사	기준 치수	허용차	기준 치수	허용차	기준 치수	허용차	약	약	최소	최대	약		길이
M6	−	6	+0.6 −0.15	4	±0.6	10	0 −0.6	11.5	9.8	0.25	7.2	1	0.5	7~70
(M7)	−	7	+0.7 −0.2	5		11	0 −0.7	12.7	10.7	0.25	8.2	1	0.5	11~100
M8	M8 × 1	8		5.5		13		15	12.6	0.4	10.2	1.2	0.6	11~100
M10	M10 × 1.25	10		7	±0.8	17		19.6	16.5	0.4	12.2	1.5	0.7	14~100
M12	M12 × 1.25	12	+0.9 −0.2	8		19	0 −0.8	21.9	18	0.6	15.2	2	1.0	18~140
(M14)	(M14 × 1.5)	14		9		22		25.4	21	0.6	17.2	2	1.1	20~140
M16	M16 × 1.5	16		10		24		27.7	23	0.6	19.2	2	1.2	22~140
(M18)	(M18 × 1.5)	18		12	±0.9	27		31.2	26	0.6	21.2	2.5	1.4	25~200
M20	M20 × 1.5	20	+0.95 −0.35	13		30		34.6	29	0.8	24.4	2.5	1.5	28~200
(M22)	(M22 × 1.5)	22		14		32	0 −1.0	37	31	0.8	26.4	2.5	1.6	28~200
M24	M24 × 2	24		15		36		41.6	34	0.8	28.4	3	1.8	30~220
(M27)	(M27 × 2)	27		17		41		47.3	39	1	32.4	3	2.0	35~240
M30	M30 × 2	30		19	±1.0	46		53.1	44	1	35.4	3.5	2.2	40~240
(M33)	(M33 × 2)	33	+1.2 −0.4	21		50		57.7	48	1	38.4	3.5	2.4	45~240
M36	M36 × 3	36		23		55	0 −1.2	63.5	53	1	42.4	4	2.6	50~240
(M39)	(M39 × 3)	39		25		60		69.3	57	1	45.4	4	2.8	50~240
M42	−	42		26		65		75	62	1.2	48.6	4.5	3.1	55~325
(M45)	−	45		28		70		80.8	67	1.2	52.6	4.5	3.3	55~325
M48	−	48		30		75		86.5	72	1.6	56.6	5	3.6	60~325
M(52)	−	52	+1.2 −0.7	33	±1.5	80		92.4	77	1.6	62.6	5	3.8	130~400

비 고

1. 나사의 호칭에 ( )를 붙인 것은 될 수 있는 한 사용하지 않는다.
2. 이 규격은 ISO 4014~4018에 따르지 않는 일반적으로 사용하는 강제의 6각 볼트, 스테인리스 강제의 6각 볼트 및 비철 금속의 5각 볼트에 대하여 규정한다.
3. 전조 나사의 경우에는 M6 이하인 것은 특별히 지정이 없는 한 ds를 대략 나사의 유효 지름으로 한다.
   또한, M6을 초과하는 것은 지정에 따라 ds를 대략 나사의 유효 지름으로 할 수 있다.
4. 특별히 큰 자리면을 필요로 하는 경우에는 한 계단 큰 s 및 e 치수를 사용하여도 좋다.

3-8 6각 구멍붙이 볼트 KS B 1003 : 2016

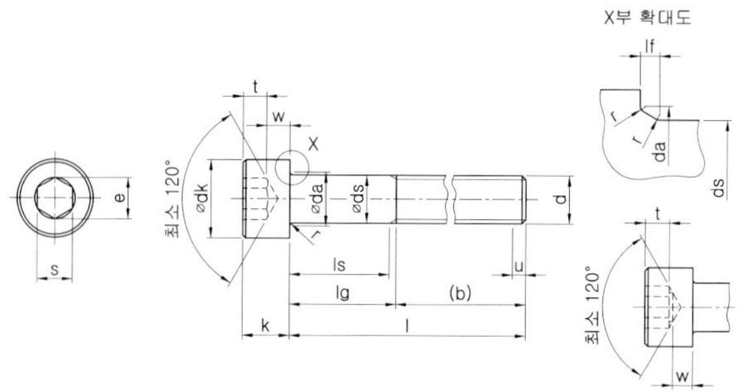

▶ 6각 구멍붙이 볼트의 모양 및 치수

단위 : mm

나사의 호칭 (d)		M1.6	M2	M2.5	M3	M4	M5	M6	M8
나사의 피치 (P)		0.35	0.4	0.45	0.5	0.7	0.8	1	1.25
b	참고	15	16	17	18	20	22	24	28
dk	최대	3.00	3.80	4.50	5.50	7.00	8.50	10.00	13.00
	최대	3.14	3.98	4.68	5.68	7.22	8.72	10.22	13.27
	최소	2.86	3.62	4.32	5.32	6.78	8.28	9.78	12.73
da	최대	2.0	2.6	3.1	3.6	4.7	5.7	6.8	9.2
ds	최대	1.6	2.0	2.5	3.0	4.0	5.0	6.0	8.0
	최소	1.46	1.86	2.36	2.86	3.82	4.82	5.82	7.78
e	최소	1.73	1.73	2.30	2.87	3.44	4.58	5.72	6.86
lf	최대	0.34	0.51	0.51	0.51	0.60	0.60	0.68	1.02
k	최대	1.6	2	2.5	3	4	5	6	8
	최소	1.46	1.86	2.36	2.86	3.82	4.82	5.70	7.64
r	최소	0.1	0.1	0.1	0.1	0.2	0.2	0.25	0.4
s	호칭	1.5	1.5	2	2.5	3	4	5	6
	최소	1.52	1.52	2.02	2.52	3.02	4.02	5.02	6.02
	최대 강도 구분 12.9	1.560	1.560	2.060	2.580	3.080	4.095	5.140	6.140
	최대 기타 강도 구분	1.545	1.545	2.045	2.560	3.080	4.095	5.095	6.095
t	최소	0.7	1	1.1	1.3	2	2.5	3	4
v	최대	0.16	0.2	0.25	0.3	0.4	0.5	0.6	0.8
dw	최소	2.72	3.40	4.18	5.07	6.53	8.03	9.38	12.33
w	최소	0.55	0.55	0.85	1.15	1.4	1.9	2.3	3.3
l(상용적인 호칭 길이의 범위)		2.5~16	3~20	4~25	5~30	6~40	8~50	10~60	12~80

3-8 6각 구멍붙이 볼트 (계속)

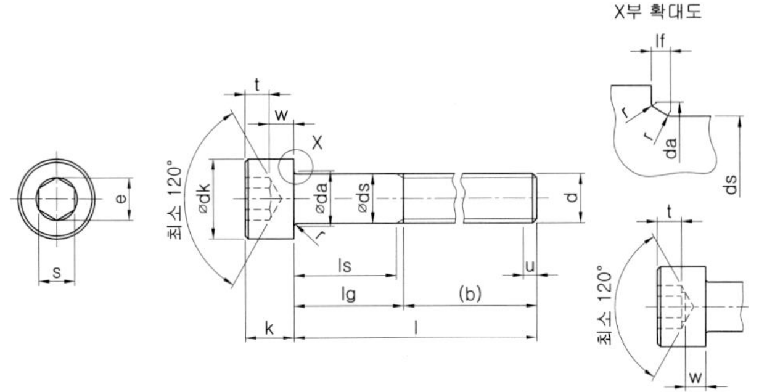

▶ 6각 구멍붙이 볼트의 모양 및 치수 (계속)

단위 : mm

나사의 호칭 (d)		M10	M12	(M14)	M16	M20	M24	M30	M36
나사의 피치 (P)		1.5	1.75	2	2	2.5	3	3.5	4
b	참고	32	36	40	44	52	60	72	84
dk	최대	16.00	18.00	21.00	24.00	30.00	36.00	45.00	54.00
	최대	16.27	18.27	21.33	24.33	30.33	36.39	45.39	54.46
	최소	15.73	17.73	20.67	23.67	29.67	35.61	44.61	53.54
da	최대	11.2	13.7	15.7	17.7	22.4	26.4	33.4	39.4
ds	최대	10.00	12.00	14.00	16.00	20.00	24.00	30.00	36.00
	최소	9.78	11.73	13.73	15.73	19.67	23.67	29.67	35.61
e	최소	9.15	11.43	13.72	16.00	19.44	21.73	25.15	30.85
*l*f	최대	1.02	1.45	1.45	1.45	2.04	2.04	2.89	2.89
k	최대	10	12	14	16	20	24	30.00	36.00
	최소	9.64	11.57	13.57	15.57	19.48	23.48	29.48	35.38
r	최소	0.4	0.6	0.6	0.6	0.8	0.8	1	1
s	호칭	8	10	12	14	17	19	22	27
	최소	8.025	10.025	12.032	14.032	17.050	19.065	22.065	27.065
	최대 강도 구분 12.9	8.115	10.115	12.142	14.142	17.230	19.275	22.275	27.275
	최대 기타 강도 구분	8.175	10.175	12.212	14.212				
s	최소	8.025	10.025	12.3032	14.032	17.05	19.065	22.065	27.065
t	최소	5	6	7	8	10	12	15.5	19
v	최대	1	1.2	1.4	1.6	2	2.4	3	3.6
dw	최소	15.33	17.23	20.17	23.17	28.87	34.81	43.61	52.54
w	최소	4	4.8	5.8	6.8	8.6	10.4	13.1	15.3
l(상용적인 호칭 길이의 범위)		16~100	20~120	25~140	25~160	30~200	40~200	45~200	55~200

주

- 나사의 호칭에 ( )를 붙인 것은 가능한 한 사용하지 않아야 한다.

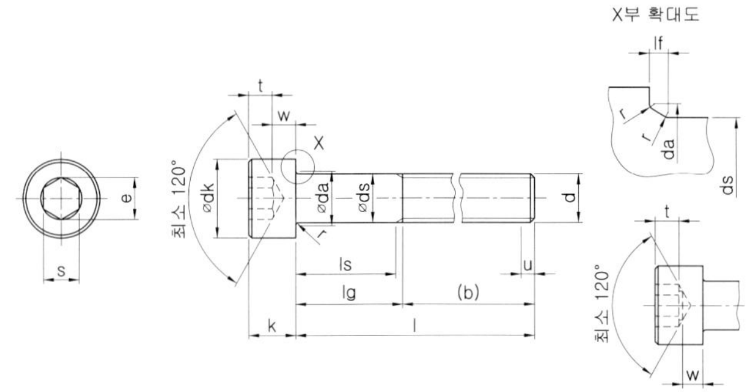

▶ 6각 구멍붙이 볼트의 모양 및 치수 (계속)

단위 : mm

나사의 호칭 (d)		M42	M48	M56	M64
나사의 피치 (P)		4.5	5	5.5	6
b	참고	96	108	124	140
dk	최대	63.00	72.00	84.00	96.00
	최대	63.46	72.46	84.54	96.54
	최소	62.54	71.54	83.46	95.46
da	최대	45.6	52.6	63	71
ds	최대	42.00	48.00	56.00	64.00
	최소	41.61	47.61	55.54	63.54
e	최소	36.57	41.13	46.83	52.53
lf	최대	3.06	3.91	5.95	5.95
k	최대	42.00	48.00	56.00	64.00
	최소	41.38	47.38	55.26	63.26
r	최소	1.2	1.6	2	2
s	호칭	32	36	41	46
	최소	32.080	36.080	41.33	46.33
	최대	32.330	36.330	41.08	46.08
t	최소	24	28	34	38
v	최대	4.2	4.8	5.6	6.4
dw	최소	61.34	70.34	82.26	94.26
w	최소	16.3	17.5	19	22
l(상용적인 호칭 길이의 범위)		60~300	70~300	80~300	90~300

3-9 관 플랜지용 볼트 및 너트 JIS B 1217 : 2009

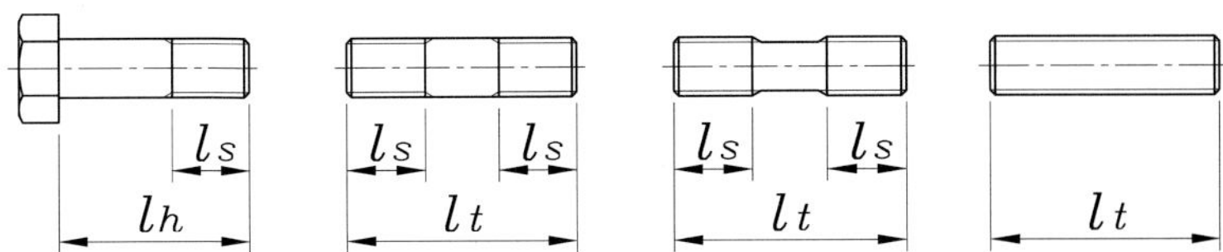

▶ JIS B 2220의 플랜지용 볼트의 호칭 길이 및 나사 길이

단위 : mm

호칭 압력			5K														
호칭 지름 A	나사의 호칭	개수	조합 번호														
			1			2			3			4			5		
			l_h	l_t	l_s	l_h	l_t	l_s	l_h	l_t	l_s	l_h	l_t	l_s	l_h	l_t	l_s
10	M10	4	38	50	18	38	50	18	–	–	–	–	–	–	–	–	–
15	M10	4	38	50	18	38	50	18	–	–	–	–	–	–	–	–	–
20	M10	4	40	52	18	40	52	18	–	–	–	–	–	–	–	–	–
25	M10	4	40	52	18	40	52	18	–	–	–	–	–	–	–	–	–
32	M12	4	47	62	21	47	62	21	–	–	–	–	–	–	–	–	–
40	M12	4	47	62	21	47	62	21	–	–	–	–	–	–	–	–	–
50	M12	4	51	66	21	51	66	21	–	–	–	–	–	–	–	–	–
65	M12	4	51	66	21	51	66	21	–	–	–	–	–	–	–	–	–
80	M16	4	56	75	25	56	75	25	–	–	–	–	–	–	–	–	–
90	M16	4	56	75	25	56	75	25	–	–	–	–	–	–	–	–	–
100	M16	8	60	79	25	60	79	25	–	–	–	–	–	–	–	–	–
125	M16	8	60	79	25	60	79	25	–	–	–	–	–	–	–	–	–
150	M16	8	64	83	25	64	83	25	–	–	–	–	–	–	–	–	–
175	M20	8	68	91	29	68	91	29	–	–	–	–	–	–	–	–	–
200	M20	8	72	95	29	72	95	29	–	–	–	–	–	–	–	–	–
225	M20	12	72	95	29	72	95	29	–	–	–	–	–	–	–	–	–
250	M20	12	77	100	30	77	100	30	–	–	–	–	–	–	–	–	–
300	M20	12	77	100	30	77	100	30	–	–	–	–	–	–	–	–	–
350	M22	12	82	107	32	82	107	32	–	–	–	–	–	–	–	–	–
400	M22	16	82	107	32	82	107	32	–	–	–	–	–	–	–	–	–
450	M22	16	82	107	32	82	107	32	–	–	–	–	–	–	–	–	–
500	M22	20	82	107	32	82	107	32	–	–	–	–	–	–	–	–	–
550	M24	20	90	117	35	90	117	35	–	–	–	–	–	–	–	–	–
600	M24	20	90	117	35	90	117	35	–	–	–	–	–	–	–	–	–
650	M24	24	90	117	35	92	119	35	–	–	–	–	–	–	–	–	–
700	M24	24	90	117	35	94	121	35	100	127	35	104	131	35	110	137	35
750	M30	24	99	131	40	103	135	40	109	141	40	113	145	40	119	151	40
800	M30	24	99	131	40	105	137	40	109	141	40	115	147	40	119	151	40
850	M30	24	99	131	40	107	139	40	109	141	40	117	149	40	119	151	40
900	M30	24	103	135	40	109	141	40	113	145	40	119	515	40	123	155	40
1000	M30	28	107	139	40	115	147	40	125	157	40	133	165	40	143	175	40
1100	M30	28	107	139	40	119	151	40	132	164	41	144	176	41	157	189	42
1200	M30	32	111	143	40	125	157	40	140	172	41	154	186	41	169	201	42
1350	M30	32	111	143	40	132	164	41	140	172	41	161	193	42	169	201	42
1500	M30	36	115	147	40	138	170	41	146	178	41	169	201	42	177	209	42

▶ JIS B 2220의 플랜지용 볼트의 호칭 길이 및 나사 길이 (계속)

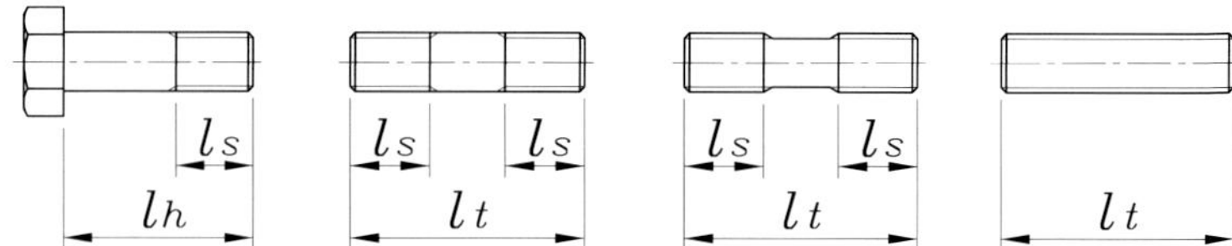

단위 : mm

호칭 압력			10K														
호칭 지름 A	나사의 호칭	개수	조합 번호														
			1			2			3			4			5		
			lh	lt	ls	lh	lt	ls	lh	lt	ls	lh	lt	ls	lh	lt	ls
10	M12	4	47	62	21	47	62	21	–	–	–	–	–	–	–	–	–
15	M12	4	47	62	21	47	62	21	–	–	–	–	–	–	–	–	–
20	M12	4	51	66	21	51	66	21	–	–	–	–	–	–	–	–	–
25	M16	4	56	75	25	56	75	25	–	–	–	–	–	–	–	–	–
32	M16	4	60	79	25	60	79	25	–	–	–	–	–	–	–	–	–
40	M16	4	60	79	25	60	79	25	–	–	–	–	–	–	–	–	–
50	M16	4	60	79	25	60	79	25	–	–	–	–	–	–	–	–	–
65	M16	4	64	83	25	64	83	25	–	–	–	–	–	–	–	–	–
80	M16	8	64	83	25	64	83	25	–	–	–	–	–	–	–	–	–
90	M16	8	64	83	25	64	83	25	–	–	–	–	–	–	–	–	–
100	M16	8	64	83	25	64	83	25	–	–	–	–	–	–	–	–	–
125	M20	8	72	95	29	72	95	29	–	–	–	–	–	–	–	–	–
150	M20	8	77	100	30	77	100	30	–	–	–	–	–	–	–	–	–
175	M20	12	77	100	30	77	100	30	–	–	–	–	–	–	–	–	–
200	M20	12	77	100	30	77	100	30	–	–	–	–	–	–	–	–	–
225	M20	12	77	100	30	77	100	30	–	–	–	–	–	–	–	–	–
250	M22	12	82	107	32	82	107	32	–	–	–	–	–	–	–	–	–
300	M22	16	82	107	32	82	107	32	–	–	–	–	–	–	–	–	–
350	M22	16	86	111	32	86	111	32	–	–	–	–	–	–	–	–	–
400	M24	16	94	121	35	94	121	35	–	–	–	–	–	–	–	–	–
450	M24	20	98	125	35	98	125	35	–	–	–	–	–	–	–	–	–
500	M24	20	98	125	35	98	125	35	108	135	35	108	135	35	118	145	35
550	M30	20	107	139	40	109	141	40	117	149	40	119	151	40	127	159	40
600	M30	24	107	139	40	111	143	40	117	149	40	121	153	40	127	159	40
650	M30	24	111	143	40	115	147	40	121	153	40	125	157	40	131	163	40
700	M30	24	111	143	40	117	149	40	134	166	41	140	172	41	157	189	42
750	M30	24	115	147	40	123	155	40	140	172	41	148	180	41	165	197	42
800	M30	28	115	147	40	125	157	40	140	172	41	150	182	41	165	197	42
850	M30	28	115	147	40	127	159	40	140	172	41	152	184	41	165	197	42
900	M30	28	119	151	40	131	163	40	144	176	41	156	188	41	169	201	42
1000	M36	28	129	168	46	146	185	47	156	195	47	173	212	48	183	222	48
1100	M36	28	133	172	46	154	193	47	164	203	47	185	224	48	195	234	48
1200	M36	32	137	176	46	160	199	47	170	209	47	193	232	48	203	242	48
1350	M42	36	149	192	50	176	219	51	184	227	51	211	254	52	219	262	52
1500	M42	40	153	196	50	186	229	51	192	235	51	225	268	52	231	274	52

▶ JIS B 2220의 플랜지용 볼트의 호칭 길이 및 나사 길이 (계속)

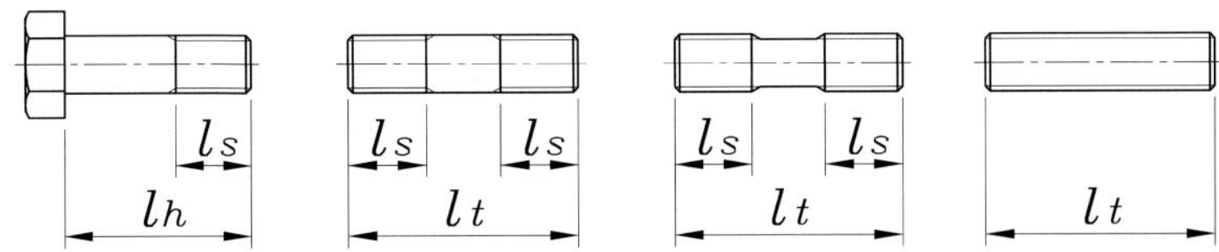

단위 : mm

호칭 압력	10K 박형					16K				
호칭 지름 A	나사의 호칭	개수	조합 번호 6			나사의 호칭	개수	조합 번호 7		
			*l*h	*l*t	*l*s			*l*h	*l*t	*l*s
10	M10	4	38	50	18	M12	4	47	62	21
15	M10	4	38	50	18	M12	4	47	62	21
20	M10	4	40	52	18	M12	4	51	66	21
25	M12	4	47	62	21	M16	4	56	75	25
32	M12	4	47	62	21	M16	4	60	79	25
40	M12	4	47	62	21	M16	4	60	79	25
50	M12	4	51	66	21	M16	8	60	79	25
65	M12	4	51	66	21	M16	8	64	83	25
80	M12	8	51	66	21	M20	8	72	95	29
90	M12	8	51	66	21	M20	8	72	95	29
100	M12	8	55	70	21	M20	8	77	100	30
125	M16	8	64	83	25	M22	8	78	103	32
150	M16	8	64	83	25	M22	12	82	107	32
175	M16	12	68	87	25	–	–	–	–	–
200	M16	12	68	87	25	M22	12	86	111	32
225	M16	12	68	87	25	–	–	–	–	–
250	M20	12	77	100	30	M24	12	94	121	35
300	M20	16	77	100	30	M24	16	98	125	35
350	M20	16	81	104	30	M30 × 3	16	110	141	39
400	M22	16	82	107	32	M30 × 3	16	118	149	39
450	–	–	–	–	–	M30 × 3	20	122	153	39
500	–	–	–	–	–	M30 × 3	20	126	157	39
550	–	–	–	–	–	M36 × 3	20	135	172	44
600	–	–	–	–	–	M36 × 3	24	139	176	44

▶ JIS B 2220의 플랜지용 볼트의 호칭 길이 및 나사 길이 (계속)

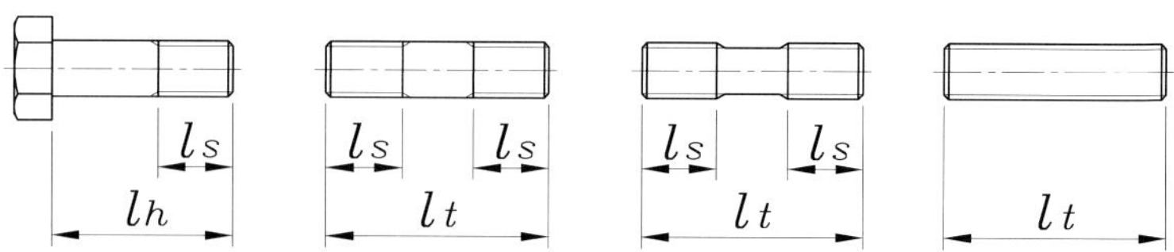

단위 : mm

호칭 압력	20K								30K				
호칭 지름 A	나사의 호칭	개수	조합 번호 8			조합 번호 9			나사의 호칭	개수	조합 번호 10		
			lh	lt	ls	lh	lt	ls			lh	lt	ls
10	M12	4	51	66	21	51	66	21	M16	4	60	79	25
15	M12	4	51	66	21	51	66	21	M16	4	64	83	25
20	M12	4	55	70	21	55	70	21	M16	4	64	83	25
25	M16	4	60	79	25	60	79	25	M16	4	68	87	25
32	M16	4	64	83	25	64	83	25	M16	4	73	92	26
40	M16	4	64	83	25	64	83	25	M20	4	77	100	30
50	M16	8	64	83	25	64	83	25	M16	8	73	92	26
65	M16	8	68	87	25	68	87	25	M20	8	85	108	30
80	M20	8	77	100	30	77	100	30	M20	8	89	112	30
90	M20	8	81	104	30	81	104	30	M22	8	94	119	32
100	M20	8	81	104	30	81	104	30	M22	8	98	123	32
125	M22	8	86	111	32	86	111	32	M22	8	106	131	32
150	M22	12	90	115	32	90	115	32	M24	12	114	141	35
200	M22	12	94	119	32	94	1019	32	M24	12	122	149	35
250	M24	12	106	133	35	106	133	35	M30 × 3	12	138	169	39
300	M24	16	110	137	35	110	137	35	M30 × 3	16	148	179	41
350	M30 × 3	16	122	153	39	122	153	39	M30 × 3	16	152	183	41
400	M30 × 3	16	134	165	39	134	165	39	M36 × 3	16	169	206	46
450	M30 × 3	20	138	169	39	138	169	39	–	–	–	–	–
500	M30 × 3	20	142	173	39	142	173	39	–	–	–	–	–
550	M36 × 3	20	153	190	46	153	190	46	–	–	–	–	–
600	M36 × 3	24	157	194	46	159	196	46	–	–	–	–	–

▶ JIS B 2239의 플랜지용 볼트의 호칭 길이 및 나사 길이 (계속)

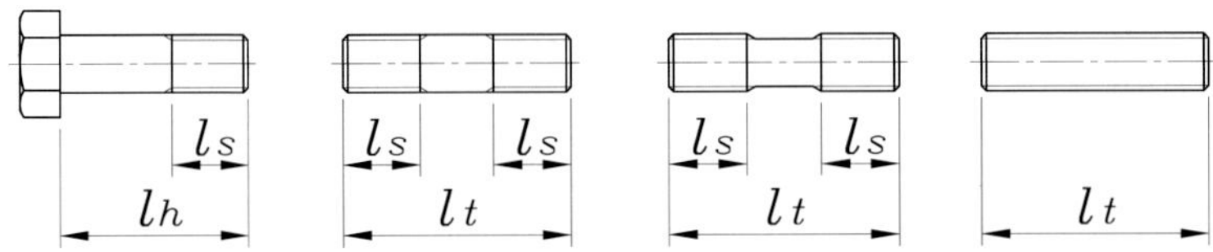

단위 : mm

호칭 압력			5K								
호칭 지름 A	나사의 호칭	개수	조합 기호								
			A			B			C		
			lh	lt	ls	lh	lt	ls	lh	lt	ls
10	M10	4	44	56	18	38	50	18	–	–	–
15	M10	4	44	56	18	38	50	18	38	50	18
20	M10	4	48	60	18	40	52	18	40	52	18
25	M10	4	48	60	18	40	52	18	40	52	18
32	M12	4	55	70	21	47	62	21	49	64	21
40	M12	4	55	70	21	47	62	21	49	64	21
50	M12	4	55	70	21	51	66	21	53	68	21
65	M12	4	59	74	21	51	66	21	53	68	21
80	M16	4	64	83	25	56	75	25	58	77	25
100	M16	8	68	87	25	60	79	25	62	81	25
125	M16	8	68	87	25	60	79	25	64	83	25
150	M16	8	73	92	26	64	83	25	68	87	25
200	M20	8	81	104	30	72	95	29	–	–	–
250	M20	12	85	108	30	77	100	30	–	–	–
300	M20	12	89	112	30	77	100	30	–	–	–
350	M22	12	94	119	32	82	107	32	–	–	–
400	M22	16	94	119	32	82	107	32	–	–	–
450	M22	16	94	119	32	82	107	32	–	–	–
500	M22	20	98	123	32	82	107	32	–	–	–
550	M24	20	102	129	35	90	117	35	–	–	–
600	M24	20	102	129	35	90	117	35	–	–	–

▶ JIS B 2239의 플랜지용 볼트의 호칭 길이 및 나사 길이 (계속)

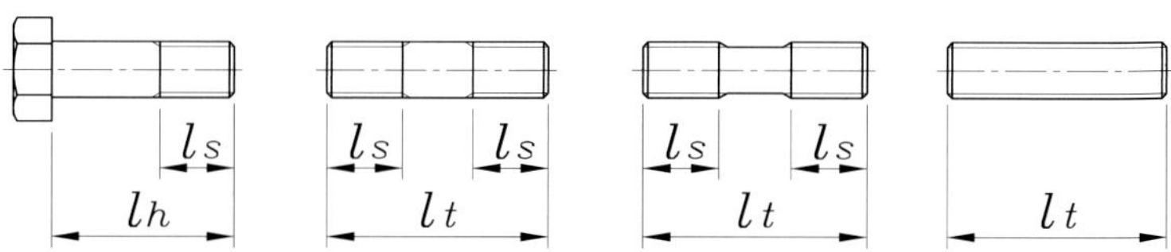

단위 : mm

호칭 압력			5K								
호칭 지름 A	나사의 호칭	개수	조합 기호								
			D			E			F		
			l_h	l_t	l_s	l_h	l_t	l_s	l_h	l_t	l_s
10	M10	4	41	53	18	–	–	–	–	–	–
15	M10	4	41	53	18	41	53	18	38	50	18
20	M10	4	44	56	18	44	56	18	40	52	18
25	M10	4	44	56	18	44	56	18	40	52	18
32	M12	4	51	66	21	52	67	21	48	63	21
40	M12	4	51	66	21	52	67	21	48	63	21
50	M12	4	53	68	21	54	69	21	52	67	21
65	M12	4	55	70	21	56	71	21	52	67	21
80	M16	4	60	79	25	61	80	25	57	76	25
100	M16	8	64	83	25	65	84	25	61	80	25
125	M16	8	64	83	25	66	85	25	62	81	25
150	M16	8	68	87	26	70	89	26	66	85	25
200	M20	8	77	100	30	–	–	–	–	–	–
250	M20	12	81	104	30	–	–	–	–	–	–
300	M20	12	83	106	30	–	–	–	–	–	–
350	M22	12	88	113	32	–	–	–	–	–	–
400	M22	16	88	113	32	–	–	–	–	–	–
450	M22	16	88	113	32	–	–	–	–	–	–
500	M22	20	90	115	32	–	–	–	–	–	–
550	M24	20	96	123	35	–	–	–	–	–	–
600	M24	20	96	123	35	–	–	–	–	–	–

▶ JIS B 2239의 플랜지용 볼트의 호칭 길이 및 나사 길이 (계속)

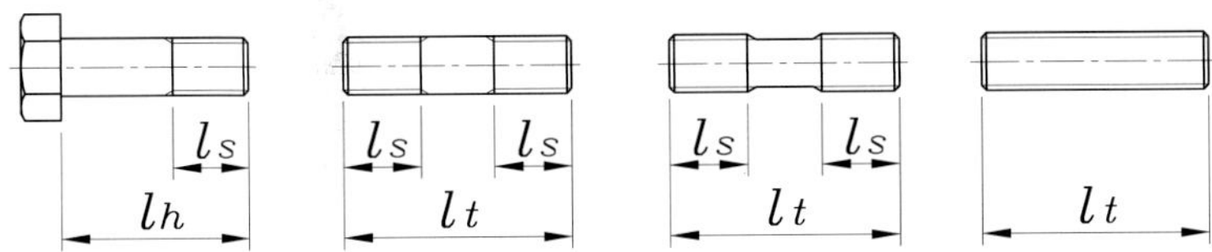

단위 : mm

호칭 압력			10K								
호칭 지름 A	나사의 호칭	개수	조합 기호								
			A			B			C		
			lh	lt	ls	lh	lt	ls	lh	lt	ls
10	M12	4	51	66	21	47	62	21	–	–	–
15	M12	4	55	70	21	47	62	21	47	62	21
20	M12	4	59	74	21	51	66	21	51	66	21
25	M16	4	64	83	25	56	75	25	58	77	25
32	M16	4	68	87	25	60	79	25	64	83	25
40	M16	4	68	87	25	60	79	25	64	83	25
50	M16	4	68	87	25	60	79	25	64	83	25
65	M16	4	73	92	26	64	83	25	68	87	25
80	M16	8	73	92	26	64	83	25	68	87	25
100	M16	8	77	96	26	64	83	25	68	87	25
125	M20	8	81	104	30	72	95	29	77	100	30
150	M20	8	85	108	30	77	100	30	81	104	30
200	M20	12	85	108	30	77	100	30	–	–	–
250	M22	12	94	119	32	82	107	32	–	–	–
300	M22	16	98	123	32	82	107	32	–	–	–
350	M22	16	102	127	32	86	111	32	–	–	–
400	M24	16	110	137	35	94	121	35	–	–	–
450	M24	20	114	141	35	98	125	35	–	–	–
500	M24	20	118	145	35	98	125	35	–	–	–
550	M30	20	127	159	40	107	139	40	–	–	–
600	M30	24	131	163	40	107	139	40	–	–	–
650	M30	24	135	167	40	111	143	40	–	–	–
700	M30	24	139	171	40	111	143	40	–	–	–
750	M30	24	143	175	40	115	147	40	–	–	–
800	M30	28	149	181	42	115	147	40	–	–	–
850	M30	28	149	181	42	115	147	40	–	–	–
900	M30	28	153	185	42	119	151	40	–	–	–
1000	M36	28	167	206	48	129	168	46	–	–	–
1100	M36	28	175	214	48	133	172	46	–	–	–
1200	M36	32	183	222	48	137	176	46	–	–	–
1350	M42	36	195	238	52	149	192	50	–	–	–
1500	M42	40	203	246	52	153	196	50	–	–	–

▶ JIS B 2239의 플랜지용 볼트의 호칭 길이 및 나사 길이 (계속)

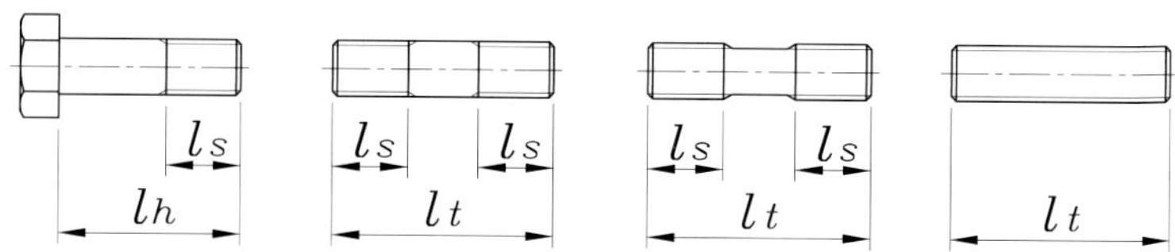

단위 : mm

호칭 압력			10K								
호칭 지름 A	나사의 호칭	개수	조합 기호								
			D			E			F		
			lh	lt	ls	lh	lt	ls	lh	lt	ls
10	M12	4	49	64	21	–	–	–	–	–	–
15	M12	4	51	66	21	51	66	21	47	62	21
20	M12	4	55	70	21	55	70	21	51	66	21
25	M16	4	60	79	25	61	80	25	57	76	25
32	M16	4	64	83	25	66	85	25	62	81	25
40	M16	4	64	83	25	66	85	25	62	81	25
50	M16	4	64	83	25	66	85	25	62	81	25
65	M16	4	68	87	26	70	89	26	66	85	25
80	M16	8	68	87	26	70	89	26	66	85	25
100	M16	8	70	89	26	72	91	26	66	85	25
125	M20	8	77	100	30	79	102	30	75	98	30
150	M20	8	81	104	30	83	106	30	79	102	30
200	M20	12	81	104	30	–	–	–	–	–	–
250	M22	12	88	113	32	–	–	–	–	–	–
300	M22	16	90	115	32	–	–	–	–	–	–
350	M22	16	94	119	32	–	–	–	–	–	–
400	M24	16	102	129	35	–	–	–	–	–	–
450	M24	20	106	133	35	–	–	–	–	–	–
500	M24	20	108	135	35	–	–	–	–	–	–
550	M30	20	117	149	40	–	–	–	–	–	–
600	M30	24	119	151	40	–	–	–	–	–	–
650	M30	24	123	155	40	–	–	–	–	–	–
700	M30	24	125	157	40	–	–	–	–	–	–
750	M30	24	129	161	40	–	–	–	–	–	–
800	M30	28	132	164	41	–	–	–	–	–	–
850	M30	28	132	164	41	–	–	–	–	–	–
900	M30	28	136	168	41	–	–	–	–	–	–
1000	M36	28	148	187	47	–	–	–	–	–	–
1100	M36	28	154	193	47	–	–	–	–	–	–
1200	M36	32	160	199	47	–	–	–	–	–	–
1350	M42	36	172	215	51	–	–	–	–	–	–
1500	M42	40	178	221	51	–	–	–	–	–	–

▶ JIS B 2239의 플랜지용 볼트의 호칭 길이 및 나사 길이 (계속)

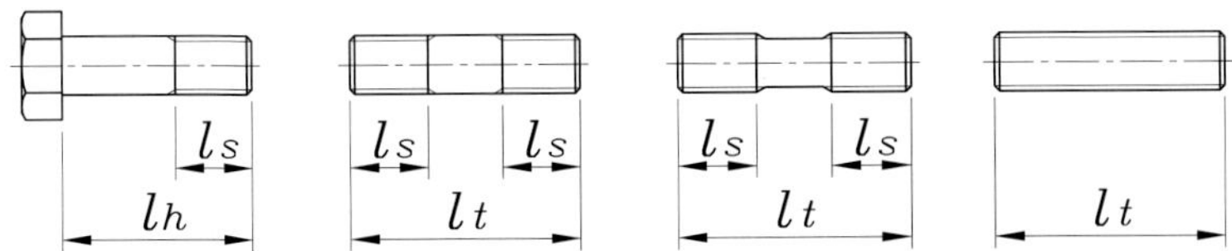

단위 : mm

호칭 압력			10K 박형								
			조합 기호								
호칭 지름 A	나사의 호칭	개수	A			B			D		
			*l*h	*l*t	*l*s	*l*h	*l*t	*l*s	*l*h	*l*t	*l*s
10	M10	4	44	56	18	38	50	18	41	53	18
15	M10	4	44	56	18	38	50	18	41	53	18
20	M10	4	48	60	18	40	52	18	44	56	18
25	M12	4	55	70	21	47	62	21	51	66	21
32	M12	4	59	74	21	47	62	21	53	68	21
40	M12	4	59	74	21	47	62	21	53	68	21
50	M12	4	59	74	21	51	66	21	55	70	21
65	M12	4	59	74	21	51	66	21	55	70	21
80	M12	8	59	74	21	51	66	21	55	70	21
100	M12	8	63	78	21	55	70	21	59	74	21
125	M16	8	73	92	26	64	83	25	68	87	26
150	M16	8	73	92	26	64	83	25	68	87	26
200	M16	12	77	96	26	68	87	25	72	91	26
250	M20	12	85	108	30	77	100	30	81	104	30
300	M20	16	89	112	30	77	100	30	83	106	30
350	M20	16	89	112	30	81	104	30	85	108	30
400	M22	16	94	119	32	82	107	32	88	113	32

▶ JIS B 2239의 플랜지용 볼트의 호칭 길이 및 나사 길이 (계속)

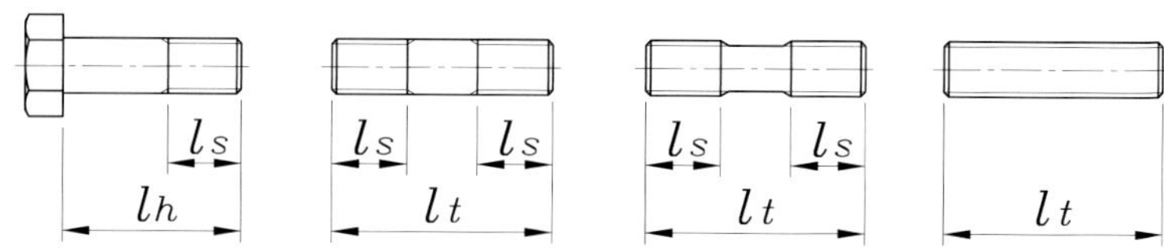

단위 : mm

호칭 압력			16K								
호칭 지름 A	나사의 호칭	개수	조합 기호								
			A1			B			D1		
			lh	lt	ls	lh	lt	ls	lh	lt	ls
10	M12	4	51	66	21	47	62	21	49	64	21
15	M12	4	55	70	21	47	62	21	51	66	21
20	M12	4	59	74	21	51	66	21	55	70	21
25	M16	4	64	83	25	56	75	25	60	79	25
32	M16	4	68	87	25	60	79	25	64	83	25
40	M16	4	68	87	25	60	79	25	64	83	25
50	M16	8	68	87	25	60	79	25	64	83	25
65	M16	8	73	92	26	64	83	25	68	87	26
80	M20	8	81	104	30	72	95	29	77	100	30
100	M20	8	85	108	30	77	100	30	81	104	30
125	M22	8	86	111	32	78	103	32	82	107	32
150	M22	12	90	115	32	82	107	32	86	111	32
200	M22	12	94	119	32	86	111	32	90	115	32
250	M24	12	106	133	35	94	121	35	100	127	35
300	M24	16	110	137	35	98	125	35	104	131	35
350	M30 × 3	16	118	149	39	110	141	39	114	145	39
400	M30 × 3	16	126	157	39	118	149	39	122	153	39
450	M30 × 3	20	134	165	39	122	153	39	128	159	39
500	M30 × 3	20	142	173	39	126	157	39	134	165	39
550	M36 × 3	20	157	194	46	135	172	44	146	183	45
600	M36 × 3	24	165	202	46	139	176	44	152	189	45

▶ JIS B 2239의 플랜지용 볼트의 호칭 길이 및 나사 길이 (계속)

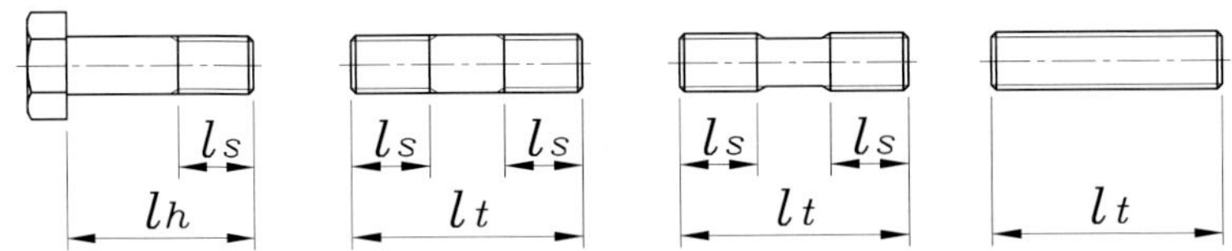

단위 : mm

호칭 압력			20K								
호칭 지름 A	나사의 호칭	개수	조합 기호								
			A2			B			D2		
			lh	lt	ls	lh	lt	ls	lh	lt	ls
10	M12	4	55	70	21	51	66	21	53	68	21
15	M12	4	55	70	21	51	66	21	53	68	21
20	M12	4	59	74	21	55	70	21	57	72	21
25	M16	4	68	87	25	60	79	25	64	83	25
32	M16	4	68	87	25	64	83	25	66	85	25
40	M16	4	73	92	26	64	83	25	68	87	26
50	M16	8	73	92	26	64	83	25	68	87	26
65	M16	8	77	96	26	68	87	25	72	91	26
80	M20	8	85	108	30	77	100	30	81	104	30
100	M20	8	89	112	30	81	104	30	85	108	30
125	M22	8	94	119	32	86	111	32	90	115	32
150	M22	12	98	123	32	90	115	32	94	119	32
200	M22	12	102	127	32	94	119	32	98	123	32
250	M24	12	114	141	35	106	133	35	110	137	35
300	M24	16	118	145	35	110	137	35	114	141	35
350	M30 × 3	16	130	161	39	122	153	39	126	157	39
400	M30 × 3	16	142	173	39	134	165	39	138	169	39
450	M30 × 3	20	152	183	41	138	169	39	145	176	40
500	M30 × 3	20	160	191	41	142	173	39	151	182	40
550	M36 × 3	20	173	210	46	153	190	46	163	200	46
600	M36 × 3	24	181	218	46	157	194	46	169	206	46

▶ JIS B 2240의 플랜지용 볼트의 호칭 길이 및 나사 길이 (계속)

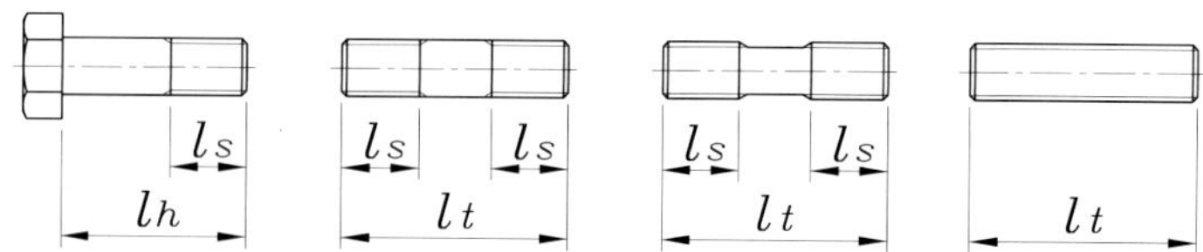

단위 : mm

호칭 압력	5K					10K					16K				
호칭 지름 A	나사의 호칭	개수	lh	lt	ls	나사의 호칭	개수	lh	lt	ls	나사의 호칭	개수	lh	lt	ls
10	M10	4	38	50	18	M12	4	47	62	21	M12	4	47	62	21
15	M10	4	38	50	18	M12	4	47	62	21	M12	4	47	62	21
20	M10	4	40	52	18	M12	4	51	66	21	M12	4	51	66	21
25	M10	4	40	52	18	M16	4	56	75	25	M16	4	56	75	25
32	M12	4	47	62	21	M16	4	60	79	25	M16	4	60	79	25
40	M12	4	47	62	21	M16	4	60	79	25	M16	8	60	79	25
50	M12	4	51	66	21	M16	4	60	79	25	M16	8	60	79	25
65	M12	4	51	66	21	M16	4	64	83	25	M16	8	64	83	25
80	M16	4	56	75	25	M16	8	64	83	25	M20	8	72	95	29
100	M16	8	60	79	25	M16	8	64	83	25	M20	8	77	100	30
125	M16	8	60	79	25	M20	8	72	95	29	M22	8	78	103	32
150	M16	8	64	83	25	M20	8	77	100	30	M22	12	82	107	32
200	M20	8	72	95	29	M20	12	77	100	30	M22	12	86	111	32
250	M20	12	77	100	30	M22	12	82	107	32	M24	12	94	121	35
300	M20	12	77	100	30	M22	16	82	107	32	M24	16	98	125	35
350	M22	12	82	107	32	M22	16	86	111	32	–	–	–	–	–
400	M22	16	82	107	32	M24	16	94	121	35	–	–	–	–	–
450	M22	16	82	107	32	M24	20	98	125	35	–	–	–	–	–
500	M22	20	82	107	32	M24	20	98	125	35	–	–	–	–	–
550	M24	20	90	117	35	M30	20	107	139	40	–	–	–	–	–
600	M24	20	90	117	35	M30	24	107	139	40	–	–	–	–	–

▶ JIS B 2241의 플랜지용 볼트의 호칭 길이 및 나사 길이 (계속)

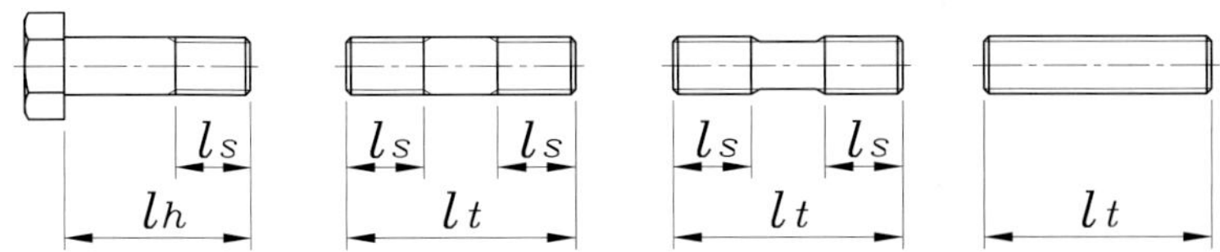

단위 : mm

호칭 압력	5K					10K					16K				
호칭 지름 A	나사의 호칭	개수	lh	lt	ls	나사의 호칭	개수	lh	lt	ls	나사의 호칭	개수	lh	lt	ls
10	M10	4	44	56	18	M12	4	53	68	21	M12	4	55	70	21
15	M10	4	44	56	18	M12	4	53	68	21	M12	4	55	70	21
20	M10	4	44	56	18	M12	4	53	68	21	M12	4	55	70	21
25	M10	4	44	56	18	M16	4	64	83	25	M16	4	64	83	25
32	M12	4	51	66	21	M16	4	64	83	25	M16	4	64	83	25
40	M12	4	51	66	21	M16	4	64	83	25	M16	4	64	83	25
50	M12	4	51	66	21	M16	4	64	83	25	M16	8	73	92	26
65	M12	4	51	66	21	M16	4	64	83	25	M16	8	73	92	26
80	M16	4	60	79	25	M16	8	71	90	26	M20	8	83	106	30
90	M16	4	60	79	25	M16	8	71	90	26	M20	8	83	106	30
100	M16	8	66	85	25	M16	8	71	90	26	M20	8	83	106	30
125	M16	8	66	85	25	M20	8	81	104	30	M22	8	86	111	32
150	M16	8	66	85	25	M20	8	81	104	30	M22	12	94	119	32
200	M20	8	77	100	30	M20	12	83	106	30	M22	12	94	119	32
250	M20	12	81	104	30	M22	12	86	111	32	M24	12	98	125	35
300	M20	12	81	104	30	M22	16	88	113	32	M24	16	100	127	35
350	M22	12	82	107	32	M22	16	88	113	32	M30 × 3	16	118	149	39
400	M22	16	86	111	32	M24	16	94	121	35	M30 × 3	16	118	149	39
450	M22	16	86	111	32	M24	20	98	125	35	M30 × 3	20	124	155	39
500	M22	20	86	111	32	M24	20	98	125	35	M30 × 3	20	124	155	39
550	M24	20	96	123	35	M30	20	115	147	40	M36 × 3	20	141	178	44
600	M24	20	96	123	35	M30	24	119	151	40	M36 × 3	24	147	184	44

CHAPTER 04

철강 및 비철금속 재료 기호 일람표

4-1 기계 구조용 탄소강 및 합금강

KS 규격	명칭	분류 및 종별		기호	인장강도 N/mm^2		주요 용도 및 특징
D 3723	특수용도 합금강 볼트용 봉강	1종	1호	SNB 21-1	세부 규격 참조		• 원자로, 그 밖의 특수 용도에 사용하는 볼트, 스터드 볼트, 와셔, 너트 등을 만드는 압연 또는 단조한 합금강 봉강
			2호	SNB 21-2			
			3호	SNB 21-3			
			4호	SNB 21-4			
			5호	SNB 21-5			
		2종	1호	SNB 22-1			
			2호	SNB 22-2			
			3호	SNB 22-3			
			4호	SNB 22-4			
			5호	SNB 22-5			
		3종	1호	SNB 23-1			
			2호	SNB 23-2			
			3호	SNB 23-3			
			4호	SNB 23-4			
			5호	SNB 23-5			
		4종	1호	SNB 24-1			
			2호	SNB 24-2			
			3호	SNB 24-3			
			4호	SNB 24-4			
			5호	SNB 24-5			
D 3752	기계 구조용 탄소 강재	1종		SM 10C	314 이상	N	• 열간 압연, 열간 단조 등 열간가공에 의해 제조한 것으로, 보통 다시 단조, 절삭 등의 가공 및 열처리를 하여 사용되는 기계 구조용 탄소 강재 • 열처리 구분 N : 노멀라이징 H : 퀜칭, 템퍼링 A : 어닐링
		2종		SM 12C	373 이상	N	
		3종		SM 15C			
		4종		SM 17C	402 이상	N	
		5종		SM 20C			
		6종		SM 22C	441 이상	N	
		7종		SM 25C			
		8종		SM 28C	471 이상	N	
		9종		SM 30C	539 이상	H	
		10종		SM 33C	510 이상	N	
		11종		SM 35C	569 이상	H	
		12종		SM 38C	539 이상	N	
		13종		SM 40C	608 이상	H	
		14종		SM 43C	569 이상	N	
		15종		SM 45C	686 이상	H	
		16종		SM 48C	608 이상	N	
		17종		SM 50C	735 이상	H	
		18종		SM 53C	647 이상	N	
		19종		SM 55C			
		20종		SM 58C	785 이상	H	
		21종		SM 9CK	392 이상	H	• 침탄용
		22종		SM 15CK	490 이상	H	
		23종		SM 20CK	539 이상	H	

KS 규격	명칭	분류 및 종별	기호	인장강도 N/mm^2	주요 용도 및 특징	
D 3754	경화능 보증 구조용 강재 (H강)	망간 강재	SMn 420 H	–	구 기호	SMn 21 H
			SMn 433 H	–		SMn 1 H
			SMn 438 H	–		SMn 2 H
			SMn 443 H	–		SMn 3 H
		망간 크롬 강재	SMnC 420 H	–		SMnC 21 H
			SMnC 433 H	–		SMnC 3 H
		크롬 강재	SCr 415 H	–		SCr 21 H
			SCr 420 H	–		SCr 22 H
			SCr 430 H	–		SCr 2 H
			SCr 435 H	–		SCr 3 H
			SCr 440 H	–		SCr 4 H
		크롬 몰리브덴 강재	SCM 415 H	–		SCM 21 H
			SCM 418 H	–		–
			SCM 420 H	–		SCM 22 H
			SCM 435 H	–		SCM 3 H
			SCM 440 H	–		SCM 4 H
			SCM 445 H	–		SCM 5 H
			SCM 822 H	–		SCM 24 H
		니켈 크롬 강재	SNC 415 H	–		SNC 21 H
			SNC 631 H	–		SNC 2 H
			SNC 815 H	–		SNC 22 H
		니켈 크롬 몰리브덴 강재	SNCM 220 H	–		SNCM 21 H
			SNCM 420 H	–		SNCM 23 H
D 3755	고온용 합금강 볼트재	1종	SNB 5	690 이상	압력용기, 밸브, 플랜지 및 이음쇠에 사용	
		2종	SNB 7	690~860 이상		
		3종	SNB 16	690~860 이상		
D 3756	알루미늄 크롬 몰리브덴 강재	1종	S Al Cr Mo 1	–	표면 질화용, 기계 구조용	
D 3867	기계 구조용 함금강 강재	망가니즈강 D 3724	SMn 420	–	표면 담금질용	
			SMn 433	–	–	
			SMn 438	–	–	
			SMn 443	–	–	
		망가니즈크로뮴강 D 3724	SMnC 420	–	표면 담금질용	
			SMnC 443	–	–	

4-1 기계 구조용 탄소강 및 합금강 (계속)

KS 규격	명칭	분류 및 종별	기호	인장강도 N/mm^2	주요 용도 및 특징
D 3867	기계 구조용 합금강 강재	크로뮴강 D 3707	SCr 415	–	
			SCr 420	–	표면 담금질용
			SCr 430	–	–
			SCr 435	–	–
			SCr 440	–	–
			SCr 445	–	–
D 3867	기계 구조용 합금강 강재	크로뮴몰리브데넘강 D 3711	SCM 415	–	표면 담금질용
			SCM 418	–	
			SCM 420	–	
			SCM 421	–	
			SCM 425	–	–
			SCM 430	–	–
			SCM 432	–	–
			SCM 435	–	–
			SCM 440	–	–
			SCM 445	–	
			SCM 822	–	표면 담금질용
		니켈크로뮴강 D 3708	SNC 236	–	–
			SNC 415	–	표면 담금질용
			SNC 631	–	–
			SNC 815	–	표면 담금질용
			SNC 836	–	–
		니켈크로뮴몰리브데넘강 D 3709	SNCM 220	–	표면 담금질용
			SNCM 240	–	–
			SNCM 415	–	표면 담금질용
			SNCM 420	–	
			SNCM 431	–	–
			SNCM 439	–	–
			SNCM 447	–	–
			SNCM 616	–	표면 담금질용
			SNCM 625	–	–
			SNCM 630	–	–
			SNCM 815	–	표면 담금질용

4-2 특수용도강

1 공구강. 중공강. 베어링강

<table>
<tr><th>KS 규격</th><th>명칭</th><th>분류 및 종별</th><th>기호</th><th>인장강도 N/mm^2</th><th>주요 용도 및 특징</th></tr>
<tr><td rowspan="17">D 3522</td><td rowspan="17">고속도 공구강 강재</td><td rowspan="4">텅스텐계</td><td>SKH 2</td><td>HRC 63 이상</td><td>• 일반 절삭용 기타 각종 공구</td></tr>
<tr><td>SKH 3</td><td rowspan="3">HRC 64 이상</td><td>• 고속 중절삭용 기타 각종 공구</td></tr>
<tr><td>SKH 4</td><td>• 난삭재 절삭용 기타 각종 공구</td></tr>
<tr><td>SKH 10</td><td>• 고난삭재 절삭용 기타 각종 공구</td></tr>
<tr><td>분말야금 제조 몰리브덴계</td><td>SKH 40</td><td>HRC 65 이상</td><td>• 경도, 인성, 내마모성을 필요로 하는 일반절삭용, 기타 각종 공구</td></tr>
<tr><td rowspan="11">몰리브덴계</td><td>SKH 50</td><td>HRC 63 이상</td><td rowspan="2">• 연성을 필요로 하는 일반 절삭용, 기타 각종 공구</td></tr>
<tr><td>SKH 51</td><td rowspan="8">HRC 64 이상</td></tr>
<tr><td>SKH 52</td><td rowspan="2">• 비교적 인성을 필요로 하는 고경도재 절삭용, 기타 각종 공구</td></tr>
<tr><td>SKH 53</td></tr>
<tr><td>SKH 54</td><td>• 고난삭재 절삭용 기타 각종 공구</td></tr>
<tr><td>SKH 55</td><td rowspan="2">• 비교적 인성을 필요로 하는 고속 중절삭용 기타 각종 공구</td></tr>
<tr><td>SKH 56</td></tr>
<tr><td>SKH 57</td><td>• 고난삭재 절삭용 기타 각종 공구</td></tr>
<tr><td>SKH 58</td><td>• 인성을 필요로 하는 일반 절삭용, 기타 각종 공구</td></tr>
<tr><td>SKH 59</td><td>HRC 66 이상</td><td>• 비교적 인성을 필요로 하는 고속 중절삭용 기타 각종 공구</td></tr>
<tr style="display:none"></tr>
<tr style="display:none"></tr>
<tr><td rowspan="4">D 3523</td><td rowspan="4">중공강 강재</td><td>3종</td><td>SKC 3</td><td>HB 229~302</td><td>• 로드용</td></tr>
<tr><td>11종</td><td>SKC 11</td><td>HB 285~375</td><td rowspan="3">• 로드 또는 인서트 비트 등</td></tr>
<tr><td>24종</td><td>SKC 24</td><td>HB 269~352</td></tr>
<tr><td>31종</td><td>SKC 31</td><td>–</td></tr>
<tr><td rowspan="11">D 3751</td><td rowspan="11">탄소 공구강 강재</td><td>1종</td><td>STC 140 (STC 1)</td><td>HRC 63 이상</td><td>• 칼줄, 벌줄</td></tr>
<tr><td>2종</td><td>STC 120 (STC 2)</td><td>HRC 62 이상</td><td>• 드릴, 철공용 줄, 소형 펀치, 면도날, 태엽, 쇠톱</td></tr>
<tr><td>3종</td><td>STC 105 (STC 3)</td><td>HRC 61 이상</td><td>• 나사 가공 다이스, 쇠톱, 프레스 형틀, 게이지, 태엽, 끌, 치공구</td></tr>
<tr><td>4종</td><td>STC 95 (STC 4)</td><td>HRC 61 이상</td><td>• 태엽, 목공용 드릴, 도끼, 끌, ,셔츠 바늘, 면도칼, 목공용 띠톱, 펜촉, 프레스 형틀, 게이지</td></tr>
<tr><td>5종</td><td>STC 90</td><td>HRC 60 이상</td><td>• 프레스 형틀, 태엽, 게이지, 침</td></tr>
<tr><td>6종</td><td>STC 85 (STC 5)</td><td>HRC 59 이상</td><td>• 각인, 프레스 형틀, 태엽, 띠톱, 치공구, 원형톱, 펜촉, 등사판 줄, 게이지 등</td></tr>
<tr><td>7종</td><td>STC 80</td><td>HRC 58 이상</td><td>• 각인, 프레스 형틀, 태엽</td></tr>
<tr><td>8종</td><td>STC 75 (STC 6)</td><td>HRC 57 이상</td><td>• 각인, 스냅, 원형톱, 태엽, 프레스 형틀, 등사판 줄 등</td></tr>
<tr><td>9종</td><td>STC 70</td><td>HRC 57 이상</td><td>• 각인, 스냅, 프레스 형틀, 태엽</td></tr>
<tr><td>10종</td><td>STC 65 (STC 7)</td><td>HRC 56 이상</td><td>• 각인, 스냅, 프레스 형틀, 나이프 등</td></tr>
<tr><td>11종</td><td>STC 60</td><td>HRC 55 이상</td><td>• 각인, 스냅, 프레스 형틀</td></tr>
</table>

■ 공구강, 중공강, 베어링강 (계속)

KS 규격	명 칭	분류 및 종별	기 호	인장강도 N/mm²	주요 용도 및 특징
D 3522	고속도 공구강 강재	텅스텐계	SKH 2	HRC 63 이상	• 일반 절삭용 기타 각종 공구
			SKH 3	HRC 64 이상	• 고속 중절삭용 기타 각종 공구
			SKH 4		• 난삭재 절삭용 기타 각종 공구
			SKH 10		• 고난삭재 절삭용 기타 각종 공구
		분말야금 제조 몰리브덴계	SKH 40	HRC 65 이상	• 경도, 인성, 내마모성을 필요로 하는 일반절삭용, 기타 각종 공구
		몰리브덴계	SKH 50	HRC 63 이상	• 연성을 필요로 하는 일반 절삭용, 기타 각종 공구
			SKH 51	HRC 64 이상	
			SKH 52		• 비교적 인성을 필요로 하는 고경도재 절삭용, 기타 각종 공구
			SKH 53		
			SKH 54		• 고난삭재 절삭용 기타 각종 공구
			SKH 55		• 비교적 인성을 필요로 하는 고속 중절삭용 기타 각종 공구
			SKH 56		
			SKH 57		• 고난삭재 절삭용 기타 각종 공구
			SKH 58		• 인성을 필요로 하는 일반 절삭용, 기타 각종 공구
			SKH 59	HRC 66 이상	• 비교적 인성을 필요로 하는 고속 중절삭용 기타 각종 공구
D 3523	중공강 강재	3종	SKC 3	HB 229~302	• 로드용
		11종	SKC 11	HB 285~375	• 로드 또는 인서트 비트 등
		24종	SKC 24	HB 269~352	
		31종	SKC 31	–	
D 3751	탄소 공구강 강재	1종	STC 140 (STC 1)	HRC 63 이상	• 칼줄, 벌줄
		2종	STC 120 (STC 2)	HRC 62 이상	• 드릴, 철공용 줄, 소형 펀치, 면도날, 태엽, 쇠톱
		3종	STC 105 (STC 3)	HRC 61 이상	• 나사 가공 다이스, 쇠톱, 프레스 형틀, 게이지, 태엽, 끌, 치공구
		4종	STC 95 (STC 4)	HRC 61 이상	• 태엽, 목공용 드릴, 도끼, 끌, 셔츠 바늘, 면도칼, 목공용 띠톱, 펜촉, 프레스 형틀, 게이지
		5종	STC 90	HRC 60 이상	• 프레스 형틀, 태엽, 게이지, 침
		6종	STC 85 (STC 5)	HRC 59 이상	• 각인, 프레스 형틀, 태엽, 띠톱, 치공구, 원형톱, 펜촉, 등사판 줄, 게이지 등
		7종	STC 80	HRC 58 이상	• 각인, 프레스 형틀, 태엽
		8종	STC 75 (STC 6)	HRC 57 이상	• 각인, 스냅, 원형톱, 태엽, 프레스 형틀, 등사판 줄 등
		9종	STC 70	HRC 57 이상	• 각인, 스냅, 프레스 형틀, 태엽
		10종	STC 65 (STC 7)	HRC 56 이상	• 각인, 스냅, 프레스 형틀, 나이프 등
		11종	STC 60	HRC 55 이상	• 각인, 스냅, 프레스 형틀

■ 공구강. 중공강. 베어링강 (계속)

KS 규격	명 칭	분류 및 종별	기 호	인장강도 N/mm²	주요 용도 및 특징
D 3753	합금 공구강 강재	1종	STS 11	HRC 62 이상	주로 절삭 공구강용 HRC 경도는 시험편의 퀜칭. 템퍼링 경도
		2종	STS 2	HRC 61 이상	
		3종	STS 21	HRC 61 이상	
		4종	STS 5	HRC 45 이상	
		5종	STS 51	HRC 45 이상	
		6종	STS 7	HRC 62 이상	
		7종	STS 81	HRC 63 이상	
		8종	STS 8	HRC 63 이상	
		1종	STS 4	HRC 56 이상	주로 내충격 공구강용 HRC 경도는 시험편의 퀜칭. 템퍼링 경도
		2종	STS 41	HRC 53 이상	
		3종	STS 43	HRC 63 이상	
		4종	STS 44	HRC 60 이상	
		1종	STS 3	HRC 60 이상	주로 냉간 금형용 HRC 경도는 시험편의 퀜칭. 템퍼링 경도
		2종	STS 31	HRC 61 이상	
		3종	STS 93	HRC 63 이상	
		4종	STS 94	HRC 61 이상	
		5종	STS 95	HRC 59 이상	
		6종	STD 1	HRC 62 이상	
		7종	STD 2	HRC 62 이상	
		8종	STD 10	HRC 61 이상	
		9종	STD 11	HRC 58 이상	
		10종	STD 12	HRC 60 이상	
		1종	STD 4	HRC 42 이상	주로 열간 금형용 HRC 경도는 시험편의 퀜칭. 템퍼링 경도
		2종	STD 5	HRC 48 이상	
		3종	STD 6	HRC 48 이상	
		4종	STD 61	HRC 50 이상	
		5종	STD 62	HRC 48 이상	
		6종	STD 7	HRC 46 이상	
		7종	STD 8	HRC 48 이상	
		8종	STF 3	HRC 42 이상	
		9종	STF 4	HRC 42 이상	
		10종	STF 6	HRC 52 이상	
D 3525	고탄소 크로뮴 베어링 강재	1종	STB 1	-	주로 구름베어링에 사용 (열간 압연 원형강 표준지름은 15~130mm)
		2종	STB 2	-	
		3종	STB 3	-	
		4종	STB 4	-	
		5종	STB 5	-	

2 스프링강, 쾌삭강, 클래드강

KS 규격	명 칭	분류 및 종별	기 호	인장강도 N/mm^2	주요 용도 및 특징
D 3597	스프링용 냉간 압연 강대	1종	S50C-CSP	경도 HV 180 이하	[조질 구분 및 기호] A : 어닐링을 한 것 R : 냉간압연한 그대로의 것 H : 퀜칭, 템퍼링을 한 것 B : 오스템퍼링을 한 것
		2종	S55C-CSP	경도 HV 180 이하	
		3종	S60C-CSP	경도 HV 190 이하	
		4종	S65C-CSP	경도 HV 190 이하	
		5종	S70C-CSP	경도 HV 190 이하	
		6종	SK85-CSP (SK5-CSP)	경도 HV 190 이하	
		7종	SK95-CSP (SK4-CSP)	경도 HV 200 이하	
		8종	SUP10-CSP	경도 HV 190 이하	
D 3701	스프링 강재	1종	SPS 6	실리콘 망가니즈 강재	• 주로 겹판 스프링, 코일 스프링 및 비틀림 막대 스프링용에 사용한다.
		2종	SPS 7		
		3종	SPS 9	망가니즈 크로뮴 강재	
		4종	SPS 9A		
		5종	SPS 10	크로뮴 바나듐 강재	• 주로 코일 스프링 및 비틀림 막대 스프링용에 사용한다.
		6종	SPS 11A	망가니즈 크로뮴 보론 강재	• 주로 대형 겹판 스프링, 코일 스프링 및 비틀림 막대 스프링에 사용한다.
		7종	SPS 12	실리콘 크로뮴 강재	• 주로 코일 스프링에 사용한다.
		8종	SPS 13	크로뮴 몰리브데넘 강재	• 주로 대형 겹판 스프링, 코일 스프링에 사용한다.
D 3567	황 및 황 복합 쾌삭 강재	1종	SUM 11		• 특히 피절삭성을 향상시키기 위하여 탄소강에 황을 첨가하여 제조한 쾌삭강 강재 및 인 또는 납을 황에 복합하여 첨가한 강재도 포함
		2종	SUM 12		
		3종	SUM 21		
		4종	SUM 22		
		5종	SUM 22 L		
		6종	SUM 23		
		7종	SUM 23 L		
		8종	SUM 24 L		
		9종	SUM 25		
		10종	SUM 31		
		11종	SUM 31 L		
		12종	SUM 32		
		13종	SUM 41		
		14종	SUM 42		
		15종	SUM 43		
D 7202	쾌삭용 스테인리스 강선 및 선재	1종	STS XM1	오스테나이트계	
		2종	STS 303		
		3종	STS XM5		
		4종	STS 303Se		
		5종	STS XM2		
		6종	STS 416	마르텐사이트계	
		7종	STS XM6		
		8종	STS 416Se		
		9종	STS XM34	페라이트계	
		10종	STS 18235		
		11종	STS 41603		
		12종	STS 430F		
		13종	STS 430F Se		

■ 스프링강, 쾌삭강, 클래드강 (계속)

KS 규격	명칭	분류 및 종별	기호	인장강도 N/mm²	주요 용도 및 특징
D 3603	구리 및 구리합금 클래드강	1종	R1	압연 클래드강	• 압력용기, 저장조 및 수처리 장치 등에 사용하는 구리 및 구리합금을 접합재로 한 클래드강 • 1종 : 접합재를 포함하여 강도 부재로 설계한 것. 구조물을 제작할 때 가혹한 가공을 하는 경우 등을 대상으로 한 것 • 2종 : 1종 이외의 클래드강에 대하여 적용하는 것. 보기를 들면 접합재를 부식 여유(corrosion allowance)를 두어 사용한 것. 라이닝 대신으로 사용한 것
		2종	R2		
		1종	BR1	폭찹 압연 클래드강	
		2종	BR2		
		1종	DR1	확산 압연 클래드강	
		2종	DR2		
		1종	WR1	덧살붙임 압연 클래드강	
		2종	WR2		
		1종	ER1	주입 압연 클래드강	
		2종	ER2		
		1종	B1	폭착 클래드강	
		2종	B2		
		1종	D1	확산 클래드강	
		2종	D2		
		1종	W1	덧살붙임 클래드강	
		2종	W2		
D 3604	타이타늄 클래드강	1종	R1	압연 클래드강	• 압력용기, 보일러, 원자로, 저장조 등에 사용하는 접합재를 타이타늄으로 한 클래드강 • 1종 : 접합재를 포함하여 강도 부재로 설계한 것 및 특별한 용도의 것, 특별한 용도란 구조물을 제작할 때 가혹한 가공을 하는 경우 등을 대상으로 한 것 • 2종 : 1종 이외의 클래드강에 대하여 적용하는 것. 예를 들면 접합재를 부식 여유(corrosion allowance)로 설계한 것 또는 라이닝 대신에 사용하는 것 등
		2종	R2		
		1종	BR1	폭찹 압연 클래드강	
		2종	BR2		
		1종	B1	폭착 클래드강	
		2종	B2		
D 3605	니켈 및 니켈합금 클래드강	1종	R1	압연 클래드강	• 압력용기, 원자로, 저장조 등에 사용하는 니켈 및 니켈합금을 접합재로 한 클래드강 • 1종 : 접합재를 포함하여 강도 부재로 설계한 것 및 특별한 용도의 것, 특별한 용도의 보기로는 고온 등에서 사용하는 경우, 구조물을 제작할 때 가혹한 가공을 하는 경우 등을 대상으로 한 것 • 2종 : 1종 이외의 클래드강에 대하여 적용하는 것. 보기를 들면 접합재를 부식 여유(corrosion allowance)로 하여 사용한 것 또는 라이닝 대신에 사용하는 것 등
		2종	R2		
		1종	BR1	폭찹 압연 클래드강	
		2종	BR2		
		1종	DR1	확산 압연 클래드강	
		2종	DR2		
		1종	WR1	덧살붙임 압연 클래드강	
		2종	WR2		
		1종	ER1	주입 압연 클래드강	
		2종	ER2		
		1종	B1	폭착 클래드강	
		2종	B2		
		1종	D1	확산 클래드강	
		2종	D2		
		1종	W1	덧살붙임 클래드강	
		2종	W2		

■ 스프링강, 쾌삭강, 클래드강 (계속)

KS 규격	명칭	분류 및 종별	기호	인장강도 N/mm²	주요 용도 및 특징
D 3605	스테인리스 클래드강	1종	R1	압연 클래드강	• 압력용기, 보일러, 원자로 및 저장탱크 등에 사용하는 접합재를 스테인리스로 만든 전체 두께 8mm 이상의 클래드강 • 1종 : 접합재를 보강재로서 설계한 것 및 특별한 용도의 것, 특별한 용도로서는 고온 등에서 사용할 경우 또는 구조물을 제작할 때에 엄밀한 가공을 실시하는 경우 등을 대상으로 한 것 • 2종 : 1종 이외의 클래드강에 대하여 적용하는 것으로 예를 들면 접합재를 부식 여유(corrosion allowance)로서 설계한 것 또는 라이닝 대신에 사용하는 것 등
		2종	R2		
		1종	BR1	폭착 압연 클래드강	
		2종	BR2		
		1종	DR1	확산 압연 클래드강	
		2종	DR2		
		1종	WR1	덧살붙임 압연 클래드강	
		2종	WR2		
		1종	ER1	주입 압연 클래드강	
		2종	ER2		
		1종	B1	폭착 클래드강	
		2종	B2		
		1종	D1	확산 클래드강	
		2종	D2		
		1종	W1	덧살붙임 클래드강	
		2종	W2		

1 단강품

KS 규격	명칭	분류 및 종별	기호	인장강도 N/mm²	주요 용도 및 특징
D 3710	탄소강 단강품	1종	SF 340 A (SF 34)	340~440	• 일반용으로 사용하는 탄소강 단강품 [열처리 기호 의미] • A : 어닐링, 노멀라이징 또는 노멀라이징 템퍼링 • B : 퀜칭 템퍼링
		2종	SF 390 A (SF 40)	390~490	
		3종	SF 440 A (SF 45)	440~540	
		4종	SF 490 A (SF 50)	490~590	
		5종	SF 540 A (SF 55)	540~640	
		6종	SF 590 A (SF 60)	590~690	
		7종	SF 540 B (SF 55)	540~690	
		8종	SF 590 B (SF 60)	590~740	
		9종	SF 640 B (SF 65)	640~780	
D 4114	크롬 몰리브덴 단강품	축상 단강품 1종	SFCM 590 S	590~740	• 봉, 축, 크랭크, 피니언, 기어, 플랜지, 링, 휠, 디스크 등 일반용으로 사용하는 축상, 원통상, 링상 및 디스크상으로 성형한 크롬몰리브덴 단강품 [링상 단강품의 기호 보기] • SFCM 590 R [디스크상 단강품의 기호 보기] • SFCM 590 D
		2종	SFCM 640 S	640~780	
		3종	SFCM 690 S	690~830	
		4종	SFCM 740 S	740~880	
		5종	SFCM 780 S	780~930	
		6종	SFCM 830 S	830~980	
		7종	SFCM 880 S	880~1030	
		8종	SFCM 930 S	930~1080	
		9종	SFCM 980 S	980~1130	
D 4115	압력 용기용 스테인리스 단강품	오스테나이트계	STS F 304	세부 규격 참조	• 주로 부식용 및 고온용 압력 용기 및 그 부품에 사용되는 스테인리스 단강품. 다만 오스테나이트계 스테인리스 단강품에 대해서는 저온용 압력 용기 및 그 부품에도 적용 가능
			STS F 304 H		
			STS F 304 L		
			STS F 304 N		
			STS F 304 LN		
			STS F 310		
			STS F 316		
			STS F 316 H		
			STS F 316 L		
			STS F 316 N		
			STS F 316 LN		
			STS F 317		
			STS F 317 L		
			STS F 321		
			STS F 321 H		
			STS F 347		
			STS F 347 H		
			STS F 350		

■ 단강품 (계속)

KS 규격	명칭	분류 및 종별	기호	인장강도 N/mm^2	주요 용도 및 특징
D 4115	압력 용기용 스테인리스 단강품	마르텐사이트계	STS F 410－A	480 이상	• 주로 부식용 및 고온용 압력 용기 및 그 부품에 사용되는 스테인리스 단강품, 다만 오스테나이트계 스테인리스 단강품에 대해서는 저온용 압력 용기 및 그 부품에도 적용 가능
			STS F 410－B	590 이상	
			STS F 410－C	760 이상	
			STS F 410－D	900 이상	
			STS F 6B	760~930	
			STS F 6NM	790 이상	
		석출 경화계	STS F 630	세부 규격 참조	
D 4116	탄소강 단강품용 강편	1종	SFB 1	－	• 탄소강 단강품의 제조에 사용
		2종	SFB 2	－	
		3종	SFB 3	－	
		4종	SFB 4	－	
		5종	SFB 5	－	
		6종	SFB 6	－	
		7종	SFB 7	－	
D 4117	니켈－크롬 몰리브덴강 단강품	축상단강품 1종	SFNCM 690 S	690~830	• 봉, 축, 크랭크, 피니언, 기어, 플랜지, 링, 휠, 디스크 등 일반용으로 사용하는 축상, 환상 및 원판상으로 성형한 니켈 크롬 몰리브덴 단강품 [환상 단강품의 기호 보기] • SFNCM 690 R [원판상 단강품의 기호 보기] • SFNCM 690 D
		2종	SFNCM 740 S	740~880	
		3종	SFNCM 780 S	780~930	
		4종	SFNCM 830 S	830~980	
		5종	SFNCM 880 S	880~1030	
		6종	SFNCM 930 S	930~1080	
		7종	SFNCM 980 S	980~1130	
		8종	SFNCM 1030 S	1030~1180	
		9종	SFNCM 1080 S	1080~1230	
D 4122	압력 용기용 탄소강 단강품	1종	SFVC 1	410~560	• 주로 중온 내지 상온에서 사용하는 압력 용기 및 그 부품에 사용하는 용접성을 고려한 탄소강 단강품
		2종	SFVC 2A	490~640	
		3종	SFVC 2B		
D 4123	압력 용기용 합금강 단강품	고온용	SFVA F1	480~660	• 주로 고온에서 사용하는 압력 용기 및 그 부품에 사용하는 용접성을 고려한 조질형(퀜칭, 템퍼링)합금강 단강품
			SFVA F2		
			SFVA F12		
			SFVA F11A		
			SFVA F11B	520~690	
			SFVA F22A	410~590	
			SFVA F22B	520~690	
			SFVA F21A	410~590	
			SFVA F21B	520~590	
			SFVA F5A	410~590	
			SFVA F5B	480~660	
			SFVA F5C	550~730	
			SFVA F5D	620~780	
			SFVA F9	590~760	
		조질형	SFVQ 1A	550~730	
			SFVQ 1B	620~790	
			SFVQ 2A	550~730	
			SFVQ 2B	620~790	
			SFVQ 3		
D 4125	저온 압력 용기용 단강품	1종	SFL 1	440~590	• 주로 저온에서 사용하는 압력 용기 및 그 부품에 사용하는 용접성을 고려한 탄소강 및 합금강 단강품
		2종	SFL 2	490~640	
		3종	SFL 3		
D 4129	고온 압력 용기용 고강도 크롬몰리브덴강 단강품	1종	SFVCM F22B	580~760	• 주로 고온에서 사용하는 압력 용기용 고강도 크롬몰리브덴강 단강품
		2종	SFVCM F22V	580~760	
		3종	SFVCM F3V	580~760	
D 4320	철탑 플랜지용 고장력강 단강품	1종	SFT 590	440 이상	• 주로 송전 철탑용 플랜지에 쓰이는 고장력강 단강품

2 주강품

KS 규격	명칭	분류 및 종별	기호	인장강도 N/mm^2	주요 용도 및 특징	
D 4101	탄소강 주강품	1종	SC 360	360 이상	• 일반 구조용, 전동기 부품용	
		2종	SC 410	410 이상	• 일반 구조용 [원심력 주강관의 경우 표시 예] • SC 410-CF	
		3종	SC 450	450 이상		
		4종	SC 480	480 이상		
D 4102	구조용 고장력 탄소강 및 저합금강 주강품	구조용	SCC 3	세부 규격 참조	• 구조용 고장력 탄소강 및 저합금강 주강품 [원심력 주강관의 경우 표시 예] • SCC 3-CF	
		구조용, 내마모용	SCC5			
		구조용	SCMn 1			
			SCMn 2			
			SCMn 3			
		구조용, 내마모용	SCMn 5			
		구조용 (주로 앵커 체인용)	SCSiMn 2			
		구조용	SCMnCr 2			
			SCMnCr 3			
		구조용, 내마모용	SCMnCr 4			
		구조용, 강인재용	SCMnM 3			
			SCCrM 1			
			SCCrM 3			
			SCMnCrM 2			
			SCMnCrM 3			
			SCNCrM 2			
D 4103	스테인리스 강 주강품	CA 15	SSC 1	세부 규격 참조	대응 ISO 강종	–
		CA 15	SSC 1X			GX 12 Cr 12
		CA 40	SSC 2			–
		CA 40	SSC 2A			–
		CA 15M	SSC 3			–
		CA 15M	SSC 3X			GX 8 CrNiMo 12 1
		–	SSC 4			–
		–	SSC 5			–
		CA 6NM	SSC 6			–
		CA 6NM	SSC 6X			GX 4 CrNi 12 4 (QT1) (QT2)
		–	SSC 10			–
		–	SSC 11			–
		CF 20	SSC 12			–
		–	SSC 13			–
		CF 8	SSC 13A			–
		–	SSC 13X			GX 5 CrNi 19 9
		–	SSC 14			–
		CF 8M	SSC 14A			–
		–	SSC 14X			GX 5 CrNiMo 19 11 2
		–	SSC 14Nb			GX 6 CrNiMoNb 19 11 2
		–	SSC 15			–
		–	SSC 16			–
		CF 3M	SSC 16A			–
		CF 3M	SSC 16AX			GX 2 CrNiMo 19 11 2
		CF 3MN	SSC 16AXN			GX 2 CrNiMoN 19 11 2
		CH 10, CH 20	SSC 17			–
		CK 20	SSC 18			–
		–	SSC 19			–
		CF 3	SSC 19A			–
		–	SSC 20			–
		CF 8C	SSC 21			–

■ 주강품 (계속)

KS 규격	명칭	분류 및 종별	기호	인장강도 N/mm^2	주요 용도 및 특징	
D 4103	스테인리스 강 주강품	CF 8C	SSC 21X	세부 규격 참조	대응 ISO 강종	GX 6 CrNiNb 19 10
		–	SSC 22			–
		CN 7M	SSC 23			–
		CB 7 Cu-1	SSC 24			–
		–	SSC 31			GX 4 CrNiMo 16 5 1
		A890M 1B	SSC 32			GX 2 CrNiCuMoN 26 5 3 3
		–	SSC 33			GX 2 CrNiMoN 26 5 3
		CG 8M	SSC 34			GX 5 CrNiMo 19 11 3
		CK-35MN	SSC 35			–
		–	SSC 40			–
D 4104	고망간강 주강품	1종	SCMnH 1	–	• 일반용(보통품)	
		2종	SCMnH 2	740 이상	• 일반용(고급품, 비자성품)	
		3종	SCMnH 3		• 주로 레일 크로싱용	
		4종	SCMnH 11		• 고내력, 고마모용(해머, 조 플레이트 등)	
		5종	SCMnH 21		• 주로 무한궤도용	
D 4105	내열강 주강품	1종	HRSC 1	490 이상	유사강종 (참고)	–
		2종	HRSC 2	340 이상		ASTM HC, ACI HC
		3종	HRSC 3	490 이상		–
		4종	HRSC 11	590 이상		ASTM HD, ACI HD
		5종	HRSC 12	490 이상		ASTM HF, ACI HF
		6종	HRSC 13	490 이상		ASTM HH, ACI HH
		7종	HRSC 13 A	490 이상		ASTM HH Type II
		8종	HRSC 15	440 이상		ASTM HT, ACI HT
		9종	HRSC 16	440 이상		ASTM HT30
		10종	HRSC 17	540 이상		ASTM HE, ACI HE
		11종	HRSC 18	490 이상		ASTM HI, ACI HI
		12종	HRSC 19	390 이상		ASTM HN, ACI HN
		13종	HRSC 20	390 이상		ASTM HU, ACI HU
		14종	HRSC 21	440 이상		ASTM HK30, ACI HK30
		15종	HRSC 22	440 이상		ASTM HK40, ACI HK40
		16종	HRSC 23	450 이상		ASTM HL, ACI HL
		17종	HRSC 24	440 이상		ASTM HP, ACI HP
D 4106	용접 구조용 주강품	1종	SCW 410 (SCW 42)	410 이상	• 압연강재, 주강품 또는 다른 주강품의 용접 구조에 사용하는 것으로 특히 용접성이 우수한 주강품	
		2종	SCW 450	450 이상		
		3종	SCW 480 (SCW 49)	480 이상		
		4종	SCW 550 (SCW 56)	550 이상		
		5종	SCW 620 (SCW 63)	620 이상		
D 4107	고온 고압용 주강품	탄소강	SCPH 1	410 이상	• 고온에서 사용하는 밸브, 플랜지, 케이싱 및 기타 고압 부품용 주강품	
			SCPH 2	480 이상		
		0.5% 몰리브덴강	SCPH 11	450 이상		
		1% 크롬-0.5% 몰리브덴강	SCPH 21	480 이상		
		1% 크롬-1% 몰리브덴강	SCPH 22	550 이상		
		1% 크롬-1% 몰리브덴강-0.2% 바나듐강	SCPH 23			
		2.5% 크롬-1% 몰리브덴강	SCPH 32	480 이상		
		5% 크롬-0.5% 몰리브덴강	SCPH 61	620 이상		

■ 주강품 (계속)

KS 규격	명칭	분류 및 종별	기호	인장강도 N/mm^2	주요 용도 및 특징
D 4108	용접 구조용 원심력 주강관	1종	SCW 410－CF	410 이상	• 압연강재, 단강품 또는 다른 주강품과의 용접 구조에 사용하는 특히 용접성이 우수한 관 두께 8mm 이상 150mm 이하의 용접 구조용 원심력 주강관
		2종	SCW 480－CF	480 이상	
		3종	SCW 490－CF	490 이상	
		4종	SCW 520－CF	520 이상	
		5종	SCW 570－CF	570 이상	
D 4111	저온 고압용 주강품	탄소강(보통품)	SCPL 1	450 이상	• 저온에서 사용되는 밸브, 플랜지, 실린더, 그 밖의 고압 부품용
		0.5% 몰리브덴강	SCPL 11		
		2.5% 니켈강	SCPL 21	480 이상	
		3.5% 니켈강	SCPL 31		
D 4112	고온 고압용 원심력 주강관	탄소강	SCPH 1－CF	410 이상	• 주로 고온에서 사용하는 원심력 주강관
			SCPH 2－CF	480 이상	
		0.5% 몰리브덴강	SCPH 11－CF	380 이상	
		1% 크롬－0.5% 몰리브덴강	SCPH 21－CF	410 이상	
		2.5% 크롬－1% 몰리브덴강	SCPH 32－CF		
D 4118	도로 교량용 주강품	1종	SCHB 1	491 이상	• 도로 교량용 부품으로 사용하는 주강품
		2종	SCHB 2	628 이상	
		3종	SCHB 3	834 이상	
D ISO 13521	오스테나이트계 망가니즈 주강품	강 등급	GX120MnMo7－1	－	
			GX110MnMo7－13－1	－	
			GX100Mn13	－	• 때때로 비자성체에 이용된다.
			GX120Mn13	－	• 때때로 비자성체에 이용된다.
			GX129MnCr13－2	－	
			GX129MnNi13－3	－	
			GX120Mn17	－	• 때때로 비자성체에 이용된다.
			GX90MnMo14	－	
			GX120MnCr17－2	－	

3 주철품

KS 규격	명칭	분류 및 종별		기호	인장강도 N/mm^2	주요 용도 및 특징
D 4301	회 주철품	1종		GC 100	100 이상	• 편상 흑연을 함유한 주철품 (주철품의 두께에 따라 인장강도 다름)
		2종		GC 150	150 이상	
		3종		GC 200	200 이상	
		4종		GC 250	250 이상	
		5종		GC 300	300 이상	
		6종		GC 350	350 이상	
D 4302	구상 흑연 주철품	별도 주입 공시재	1종	GCD 350-22	350 이상	• 구상(球狀) 흑연 주철품 • 기호 L : 저온 충격값이 규정된 것
			2종	GCD 350-22L		
			3종	GCD 400-18	400 이상	
			4종	GCD 400-18L		
			5종	GCD 400-15		
			6종	GCD 450-10	450 이상	
			7종	GCD 500-7	500 이상	
			8종	GCD 600-3	600 이상	
			9종	GCD 700-2	700 이상	
			10종	GCD 800-2	800 이상	
		본체 부착 공시재	1종	GCD 400-18A	세부 규격 참조	
			2종	GCD 400-18AL		
			3종	GCD 400-15A		
			4종	GCD 500-7A		
			5종	GCD 600-3A		
D 4318	오스템퍼 구상 흑연 주철품	1종		GCAD 900-4	900 이상	• 오스템퍼 처리한 구상 흑연 주철품
		2종		GCAD 900-8		
		3종		GCAD 1000-5	1000 이상	
		4종		GCAD 1200-2	1200 이상	
		5종		GCAD 1400-1	1400 이상	
D 4319	오스테나이트 주철품	편상 흑연계		GCA-NiMn 13 7	140 이상	• 비자성 주물로 터빈 발전기용 압력 커버, 차단기 상자, 절연 플랜지, 터미널, 덕트
				GCA-NiCuCr 15 6 2	170 이상	• 펌프, 밸브, 노부품, 부싱, 경합금 피스톤용 내마모관, 탁수용 펌프, 펌프용 케이싱 비자성 주물
				GCA-NiCuCr 15 6 3	190 이상	• 펌프, 밸브, 노부품, 부싱, 경합금 피스톤용 내마모관
				GCA-NiCr 20 2	170 이상	• GCA-NiCuCr 15 6 2와 동등. 다만, 알카리 처리 펌프, 수산화나트륨 보일러에 적당. 비누, 식품 제조, 인견 및 플라스틱 공업에 사용되며, 일반적으로 구리를 함유하지 않는 재료가 요구되는 곳에 사용
				GCA-NiCr 20 3	190 이상	• GCA-NiCr 20 2와 동등. 다만, 고압에서 사용하는 경우에 좋다.
				GCA-NiSiCr 20 5 3		• 펌프 부품, 공업로용 밸브 주물
				GCA-NiCr 30 3		• 펌프, 압력 용기 밸브, 필터 부품, 이그조스트 매니폴드, 터보 차저 하우징
				GCA-NiSiCr 30 5 5	170 이상	• 펌프 부품, 공업로용 밸브 주물
				GCA-Ni 35	120 이상	• 열적인 치수 변동을 기피하는 부품 (예 : 공작기계, 이과학기기, 유리용 금형 등)
		구상 흑연계		GCDA-NiMn 13 17	390 이상	• 비자성 주물 보기 : 터빈 발동기용 압력 커버, 차단기 상자, 절연 플랜지, 터미널, 덕트
				GCDA-NiCr 20 2	370 이상	• 펌프, 밸브, 컴프레서, 부싱, 터보차저 하우징, 이그조스트 매니폴드, 캐빙 머신용 로터리 테이블, 엔진용 터빈 하우징, 밸브용 요크슬리브, 비자성 주물
				GCDA-NiCrNb 20 2		• GCDA-NiCr 20 2와 동등
				GCDA-NiCr 20 3	390 이상	• 펌프, 펌프용 케이싱, 밸브, 컴프레서, 부싱, 터보 차저 하우징, 이그조스트 매니폴드

■ 주철품 (계속)

KS 규격	명칭	분류 및 종별	기호	인장강도 N/mm²	주요 용도 및 특징
D 4319	오스테나이트 주철품	편상 흑연계	GCDA−NiMn 13 17	390 이상	• 비자성 주물 보기 : 터빈 발동기용 압력 커버, 차단기 상자, 절연 플랜지, 터미널, 덕트
		구상 흑연계	GCDA−NiCr 20 2	370 이상	• 펌프, 밸브, 컴프레서, 부싱, 터보차저 하우징, 이그조스트 매니폴드, 캐빙 머신용 로터리 테이블, 엔진용 터빈 하우징, 밸브용 요크슬리브, 비자성 주물
			GCDA−NiCrNb 20 2		• GCDA−NiCr 20 2와 동등
			GCDA−NiCr 20 3	390 이상	• 펌프, 펌프용 케이싱, 밸브, 컴프레서, 부싱, 터보 차저 하우징, 이그조스트 매니폴드
			GCDA−NiSiCr 20 5 2	370 이상	• 펌프 부품, 밸브, 높은 기계적 응력을 받는 공업로용 주물
			GCDA−Ni 22		• 펌프, 밸브, 컴프레서, 부싱, 터보 차저 하우징, 이그조스트 매니폴드, 비자성 주물
			GCDA−NiMn 23 4	440 이상	• −196℃까지 사용되는 경우의 냉동기기류 주물
			GCDA−NiCr 30 1	370 이상	• 펌프, 보일러 필터 부품, 이그조스트 매니폴드, 밸브, 터보 차저 하우징
			GCDA−NiCr 30 3		• 펌프, 보일러, 밸브, 필터 부품, 이그조스트 매니폴드, 터보 차저 하우징
			GCDA−NiSiCr 30 5 2	380 이상	• 펌프 부품, 이그조스트 매니폴드, 터보 차저 하우징, 공업로용 주물
			GCDA−NiSiCr 30 5 5	390 이상	• 펌프 부품, 밸브, 공업로용 주물 중 높은 기계적 응력을 받는 부품
			GCDA−Ni 35	370 이상	• 온도에 따른 치수변화를 기피하는 부품 적용(예 : 공작기계, 이과학기기, 유리용 금형)
			GCDA−NiCr 35 3		• 가스 터빈 하우징 부품, 유리용 금형, 엔진용 터보 차저 하우징
			GCDA−NiSiCr 35 5 2		• 가스 터빈 하우징 부품, 이그조스트 매니폴드, 터보 차저 하우징
D 4321	철(합금)계 저열팽창 주조품	주강계	SCLE 1	370 이상	• 50∼100℃ 사이의 평균 선팽창계수 7.0×10^{-6}℃ 이하인 철합금 저열팽창 주조품
			SCLE 2		
			SCLE 3		
			SCLE 4		
		회 주철계	GCLE 1	120 이상	
			GCLE 2		
			GCLE 3		
			GCLE 4		
		구상 흑연 주철계	GCDLE 1	370 이상	
			GCDLE 2		
			GCDLE 3		
			GCDLE 4		
D 4321	저온용 두꺼운 페라이트 구상 흑연 주철품	1종	GCD 300LT	300 이상	• −40℃ 이상의 온도에서 사용되는 주물 두께 550mm 이하의 페라이트 기지의 두꺼운 구상 흑연 주철품
D 4323	하수도용 덕타일 주철관	직관 두께에 따른 구분	1종관	−	• 가정의 생활폐수 및 산업폐수, 지표수, 우수 등을 운송하는 배수 및 하수 배관용으로 압력 또는 무압력 상태에서 사용하는 덕타일 주철관
			2종관	−	
			3종관	−	

■ 주철품 (계속)

KS 규격	명칭	분류 및 종별	기호	인장강도 N/mm²	주요 용도 및 특징
D ISO 5922	가단 주철품	백심가단주철	GCMW 35-04	세부 규격 참조	[가단 주철품] • 열처리한 철-탄소합금으로서 주조 상태에서 흑연을 함유하지 않은 백선 조직을 가지는 주철품. 즉, 탄소 성분은 전부 시멘타이트(Fe3C)로 결합된 형태로 존재한다. [종류의 기호] • GCMW : 백심 가단 주철 • GCMB : 흑심 가단 주철 • GCMP : 펄라이트 가단 주철
			GCMW 38-12		
			GCMW 40-05		
			GCMW 45-07		
		A	GCMB 30-06	300 이상	
			GCMB 35-10	350 이상	
			GCMB 45-06	450 이상	
			GCMB 55-04	550 이상	
			GCMB 65-02	650 이상	
			GCMB 70-02	700 이상	
		B	GCMB 32-12	320 이상	
			GCMP 50-05	500 이상	
			GCMB 60-03	600 이상	
			GCMB 80-01	800 이상	

4-4 구조용 철강

1 구조용 봉강, 형강, 강판, 강대

KS 규격	명칭	분류 및 종별		기호	인장강도 N/mm²	주요 용도 및 특징
D 3503	일반 구조용 압연 강재	1종		SS 330	330~430	• 강판, 강대, 평강 및 봉강
		2종		SS 400	400~510	• 강판, 강대, 평강, 형강 및 봉강
		3종		SS 490	490~610	
		4종		SS 540	540 이상	• 두께 40mm 이하의 강판, 강대, 형강, 평강 및 지름, 변 또는 맞변거리 40mm 이하의 봉강
		5종		SS 590	590 이상	
D 3504	철근 콘크리트용 봉강 (이형봉강)	1종		SD 300	440 이상	• 일반용
		2종		SD 350	490 이상	
		3종		SD 400	560 이상	
		4종		SD 500	620 이상	
		5종		SD 600	710 이상	
		6종		SD 700	800 이상	
		7종		SD 400W	560 이상	• 용접용
		8종		SD 500W	620 이상	
D 3505	PC 강봉	A종	2호	SBPR 785/1 030	1030 이상	• 원형 봉강
		B종	1호	SBPR 930/1 080	1080 이상	
			2호	SBPR 930/1 180	1180 이상	
		C종	1호	SBPR 1 080/1 230	1230 이상	
		B종	1호	SBPD 930/1 080	1080 이상	• 이형 봉강
		C종	1호	SBPD 1 080/1 230	1230 이상	
		D종	1호	SBPD 1 275/1 420	1420 이상	

■ 구조용 봉강, 형강, 강판, 강대 (계속)

KS 규격	명칭	분류 및 종별			기호	인장강도 N/mm²	주요 용도 및 특징
D 3511	재생 강재	평강 : F	1종		SRB 330	330~400	• 재생 강재의 봉강, 평강 및 등변 ㄱ형강
		형강 : A	2종		SRB 380	380~520	
		봉강 : B	3종		SRB 480	480~620	
D 3515	용접 구조용 압연 강재	1종	A		SM 400A	400~510	• 강판, 강대, 형강 및 평강 200mm 이하
		2종	B		SM 400B		
		3종	C		SM 400C		• 강판, 강대, 형강 및 평강 100mm 이하
		4종	A		SM 490A	490~610	• 강판, 강대, 형강 및 평강 200mm 이하
		5종	B		SM 490B		
		6종	C		SM 490C		• 강판, 강대, 형강 및 평강 100mm 이하
		7종	YA		SM 490YA		
		8종	YB		SM 490YB		
		9종	B		SM 520B	520~640	
		10종	C		SM 520C		
		11종	–		SM 570	570~720	
D 3518	법랑용 탈탄 강판 및 강대	–			SPE	–	• 법랑칠을 하는 탈탄 강판 및 강대
D 3526	마봉강용 일반 강재	A종			SGD A	290~390	• 기계적 성질 보증
		B종			SGD B	400~510	
		1종			SGD 1	–	• 화학성분 보증 • 킬드강 지정시 각 기호의 뒤에 K를 붙임
		2종			SGD 2	–	
		3종			SGD 3	–	
		4종			SGD 4	–	
D 3527	철근 콘크리트용 재생 봉강	1종			SBCR 240	380~590	• 재생 원형 봉강
		2종			SBCR 300	440~620	
		3종			SDCR 240	380~590	• 재생 이형 봉강
		4종			SDCR 300	440~620	
		5종			SDCR 350	490~690	
D 3529	용접 구조용 내후성 열간 압연 강재	1종	A	W	SMA 400AW	400~540	• 내후성을 갖는 강판, 강대, 형강 및 평강 200 이하
				P	SMA 400AP		
			B	W	SMA 400BW		
				P	SMA 400BP		
			C	W	SMA 400CW		• 내후성을 갖는 강판, 강대, 형강 100 이하
				P	SMA 400CP		
		2종	A	W	SMA 490AW	490~610	• 내후성이 우수한 강판, 강대, 형강 및 평강 200 이하
				B	SMA 490AP		
			B	W	SMA 490BW		
				P	SMA 490BP		
			C	W	SMA 490CW		• 내후성이 우수한 강판, 강대, 형강 100 이하
				P	SMA 490CP		
		3종		W	SMA 570W	570~720	
				P	SMA 570P		
D 3530	일반 구조용 경량 형강	경 ㄷ 형강 경 Z 형강 경 ㄱ 형강 리프 ㄷ 형강 리프 Z 형강 모자 형강			SSC 400	400~540	• 건축 및 기타 구조물에 사용하는 냉간 성형 경량 형강

■ 구조용 봉강, 형강, 강판, 강대 (계속)

KS 규격	명칭	분류 및 종별		기호	인장강도 N/mm²	주요 용도 및 특징
D 3542	고 내후성 압연 강재	1종		SPA-H	355 이상	• 내후성이 우수한 강재 (내후성 : 대기 중에서 부식에 견디는 성질)
		2종		SPA-C	315 이상	
D 3546	체인용 원형강	1, 2종 삭제 기호 규정		SBC 300	300 이상	• 체인에 사용하는 열간압연 원형강
				SBC 490	490 이상	
				SBC 690	690 이상	
D 3557	리벳용 원형강	1종		SV 330	330~400	• 리벳의 제조에 사용하는 열간 압연 원형강
		2종		SV 400	400~490	
D 3558	일반 구조용 용접 경량 H형강	1종		SWH 400	400~540	• 종래 단위 SWH 41
		2종		SWH 400 L		• 종래 단위 SWH 41 L
D 3561	마봉강 (탄소강, 합금강)	SGDA		SGD 290-D	340~740	• 원형(연삭, 인발, 절삭), 6각강, 각강, 평형강
		SGDB		SGD 400-D	450~850	
D 3593	조립용 형강	1종(강)		SSA	370 이상	• Steel slotted angle
		2종(알)		ASA		• Aluminium slotted angle
D 3611	용접 구조용 고항복점 강판	1종		SHY 685	780~930 760~910	• 적용 두께 6 이상 100 이하 • 압력용기, 고압설비, 기타 구조물에 사용하는 강판
		2종		SHY 685 N		
		3종		SHY 685 NS		
D 3688	고성능 철근 콘크리트용 봉강	1종		SD 400S	항복강도의 1.25배 이상	• 항복강도 : 400~520N/mm²
		2종		SD 500S		• 항복강도 : 500~650N/mm²
D 3781	철탑용 고장력강 강재	1종 강판		SH 590 P	590~740	• 적용 두께 : 6mm 이상 25mm 이하
		2종 ㄱ 형강		SH 590 S	590 이상	• 적용 두께 : 35mm 이하
D 3854	건축 구조용 표면처리 경량 형강	립 ㄷ 형강		ZSS 400	400 이상	• 건축 및 기타 구조물의 부재
		경 E 형강				
D 3857	건축 구조용 압연 봉강	1종		SNR 400A	400 이상 510 이하	• 봉강에는 원형강, 각강, 코일 봉강을 포함
		2종		SNR 400B		
		3종		SNR 490B	490 이상 610 이하	
D 3861	건축 구조용 압연 강재	1종		SN 400A	400 이상 510 이하	• 강판, 강대, 형강, 평강 6mm 이상 100mm 이하
		2종		SN 400B		
		3종		SN 400C		• 강판, 강대, 형강, 평강 16mm 이상 100mm 이하
		4종		SN 490B	490 이상 610 이하	• 강판, 강대, 형강, 평강 6mm 이상 100mm 이하
		5종		SN 490C		• 강판, 강대, 형강, 평강 16mm 이상 100mm 이하
D 3864	내진 건축 구조용 냉간 성형 각형 강관	1종		SPAR 295	–	• 주로 내진 건축 구조물의 기둥재
		2종		SPAR 360	–	
		3종		SPAP 235	–	
		4종		SPAP 325	–	
D 3865	건축 구조용 내화 강재	1종		FR 400B	400~510	• 6mm 이상 100mm 이하 강판
		2종		FR 400C		
		3종		FR 490B	490~610	
		4종		FR 490C		
D 5994	건축 구조용 고성능 압연 강재	1종		HSA 800	800~950	• 100 mm 이하
D ISO 4995	구조용 열간 압연 강판	–	B	HR 235	330 이상	• 볼트, 리벳, 용접 구조물 등
			D			
		–	B	HR 275	370 이상	
			D			
		–	B	HR 335	450 이상	
			D			

■ 구조용 봉강, 형강, 강판, 강대 (계속)

KS 규격	명칭	분류 및 종별	기호	인장강도 N/mm²	주요 용도 및 특징
D ISO 4996	구조용 고항복 응력 열간 압연 강판	등급 : HS355	C	최소 430	[열간 압연 강판] • 가열된 철강을 지속형 또는 역전형 광폭 압연기 사이로 압연하여 필요한 강판 두께를 얻은 제품, 열간 압연 작용으로 인해 표면이 산화물이나 스케일로 덮힌 제품
			D		
		등급 : HS390	C	최소 460	
			D		
		등급 : HS420	C	최소 490	
			D		
		등급 : HS460	C	최소 530	
			D		
		등급 : HS490	C	최소 570	
			D		
D ISO 4997	구조용 냉간 압연 강판	등급 : B	CR 220	300 이상	[냉간 압연 강판] • 강종(CR220, CR250, CR320) • 스케일을 제거한 열간 압연 강판을 요구 두께까지 냉간가공하고 입자 구조를 재결정시키기 위한 어닐링 처리를 하여 얻은 제품
		등급 : D			
		등급 : B	CR 250	330 이상	
		등급 : D			
		등급 : B	CR 320	400 이상	
		등급 : D			
		미적용	미적용	–	
D ISO 4999	일반용, 드로잉용 및 구조용 연속 용융 턴(납합금) 도금 냉간 압연 탄소 강판	등급 : B	TCR 220	300 이상	• 연속 용융 턴(납합금)도금 공정으로 도금한 일반용 및 드로잉용 냉간압연 탄소 강판에 적용
		등급 : D			
		등급 : B	TCR 250	330 이상	
		등급 : D			
		등급 : B	TCR 320	400 이상	
		등급 : D			
		–	TCH 550	–	
		–			

2 압력 용기용 강판 및 강대

KS 규격	명칭	분류 및 종별	기호	인장강도 N/mm²	주요 용도 및 특징
D 3521	압력 용기용 강판	1종	SPPV 235	400~510	• 압력용기 및 고압설비 등 (고온 및 저온 사용 제외) • 용접성이 좋은 열간 압연 강판
		2종	SPPV 315	490~610	
		3종	SPPV 355	520~640	
		4종	SPPV 410	550~670	
		5종	SPPV 450	570~700	
		6종	SPPV 490	610~740	
D 3533	고압 가스 용기용 강판 및 강대	1종	SG 255	400 이상	• LP 가스, 아세틸렌, 각종 프레온 가스 등 고압 가스 충전용 500L 이하의 용접 용기
		2종	SG 295	440 이상	
		3종	SG 325	490 이상	
		4종	SG 365	540 이상	
D 3538	보일러 및 압력용기용 망가니즈 몰리브데넘강 및 망가니즈 몰리브데넘 니켈강 강판	1종	SBV1A	520~660	• 보일러 및 압력용기 (저온 사용 제외)
		2종	SBV1B	550~690	
		3종	SBV2		
		4종	SBV3		

■ 압력 용기용 강판 및 강대 (계속)

KS 규격	명칭	분류 및 종별	기호	인장강도 N/mm²	주요 용도 및 특징
D 3539	압력용기용 조질형 망가니즈 몰리브데넘강 및 망가니즈 몰리브데넘 니켈강 강판	1종	SQV1A	550~690	• 원자로 및 기타 압력용기
		2종	SQV1B	620~790	
		3종	SQV2A	550~690	
		4종	SQV2B	620~790	
		5종	SQV3A	550~690	
		6종	SQV3B	620~790	
D 3540	중·상온 압력 용기용 탄소 강판	1종	SGV 410	410~490	• 종래 기호 : SGV 42
		2종	SGV 450	450~540	• 종래 기호 : SGV 46
		3종	SGV 480	480~590	• 종래 기호 : SGV 49
D 3541	저온 압력 용기용 탄소강 강판	Al 처리 세립 킬드강	SLAI 235 A	40~510	• 종래 기호 : SLAI 24 A
			SLAI 235 B		• 종래 기호 : SLAI 24 B
			SLAI 325 A	440~560	• 종래 기호 : SLAI 33 A
			SLAI 325 B		• 종래 기호 : SLAI 33 B
			SLAI 360	490~610	• 종래 기호 : SLAI 37
D 3543	보일러 및 압력 용기용 크로뮴 몰리브데넘강 강판	1종	SCMV 1	380~550	[보일러 및 압력용기] • 강도구분 1 : 인장강도가 낮은 것 • 강도구분 2 : 인장강도가 높은 것
		2종	SCMV 2		
		3종	SCMV 3	410~590	
		4종	SCMV 4		
		5종	SCMV 5		
		6종	SCMV 6		
D 3560	보일러 및 압력 용기용 탄소강 및 몰리브데넘강 강판	1종	SB 410	410~550	• 보일러 및 압력용기 (상온 및 저온 사용 제외)
		2종	SB 450	450~590	
		3종	SB 480	480~620	
		4종	SB 450 M	450~590	
		5종	SB 480 M	480~620	
D 3586	저온 압력용 니켈 강판	1종	SL2N255	450~590	• 저온 사용 압력 용기 및 설비에 사용하는 열간 압연 니켈 강판
		2종	SL3N255		
		3종	SL3N275	480~620	
		4종	SL3N440	540~690	
		5종	SL5N590	690~830	
		6종	SL9N520		
		7종	SL9N590		
D 3610	중·상온 압력 용기용 고강도 강판	종래기호 SEV 25	SEV 245	370 이상	• 보일러 및 압력 용기에 사용하는 강판 (인장강도는 강판 두께 50mm 이하)
		종래기호 SEV 30	SEV 295	420 이상	
		종래기호 SEV 35	SEV 345	430 이상	
D 3630	고온 압력 용기용 고강도 크롬-몰리브덴 강판	1종	SCMQ42	580~760	• 고온 사용 압력 용기용
		2종	SCMQ4V		
		3종	SCMQ5V		

■ 압력 용기용 강판 및 강대 (계속)

KS 규격	명칭	분류 및 종별	기호	인장강도 N/mm²	주요 용도 및 특징
D 3853	압력 용기용 강판	1종	SPV 315	490~610	• 압력 용기 및 고압 설비 (고온 및 저온 사용 제외)
		2종	SPV 355	520~640	
		3종	SPV 410	550~670	
		4종	SPV 450	570~700	
		5종	SPV 490	610~740	
D ISO 4978	용접 가스 실린더용 압연 강판	–	–	–	• 여러 국가에서 용접 가스 실린더로 사용되고 있는 비시효강
D ISO 4991	압력 용기용 주조강	강 형태 및 호칭	C23－45A		• 합금화 처리되지 않은 강
			C23－45AH		
			C23－45B		
			C23－45BH		
			C23－45BL		
			C26－52		
			C26－52H		
			C26－52L		
		강 형태 및 호칭	C28H		• 페라이트 및 마르텐사이트 합금강
			C31L		
			C32H		
			C33H		
			C34AH		
			C34BH		
			C34BL		
			C35BH		
			C37H		
			C38H		
			C39CH		
			C39CNiH		
			C39NiH		
			C39NiL		
			C40H		
			C43L		
			C43C1L		
			C43E2aL		
			C43E2bL		
		강 형태 및 호칭	C46		• 오스테나이트 강
			C47		
			C47H		
			C47L		
			C50		
			C60		
			C60H		
			C60Nb		
			C61		
			C61LC		

3 일반 가공용 강판 및 강대

KS 규격	명칭	분류 및 종별	기호	인장강도 N/mm²	주요 용도 및 특징
D 3501	열간 압연 연강판 및 강대	1종	SPHC	270 이상	• 일반용 및 드로잉용
		2종	SPHD		
		3종	SPHE		
D 3506	용융 아연 도금 강판 및 강대	열연 원판	SGHC	–	• 일반용
			SGH 340	340 이상	• 구조용
			SGH 400	400 이상	
			SGH 440	440 이상	
			SGH 490	490 이상	
			SGH 540	540 이상	
		냉연 원판	SGCC	–	• 일반용
			SGCH	–	• 일반 경질용
			SGCD1	270 이상	• 가공용 1종
			SGCD2		• 가공용 2종
			SGCD3		• 가공용 3종
			SGC 340	340 이상	• 구조용
			SGC 400	400 이상	
			SGC 440	440 이상	
			SGC 490	490 이상	
			SGC 570	540 이상	
D 3512	냉간 압연 강판 및 강대	1종	SPCC	–	• 일반용
		2종	SPCD	270 이상	• 드로잉용
		3종	SPCE		• 딥드로잉용
		4종	SPCF		• 비시효성 딥드로잉
		5종	SPCG		• 비시효성 초(超) 딥드로잉
D 3516	냉간 압연 전기 주석 도금 강판 및 원판	원판	SPB	–	• 주석 도금 원판 • 주석 도금 강판 제조를 위한 냉간 압연 저탄소 연강 코일
		강판	ET	–	• 전기 주석 도금 강판 • 연속적인 전기 조업으로 주석을 양면에 도금한 저탄소 연강판 또는 코일
D 3519	자동차 구조용 열간 압연 강판 및 강대	1종	SAPH 310	310 이상	• 자동차 프레임, 바퀴 등에 사용하는 프레스 가공성을 갖는 구조용 열간 압연 강판 및 강대
		2종	SAPH 370	370 이상	
		3종	SAPH 400	400 이상	
		4종	SAPH 440	440 이상	
D 3520	도장 용융 아연 도금 강판 및 강대	판 및 코일의 종류 8종	CGCC	–	• 일반용
			CGCH	–	• 일반 경질용
			CGCD	–	• 조임용
			CGC 340	–	• 구조용
			CGC 400	–	
			CGC 440	–	
			CGC 490	–	
			CGC 570	–	

■ 일반 가공용 강판 및 강대 (계속)

KS 규격	명칭	분류 및 종별	기호	인장강도 N/mm^2	주요 용도 및 특징	
D 3528	전기 아연 도금 강판 및 강대 (열연 원판을 사용한 경우)	1종	SEHC	270 이상	일반용	SPHC
		2종	SEHD	270 이상	드로잉용	SPHD
		3종	SEHE	270 이상	디프드로잉용	SPHE
		4종	SEFH 490	490 이상	가공용	SPFH 490
		5종	SEFH 540	540 이상		SPFH 540
		6종	SEFH 590	590 이상		SPFH 590
		7종	SEFH 540Y	540 이상	고가공용	SPFH 540Y
		8종	SEFH 590Y	590 이상		SPFH 590Y
		9종	SE330	330~430	일반 구조용	SS 330
		10종	SE400	400~510		SS 400
		11종	SE490	490~610		SS 490
		12종	SE540	540 이상		SS 540
		13종	SEPH 310	310 이상	구조용	SAPH 310
		14종	SEPH 370	370 이상		SAPH 370
		15종	SEPH 400	400 이상		SAPH 400
		16종	SEPH 440	400 이상		SAPH 440
D 3528	전기 아연 도금 강판 및 강대 (냉연 원판을 사용한 경우)	1종	SECC	(270) 이상	일반용	SPCC
		2종	SECD	270 이상	드로잉용	SPCD
		3종	SECE	270 이상	디프드로잉용	SPCE
		4종	SEFC 340	340 이상	드로잉 가공용	SPFC 340
		5종	SEFC 370	370 이상		SPFC 370
		6종	SEFC 390	390 이상	가공용	SPFC 390
		7종	SEFC 440	440 이상		SPFC 440
		8종	SEFC 490	490 이상		SPFC 490
		9종	SEFC 540	540 이상		SPFC 540
		10종	SEFC 590	590 이상		SPFC 590
		11종	SEFC 490Y	490 이상	저항복비형	SPFC 490Y
		12종	SEFC 540Y	540 이상		SPFC 540Y
		13종	SEFC 590Y	590 이상		SPFC 590Y
		14종	SEFC 780Y	780 이상		SPFC 780Y
		15종	SEFC 980	980 이상		SPFC 980Y
		16종	SEFC 340H	340 이상	열처리 경화형	SPFC 340H
D 3544	용융 알루미늄 도금 강판 및 강대	1종	SA1C	–	내열용(일반용)	
		2종	SA1D	–	내열용(드로잉용)	
		3종	SA1E	–	내열용(딥드로잉용)	
		4종	SA2C	–	내후용(일반용)	

■ 일반 가공용 강판 및 강대 (계속)

KS 규격	명칭	분류 및 종별	기호	인장강도 N/mm²	주요 용도 및 특징
D 3551	특수 마대강 (냉연특수강대)	탄소강	S 30 CM	–	• 리테이너
			S 35 CM	–	• 사무기 부품, 프리 쿠션 플레이트
			S 45 CM	–	• 클러치, 체인 부품, 리테이너, 와셔
			S 50 CM	–	• 카메라 등 구조 부품, 체인 부품, 스프링, 클러치 부품, 와셔, 안전 버클
			S 55 CM	–	• 스프링, 안전화, 깡통따개, 톱손 날, 카메라 등 구조부품
			S 60 CM	–	• 체인 부품, 목공용 안내톱, 안전화, 스프링, 사무기 부품, 와셔
			S 65 CM	–	• 안전화, 클러치 부품, 스프링, 와셔
			S 70 CM	–	• 와셔, 목공용 안내톱, 사무기 부품, 스프링
			S 75 CM	–	• 클러치 부품, 와셔, 스프링
		탄소공구강	SK 2 M	–	• 면도칼, 칼날, 쇠톱, 셔터, 태엽
			SK 3 M	–	• 쇠톱, 칼날, 스프링
			SK 4 M	–	• 펜촉, 태엽, 게이지, 스프링, 칼날, 메리야스용 바늘
			SK 5 M	–	• 태엽, 스프링, 칼날, 메리야스용 바늘, 게이지, 클러치 부품, 목공용 및 제재용 띠톱, 둥근 톱, 사무기 부품
			SK 6 M	–	• 스프링, 칼날, 클러치 부품, 와셔, 구두밑창, 혼
			SK 7 M	–	• 스프링, 칼날, 혼, 목공용 안내톱, 와셔, 구두밑창, 클러치 부품
		합금공구강	SKS 2 M	–	• 메탈 밴드 톱, 쇠톱, 칼날
			SKS 5 M	–	• 칼날, 둥근톱, 목공용 및 제재용 띠톱
			SKS 51 M	–	• 칼날, 목공용 둥근톱, 목공용 및 제재용 띠톱
			SKS 7 M	–	• 메탈 밴드 톱, 쇠톱, 칼날
			SKS 95 M	–	• 클러치 부품, 스프링, 칼날
		크롬강	SCr 420 M	–	• 체인 부품
			SCr 435 M	–	• 체인 부품, 사무기 부품
			SCr 440 M	–	• 체인 부품, 사무기 부품
		니켈크롬강	SNC 415 M	–	• 사무기 부품
			SNC 631 M	–	• 사무기 부품
			SNC 836 M	–	• 사무기 부품
		니켈 크롬 몰리브덴강	SNCM 220 M	–	• 체인 부품
			SNCM 415 M	–	• 안전 버클, 체인 부품
		크롬 몰리브덴 강	SCM 415 M	–	• 체인 부품, 톱손 날
			SCM 430 M	–	• 체인 부품, 사무기 부품
			SCM 435 M	–	• 체인 부품, 사무기 부품
			SCM 440 M	–	• 체인 부품, 사무기 부품
		스프링강	SUP 6 M	–	• 스프링
			SUP 9 M	–	• 스프링
			SUP 10 M	–	• 스프링
		망간강	SMn 438 M	–	• 체인 부품
			SMn 443 M	–	• 체인 부품

■ 일반 가공용 강판 및 강대 (계속)

KS 규격	명칭	분류 및 종별	기호	인장강도 N/mm^2	주요 용도 및 특징
D 3555	강관용 열간 압연 탄소 강대	1종	HRS 1	270 이상	• 용접 강관
		2종	HRS 2	340 이상	
		3종	HRS 3	410 이상	
		4종	HRS 4	490 이상	
D 3616	자동차 가공성 열간 압연 고장력 강판 및 강대	1종	SPFH 490	490 이상	• 종래단위 : SPFH 50
		2종	SPFH 540	540 이상	• 종래단위 : SPFH 55
		3종	SPFH 590	590 이상	• 종래단위 : SPFH 60
		4종	SPFH 540 Y	540 이상	• 종래단위 : SPFH 55 Y
		5종	SPFH 590 Y	590 이상	• 종래단위 : SPFH 60 Y
D 3617	자동차용 냉간 압연 고장력 강판 및 강대	1종	SPFC 340	343 이상	• 드로잉용
		2종	SPFC 370	373 이상	
		3종	SPFC 390	392 이상	• 가공용
		4종	SPFC 440	441 이상	
		5종	SPFC 490	490 이상	
		6종	SPFC 540	539 이상	
		7종	SPFC 590	588 이상	
		8종	SPFC 490 Y	490 이상	• 저항복 비형
		9종	SPFC 540 Y	539 이상	
		10종	SPFC 590 Y	588 이상	
		11종	SPFC 780 Y	785 이상	
		12종	SPFC 980 Y	981 이상	
		13종	SPFC 340 H	343 이상	• 베이커 경화형
D 3770	용융 55% 알루미늄 아연 합금 도금 강판 및 강대	열연 원판	SGLHC	270 이상	• 일반용
			SGLH400	400 이상	• 구조용
			SGLH440	440 이상	
			SGLH490	490 이상	
			SGLH540	540 이상	
		냉연 원판	SGLCC	270 이상	• 일반용
			SGLCD		• 조임용
			SGLCDD		• 심조임용 1종
			SGLC400	400 이상	• 구조용
			SGLC440	440 이상	
			SGLC490	490 이상	
			SGLC570	570 이상	
D 3771	용융 아연-5% 알루미늄 합금 도금 강판 및 강대	열연 원판	SZAHC	270 이상	• 일반용
			SZAH340	340 이상	• 구조용
			SZAH400	400 이상	
			SZAH440	440 이상	
			SZAH490	490 이상	
			SZAH540	540 이상	

■ 일반 가공용 강판 및 강대 (계속)

KS 규격	명칭	분류 및 종별	기호	인장강도 N/mm^2	주요 용도 및 특징
D 3771	용융 아연-5% 알루미늄 합금 도금 강판 및 강대	냉연 원판	SZACC	270 이상	• 일반용
			SZACH	–	• 일반 경질용
			SZACD1	270 이상	• 조임용 1종
			SZACD2		• 조임용 2종
			SZACD3		• 조임용 3종
			SZAC340	340 이상	• 구조용
			SZAC400	400 이상	
			SZAC440	440 이상	
			SZAC490	490 이상	
			SZAC570	540 이상	
D 3772	도장 용융 아연-5% 알루미늄 합금 도금 강판 및 강대	1종	CZACC	–	• 일반용
		2종	CZACH	–	• 일반 경질용
		3종	CZACD	–	• 조임용
		4종	CZAC340	–	• 구조용
		5종	CZAC400	–	
		6종	CZAC440	–	
		7종	CZAC490	–	
		8종	CZAC570	–	
D 3862	도장 용융 알루미늄-55% 아연 합금 도금 강판 및 강대	1종	CGLCC	–	• 일반용
		2종	CGLCD	–	• 가공용
		3종	CGLC400	–	• 구조용
		4종	CGLC440	–	
		5종	CGLC490	–	
		6종	CGLC570	–	
D ISO 5954	경도에 따른 냉간 가공 탄소 강판	강종	CRH-50	–	• 로크웰 B 50~70
			CRH-60	–	• 로크웰 B 60~75
			CRH-70	–	• 로크웰 B 70~85
			CRH-	–	• HRB 90 이하 로크웰 B 범위
D ISO 9364	연속 용융 알루미늄/아연 도금 강판	도금 강종	AZ 090	–	• 코일 형태나 일정 길이로 절단된 형태로 생산하기 위한 연속 알루미늄/아연 라인에서 용융 도금한 강판 코일에 의해 얻어지는 제품
			AZ 100	–	
			AZ 150	–	
			AZ 165	–	
			AZ 185	–	
			AZ 200	–	

4 철도용 및 차축

<table>
<tr><th>KS 규격</th><th>명칭</th><th>분류 및 종별</th><th>기호</th><th>인장강도 N/mm²</th><th colspan="2">주요 용도 및 특징</th></tr>
<tr><td rowspan="7">R 9101</td><td rowspan="7">경량 레일</td><td>6kg 레일</td><td>6</td><td rowspan="6">569 이상</td><td colspan="2" rowspan="7">• 탄소강의 경량 레일</td></tr>
<tr><td>9kg 레일</td><td>9</td></tr>
<tr><td>10kg 레일</td><td>10</td></tr>
<tr><td>12kg 레일</td><td>12</td></tr>
<tr><td>15kg 레일</td><td>15</td></tr>
<tr><td>20kg 레일</td><td>20</td></tr>
<tr><td>22kg 레일</td><td>22</td><td>637 이상</td></tr>
<tr><td rowspan="7">R 9106</td><td rowspan="7">보통 레일</td><td>30kg 레일</td><td>30A</td><td rowspan="2">690 이상</td><td colspan="2" rowspan="7">• 선로에 사용하는 보통 레일</td></tr>
<tr><td>37kg 레일</td><td>37A</td></tr>
<tr><td>40kgN 레일</td><td>40N</td><td>710 이상</td></tr>
<tr><td>50kg 레일</td><td>50PS</td><td rowspan="4">800 이상</td></tr>
<tr><td>50kgN 레일</td><td>50N</td></tr>
<tr><td>60kg 레일</td><td>60</td></tr>
<tr><td>60kgN 레일</td><td>KR60</td></tr>
<tr><td rowspan="5">R 9110</td><td rowspan="5">열처리 레일</td><td>40kgN
열처리 레일</td><td>40N-HH340</td><td>1080 이상</td><td rowspan="5">대응 보통 레일</td><td>40kgN 레일</td></tr>
<tr><td rowspan="2">50kgN
열처리 레일</td><td>50-HH340</td><td>1080 이상</td><td rowspan="2">50kg 레일</td></tr>
<tr><td>50-HH370</td><td>1130 이상</td></tr>
<tr><td rowspan="2">60kgN
열처리 레일</td><td>60-HH340</td><td>1080 이상</td><td rowspan="2">60kg 레일</td></tr>
<tr><td>60-HH370</td><td>1130 이상</td></tr>
<tr><td rowspan="2">R 9220</td><td rowspan="2">철도 차량용 차축</td><td>-</td><td>RSA1</td><td>590 이상</td><td colspan="2" rowspan="2">• 동축 및 종축(객화차 롤러 베어링축, 디젤 동차축, 디젤 기관차축 및 전기 동차축)</td></tr>
<tr><td>-</td><td>RSA2</td><td>640 이상</td></tr>
</table>

5 구조용 강관

KS 규격	명칭	분류 및 종별		기호	인장강도 N/mm²	주요 용도 및 특징
D 3517	기계 구조용 탄소 강관	11종	A	STKM 11A	290 이상	• 기계, 자동차, 자전거, 가구, 기구, 기타 기계 부품에 사용하는 탄소 강관
		12종	A	STKM 12A	340 이상	
			B	STKM 12B	390 이상	
			C	STKM 12C	470 이상	
		13종	A	STKM 13A	370 이상	
			B	STKM 13B	440 이상	
			C	STKM 13C	510 이상	
		14종	A	STKM 14A	410 이상	
			B	STKM 14B	500 이상	
			C	STKM 14C	550 이상	
		15종	A	STKM 15A	470 이상	
			C	STKM 15C	580 이상	
		16종	A	STKM 16A	510 이상	
			C	STKM 16C	620 이상	
		17종	A	STKM 17A	550 이상	
			C	STKM 17C	650 이상	
		18종	A	STKM 18A	440 이상	
			B	STKM 18B	490 이상	
			C	STKM 18C	510 이상	
		19종	A	STKM 19A	490 이상	
			C	STKM 19C	550 이상	
		20종	A	STKM 20A	540 이상	
D 3536	기계 구조용 스테인리스 강관	오스테나이트계		STS 304 TKA	520 이상	• 기계, 자동차, 자전거, 가구, 기구, 기타 기계 부품 및 구조물에 사용하는 스테인리스 강관
				STS 316 TKA		
				STS 321 TKA		
				STS 347 TKA		
				STS 350 TKA	330 이상	
				STS 304 TKC	520 이상	
				STS 316 TKC		
		페라이트계		STS 430 TKA	410 이상	
				STS 430 TKC		
				STS 439 TKC		
		마텐자이트계		STS 410 TKA		
				STS 420 J1 TKA	470 이상	
				STS 420 J2 TKA	540 이상	
				STS 410 TKC	410 이상	

■ 구조용 강관 (계속)

<table>
<tr><th>KS 규격</th><th>명칭</th><th colspan="2">분류 및 종별</th><th>기호</th><th>인장강도 N/mm²</th><th>주요 용도 및 특징</th></tr>
<tr><td rowspan="6">D 3566</td><td rowspan="6">일반 구조용 탄소 강관</td><td colspan="2">1종</td><td>STK 290</td><td>290 이상</td><td rowspan="6">• 토목, 건축, 철탑, 발판, 지주, 지면 미끄럼 방지 말뚝 및 기타 구조물</td></tr>
<tr><td colspan="2">2종</td><td>STK 400</td><td>400 이상</td></tr>
<tr><td colspan="2">3종</td><td>STK 490</td><td>490 이상</td></tr>
<tr><td colspan="2">4종</td><td>STK 500</td><td>500 이상</td></tr>
<tr><td colspan="2">5종</td><td>STK 540</td><td>540 이상</td></tr>
<tr><td colspan="2">6종</td><td>STK 590</td><td>590 이상</td></tr>
<tr><td rowspan="4">D 3568</td><td rowspan="4">일반 구조용 각형 강관</td><td colspan="2">1종</td><td>SPSR 400</td><td>400 이상</td><td rowspan="4">• 토목, 건축 및 기타 구조물</td></tr>
<tr><td colspan="2">2종</td><td>SPSR 490</td><td>490 이상</td></tr>
<tr><td colspan="2">3종</td><td>SPSR 540</td><td>540 이상</td></tr>
<tr><td colspan="2">4종</td><td>SPSR 590</td><td>590 이상</td></tr>
<tr><td rowspan="7">D 3574</td><td rowspan="7">기계 구조용 합금강 강관</td><td colspan="2">크로뮴강</td><td>SCr 420 TK</td><td>–</td><td rowspan="7">• 기계, 자동차, 기타 기계 부품</td></tr>
<tr><td colspan="2" rowspan="6">크로뮴 몰리브덴강</td><td>SCM 415 TK</td><td>–</td></tr>
<tr><td>SCM 418 TK</td><td>–</td></tr>
<tr><td>SCM 420 TK</td><td>–</td></tr>
<tr><td>SCM 430 TK</td><td>–</td></tr>
<tr><td>SCM 435 TK</td><td>–</td></tr>
<tr><td>SCM 440 TK</td><td>–</td></tr>
<tr><td rowspan="7">D 3590</td><td rowspan="7">파형 강관 및 파형 섹션</td><td rowspan="4">원형</td><td>1형</td><td>SCP 1R</td><td>–</td><td>• 섹션의 연결 방식은 축 방향 플랜지 방식, 원둘레 방향 랩 방식</td></tr>
<tr><td>1S형</td><td>SCP 1RS</td><td>–</td><td>• 스파이럴형 강관을 커플링 밴드 방식으로 연결</td></tr>
<tr><td>2형</td><td>SCP 2R</td><td>–</td><td>• 섹션의 연결 방식은 축 방향, 원둘레 방향 모두 랩 방식</td></tr>
<tr><td>3S형</td><td>SCP 3RS</td><td>–</td><td>• 스파이럴형 강관을 커플링 밴드 방식으로 연결</td></tr>
<tr><td>에롱게이션형</td><td>2형</td><td>SCP 2E</td><td>–</td><td rowspan="3">• 섹션의 연결 방식은 축 방향, 원둘레 방향 모두 랩 방식</td></tr>
<tr><td>강관 아치형</td><td>2형</td><td>SCP 2P</td><td>–</td></tr>
<tr><td>아치형</td><td>2형</td><td>SCP 2A</td><td>–</td></tr>
<tr><td rowspan="11">D 3598</td><td rowspan="11">자동차 구조용 전기 저항 용접 탄소강 강관</td><td colspan="2" rowspan="7">G종</td><td>STAM 30 GA</td><td>294 이상</td><td rowspan="7">• 자동차 구조용 일반 부품에 적용하는 관</td></tr>
<tr><td>STAM 30 GB</td><td>294 이상</td></tr>
<tr><td>STAM 35 G</td><td>343 이상</td></tr>
<tr><td>STAM 40 G</td><td>392 이상</td></tr>
<tr><td>STAM 45 G</td><td>441 이상</td></tr>
<tr><td>STAM 48 G</td><td>471 이상</td></tr>
<tr><td>STAM 51 G</td><td>500 이상</td></tr>
<tr><td colspan="2" rowspan="4">H종</td><td>STAM 45 H</td><td>441 이상</td><td rowspan="4">• 자동차 구조용 가운데 특히 항복 강도를 중시한 부품에 사용하는 관</td></tr>
<tr><td>STAM 48 H</td><td>471 이상</td></tr>
<tr><td>STAM 51 H</td><td>500 이상</td></tr>
<tr><td>STAM 55 H</td><td>539 이상</td></tr>
<tr><td rowspan="7">D 3618</td><td rowspan="7">실린더 튜브용 탄소 강관</td><td colspan="2">1종</td><td>STC 370</td><td>370 이상</td><td rowspan="7">• 내면 절삭 또는 호닝 가공을 하여 피스톤형 유압 실린더 및 공기압 실린더의 실린더 튜브 제조</td></tr>
<tr><td colspan="2">2종</td><td>STC 440</td><td>440 이상</td></tr>
<tr><td colspan="2">3종</td><td>STC 510 A</td><td rowspan="2">510 이상</td></tr>
<tr><td colspan="2">4종</td><td>STC 510 B</td></tr>
<tr><td colspan="2">5종</td><td>STC 540</td><td>540 이상</td></tr>
<tr><td colspan="2">6종</td><td>STC 590 A</td><td rowspan="2">590 이상</td></tr>
<tr><td colspan="2">7종</td><td>STC 590 B</td></tr>
<tr><td rowspan="3">D 3632</td><td rowspan="3">건축 구조용 탄소 강관</td><td colspan="2">1종</td><td>STKN400W</td><td rowspan="2">400 이상
540 이하</td><td rowspan="3">• 주로 건축 구조물에 사용</td></tr>
<tr><td colspan="2">2종</td><td>STKN400B</td></tr>
<tr><td colspan="2">3종</td><td>STKN490B</td><td>490 이상
640 이하</td></tr>
</table>

■ 구조용 강관 (계속)

KS 규격	명칭	분류 및 종별	기호	인장강도 N/mm^2	주요 용도 및 특징
D 3780	철탑용 고장력강 강관	1종	STKT 540	540 이상	• 종래 기호 : STKT 55
		2종	STKT 590	590~740	• 종래 기호 : STKT 60
D 3867	기계 구조용 합금강 강재	망간강	SMn 420	–	• 주로 표면 담금질용
			SMn 433	–	
			SMn 438	–	
			SMn 443	–	
		망간 크롬강	SMnC 420	–	• 주로 표면 담금질용
			SMnC 443	–	
		크롬강	SCr 415	–	• 주로 표면 담금질용
			SCr 420	–	
			SCr 430	–	
			SCr 435	–	
			SCr 440	–	
			SCr 445	–	
		크롬 몰리브덴강	SCM 415	–	• 주로 표면 담금질용
			SCM 418	–	
			SCM 420	–	
			SCM 421	–	
			SCM 425	–	
			SCM 430	–	
			SCM 432	–	
			SCM 435	–	
			SCM 440	–	
			SCM 445	–	
			SCM 822	–	• 주로 표면 담금질용
		니켈 크롬강	SNC 236	–	
			SNC 415	–	• 주로 표면 담금질용
			SNC 631	–	
			SNC 815	–	• 주로 표면 담금질용
			SNC 836	–	
		니켈 크롬 몰리브덴강	SNCM 220	–	• 주로 표면 담금질용
			SNCM 240	–	
			SNCM 415	–	• 주로 표면 담금질용
			SNCM 420	–	
			SNCM 431	–	
			SNCM 439	–	
			SNCM 447	–	
			SNCM 616	–	• 주로 표면 담금질용
			SNCM 625	–	
			SNCM 630	–	
			SNCM 815	–	• 주로 표면 담금질용

6 배관용 강관

KS 규격	명칭	분류 및 종별	기호	인장강도 N/mm²	주요 용도 및 특징
D 3507	배관용 탄소 강관	흑관	SPP	–	• 흑관 : 아연 도금을 하지 않은 관 • 백관 : 흑관에 아연 도금을 한 관
		백관			
D 3562	압력 배관용 탄소 강관	1종	SPPS 380	380 이상	• 350℃ 이하에서 사용하는 압력 배관용
		2종	SPPS 420	420 이상	
D 3564	고압 배관용 탄소 강관	1종	SPPH 380	380 이상	• 350℃ 정도 이하에서 사용 압력이 높은 배관용
		2종	SPPH 420	420 이상	
		3종	SPPH 490	490 이상	
D 3565	상수도용 도복장 강관	1종	STWW 290	294 이상	• 상수도용
		2종	STWW 370	373 이상	
		3종	STWW 400	402 이상	
D 3659	저온 배관용 탄소 강관	1종	SPLT 390	390 이상	• 빙점 이하의 특히 낮은 온도에서 사용하는 배관용
		2종	SPLT 460	460 이상	
		3종	SPLT 700	700 이상	
D 3570	고온 배관용 탄소 강관	1종	SPHT 380	380 이상	• 주로 350℃를 초과하는 온도에서 사용하는 배관용
		2종	SPHT 420	420 이상	
		3종	SPHT 490	490 이상	
D 3573	배관용 합금강 강관	몰리브덴강 강관	SPA 12	390 이상	• 주로 고온도에서 사용하는 배관용
		크롬 몰리브덴강 강관	SPA 20	420 이상	
			SPA 22		
			SPA 23		
			SPA 24		
			SPA 25		
			SPA 26		
D 3576	배관용 스테인리스 강관	오스테나이트계	STS 304 TP	520 이상	
			STS 304 HTP		
			STS 304 LTP	480 이상	
			STS 309 TP	520 이상	
			STS 309 STP		
			STS 310 TP		
			STS 310 STP		
			STS 316 TP		
			STS 316 HTP		
			STS 316 LTP	480 이상	
			STS 316 TiTP	520 이상	
			STS 317 TP		
			STS 317 LTP	480 이상	
			STS 836 LTP	520 이상	
			STS 890 LTP	490 이상	
			STS 321 TP	520 이상	
			STS 321 HTP		
			STS 347 TP		
			STS 347 HTP		
			STS 350 TP	674 이상	

■ 배관용 강관 (계속)

KS 규격	명칭	분류 및 종별	기호	인장강도 N/mm^2	주요 용도 및 특징
D 3576	배관용 스테인리스 강관	오스테나이트, 페라이트계	STS 329 J1 TP	590 이상	
			STS 329 J3 LTP	620 이상	
			STS 329 J4 LTP		
			STS 329 LDTP		
		페라이트계	STS 405 TP	410 이상	
			STS 409 LTP	360 이상	
			STS 430 TP	390 이상	
			STS 430 LXTP	410 이상	
			STS 430 J1 LTP		
			STS 436 LTP		
			STS 444 TP		
D 3583	배관용 아크 용접 탄소강 강관	–	SPW 400	400 이상	• 사용 압력이 비교적 낮은 증기, 물, 가스, 공기 등의 배관용
D 3588	배관용 용접 대구경 스테인리스 강관	1종	STS 304 TPY	520 이상	• 내식용, 저온용, 고온용 등의 배관 • 오스테나이트계
		2종	STS 304 LTPY	480 이상	
		3종	STS 309 STPY	520 이상	
		4종	STS 310 STPY	520 이상	
		5종	STS 316 TPY	520 이상	
		6종	STS 316 LTPY	480 이상	
		7종	STS 317 TPY	520 이상	
		8종	STS 317 LTPY	480 이상	
		9종	STS 321 TPY	520 이상	
		10종	STS 347 TPY	520 이상	
		11종	STS 350 TPY	674 이상	
		12종	STS 329 J1TPY	590 이상	• 내식용, 저온용, 고온용 등의 배관 • 오스테나이트 · 페라이트계
D 3589	압출식 폴리에틸렌 피복 강관	1종	P1H	–	• 곧은 관
		2종	P1F	–	• 이형관
		3종	P2S	–	• 곧은 관
		4종	3LC	–	
D 3595	일반 배관용 스테인리스 강관	1종	STS 304 TPD	520 이상	• 통상의 급수, 급탕, 배수, 냉온수 등의 배관용
		2종	STS 316 TPD		• 수질, 환경 등에서 STS 304보다 높은 내식성이 요구되는 경우
D 3607	분말 용착식 폴리에틸렌 피복 강관	1호	PF_1	–	• 폴리에틸렌 피복 강관
		2호	PF_2	–	
		1호	PF_3	–	• 폴리에틸렌 피복관 이음쇠
		2호	PF_4	–	
D 3760	비닐하우스용 도금 강관	일반 농업용	SPVH	270 이상	• 아연도강관
			SPVH－AZ	400 이상	• 55% 알루미늄－아연합금 도금 강관
		구조용	SPVHS	275 이상	• 아연도강관
			SPVHS－AZ	400 이상	• 55% 알루미늄－아연합금 도금 강관
R 2028	자동차 배관용 금속관	2중권 강관	TDW	30 이상	• 자동차용 브레이크, 연료 및 윤활 계통에 사용하는 배관용 금속관
		1중권 강관	TSW		
		기계 구조용 탄소강관	STKM11A		
		이음매 없는 구리 및 구리 합금	C1201T	21 이상	

7 열 전달용 강관

KS 규격	명칭	분류 및 종별	기호	인장강도 N/mm²	주요 용도 및 특징
D 3563	보일러 및 열 교환기용 탄소 강관	1종	STBH 340	340 이상	• 보일러 수관, 연관, 과열기관, 공기 예열관 등
		2종	STBH 410	410 이상	
		3종	STBH 510	510 이상	
D 3571	저온 열교환기용 강관	탄소강 강관	STLT 390	390 이상	• 열 교환기관, 콘덴서관 등
		니켈 강관	STLT 460	460 이상	
			STLT 700	700 이상	
D 3572	보일러, 열 교환기용 합금강 강관	몰리브덴강 강관	STHA 12	390 이상	• 보일러 수관, 연관, 과열관, 공기 예열관, 열 교환기관, 콘덴서관, 촉매관 등
			STHA 13	420 이상	
		크롬 몰리브덴강 강관	STHA 20		
			STHA 22		
			STHA 23		
			STHA 24		
			STHA 25		
			STHA 26		
D 3577	보일러, 열 교환기용 스테인리스 강관	오스테나이트계 강관	STS 304 TB	520 이상	• 열의 교환용으로 사용되는 스테인리스 강관 • 보일러의 과열기관, 화학, 공업, 석유 공업의 열 교환기관, 콘덴서관, 촉매관 등
			STS 304 HTB		
			STS 304 LTB	481 이상	
			STS 309 TB	520 이상	
			STS 309 STB		
			STS 310 TB		
			STS 310 STB		
			STS 316 TB		
			STS 316 HTB		
			STS 316 LTB	481 이상	
			STS 317 TB	520 이상	
			STS 317 LTB	481 이상	
			STS 321 TB	520 이상	
			STS 321 HTB		
			STS 347 TB		
			STS 347 HTB		
			STS XM 15 J1 TB		
			STS 350 TB	674 이상	
		오스테나이트.페라이트계 강관	STS 329 J1 TB	588 이상	
			STS 329 J2 LTB	618 이상	
			STS 329 LD TB	620 이상	
		페라이트계 강관	STS 405 TB	412 이상	
			STS 409 TB		
			STS 410 TB		
			STS 410 TiTB		
			STS 430 TB		
			STS 444 TB		
			STS XM 8 TB		
			STS XM 27 TB		

■ 열 전달용 강관 (계속)

KS 규격	명칭	분류 및 종별		기호	인장강도 N/mm²	주요 용도 및 특징
D 3587	가열로용 강관	탄소강 강관		STF 410	410 이상	• 주로 석유정제 공업, 석유화학 공업 등의 가열로에서 프로세스 유체 가열을 위해 사용
		몰리브덴강 강관		STFA 12	380 이상	
		크롬-몰리브덴강 강관		STFA 22	410 이상	
				STFA 23		
				STFA 24		
				STFA 25		
				STFA 26		
		오스테나이트계 스테인리스 강 강관		STS 304 TF	520 이상	
				STS 304 HTF		
				STS 309 TF		
				STS 310 TF		
				STS 316 TF		
				STS 316 HTF		
				STS 321 TF		
				STS 321 HTF		
				STS 347 TF		
				STS 347 HTF		
		니켈-크롬-철 합금관		NCF 800 TF	520 이상	
					450 이상	
				NCF 800 HTF	450 이상	
D 3759	배관용 및 열 교환기용 티타늄, 팔라듐 합금관	1종	열간압출	TTP 28 Pd E	280~420	• TTP : 배관용 • TTH : 열 교환기용 • 일반 배관 및 열 교환기에 사용
			냉간인발	TTP 28 Pd D (TTH 28 Pd D)		
			용접한 대로	TTP 28 Pd W (TTH 28 Pd W)		
			냉간 인발	TTP 28 Pd WD (TTH 28 Pd WD)		
		2종	열간압출	TTP 35 Pd E	350~520	
			냉간인발	TTP 35 Pd D (TTH 35 Pd D)		
			용접한 대로	TTP 35 Pd W (TTH 35 Pd W)		
			냉간 인발	TTP 35 Pd WD (TTH 35 Pd WD)		
		3종	열간압출	TTP 49 Pd E	490~620	
			냉간 인발	TTP 49 Pd D (TTH 49 Pd D)		
			용접한 대로	TTP 49 Pd W (TTH 49 Pd W)		
			냉간 인발	TTP 49 Pd WD (TTH 49 Pd WD)		

8 특수 용도 강관 및 합금관

KS 규격	명칭	분류 및 종별	기호	인장강도 N/mm²	주요 용도 및 특징
C 8401	강제 전선관	후강 전선관	G16	–	안쪽 반지름: 관 바깥지름의 4배
			G22	–	
			G28	–	안쪽 반지름: 관 바깥지름의 5배
		박강 전선관	C19, C25	–	안쪽 반지름: 관 바깥지름의 4배
		나사없는 전선관	E19, E25	–	
D 3575	고압 가스 용기용 이음매 없는 강관	망간강 강관	STHG 11	–	
			STHG 12	–	
		크롬몰리브덴강 강관	STHG 21	–	
			STHG 22	–	
		니켈크롬몰리브덴강 강관	STHG 31	–	
D 3757	열 교환기용 이음매 없는 니켈-크롬-철 합금 관	1종	NCF 600 TB	550 이상	• 화학 공업, 석유 공업의 열 교환기 관, 콘덴서 관, 원자력용의 증기 발생기 관 등
		2종	NCF 625 TB	820 이상 690 이상	
		3종	NCF 690 TB	590 이상	
		4종	NCF 800 TB	520 이상	
		5종	NCF 800 HTB	450 이상	
		6종	NCF 825 TB	580 이상	
D 3758	배관용 이음매 없는 니켈-크롬-철 합금 관	1종	NCF 600 TP	549 이상	
		2종	NCF 625 TP	820 이상 690 이상	
		3종	NCF 690 TP	590 이상	
		4종	NCF 800 TP	451 이상 520 이상	
		5종	NCF 800 HTP	451 이상	
		6종	NCF 825 TP	520 이상 579 이상	
E 3114	시추용 이음매 없는 강관	1종	STM-C 540	540 이상	
		2종	STM-C 640	640 이상	
		3종	STM-R 590	590 이상	
		4종	STM-R 690	690 이상	
		5종	STM-R 780	780 이상	
		6종	STM-R 830	830 이상	

9 선재. 선재 2차 제품

KS 규격	명칭	분류 및 종별	기호	인장강도 N/mm²	주요 용도 및 특징
D 3509	피아노 선재	1종	SWRS 62A	–	• 피아노 선, 오일템퍼선, PC강선, PC강연선, 와이어 로프 등
		2종	SWRS 62B	–	
		3종	SWRS 67A	–	
		4종	SWRS 67B	–	
		5종	SWRS 72A	–	
		6종	SWRS 72B	–	
		7종	SWRS 75A	–	
		8종	SWRS 75B	–	
		9종	SWRS 77A	–	
		10종	SWRS 77B	–	
		11종	SWRS 80A	–	
		12종	SWRS 80B	–	
		13종	SWRS 82A	–	
		14종	SWRS 82B	–	
		15종	SWRS 87A	–	
		16종	SWRS 87B	–	
		17종	SWRS 92A	–	
		18종	SWRS 92B	–	
D 3510	경강선	경강선 A종	SW-A	–	• 적용 선 지름 : 0.08mm 이상 10.0mm 이하
		경강선 B종	SW-B	–	• 주로 정하중을 받는 스프링용
		경강선 C종	SW-C	–	• 적용 선 지름 : 0.08mm 이상 13.0mm 이하
D 3550	피복 아크 용접봉 심선	피복 아크 용접봉 심선 1종	SWW 11	–	• 주로 연강의 아크 용접에 사용
		피복 아크 용접봉 심선 2종	SWW 21	–	
D 3552	철선	보통 철선 / 원형	SWM-B	–	• 일반용, 철망용
		원형	SWM-F	–	• 후 도금용, 용접용
		못용 철선 / 원형	SWM-N	–	• 못용
		어닐링 철선 / 원형	SWM-A	–	• 일반용, 철망용
		용접 철망용 철선 / 원형	SWM-P	–	• 용접 철망용, 콘크리트 보강용
		용접 철망용 철선 / 이형	SWM-R	–	
		용접 철망용 철선 / 이형	SWM-I	–	
D 3553	일반용 철못	호칭 방법	N 19	–	머리부 지름 D (참고값): 3.6
			N 22	–	3.6
			N 25	–	4.0
			N 32	–	4.5
			N 38	–	5.1
			N 45	–	5.8
			N 50	–	6.6
			N 60	–	6.7
			N 65	–	7.3
			N 75	–	7.9
			N 80	–	7.9
			N 90	–	8.8
			N 100	–	9.8
			N 115	–	9.8
			N 125	–	10.3
			N 140	–	11.4
			N 150	–	11.5
			N 45S	–	7.3

■ 선재. 선재 2차 제품 (계속)

KS 규격	명칭	분류 및 종별	기호	인장강도 N/mm²	주요 용도 및 특징
D 3554	연강 선재	1종	SWRM 6	–	• 철선, 아연 도금 철선 등
		2종	SWRM 8	–	
		3종	SWRM 10	–	
		4종	SWRM 12	–	
		5종	SWRM 15	–	
		6종	SWRM 17	–	
		7종	SWRM 20	–	
		8종	SWRM 22	–	
D 3556	피아노 선	1종	PW–1	–	• 주로 동하중을 받는 스프링용
		2종	PW–2	–	
		3종	PW–3	–	• 밸브 스프링 또는 이에 준하는 스프링용
D 3559	경강 선재	1종	HSWR 27	–	• 경강선, 오일 템퍼선, PC 경강선, 아연도 강연선, 와이어 로프 등
		2종	HSWR 32	–	
		3종	HSWR 37	–	
		4종	HSWR 42A	–	
		5종	HSWR 42B	–	
		6종	HSWR 47A	–	
		7종	HSWR 47B	–	
		8종	HSWR 52A	–	
		9종	HSWR 52B	–	
		10종	HSWR 57A	–	
		11종	HSWR 57B	–	
		12종	HSWR 62A	–	
		13종	HSWR 62B	–	
		14종	HSWR 67A	–	
		15종	HSWR 67B	–	
		16종	HSWR 72A	–	
		17종	HSWR 72B	–	
		18종	HSWR 77A	–	
		19종	HSWR 77B	–	
		20종	HSWR 82A	–	
		21종	HSWR 82B	–	
D 3579	스프링용 오일 템퍼선	1종	SWO–A	–	• 스프링용 탄소강 오일 템퍼선 A종
		2종	SWO–B	–	• 스프링용 탄소강 오일 템퍼선 B종
		3종	SWOSC–B	–	• 스프링용 실리콘 크롬강 오일 템퍼선
		4종	SWOSM–A	–	• 스프링용 실리콘 망간강 오일 템퍼선 A종
		5종	SWOSM–B	–	• 스프링용 실리콘 망간강 오일 템퍼선 B종
		6종	SWOSM–C	–	• 스프링용 실리콘 망간강 오일 템퍼선 C종
D 3580	밸브 스프링용 오일 템퍼선	1종	SWO–V	–	• 밸브 스프링용 탄소강 오일 템퍼선
		2종	SWOCV–V	–	• 밸브 스프링용 크롬바나듐강 오일 템퍼선
		3종	SWOSC–V	–	• 밸브 스프링용 실리콘크롬강 오일 템퍼선

■ 선재. 선재 2차 제품 (계속)

KS 규격	명칭	분류 및 종별	기호	인장강도 N/mm²	주요 용도 및 특징	
D 3592	냉간 압조용 탄소강 : 선재	림드강	SWRCH6R	–	• 냉간 압조용 탄소 강선	
			SWRCH8R	–		
			SWRCH10R	–		
			SWRCH12R	–		
			SWRCH15R	–		
			SWRCH17R	–		
		알루미늄킬드강	SWRCH6A	–		
			SWRCH8A	–		
			SWRCH10A	–		
			SWRCH12A	–		
			SWRCH15A	–		
			SWRCH16A	–		
			SWRCH18A	–		
			SWRCH19A	–		
			SWRCH20A	–		
			SWRCH22A	–		
			SWRCH25A	–		
		킬드강	SWRCH10K	–		
			SWRCH12K	–		
			SWRCH15K	–		
			SWRCH16K	–		
			SWRCH17K	–		
			SWRCH18K	–		
			SWRCH20K	–		
			SWRCH22K	–		
			SWRCH24K	–		
			SWRCH25K	–		
			SWRCH27K	–		
			SWRCH30K	–		
			SWRCH33K	–		
			SWRCH35K	–		
			SWRCH38K	–		
			SWRCH40K	–		
			SWRCH41K	–		
			SWRCH43K	–		
			SWRCH45K	–		
			SWRCH48K	–		
			SWRCH50K	–		
D 3596	착색 도장 아연 도금 철선(S)	2종	SWMCGS－2	250~590	적용 선지름	1.80 이상 6.00 이하
		3종	SWMCGS－3			
		4종	SWMCGS－4			
		5종	SWMCGS－5			
		6종	SWMCGS－6	290~590		2.60 이상 6.00 이하
		7종	SWMCGS－7			
	착색 도장 아연 도금 철선(H)	2종	SWMCGH－2	선경별 규격 참조		1.80 이상 6.00 이하
		3종	SWMCGH－3			
		4종	SWMCGH－4			

■ 선재. 선재 2차 제품 (계속)

KS 규격	명칭	분류 및 종별	기호	인장강도 N/mm^2	주요 용도 및 특징
D 3624	냉간 압조용 붕소강	1종	SWRCHB 223	–	• 주로 냉간 압조용 붕소강선의 제조에 사용되는 붕소강 선재
		2종	SWRCHB 237	–	
		3종	SWRCHB 320	–	
		4종	SWRCHB 323	–	
		5종	SWRCHB 331	–	
		6종	SWRCHB 334	–	
		7종	SWRCHB 420	–	
		8종	SWRCHB 526	–	
		9종	SWRCHB 620	–	
		10종	SWRCHB 623	–	
		11종	SWRCHB 726	–	
		12종	SWRCHB 734	–	
D 7001	가시 철선	1종	BWGS－1	290~590	적용 선지름: 1.60 이상 2.90 이하
		2종	BWGS－2	290~590	
		3종	BWGS－3	290~590	
		4종	BWGS－4	290~590	
		5종	BWGS－5	290~590	
		6종	BWGS－6	290~590	적용 선지름: 2.60 이상 2.90 이하
		7종	BWGS－7	290~590	
D 7002	PC 강선	원형선 A종	SWPC1AN SWPC1AL	–	• PC 강선 : KS D 3509 및 그와 동등 이상의 선재로부터 패턴팅한 후 냉간 가공하고 마지막 공정에서 잔류 변형을 제거하기 위하여 블루잉한 선
		원형선 B종	SWPC1BN SWPC1BL	–	
		이형선	SWPD1N SWPD1L	–	
	PC 강연선	2연선	SWPC2N SWPC2L	–	• PC 강연선 : KS D 3509 및 그와 동등 이상의 선재로부터 패턴팅한 후 냉간 가공한 강선을 꼬아 합친 후 마지막 공정에서 잔류 변형을 제거하기 위하여 블루잉한 강연선
		이형 3연선	SWPD3N SWPD3L	–	
		7연선 A종	SWPC7AN SWPC7AL	–	
		7연선 B종	SWPC7BN SWPC7BL	–	
		7연선 C종	SWPC7CL	–	
		7연선 D종	SWPC7DL	–	
		19연선	SWPC19N SWPC19L		
D 7009	PC 경강선	1종	SWCR	–	• 원형선
		2종	SWCD	–	• 이형선
D 7011	아연 도금 철선 (S)	1종	SWMGS－1	–	• 0.10mm 이상 8.00mm 이하
		2종	SWMGS－2	–	
		3종	SWMGS－3	–	• 0.90mm 이상 8.00mm 이하
		4종	SWMGS－4	–	
		5종	SWMGS－5	–	• 1.60mm 이상 8.00mm 이하
		6종	SWMGS－6	–	• 2.60mm 이상 6.00mm 이하
		7종	SWMGS－7	–	
	아연 도금 철선 (H)	1종	SWMGH－1	–	• 0.10mm 이상 6.00mm 이하
		2종	SWMGH－2	–	
		3종	SWMGH－3	–	• 0.90mm 이상 8.00mm 이하
		4종	SWMGH－4	–	

■ 선재. 선재 2차 제품 (계속)

KS 규격	명칭	분류 및 종별	기호	인장강도 N/mm²	주요 용도 및 특징
D 7015	크림프 철망	1종	CR－GS2	－	• 아연 도금 철선재 크림프 철망 및 스테인리스 크림프 철망 [보기] • CR－S304W1 • CR－S316W2
		2종	CR－GS3	－	
		3종	CR－GS4	－	
		4종	CR－GS6	－	
		5종	CR－GS7	－	
		6종	CR－GH2	－	
		7종	CR－GH3	－	
		8종	CR－GH4	－	
		9종	CR－S(종류의 기호)W1	－	
		10종	CR－S(종류의 기호)W2	－	
D 7016	직조 철망	평직 철망	PW－A	－	• KS D 3552에 규정하는 어닐링 철선을 사용한 것
			PW－G	－	• KS D 3552에 규정하는 아연도금 철선 1종을 사용한 것
			PW－S	－	• KS D 3703에 규정하는 스테인리스 강선을 사용한 것
		능직 철망	TW－A	－	• KS D 3552에 규정하는 어닐링 철선을 사용한 것
			TW－G	－	• KS D 3552에 규정하는 아연도금 철선 1종을 사용한 것
			TW－S	－	• KS D 3703에 규정하는 스테인리스 강선을 사용한 것
		첩직 철망	DW－A	－	• KS D 3552에 규정하는 어닐링 철선을 사용한 것
			DW－S	－	• KS D 3703에 규정하는 스테인리스 강선을 사용한 것
D 7063	아연 도금 강선 (F)	1종	SWGF－1	－	[적용 선지름] • 0.80mm 이상 6.00mm 이하
		2종	SWGF－2	－	
		3종	SWGF－3	－	
		4종	SWGF－4	－	
		5종	SWGF－5	－	
		6종	SWGF－6	－	
	아연 도금 강선 (D)	1종	SWGD－1	－	[적용 선지름] • 0.29mm 이상 6.00mm 이하
		2종	SWGD－2	－	
		3종	SWGD－3	－	

4-5 비철금속재료

1 신동품

KS 규격	명칭	분류 및 종별	기호	인장강도 N/mm²	주요 용도 및 특징
D 5101	구리 및 구리합금 봉	무산소동 C1020	C 1020 BE	–	• 전기 및 열 전도성 우수 • 용접성, 내식성, 내후성 양호
			C 1020 BD	–	
			C 1020 BF	–	
		타프피치동 C1100	C 1100 BE	–	• 전기 및 열 전도성 우수 • 전연성, 내식성, 내후성 양호
			C 1100 BD	–	
			C 1100 BF	–	
		인탈산동 C1201	C 1201 BE	–	• 전연성, 용접성, 내식성, 내후성 및 열 전도성 양호
			C 1201 BD	–	
		인탈산동 C1220	C 1220 BE	–	
			C 1220 BD	–	
		황동 C2620	C 2600 BE	–	• 냉간 단조성, 전조성 양호 • 기계 및 전기 부품
			C 2600 BD	–	
		황동 C2700	C 2700 BE	–	
			C 2700 BD	–	
		황동 C2745	C 2745 BE	–	• 열간 가공성 양호 • 기계 및 전기 부품
			C 2745 BD	–	
		황동 C2800	C 2800 BE	–	
			C 2800 BD	–	
		내식 황동 C3533	C 3533 BE	–	• 수도꼭지, 밸브 등
			C 3533 BD	–	
		쾌삭 황동 C3601	C 3601 BD	–	• 절삭성 우수, 전연성 양호 • 볼트, 너트, 작은 나사, 스핀들, 기어, 밸브, 라이터, 시계, 카메라 부품 등
		쾌삭 황동 C3602	C 3602 BE	–	
			C 3602 BD	–	
			C 3602 BF	–	
		쾌삭황동 C3604	C 3604 BE	–	
			C 3604 BD	–	
			C 3604 BF	–	
		쾌삭 황동 C3605	C 3605 BE	–	
			C 3605 BD	–	
		단조 황동 C3712	C 3712 BE	–	• 열간 단조성 양호, 정밀 단조 적합 • 기계 부품 등
			C 3712 BD	–	
			C 3712 BF	–	
		단조 황동 C3771	C 3771 BE	–	• 열간 단조성 및 피절삭성 양호 • 밸브 및 기계 부품 등
			C 3771 BD	–	
			C 3771 BF	–	
		네이벌 황동 C4622	C 4622 BE	–	• 내식성 및 내해수성 양호 • 선박용 부품, 샤프트 등
			C 4622 BD	–	
			C 4622 BF	–	
		네이벌 황동 C4641	C 4641 BE	–	
			C 4641 BD	–	
			C 4641 BF	–	
		내식 황동 C4860	C 4860 BE	–	• 수도꼭지, 밸브, 선박용 부품 등
			C 4860 BD	–	

■ 신동품 (계속)

KS 규격	명칭	분류 및 종별		기호	인장강도 N/mm²	주요 용도 및 특징
D 5101	구리 및 구리합금 봉	무연 황동 C4926		C 4926 BE	–	• 내식성 우수, 환경 소재(납 없음) • 전기전자, 자동차 부품 및 정밀 가공용
				C 4926 BD	–	
		무연 내식 황동 C4934		C 4934 BE	–	• 내식성 우수, 환경 소재(납 없음) • 수도꼭지, 밸브 등
				C 4934 BD	–	
		알루미늄 청동 C6161		C 6161 BE	–	• 강도 높고, 내마모성, 내식성 양호 • 차량 기계용, 화학 공업용, 선박용 피니언 기어, 샤프트, 부시 등
				C 6161 BD	–	
		알루미늄 청동 C6191		C 6191 BE	–	
				C 6191 BD	–	
		알루미늄 청동 C6241		C 6241 BE	–	
				C 6241 BD	–	
		고강도 황동 C6782		C 6782 BE	–	• 강도 높고 열간 단조성, 내식성 양호 • 선박용 프로펠러 축, 펌프 축 등
				C 6782 BD	–	
				C 6782 BF	–	
		고강도 황동 C6783		C 6783 BE	–	
				C 6783 BD	–	
D 5102	베릴륨 동, 인청동 및 양백의 봉 및 선	베릴륨 동	봉	C 1720 B	–	• 항공기 엔진 부품, 프로펠러, 볼트, 캠, 기어, 베어링, 점용접용 전극 등
			선	C 1720 W	–	• 코일 스프링, 스파이럴 스프링, 브러쉬 등
		인청동	봉	C 5111 B	–	• 내피로성, 내식성, 내마모성 양호 • 봉 : 기어, 캠, 이음쇠, 축, 베어링, 작은 나사, 볼트, 너트, 섭동 부품, 커넥터, 트롤리선용 행어 등 • 선 : 코일 스프링, 스파이럴 스프링, 스냅 버튼, 전기 바인드용 선, 철망, 헤더재, 와셔 등
			선	C 5111 W	–	
			봉	C 5102 B	–	
			선	C 5102 W	–	
			봉	C 5191 B	–	
			선	C 5191 W	–	
			봉	C 5212 B	–	
			선	C 5212 W	–	
		쾌삭 인청동	봉	C 5341 B	–	• 절삭성 양호 • 작은 나사, 부싱, 베어링, 볼트, 너트, 볼펜 부품 등
			선	C 5441 B	–	
		양백	선	C 7451 W	–	• 광택 미려, 내피로성, 내식성 양호 • 봉 : 작은 나사, 볼트, 너트, 전기기기 부품, 악기, 의료기기, 시계부품 등 • 선 : 특수 스프링 재료 적합
			봉	C 7521 B	–	
			선	C 7521 W	–	
			봉	C 7541 B	–	
			선	C 7541 W	–	
			봉	C 7701 B	–	
			선	C 7701 W	–	
		쾌삭 양백	봉	C 7941 B	–	• 절삭성 양호 • 작은 나사, 베어링, 볼펜 부품, 안경 부품 등

■ 신동품 (계속)

KS 규격	명칭	분류 및 종별		기호	인장강도 N/mm^2	주요 용도 및 특징
D 5103	구리 및 구리합금 선	무산소동	선	C 1020 W	세부 규격 참조	• 전기. 열전도성. 전연성 우수 • 용접성. 내식성. 내환경성 양호
		타프피치동		C 1100 W		• 전기. 열전도성 우수 • 전연성. 내식성. 내환경성 양호 (전기용, 화학공업용, 작은 나사, 못, 철망 등)
		인탈산동		C 1201 W		• 전연성. 용접성. 내식성. 내환경성 양호
				C 1220 W		
		단동		C 2100 W		• 색과 광택이 아름답고, 전연성. 내식성 양호(장식품, 장신구, 패스너, 철망 등)
				C 2200 W		
				C 2300 W		
				C 2400 W		
		황동		C 2600 W		• 전연성. 냉간 단조성. 전조성 양호 • 리벳, 작은 나사, 핀, 코바늘, 스프링, 철망 등
				C 2700 W		
				C 2720 W		
				C 2800 W		• 용접봉, 리벳 등
		니플용 황동		C 3501 W		• 피삭성, 냉간 단조성 양호 • 자동차의 니플 등
		쾌삭황동		C 3601 W		• 피삭성 우수 • 볼트, 너트, 작은 나사, 전자 부품, 카메라 부품 등
				C 3602 W		
				C 3603 W		
				C 3604 W		
D 5401	전자 부품용 무산소 동의 판, 띠, 이음매 없는 관, 봉 및 선	판	–	C 1011 P	세부 규격 참조	• 전신가공한 전자 부품용 무산소 동의 판, 띠, 이음매 없는 관, 봉, 선
		띠	–	C 1011 R		
		관	보통급	C 1011 T		
			특수급	C 1011 TS		
		봉	압출	C 1011 BE		
			인발	C 1011 BD		
		선	–	C 1011 W		
D 5506	인청동 및 양백의 판 및 띠	판	인청동	C 5111 P	세부 규격 참조	• 전연성. 내피로성. 내식성 양호 • 전자, 전기 기기용 스프링, 스위치, 리드 프레임, 커넥터, 다이어프램, 베로, 퓨즈 클립, 섭동편, 볼베어링, 부시, 타악기 등
		띠		C 5111 R		
		판		C 5102 P		
		띠		C 5102 R		
		판		C 5191 P		
		띠		C 5191 R		
		판		C 5212 P		
		띠		C 5212 R		• 광택이 아름답고, 전연성. 내피로성. 내식성 양호 • 수정 발진자 케이스, 트랜지스터캡, 볼륨용 섭동편, 시계 문자판, 장식품, 양식기, 의료기기, 건축용, 관악기 등
		판	양백	C 7351 P		
		띠		C 7351 R		
		판		C 7451 P		
		띠		C 7451 R		
		판		C 7521 P		
		띠		C 7521 R		
		판		C 7541 P		
		띠		C 7541 R		

■ 신동품 (계속)

KS 규격	명칭	분류 및 종별		기호	인장강도 N/mm²	주요 용도 및 특징
D 5530	구리 버스 바	C 1020		C 1020 BB	Cu 99.96% 이상	• 전기 전도성 우수 • 각종 도체, 스위치, 바 등
		C 1100		C 1100 BB	Cu 99.90% 이상	
D 5545	구리 및 구리 합금 용접관	용접관	보통급	C 1220 TW	인탈산동	• 압광성, 굽힘성, 수축성, 용접성, 내식성, 열전도성 양호 • 열교환기용, 화학 공업용, 급수.급탕용, 가스관용 등
			특수급	C 1220 TWS		
			보통급	C 2600 TW	황동	• 압광성, 굽힘성, 수축성, 도금성 양호 • 열교환기, 커튼레일, 위생관, 모든 기기 부품용, 안테나용 등
			특수급	C 2600 TWS		
			보통급	C 2680 TW		
			특수급	C 2680 TWS		
			보통급	C 4430 TW	어드미럴티 황동	• 내식성 양호 • 가스관용, 열교환기용 등
			특수급	C 4430 TWS		
			보통급	C 4450 TW	인 첨가 어드미럴티 황동	• 내식성 양호 • 가스관용 등
			특수급	C 4450 TWS		
			보통급	C 7060 TW	백동	• 내식성, 특히 내해수성 양호 • 비교적 고온 사용 적합 • 악기용, 건재용, 장식용, 열교환기용 등
			특수급	C 7060 TWS		
			보통급	C 7150 TW		
			특수급	C 7150 TWS		

2 알루미늄 및 알루미늄합금의 전신재

KS 규격	명칭	분류 및 종별		기호	인장강도 N/mm²	주요 용도 및 특징
D 6705	알루미늄 및 알루미늄합금 박	1085	O	A1085H－O	95 이하	• 전기 통신용, 전해 커패시터용, 냉난방용
			H18	A1085H－H18	120 이상	
		1070	O	A1070H－O	95 이하	
			H18	A1070H－H18	120 이상	
		1050	O	A1050H－O	100 이하	
			H18	A1050H－H18	125 이상	
		1N30	O	A130H－O	100 이하	• 장식용, 전기 통신용, 건재용, 포장용, 냉난방용
			H18	A130H－H18	135 이상	
		1100	O	A1100H－O	110 이하	
			H18	A1100H－H18	155 이상	
		3003	O	A3003H－O	130 이하	• 용기용, 냉난방용
			H18	A3003H－H18	185 이상	
		3004	O	A3004H－O	200 이하	
			H18	A3004H－H18	265 이상	
		8021	O	A8021H－O	120 이하	• 장식용, 전기 통신용, 건재용, 포장용, 냉난방용
			H18	A8021H－H18	150 이상	
		8079	O	A8079H－O	110 이하	
			H18	A8079H－H18	150 이상	
D 6706	고순도 알루미늄 박	1N99	O	A1N99H－O	－	• 전해 커패시터용 리드선용
			H18	A1N99H－H18	－	
		1N90	O	A1N90H－O	－	
			H18	A1N90H－H18	－	
D 7028	알루미늄 및 알루미늄합금 용접봉과 와이어	BY : 봉 WY : 와이어		A1070－BY	54	• 알루미늄 및 알루미늄 합금의 수동 티그 용접 또는 산소 아세틸렌 가스에 사용하는 용접봉 • 인장강도는 용접 이음의 인장강도임
				A1070－WY		
				A1100－BY	74	
				A1100－WY		
				A1200－BY		
				A1200－WY		
				A2319－BY	245	
				A2319－WY		
				A4043－BY	167	
				A4043－WY		
				A4047－BY		
				A4047－WY		
				A5554－BY	216	
				A5554－WY		
				A5564－BY	206	
				A5564－WY		
				A5356－BY	265	
				A5356－WY		
				A5556－BY	275	
				A5556－WY		
				A5183－BY		
				A5183－WY		

3 마그네슘합금 전신재

KS 규격	명칭	분류 및 종별	기호	인장강도 N/mm^2	주요 용도 및 특징
D 5573	이음매 없는 마그네슘 합금 관	1종B	MT1B	세부 규격 참조	ISO – MgA13Zn1(A)
		1종C	MT1C		ISO – MgA13Zn1(B)
		2종	MT2		ISO – MgA16Zn1
		5종	MT5		ISO – MgZn3Zr
		6종	MT6		ISO – MgZn6Zr
		8종	MT8		ISO – MgMn2
		9종	MT9		ISO – MgZnMn1
D 6710	마그네슘 합금 판, 대 및 코일판	1종B	MP1B	세부 규격 참조	ISO – MgA13Zn1(A)
		1종C	MP1C		ISO – MgA13Zn1(B)
		7종	MP7		–
		9종	MP9		ISO – MgMn2Mn1
D 6723	마그네슘 합금 압출 형재	1종B	MS1B	세부 규격 참조	ISO – MgA13Zn1(A)
		1종C	MS1C		ISO – MgA13Zn1(B)
		2종	MS2		ISO – MgA16Zn1
		3종	MS3		ISO – MgA18Zn
		5종	MS5		ISO – MgZn3Zr
		6종	MS6		ISO – MgZn6Zr
		8종	MS8		ISO – MgMn2
		9종	MS9		ISO – MgMn2Mn1
		10종	MS10		ISO – MgMn7Cul
		11종	MS11		ISO – MgY5RE4Zr
		12종	MS12		ISO – MgY4RE3Zr
D 6724	마그네슘 합금 봉	1B종	MB1B	세부 규격 참조	ISO – MgA13Zn1(A)
		1C종	MB1C		ISO – MgA13Zn1(B)
		2종	MB2		ISO – MgA16Zn1
		3종	MB3		ISO – MgA18Zn
		5종	MB5		ISO – MgZn3Zr
		6종	MB6		ISO – MgZn6Zr
		8종	MB8		ISO – MgMn2
		9종	MB9		ISO – MgZn2Mn1
		10종	MB10		ISO – MgZn7Cul
		11종	MB11		ISO – MgY5RE4Zr
		12종	MB12		ISO – MgY4RE3Zr

4 납 및 납합금 전신재

KS 규격	명칭	분류 및 종별	기호	인장강도 N/mm^2	주요 용도 및 특징
D 5512	납 및 납합금 판	납판	PbP－1	–	• 두께 1.0mm 이상 6.0mm 이하의 순납판으로 가공성이 풍부하고 내식성이 우수하며 건축, 화학, 원자력 공업용 등 광범위의 사용에 적합하고, 인장강도 10.5N/mm^2, 연신율 60% 정도이다.
		얇은 납판	PbP－2	–	• 두께 0.3mm 이상 1.0mm 미만의 순납판으로 유연성이 우수하고 주로 건축용(지붕, 벽)에 적합하며, 인장강도 10.5N/mm^2, 연신율 60% 정도이다.
		텔루르 납판	PPbP	–	• 텔루르를 미량 첨가한 입자분산강화 합금 납판으로 내크리프성이 우수하고 고온(100~150℃)에서의 사용이 가능하고, 화학공업용에 적합하며, 인장강도 20.5N/mm^2, 연신율 50% 정도이다.
		경납판 4종	HPbP4	–	• 안티몬을 4% 첨가한 합금 납판으로 상온에서 120℃의 사용영역에서는 납합금으로서 고강도·고경도를 나타내며, 화학공업용 장치류 및 일반용의 경도를 필요로 하는 분야에 대한 적용이 가능하며, 인장강도 25.5N/mm^2, 연신율 50% 정도이다.
		경납판 6종	HPbP6	–	• 안티몬을 6% 첨가한 합금 납판으로 상온에서 120℃의 사용영역에서는 납합금으로서 고강도·고경도를 나타내며, 화학공업용 장치류 및 일반용의 경도를 필요로 하는 분야에 대한 적용이 가능하며, 인장강도 28.5N/mm^2, 연신율 50% 정도이다.
D 6702	일반 공업 납 및 납합금 관	공업용 납관 1종	PbT－1	–	• 납이 99.9% 이상인 납관으로 살두께가 두껍고, 화학 공업용에 적합하고 인장 강도 10.5N/mm^2, 연신율 60% 정도이다.
		공업용 납관 2종	PbT－2	–	• 납이 99.60% 이상인 납관으로 내식성이 좋고, 가공성이 우수하고 살두께가 얇고 일반 배수용에 적합하며 인장 강도 11.7N/mm^2, 연신율 55% 정도이다.
		텔루르 납관	TPbT	–	• 텔루르를 미량 첨가한 입자 분산 강화 합금 납관으로 살두께는 공업용 납관 1종과 같은 납관. 내크리프성이 우수하고 고온(100~150℃)에서의 사용이 가능하고, 화학공업용에 적합하며, 인장강도 20.5N/mm^2, 연신율 50% 정도이다.
		경연관 4종	HPbT4	–	• 안티몬을 4% 첨가한 합금 납관으로 상온에서 120℃의 사용영역에서는 납합금으로서 고강도·고경도를 나타내며, 화학공업용 장치류 및 일반용의 경도를 필요로 하는 분야로의 적용이 가능하고, 인장강도 25.5N/mm^2, 연신율 50% 정도이다.
		경연관 6종	HPbT6	–	• 안티몬을 6% 첨가한 합금 납관으로 상온에서 120℃의 사용영역에서는 납합금으로서 고강도·고경도를 나타내며, 화학공업용 장치류 및 일반용의 경도를 필요로 하는 분야로의 적용이 가능하고, 인장강도 28.5N/mm^2, 연신율 50% 정도이다.

5 니켈 및 니켈합금의 전신재

KS 규격	명칭	분류 및 종별	기호	인장강도 N/mm²	주요 용도 및 특징
D 5539	이음매 없는 니켈 동합금 관	NW4400	NiCu30	세부 규격 참조	• 내식성, 내산성 양호 • 강도 높고 고온 사용 적합 • 급수 가열기, 화학 공업용 등
		NW4402	NiCu30.LC		
D 5546	니켈 및 니켈합금 판 및 조	탄소 니켈 관	NNCP	세부 규격 참조	• 수산화나트륨 제조 장치, 전기 전자 부품 등
		저탄소 니켈 관	NLCP		
		니켈-동합금 판	NCuP		• 해수 담수화 장치, 제염 장치, 원유 증류탑 등
		니켈-동합금 조	NCuR		
		니켈-동-알루미늄-티탄합금 판	NCuATP		• 해수 담수화 장치, 제염 장치, 원유 증류탑 등에서 고강도를 필요로 하는 기기재 등
		니켈-몰리브덴합금 1종 관	NM1P		• 염산 제조 장치, 요소 제조 장치, 에틸렌글리콜 이나 크로로프렌 단량체 제조 장치 등
		니켈-몰리브덴합금 2종 관	NM2P		
		니켈-몰리브덴-크롬합금 판	NMCrP		• 산 세척 장치, 공해 방지 장치, 석유화학 산업 장치, 합성 섬유 산업 장치 등
		니켈-크롬-철-몰리브덴-동합금 1종 판	NCrFMCu1P		• 인산 제조 장치, 플루오르산 제조 장치, 공해 방지 장치 등
		니켈-크롬-철-몰리브덴-동합금 2종 판	NCrFMCu2P		
		니켈-크롬-몰리브덴-철합금 판	NCrMFP		• 공업용로, 가스터빈 등
D 5603	듀멧선	선1종 1	DW1-1	640 이상	• 전자관, 전구, 방전 램프 등의 관구류
		선1종 2	DW1-2		
		선2종	DW2		• 다이오드, 서미스터 등의 반도체 장비류
D 6023	니켈 및 니켈합금 주물	니켈 주물	NC	345 이상	• 수산화나트륨, 탄산나트륨 및 염화암모늄을 취급하는 제조장치의 밸브·펌프 등
		니켈-구리합금 주물	NCuC	450 이상	• 해수 및 염수, 중성염, 알칼리염 및 플루오르산을 취급하는 화학 제조 장치의 밸브·펌프 등
		니켈-몰리브덴합금 주물	NMC	525 이상	• 염소, 황산 인산, 아세트산 및 염화수소가스를 취급하는 제조 장치의 밸브·펌프 등
		니켈-몰리브덴-크롬합금 주물	NMCrC	495 이상	• 산화성산, 플루오르산, 포름산 무수아세트산, 해수 및 염수를 취급하는 제조 장치의 밸브 등
		니켈-크롬-철합금 주물	NCrFC	485 이상	• 질산, 지방산, 암모늄수 및 염화성 약품을 취급하는 화학 및 식품 제조 장치의 밸브 등
D 6719	이음매 없는 니켈 및 니켈합금 관	상탄소 니켈관	NNCT	세부 규격 참조	• 수산화나트륨 제조 장치, 식품, 약품 제조 장치, 전기, 전자 부품 등
		저탄소 니켈관	NLCT		
		니켈-동합금 관	NCuT		• 급수 가열기, 해수 담수화 장치, 제염 장치, 원유 증류탑 등
		니켈-몰리브덴-크롬합금 관	NMCrT		• 산세척 장치, 공해방지 장치, 석유화학, 합성 섬유산업 장치 등
		니켈-크롬-몰리브덴-철합금 관	NCrMFT		• 공업용 노, 가스 터빈 등

6 타이타늄 및 타이타늄합금 전신재

KS 규격	명칭	분류 및 종별		기호	인장강도 N/mm²	주요 용도 및 특징
D 3851	티탄 팔라듐합금 선	11종		TW 270 Pd	270~410	• 내식성, 특히 틈새 내식성 양호 • 화학장치, 석유정제 장치, 펄프제지 공업장치 등
		12종		TW 340 Pd	340~510	
		13종		TW 480 Pd	480~620	
D 6026	티타늄 및 티타늄합금 주물	2종		TC340	340 이상	• 내식성, 특히 내해수성 양호 • 화학 장치, 석유 정제 장치, 펄프 제지 공업 장치 등
		3종		TC480	480 이상	
		12종		TC340Pd	340 이상	• 내식성, 특히 내틈새 부식성 양호 • 화학 장치, 석유 정제 장치, 펄프 제지 공업 장치 등
		13종		TC480Pd	480 이상	
		60종		TAC6400	895 이상	• 고강도로 내식성 양호 • 화학 공업, 기계 공업, 수송 기기 등의 구조재, 예를 들면 고압 반응조 장치, 고압 수송 장치, 레저용품 등
D 6726	배관용 티탄 팔라듐합금 관	1종	이음매 없는 관	TTP 28 Pd E	275~412	• 내식성, 특히 틈새 내식성 양호 • 화학장치, 석유정제장치, 펄프제지 공업 장치 등
				TTP 28 Pd D		
			용접관	TTP 28 Pd W		
				TTP 28 Pd WD		
		2종	이음매 없는 관	TTP 35 Pd E	343~510	
				TTP 35 Pd D		
			용접관	TTP 35 Pd W		
				TTP 35 Pd WD		
		3종	이음매 없는 관	TTP 49 Pd E	481~618	
				TTP 49 Pd D		
			용접관	TTP 49 Pd W		
				TTP 49 Pd WD		
D 7203	냉간 압조용 붕소강-선	1종		SWCHB 223	610 이하	• 볼트, 너트, 리벳, 작은 나사, 태핑 나사 등의 나사류 및 각종 부품(인장도는 DA 공정에 의한 선의 기계적 성질) • D 공정은 선재를 냉간가공에 의하여 다듬질하는 것을 말한다. • DA 공정은 선재를 냉간가공 후 구상화 어닐링을 하여, 다시 냉간가공에 의하여 다듬질하든가 또는 선재를 구상화 어닐링한 후 냉간가공에 의하여 다듬질하는 것을 말한다.
		2종		SWCHB 237	670 이하	
		3종		SWCHB 320	600 이하	
		4종		SWCHB 323	610 이하	
		5종		SWCHB 331	630 이하	
		6종		SWCHB 334	650 이하	
		7종		SWCHB 420	600 이하	
		8종		SWCHB 526	650 이하	
		9종		SWCHB 620	630 이하	
		10종		SWCHB 623	640 이하	
		11종		SWCHB 726	650 이하	
		12종		SWCHB 734	680 이하	

7 기타 전신재

KS 규격	명칭	분류 및 종별	기호	인장강도 N/mm^2	주요 용도 및 특징
D 3579	스프링용 오일 템퍼선	스프링용 탄소강 오일 템퍼선 A종	SWO－A	세부 규격 참조	• 주로 정하중을 받는 스프링용
		스프링용 탄소강 오일 템퍼선 B종	SWO－B		• 주로 동하중을 받는 스프링용
		스프링용 실리콘 크롬강 오일 템퍼선	SWOSC－B		
		스프링용 실리콘 망간강 오일 템퍼선 A종	SWOSM－A		
		스프링용 실리콘 망간강 오일 템퍼선 B종	SWOSM－B		
		스프링용 실리콘 망간강 오일 템퍼선 C종	SWOSM－C		
D 3580	밸브 스프링용 오일 템퍼선	밸브 스프링용 탄소강 오일 템퍼선	SWO－V	세부 규격 참조	• 내연 기관의 밸브 스프링 또는 이에 준하는 스프링
		밸브 스프링용 크롬바나듐강 오일 템퍼선	SWOCV－V		
		밸브 스프링용 실리콘크롬강 오일 템퍼선	SWOSC－V		
D 3585	스테인리스 강 위생관	1종	STS304TBS	520 이상	• 낙농, 식품 공업 등에 사용
		2종	STS304LTBS	480 이상	
		3종	STS316TBS	520 이상	
		4종	STS316LTBS	480 이상	
D 3591	스프링용 실리콘 망간강 오일 템퍼선	스프링용 실리콘 망간강 오일 템퍼선 A종	SWOSM－A	세부 규격 참조	• 일반 스프링용
		스프링용 실리콘 망간강 오일 템퍼선 B종	SWOSM－B		• 일반 스프링용 및 자동차 현가 코일 스프링
		스프링용 실리콘 망간강 오일 템퍼선 C종	SWOSM－C		• 주로 자동차 현가 코일 스프링
D 3624	냉간 압조용 붕소강－선재	1종	SWRCHB 223	－	• 냉간 압조용 붕소강선의 제조에 사용
		2종	SWRCHB 237	－	
		3종	SWRCHB 320	－	
		4종	SWRCHB 323	－	
		5종	SWRCHB 331	－	
		6종	SWRCHB 334	－	
		7종	SWRCHB 420	－	
		8종	SWRCHB 526	－	
		9종	SWRCHB 620	－	
		10종	SWRCHB 623	－	
		11종	SWRCHB 726	－	
		12종	SWRCHB 734	－	

■ 기타 전신재 (계속)

KS 규격	명칭	분류 및 종별		기호	인장강도 N/mm²	주요 용도 및 특징
D 3624	티탄 팔라듐 합금 선	11종		TW 270 Pd	270~410	• 내식성, 특히 틈새 내식성 양호 • 화학장치, 석유정제 장치, 펄프제지 공업장치 등
		12종		TW 340 Pd	340~510	
		13종		TW 480 Pd	480~620	
D 5577	탄탈럼 전신재	판		TaP	세부 규격 참조	• 탄탈럼으로 된 판, 띠, 박, 봉 및 선
		띠		TaR		
		박		TaH		
		봉		TaB		
		선		TaW		
D 6026	티타늄 및 티타늄합금 주물	2종		TC340	340 이상	• 내식성, 특히 내해수성 양호 • 화학 장치, 석유 정제 장치, 펄프 제지 공업 장치 등
		3종		TC480	480 이상	
		12종		TC340Pd	340 이상	• 내식성, 특히 내틈새 부식성 양호 • 화학 장치, 석유 정제 장치, 펄프 제지 공업 장치 등
		13종		TC480Pd	480 이상	
		60종		TAC6400	895 이상	• 고강도로 내식성 양호 • 화학 공업, 기계 공업, 수송 기기 등의 구조재. 예를 들면 고압 반응조 장치, 고압 수송 장치, 레저용품 등
D 6726	배관용 티탄 팔라듐합금 관	1종	이음매 없는 관	TTP 28 Pd E	275~412	• 내식성, 특히 틈새 내식성 양호 • 화학장치, 석유정제장치, 펄프제지 공업장치 등
				TTP 28 Pd D		
			용접관	TTP 28 Pd W		
				TTP 28 Pd WD		
		2종	이음매 없는 관	TTP 35 Pd E	343~510	
				TTP 35 Pd D		
			용접관	TTP 35 Pd W		
				TTP 35 Pd WD		
		3종	이음매 없는 관	TTP 49 Pd E	481~618	
				TTP 49 Pd D		
			용접관	TTP 49 Pd W		
				TTP 49 Pd WD		
D 6728	지르코늄 합금 관	Sn-Fe-Cr-Ni계 지르코늄 합금 관		ZrTN 802 D	413 이상	• 핵연료 피복관으로 사용하는 이음매 없는 지르코늄 합금 관
		Sn-Fe-Cr계 지르코늄 합금 관		ZrTN 804 D	413 이상	
D 7203	냉간 압조용 붕소강-선	1종		SWCHB 223	610 이하	• 볼트, 너트, 리벳, 작은 나사, 태핑 나사 등의 나사류 및 각종 부품(인장도는 DA 공정에 의한 선의 기계적 성질)
		2종		SWCHB 237	670 이하	
		3종		SWCHB 320	600 이하	
		4종		SWCHB 323	610 이하	
		5종		SWCHB 331	630 이하	
		6종		SWCHB 334	650 이하	
		7종		SWCHB 420	600 이하	
		8종		SWCHB 526	650 이하	
		9종		SWCHB 620	630 이하	
		10종		SWCHB 623	640 이하	
		11종		SWCHB 726	650 이하	
		12종		SWCHB 734	680 이하	

8 주물

KS 규격	명칭	분류 및 종별	기호	인장강도 N/mm²	주요 용도 및 특징
D 6003	화이트 메탈	1종	WM 1	세부 규격 참조	• 각종 베어링 활동부 또는 패킹 등에 사용(주괴)
		2종	WM 2		
		2종B	WM 2B		
		3종	WM 3		
		4종	WM 4		
		5종	WM 5		
		6종	WM 6		
		7종	WM 7		
		8종	WM 8		
		9종	WM 9		
		10종	WM 10		
		11종	WM 11(L13910)		
		12종	WM 2(SnSb8Cu4)		
		13종	WM 13(SnSb12CuPb)		
		14종	WM 14(PbSb15Sn10)		
D 6005	아연 합금 다이캐스팅	1종	ZDC 1	325	• 자동차 브레이크 피스톤, 시트 밸브 감김쇠, 캔버스 플라이어
		2종	ZDC2	285	• 자동차 라디에이터 그릴, 몰, 카뷰레터, VTR 드럼 베이스, 테이프 헤드, CP 커넥터
D 6006	다이캐스팅용 알루미늄 합금	1종	ALDC 1	–	• 내식성, 주조성은 좋다. 항복 강도는 어느 정도 낮다.
		3종	ALDC 3	–	• 충격값과 항복 강도가 좋고 내식성도 1종과 거의 동등하지만, 주조성은 좋지 않다.
		5종	ALDC 5	–	• 내식성이 가장 양호하고 연신율, 충격값이 높지만 주조성은 좋지 않다
		6종	ALDC 6	–	• 내식성은 5종 다음으로 좋고, 주조성은 5종보다 약간 좋다.
		10종	ALDC 10	–	• 기계적 성질, 피삭성 및 주조성이 좋다.
		10종 Z	ALDC 10 Z	–	• 10종보다 주조 갈라짐성과 내식성은 약간 좋지 않다.
		12종	ALDC 12	–	• 기계적 성질, 피삭성, 주조성이 좋다.
		12종 Z	ALDC 12 Z	–	• 12종보다 주조 갈라짐성 및 내식성이 떨어진다.
		14종	ALDC 14	–	• 내마모성, 유동성은 우수하고 항복 강도는 높으나, 연신율이 떨어진다.
		Si9종	Al Si9	–	• 내식성이 좋고, 연신율, 충격치도 어느 정도 좋지만, 항복 강도가 어느 정도 낮고 유동성이 좋지 않다.
		Si12Fe종	Al Si12(Fe)	–	• 내식성, 주조성이 좋고, 항복 강도가 어느 정도 낮다.
		Si10MgFe종	Al Si10Mg(Fe)	–	• 충격치와 항복 강도가 높고, 내식성도 1종과 거의 동등하며, 주조성은 1종보다 약간 좋지 않다.
		Si8Cu3종	Al Si8Cu3	–	• 10종보다 주조 갈라짐 및 내식성이 나쁘다.
		Si9Cu3Fe종	Al Si9Cu3(Fe)	–	
		Si9Cu3FeZn종	Al Si9Cu3(Fe)(Zn)	–	
		Si11Cu2Fe종	Al Si11Cu2(Fe)	–	• 기계적 성질, 피삭성, 주조성이 좋다.
		Si11Cu3Fe종	Al Si11Cu3(Fe)	–	

주물 (계속)

KS 규격	명칭	분류 및 종별	기호	인장강도 N/mm^2	주요 용도 및 특징
D 6006	다이캐스팅용 알루미늄 합금	Si11Cu1Fe종	Al Si12Cu1(Fe)	–	• 12종보다 연신율이 어느 정도 높지만, 항복 강도는 다소 낮다.
		Si117Cu4Mg종	Al Si17Cu4Mg	–	• 내마모성, 유동성이 좋고, 항복 강도가 높지만, 연신율은 낮다.
		Mg9종	Al Mg9	–	• 5종과 같이 내식성이 좋지만, 주조성이 나쁘고, 응력부식균열 및 경시변화에 주의가 필요하다.
D 6008	알루미늄 합금 주물	주물 1종A	AC1A	세부 규격 참조	• 가선용 부품, 자전거 부품, 항공기용 유압 부품, 전송품 등
		주물 1종B	AC1B		• 가선용 부품, 중전기 부품, 자전거 부품, 항공기 부품 등
		주물 2종A	AC2A		• 매니폴드, 디프캐리어, 펌프 보디, 실린더 헤드, 자동차용 하체 부품 등
		주물 2종B	AC2B		• 실린더 헤드, 밸브 보디, 크랭크 케이스, 클러치 하우징 등
		주물 3종A	AC3A		• 케이스류, 커버류, 하우징류의 얇은 것, 복잡한 모양의 것, 장막벽 등
		주물 4종A	AC4A		• 매니폴드, 브레이크 드럼, 미션 케이스, 크랭크 케이스, 기어 박스, 선박용 · 차량용 엔진 부품 등
		주물 4종B	AC4B		• 크랭크 케이스, 실린더 매니폴드, 항공기용 전장품 등
		주물 4종C	AC4C		• 유압 부품, 미션 케이스, 플라이 휠 하우징, 항공기 부품, 소형용 엔진 부품, 전장품 등
		주물 4종CH	AC4CH		• 자동차용 바퀴, 가선용 쇠붙이, 항공기용 엔진 부품, 전장품 등
		주물 4종D	AC4D		• 수랭 실린더 헤드, 크랭크 케이스, 실린더 블록, 연료 펌프보디, 블로어 하우징, 항공기용 유압 부품 및 전장품 등
		주물 5종A	AC5A		• 공랭 실린더 헤드 디젤 기관용 피스톤, 항공기용 엔진 부품 등
		주물 7종A	AC7A		• 가선용 쇠붙이, 선박용 부품, 조각 소재 건축용 쇠붙이, 사무기기, 의자, 항공기용 전장품 등
		주물 8종A	AC8A		• 자동차 · 디젤 기관용 피스톤, 선방용 피스톤, 도르래, 베어링 등
		주물 8종B	AC8B		• 자동차용 피스톤, 도르래, 베어링 등
		주물 8종C	AC8C		• 자동차용 피스톤, 도르래, 베어링 등
		주물 9종A	AC9A		• 피스톤(공랭 2 사이클용)등
		주물 9종B	AC9B		• 피스톤(디젤 기관용, 수랭 2사이클용), 공랭 실린더 등

■ 주물 (계속)

KS 규격	명칭	분류 및 종별	기호	인장강도 N/mm^2	주요 용도 및 특징
D 6016	마그네슘합금 주물	1종	MgC1	세부 규격 참조	• 일반용 주물, 3륜차용 하부 휨, 텔레비전 카메라용 부품 등
		2종	MgC2		• 일반용 주물, 크랭크 케이스, 트랜스미션, 기어박스, 텔레비전 카메라용 부품, 레이더용 부품, 공구용 지그 등
		3종	MgC3		• 일반용 주물, 엔진용 부품, 인쇄용 섀들 등
		5종	MgC5		• 일반용 주물, 엔진용 부품 등
		6종	MgC6		• 고력 주물, 경기용 차륜 산소통 브래킷 등
		7종	MgC7		• 고력 주물, 인렛 하우징 등
		8종	MgC8		• 내열용 주물, 엔진용 부품 기어 케이스, 컴프레서 케이스 등
D 6018	경연 주물	8종	HPbC 8	49 이상	• 주로 화학 공업에 사용
		10종	HPbC 10	50 이상	
D 6023	니켈 및 니켈합금 주물	니켈 주물	NC－F	345 이상	• 수산화나트륨, 탄산나트륨 및 염화암모늄을 취급하는 제조 장치의 밸브, 펌프 등
		니켈－구리합금 주물	NCuC－F	450 이상	• 해수 및 염수, 중성염, 알칼리염 및 플루오르산을 취급하는 제조 장치의 밸브, 펌프 등
		니켈－몰리브덴합금 주물	NMC－S	525 이상	• 염소, 황산 인산, 아세트산 및 염화수소 가스를 취급하는 제조 장치의 밸브, 펌프 등
		니켈－몰리브덴－크롬합금 주물	NMCrC－S	495 이상	• 산화성산, 플루오르산, 포름산 및 무수아세트산, 해수 및 염수를 취급하는 제조 장치의 밸브 등
		니켈－크롬－철합금 주물	NCrFC－F	485 이상	• 질산, 지방산, 암모늄수 및 염화성 약품을 취급하는 제조 장치의 밸브 등
D 6024	구리 주물	1종	CAC101 (CuC1)	175 이상	• 송풍구, 대송풍구, 냉각판, 열풍 밸브, 전극 홀더, 일반 기계 부품 등
		2종	CAC102 (CuC2)	155 이상	• 송풍구, 전기용 터미널, 분기 슬리브, 콘택트, 도체, 일반 전기 부품 등
		3종	CAC103 (CuC3)	135 이상	• 전로용 랜스 노즐, 전기용 터미널, 분기 슬리브, 통전 서포트, 도체, 일반전기 부품 등
	황동 주물	1종	CAC201 (YBsC1)	145 이상	• 플랜지류, 전기 부품, 장식용품 등
		2종	CAC202 (YBsC2)	195 이상	• 전기 부품, 제기 부품, 일반 기계 부품 등
		3종	CAC203 (YBsC3)	245 이상	• 급배수 쇠붙이, 전기 부품, 건축용 쇠붙이, 일반기계 부품, 일용품, 잡화품 등
		4종	CAC204 (C85200)	241 이상	• 일반 기계 부품, 일용품, 잡화품 등

주물 (계속)

KS 규격	명칭	분류 및 종별	기호	인장강도 N/mm²	주요 용도 및 특징
D 6024	구리 주물	1종	CAC101 (CuC1)	175 이상	• 송풍구, 대송풍구, 냉각판, 열풍 밸브, 전극 홀더, 일반 기계 부품 등
		2종	CAC102 (CuC2)	155 이상	• 송풍구, 전기용 터미널, 분기 슬리브, 콘택트, 도체, 일반 전기 부품 등
		3종	CAC103 (CuC3)	135 이상	• 전로용 랜스 노즐, 전기용 터미널, 분기 슬리브,통전 서포트, 도체, 일반전기 부품 등
	황동 주물	1종	CAC201 (YBsC1)	145 이상	• 플랜지류, 전기 부품, 장식용품 등
		2종	CAC202 (YBsC2)	195 이상	• 전기 부품, 제기 부품, 일반 기계 부품 등
		3종	CAC203 (YBsC3)	245 이상	• 급배수 쇠붙이, 전기 부품, 건축용 쇠붙이, 일반기계 부품, 일용품, 잡화품 등
		4종	CAC204 (C85200)	241 이상	• 일반 기계 부품, 일용품, 잡화품 등
	고력 황동 주물	1종	CAC301 (HBsC1)	430 이상	• 선박용 프로펠러, 프로펠러 보닛, 베어링, 밸브 시트, 밸브 봉, 베어링 유지기, 레버 암, 기어, 선박용 의장품 등
		2종	CAC302 (HBsC2)	490 이상	• 선박용 프로펠러, 베어링, 베어링 유지기, 슬리퍼, 엔드 플레이트, 밸브 시트, 밸브 봉, 특수 실린더, 일반 기계 부품 등
		3종	CAC303 (HBsC3)	635 이상	• 저속 고하중의 미끄럼 부품, 대형 밸브, 스템, 부시, 웜 기어, 슬리퍼, 캠, 수압 실린더 부품 등
		4종	CAC304 (HBsC4)	735 이상	• 저속 고하중의 미끄럼 부품, 교량용 지지판, 베어링, 부시, 너트, 웜 기어, 내마모판 등
	청동 주물	1종	CAC401 (BC1)	165 이상	• 베어링, 명판, 일반 기계 부품 등
		2종	CAC402 (BC2)	245 이상	• 베어링, 슬리브, 부시, 펌프 몸체, 임펠러, 밸브, 기어, 선박용 둥근 창, 전동기기 부품 등
		3종	CAC403 (BC3)	245 이상	• 베어링, 슬리브, 부싱, 펌프, 몸체 임펠러, 밸브, 기어, 선박용 둥근 창, 전동기기 부품, 일반 기계 부품 등
		6종	CAC406 (BC6)	195 이상	• 밸브, 펌프 몸체, 임펠러, 급수 밸브, 베어링, 슬리브, 부싱, 일반 기계 부품, 경관 주물, 미술 주물 등
		7종	CAC407 (BC7)	215 이상	• 베어링, 소형 펌프 부품, 밸브, 연료 펌프, 일반 기계 부품 등
		8종 (함연 단동)	CAC408 (C83800)	207 이상	• 저압 밸브, 파이프 연결구, 일반 기계 부품 등
		9종	CAC409 (C92300)	248 이상	• 포금용, 베어링 등

■ 주물 (계속)

KS 규격	명칭	분류 및 종별	기호	인장강도 N/mm^2	주요 용도 및 특징
D 6024	인청동 주물	2종A	CAC502A (PBC2)	195 이상	• 기어, 웜 기어, 베어링, 부싱, 슬리브, 임펠러, 일반 기계 부품 등
		2종B	CAC502B (PBC2B)	295 이상	
		3종A	CAC503A	195 이상	• 미끄럼 부품, 유압 실린더, 슬리브, 기어, 제지용 각종 롤러 등
		3종B	CAC503B (PBC3B)	265 이상	
	납청동 주물	2종	CAC602 (LBC2)	195 이상	• 중고속 · 고하중용 베어링, 실린더, 밸브 등
		3종	CAC603 (LBC3)	175 이상	• 중고속 · 고하중용 베어링, 대형 엔진용 베어링
		4종	CAC604 (LBC4)	165 이상	• 중고속 · 중하중용 베어링, 차량용 베어링, 화이트 메탈의 뒤판 등
		5종	CAC605 (LBC5)	145 이상	• 중고속 · 저하중용 베어링, 엔진용 베어링 등
		6종	CAC606 (LBC6)	165 이상	• 경하중 고속용 부싱, 베어링, 철도용 차량, 파쇄기, 콘베어링 등
		7종	CAC607 (C94300)	207 이상	• 일반 베어링, 병기용 부싱 및 연결구, 중하중용 정밀 베어링, 조립식 베어링 등
		8종	CAC608 (C93200)	193 이상	• 경하중 고속용 베어링, 일반 기계 부품 등
D 6024	알루미늄 청동	1종	CAC701 (AlBC1)	440 이상	• 내산 펌프, 베어링, 부싱, 기어, 밸브 시트, 플런저, 제지용 롤러 등
		2종	CAC702 (AlBC2)	490 이상	• 선박용 소형 프로펠러, 베어링, 기어, 부싱, 밸브시트, 임펠러, 볼트 너트, 안전 공구, 스테인리스 강용 베어링 등
		3종	CAC703 (AlBC3)	590 이상	• 선박용 프로펠러, 임펠러, 밸브, 기어, 펌프 부품, 화학 공업용 기기 부품, 스테인리스 강용 베어링, 식품 가공용 기계 부품 등
		4종	CAC704 (AlBC4)	590 이상	• 선박용 프로펠러, 슬리브, 기어, 화학용 기기 부품 등
		5종	CAC705 (C95500)	620 이상	• 중하중을 받는 총포 슬라이드 및 지지부, 기어, 부싱, 베어링, 프로펠러 날개 및 허브, 라이너 베어링 플레이트용 등
		–	CAC705HT (C95500)	760 이상	
		6종	CAC706 (C95300)	450 이상	• 중하중을 받는 총포 슬라이드 및 지지부, 기어, 부싱, 베어링, 프로펠러 날개 및 허브, 라이너 베어링 플레이트용 등
		–	CAC706HT (C95300)	550 이상	

주물 (계속)

KS 규격	명칭	분류 및 종별	기호	인장강도 N/mm²	주요 용도 및 특징
D 6024	알루미늄 청동	1종	CAC701 (AlBC1)	440 이상	• 내산 펌프, 베어링, 부싱, 기어, 밸브 시트, 플런저, 제지용 롤러 등
		2종	CAC702 (AlBC2)	490 이상	• 선박용 소형 프로펠러, 베어링, 기어, 부싱, 밸브시트, 임펠러, 볼트 너트, 안전 공구, 스테인리스 강용 베어링 등
		3종	CAC703 (AlBC3)	590 이상	• 선박용 프로펠러, 임펠러, 밸브, 기어, 펌프 부품, 화학 공업용 기기 부품, 스테인리스 강용 베어링, 식품 가공용 기계 부품 등
		4종	CAC704 (AlBC4)	590 이상	• 선박용 프로펠러, 슬리브, 기어, 화학용 기기 부품 등
		5종	CAC705 (C95500)	620 이상	• 중하중을 받는 총포 슬라이드 및 지지부, 기어, 부싱, 베어링, 프로펠러 날개 및 허브, 라이너 베어링 플레이트용 등
		–	CAC705HT (C95500)	760 이상	
		6종	CAC706 (C95300)	450 이상	• 중하중을 받는 총포 슬라이드 및 지지부, 기어, 부싱, 베어링, 프로펠러 날개 및 허브, 라이너 베어링 플레이트용 등
		–	CAC706HT (C95300)	550 이상	
	실리콘 청동	1종	CAC801 (SzBC1)	345 이상	• 선박용 의장품, 베어링, 기어 등
		2종	CAC802 (SzBC2)	440 이상	• 선박용 의장품, 베어링, 기어, 보트용 프로펠러 등
		3종	CAC803 (SzBS3)	390 이상	• 선박용 의장품, 베어링, 기어 등
		4종	CAC804 (C87610)	310 이상	• 선박용 의장품, 베어링, 기어 등
		5종	CAC805	300 이상	• 급수장치 기구류(수도미터, 밸브류, 이음류, 수전 밸브 등)
	니켈 주석 청동 주물	1종	CAC901 (C94700)	310 이상	• 팽창부 연결품, 관 이음쇠, 기어볼트, 너트, 펌프 피스톤, 부싱, 베어링 등
		–	CAC901HT (C94700)	517 이상	
		2종	CAC902 (C94800)	276 이상	• 팽창부 연결품, 관 이음쇠, 기어볼트, 너트, 펌프 피스톤, 부싱, 베어링 등
	베릴륨 동 주물	3종	CAC903 (C82000)	311 이상	• 스위치 및 스위치 기어, 단로기, 전도 장치 등
		–	CAC903HT (C82000)	621 이상	
	베릴륨 청동 주물	4종	CAC904 (C82500)	518 이상	• 부싱, 캠, 베어링, 기어, 안전 공구 등
		–	CAC904HT (C82500)	1035 이상	
		5종	CAC905 (C82600)	552 이상	• 높은 경도와 최대의 강도가 요구되는 부품 등
		–	CAC905HT (C82600)	1139 이상	
		6종	CAC906	1139 이상	• 높은 인장 강도 및 내력과 함께 최대의 경도가 요구되는 부품 등
		–	CAC906HT (C82800)		

■ 주물 (계속)

KS 규격	명칭	분류 및 종별	기호	인장강도 N/mm²	주요 용도 및 특징
D 6025	구리합금 연속주조 주물	고력황동 연주 주물 1종	CAC301C	470 이상	• 베어링, 밸브 시트, 밸브 가이드, 베어링 유지기, 레버, 암, 기어, 선박용 의장품 등
		고력황동 연주 주물 2종	CAC302C	530 이상	• 베어링, 베어링 유지기, 슬리퍼, 엔드플레이트, 밸브 시트, 밸브 가이드, 특수 실린더, 일반 기계 부품 등
		고력황동 연주 주물 3종	CAC303C	655 이상	• 저속, 고하중의 미끄럼 부품, 밸브, 스템, 부싱, 웜, 기어, 슬리퍼, 캠, 수압 실린더 부품 등
		고력황동 연주 주물 4종	CAC304C	755 이상	• 저속, 고하중의 미끄럼 부품, 교량용 베어링, 베어링, 부싱, 너트, 웜, 기어, 내마모관 등
		청동 연주 주물 1종	CAC401C	195 이상	• 수도꼭지 부품, 베어링, 명판, 일반기계 부품 등
		청동 연주 주물 2종	CAC402C	275 이상	• 베어링, 슬리브, 부싱, 기어, 선박용 원형창, 전동기기 부품 등
		청동 연주 주물 3종	CAC403C	275 이상	• 베어링, 슬리브, 부싱, 밸브, 기어, 전동기기 부품, 일반기계 부품 등
		청동 연주 주물 6종	CAC406C	245 이상	• 베어링, 슬리브, 부싱, 밸브, 시트링, 너트, 캣너트, 헤더, 수도꼭지 부품, 일반기계 부품 등
		청동 연주 주물 7종	CAC407C	255 이상	• 베어링, 소형 펌프 부품, 일반기계 부품 등
		청동 연주 주물 8종(함연단동)	CAC408C	207 이상	• 저압밸브, 파이프 연결구, 일반기계 부품 등
		청동 연주 주물 9종	CAC409C	276 이상	• 포금용, 베어링 등
		인청동 연주 주물 2종	CAC502C	295 이상	• 기어, 웜 기어, 베어링, 부싱, 슬리브, 일반기계 부품 등
		인청동 연주 주물 3종	CAC503C	295 이상	• 미끄럼 부품, 유압 실린더, 슬리브, 기어, 라이너, 제지용 각종 롤 등
		연청동 연주 주물 3종	CAC603C	225 이상	• 중고속, 고하중용 베어링, 엔진용 베어링 등
		연청동 연주 주물 4종	CAC604C	220 이상	• 중고속, 중하중용 베어링, 차량용 베어링, 화이트메탈의 뒤판 등
		연청동 연주 주물 5종	CAC605C	175 이상	• 중고속, 저하중용 베어링, 엔진용 베어링 등
		연청동 연주 주물 6종	CAC606C	145 이상	• 경하중 고속용 부싱, 베어링, 철도용 차량, 파쇄기, 콘베어링 등
		연청동 연주 주물 7종	CAC607C	241 이상	• 일반 베어링, 병기용 부싱 및 연결구, 중하중용 정밀 베어링, 조립식 베어링 등
		연청동 연주 주물 8종	CAC608C	207 이상	• 경하중 고속용 베어링, 일반기계 부품 등
		알루미늄청동 연주 주물 1종	CAC701C	490 이상	• 베어링, 부싱, 기어, 밸브 시트, 플런저, 제지용 롤 등
		알루미늄청동 연주 주물 2종	CAC702C	540 이상	• 베어링, 기어, 부싱, 밸브 시트, 날개 바퀴, 볼트, 너트, 안전 공구 등
		알루미늄청동 연주 주물 3종	CAC703C	610 이상	• 베어링, 부싱, 펌프 부품, 선박용 볼트, 너트, 화학 공업용 기기 부품 등
		니켈주석 청동 연주 주물 1종	CAC901C	310 이상	• 팽창부 연결품, 관 이음쇠, 기어 볼트, 너트, 펌프 피스톤, 부싱, 베어링 등
		니켈주석 청동 연주 주물 2종	CAC902C	276 이상	

■ 주물 (계속)

KS 규격	명칭	분류 및 종별	기호	인장강도 N/mm^2	주요 용도 및 특징
D 6026	티타늄 및 티타늄합금 주물	2종	TC 340	340 이상	• 내식성, 특히 내해수성이 좋다. • 화학 장치, 석유 정제 장치, 펄프 제지 공업 장치 등
		3종	TC 480	480 이상	
		12종	TC 340 Pd	340 이상	• 내식성, 특히 내틈새 부식성이 좋다. • 화학 장치, 석유 정제 장치, 펄프 제지 공업 장치 등
		13종	TC 480 Pd	480 이상	
		60종	TAC 6400	895 이상	• 화학 공업, 기계 공업, 수송기기 등의 구조제. 예를 들면 고압 반응조 장치, 고압 수송 장치, 레저용품 등

CHAPTER **05**

현장 기술 일본어 해독

5-1 배관 기술 용어 해독

일본어	영어	한국어
弁	valve	밸브
安全弁	safety valve	안전 밸브
アングル弁	angle valve	앵글 밸브
圧力調整弁	pressure regulating valve	압력 조정 밸브
オフセット	offset	오프셋
コック	cock	코크
コーン弁	cone valve	콘 밸브
ジャケット	jacket	자켓
使用圧力	worcking pressure	사용압력
シリンダ	cylinder	실린더
仕切弁	gate valve	게이트 밸브
差圧	differential pressure	차압
差圧弁	differential pressure regulating valve	차압 밸브
サイジング	sizing	사이징
遮断弁	shut－off valve	셧오프 밸브
ストローク	stroke	스트로크, 행정
スリーブ弁	sleeve valve	슬리브 밸브
超過圧力	over pressure	초과 압력
調整弁	regulating valve	레귤레이팅 밸브
調節弁	control valve	조절 밸브, 콘트롤 밸브
電磁弁	solenoid operated valve	전자 밸브
電動弁	electric motor operated valve	전동 밸브
止め弁	stop valve	스톱 밸브
トラップ	trap	트랩
トラベル	travel	트래블
ドレン	drain	드레인
逃し弁	relief valve	릴리프 밸브
ニードル弁	niddle valve	니들 밸브
背圧	back pressure	배압
背圧弁	back pressure regulating valve	배압 밸브
バタフライ逆止弁	butterfly check valve	버터플라이 체크 밸브
バタフライ弁	butterfly valve	버터플라이 밸브
ピストン弁	piston valve	피스톤 밸브
吹出し圧力	opening pressure	송출 압력
吹出し量	relieving capacity	송출량
フート弁	foot valve	푸트 밸브
フラッシング	flushing	플러싱
ベンチュリ	venturi	벤츄리
ボール弁	ball valve	볼 밸브
メンコック	plug cock	플러그 콕
呼び圧力	nominal pressure	호칭 압력
呼び径	nominal size	호칭 지름
リフト	lift	리프트
リフト逆止弁	lift check valve	리프트 체크 밸브
リフトコック	lift cock	리프트 콕
流量	flow late	유량
急速弁	quick operated valve	급속 밸브
逆止弁	check valve	체크 밸브
許容差圧	permissible differential pressure	허용차압
ゲージ元弁	gauge valve	게이지 밸브
減圧弁	pressure reducing	감압 밸브
オリフィス	orifice	오리피스
キャビテーション	cavitation	캐비테이션
計算肉厚	calculated thickness	계산두께

일본어	영어	한국어
シール	seal	실
パッキン	packing	패킹
ガスケット	gasket	가스켓
金屬パッキン	metallic packing	금속 패킹
ロットパッキン	rod packing	로드 패킹
ピストンパッキン	piston packing	피스톤 패킹
オイルシール	oil seal	오일실
メカニカルシール	seal	메커니컬 실
グランドパッキン	gland packing	글랜드 패킹
Vパッキン	V packing	V 패킹
Uパッキン	U packing	U 패킹
Wパッキン	W packing	W 패킹
カップパッキン	cup packing	컵 패킹
Oリング	O ring	오링
フランジ	flange	플랜지
バックアップリング	back-up ring	백업링
スペーサリング	spacer ring	스페이서 링
ジョイント	joint	조인트
アダプタ	adapter	어댑터
運動用シール	dynamic seal	운동용 실
固定用シール	static seal	고정용 실
エキスパンダ	expander	익스팬더
シールリップ	seallip	실 립
スコーチ	scorch	스코치
ストランド	strand	스트랜드
ダイアフラムシール	diaphragm seal	다이어프램 실
つぶししろ	squeeze	스퀴즈
つぶれ	crushing	크러싱
内輪	inner ring	내륜
みぞ	groove	홈
フェルトリング	felt ring	펠트링
フランジ圧	flange pressure	플랜지 압력
ベローズ	bellows	벨로우즈
ワイパリング	wiper ring	와이퍼링
管	pipe	관
管継手	pipe fitting, pipe joint	관이음
エルボ	elbow	엘보우
ベンド	bend	밴드
クロス	cross	크로스
レジューサ	reducer	레듀서
ソケット	socket	소켓
カップリング	coupling	커플링
プラグ	plug	플러그
キャップ	cap	캡
ユニオン	union	유니온
ブッシング	bushing	부싱
ナット	nut	너트
ニップル	nipple	니플
ボール管継手	ball joint	볼 조인트
圧力	pressure	압력
リミットロット	limit rod	리미트 로드
コントロールロット	control rod	콘트롤 로드
タイロット	tie rod	타이 로드
ボルト	bolt	볼트
管フランジ	pipe flange	파이프 플랜지

5-2 열처리 및 재료 관련 기술 용어 해독

일본어	영어	한국어
熱處理	heat treatment	열처리
眞空熱處理	vacuum heat treatment	진공 열처리
鹽浴熱處理	salt bath heat treatment	염욕 열처리
安定化熱處理	stabilizing	안정화 열처리
固溶化熱處理	solution treatment	고용화열처리
安定化燒なまし	stabilizing annealing	안정화 풀림
硬化	hardening	경화
軟化	softening	연화
脫炭	decarburization	탈탄
シーズニング	seasoning	시즈닝
バーニング	burning	버닝
フェライト	ferrite	페라이트
オーステナイト	austenite	오스테나이트
セメンタイト	cementite	시멘타이트
パーライト	pearlite	펄라이트
マルテンサイト	martensite	마텐사이트
トルースタイト	troostite	트루스타이트
ソルバイト	sorbite	솔바이트
ベイナイト	bainite	베이나이트
燒入れ(やきいれ)	quenching	담금질(소입)
燒鈍し(やきなまし)	annealing	풀림(소둔)
燒準し(やきならし)	normalizing	불림(소준)
燒戾し(やきもどし)	tempering	뜨임(소려)
浸炭燒入れ	carburizing heat treatment	침탄 열처리
高周波燒入れ	induction hardening	고주파 열처리
窒化燒入れ	nitriding	질화 열처리
炎燒入れ	flame hardening	화염경화
深冷処理(サブゼロ処理)	subzero treatment	서브제로 처리
ブリネル硬さ	brinell hardness	브리넬 경도
ロックウェル硬さ	rockweel hardness	로크웰 경도
ショア硬さ	shore hardness	쇼어 경도
ビッカース硬さ	vickers hardness	비커스 경도
赤熱ぜい性	red shortness	적열 취성
青熱ぜい性	blue shortness	청열 취성
低溫ぜい性	cold shortness	저온 취성
経年変形	secular distortion	경년 변형
変態	transformation	변태
変態点	critical points	변태점
固溶体	solid solution	고용체
共晶	eutectic	공정
共析	eutectoid	공석
析出	precipitation	석출
結晶粒度	grain size	결정립도
完全燒なまし	full annealing	완전 풀림
軟化燒なまし	softening	연화 풀림
低溫燒なまし	low temperature annealing	저온 풀림
球狀化燒なまし	spheroidizing	구상화 풀림

5-2 열처리 및 재료 관련 기술 용어 해독(계속)

일본어	영어	한국어
等温焼なまし	isothermal annealing	등온 풀림
中間焼なまし	process annealing	중간 풀림
可鍛化焼なまし	malleablizing	가단화 풀림
黑鉛化焼なまし	graphitizing	흑연화 풀림
球状セメンタイト	globular cementite	구상 시멘타이트
焼入硬化	quenching hardening	퀜칭 경화
プレスクエンチ	press quenching	프레스 퀜칭
マルテンパ	martempering	마르템퍼링
サブゼロ	sub-zero treating	서브제로
オーステンパ	austempering	오스템퍼링
パテンチング	partenting	파텐팅
オイルテンパ	oil tempering	오일템퍼링
均質化	homogenizing	균질화
調質	thermal refining	조질
時效	ageing	시효
オースエージ	ausageing	오스에이징
マルエージ	maraging	마르에이징
ブルーイング	blueing	블루잉
時效硬化	age hardening	시효경화
析出硬化	precipitation hardening	석출경화
表面硬化處理	surface-hardening treatment	표면경화처리
高周波焼入れ	flame hardening	고주파 퀜칭
浸炭	carburizing	침탄
復炭	carbon restoration	복탄
眞空ガス浸炭	vacuum carburizing	진공가스 침탄
浸炭窒化	carbonitriding	침탄질화
窒化	nitriding	질화
二段窒化	two-stage nitriding	이단질화
眞空ガス窒化	vacuum nitriding	진공가스 질화
炭窒化	nitrocarburizing	탄질화
プラズマ窒化	plasma nitriding	플라즈마 질화
アルミナイジング	aluminizing	알루미나이징
ガルバナイジング	galvanizing	갈바나이징
クロマイジング	chromizing	크로마이징
シリコナイジング	siliconizing	실리코나이징
ボロナイジング	boronizing	보로나이징
バナダイジング	vanadizing	바나다이징
冷却	cooling	냉각
心部調質	core refining	심부조질
窒化深さ	depth of nitriding	질화깊이
過浸炭	overcarburizing	과침탄
酸窒化	oxynitriding	산질화
熱サイクル	thermal cycle	열사이클
残留応力	residual stress	잔류응력
残留オーステナイト	residual austenite	잔류 오스테나이트
自硬性	property of self hardening	자경성

5-2 열처리 및 재료 관련 기술 용어 해독(계속)

일본어	영어	한국어
質量効果	mass effect	질량효과
双晶	twin	쌍정
第1段 黒鉛化	first stage graphitization	제1단 흑연화
第2段 黒鉛化	second stage graphitization	제2단 흑연화
炭化物	carbide	탄화물
電解浸炭	electrolytic carburizing	전해 침탄
電解熱處理	electrolytic heat treatment	전해 열처리
電解燒入れ	electrolytic hardening	전해경화
テンパカラー	temper colour	템퍼칼라
白鐵	white iron	백철
白鑄鐵	white iron	백주철
白点	flake, white spot	백점
部分燒入れ	selective hardening	부분 경화
雰囲氣熱處理	controlled atmosphere heat treatment	분위기 열처리
噴射燒入れ	spray hardening	분사 경화
片狀黑鉛	graphite flake	편상 흑연
炎燒入れ	flame hardening	화염 경화
冷却能	cooling power	냉각능
露点	dew point	영점
機械構造用炭素鋼材	Carbon steels for machine structural use	기계 구조용 탄소 강재
機械構造用合金鋼材	Low-alloyed steels for machine structural use	기계 구조용 합금 강재
ステンレス鋼	Stainless steel	스테인리스 강
熱間壓延ステンレス鋼板	Hot-rolled stainless steel plate	열간압연 스테인리스 강판
冷間壓延ステンレス鋼板	Cold-rolled stainless steel plate	냉간압연 스테인리스 강판
炭素工具鋼鋼材	Carbon tool steels	탄소공구강 강재
高速度工具鋼鋼材	High speed tool steels	고속도공구강 강재
合金工具鋼鋼材	Alloy tool steels	합금공구강 강재
ばね鋼鋼材	spring steels	스프링강 강재
高炭素クロム軸受鋼鋼材	High carbon chromium bearing steels	고탄소크로뮴베어링강 강재
ねずみ鑄鐵品	Grey iron castings	회주철품
球狀黑鉛鑄鐵品	Spheroidal graphite iron castings	구상 흑연 주철품
ダクタイル鑄鐵管	Ductile iron pipes	덕타일 주철관
みがき棒鋼	Cold finished carbon and alloy steel bars	마봉강
中空鋼	hollow drill steels	중공강
炭素鋼	carbon steel	탄소강
合金鋼	alloy steel	합금강
リムド鋼	rimmed steel	림드강
セミキルド鋼	semi-killed steel	세미킬드강
鑄鐵	cast iron	주철
溶鐵	liquid steel	용강
ピアナ線	Piano wires	피아노선
銅	Copper	동
銅合金	Copper alloy	동합금
靑銅	copper-tin alloys ; bronze	청동
りん靑銅	Phosphor bronze	인청동
黃銅	copper-zinc alloys ; brass	황동

5-2 열처리 및 재료 관련 기술 용어 해독(계속)

일본어	영어	한국어
高力黃銅	high strength brass	고력황동
洋白	nickel silver	양백
銅ブスバ	Copper bus bars	동 부스바
アルミニウム	Aluminium	알루미늄
マグネシヴム合金	Magnesium alloys	마그네슘합금
無酸素銅	oxygen-free copper	무산소동
タフピッチ銅	tough pitch copper	터프피치동
ジルコニウム銅	copper-zirconium alloys	지르코늄동
クロム銅	copper-chromium alloys	크롬동
チタン銅	copper-titanium alloys	티탄동
ロックウェル硬さ	rockwell hardness	로크웰 경도
ビッカース硬さ	vickers hardness	비커스 경도
引張強さ	tensile strength	인장강도
伸び	elongation	연신율
棒	rod/bar	봉
板	sheet	판
超合金	super alloy	초합금
鋼板	steel plates, steel sheets	강판
鋼管	steel tubes	강관
形鋼	sections	형강
角鋼	square bars	각강
平鋼	flat bars	평강
丸鋼	round bars	환강
異形平鋼	deformed steel flats	이형평강
六角鋼	hexagon bars	육각강
八角鋼	octagon bars	팔각강
遠心鑄鋼品	centrifugal steel castings	원심주강품
鍛鋼品	steel forgings	단강품
レール	rails	레일
硬質	full hard	경질

CHAPTER 06

가스켓, 오링 및 패킹

6-1 관 플랜지용 스파이럴형 가스켓 KS B 1518 (폐지)

■ 종류 및 종류의 기호

종류	종류의 기호	구조	비고(단면 모양)
기본형	A	• 테이프 모양의 금속제 파형 박판과 석면지를 겹쳐서 스파이럴 모양으로 감고, 감기 시작하는 부분과 끝나는 부분의 금속제 파형 박판을 여러 곳 점용접한 판 모양의 가스켓 몸체만으로 이루어진 것	금속제 파형 박판 석면지 금속제 파형 박판 석면지
내륜붙이	B	• 기본형에 내륜을 붙인 것	내륜 내륜
외륜붙이	C	• 기본형에 외륜을 붙인 것	외륜 외륜
내 · 외륜붙이	D	• 기본형에 내륜 및 외륜을 붙인 것	외륜 내륜 외륜 내륜

■ 호칭 번호

(1) 홈형 및 삽입형 플랜지용 가스켓

종류 기호, 적용 플랜지의 가스켓 자리를 표시하는 기호(홈형을 M, 삽입형을 H로 한다) 및 적용 플랜지의 호칭 지름을 하이픈으로 연결한다.

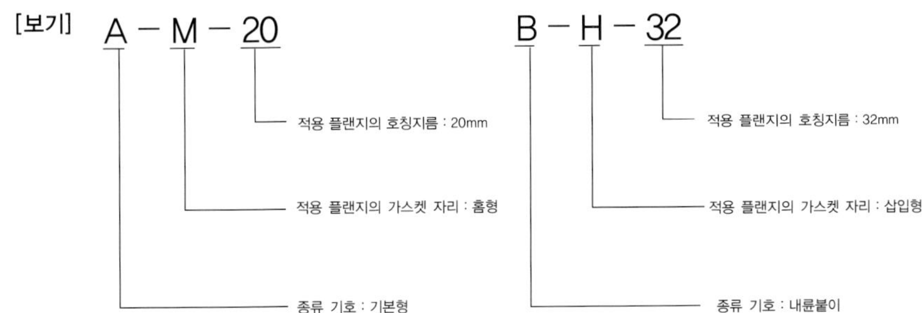

(2) 평면 자리 플랜지용 가스켓

종류 기호, 적용 플랜지의 호칭 압력 및 적용 플랜지의 호칭 지름을 하이픈으로 연결한다. 또한 가스켓이 동일하고 적용 플랜지의 호칭 압력이 다른 경우에는 호칭 압력이 큰 쪽을 취한다.

[보기]

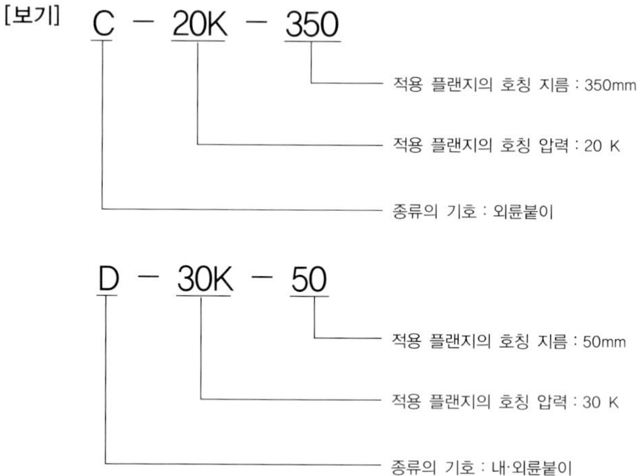

■ 금속 재료

항목	재료
파형 박판	• KS D 3698의 STS 304
내륜	• KS D 3698의 STS 430, STS 403 또는 STS 410
외륜	• KS D 3503 또는 KS D 3512

1 기본형 가스켓 (홈형 플랜지용)

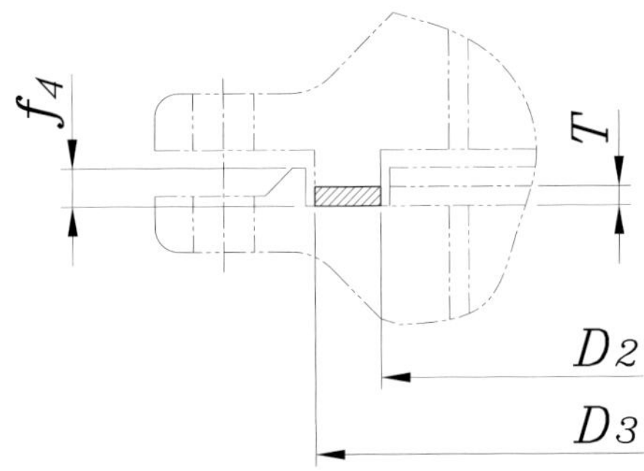

단위 : mm

호칭번호	가스켓 몸체						비고
	안지름 D_2		바깥지름 D_3		두께 T		적용 플랜지의 호칭 지름
	기준 치수	치수 허용차	기준 치수	치수 허용차	기준 치수	치수 허용차	
A-H-10	28	±0.5	38	±0.5	4.5 또는 4.8	±0.2	10
A-H-15	32	±0.5	42	±0.5			15
A-H-20	38	±0.5	50	±0.5			20
A-H-25	45	±0.5	60	±0.5			25
A-H-32	55	±0.5	70	±0.5			32
A-H-40	60	±0.5	75	±0.5			40
A-H-50	70	±0.5	90	±0.5			50
A-H-65	90	±0.5	110	±0.5			65
A-H-80	100	±0.5	120	±0.5			80
A-H-90	110	±0.5	130	±0.5			90
A-H-100	125	±0.5	145	±0.5			100
A-H-125	150	±0.5	175	±0.5			125
A-H-150	190	±0.5	215	±0.5			150
A-H-200	230	±0.5	259	±0.8			200
A-H-250	296	±0.8	324	±0.8			250
A-H-300	341	±0.8	374	±0.8			300
A-H-350	381	±0.8	414	±0.8			350
A-H-400	441	±0.8	474	±0.8			400

비 고

- 적용하는 플랜지는 KS B 1511에서 규정하는 호칭 압력 16K, 20K, 30K, 40K 및 63K로 하고, 가스켓 자리는 KS B 1519의 홈형으로 한다. 다만 홈의 깊이 f_4는 5mm 이상으로 한다.

2 기본형 가스켓 (삽입형 플랜지용)

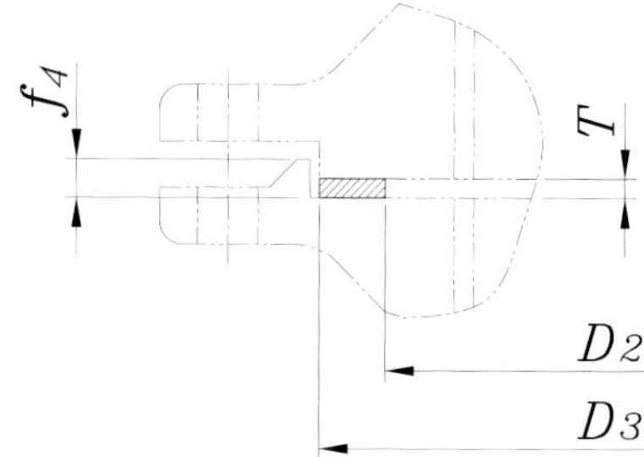

단위 : mm

호칭번호	가스켓 몸체						비고
	안지름 D_2		바깥지름 D_3		두께 T		적용 플랜지의 호칭 지름
	기준 치수	치수 허용차	기준 치수	치수 허용차	기준 치수	치수 허용차	
A-H-10	25	±0.5	38	±0.5	4.5 또는 4.8	±0.2	10
A-H-15	29	±0.5	42	±0.5			15
A-H-20	37	±0.5	50	±0.5			20
A-H-25	44	±0.5	60	±0.5			25
A-H-32	54	±0.5	70	±0.5			32
A-H-40	59	±0.5	75	±0.5			40
A-H-50	70	±0.5	90	±0.5			50
A-H-65	90	±0.5	110	±0.5			65
A-H-80	100	±0.5	120	±0.5			80
A-H-90	110	±0.5	130	±0.5			90
A-H-100	125	±0.5	145	±0.5			100
A-H-125	150	±0.5	175	±0.5			125
A-H-150	187	±0.5	215	±0.5			150
A-H-200	231	±0.5	259	±0.8			200
A-H-250	288	±0.8	324	±0.8			250
A-H-300	338	±0.8	374	±0.8			300
A-H-350	376	±0.8	414	±0.8			350
A-H-400	434	±0.8	474	±0.8			400

비 고

• 적용하는 플랜지는 KS B 1511에서 규정하는 호칭 압력 16K, 20K, 30K, 40K 및 63K로 하고, 가스켓 자리는 KS B 1519의 삽입형으로 한다. 다만 자리의 깊이 f_4는 5mm 이상으로 한다.

3 내륜붙이 가스켓 (삽입형 플랜지용)

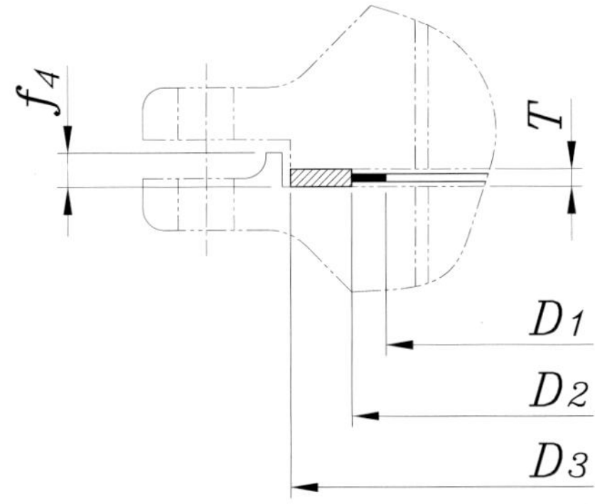

단위 : mm

호칭번호	가스켓 몸체							비고
	안지름 D_1		안지름 D_2	바깥지름 D_3		두께 T		적용 플랜지의 호칭 지름
	기준 치수	치수 허용차	기준 치수	기준 치수	치수 허용차	기준 치수	치수 허용차	
B-H-10	19	±0.3	25	38	±0.5	4.5 또는 4.8	±0.2	10
B-H-15	23	±0.3	29	42	±0.5			15
B-H-20	31	±0.3	37	50	±0.5			20
B-H-25	38	±0.3	44	60	±0.5			25
B-H-32	46	±0.3	54	70	±0.5			32
B-H-40	51	±0.3	59	75	±0.5			40
B-H-50	62	±0.3	70	90	±0.5			50
B-H-65	80	±0.3	90	110	±0.5			65
B-H-80	90	±0.3	100	120	±0.5			80
B-H-90	100	±0.3	110	130	±0.5			90
B-H-100	113	±0.3	125	145	±0.5			100
B-H-125	138	±0.3	150	175	±0.5			125
B-H-150	171	±0.3	187	215	±0.5			150
B-H-200	215	±0.3	231	259	±0.8			200
B-H-250	268	±0.5	288	324	±0.8			250
B-H-300	318	±0.5	338	374	±0.8			300
B-H-350	356	±0.5	376	414	±0.8			350
B-H-400	409	±0.5	434	474	±0.8			400

비 고

- 적용하는 플랜지는 KS B 1511에서 규정하는 호칭 압력 16K, 20K, 30K, 40K 및 63K로 하고, 가스켓 자리는 KS B 1519의 삽입형으로 한다. 다만 자리의 깊이 f_4는 5mm 이상으로 한다.

4 외륜붙이 가스켓 (호칭 압력 10K의 대평면 자리 플랜지용)

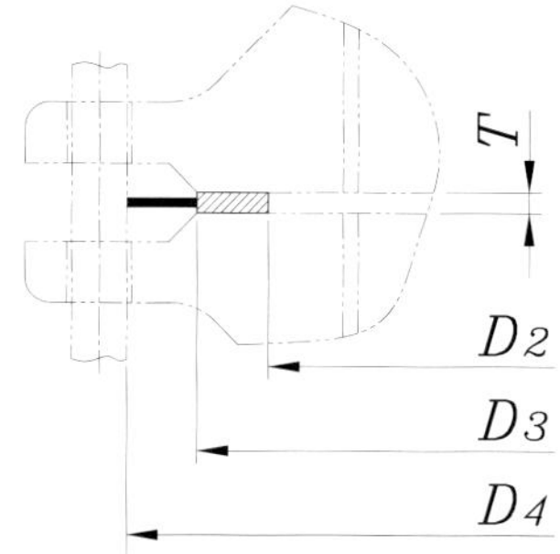

단위 : mm

호칭 번호	가스켓 몸체							비고
	안지름 D_2		안지름 D_3	두께 T		바깥지름 D_4		적용 플랜지의
	기준 치수	치수 허용차	기준 치수	기준 치수	치수 허용차	기준 치수	치수 허용차	호칭 지름
C-20K-10	24	±0.5	37	4.5 또는 4.8	±0.2	52	±0.3	10
C-20K-15	28	±0.5	41			57	±0.3	15
C-20K-20	34	±0.5	47			62	±0.3	20
C-20K-25	40	±0.5	53			74	±0.3	25
C-20K-32	51	±0.5	67			84	±0.3	32
C-20K-40	57	±0.5	73			89	±0.3	40
C-20K-50	69	±0.5	89			104	±0.3	50
C-20K-65	87	±0.5	107			124	±0.3	65
C-10K-80	98	±0.5	118			134	±0.3	80
C-10K-90	110	±0.5	130			144	±0.3	90
C-10K-100	123	±0.5	143			159	±0.3	100
C-10K-125	148	±0.5	173			190	±0.3	125
C-10K-150	174	±0.5	199			220	±0.3	150
C-10K-175	201	±0.5	226			245	±0.3	175
C-10K-200	227	±0.5	252			270	±0.5	200
C-10K-225	252	±0.8	277			290	±0.5	225
C-10K-250	278	±0.8	310			332	±0.5	250
C-10K-300	329	±0.8	361			377	±0.5	300
C-10K-350	366	±0.8	406			422	±0.5	350
C-10K-400	417	±0.8	457			484	±0.5	400
C-10K-450	468	±0.8	518			539	±0.5	450
C-10K-500	518	±0.8	568			594	±0.8	500
C-10K-550	569	±0.8	619			650	±0.8	550
C-10K-600	620	±0.8	670			700	±0.8	600

비 고

- 적용하는 플랜지는 KS B 1511 및 KS B 1503에서 규정하는 호칭 압력 10K인 것으로 한다.

5 외륜붙이 가스켓 (호칭 압력 16K 및 20K의 대평면 자리 플랜지용)

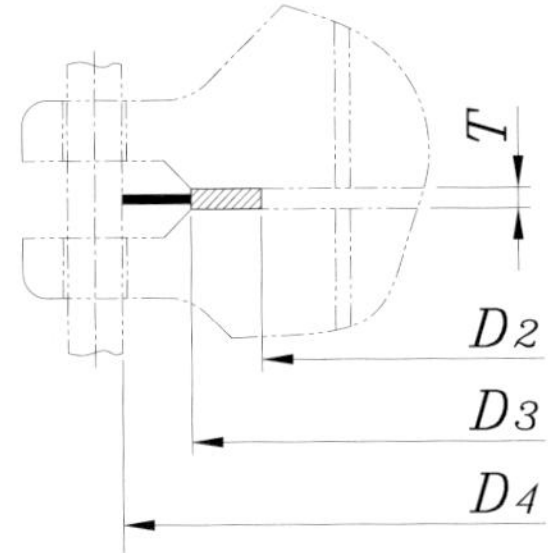

단위 : mm

호칭 번호	가스켓 몸체							비고
	안지름 D_2		안지름 D_3	두께 T		바깥지름 D_4		적용 플랜지의 호칭 지름
	기준 치수	치수 허용차	기준 치수	기준 치수	치수 허용차	기준 치수	치수 허용차	
C-20K-10	24	±0.5	37	4.5 또는 4.8	±0.2	52	±0.3	10
C-20K-15	28	±0.5	41			57	±0.3	15
C-20K-20	34	±0.5	47			62	±0.3	20
C-20K-25	40	±0.5	53			74	±0.3	25
C-20K-32	51	±0.5	67			84	±0.3	32
C-20K-40	57	±0.5	73			89	±0.3	40
C-20K-50	69	±0.5	89			104	±0.3	50
C-20K-65	87	±0.5	107			124	±0.3	65
C-20K-80	99	±0.5	119			140	±0.3	80
C-20K-90	114	±0.5	139			150	±0.3	90
C-20K-100	127	±0.5	152			165	±0.3	100
C-20K-125	152	±0.5	177			202	±0.3	125
C-20K-150	182	±0.5	214			237	±0.3	150
C-20K-200	233	±0.5	265			282	±0.5	200
C-20K-250	288	±0.5	328			354	±0.5	250
C-20K-300	339	±0.8	379			404	±0.5	300
C-20K-350	376	±0.8	416			450	±0.5	350
C-20K-400	432	±0.8	482			508	±0.5	400
C-20K-450	483	±0.8	533			573	±0.5	450
C-20K-500	533	±0.8	583			628	±0.5	500
C-20K-550	584	±0.8	634			684	±0.8	550
C-20K-600	635	±1.3	685			734	±0.8	600

비 고

- 적용하는 플랜지는 KS B 1511 및 KS B 1503에서 규정하는 호칭 압력 16K 및 20K인 것으로 한다.

6 외륜붙이 가스켓 (호칭 압력 30K의 평면 자리 플랜지용)

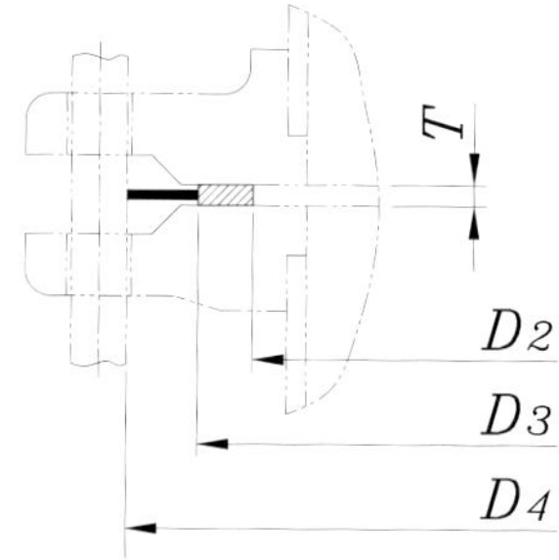

단위 : mm

호칭 번호	가스켓 몸체							비고
	안지름 D_2		안지름 D_3	두께 T		바깥지름 D_4		적용 플랜지의 호칭 지름
	기준 치수	치수 허용차	기준 치수	기준 치수	치수 허용차	기준 치수	치수 허용차	
C－30K－10	24	±0.5	37	4.5 또는 4.8	±0.2	59	±0.3	10
C－30K－15	28	±0.5	41			64	±0.3	15
C－30K－20	34	±0.5	47			69	±0.3	20
C－30K－25	40	±0.5	53			79	±0.3	25
C－30K－32	51	±0.5	67			89	±0.3	32
C－30K－40	57	±0.5	73			100	±0.3	40
C－30K－50	69	±0.5	89			114	±0.3	50
C－40K－65	78	±0.5	98			140	±0.3	65
C－40K－80	90	±0.5	110			150	±0.3	80
C－40K－90	102	±0.5	127			162	±0.3	90
C－30K－100	116	±0.5	141			172	±0.3	100
C－30K－125	140	±0.5	165			207	±0.3	125
C－30K－150	165	±0.5	197			249	±0.3	150
C－30K－200	218	±0.5	250			294	±0.5	200
C－30K－250	271	±0.8	311			360	±0.5	250
C－30K－300	320	±0.8	360			418	±0.5	300
C－30K－350	356	±0.8	396			463	±0.5	350
C－30K－400	403	±0.8	453			524	±0.5	400

비 고

1. 호칭 번호 C－30K－50 이하는 대평면 자리에만 적용한다.
2. 호칭 번호 C－40K－65 이상은 대평면 자리, 소평면 자리의 양쪽에 적용하나, 강관 맞대기 용접 플랜지와 강관 삽입 용접 플랜지의 소켓 용접 플랜지에만 적용한다.

7 외륜붙이 가스켓 (호칭 압력 40K의 평면 자리 플랜지용)

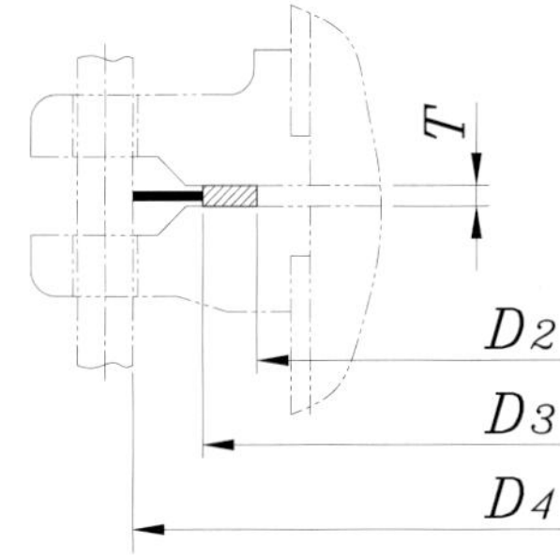

단위 : mm

호칭 번호	가스켓 몸체							비고
	안지름 D_2		안지름 D_3	두께 T		바깥지름 D_4		적용 플랜지의 호칭 지름
	기준 치수	치수 허용차	기준 치수	기준 치수	치수 허용차	기준 치수	치수 허용차	
C-40K-10	21	±0.5	34	4.5 또는 4.8	±0.2	59	±0.3	10
C-40K-15	24	±0.5	37			64	±0.3	15
C-40K-20	29	±0.5	42			69	±0.3	20
C-40K-25	35	±0.5	48			79	±0.3	25
C-40K-32	44	±0.5	60			89	±0.3	32
C-40K-40	51	±0.5	67			100	±0.3	40
C-40K-50	63	±0.5	79			114	±0.3	50
C-40K-65	78	±0.5	98			140	±0.3	65
C-40K-80	90	±0.5	110			150	±0.3	80
C-40K-90	102	±0.5	127			162	±0.3	90
C-40K-100	116	±0.5	141			182	±0.3	100
C-40K-125	140	±0.5	165			224	±0.3	125
C-40K-150	165	±0.5	197			265	±0.5	150
C-40K-200	218	±0.5	250			315	±0.5	200
C-40K-250	271	±0.8	311			378	±0.5	250
C-40K-300	320	±0.8	360			434	±0.5	300
C-40K-350	356	±0.8	396			479	±0.5	350
C-40K-400	403	±0.8	453			531	±0.5	400

비 고

- 이 가스켓은 강관 맞대기 용접 플랜지와 강관 삽입 용접 플랜지의 소켓 용접 플랜지에만 적용한다.

8 외륜붙이 가스켓 (호칭 압력 63K의 평면 자리 플랜지용)

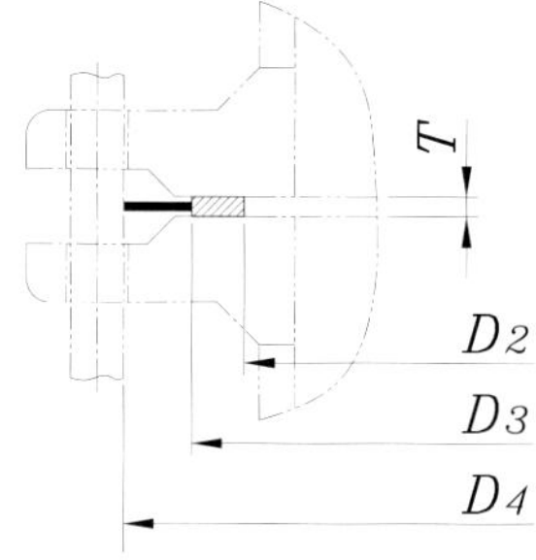

단위 : mm

호칭 번호	가스켓 몸체							비고
	안지름 D_2		안지름 D_3	두께 T		바깥지름 D_4		적용 플랜지의 호칭 지름
	기준 치수	치수 허용차	기준 치수	기준 치수	치수 허용차	기준 치수	치수 허용차	
C-63K-10	21	±0.5	34	4.5 또는 4.8	±0.2	64	±0.3	10
C-63K-15	24	±0.5	37			69	±0.3	15
C-63K-20	29	±0.5	42			75	±0.3	20
C-63K-25	35	±0.5	48			80	±0.3	25
C-63K-32	44	±0.5	60			90	±0.3	32
C-63K-40	51	±0.5	67			107	±0.3	40
C-63K-50	63	±0.5	79			125	±0.3	50
C-63K-65	78	±0.5	98			152	±0.3	65
C-63K-80	90	±0.5	110			162	±0.3	80
C-63K-90	102	±0.5	127			179	±0.3	90
C-63K-100	116	±0.5	141			194	±0.3	100
C-63K-125	140	±0.5	165			235	±0.3	125
C-63K-150	165	±0.5	197			275	±0.5	150
C-63K-200	218	±0.5	250			328	±0.5	200
C-63K-250	271	±0.8	311			394	±0.5	250
C-63K-300	320	±0.8	360			446	±0.5	300
C-63K-350	356	±0.8	396			488	±0.5	350
C-63K-400	403	±0.8	453			545	±0.5	400

비 고

• 이 가스켓은 강관 맞대기 용접 플랜지와 강관 삽입 용접 플랜지의 소켓 용접 플랜지에만 적용한다.

9 내·외륜붙이 가스켓 (호칭 압력 16K 및 20K의 대평면 자리 플랜지용)

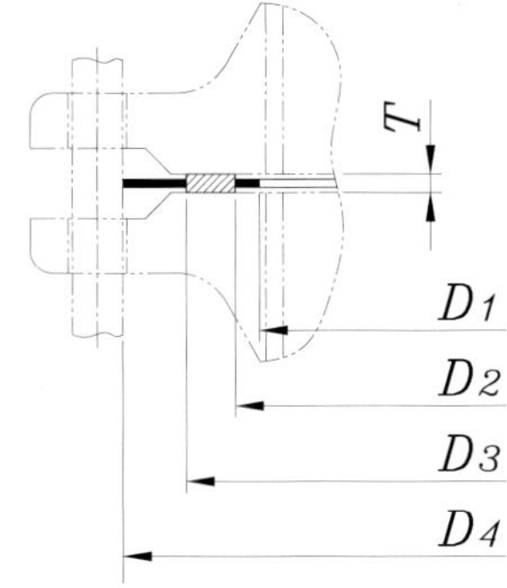

단위 : mm

호칭 번호	내륜		가스켓 몸체				외륜		비고
	안지름 D_1		안지름 D_2	바깥지름 D_3	두께 T		바깥지름 D_4		적용 플랜지의 호칭 지름
	기준 치수	치수 허용차	기준 치수	기준 치수	기준 치수	치수 허용차	기준 치수	치수 허용차	
D-20K-10	18	±0.3	24	37	4.5 또는 4.8	±0.2	52	±0.3	10
D-20K-15	22	±0.3	28	41			57	±0.3	15
D-20K-20	28	±0.3	34	47			62	±0.3	20
D-20K-25	34	±0.3	40	53			74	±0.3	25
D-20K-32	43	±0.3	51	67			84	±0.3	32
D-20K-40	49	±0.3	57	73			89	±0.3	40
D-20K-50	61	±0.3	69	89			104	±0.3	50
D-20K-65	77	±0.3	87	107			124	±0.3	65
D-20K-80	89	±0.3	99	119			140	±0.3	80
D-20K-90	102	±0.3	114	139			150	±0.3	90
D-20K-100	115	±0.3	127	152			165	±0.3	100
D-20K-125	140	±0.3	152	177			202	±0.3	125
D-20K-150	166	±0.3	182	214			237	±0.3	150
D-20K-200	217	±0.3	233	265			282	±0.5	200
D-20K-250	268	±0.5	288	328			354	±0.5	250
D-20K-300	319	±0.5	339	379			404	±0.5	300
D-20K-350	356	±0.5	376	416			450	±0.5	350
D-20K-400	407	±0.5	432	482			508	±0.5	400
D-20K-450	458	±0.5	483	533			573	±0.5	450
D-20K-500	508	±0.5	533	583			628	±0.5	500
D-20K-550	559	±0.5	584	634			684	±0.8	550
D-20K-600	610	±0.5	635	685			734	±0.8	600

비 고

- 적용하는 플랜지는 KS B 1511 및 KS B 1503에서 규정하는 호칭 압력 16K 및 20K인 것으로 한다.

10 내·외륜붙이 가스켓 (호칭 압력 30K의 평면 자리 플랜지용)

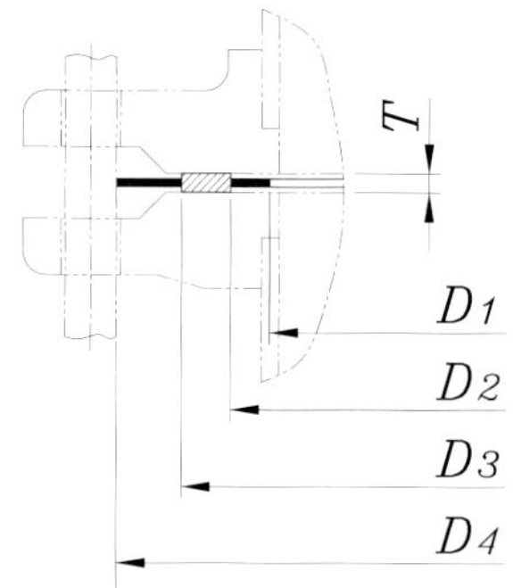

단위 : mm

호칭 번호	내륜		가스켓 몸체				외륜		비고
	안지름 D_1		안지름 D_2	바깥지름 D_3	두께 T		바깥지름 D_4		적용 플랜지의 호칭 지름
	기준 치수	치수 허용차	기준 치수	기준 치수	기준 치수	치수 허용차	기준 치수	치수 허용차	
D-30K-10	18	±0.3	24	37	4.5 또는 4.8	±0.2	59	±0.3	10
D-30K-15	22	±0.3	28	41			64	±0.3	15
D-30K-20	28	±0.3	34	47			69	±0.3	20
D-30K-25	34	±0.3	40	53			79	±0.3	25
D-30K-32	43	±0.3	51	67			89	±0.3	32
D-30K-40	49	±0.3	57	73			100	±0.3	40
D-30K-50	61	±0.3	69	89			114	±0.3	50
D-30K-65	68	±0.3	78	98			140	±0.3	65
D-30K-80	80	±0.3	90	110			150	±0.3	80
D-30K-90	92	±0.3	102	127			162	±0.3	90
D-30K-100	104	±0.3	116	141			172	±0.3	100
D-30K-125	128	±0.3	140	165			207	±0.3	125
D-30K-150	153	±0.3	165	197			249	±0.3	150
D-30K-200	202	±0.3	218	250			294	±0.5	200
D-30K-250	251	±0.5	271	311			360	±0.5	250
D-30K-300	300	±0.5	320	360			418	±0.5	300
D-30K-350	336	±0.5	356	396			463	±0.5	350
D-30K-400	383	±0.5	403	453			524	±0.5	400

비 고

1. 호칭 번호 D-30K-50 이하는 대평면 자리에만 적용한다.
2. 호칭 번호 D-40K-65 이상은 대평면 자리, 소평면 자리의 양쪽에 적용하나, 강관 맞대기 용접 플랜지와 강관 삽입 용접 플랜지의 소켓 용접 플랜지에만 적용한다.

11 내·외륜붙이 가스켓 (호칭 압력 40K의 평면 자리 플랜지용)

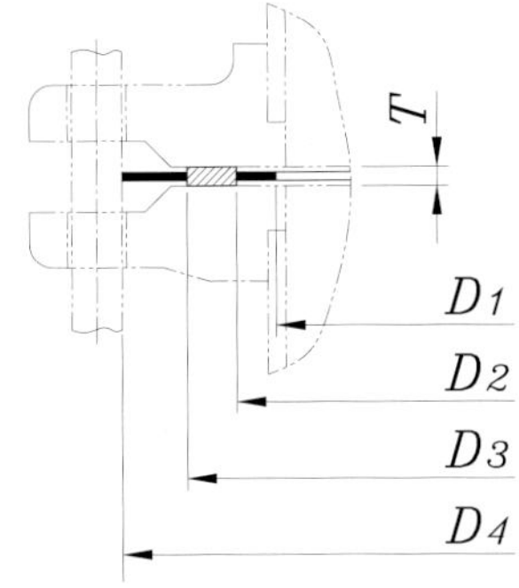

단위 : mm

호칭 번호	내륜		가스켓 몸체				외륜		비고
	안지름 D_1		안지름 D_2	바깥지름 D_3	두께 T		바깥지름 D_4		적용 플랜지의 호칭 지름
	기준 치수	치수 허용차	기준 치수	기준 치수	기준 치수	치수 허용차	기준 치수	치수 허용차	
D－40K－10	15	±0.3	21	34	4.5 또는 4.8	±0.2	59	±0.3	10
D－40K－15	18	±0.3	24	37			64	±0.3	15
D－40K－20	23	±0.3	29	42			69	±0.3	20
D－40K－25	29	±0.3	35	48			79	±0.3	25
D－40K－32	38	±0.3	44	60			89	±0.3	32
D－40K－40	43	±0.3	51	67			100	±0.3	40
D－40K－50	55	±0.3	63	79			114	±0.3	50
D－40K－65	68	±0.3	78	98			140	±0.3	65
D－40K－80	80	±0.3	90	110			150	±0.3	80
D－40K－90	92	±0.3	102	127			162	±0.3	90
D－40K－100	104	±0.3	116	141			182	±0.3	100
D－40K－125	128	±0.3	140	165			224	±0.3	125
D－40K－150	153	±0.3	165	197			265	±0.5	150
D－40K－200	202	±0.3	218	250			315	±0.5	200
D－40K－250	251	±0.5	271	311			378	±0.5	250
D－40K－300	300	±0.5	320	360			434	±0.5	300
D－40K－350	336	±0.5	356	396			479	±0.5	350
D－40K－400	383	±0.5	403	453			531	±0.5	400

비 고

- 이 가스켓은 강관 맞대기 용접 플랜지와 강관 삽입 용접 플랜지의 소켓 용접 플랜지에만 적용한다.

12 내·외륜붙이 가스켓 (호칭 압력 63K의 평면 자리 플랜지용)

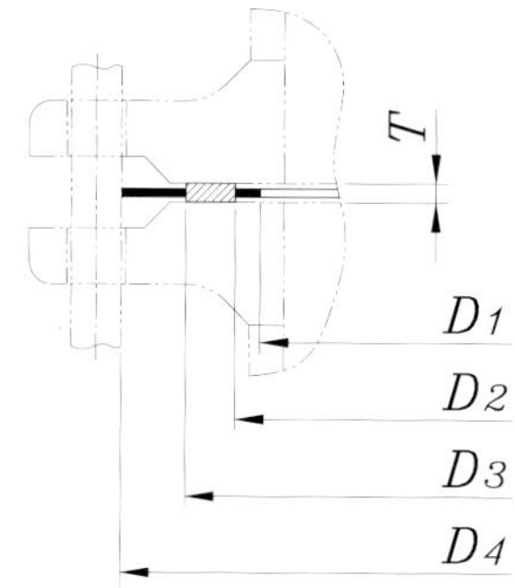

단위 : mm

호칭 번호	내륜		가스켓 몸체				외륜		비고
	안지름 D_1		안지름 D_2	바깥지름 D_3	두께 T		바깥지름 D_4		적용 플랜지의 호칭 지름
	기준 치수	치수 허용차	기준 치수	기준 치수	기준 치수	치수 허용차	기준 치수	치수 허용차	
D-63K-10	15	±0.3	21	34	4.5 또는 4.8	±0.2	64	±0.3	10
D-63K-15	18	±0.3	24	37			69	±0.3	15
D-63K-20	23	±0.3	29	42			75	±0.3	20
D-63K-25	29	±0.3	35	48			80	±0.3	25
D-63K-32	38	±0.3	44	60			90	±0.3	32
D-63K-40	43	±0.3	51	67			107	±0.3	40
D-63K-50	55	±0.3	63	79			125	±0.3	50
D-63K-65	68	±0.3	78	98			152	±0.3	65
D-63K-80	80	±0.3	90	110			162	±0.3	80
D-63K-90	92	±0.3	102	127			179	±0.3	90
D-63K-100	104	±0.3	116	141			194	±0.3	100
D-63K-125	128	±0.3	140	165			235	±0.3	125
D-63K-150	153	±0.3	165	197			275	±0.5	150
D-63K-200	202	±0.3	218	250			328	±0.5	200
D-63K-250	251	±0.5	271	311			394	±0.5	250
D-63K-300	300	±0.5	320	360			446	±0.5	300
D-63K-350	336	±0.5	356	396			488	±0.5	350
D-63K-400	383	±0.5	403	453			545	±0.5	400

비 고

• 이 가스켓은 강관 맞대기 용접 플랜지와 강관 삽입 용접 플랜지의 소켓 용접 플랜지에만 적용한다.

6-2 관 플랜지의 가스켓 자리 치수 KS B 1519 : 2007 (2017 확인)

1 모양 및 치수 (온면 자리, 대평면 자리, 소평면 자리)

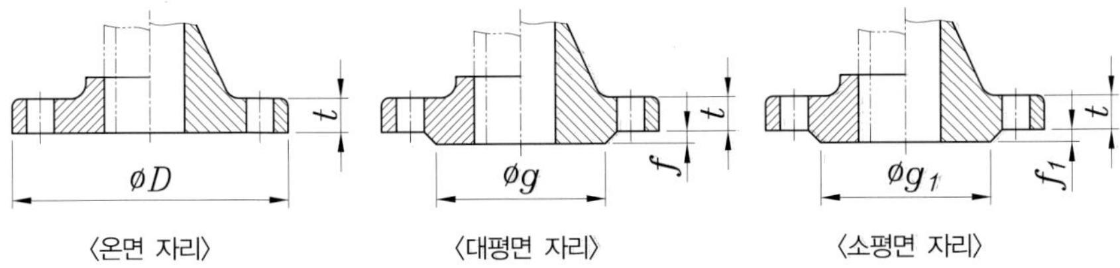

〈온면 자리〉 〈대평면 자리〉 〈소평면 자리〉

단위 : mm

호칭 지름	대평면 자리												소평면 자리	
	호칭 압력 5K		호칭 압력 10K		호칭 압력 16K		호칭 압력 20K		호칭 압력 30K		호칭 압력 40K 및 63K		g_1	f_1
	g	f	g	f	g	f	g	f	g	f	g	f		
10	39	1	46	1	46	1	46	1	52	1	52	1	35	1
15	44	1	51	1	51	1	51	1	55	1	55	1	42	1
20	49	1	56	1	56	1	56	1	60	1	60	1	50	1
25	59	1	67	1	67	1	67	1	70	1	70	1	60	1
32	70	2	76	2	76	2	76	2	80	2	80	2	68	2
40	75	2	81	2	81	2	81	2	90	2	90	2	75	2
50	85	2	96	2	96	2	96	2	105	2	105	2	90	2
65	110	2	116	2	116	2	116	2	130	2	130	2	105	2
80	121	2	126	2	132	2	132	2	140	2	140	2	120	2
90	131	2	136	2	145	2	145	2	150	2	150	2	130	2
100	141	2	151	2	160	2	160	2	160	2	165	2	145	2
125	176	2	182	2	195	2	195	2	195	2	200	2	170	2
150	206	2	212	2	230	2	230	2	235	2	240	2	205	2
175	232	2	237	2	–	–	–	–	–	–	–	–	–	–
200	252	2	262	2	275	2	275	2	280	2	290	2	260	2
225	277	2	282	2	–	–	–	–	–	–	–	–	–	–
250	317	2	324	2	345	2	345	2	345	2	355	2	315	2
300	360	3	368	3	395	3	395	3	405	3	410	3	375	3
350	403	3	413	3	440	3	440	3	450	3	455	3	415	3
400	463	3	475	3	495	3	495	3	510	3	515	3	465	3
450	523	3	530	3	560	3	560	3	–	–	–	–	–	–
500	573	3	585	3	615	3	615	3	–	–	–	–	–	–
550	630	3	640	3	670	3	670	3	–	–	–	–	–	–
600	680	3	690	3	720	3	720	3	–	–	–	–	–	–
650	735	3	740	3	770	5	790	5	–	–	–	–	–	–
700	785	3	800	3	820	5	840	5	–	–	–	–	–	–
750	840	3	855	3	880	5	900	5	–	–	–	–	–	–
800	890	3	905	3	930	5	960	5	–	–	–	–	–	–
850	940	3	955	3	980	5	1020	5	–	–	–	–	–	–
900	990	3	1005	3	1030	5	1070	5	–	–	–	–	–	–
1000	1090	3	1110	3	1140	5	–	–	–	–	–	–	–	–
1100	1200	3	1220	3	1240	5	–	–	–	–	–	–	–	–

■ 모양 및 치수 (온면 자리, 대평면 자리, 소평면 자리) (계속)

호칭 지름	대평면 자리												소평면 자리	
	호칭 압력 5K		호칭 압력 10K		호칭 압력 16K		호칭 압력 20K		호칭 압력 30K		호칭 압력 40K 및 63K		g_1	f_1
	g	f	g	f	g	f	g	f	g	f	g	f		
1200	1305	3	1325	3	1350	5	–	–	–	–	–	–	–	–
1300	–	–	–	–	1450	5	–	–	–	–	–	–	–	–
1350	1460	3	1480	3	1510	5	–	–	–	–	–	–	–	–
1400	–	–	–	–	1560	5	–	–	–	–	–	–	–	–
1500	1615	3	1635	3	1670	5	–	–	–	–	–	–	–	–

비 고

1. 온면 자리의 가스켓 자리 치수는 플랜지의 바깥지름 D로 한다.
2. 플랜지의 두께 t는 KS B 1511 및 KS B 1510의 부표에 따른다.
3. 대평면 자리 치수 g 및 f는 KS B 1511에 일치되어 있다.
4. 가스켓 자리의 치수 허용차는 KS B 1502에 따른다.

참 고

• 호칭 압력 16K 및 20K의 플랜지 호칭 지름 650 이상인 것의 대평면 자리의 g 치수 및 f 치수는 KS B ISO 7005－1~3에 따른다.

2 모양 및 치수 (끼움형, 홈형)

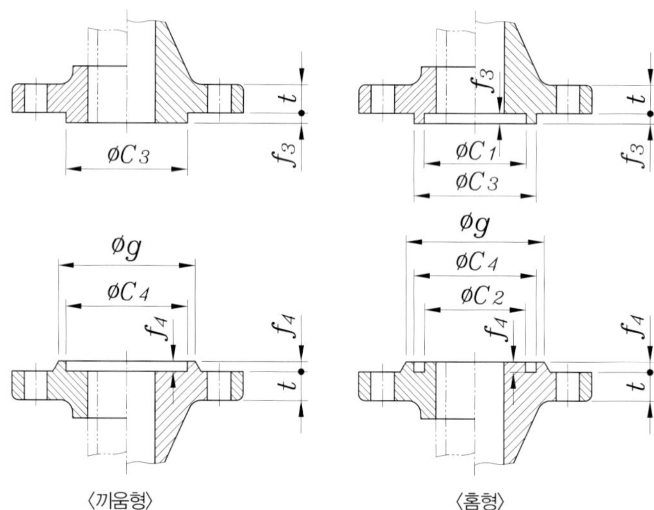

■ 모양 및 치수 (끼움형, 홈형) (계속)

단위 : mm

호칭지름	끼움형				홈형					
	C_3	C_4	f_3	f_4	C_1	C_3	f_3	C_2	C_4	f_4
10	38	39	6	5	28	38	6	27	39	5
15	42	43	6	5	32	42	6	31	43	5
20	50	51	6	5	38	50	6	37	51	5
25	60	61	6	5	45	60	6	44	61	5
32	70	71	6	5	55	70	6	54	71	5
40	75	76	6	5	60	75	6	59	76	5
50	90	91	6	5	70	90	6	69	91	5
65	110	111	6	5	90	110	6	89	111	5
80	120	121	6	5	100	120	6	99	121	5
90	130	131	6	5	110	130	6	109	131	5
100	145	146	6	5	125	145	6	124	146	5
125	175	176	6	5	150	175	6	149	176	5
150	215	216	6	5	190	215	6	189	216	5
200	260	261	6	5	230	260	6	229	261	5
250	325	326	6	5	295	325	6	294	326	5
300	375	376	6	5	340	375	6	339	376	5
350	415	416	6	5	380	415	6	379	416	5
400	475	476	6	5	440	475	6	439	476	5
450	523	524	6	5	483	523	6	482	524	5
500	575	576	6	5	535	575	6	534	576	5
550	625	626	6	5	585	625	6	584	626	5
600	675	676	6	5	635	675	6	634	676	5
650	727	728	6	5	682	727	6	681	728	5
700	777	778	6	5	732	777	6	731	778	5
750	832	833	6	5	787	832	6	786	833	5
800	882	883	6	5	837	882	6	836	883	5
850	934	935	6	5	889	934	6	888	935	5
900	987	988	6	5	937	987	6	936	988	5
1000	1092	1094	6	5	1042	1092	6	1040	1094	5
1100	1192	1194	6	5	1142	1192	6	1140	1194	5
1200	1292	1294	6	5	1237	1292	6	1235	1294	5
1300	1392	1394	6	5	1337	1392	6	1335	1394	5
1350	1442	1444	6	5	1387	1442	6	1385	1444	5
1400	1492	1494	6	5	1437	1492	6	1435	1494	5
1500	1592	1594	6	5	1537	1592	6	1535	1594	5

비 고

1. 플랜지의 두께 t는 KS B 1511의 부표에 따른다.
2. t_3, t_4의 치수는 가스켓의 종류에 따라 다소 크게 할 수 있다.
3. 끼움형 및 홈형의 g 치수는 부표 1의 각각 호칭 압력의 대평면 자리의 g 치수에 따른다.
4. 가스켓 자리의 치수 허용차는 KS B 1502에 따른다.

3 온면형 가스켓

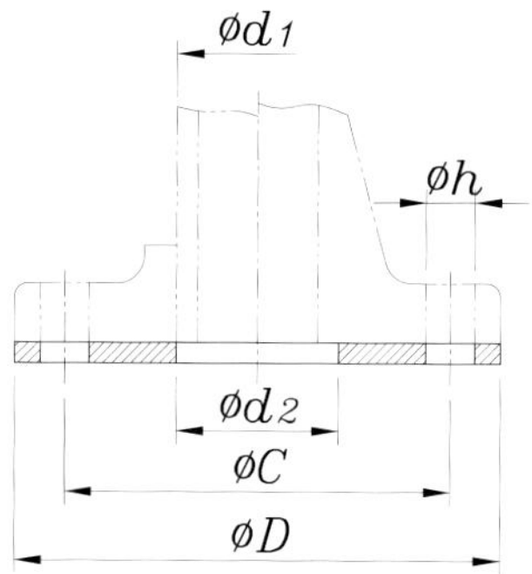

단위 : mm

가스켓의 호칭지름	강관의 바깥지름 d_1	동 및 동합금관의 바깥지름 d_1	가스켓의 안지름 d_2	호칭 압력 2K 플랜지용				호칭 압력 5K 플랜지용			
				가스켓의 바깥지름 D	볼트 구멍의 중심원 지름 C	볼트 구멍의 지름 h	볼트 구멍의 수	가스켓의 바깥지름 D	볼트 구멍의 중심원 지름 C	볼트 구멍의 지름 h	볼트 구멍의 수
10	17.3	비고 2에 따른다.	18	–	–	–	–	75	55	12	4
15	21.7		22	–	–	–	–	80	60	12	4
20	27.2		28	–	–	–	–	85	65	12	4
25	34.0		35	–	–	–	–	95	75	12	4
32	42.7		43	–	–	–	–	115	90	15	4
40	48.6		49	–	–	–	–	120	95	15	4
50	60.5		61	–	–	–	–	130	105	15	4
65	76.3		77	–	–	–	–	155	130	15	4
80	89.1		90	–	–	–	–	180	145	19	4
90	101.6		102	–	–	–	–	190	155	19	4
100	114.3		115	–	–	–	–	200	165	19	8
125	139.8		141	–	–	–	–	235	200	19	8
150	165.2		167	–	–	–	–	265	230	19	8
175	190.7		192	–	–	–	–	300	260	23	8
200	216.3		218	–	–	–	–	320	280	23	8
225	241.8		244	–	–	–	–	345	305	23	12
250	267.4		270	–	–	–	–	385	345	23	12
300	318.5		321	–	–	–	–	430	390	23	12
350	355.6		359	–	–	–	–	480	435	25	12
400	406.4		410	–	–	–	–	540	495	25	16
450	457.2		460	605	555	23	16	605	555	25	16

■ 온면형 가스켓 (계속)

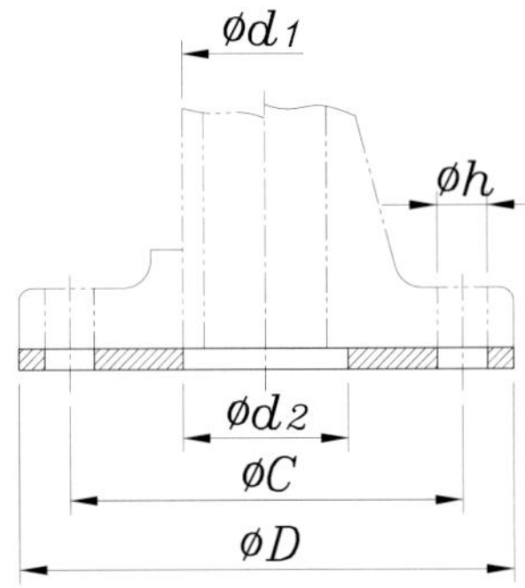

단위 : mm

가스켓의 호칭지름	강관의 바깥지름 d1	동 및 동합금관의 바깥지름 d1	가스켓의 안지름 d2	호칭 압력 10K 플랜지용				호칭 압력 16K 플랜지용			
				가스켓의 바깥지름 D	볼트 구멍의 중심원 지름 C	볼트 구멍의 지름 h	볼트 구멍의 수	가스켓의 바깥지름 D	볼트 구멍의 중심원 지름 C	볼트 구멍의 지름 h	볼트 구멍의 수
10	17.3		18	90	65	15	4	90	65	15	4
15	21.7		22	95	70	15	4	95	70	15	4
20	27.2		28	100	75	15	4	100	75	15	4
25	34.0		35	125	90	19	4	125	90	19	4
32	42.7		43	135	100	19	4	135	100	19	4
40	48.6		49	140	105	19	4	140	105	19	4
50	60.5		61	155	120	19	4	155	120	19	8
65	76.3		77	175	140	19	4	175	140	19	8
80	89.1		90	185	150	19	8	200	160	23	8
90	101.6		102	195	160	19	8	210	170	23	8
100	114.3	비고 2에 따른다.	115	210	175	19	8	225	185	23	8
125	139.8		141	250	210	23	8	270	225	25	8
150	165.2		167	280	240	23	8	305	260	25	12
175	190.7		192	305	265	23	12	–	–	–	–
200	216.3		218	330	290	23	12	350	305	25	12
225	241.8		244	350	310	23	12	–	–	–	–
250	267.4		270	400	355	25	12	430	380	27	12
300	318.5		321	445	400	25	16	480	430	27	16
350	355.6		359	490	445	25	16	540	480	33	16
400	406.4		410	560	510	27	16	605	540	33	16
450	457.2		460	620	565	27	20	675	605	33	20

■ 온면형 가스켓 (계속)

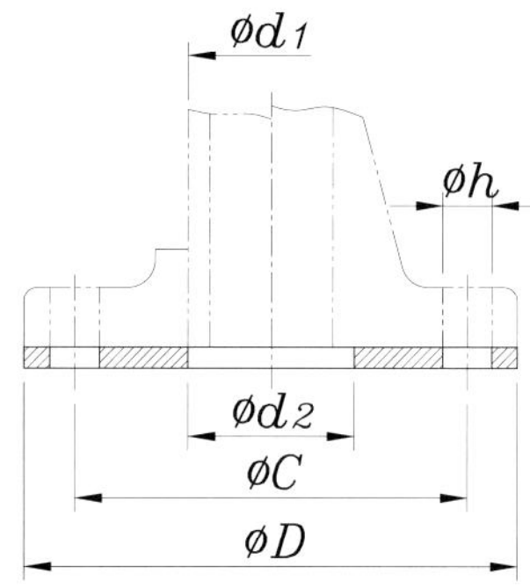

단위 : mm

가스켓의 호칭지름	강관의 바깥지름 d_1	동 및 동합금관의 바깥지름 d_1	가스켓의 안지름 d_2	호칭 압력 10K 플랜지용				호칭 압력 16K 플랜지용			
				가스켓의 바깥지름 D	볼트 구멍의 중심원 지름 C	볼트 구멍의 지름 h	볼트 구멍의 수	가스켓의 바깥지름 D	볼트 구멍의 중심원 지름 C	볼트 구멍의 지름 h	볼트 구멍의 수
500	508.0		513	675	620	27	20	730	660	33	20
550	558.8		564	745	680	33	20	795	720	39	20
600	609.6		615	795	730	33	24	845	770	39	24
650	660.4		667	845	780	33	24	–	–	–	–
700	711.2		718	905	840	33	24	–	–	–	–
750	762.0		770	970	900	33	24	–	–	–	–
800	812.8		820	1020	950	33	28	–	–	–	–
850	863.6	비고 2에 따른다.	872	1070	1000	33	28	–	–	–	–
900	914.4		923	1120	1050	33	28	–	–	–	–
1000	1016.0		1025	1235	1160	39	28	–	–	–	–
1100	1117.6		1130	1345	1270	39	28	–	–	–	–
1200	1219.2		1230	1465	1380	39	32	–	–	–	–
1350	1371.6		1385	1630	1540	45	36	–	–	–	–
1500	1524.0		1540	1795	1700	45	40	–	–	–	–

비 고

1. 가스켓의 호칭 지름은 플랜지의 호칭 지름과 일치한다.
2. 동 및 동합금관의 바깥지름은 KS B 1510의 부표 1~3 및 부표 1의 비고2를 참조한다.

4 링 가스켓

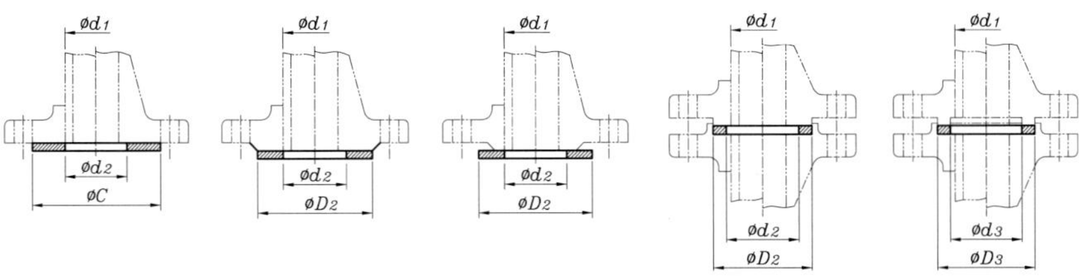

〈온면 자리 플랜지용〉 〈대평면 자리 플랜지용〉 〈소평면 자리 플랜지용〉 〈끼움형 플랜지용〉 〈홈형 플랜지용〉

단위 : mm

가스켓의 호칭지름	강관의 바깥지름 d_1	가스켓의 안지름 d_2	온면 자리 · 대평면 자리 · 소평면 자리 플랜지용									끼움형 플랜지용		홈형 플랜지용	
			가스켓의 바깥지름 D2									가스켓의 안지름 d_2	가스켓의 바깥지름 D_3	가스켓의 안지름 d_3	가스켓의 바깥지름 D_3
			호칭압력 2K	호칭압력 5K	호칭압력 10K	홈형 플랜지 호칭압력 10K	호칭압력 16K	호칭압력 20K	호칭압력 30K	호칭압력 40K	호칭압력 63K				
10	17.3	18	–	45	53	55	53	53	59	59	64	18	38	28	38
15	21.7	22	–	50	58	60	58	58	64	64	69	22	42	32	42
20	27.2	28	–	55	63	65	63	63	69	69	75	28	50	38	50
25	34.0	35	–	65	74	78	74	74	79	79	80	35	60	45	60
32	42.7	43	–	78	84	88	84	84	89	89	90	43	70	55	70
40	48.6	49	–	83	89	93	89	89	100	100	108	49	75	60	75
50	60.5	61	–	93	104	108	104	104	114	114	125	61	90	70	90
65	76.3	77	–	118	124	128	124	124	140	140	153	77	110	90	110
80	89.1	90	–	129	134	138	140	140	150	150	163	90	120	100	120
90	101.6	102	–	139	144	148	150	150	163	163	181	102	130	110	130
100	114.3	115	–	149	159	163	165	165	173	183	196	115	145	125	145
125	139.8	141	–	184	190	194	203	203	208	226	235	141	175	150	175
150	165.2	167	–	214	220	224	238	238	251	265	275	167	215	190	215
175	190.7	192	–	240	245	249	–	–	–	–	–	–	–	–	–
200	216.3	218	–	260	270	274	283	283	296	315	330	218	260	230	260

링 가스켓 (계속)

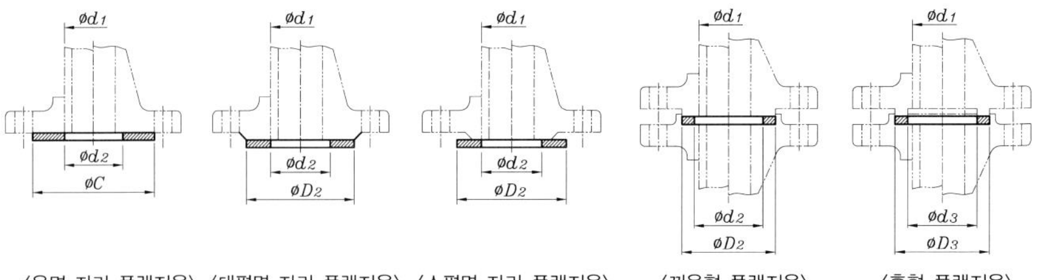

〈온면 자리 플랜지용〉 〈대평면 자리 플랜지용〉 〈소평면 자리 플랜지용〉 〈끼움형 플랜지용〉 〈홈형 플랜지용〉

단위 : mm

가스켓의 호칭 지름	강관의 바깥 지름 d_1	가스켓의 안지름 d_2	온면 자리 · 대평면 자리 · 소평면 자리 플랜지용									끼움형 플랜지용		홈형 플랜지용	
			가스켓의 바깥지름 D_2												
			호칭 압력 2K	호칭 압력 5K	호칭 압력 10K	홈형 플랜지 호칭 압력 10K	호칭 압력 16K	호칭 압력 20K	호칭 압력 30K	호칭 압력 40K	호칭 압력 63K	가스켓의 안지름 d_2	가스켓의 바깥지름 D_3	가스켓의 안지름 d_3	가스켓의 바깥지름 D_3
225	241.8	244	–	285	290	294	–	–	–	–	–	–	–	–	–
250	267.4	270	–	325	333	335	356	356	360	380	394	270	325	295	325
300	318.5	321	–	370	378	380	406	406	420	434	449	321	375	340	375
350	355.6	359	–	413	423	425	450	450	465	488	488	359	415	380	415
400	406.4	410	–	473	486	488	510	510	524	548	548	410	475	440	475
450	457.2	460	535	533	541	–	575	575	–	–	–	460	523	483	523
500	508.0	513	585	583	596	–	630	630	–	–	–	513	575	535	575
550	558.8	564	643	641	650	–	684	684	–	–	–	564	625	585	625
600	609.6	615	693	691	700	–	734	734	–	–	–	615	675	635	675
650	660.4	667	748	746	750	–	784	805	–	–	–	667	727	682	727
700	711.2	718	798	796	810	–	836	855	–	–	–	718	777	732	777
750	762.0	770	856	850	870	–	896	918	–	–	–	770	832	787	832
800	812.8	820	906	900	920	–	945	978	–	–	–	820	882	837	882
850	863.6	872	956	950	970	–	995	1038	–	–	–	872	934	889	934
900	914.4	923	1006	1000	1020	–	1045	1088	–	–	–	923	987	937	987
1000	1016.0	1025	1106	1100	1124	–	1158	–	–	–	–	1025	1092	1042	1092
1100	1117.6	1130	1216	1210	1234	–	1258	–	–	–	–	1130	1192	1142	1192
1200	1219.2	1230	1326	1320	1344	–	1368	–	–	–	–	1230	1292	1237	1292
1300	1320.8	1335	–	–	–	–	1474	–	–	–	–	1335	1392	1337	1392
1350	1371.6	1385	1481	1475	1498	–	1534	–	–	–	–	1385	1442	1387	1442
1400	1422.4	1435	–	–	–	–	1584	–	–	–	–	1435	1492	1437	1492
1500	1524.0	1540	1636	1630	1658	–	1694	–	–	–	–	1540	1592	1537	1592

비 고

• 가스켓의 호칭 지름은 플랜지의 호칭 지름과 일치한다.

6-3 O링 부착 홈부의 모양 및 치수 KS B 2799 : 1997 (2012 확인)

1 적용 범위 및 홈부의 거칠기

이 표준은 KS B 2805에 규정하는 O링 중 사용 압력 25.0MPa{255kgf/cm²} 이하인 것에 부착하는 홈부의 모양 및 치수에 대하여 규정한다. 다만 진공 플랜지용 및 저마찰용 홈부에는 적용하지 않는다.

▶ 백업링을 사용하지 않는 경우의 틈새(2g)의 최대값

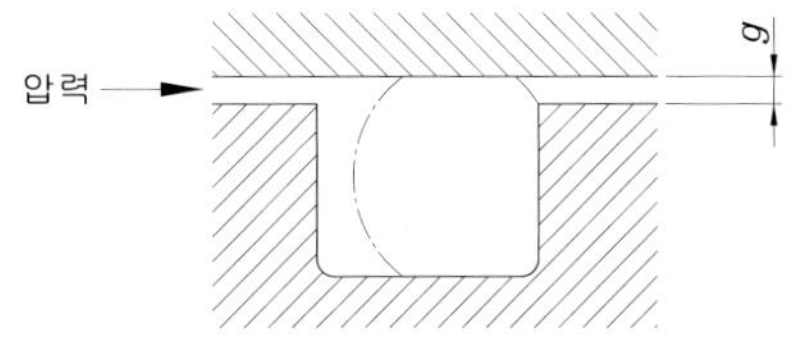

단위 : mm

O링의 경도 (스프링의 경도 Hs)	틈새 (2g)				
	사용 압력(MPa) {kgf/㎠}				
	4.0 {41} 이하	4.0 {41} 초과 6.3 {64} 이하	6.3 {64} 초과 10.0 {102} 이하	10.0 {102} 초과 15.0 {163} 이하	16.0 {163} 초과 25.0 {255} 이하
70	0.35	0.30	0.15	0.07	0.03
90	0.65	0.60	0.50	0.30	0.17

비 고

1. 사용 상태에서 틈새(2g)가 위 표의 값 이하인 경우는 백업 링을 사용하지 않아도 되지만 표의 값을 초과하는 경우에는 백업 링을 함께 사용한다.
2. 이 표준 중 { }안의 단위 및 수치는 종래 단위에 따른 것으로 참고로 병기한 것이다.

주

• 스프링 경도는 KS M 6518의 6.2.2의 A형에 따른다.

▶ 표면 거칠기 Ra 및 Rmax (홈과 O링 실부의 접촉면)

단위 : mm

기기의 부분	용도	압력이 걸리는 방법		표면 거칠기 Ra	표면 거칠기 Rmax (참고)
홈의 측면 및 바닥면	고정용	맥동 없음	평면	3.2	12.5
			원통면	1.6	6.3
		맥동 있음		1.6	6.3
	운동용	백업링을 사용하는 경우		1.6	6.3
		백업링을 사용하지 않는 경우		0.8	3.2
O링과 실부의 접촉면	고정용	맥동 없음		1.6	6.3
		맥동 있음		0.8	3.2
	운동용	–		0.4	1.6
O링의 장착용 모떼기부				3.2	12.5

2 운동용 및 고정용(원통면)의 홈부의 모양 및 치수 P계열

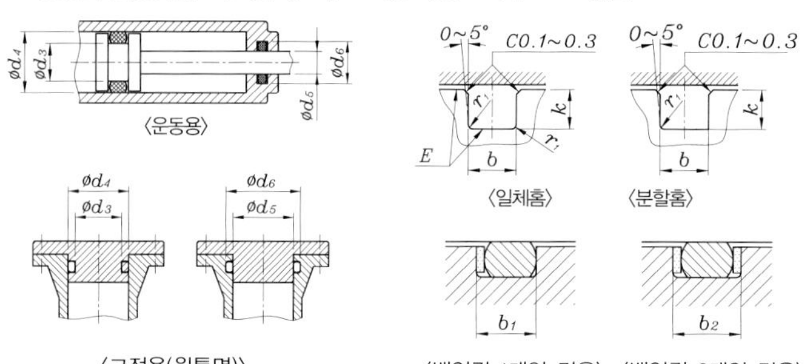

〈운동용〉 〈일체홈〉 〈분할홈〉

〈고정용(원통면)〉 〈백업링 1개인 경우〉 〈백업링 2개인 경우〉

단위 : mm

O링의 호칭번호	홈 부의 치수: d3, d5		참고: d3, d5의 허용차에 상당하는 끼워맞춤 기호			d4, d6		d4, d6의 허용차에 상당하는 끼워맞춤 기호	b (+0.25/0) 백업링 없음	b1 (+0.25/0) 백업링 1개	b2 (+0.25/0) 백업링 2개	R 최대	E 최대	참고: 백업 링의 두께 폴리테트라플루오로 에틸렌 수지 스파이럴	바이어스컷	엔드리스	O링의 실치수 굵기	안지름		압착 압축량 mm 최대	mm 최소	% 최대	% 최소
P3	3	0 −0.05	h9	f8	e9	6	+0.05 0	H10	2.5	3.9	5.4	0.4	0.05	0.7 ±0.05	1.25 ±0.1	1.25 ±0.1	1.9 ±0.08	2.8	±0.14	0.48	0.27	24.2	14.8
P4	4					7		H9										3.8					
P5	5					8												4.8	±0.15				
P6	6					9												5.8					
P7	7				e8	10												6.8	±0.16				
P8	8					11												7.8					
P9	9					12												8.8	±0.17				
P10	10					13												9.8					
P10A	10	0 −0.06	h9	f8	e8	14	+0.06 0	H9	3.2	4.4	6.0	0.4	0.05	0.7 ±0.05	1.25 ±0.1	1.25 ±0.1	2.4 ±0.09	9.8		0.49	0.25	19.7	10.8
P11	11					15												10.8	±0.18				
P11.2	11.2					15.2												11.0					
P12	12					16												11.8	±0.19				
P12.5	12.5					16.5												12.3					
P14	14					18												13.8					
P15	15					19												14.8	±0.20				
P16	16					20												15.8					
P18	18					22												17.8	±0.21				
P20	20				e7	24												19.8	±0.22				
P21	21					25												20.8	±0.23				
P22	22					26												21.8	±0.24				

비 고

1. KS B 2805의 P3~P400은 운동용, 고정용에 사용하지만 G25~G300은 고정용에만 사용하고 운동용에는 사용하지 않는다. 다만 P3~P400 이라도 4종 C와 같은 기계적 강도가 작은 재료는 운동용에 사용하지 않는 것이 바람직하다.
2. 참고에 나타내는 치수 공차는 KS B 0401에 따른다.
3. P20~P22의 e7$\begin{pmatrix}-0.040\\-0.061\end{pmatrix}$은 d3 및 d5의 허용차$\begin{pmatrix}-0\\-0.06\end{pmatrix}$를 초과하지만 e7을 사용하여도 좋다.

■ 운동용 및 고정용(원통면)의 홈부의 모양 및 치수 P계열 (계속)

단위 : mm

O링의 호칭번호	홈 부의 치수												
	d_3, d_5		[참고]			d_4, d_6		d_4, d_6의 허용차에 상당하는 끼워맞춤 기호	+0.25 0			R 최대	E 최대
			d_3, d_5의 허용차에 상당하는 끼워맞춤 기호						b	b_1	b_2		
									백업링 없음	백업링 1개	백업링 2개		
P22A	22	0 −0.08	h9	f8	e8	28	+0.08 0	H9	4.7	6.0	7.8	0.8	0.08
P22.4	22.4					28.4							
P24	24					30							
P25	25					31							
P25.5	25.5					31.5							
P26	26					32							
P28	28					34							
P29	29					35							
P29.5	29.5					35.5							
P30	30					36							
P31	31				e7	37							
P31.5	31.5					37.5							
P32	32					38							
P34	34					40							
P35	35					41							
P35.5	35.5					41.5							
P36	36					42							
P38	38					44							
P39	39					45							
P40	40					46							
P41	41					47							
P42	42					48							
P44	44					50							
P45	45					51							
P46	46					52							
P48	48					54							
P49	49					55							
P50	50					56							
P48A	48	0 −0.10	h9	f8	e8	58	+0.10 0	H9	7.5	9.0	11.5	0.8	0.10
P50A	50					60							
P52	52				e7	62							
P53	53					63							
P55	55					65							
P56	56					66							
P58	58					68							
P60	60					70							
P62	62					72							
P63	63					73							
P65	65					75							
P67	67					77							
P70	70					80							
P71	71					81							
P75	75					85							
P80	80					90							

■ 운동용 및 고정용(원통면)의 홈부의 모양 및 치수 P계열 (계속)

단위 : mm

O링의 호칭번호	참고									
	백업 링의 두께			O링의 실치수			압착 압축량			
	폴리테트라플루오로 에틸렌 수지			굵기	안지름		mm		%	
	스파이럴	바이어스 컷	엔드리스				최대	최소	최대	최소
P22A	0.7 ±0.05	1.25 ±0.1	1.25 ±0.1	3.5 ±0.10	21.7	±0.24	0.60	0.32	16.7	9.4
P22.4					22.1					
P24					23.7					
P25					24.7	±0.25				
P25.5					25.2					
P26					25.7	±0.26				
P28					27.7	±0.28				
P29					28.7	±0.29				
P29.5					29.2					
P30					29.7					
P31					30.7	±0.30				
P31.5					31.2	±0.31				
P32					31.7					
P34					33.7	±0.33				
P35					34.7	±0.34				
P35.5					35.2					
P36					35.7					
P38					37.7	±0.37				
P39					38.7					
P40					39.7					
P41					40.7	±0.38				
P42					41.7	±0.39				
P44					43.7	±0.41				
P45					44.7					
P46					45.7	±0.42				
P48					47.7	±0.44				
P49					48.7	±0.45				
P50					49.7					
P48A	0.9 ±0.06	1.9 ±0.13	1.9 ±0.13	5.7 ±0.13	47.6	±0.44	0.83	0.47	14.2	8.4
P50A					49.6	±0.45				
P52					51.6	±0.47				
P53					52.6	±0.48				
P55					54.6	±0.49				
P56					55.6	±0.50				
P58					57.6	±0.52				
P60					59.6	±0.53				
P62					61.6	±0.55				
P63					62.6	±0.56				
P65					64.6	±0.57				
P67					66.6	±0.59				
P70					69.6	±0.61				
P71					70.6	±0.62				
P75					74.6	±0.65				
P80					79.6	±0.69				

■ 운동용 및 고정용(원통면)의 홈부의 모양 및 치수 P계열 (계속)

단위 : mm

O링의 호칭 번호	홈 부의 치수												
	d_3, d_5		[참고] d_3, d_5의 허용차에 상당하는 끼워맞춤 기호			d_4, d_6		d_4, d_6의 허용차에 상당하는 끼워맞춤 기호	b (+0.25 / 0) 백업링 없음	b_1 (+0.25 / 0) 백업링 1개	b_2 (+0.25 / 0) 백업링 2개	R 최대	E 최대
P85	85	0 / −0.10	h9	f8	e6	95	+0.10 / 0	H9	7.5	9.0	11.5	0.8	0.10
P90	90					100							
P95	95					105							
P100	100					110							
P102	102					112							
P105	105					115							
P110	110					120							
P112	112					122							
P115	115					125							
P120	120					130							
P125	125			f7	−	135							
P130	130					140							
P132	132					142							
P135	135					145							
P140	140					150							
P145	145					155							
P150	150					160							
P150A	150	0 / −0.10	h9	f7	−	165	+0.10 / 0	H9	11.0	13.0	17.0	1.2	0.12
P155	155					170							
P160	160					175							
P165	165					180							
P170	170					185		H8					
P175	175					190							
P180	180					195							
P185	185		h8			200							
P190	190					205							
P195	195					210							
P200	200					215							
P205	205					220							
P209	209					224							
P210	210					225							
P215	215					230							
P220	220					235							
P225	225					240							
P230	230					245							
P235	235					250							
P240	240					255							
P245	245					260							
P250	250					265							
P255	255			f6		270							
P260	260					275							
P265	265					280							
P270	270					285							
P275	275					290							

■ 운동용 및 고정용(원통면)의 홈부의 모양 및 치수 P계열 (계속)

단위 : mm

O링의 호칭 번호	참고									
	백업 링의 두께			O링의 실치수			압착 압축량			
	폴리테트라플루오로 에틸렌 수지			굵기	안지름		mm		%	
	스파이럴	바이어스컷	엔드리스				최대	최소	최대	최소
P85	0.9 ±0.06	1.9 ±0.13	1.9 ±0.13	5.7 ±0.13	84.6	±0.73	0.83	0.47	14.2	8.4
P90					89.6	±0.77				
P95					94.6	±0.81				
P100					99.6	±0.84				
P102					101.6	±0.85				
P105					104.6	±0.87				
P110					109.6	±0.91				
P112					111.6	±0.92				
P115					114.6	±0.94				
P120					119.6	±0.98				
P125					124.6	±1.01				
P130					129.6	±1.05				
P132					131.6	±1.06				
P135					134.6	±1.09				
P140					139.6	±1.12				
P145					144.6	±1.16				
P150					149.6	±1.19				
P150A	1.4 ±0.08	2.75 ±0.15	2.75 ±0.15	8.4 ±0.15	149.5	±1.19	1.05	0.65	12.3	7.9
P155					154.5	±1.23				
P160					159.5	±1.26				
P165					164.5	±1.30				
P170					169.5	±1.33				
P175					174.5	±1.37				
P180					179.5	±1.40				
P185					184.5	±1.44				
P190					189.5	±1.48				
P195					194.5	±1.51				
P200					199.5	±1.55				
P205					204.5	±1.58				
P209					208.5	±1.61				
P210					209.5	±1.62				
P215					214.5	±1.65				
P220					219.5	±1.68				
P225					224.5	±1.71				
P230					229.5	±1.75				
P235					234.5	±1.78				
P240					239.5	±1.81				
P245					244.5	±1.84				
P250					249.5	±1.88				
P255					254.5	±1.91				
P260					259.5	±1.94				
P265					264.5	±1.97				
P270					269.5	±2.01				
P275					274.5	±2.04				

■ 운동용 및 고정용(원통면)의 홈부의 모양 및 치수 P계열 (계속)

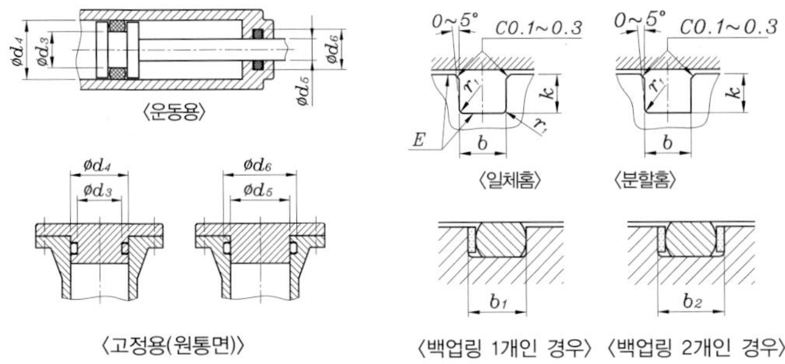

단위 : mm

O링의 호칭 번호	홈 부의 치수												
	d_3, d_5		[참 고] d_3, d_5의 허용차에 상당하는끼워맞춤기호			d_4, d_6		d_4, d_6의 허용차에 상당하는 끼워맞춤 기호	b (+0.25 / 0) 백업링 없음	b_1 (+0.25 / 0) 백업링 1개	b_2 (+0.25 / 0) 백업링 2개	R 최대	E 최대
P280	280	0 / −0.10	h8	f6	−	295	+0.10 / 0	H8	11.0	13.0	17.0	1.2	0.12
P285	285					300							
P290	290					305							
P295	295					310							
P300	300					315							
P315	315					330							
P320	320					335							
P335	335					350							
P340	340					355							
P355	355					370							
P360	360					375							
P375	375					390							
P385	385					400							
P400	400					415							

■ 운동용 및 고정용(원통면)의 홈부의 모양 및 치수 P계열 (계속)

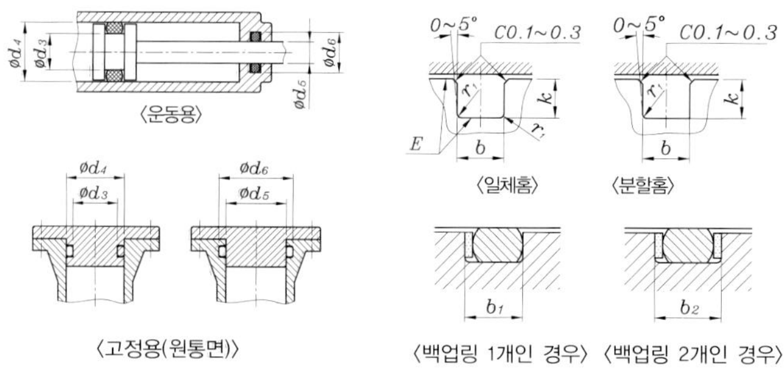

단위 : mm

O링의 호칭 번호	참고									
	백업 링의 두께			O링의 실치수			압착 압축량			
	폴리테트라플루오로 에틸렌 수지			굵기	안지름		mm		%	
	스파이럴	바이어스컷	엔드리스				최 대	최 소	최 대	최 소
P280	1.4 ±0.08	2.75 ±0.15	2.75 ±0.15	8.4 ±0.15	279.5	±2.07	1.05	0.65	12.3	7.9
P285					284.5	±2.10				
P290					289.5	±2.14				
P295					294.5	±2.17				
P300					299.5	±2.20				
P315					314.5	±2.30				
P320					319.5	±2.33				
P335					334.5	±2.42				
P340					339.5	±2.45				
P355					354.5	±2.54				
P360					359.5	±2.57				
P375					374.5	±2.67				
P385					384.5	±2.73				
P400					399.5	±2.82				

3 운동용 및 고정용(원통면)의 홈부의 모양 및 치수 G계열

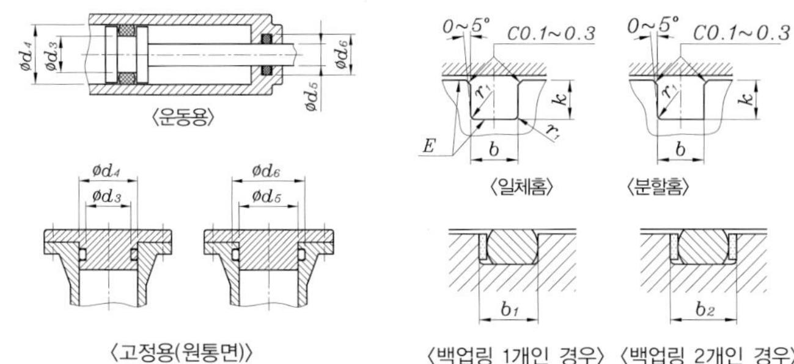

〈고정용(원통면)〉 〈백업링 1개인 경우〉 〈백업링 2개인 경우〉

단위 : mm

O링의 호칭번호	홈 부의 치수 d3, d5		[참고] d3, d5의 허용차에 상당하는 끼워맞춤 기호			d4, d6		d4, d6의 허용차에 상당하는 끼워맞춤 기호	G+0.25 0 b 백업링 없음	b1 백업링 1개	b2 백업링 2개	R 최대	E 최대	참고: 백업 링의 두께 (폴리테트라플루오로에틸렌 수지) 스파이럴	바이어스컷	엔드리스	O링의 실치수 굵기	안지름		압착 압축량 mm 최대	mm 최소	% 최대	% 최소
G25	25	0 −0.10	h9	f8	e9	30	+0.10 0	H10	4.1	5.6	7.3	0.7	0.08	0.7 ±0.05	1.25 ±0.1	1.25 ±0.1	3.1 ±0.10	24.4	±0.25	0.70	0.40	21.85	13.3
G30	30					35												29.4	±0.29				
G35	35				e8	40												34.4	±0.33				
G40	40					45												39.4	±0.37				
G45	45					50												44.4	±0.41				
G50	50					55		H9										49.4	±0.45				
G55	55				e7	60												54.4	±0.49				
G60	60					65												59.4	±0.53				
G65	65					70												64.4	±0.57				
G70	70					75												69.4	±0.61				
G75	75					80												74.4	±0.65				
G80	80					85												79.4	±0.69				
G85	85				e6	90												84.4	±0.73				
G90	90					95												89.4	±0.77				
G95	95					100												94.4	±0.81				
G100	100					105												99.4	±0.85				
G105	105					110												104.4	±0.87				
G110	110					115												109.4	±0.91				
G115	115					120												114.4	±0.94				
G120	120					125												119.4	±0.98				
G125	125			f7	−	130												124.4	±1.01				
G130	130					135												129.4	±1.05				
G135	135					140												134.4	±1.08				
G140	140					145												139.4	±1.12				
G145	145					150												144.4	±1.16				
G150	150	0 −0.10	h9	f7	−	160	+0.10 0	H9	7.5	9.0	11.5	0.8	0.10	0.9 ±0.06	1.9 ±0.13	1.9 ±0.13	5.7 ±0.13	149.3	±1.19	0.83	0.47	14.2	8.4
G155	155					165												154.3	±1.23				
G160	160					170												159.3	±1.26				
G165	165					175												164.3	±1.30				
G170	170					180												169.3	±1.33				

■ 운동용 및 고정용(원통면)의 홈부의 모양 및 치수 G계열 (계속)

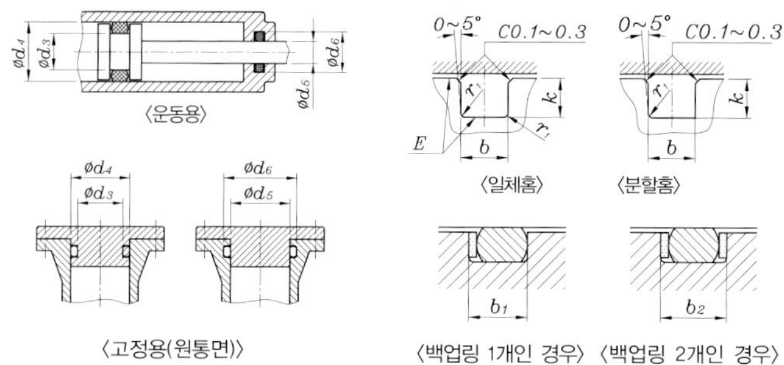

단위 : mm

O링의 호칭번호	홈 부의 치수													참고									
	d3, d5		참고: d3, d5의 허용차에 상당하는 끼워맞춤 기호			d4, d6		d4, d6의 허용차에 상당하는 끼워맞춤 기호	+0.25 / 0: b 백업링 없음	b1 백업링 1개	b2 백업링 2개	R 최대	E 최대	백업 링의 두께 (폴리테트라플루오로에틸렌 수지): 스파이럴	바이어스컷	엔드리스	O링의 실치수: 굵기	안지름		압착 압축량 mm: 최대	최소	%: 최대	최소
G175	175	0 −0.10	h9	f7	−	185	+0.10 0	H8	7.5	9.0	11.5	0.8	0.10	0.9 ±0.06	1.9 ±0.13	1.9 ±0.13	5.7 ±0.15	174.3	±1.37	0.83	0.47	14.2	8.4
G180	180					190												179.3	±1.40				
G185	185		h8			195												184.3	±1.44				
G190	190					200												189.3	±1.47				
G195	195					205												194.3	±1.51				
G200	200					210												199.3	±1.55				
G210	210					220												209.3	±1.61				
G220	220					230												219.3	±1.68				
G230	230					240												229.3	±1.73				
G240	240					250												239.3	±1.81				
G250	250					260												249.3	±1.88				
G260	260			f6		270												259.3	±1.94				
G270	270					280												269.3	±2.01				
G280	280					290												279.3	±2.07				
G290	290					300												289.3	±2.14				
G300	300					310												299.3	±2.20				

주

- 허용차는 KS B 2805에서 1~3종의 허용차로서, 4종 C의 경우는 위의 허용차의 1.5배, 4종 D의 경우에는 의의 허용차의 1.2배이다.

비 고

- KS B 2805의 P3~P400은 운동용, 고정용에 사용하지만 G 25~G300은 고정용에만 사용하고, 운동용에는 사용하지 않는다.

4 고정용(평면)의 홈 부의 모양 및 치수

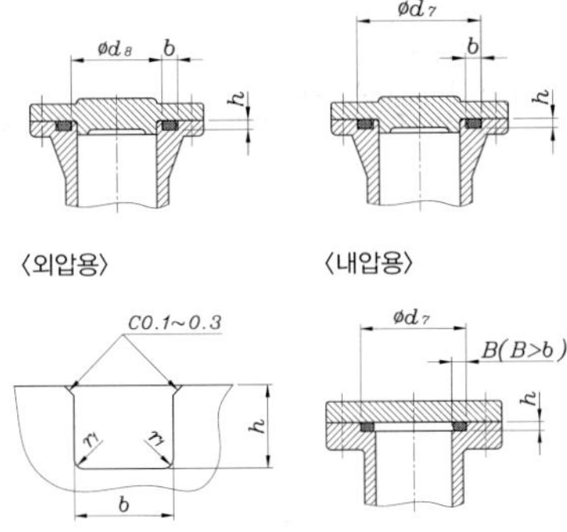

〈내압용〉

O링의 호칭 번호	홈 부의 치수					참고						
	d_8 (외압용)	d_7 (내압용)	b +0.25 0	h ±0.05	r_1 (최대)	O링의 실치수			압축 압축량			
						굵기	안지름		mm		%	
									최대	최소	최대	최소
P 3	3	6	2.5	1.4	0.4	1.9 ± 0.08	2.8	± 0.14	0.63	0.37	31.8	20.3
P 4	4	7					3.8	± 0.14				
P 5	5	8					4.8	± 0.15				
P 6	6	9					5.8	± 0.15				
P 7	7	10					6.8	± 0.16				
P 8	8	11					7.8	± 0.16				
P 9	9	12					8.8	± 0.17				
P 10	10	13					9.8	± 0.17				
P 10A	10	14	3.2	1.8	0.4	2.4 ± 0.09	9.8	± 0.17	0.74	0.46	29.7	19.9
P 11	11	15					10.8	± 0.18				
P 11.2	11.2	15.2					11.0	± 0.18				
P 12	12	16					11.8	± 0.19				
P 12.5	12.5	16.5					12.3	± 0.19				
P 14	14	18					13.8	± 0.19				
P 15	15	19					14.8	± 0.20				
P 16	16	20					15.8	± 0.20				
P 18	18	22					17.8	± 0.21				
P 20	20	24					19.8	± 0.22				
P 21	21	25					20.8	± 0.23				
P 22	22	26					21.8	± 0.24				
P 22A	22	28	4.7	2.7	0.8	3.5 ± 0.10	21.7	± 0.24	0.95	0.65	26.4	19.1
P 22.4	22.4	28.4					22.1	± 0.24				
P 24	24	30					23.7	± 0.24				
P 25	25	31					24.7	± 0.25				
P 25.5	25.5	31.5					25.2	± 0.25				
P 26	26	32					25.7	± 0.26				
P 28	28	34					27.7	± 0.28				
P 29	29	35					28.7	± 0.29				
P 29.5	29.5	35.5					29.2	± 0.29				
P 30	30	36					29.7	± 0.29				
P 31	31	37					30.7	± 0.30				
P 31.5	31.5	37.5					31.2	± 0.31				
P 32	32	38					31.7	± 0.31				
P 34	34	40					33.7	± 0.33				
P 35	35	41					34.7	± 0.34				
P 35.5	35.5	41.5					35.2	± 0.34				
P 36	36	42					35.7	± 0.34				
P 38	38	44					37.7	± 0.37				
P 39	39	45					38.7	± 0.37				
P 40	40	46					39.7	± 0.37				
P 41	41	47					40.7	± 0.38				
P 42	42	48					41.7	± 0.39				

비 고

- 고정용(평면)에서 내압이 걸리는 경우에는 O링의 바깥 둘레가 홈의 외벽에 밀착하도록 설계하고, 외압이 걸리는 경우에는 반대로 O링의 안 둘레가 홈의 내벽에 밀착하도록 설계한다.

■ 고정용(평면)의 홈 부의 모양 및 치수 (계속)

단위 : mm

O링의 호칭 번호	홈 부의 치수					[참 고]						
						O링의 실치수			압축 압축량			
									mm		%	
	d_8 (외압용)	d_7 (내압용)	b +0.25 0	h ±0.05	r_1 (최대)	굵기	안지름		최대	최소	최대	최소
P 44	44	50	4.7	2.7	0.7	3.5± 0.10	43.7	± 0.41	0.95	0.65	26.4	19.1
P 45	45	51					44.7	± 0.41				
P 46	46	52					45.7	± 0.42				
P 48	48	54					47.7	± 0.44				
P 49	49	55					48.7	± 0.45				
P 50	50	56					49.7	± 0.45				
P 48A	48	58	7.5	4.6	0.8	5.7± 0.13	47.6	± 0.44	1.28	0.92	22.0	16.5
P 50A	50	60					49.6	± 0.45				
P 52	52	62					51.6	± 0.47				
P 53	53	63					52.6	± 0.48				
P 55	55	65					54.6	± 0.49				
P 56	56	66					55.6	± 0.50				
P 58	58	68					57.6	± 0.52				
P 60	60	70					59.6	± 0.53				
P 62	62	72					61.6	± 0.55				
P 63	63	73					62.6	± 0.56				
P 65	65	75					64.6	± 0.57				
P 67	67	77					66.6	± 0.59				
P 70	70	80					69.6	± 0.61				
P 71	71	81					70.6	± 0.62				
P 75	75	85					74.6	± 0.65				
P 80	80	90					79.6	± 0.69				
P 85	85	95					84.6	± 0.73				
P 90	90	100					89.6	± 0.77				
P 95	95	105					94.6	± 0.81				
P 100	100	110					99.6	± 0.84				
P 102	102	112					101.6	± 0.85				
P 105	105	115					104.6	± 0.87				
P 110	110	120					109.6	± 0.91				
P 112	112	122					111.6	± 0.92				
P 115	115	125					114.6	± 0.94				
P 120	120	130					119.6	± 0.98				
P 125	125	135					124.6	± 1.01				
P 130	130	140					129.6	± 1.05				
P 132	132	142					131.6	± 1.06				
P 135	135	145					134.6	± 1.09				
P 140	140	150					139.6	± 1.12				
P 145	145	155					144.6	± 1.16				
P 150	150	160					149.6	± 1.19				
P 150A	150	165	11.0	6.9	1.2	8.4± 0.15	149.5	± 1.19	1.7	1.3	19.9	15.8
P 155	155	170					154.5	± 1.23				
P 160	160	175					159.5	± 1.26				
P 165	165	180					164.5	± 1.30				
P 170	170	185					169.5	± 1.33				
P 175	175	190					174.5	± 1.37				
P 180	180	195					179.5	± 1.40				
P 185	185	200					184.5	± 1.44				
P 190	190	205					189.5	± 1.48				
P 195	195	210					194.5	± 1.51				
P 200	200	215					199.5	± 1.55				
P 205	205	220					204.5	± 1.58				
P 209	209	224					208.5	± 1.61				
P 210	210	225					209.5	± 1.62				
P 215	215	230					214.5	± 1.65				
P 220	220	235					219.5	± 1.68				
P 225	225	240					224.5	± 1.71				
P 230	230	245					229.5	± 1.75				
P 235	235	250					234.5	± 1.78				
P 240	240	255					239.5	± 1.81				
P 245	245	260					244.5	± 1.84				
P 250	250	265					249.5	± 1.88				
P 255	255	270					254.5	± 1.91				
P 260	260	275					259.5	± 1.94				
P 265	265	280					264.5	± 1.97				
P 270	270	285					269.5	± 2.01				
P 275	275	290					274.5	± 2.04				
P 280	280	295					279.5	± 2.07				

■ 고정용(평면)의 홈 부의 모양 및 치수 (계속)

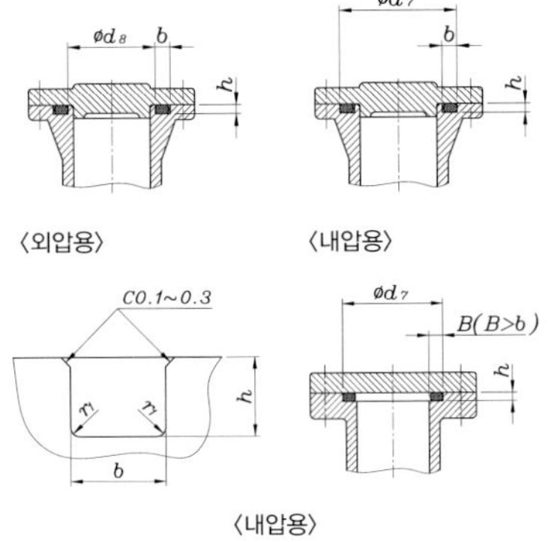

〈내압용〉

단위 : mm

O링의 호칭 번호	홈 부의 치수					참고						
	d8 (외압용)	d7 (내압용)	b +0.25 0	h ±0.05	r1 (최대)	O링의 치수			압축 압축량			
						굵기	안지름		mm		%	
									최대	최소	최대	최소
P 285	285	300	11.0	6.9	1.2	8.4 ± 0.15	284.5	± 2.10	1.7	1.3	19.9	15.8
P 290	290	305					289.5	± 2.14				
P 295	295	310					294.5	± 2.17				
P 300	300	315					299.5	± 2.20				
P 315	315	330					314.5	± 2.30				
P 320	320	335					319.5	± 2.33				
P 335	335	350					334.5	± 2.42				
P 340	340	355					339.5	± 2.45				
P 355	355	370					354.5	± 2.54				
P 360	360	375					359.5	± 2.57				
P 375	375	390					374.5	± 2.67				
P 385	385	400					384.5	± 2.73				
P 400	400	415					399.5	± 2.82				

■ 고정용(평면)의 홈 부의 모양 및 치수 (계속)

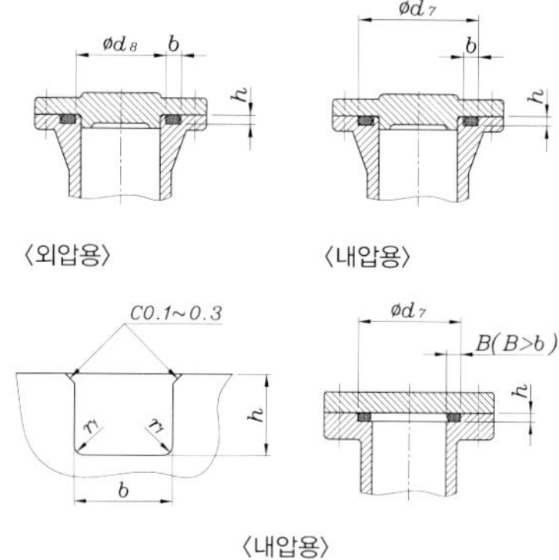

단위 : mm

O링의 호칭 번호	홈 부의 치수					참 고						
	d8 (외압용)	d7 (내압용)	b +0.25 0	h ±0.05	r1 (최대)	O링의 치수			압축 압축량			
						굵 기	안지름		mm 최대	mm 최소	% 최대	% 최소
G 25	25	30					24.4	± 0.25				
G 30	30	35					29.4	± 0.29				
G 35	35	40					34.4	± 0.33				
G 40	40	45					39.4	± 0.37				
G 45	45	50					44.4	± 0.41				
G 50	50	55					49.4	± 0.45				
G 55	55	60					54.4	± 0.49				
G 60	60	65					59.4	± 0.53				
G 65	65	70					64.4	± 0.57				
G 70	70	75					69.4	± 0.61				
G 75	75	80					74.4	± 0.65				
G 80	80	85					79.4	± 0.69				
G 85	85	90	4.1	2.4	0.7	3.1 ± 0.10	84.4	± 0.73	0.85	0.55	26.6	18.3
G 90	90	95					89.4	± 0.77				
G 95	95	100					94.4	± 0.81				
G 100	100	105					99.4	± 0.85				
G 105	105	110					104.4	± 0.87				
G 110	110	115					109.4	± 0.91				
G 115	115	120					114.4	± 0.94				
G 120	120	125					119.4	± 0.98				
G 125	125	130					124.4	± 1.01				
G 130	130	135					129.4	± 1.05				
G 135	135	140					134.4	± 1.08				
G 140	140	145					139.4	± 1.12				
G 145	145	150					144.4	± 1.16				
G 150	150	160					149.3	± 1.19				
G 155	155	165					154.3	± 1.23				
G 160	160	170					159.3	± 1.26				
G 165	165	175					164.3	± 1.30				
G 170	170	180					169.3	± 1.33				
G 175	175	185	7.5	4.6	0.8	5.7 ± 0.13	174.3	± 1.37	1.28	0.92	22.0	16.5
G 180	180	190					179.3	± 1.40				
G 185	185	195					184.3	± 1.44				
G 190	190	200					189.3	± 1.47				
G 195	195	205					194.3	± 1.51				
G 200	200	210					199.3	± 1.55				
G 210	210	220					209.3	± 1.61				

■ 고정용(평면)의 홈 부의 모양 및 치수 (계속)

O링의 호칭 번호	홈 부의 치수					참 고						
	d_8 (외압용)	d_7 (내압용)	b +0.25 0	h ±0.05	r1 (최대)	O링의 치수			압축 압축량			
						굵 기	안지름		mm 최대	mm 최소	% 최대	% 최소
G 210	210	220	7.5	4.6	0.8	5.7 ± 0.1	209.3	± 1.61	1.28	0.92	22.0	16.5
G 220	220	230					219.3	± 1.68				
G 230	230	240					229.3	± 1.73				
G 240	240	250					239.3	± 1.81				
G 250	250	260					249.3	± 1.88				
G 260	260	270					259.3	± 1.94				
G 270	270	280					269.3	± 2.01				
G 280	280	290					279.3	± 2.07				
G 290	290	300					289.3	± 2.14				
G 300	300	310					299.3	± 2.20				

주

• 허용차는 KS B 2805에서의 1~3종의 허용차로서, 4종 C의 경우는 위 허용차의 1.5배, 4종 D의 경우에는 위 허용차의 1.2배이다.

비 고

• d_8 및 d_7은 기준 치수를 나타내며, 허용차에 대해서는 특별히 규정하지 않는다.

5 O링의 부착에 관한 주의 사항

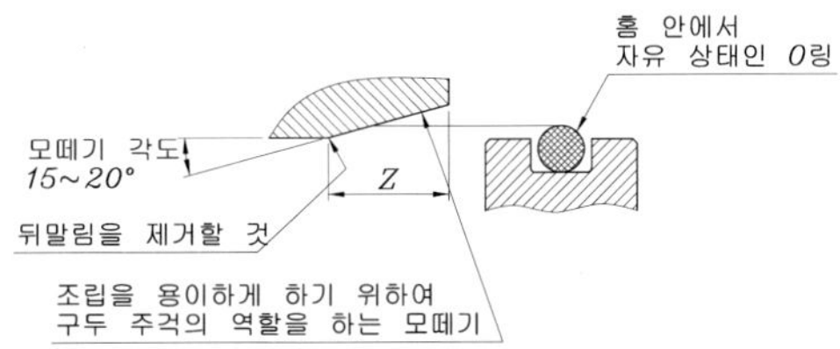

▶ O링 부착부의 예리한 모서리를 제거하는 방법

단위 : mm

O링의 호칭번호	O링의 굵기	Z(최소)
P 3~P 10	1.9±0.08	1.2
P 10A~P 22	2.4±0.09	1.4
P 22A~P 50	3.5±0.10	1.8
P 48A~P 150	5.7±0.13	3.0
P 150A~P 400	8.4±0.15	4.3
G 25~G 145	3.1±0.10	1.7
G 150~G 300	5.7±0.13	3.0
A 0018 G~A 0170 G	1.80±0.08	1.1
B 0140 G~B 0387 G	2.65±0.09	1.5
C 0180 G~C 2000 G	3.55±0.10	1.8

▶ O링 부착부의 예리한 모서리를 제거하는 방법

단위 : mm

O링의 호칭번호	O링의 굵기	Z(최소)
D 0400 G~D 4000 G	5.30±0.13	2.7
E 1090 G~E 6700 G	7.00±0.15	3.6

주

• 기기를 조립할 때, O링이 흠이 생기지 않도록 하기 위하여 축의 끝부나 구멍에 모떼기를 한다.

▶ 원동용 및 고정용(원통면) 홈 부의 표면 거칠기

기기의 부분	운동용	고정용 (원통면)	기기의 부분		운동용	고정용 (원통면)
실린더 내면, 또는 피스톤 로드 외면 등	1.6S	6.3S	홈의 측면	백업링을 사용 않는 경우	3.2S	6.3S
홈의 밑면	3.2S	6.3S		백업링을 사용할 경우	6.3S	6.3S

▶ 고정면(평면)의 표면 거칠기

기기의 부분	압력 변화 큰 경우	압력 변화 작은 경우	기기의 부분	압력 변화 큰 경우	압력 변화 작은 경우
플랜지 면 등의 접촉면	6.3S	12.5S	홈의 밑면	6.3S	12.5S
홈의 측면	6.3S	12.5S	(주) 압력변화가 큰 경우는 압력변동이 크고 빈도가 심할 때를 말한다.		

6-4 O링 KS B 2805 : 2002 (2012 확인)

1 운동용 O링 (P)의 모양 및 치수

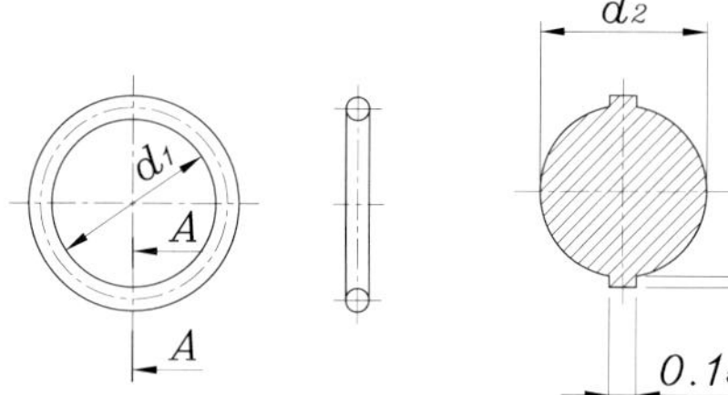

단위 : mm

호칭번호	굵기 d_2		안지름 d_1		홈부의 치수(참고)	
	기준치수	허용차	기준치수	허용차	축 지름	구멍 지름
P 3	1.9	±0.08	2.8	± 0.14	3	6
P 4			3.8	± 0.14	4	7
P 5			4.8	± 0.15	5	8
P 6			5.8	± 0.15	6	9
P 7			6.8	± 0.16	7	10
P 8			7.8	± 0.16	8	11
P 9			8.8	± 0.17	9	12
P 10			9.8	± 0.17	10	13
P 10A	2.4	±0.09	9.8	± 0.17	10	14
P 11			10.8	± 0.18	11	15
P 11.2			11.0	± 0.18	11.2	15.2
P 12			11.8	± 0.19	12	16
P 12.5			12.3	± 0.19	12.5	16.5
P 14			13.8	± 0.19	14	18
P 15			14.8	± 0.20	15	19
P 16			15.8	± 0.20	16	20
P 18			17.8	± 0.21	18	22
P 20			19.8	± 0.22	20	24
P 21			20.8	± 0.23	21	25
P 22			21.8	± 0.24	22	26
P 22A	3.5	±0.10	21.7	± 0.24	22	28
P 22.4			22.1	± 0.24	22.4	28.4
P 24			23.7	± 0.24	24	30
P 25			24.7	± 0.25	25	31
P 25.5			25.2	± 0.25	25.5	31.5
P 26			25.7	± 0.26	26	32
P 28			27.7	± 0.28	28	34
P 29			28.7	± 0.29	29	35
P 29.5			29.2	± 0.29	29.5	35.5
P 30			29.7	± 0.29	30	36
P 31			30.7	± 0.30	31	37
P 31.5			31.2	± 0.31	31.5	37.5
P 32			31.7	± 0.31	32	38
P 34			33.7	± 0.33	34	40
P 35			34.7	± 0.34	35	41
P 35.5			35.2	± 0.34	35.5	41.5
P 36			35.7	± 0.34	36	42
P 38			37.7	± 0.37	38	44
P 39			38.7	± 0.37	39	45
P 40			39.7	± 0.37	40	46
P 41			40.7	± 0.38	41	47
P 42			41.7	± 0.39	42	48
P 44			43.7	± 0.41	44	50
P 45			44.7	± 0.41	45	51
P 46			45.7	± 0.42	46	52
P 48			47.7	± 0.44	48	54
P 49			48.7	± 0.45	49	55
P 50			49.7	± 0.45	50	56
P 48A	5.7	±0.13	47.6	± 0.44	48	58
P 50A			49.6	± 0.45	50	60
P 52			51.6	± 0.47	52	62
P 53			52.6	± 0.48	53	63
P 55			54.6	± 0.49	55	65
P 56			55.6	± 0.50	56	66
P 58			57.6	± 0.52	58	68
P 60			59.6	± 0.53	60	70
P 62			61.6	± 0.55	62	72
P 63			62.6	± 0.56	63	73
P 65			64.6	± 0.57	65	75
P 67			66.6	± 0.59	67	77
P 70			69.6	± 0.61	70	80
P 71	5.7	±0.13	70.6	± 0.62	71	81
P 75			74.6	± 0.65	75	85
P 80			79.6	± 0.69	80	90
P 85			84.6	± 0.73	85	95
P 90			89.6	± 0.77	90	100
P 95			94.6	± 0.81	95	105
P 100			99.6	± 0.84	100	110
P 102			101.6	± 0.85	102	112
P 105			104.6	± 0.87	105	115
P 110			109.6	± 0.91	110	120
P 112			111.6	± 0.92	112	122
P 115			114.6	± 0.94	115	125
P 120			119.6	± 0.98	120	130
P 125			124.6	± 1.01	125	135
P 130			129.6	± 1.05	130	140
P 132			131.6	± 1.06	132	142
P 135			134.6	± 1.09	135	145
P 140			139.6	± 1.12	140	150
P 145			144.6	± 1.16	145	155
P 150			149.6	± 1.19	150	160
P 150A	8.4	±0.15	149.5	± 1.19	150	165
P 155			154.5	± 1.23	155	170
P 160			159.5	± 1.26	160	175
P 165			164.5	± 1.30	165	180
P 170			169.5	± 1.33	170	185
P 175			174.5	± 1.37	175	190
P 180			179.5	± 1.40	180	195
P 185			184.5	± 1.44	185	200
P 190			189.5	± 1.48	190	205
P 195			194.5	± 1.51	195	210
P 200			199.5	± 1.55	200	215
P 205			204.5	± 1.58	205	220
P 209			208.5	± 1.61	209	224
P 210			209.5	± 1.62	210	225
P 215			214.5	± 1.65	215	230
P 220			219.5	± 1.68	220	235
P 225			224.5	± 1.71	225	240
P 230			229.5	± 1.75	230	245
P 235			234.5	± 1.78	235	250
P 240			239.5	± 1.81	240	255
P 245			244.5	± 1.84	245	260
P 250			249.5	± 1.88	250	265
P 255			254.5	± 1.91	255	270
P 260			259.5	± 1.94	260	275
P 265			264.5	± 1.97	265	280
P 270			269.5	± 2.01	270	285
P 275			274.5	± 2.04	275	290
P 280			279.5	± 2.07	280	295
P 285			284.5	± 2.10	285	300
P 290			289.5	± 2.14	290	305
P 295			294.5	± 2.17	295	310
P 300			299.5	± 2.20	300	315
P 315			314.5	± 2.30	315	330
P 320			319.5	± 2.33	320	335
P 335			334.5	± 2.42	335	350
P 340			339.5	± 2.45	340	355
P 355			354.5	± 2.54	355	370
P 360			359.5	± 2.57	360	375
P 375			374.5	± 2.67	375	390
P 385			384.5	± 2.73	385	400
P 400			399.5	± 2.82	400	415

비 고

- 4종의 d_1의 허용차는 4C에 대해서는 위 허용차의 1.5배, 4D에 대해서는 위 허용차의 1.22배로 한다.

2 고정용 오링 (G)의 모양 및 치수

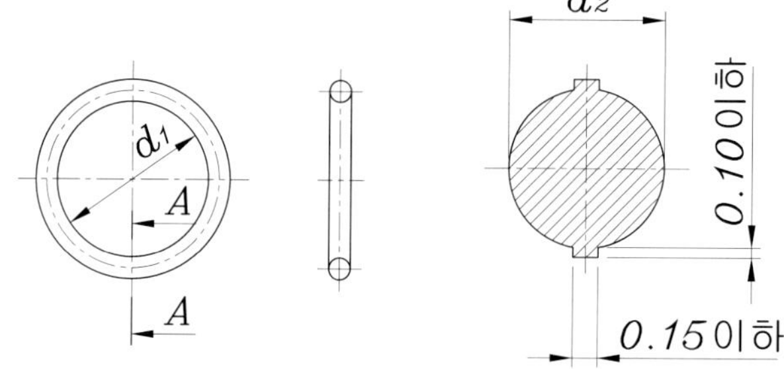

단위 : mm

호칭 번호	굵기 d_2		안지름 d_1		홈부의 치수 (참고)	
	기준 치수	허용차	기준 치수	허용차	축 지름	구멍 지름
G 25	3.1	± 0.10	24.4	± 0.25	25	30
G 30			29.4	± 0.29	30	35
G 35			34.4	± 0.33	35	40
G 40			39.4	± 0.37	40	45
G 45			44.4	± 0.41	45	50
G 50			49.4	± 0.45	50	55
G 55			54.4	± 0.49	55	60
G 60			59.4	± 0.53	60	65
G 65			64.4	± 0.57	65	70
G 70			69.4	± 0.61	70	75
G 75			74.4	± 0.65	75	80
G 80			79.4	± 0.69	80	85
G 85			84.4	± 0.73	85	90
G 90			89.4	± 0.77	90	95
G 95			94.4	± 0.81	95	100
G 100			99.4	± 0.85	100	105
G 105			104.4	± 0.87	105	110
G 110			109.4	± 0.91	110	115
G 115			114.4	± 0.94	115	120
G 120			119.4	± 0.98	120	125
G 125			124.4	± 1.01	125	130
G 130			129.4	± 1.05	130	135
G 135			134.4	± 1.08	135	140
G 140			139.4	± 1.12	140	145
G 145			144.4	± 1.16	145	150

호칭 번호	굵기 d_2		안지름 d_1		홈부의 치수 (참고)	
	기준 치수	허용차	기준 치수	허용차	축 지름	구멍 지름
G 150	5.7	± 0.15	149.3	± 1.19	150	160
G 155			154.3	± 1.23	155	165
G 160			159.3	± 1.26	160	170
G 165			164.3	± 1.30	165	175
G 170			169.3	± 1.33	170	180
G 175			174.3	± 1.37	175	185
G 180			179.3	± 1.40	180	190
G 185			184.3	± 1.44	185	195
G 190			189.3	± 1.47	190	200
G 195			194.3	± 1.51	195	205
G 200			199.3	± 1.55	200	210
G 210			209.3	± 1.61	210	220
G 220			219.3	± 1.68	220	230
G 230			229.3	± 1.73	230	240
G 240			239.3	± 1.81	240	250
G 250			249.3	± 1.88	250	260
G 260			259.3	± 1.94	260	270
G 270			269.3	± 2.01	270	280
G 280			279.3	± 2.07	280	290
G 290			289.3	± 2.14	290	300
G 300			299.3	± 2.20	300	310

비 고

- 4종의 d의 허용치는 4C에 대해서는 위 허용치의 3배, 4D에 대해서는 위 허용치의 2배로 한다.

3 진공 플랜지용 오링(V)의 모양 및 치수

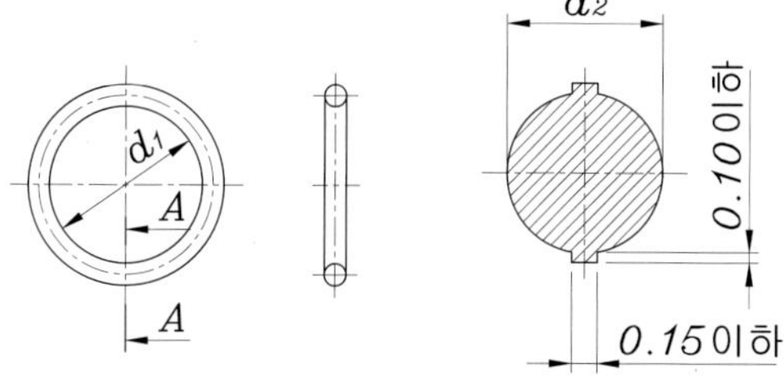

단위 : mm

호칭 번호	굵기 d_2		안지름 d_1	
	기준 치수	허용차	기준 치수	허용차
V15	4	± 0.10	14.5	± 0.20
V24			23.5	± 0.24
V34			33.5	± 0.33
V40			39.5	± 0.37
V55			54.5	± 0.49
V70			69.0	± 0.61
V85			84.0	± 0.72
V100			99.0	± 0.83
V120			119.0	± 0.97
V150			148.5	± 1.18
V175			173.0	± 1.36
V225	6	± 0.15	222.5	± 1.70
V275			272.0	± 2.02
V325			321.5	± 2.34
V380			376.0	± 2.68
V430			425.5	± 2.99
V480	10	± 0.30	475.0	± 3.30
V530			524.5	± 3.60
V585			579.0	± 3.92
V640			633.5	± 4.24
V690			683.0	± 4.54
V740			732.5	± 4.83
V790			782.0	± 5.12
V845			836.5	± 5.44
V950			940.5	± 6.06
V1055			1044.0	± 6.67

비 고

- 4종의 d_1의 허용차는 4C에 대하여는 상기 허용차의 1.5배, 4D에 대하여는 상기 허용차의 1.2배로 한다.

■ 오링의 재료 및 용도

종류		기호	비고	1참고
재료별	1종 A	1A	내 광물유용으로 스프링 경도 HS 70인 것	니트릴 고무 상당
	1종 B	1B	내 광물유용으로 스프링 경도 HS 90인 것	니트릴 고무 상당
	2종	2	내 가솔린용	니트릴 고무 상당
	3종	3	내 동식물유용	스티렌부타디엔 고무 또는 에틸렌프로필렌 고무 상당
	4종 C	4C	내열용	실리콘 고무 상당
	4종 D	4D	내열용	불소 고무 상당
용도별	운동용(패킷)	P	–	–
	고정용(가스켓)	G	–	–
	진공 플랜지용	V	–	–
ISO 일반 공업용		1A	내광물유용에서 스프링 경도 Hs70인 것으로서 재료별 종류는 1종 A를 적용하고 모양 및 치수는 ISO 3601－1에 따른다.	니트릴 고무 상당

4 ISO 일반 공업용 오링의 모양 및 치수

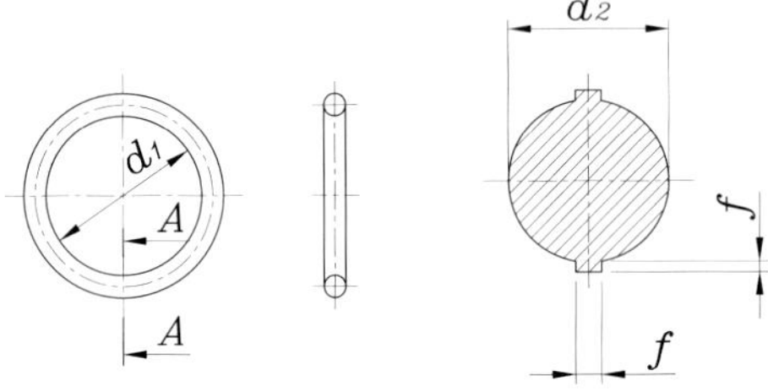

굵기 d_2의 기준치수와 허용차		1.80 ± 0.08	2.65 ± 0.09	3.55 ± 0.10	5.30 ± 0.13	7.00 ± 0.15
기호		A	B	C	D	E
f		0.1 이하	0.12 이하	0.14 이하	0.16 이하	0.18 이하
안지름 d_1		호칭 번호				
기준치수	허용차					
1.80	± 0.13	A0018G				
2.00	± 0.13	A0020G				
2.24	± 0.13	A0022G				
2.50	± 0.13	A0025G				
2.80	± 0.14	A0028G				
3.15	± 0.14	A0031G				
3.55	± 0.14	A0035G				
3.75	± 0.14	A0037G				
4.00	± 0.14	A0040G				
4.50	± 0.14	A0045G				
4.87	± 0.15	A0048G				
5.00	± 0.15	A0050G				
5.15	± 0.15	A0051G				
5.30	± 0.15	A0053G				

■ ISO 일반 공업용 오링의 모양 및 치수 (계속)

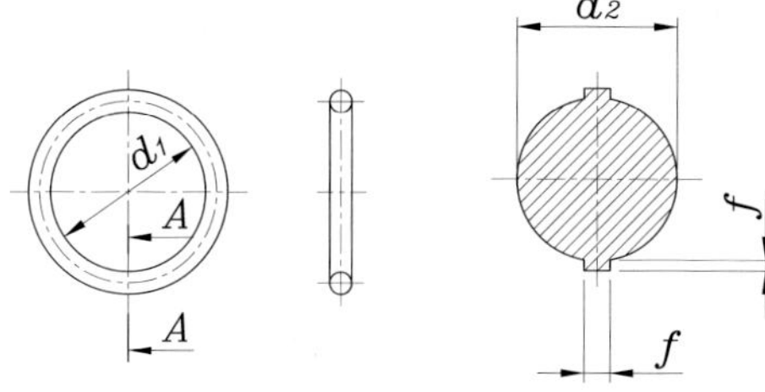

굵기 d_2의 기준치수와 허용차		1.80 ± 0.08	2.65 ± 0.09	3.55 ± 0.10	5.30 ± 0.13	7.00 ± 0.15
기호		A	B	C	D	E
f		0.1 이하	0.12 이하	0.14 이하	0.16 이하	0.18 이하
안지름 d_1		호칭 번호				
기준치수	허용차					
5.60	± 0.15	A0056G				
6.00	± 0.15	A0060G				
6.30	± 0.15	A0063G				
6.70	± 0.16	A0067G				
6.90	± 0.16	A0069G				
7.10	± 0.16	A0071G				
7.50	± 0.16	A0075G				
8.00	± 0.16	A0080G				
8.50	± 0.16	A0085G				
8.75	± 0.17	A0087G				
9.00	± 0.17	A0090G				
9.50	± 0.17	A0095G				
10.0	± 0.17	A0100G				
10.6	± 0.18	A0106G				
11.2	± 0.18	A0112G				
11.8	± 0.19	A0118G				
12.5	± 0.19	A0125G				
13.2	± 0.19	A0132G				
14.0	± 0.19	A0140G	B0140G			
15.0	± 0.20	A0150G	B0150G			
16.0	± 0.20	A0160G	B0160G			
17.0	± 0.21	A0170G	B0170G			
18.0	± 0.21		B0180G	C0180G		
19.0	± 0.22		B0190G	C0190G		
20.0	± 0.22		B0200G	C0200G		
21.2	± 0.23		B0212G	C0212G		
22.4	± 0.24		B0224G	C0224G		
23.6	± 0.24		B0236G	C0236G		

비 고

- 호칭번호 끝의 G는 일반 공업용을 의미한다.

■ ISO 일반 공업용 오링의 모양 및 치수 (계속)

굵기 d_2의 기준치수와 허용차		1.80 ± 0.08	2.65 ± 0.09	3.55 ± 0.10	5.30 ± 0.13	7.00 ± 0.15
기호		A	B	C	D	E
f		0.1 이하	0.12 이하	0.14 이하	0.16 이하	0.18 이하
안지름 d_1		호칭 번호				
기준치수	허용차					
25.0	± 0.25		B0250G	C0250G		
25.8	± 0.26		B0258G	C0258G		
26.5	± 0.26		B0265G	C0265G		
28.0	± 0.28		B0280G	C0280G		
30.0	± 0.29		B0300G	C0300G		
31.5	± 0.31		B0315G	C0315G		
32.5	± 0.32		B0325G	C0325G		
33.5	± 0.32		B0335G	C0335G		
34.5	± 0.33		B0345G	C0345G		
35.5	± 0.34		B0355G	C0355G		
36.5	± 0.35		B0365G	C0365G		
37.5	± 0.36		B0375G	C0375G		
38.7	± 0.37		B0387G	C0387G		
40.0	± 0.38			C0400G	D0400G	
41.2	± 0.39			C0412G	D0412G	
42.5	± 0.40			C0425G	D0425G	
43.7	± 0.41			C0437G	D0437G	
45.0	± 0.42			C0450G	D0450G	
46.2	± 0.43			C0462G	D0462G	
47.5	± 0.44			C0475G	D0475G	
48.7	± 0.45			C0487G	D0487G	
50.0	± 0.46			C0500G	D0500G	
51.5	± 0.47			C0515G	D0515G	
53.0	± 0.48			C0530G	D0530G	
54.5	± 0.50			C0545G	D0545G	
56.0	± 0.51			C0560G	D0560G	
58.0	± 0.52			C0580G	D0580G	
60.0	± 0.54			C0600G	D0600G	
61.5	± 0.55			C0615G	D0615G	
63.0	± 0.56			C0630G	D0630G	
65.0	± 0.58			C0650G	D0650G	
67.0	± 0.59			C0670G	D0670G	
69.0	± 0.61			C0690G	D0690G	
71.0	± 0.63			C0710G	D0710G	
73.0	± 0.64			C0730G	D0730G	
75.0	± 0.66			C0750G	D0750G	
77.5	± 0.67			C0775G	D0775G	
80.0	± 0.69			C0800G	D0800G	
82.5	± 0.71			C0825G	D0825G	
85.0	± 0.73			C0850G	D0850G	
87.5	± 0.75			C0875G	D0875G	
90.0	± 0.77			C0900G	D0900G	

비 고

• 호칭번호 끝의 G는 일반 공업용을 의미한다.

■ ISO 일반 공업용 오링의 모양 및 치수 (계속)

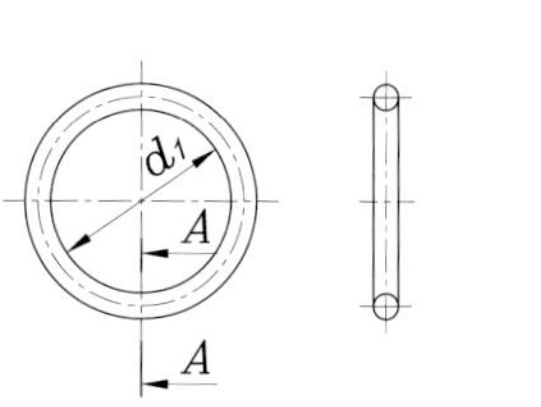

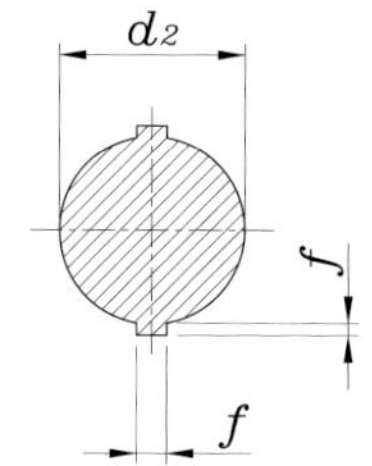

굵기 d_2의 기준치수와 허용차		1.80 ± 0.08	2.65 ± 0.09	3.55 ± 0.10	5.30 ± 0.13	7.00 ± 0.15
기호		A	B	C	D	E
f		0.1 이하	0.12 이하	0.14 이하	0.16 이하	0.18 이하
안지름 d_1		호칭 번호				
기준치수	허용차					
92.5	± 0.79			C0925G	D0925G	
95.0	± 0.81			C0950G	D0950G	
97.5	± 0.83			C0975G	D0975G	
100	± 0.84			C1000G	D1000G	
103	± 0.87			C1030G	D1030G	
106	± 0.89			C1060G	D1060G	
109	± 0.91			C1090G	D1090G	E1090G
112	± 0.93			C1120G	D1120G	E1120G
115	± 0.95			C1150G	D1150G	E1150G
118	± 0.97			C1180G	D1180G	E1180G
122	± 1.00			C1220G	D1220G	E1220G
125	± 1.03			C1250G	D1250G	E1250G
128	± 1.05			C1280G	D1280G	E1280G
132	± 1.08			C1320G	D1320G	E1320G
136	± 1.10			C1360G	D1360G	E1360G
140	± 1.13			C1400G	D1400G	E1400G
145	± 1.17			C1450G	D1450G	E1450G
150	± 1.20			C1500G	D1500G	E1500G
155	± 1.24			C1550G	D1550G	E1550G
160	± 1.27			C1600G	D1600G	E1600G
165	± 1.31			C1650G	D1650G	E1650G
170	± 1.34			C1700G	D1700G	E1700G
175	± 1.38			C1750G	D1750G	E1750G
180	± 1.41			C1800G	D1800G	E1800G
185	± 1.44			C1850G	D1850G	E1850G
190	± 1.48			C1900G	D1900G	E1900G
195	± 1.51			C1950G	D1950G	E1950G
200	± 1.55			C2000G	D2000G	E2000G
206	± 1.59				D2060G	E2060G
212	± 1.63				D2120G	E2120G
218	± 1.67				D2180G	E2180G
224	± 1.71				D2240G	E2240G
230	± 1.75				D2300G	E2300G
236	± 1.79				D2360G	E2360G
243	± 1.83				D2430G	E2430G
250	± 1.88				D2500G	E2500G

굵기 d_2의 기준치수와 허용차		1.80 ± 0.08	2.65 ± 0.09	3.55 ± 0.10	5.30 ± 0.13	7.00 ± 0.15
기호		A	B	C	D	E
258	± 1.93				D2580G	E2580G
265	± 1.98				D2650G	E2650G
272	± 2.02				D2720G	E2720G
280	± 2.08				D2800G	E2800G
290	± 2.14				D2900G	E2900G
300	± 2.21				D3000G	E3000G

비 고

• 호칭번호 끝의 G는 일반 공업용을 의미한다.

ISO 일반 공업용 오링의 모양 및 치수 (계속)

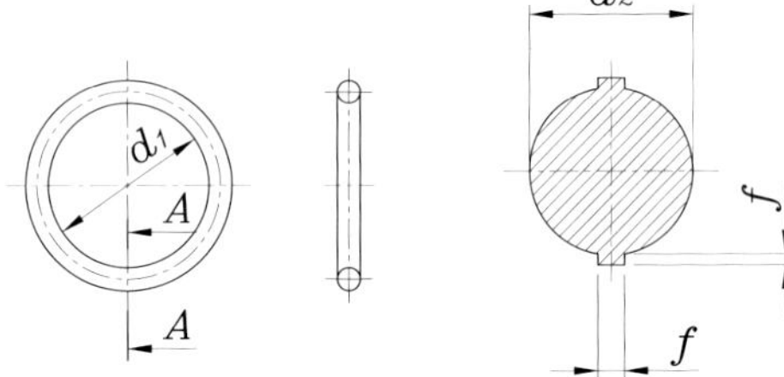

굵기 d_2의 기준치수와 허용차		1.80 ± 0.08	2.65 ± 0.09	3.55 ± 0.10	5.30 ± 0.13	7.00 ± 0.15
기호		A	B	C	D	E
f		0.1 이하	0.12 이하	0.14 이하	0.16 이하	0.18 이하
안지름 d_1		호칭 번호				
기준치수	허용차					
307	± 2.25				D3070G	E3070G
315	± 2.30				D3150G	E3150G
325	± 2.37				D3250G	E3250G
335	± 2.43				D3350G	E3350G
345	± 2.49				D3450G	E3450G
355	± 2.56				D3550G	E3550G
365	± 2.62				D3650G	E3650G
375	± 2.68				D3750G	E3750G
387	± 2.76				D3870G	E3870G
400	± 2.84				D4000G	E4000G
412	± 2.91					E4120G
425	± 2.99					E4250G
437	± 3.07					E4370G
450	± 3.15					E4500G
462	± 3.22					E4620G
475	± 3.30					E4750G
487	± 3.37					E4870G
500	± 3.45					E5000G
515	± 3.54					E5150G
530	± 3.63					E5300G

■ ISO 일반 공업용 오링의 모양 및 치수 (계속)

굵기 d_2의 기준치수와 허용차		1.80 ± 0.08	2.65 ± 0.09	3.55 ± 0.10	5.30 ± 0.13	7.00 ± 0.15
기호		A	B	C	D	E
f		0.1 이하	0.12 이하	0.14 이하	0.16 이하	0.18 이하
안지름 d_1		호칭 번호				
기준치수	허용차					
545	± 3.72					E5450G
560	± 3.81					E5600G
580	± 3.93					E5800G
600	± 4.05					E6000G
615	± 4.13					E6150G
630	± 4.22					E6300G
650	± 4.34					E6500G
670	± 4.46					E6700G

비 고

• 호칭번호 끝의 G는 일반 공업용을 의미한다.

6-5 O링용 백업 링 KS B 2809 (폐지)

1 적용 범위 및 종류의 기호와 특성

이 규격은 KS B 2805의 운동용 O링, 고정용(원통면) O링의 빠짐 방지에 사용하는 백업 링에 대하여 규정한다. 다만 ISO O링용을 제외한다.

■ 백업링의 종류

종류 기호	재료	색	모양
T1	폴리테트라플루오로에틸렌 수지	유백색	스파이럴
T2	폴리테트라플루오로에틸렌 수지	유백색	바이어스 컷
T3	폴리테트라플루오로에틸렌 수지	유백색	엔드리스
F1	충전재 함유 폴리테트라플루오로에틸렌 수지	다갈색	스파이럴
F2	충전재 함유 폴리테트라플루오로에틸렌 수지	다갈색	바이어스 컷
F3	충전재 함유 폴리테트라플루오로에틸렌 수지	다갈색	엔드리스

■ 백업링의 재료 특성

항목	폴리테트라플루오로에틸렌 수지	충전재 함유 폴리테트라플루오로에틸렌 수지	시험 방법
비 중(1)	2.14~2.20	3.00~4.00	KS M 3033
인장강도(2) N/mm2(kgf/mm^2)	14.7(1.5) 이상	12.0(1.2) 이상	
연신율(2) %	100 이상	100 이상	
경도(2) 타입 D	50 이상	60 이상	KS M 3043
치수 안정성(3) %	± 0.5 이하	± 0.5 이하	–

• ([1]) 비중 측정용 시험편은 제품에서 채취한다.
• ([2]) 인장강도, 연신율 및 경도 측정용 시험편은 제품과 동일 조건으로 성형한 판에서 채취한다.
• ([3]) 측정용 시험편은 ([2])에 의하여 성형한 판에서 지름 20mm의 원판을 블랭킹한다. 이것을 175±5℃에서 1시간 공기 중에서 가열한 후, 항온조에서 꺼내어 25℃까지 자연 냉각시켰을 때의 지름 변화율을 구한다. 또한 치수 측정은 25±2℃에서 한다.

백업링의 호칭방법

[보기 1]

KS B 2809	T1	P20
(규격번호)	(종류 기호)	(링의 호칭번호)

[보기 2]

오링용 백업링	F2	P25
(규격번호)	(종류 기호)	(링의 호칭번호)

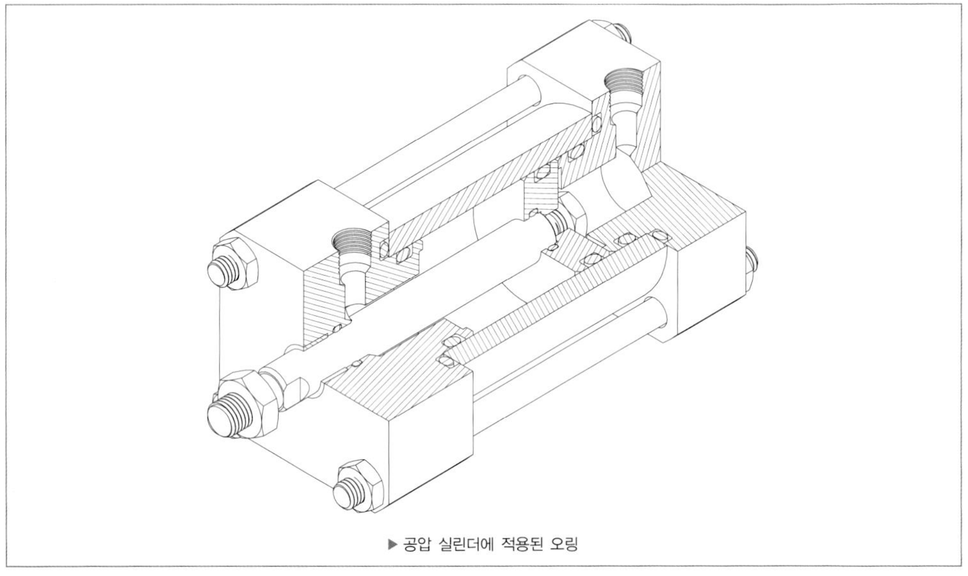

▶ 공압 실린더에 적용된 오링

2 O링용 백업 링 P계열

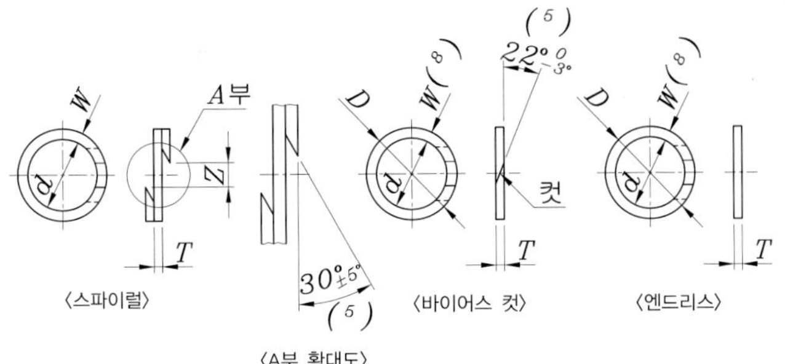

〈스파이럴〉 〈A부 확대도〉 〈바이어스 컷〉 〈엔드리스〉

▶ 4불화 에틸렌 수지재 링의 모양 및 치수

단위 : mm

링의 호칭 번호	스파이럴				바이어스 컷 및 엔드리스(7)					[참고]			
	안지름 d	나비 W +0.03 −0.06	두께 T	틈새(6) Z	안지름 d		바깥지름 D		두께 T	링의 호칭 번호	O 링의 치수 굵기	O 링의 치수 안지름(8)	
P 3	3	1.5	0.7±0.05	1.2±0.4	3	+0.15 0	6	0 −0.15	1.25±0.1	P 3	1.9±0.08	2.8	±0.14
P 4	4				4		7			P 4		3.8	
P 5	5				5		8			P 5		4.8	±0.15
P 6	6				6		9			P 6		5.8	
P 7	7				7		10			P 7		6.8	±0.16
P 8	8				8		11			P 8		7.8	
P 9	9				9		12			P 9		8.8	±0.17
P 10	10				10		13			P 10		9.8	
P 10A	10	2.0	0.7±0.05	1.4±0.8	10	+0.15 0	14	0 −0.15	1.25±0.1	P 10A	2.4±0.09	9.8	
P 11	11				11		15			P 11		10.8	±0.18
P 11.2	11.2				11.2		15.2			P 11.2		11.0	
P 12	12				12		16			P 12		11.8	±0.19
P 12.5	12.5				12.5		16			P 12.5		12.3	
P 14	14				14		18			P 14		13.8	
P 15	15				15		19			P 15		14.8	±0.20
P 16	16				16		20			P 16		15.8	
P 18	18				18		22			P 18		17.8	±0.21
P 20	20				20		24			P 20		19.8	±0.22
P 21	21				21		25			P 21		20.8	±0.23
P 22	22				22		26			P 22		21.8	±0.24
P 22A	22	3.0	0.7±0.05	2.5±1.5	22	+0.20 0	27	0 −0.20	1.25±0.1	P 22A	3.5±0.10	21.7	
P 22.4	22.4				22.4		28			P 22.4		22.1	
P 24	24				24		30			P 24		23.7	
P 25	25				25		31			P 25		24.7	±0.25
P 25.5	25.5				25.5		31.5			P 25.5		25.2	
P 26	26				26		32			P 26		25.7	±0.26
P 28	28				28		34			P 28		27.7	±0.28
P 29	29				29		35			P 29		28.7	±0.29

주

• P3~P10의 컷 각도는 $40^{0°}_{-5}$ 으로 한다.

■ 오링용 백업 링 P계열 (계속)

▶ 폴리테트라플루오로에틸렌 수지재 링의 모양 및 치수

단위 : mm

링의 호칭 번호	스파이럴				바이어스 컷 및 엔드리스(7)					[참고]			
	안지름 d	나비 W +0.03 −0.06	두께 T	틈새(6) Z	안지름 d		바깥지름 D		두께 T	링의 호칭 번호	O 링의 치수		
											굵기	안지름(8)	
P 29.5	29.5	3.0	0.7±0.05	2.5±1.5	29.5	+0.20 0	35.5	0 −0.20	1.25±0.1	P 29.5	3.5±0.10	29.2	±0.29
P 30	30				30		36			P 30		29.7	
P 31	31				31		37			P 31		30.7	±0.30
P 31.5	31.5				31.5		37.5			P 31.5		31.2	±0.31
P 32	32				32		38			P 32		31.7	
P 34	34				34		40			P 34		33.7	±0.33
P 35	35				35		41			P 35		34.7	±0.34
P 35.5	35.5				35.5		41.5			P 35.5		35.2	
P 36	36				36		42			P 36		35.7	
P 38	38				38		44			P 38		37.7	±0.37
P 39	39				39		45			P 39		38.7	
P 40	40				40		46			P 40		39.7	
P 41	41				41		47			P 41		40.7	±0.38
P 42	42				42		48			P 42		41.7	±0.39
P 44	44				44		50			P 44		43.7	±0.41
P 45	45				45		51			P 45		44.7	
P 46	46				46		52			P 46		45.7	±0.42
P 48	48				48		54			P 48		47.7	±0.44
P 49	49				49		55			P 49		48.7	±0.45
P 50	50				50		56			P 50		49.7	
P 48A	48	5.0	0.9±0.06	4.5±1.5	48	+0.25 0	58	0 −0.25	1.9±0.13	P 48A	5.7±0.13	47.6	±0.44
P 50A	50				50		60			P 50A		49.6	±0.45
P 52	52				52		62			P 52		51.6	±0.47
P 53	53				53		64			P 53		52.6	±0.48
P 55	55				55		65			P 55		54.6	±0.49
P 56	56				56		66			P 56		55.6	±0.50
P 58	58				58		68			P 58		57.6	±0.52
P 60	60				60		70			P 60		59.6	±0.53
P 62	62				62		72			P 62		61.6	±0.55
P 63	63				63		73			P 63		62.6	±0.56
P 65	65				65		75			P 65		64.6	±0.57

■ 오링용 백업 링 P계열 (계속)

▶ 폴리테트라플루오로에틸렌 수지재 링의 모양 및 치수

단위 : mm

링의 호칭 번호	스파이럴				바이어스 컷 및 엔드리스(7)					[참고]			
	안지름 d	나비 W +0.03 −0.06	두께 T	틈새(6) Z	안지름 d		바깥지름 D		두 께 T	링의 호칭 번호	O 링의 치수 굵기	안지름(8)	
P 67	67	5.0	0.9±0.06	4.5±1.5	67	+0.25 0	77	0 −0.25	1.9±0.13	P 67	5.7±0.13	66.6	±0.59
P 70	70				70		80			P 70		69.6	±0.61
P 71	71				71		81			P 71		70.6	±0.62
P 75	75				75		85			P 75		74.6	±0.65
P 80	80				80		90			P 80		79.6	±0.69
P 85	85				85		95			P 85		84.6	±0.73
P 90	90				90		100			P 90		89.6	±0.77
P 95	95				95		105			P 95		94.6	±0.81
P 100	100				100		110			P 100		99.6	±0.84
P 102	102				102		112			P 102		101.6	±0.85
P 105	105				105		115			P 105		104.6	±0.87
P 110	110				110		120			P 110		109.6	±0.91
P 112	112				112		122			P 112		111.6	±0.92
P 115	115				115		125			P 115		114.6	±0.94
P 120	120				120		130			P 120		119.6	±0.98
P 125	125				125		135			P 125		124.6	±1.01
P 130	130				130		140			P 130		129.6	±1.05
P 132	132				132		142			P 132		131.6	±1.06
P 135	135				135		145			P 135		134.6	±1.09
P 140	140				140		150			P 140		139.6	±1.12
P 145	145				145		155			P 145		144.6	±1.16
P 150	150				150		160			P 150		149.6	±1.19
P 150A	150	7.5	1.4±0.08	6.0±2.0	150	+0.30 0	165	0 −0.30	2.75±0.15	P 150A	8.4±0.15	149.5	±1.19
P 155	155				155		170			P 155		154.5	±1.23
P 160	160				160		175			P 160		159.5	±1.26
P 165	165				165		180			P 165		164.5	±1.30
P 170	170				170		185			P 170		169.5	±1.33
P 175	175				175		190			P 175		174.5	±1.37
P 180	180				180		195			P 180		179.5	±1.40
P 185	185				185		200			P 185		184.5	±1.44
P 190	190				190		205			P 190		189.5	±1.48

■ 오링용 백업 링 P계열 (계속)

▶ 폴리테트라플루오로에틸렌 수지재 링의 모양 및 치수

단위 : mm

링의 호칭 번호	스파이럴				바이어스 컷 및 엔드리스([7])					참고			
	안지름 d	나비 W +0.03 −0.06	두께 T	틈새([6]) Z	안지름 d		바깥지름 D		두 께 T	링의 호칭 번호	O 링의 치수		
											굵기	안지름([8])	
P 195	195	7.5	1.4±0.08	6.0±2.0	195	+0.30 0	210	0 −0.30	2.75±0.15	P 195	8.4±0.15	194.5	±1.51
P 200	200				200		215			P 200		199.5	±1.55
P 205	205				205		220			P 205		204.5	±1.58
P 209	209				209		221			P 209		208.5	±1.61
P 210	210				210		225			P 210		209.5	±1.62
P 215	215				215		230			P 215		214.5	±1.65
P 220	220				220		235			P 220		219.5	±1.68
P 225	225				225		240			P 225		221.5	±1.71
P 230	230				230		245			P 230		229.5	±1.75
P 235	235				235		250			P 235		234.5	±1.78
P 240	240				240		255			P 240		239.5	±1.81
P 245	245				245		260			P 245		244.5	±1.84
P 250	250				250		265			P 250		249.5	±1.88
P 255	255				255		270			P 255		254.5	±1.91
P 260	260				260		275			P 260		259.5	±1.94
P 265	265				265		280			P 265		264.5	±1.97
P 270	270				270		285			P 270		269.5	±2.01
P 275	275				275		290			P 275		274.5	±2.04
P 280	280				280		295			P 280		279.5	±2.07
P 285	285				285		300			P 285		284.5	±2.10
P 290	290				290		305			P 290		289.5	±2.14
P 295	295				295		310			P 295		294.5	±2.17
P 300	300				300		315			P 300		299.5	±2.20
P 315	315				315		330			P 315		314.5	±2.30
P 320	320				320		335			P 320		319.5	±2.33
P 335	335				335		350			P 335		334.5	±2.42
P 340	340				340		355			P 340		339.5	±2.45
P 355	355				355		370			P 355		354.5	±2.54
P 360	360				360		375			P 360		359.5	±2.57
P 375	375				375		390			P 375		374.5	±2.67
P 385	385				385		400			P 385		384.5	±2.73
P 400	400				400		415			P 400		399.5	±2.82

3 오링용 백업 링 G계열

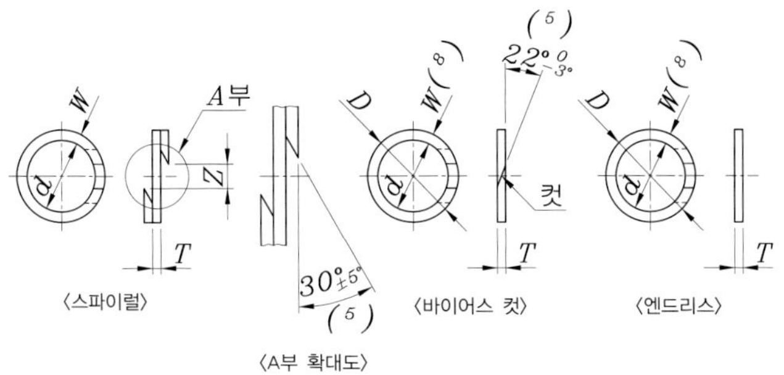

〈스파이럴〉 〈A부 확대도〉 〈바이어스 컷〉 〈엔드리스〉

▶ 4불화 에틸렌 수지재 링의 모양 및 치수

단위 : mm

링의 호칭 번호	스파이럴				바이어스 컷 및 엔드리스[7]					참고			
	안지름 d	나비 W +0.03 −0.06	두께 T	틈새[6] Z	안지름 d		바깥지름 D		두 께 T	링의 호칭 번호	O 링의 치수		
											굵기	안지름[8]	
G 25	25	2.5	0.7±0.05	4.5±1.5	25	+0.20 0	30	0 −0.20	1.25±0.1	G 25	3.1±0.10	24.4	±0.25
G 30	30				30		35			G 30		29.4	±0.29
G 35	35				35		40			G 35		34.4	±0.33
G 40	40				40		45			G 40		39.4	±0.37
G 45	45				45		50			G 45		44.4	±0.41
G 50	50				50		55			G 50		49.4	±0.45
G 55	55				55	+0.25 0	60	0 −0.25		G 55		54.4	±0.49
G 60	60				60		65			G 60		59.4	±0.53
G 65	65				65		70			G 65		64.4	±0.57
G 70	70				70		75			G 70		69.4	±0.61
G 75	75				75		80			G 75		74.4	±0.65
G 80	80				80		85			G 80		79.4	±0.69
G 85	85				85		90			G 85		84.4	±0.73
G 90	90				90		95			G 90		89.4	±0.77
G 95	95				95		100			G 95		94.4	±0.81
G 100	100				100		105			G 100		99.4	±0.85
G 105	105				105		110			G 105		104.4	±0.87
G 110	110				110		115			G 110		109.4	±0.91
G 115	115				115		120			G 115		114.4	±0.94
G 120	120				120		125			G 120		119.4	±0.98
G 125	125				125		130			G 125		124.4	±1.01
G 130	130				130		135			G 130		129.4	±1.05
G 135	135				135		140			G 135		134.4	±1.08
G 140	140				140		145			G 140		139.4	±1.12
G 145	145				145		150			G 145		144.4	±1.16
G 150	150	5.0	0.9±0.06	6.0±2.0	150		160	0 −0.30	1.9±0.13	G 150		149.3	±1.19
G 155	155				155		165			G 155		154.3	±1.23
G 160	160				160		170			G 160		159.3	±1.26
G 165	165				165		175			G 165		164.3	±1.30
G 170	170				170		180			G 170		169.3	±1.33
G 175	175				175		185			G 175		174.3	±1.37
G 180	180				180		190			G 180		179.3	±1.40

■ 오링용 백업 링 G계열 (계속)

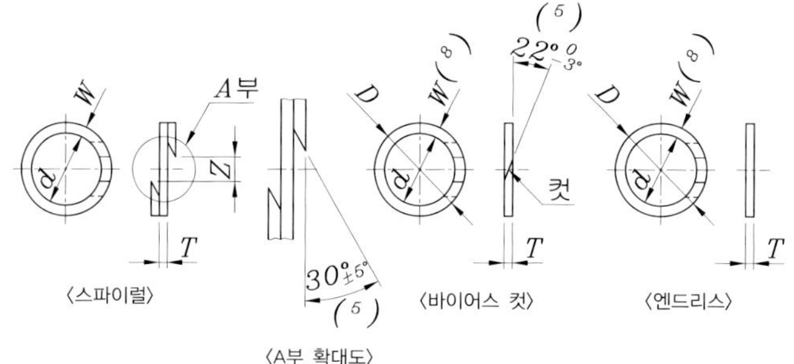

단위 : mm

링의 호칭 번호	스파이럴				바이어스 컷 및 엔드리스					참고			
	안지름 d	나비 W +0.03 −0.06	두께 T	틈새 Z	안지름 d		바깥지름 D		두 께 T	링의 호칭 번호	O 링의 치수 굵기	안지름	
G 185	185				185		195			G 185		184.3	±1.44
G 190	190				190		200			G 190		189.3	±1.47
G 195	195				195		205			G 195		194.3	±1.51
G 200	200				200		210			G 200		199.3	±1.55
G 210	210				210		220			G 210		209.3	±1.61
G 220	220				220		230			G 220		219.3	±1.68
G 230	230	5.0	0.9±0.06	6.0±2.0	230	+0.30 0	240	0 −0.30	1.9± 0.13	G 230	5.7± 0.13	229.3	±1.73
G 240	240				240		250			G 240		239.3	±1.81
G 250	250				250		260			G 250		249.3	±1.88
G 260	260				260		270			G 260		259.3	±1.94
G 270	270				270		280			G 270		269.3	±2.01
G 280	280				280		290			G 280		279.3	±2.07
G 290	290				290		300			G 290		289.3	±2.14
G 300	300				300		310			G 300		299.3	±2.20

주

1. 틈새 Z는(축지름의 기준 치수) $^{0}_{-0.05}$ 의 축에 장착하였을 때의 틈새
2. 바이어스 컷 및 엔드리스 항의 치수는 엔드리스의 치수를 표시한다. 바이어스 컷은 엔드리스에 컷을 한다.
3. 바이어스 컷 및 엔드리스의 경우, 1개 내 W의 최대값과 최소값의 차이는 0.05mm를 초과하지 말 것.
4. 허용차는 KS B 2805에서의 1~3종의 허용차이며, 4종 C인 경우는 위의 허용차의 1.5배, 4종 D인 경우는 위의 허용차의 1.2배이다.

6-6 V 패킹 KS B 2806 : 1972 (2016 확인)

■ V 패킹의 종류 및 종류를 표시하는 기호

종류	종류를 표시하는 기호	비고
고무 V 패킹	H	• 재료에 고무를 사용한 것
직물들이 고무 V 패킹	F	• 재료에 고무 및 직물을 사용한 것

1 V 패킹의 모양 및 치수

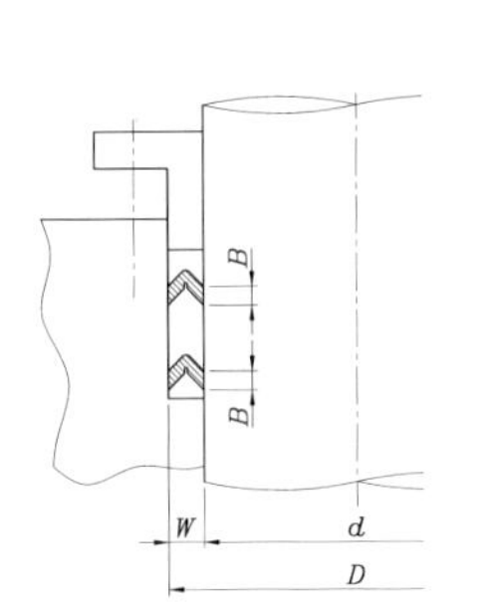

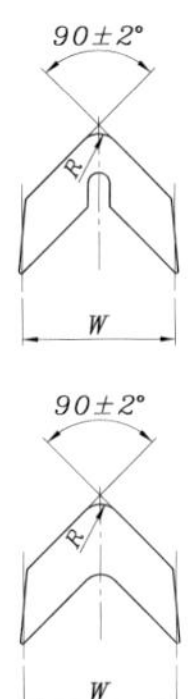

단위 : mm

호칭 번호	호칭 치수			높이 B				R
	안지름	바깥 지름	나비(폭)	고무 V 패킹		직물들이 고무 V 패킹		
	d	D	W	기준치수	허용차	기준치수	허용차	최 소
H 6.3 또는 F 6.3	6.3	16.3	5	2.5	± 0.3	3	+0.5 −0.2	0.5
H 7.1 또는 F 7.1	7.1	17.1						
H 8 또는 F 8	8	18						
H 9 또는 F 9	9	19						
H 10 또는 F 10	10	20						
H 11.2 또는 F 11.2	11.2	21.2						
H 12.5 또는 F 12.5	12.5	22.5						
H 14 또는 F 14	14	24						
H 16 또는 F 16	16	26						
H 15 또는 F 15	15	28	6.5	3	± 0.3	3	+0.5 −0.2	0.75
H 18 또는 F 18	18	31						
H 18.5 또는 F 18.5	18.5	31.5						
H 20 또는 F 20	20	33						
H 22.4 또는 F 22.4	22.4	35.4						
H 25 또는 F 25	25	38						
H 27 또는 F 27	27	40						
H 28 또는 F 28	28	41						
H 31.5 또는 F 31.5	31.5	44.5						
H 32 또는 F 32	32	45						

■ V 패킹의 모양 및 치수 (계속)

단위 : mm

호칭 번호	호칭 치수			높이 B				R
	안지름	바깥 지름	나비(폭)	고무 V 패킹		직물들이 고무 V 패킹		
	d	D	W	기준치수	허용차	기준치수	허용차	최 소
H 34 또는 F 34	34	50	8	3.5	± 0.3	4	+0.5 −0.2	1
H 35.5 또는 F 35.5	35.5	51.5						
H 40 또는 F 40	40	56						
H 45 또는 F 45	45	61						
H 47 또는 F 47	47	63						
H 50 또는 F 50	50	66						
H 53 또는 F 53	53	69						
H 55 또는 F 55	55	71						
H 56 또는 F 56	56	72	8	3.5	± 0.3	4	+0.5 −0.2	1
H 60 또는 F 60	60	76						
H 63 또는 F 63	63	79						
H 64 또는 F 64	64	80						
H 67 또는 F 67	67	87	10	4	± 0.3	5	+0.5 −0.2	2
H 70 또는 F 70	70	90						
H 71 또는 F 71	71	91						
H 75 또는 F 75	75	95						
H 80 또는 F 80	80	100						
H 85 또는 F 85	85	105						
H 90 또는 F 90	90	110						
H 92 또는 F 92	92	112						
H 95 또는 F 95	95	115						
H 100 또는 F 100	100	120						
H 105 또는 F 105	105	125						
H 106 또는 F 106	106	126						
H 112 또는 F 112	112	132						
H 118 또는 F 118	118	138						
H 120 또는 F 120	120	140						
H 125 또는 F 125	125	150	12.5	5	± 0.3	6	+0.5 −0.2	2
H 132 또는 F 132	132	157						
H 135 또는 F 135	135	160						
H 140 또는 F 140	140	165						
H 145 또는 F 145	145	170						
H 150 또는 F 150	150	175						
H 155 또는 F 155	155	180						
H 160 또는 F 160	160	185						
H 165 또는 F 165	165	190						
H 170 또는 F 170	170	195						
H 175 또는 F 175	175	200						
H 180 또는 F 180	180	205						
H 190 또는 F 190	190	215						
H 199 또는 F 199	199	224						
H 200 또는 F 200	200	225						

■ V 패킹의 모양 및 치수 (계속)

단위 : mm

<table>
<tr><th colspan="2" rowspan="3">호칭 번호</th><th colspan="3">호칭치수</th><th colspan="4">높이 B</th><th rowspan="2">R</th></tr>
<tr><th>안지름</th><th>바깥 지름</th><th>나 비</th><th colspan="2">고무 V 패킹</th><th colspan="2">직물들이 고무 V 패킹</th></tr>
<tr><th>d</th><th>D</th><th>W</th><th>기준치수</th><th>허용차</th><th>기준치수</th><th>허용차</th><th>최 소</th></tr>
<tr><td colspan="2">H 212 또는 F 212</td><td>212</td><td>237</td><td rowspan="5"></td><td rowspan="5"></td><td rowspan="5"></td><td rowspan="5"></td><td rowspan="5"></td><td rowspan="5"></td></tr>
<tr><td colspan="2">H 224 또는 F 224</td><td>224</td><td>249</td></tr>
<tr><td colspan="2">H 225 또는 F 225</td><td>225</td><td>250</td></tr>
<tr><td colspan="2">H 236 또는 F 236</td><td>236</td><td>261</td></tr>
<tr><td colspan="2">H 250 또는 F 250</td><td>250</td><td>275</td></tr>
<tr><td colspan="2">H 265 또는 F 265</td><td>265</td><td>297</td><td rowspan="10">16</td><td rowspan="3">6</td><td rowspan="3">± 0.4</td><td rowspan="10">7</td><td rowspan="10">+0.8
−0.3</td><td rowspan="10">3</td></tr>
<tr><td colspan="2">H 280 또는 F 280</td><td>280</td><td>312</td></tr>
<tr><td colspan="2">H 300 또는 F 300</td><td>300</td><td>332</td></tr>
<tr><td colspan="2">H 315 또는 F 315</td><td>315</td><td>347</td><td rowspan="7"></td><td rowspan="7"></td></tr>
<tr><td colspan="2">H 335 또는 F 335</td><td>335</td><td>367</td></tr>
<tr><td colspan="2">H 355 또는 F 355</td><td>355</td><td>387</td></tr>
<tr><td colspan="2">H 375 또는 F 375</td><td>375</td><td>407</td></tr>
<tr><td colspan="2">H 400 또는 F 400</td><td>400</td><td>432</td></tr>
<tr><td colspan="2">H 425 또는 F 425</td><td>425</td><td>457</td></tr>
<tr><td colspan="2">H 450 또는 F 450</td><td>450</td><td>482</td></tr>
<tr><td colspan="2">H 475 또는 F 475</td><td>475</td><td>507</td><td rowspan="2">–</td><td rowspan="2">–</td><td rowspan="2">–</td><td rowspan="2">–</td><td rowspan="2">–</td><td rowspan="2">–</td></tr>
<tr><td colspan="2">H 500 또는 F 500</td><td>500</td><td>532</td></tr>
<tr><td colspan="2">H 530 또는 F 530</td><td>530</td><td>570</td><td rowspan="4">20</td><td rowspan="4">–</td><td rowspan="4">–</td><td rowspan="4">8</td><td rowspan="4">+1.2
−0.4</td><td rowspan="4">4</td></tr>
<tr><td colspan="2">H 560 또는 F 560</td><td>560</td><td>600</td></tr>
<tr><td colspan="2">H 600 또는 F 600</td><td>600</td><td>640</td></tr>
<tr><td colspan="2">H 630 또는 F 630</td><td>630</td><td>670</td></tr>
<tr><td rowspan="8">참
고</td><td>H 670 또는 F 670</td><td>670</td><td>710</td><td rowspan="8">20</td><td rowspan="8">–</td><td rowspan="8">–</td><td rowspan="8">8</td><td rowspan="8">+1.2
−0.4</td><td rowspan="8">4</td></tr>
<tr><td>H 710 또는 F 710</td><td>710</td><td>750</td></tr>
<tr><td>H 750 또는 F 750</td><td>750</td><td>790</td></tr>
<tr><td>H 800 또는 F 800</td><td>800</td><td>840</td></tr>
<tr><td>H 850 또는 F 850</td><td>850</td><td>890</td></tr>
<tr><td>H 900 또는 F 900</td><td>900</td><td>940</td></tr>
<tr><td>H 950 또는 F 950</td><td>950</td><td>990</td></tr>
<tr><td>H1000 또는 F1000</td><td>1000</td><td>1040</td></tr>
</table>

주

- B는 V 패킹을 부착하였을 경우의 1개당 높이를 표시한다. 호칭 번호에서 H계열의 것은 고무 V 패킹의 값을 취하고, F계열의 것은 직물들이 고무 V 패킹의 값을 취한다.

비 고

1. 위 표의 그림은 주요 부분의 모양 및 치수를 표시하기 위한 대표적인 그림으로서, 홈이 있는 모양의 V 패킹과 홈이 없는 모양의 V 패킹을 표시한 것이다.
2. V 패킹을 부착하는 상대축의 바깥지름의 호칭 치수는 V 패킹의 호칭 안지름에, 상대 구멍의 안지름의 호칭 치수는 V 패킹의 호칭 바깥지름에 맞추어, 그 축 및 구멍의 치수 허용차는 **축**일 경우는 **h8~h9** 정도, **구멍**일 경우에는 **H9~H10** 정도이며, 그 **표면 거칠기**는 **3-S** 정도가 일반적으로 사용된다.

■ V 패킹의 모양 및 치수 (계속)

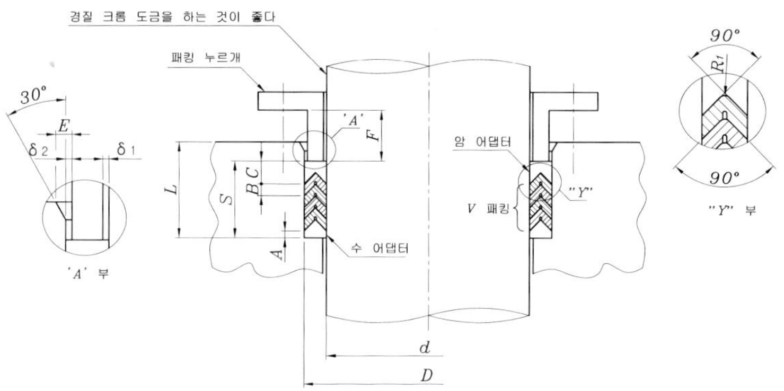

▶ 참고표 : 어댑터 및 글랜드의 주요 치수

단위 : mm

호칭 번호의 구분	W	R 최소	R1 최소	R2 최대	A	B 고무 · V패킹	B 직물들이 고무 V패킹		C	L	F	E	δ1 최대	δ2 최대
H 6.3 ~ H 16 또는 F 6.3 ~ F 16	5	0.5	0.5	0.5	3	2.5 ± 0.3	3		5	S+5	10	0.3	0.12	0.06
H 15 ~ H 32 또는 F 15 ~ F 32	6.5	0.75	0.75	0.75	3	3 ± 0.3	3		6.5	S+6	12	0.4	0.14	0.07
H 34 ~ H 64 또는 F 34 ~ F 64	8	1	1	1	3	3.5 ± 0.3	4	+0.5 −0.2	8	S+8	16	0.5	0.16	0.08
H 67 ~ H 120 또는 F 67 ~ F 120	10	2	2	2	3	4 ± 0.3	5		10	S+10	20	0.6	0.18	0.09
H 125 ~ H 250 또는 F 125 ~ F 250	12.5	2	2	2	3	5 ± 0.3	6		12.5	S+12	25	0.8	0.20	0.10
H 265 ~ H 500 또는 F 265 ~ F 500	16	3	3	3	3	6 ± 0.4	3	+0.8 −0.3	16	S+16	32	1.0	0.22	0.11
H 530 ~ H 1000 또는 F 530 ~ F 1000	20	4	4	4	3	–	8	+1.2 −0.4	20	S+20	40	1.3	0.25	0.12

주

1. 글랜드의 치수 L, F, E, δ1, δ2는 한 보기를 표시한 것이다.
2. S는 다음 표에 표시한 V 패킹의 조합 부착 높이이다.

비 고

- 암 어댑터의 안지름 및 바깥지름과 상대 축 및 상대 구멍과의 틈새는, V 패킹의 재질 및 어댑터의 재질에 따라 다르다.

▶ V 패킹의 조합 부착 높이 (S)

단위 : mm

호칭 번호의 구분	W	S								
		V패킹 3개인 경우			V패킹 4개인 경우			V패킹 5개인 경우		
		고무 V패킹	직물들이 고무 V패킹		고무 V패킹	직물들이 고무 V패킹		고무 V패킹	직물들이 고무 V패킹	
H 6.3 ~ H 16 또는 F 6.3 ~ F 16	5	15.5 ± 0.7	17	+1.1 −0.5	18 ± 0.8	20	+1.2 −0.5	20.5 ± 0.8	23	+1.3 −0.5
H 15 ~ H 32 또는 F 15 ~ F 32	6.5	18.5 ± 0.7	18.5	+1.1 −0.5	21.5 ± 0.8	21.5	+1.2 −0.5	24.5 ± 0.8	24.5	+1.3 −0.5
H 34 ~ H 64 또는 F 34 ~ F 64	8	21.5 ± 0.7	23	+1.1 −0.5	25 ± 0.8	27	+1.2 −0.5	28.5 ± 0.8	31	+1.3 −0.5
H 67 ~ H 120 또는 F 67 ~ F 120	10	25 ± 0.7	28	+1.1 −0.5	29 ± 0.8	33	+1.2 −0.5	33 ± 0.8	38	+1.3 −0.5
H 125 ~ H 250 또는 F 125 ~ F 250	12.5	30.5 ± 0.7	33.5	+1.1 −0.5	35.5 ± 0.8	39.5	+1.2 −0.5	40.5 ± 0.8	45.5	+1.3 −0.5
H 265 ~ H 500 또는 F 265 ~ F 500	16	37 ± 0.9	40	+1.8 −0.7	43 ± 1.0	47	+2.0 −0.8	49 ± 1.1	54	+2.1 −0.8
H 530 ~ H 1000 또는 F 530 ~ F 1000	20	−	47	+2.7 −0.9	−	55	+3.0 −1.0	−	63	+3.2 −1.1

6-7 고무링 패킹 이음의 치수 [DIN 규격]

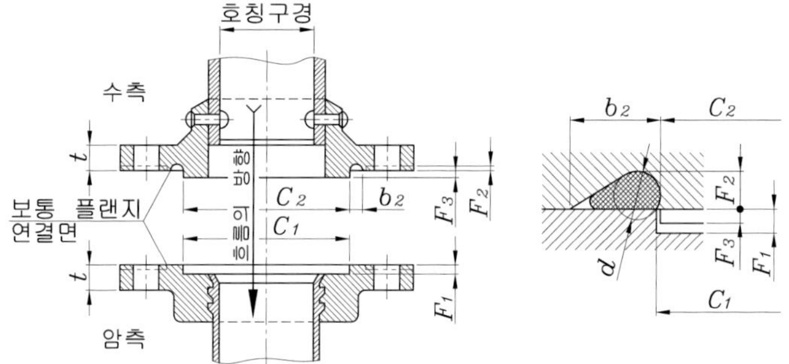

단위 : mm

호칭 지름	돌출 측		우묵부		홈측		고무링
	지름(최대)	높이	너비	깊이	지름(최소)	깊이	지름
d	c_2	F_3	b_2	F_2	c_1	F_1	d
20	35	2	8	4	36	4	5
25	42	2	8	4	43	4	5
32	50	2	8	4	51	4	5

6-7 고무링 패킹 이음의 치수 [DIN 규격] (계속)

단위 : mm

호칭 지름	돌출 측		우묵부		홈측		고무링
	지름(최대)	높이	너비	깊이	지름(최소)	깊이	지름
40	60	2	8	4	61	4	5
50	72	2	8	4	73	4	5
60	84	2	8	4	85	4	5
70	94	2	8	4	95	4	5
80	105	2	8	4	106	4	5
90	116	2	8	4	117	4	5
100	128	2.5	11	4.5	129	4.5	6
110	138	2.5	11	4.5	139	4.5	6
125	154	2.5	11	4.5	155	5.5	6
140	172	2.5	11	4.5	173	4.5	6
150	182	2.5	11	4.5	183	4.5	6
160	192	2.5	11	4.5	193	4.5	6
175	212	2.5	11	4.5	213	4.5	6
200	238	2.5	11	4.5	239	4.5	6
225	265	2.5	11	4.5	266	4.5	6
250	291	2.5	11	4.5	292	4.5	6
275	316	2.5	11	4.5	317	4.5	6
300	342	2.5	11	4.5	343	4.5	6
325	368	2.5	11	4.5	369	4.5	6
350	394	3	14	5	395	5	7
375	420	3	14	5	421	5	7
400	446	3	14	5	447	5	7
450	496	3	14	5	497	5	7
500	548	3	14	5	549	5	7
550	598	3	14	5	599	5	7
600	648	3	14	5	649	5	7
650	700	3	14	5	701	5	7
700	750	3	14	5	751	5	7
750	805	3	14	5	806	5	7
800	855	3	14	5	856	5	7
900	960	3	14	5	961	5	7
1000	1060	3	16	6	1061	6	8
1100	1160	3	16	6	1162	6	8
1200	1260	3	16	6	1262	6	8
1300	1360	3	16	6	1362	6	8
1400	1460	3	16	6	1462	6	8
1500	1560	3	16	6	1562	6	8
1600	1660	3	16	6	1662	6	8
1800	1860	3	16	6	1862	6	8
2000	2060	3	16	6	2062	6	8
2200	2260	3	16	6	2262	6	8
2400	2460	3	16	6	2462	6	8
2600	2660	3	16	6	2662	6	8
2800	2860	3	16	6	2862	6	8
3000	3000	3	16	6	3062	6	8

CHAPTER 07

배관용 강관

7-1 배관용 탄소 강관 KS D 3507 : 2018

■ 종류 및 기호

종류의 기호	구분	비고
SPP	흑관	아연 도금을 하지 않은 관
	백관	흑관에 아연 도금을 한 관

비 고

- 도면, 대장 · 전표 등에 기호로 백관을 구분할 필요가 있을 경우에는, 종류의 기호 끝에 –ZN을 부기한다.
- 다만, 제품의 표시에는 적용하지 않는다.

■ 화학성분

종류의 기호	화학 성분 %				
	C	Si	Mn	P	S
SPP	0.28 이하	0.35 이하	080 이하	0.040 이하	0.040 이하

■ 기계적 성질

종류의 기호	인장 시험		
	인장 강도 N/mm²	연신율 %	
		11호 시험편 12호 시험편	5호 시험편
		세로방향	가로방향
SPP	340 이상	30 이상	25 이상

■ 치수, 무게 및 치수의 허용차

호칭 지름	바깥지름 mm	바깥지름의 허용차		두께 mm	두께의 허용차	소켓을 포함하지 않은 무게 kg/m
		테이퍼 나사관	기타 관			
6	10.5	±0.5 mm	±0.5 mm	2.0	+ 규정하지 않음 – 12.5%	0.419
8	13.8	±0.5 mm	±0.5 mm	2.35		0.664
10	17.3	±0.5 mm	±0.5 mm	2.35		0.866
15	21.7	±0.5 mm	±0.5 mm	2.65		1.25
20	27.2	±0.5 mm	±0.5 mm	2.65		1.60
25	34.0	±0.5 mm	±0.5 mm	3.25		2.45
32	42.7	±0.5 mm	±0.5 mm	3.25		3.16
40	48.6	±0.5 mm	±0.5 mm	3.25		3.63
50	60.5	±0.5 mm	±1 %	3.65		5.12
65	76.3	±0.7 mm	±1 %	3.65		6.34
80	89.1	±0.8 mm	±1 %	4.05		8.49
90	101.6	±0.8 mm	±1 %	4.05		9.74
100	114.3	±0.8 mm	±1 %	4.5		12.2
125	139.8	±0.8 mm	±1 %	4.85		16.1

[참고] 배관용 탄소강 강관 JIS G 3452 : 2010

호칭 지름	바깥지름 mm	바깥지름의 허용차		두께 mm	두께의 허용차	소켓을 포함하지 않은 무게 kg/m
		테이퍼 나사관	기타 관			
150	165.2	±0.8 mm	±1 %	4.85	+ 규정하지 않음 − 12.5%	19.2
175	190.7	±0.9 mm	±1 %	5.3		24.2
200	216.3	±1.0 mm	±1 %	5.85		30.4
225	241.8	±1.2 mm	±1 %	6.2		36.0
250	267.4	±1.3 mm	±1 %	6.40		41.2
300	318.5	±1.5 mm	±1 %	7.00		53.8
350	355.6	−	±1 %	7.60		65.2
400	406.4	−	±1 %	7.9		77.6
450	457.2	−	±1 %	7.9		87.5
500	508.0	−	±1 %	7.9		97.4
550	558.8	−	±1 %	7.9		107.0
600	609.6	−				117.0

종류의 기호

종류의 기호	제조 방법을 나타내는 기호		제조 방법을 나타내는 기호의 표시	아연 도금 구분
	제조 방법	다듬질 방법		
SGP	전기저항용접 : E 단접 : B	열간가공 : H 냉간가공 : C 전기저항용접한 대로 : G	전기저항용접한 강−E−G 열간가공 전기저항용접강관−E−H 열간가공 전기저항용접강관−E−C 단접강관 : B	흑관 : 아연 도금을 하지 않은 관 백관 : 흑관에 아연 도금을 한 관

치수, 무게 및 치수의 허용차

호칭 지름		바깥지름 mm	바깥지름의 허용차		두께 mm	두께의 허용차	소켓을 포함하지 않은 단위 질량 kg/m
A	B		테이퍼 나사관	기타 관			
6	$\frac{1}{8}$	10.5	±0.5 mm	±0.5 mm	2.0	+ 규정하지 않음 − 12.5%	0.419
8	$\frac{1}{4}$	13.8	±0.5 mm	±0.5 mm	2.3		0.652
10	$\frac{3}{8}$	17.3	±0.5 mm	±0.5 mm	2.3		0.851
15	$\frac{1}{2}$	21.7	±0.5 mm	±0.5 mm	2.8		1.31
20	$\frac{3}{4}$	27.2	±0.5 mm	±0.5 mm	2.8		1.68
25	1	34.0	±0.5 mm	±0.5 mm	3.2		2.43
32	$1\frac{1}{4}$	42.7	±0.5 mm	±0.5 mm	3.5		3.38
40	$1\frac{1}{2}$	48.6	±0.5 mm	±0.5 mm	3.5		3.89
50	3	60.5	±0.5 mm	±1 %	3.8		5.31
65	$2\frac{1}{2}$	76.3	±0.7 mm	±1 %	4.2		7.47
80	3	89.1	±0.8 mm	±1 %	4.2		8.79
90	$3\frac{1}{2}$	101.6	±0.8 mm	±1 %	4.2		10.1
100	4	114.3	±0.8 mm	±1 %	4.5		12.2
125	5	139.8	±0.8 mm	±1 %	4.5		15.0
150	6	165.2	±0.8 mm	±1.6 mm	5.0		19.8
175	7	190.7	±0.9 mm	±1.6 mm	5.3		24.2
200	8	216.3	±1.0 mm	±0.8 %	5.8		30.1

■ 치수, 무게 및 치수의 허용차 (계속)

호칭 지름		바깥 지름 mm	바깥지름의 허용차		두께 mm	두께의 허용차	소켓을 포함하지 않은 단위 질량 kg/m
A	B		테이퍼 나사관	기타 관			
225	9	241.8	±1.2 mm	±0.8 %	6.2	+ 규정하지 않음 − 12.5%	36.0
250	10	267.4	±1.3 mm	±0.8 %	6.6		42.4
300	12	318.5	±1.5 mm	±0.8 %	6.9		53.0
350	14	355.6	−	±0.8 %	7.9		67.7
400	16	406.4	−	±0.8 %	7.9		77.6
450	18	457.2	−	±0.8 %	7.9		87.5
500	20	508.0	−	±0.8 %	7.9		97.4

7-2 압력 배관용 탄소 강관 KS D 3562 : 2018

■ 종류의 기호 및 화학 성분

종류의 기호	화학 성분(%)				
	C	Si	Mn	P	S
SPPS 250	0.30 이하	0.35 이하	0.30~1.00	0.040 이하	0.040 이하

■ 기계적 성질

종류의 기호	인장강도 N/mm^2	항복점 또는 항복강도 N/mm^2	연신율 %			
			11호 시험편 12호 시험편	5호 시험편	4호 시험편	4호 시험편
			세로 방향	가로 방향	가로 방향	세로 방향
SPPS 250	410 이상	250 이상	25 이상	20 이상	19 이상	24 이상

■ 관의 바깥지름 및 두께의 허용차

구분	바깥 지름	허용차	두께의 허용차
열간가공 이음매 없는 강관	호칭지름 40 이하	±0.5 mm	4mm 미만 +0.6 mm −0.5 mm 4mm 이상 +15 % −12.5%
	호칭지름 50 이상 호칭지름 125 이하	±1 %	
	호칭지름 150	±1.6 mm	
	호칭지름 200 이상	±0.8 %	
	단, 호칭지름 350 이상은 둘레 길이에 따를 수 있다. 이 경우의 허용차는 ±0.5 %로 한다.		
냉간가공 이음매 없는 강관 및 전기저항 용접 강관	호칭지름 25 이상	±0.3 mm	3mm 미만 ±0.3 mm 3mm 이상 ±10 %
	호칭지름 32 이상	±0.8 %	
	단, 호칭지름 350 이상은 둘레 길이에 따를 수 있다. 이 경우의 허용차는 ±0.5 %로 한다.		

수압 시험 압력

단위 : MPa

스케줄 번호	10	20	30	40	60	80
시험 압력	2.0	3.5	5.0	6.0	9.0	12.0

압력 배관용 탄소강 강관의 치수, 무게

호칭지름		바깥지름 mm	호칭 두께											
			스케줄 10		스케줄 20		스케줄 30		스케줄 40		스케줄 60		스케줄 80	
A	B		두께 mm	단위질량 kg/m	두께 mm	단위질량 kg/m	두께 mm	단위질량 kg/m	두께 mm	단위질량 kg/m	두께 mm	단위질량 kg/m	두께 mm	단위질량 kg/m
6	1/8	10.5	–	–	–	–	–	–	1.7	0.369	2.2	0.450	2.4	0.479
8	1/4	13.8	–	–	–	–	–	–	2.2	0.629	2.4	0.675	3.0	0.799
10	3/8	17.3	–	–	–	–	–	–	2.3	0.851	2.8	1.00	3.2	1.11
15	1/2	21.7	–	–	–	–	–	–	2.8	1.31	3.2	1.46	3.7	1.64
20	3/4	27.2	–	–	–	–	–	–	2.9	1.74	3.4	2.00	3.9	2.24
25	1	34.0	–	–	–	–	–	–	3.4	2.57	3.9	2.89	4.5	3.27
32	$1\frac{1}{4}$	42.7	–	–	–	–	–	–	3.6	3.47	4.5	4.24	4.9	4.57
40	$1\frac{1}{2}$	48.6	–	–	–	–	–	–	3.7	4.10	4.5	4.89	5.1	5.47
50	2	60.5	–	–	3.2	4.52	–	–	3.9	5.44	4.9	6.72	5.5	7.46
65	$2\frac{1}{2}$	76.3	–	–	4.5	7.97	–	–	5.2	9.12	6.0	10.4	7.0	12.0
80	3	89.1	–	–	4.5	9.39	–	–	5.5	11.3	6.6	13.4	7.6	15.3
90	$3\frac{1}{2}$	101.6	–	–	4.5	10.8	–	–	5.7	13.5	7.0	16.3	8.1	18.7
100	4	114.3	–	–	4.9	13.2	–	–	6.0	16.0	7.1	18.8	8.6	22.4
125	5	139.8	–	–	5.1	16.9	–	–	6.6	21.7	8.1	26.3	9.5	30.5
150	6	165.2	–	–	5.5	21.7	–	–	7.1	27.7	9.3	35.8	11.0	41.8
200	8	216.3	–	–	6.4	33.1	7.0	36.1	8.2	42.1	10.3	52.3	12.7	63.8
250	10	267.4	–	–	6.4	41.2	7.8	49.9	9.3	59.2	12.7	79.8	15.1	93.9
300	12	318.5	–	–	6.4	49.3	8.4	64.2	10.3	78.3	14.3	107	17.4	129
350	14	355.6	6.4	55.1	7.9	67.7	9.5	81.1	11.1	94.3	15.1	127	19.0	158
400	16	406.4	6.4	63.1	7.9	77.6	9.5	93.0	12.7	123	16.7	160	21.4	203
450	18	457.2	6.4	71.1	7.9	87.5	11.1	122	14.3	156	19.0	205	23.8	254
500	20	508.0	6.4	79.2	9.5	117	12.7	155	15.1	184	20.6	248	26.2	311
550	22	558.8	6.4	87.2	9.5	129	12.7	171	15.9	213	–	–	–	–
600	24	609.6	6.4	95.2	9.5	141	14.3	228	–	–	–	–	–	–
650	26	660.4	7.9	103	12.7	203	–	–	–	–	–	–	–	–

비 고

1. 관의 호칭방법은 호칭지름 및 호칭두께(스케줄 번호)에 따른다.
2. 무게의 수치는 $1 cm^3$의 강을 7.85g으로 하여, 다음 식에 따라 계산하고 KS Q 5002에 따라 유효숫자 셋째자리에서 끝맺음한다.
   $W = 0.024\ 66t(D-t)$
   여기서, W : 관의 무게 (kg/m)
   t : 관의 두께 (mm)
   D : 관의 바깥지름 (mm)
3. 굵은 선 내의 치수는 자주 사용되는 품목을 표시한다.

[참고] 압력 배관용 탄소강 강관 JIS G 3454 : 2007

■ 종류의 기호

<table>
<tr><th rowspan="2">종류의 기호</th><th colspan="3">제조 방법을 나타내는 기호</th><th rowspan="2">아연 도금 구분</th></tr>
<tr><th>제조 방법</th><th>다듬질 방법</th><th>표시</th></tr>
<tr><td>STPG 370</td><td rowspan="2">이음매 없음 : S
전기저항용접 : E</td><td rowspan="2">열간가공 : H
냉간가공 : C
전기저항용접한 대로 : G</td><td rowspan="2">열간가공 이음매 없는 강관 −S−H
냉간가공 이음매 없는 강관 −S−C
전기 저항 용접한 강관 −E−G
열간가공 전기 저항 용접 강관 −E−H
냉간가공 전기 저항 용접 강관 −E−H</td><td rowspan="2">흑관 : 아연도금을 하지 않은 관
백관 : 아연도금을 한 관</td></tr>
<tr><td>STPG 410</td></tr>
</table>

■ 압력 배관용 탄소강 강관의 치수 및 단위 질량

호칭지름		바깥 지름 mm	호칭 두께											
			스케줄 10		스케줄 20		스케줄 30		스케줄 40		스케줄 60		스케줄 80	
A	B		두께 mm	단위 질량 kg/m	두께 mm	단위 질량 kg/m	두께 mm	단위 질량 kg/m	두께 mm	단위 질량 kg/m	두께 mm	단위 질량 kg/m	두께 mm	단위 질량 kg/m
6	1/8	10.5	−	−	−	−	−	−	1.7	0.369	2.2	0.450	2.4	0.479
8	1/4	13.8	−	−	−	−	−	−	2.2	0.629	2.4	0.675	3.0	0.799
10	3/8	17.3	−	−	−	−	−	−	2.3	0.851	2.8	1.00	3.2	1.11
15	1/2	21.7	−	−	−	−	−	−	2.8	1.31	3.2	1.46	3.7	1.64
20	3/4	27.2	−	−	−	−	−	−	2.9	1.74	3.4	2.00	3.9	2.24
25	1	34.0	−	−	−	−	−	−	3.4	2.57	3.9	2.89	4.5	3.27
32	1$\frac{1}{4}$	42.7	−	−	−	−	−	−	3.6	3.47	4.5	4.24	4.9	4.57
40	1$\frac{1}{2}$	48.6	−	−	−	−	−	−	3.7	4.10	4.5	4.89	5.1	5.47
50	2	60.5	−	−	3.2	4.52	−	−	3.9	5.44	4.9	6.72	5.5	7.46
65	2$\frac{1}{2}$	76.3	−	−	4.5	7.97	−	−	5.2	9.12	6.0	10.4	7.0	12.0
80	3	89.1	−	−	4.5	9.39	−	−	5.5	11.3	6.6	13.4	7.6	15.3
90	3$\frac{1}{2}$	101.6	−	−	4.5	10.8	−	−	5.7	13.5	7.0	16.3	8.1	18.7
100	4	114.3	−	−	4.9	13.2	−	−	6.0	16.0	7.1	18.8	8.6	22.4
125	5	139.8	−	−	5.1	16.9	−	−	6.6	21.7	8.1	26.3	9.5	30.5
150	6	165.2	−	−	5.5	21.7	−	−	7.1	27.7	9.3	35.8	11.0	41.8
200	8	216.3	−	−	6.4	33.1	7.0	36.1	8.2	42.1	10.3	52.3	12.7	63.8
250	10	267.4	−	−	6.4	41.2	7.8	49.9	9.3	59.2	12.7	79.8	15.1	93.9
300	12	318.5	−	−	6.4	49.3	8.4	64.2	10.3	78.3	14.3	107	17.4	129
350	14	355.6	6.4	55.1	7.9	67.7	9.5	81.1	11.1	94.3	15.1	127	19.0	158
400	16	406.4	6.4	63.1	7.9	77.6	9.5	93.0	12.7	123	16.7	160	21.4	203
450	18	457.2	6.4	71.1	7.9	87.5	11.1	122	14.3	156	19.0	205	23.8	254
500	20	508.0	6.4	79.2	9.5	117	12.7	155	15.1	184	20.6	248	26.2	311
550	22	558.8	6.4	87.2	9.5	129	12.7	171	15.9	213	−	−	−	−
600	24	609.6	6.4	95.2	9.5	141	14.3	228	−	−	−	−	−	−
650	26	660.4	7.9	103	12.7	203	−	−	−	−	−	−	−	−

7-3 고압 배관용 탄소 강관 KS D 3564 : 2018

■ 종류의 기호 및 화학 성분

종류의 기호	화학 성분%				
	C	Si	Mn	P	S
SPPH 250	0.30 이하	0.10~0.35	0.30~1.40	0.035 이하	0.035 이하
SPPH 315	0.33 이하	0.10~0.35	0.30~1.50	0.035 이하	0.035 이하

■ 기계적 성질

종류의 기호	인장강도 N/mm^2	항복점 또는 항복강도 N/mm^2	연신율 %			
			11호 시험편 12호 시험편	5호 시험편	4호 시험편	
			세로 방향	가로 방향	세로 방향	가로 방향
SPPH 250	410 이상	250 이상	25 이상	20 이상	24 이상	19 이상
SPPH 315	490 이상	315 이상	25 이상	20 이상	22 이상	17 이상

■ 바깥지름, 두께 및 두께 편차의 허용차

<table>
<tr><th>구 분</th><th>바깥지름</th><th>허용차</th><th>두께</th><th>허용차</th><th>두께 편차의 허용차</th></tr>
<tr><td rowspan="5">열간가공 이음매 없는 강관</td><td>50 mm 미만</td><td>±0.5 mm</td><td>4 mm 미만</td><td>±0.5 mm</td><td rowspan="5">두께의 20% 이하</td></tr>
<tr><td>50 mm 이상
160 mm 미만</td><td>±1 %</td><td rowspan="4">4 mm 이상</td><td rowspan="4">±12.5 %</td></tr>
<tr><td>160 mm 이상
200 mm 미만</td><td>±1.6 mm</td></tr>
<tr><td>200 mm 이상</td><td>±0.8 %</td></tr>
<tr><td colspan="2">단, 호칭지름 350mm 이상은 둘레 길이에 따를 수 있다. 이 경우의 허용차는 ±0.5 %로 한다.</td></tr>
<tr><td rowspan="3">냉간가공 이음매 없는 강관</td><td>40 mm 미만</td><td>±0.3 mm</td><td>2 mm 미만</td><td>±0.2 mm</td><td rowspan="3">–</td></tr>
<tr><td>40 mm 이상</td><td>±0.8 %</td><td rowspan="2">2 mm 이상</td><td rowspan="2">±10 %</td></tr>
<tr><td colspan="2">단, 호칭지름 350 mm 이상은 둘레 길이에 따를 수 있다. 이 경우의 허용차는 ±0.5 %로 한다.</td></tr>
</table>

■ 수압 시험 압력

단위 : MPa

스케줄 번호	40	60	80	100	120	140	160
시험 압력	6.0	9.0	12.0	15.0	18.0	20.0	20.0

■ 압력 배관용 탄소강 강관의 치수, 무게

호칭지름 A	바깥지름 mm	호칭 두께													
		스케줄 40		스케줄 60		스케줄 80		스케줄 100		스케줄 120		스케줄 140		스케줄 160	
		두께 mm	무게 kg/m	두께 mm	무게 kg/m	두께 mm	무게 kg/m	두께 mm	무게 kg/m	두께 mm	무게 kg/m	두께 mm	무게 kg/m	두께 mm	무게 kg/m
6	10.5	1.7	0.369	–	–	2.4	0.479	–	–	–	–	–	–	–	–
8	13.8	2.2	0.629	–	–	3.0	0.799	–	–	–	–	–	–	–	–
10	17.3	2.3	0.851	–	–	3.2	1.11	–	–	–	–	–	–	–	–
15	21.7	2.8	1.31	–	–	3.7	1.64	–	–	–	–	–	–	4.7	1.97
20	27.2	2.9	1.74	–	–	3.9	2.24	–	–	–	–	–	–	5.5	2.94
25	34.0	3.4	2.57	–	–	4.5	3.27	–	–	–	–	–	–	6.4	4.36
32	42.7	3.6	3.47	–	–	4.9	4.57	–	–	–	–	–	–	6.4	5.73
40	48.6	3.7	4.10	–	–	5.1	5.47	–	–	–	–	–	–	7.1	7.27
50	60.5	3.9	5.44	–	–	5.5	7.46	–	–	–	–	–	–	8.7	11.1
65	76.3	5.2	9.12	–	–	7.0	12.0	–	–	–	–	–	–	9.5	15.6
80	89.1	5.5	11.3	–	–	7.6	15.3	–	–	–	–	–	–	11.1	21.4
90	101.6	5.7	13.5	–	–	8.1	18.7	–	–	–	–	–	–	12.7	27.8
100	114.3	6.0	16.0	–	–	8.6	22.4	–	–	11.1	28.2	–	–	13.5	33.6
125	139.8	6.6	21.7	–	–	9.5	30.5	–	–	12.7	39.8	–	–	15.9	48.6
150	165.2	7.1	27.7	–	–	11.0	41.8	–	–	14.3	53.2	–	–	18.2	66.0
200	216.3	8.2	42.1	10.3	52.3	12.7	63.8	15.1	74.9	18.2	88.9	20.6	99.4	23.0	110
250	267.4	9.3	59.2	12.7	79.8	15.1	93.9	18.2	112	21.4	130	25.4	152	28.6	168
300	318.5	10.3	78.3	14.3	107	17.4	129	21.4	157	25.4	184	28.6	204	33.3	234
350	355.6	11.1	94.3	15.1	127	19.0	158	23.8	195	27.8	225	31.8	254	35.7	282
400	406.4	12.7	123	16.7	160	21.4	203	26.2	246	30.9	286	36.5	333	40.5	365
450	457.2	14.3	156	19.0	205	23.8	254	29.4	310	34.9	363	39.7	409	45.2	459
500	508.0	15.1	184	20.6	248	26.2	311	32.5	381	38.1	441	44.4	508	50.0	565
550	558.8	15.9	213	22.2	294	28.6	374	34.9	451	41.3	527	47.6	600	54.0	672
600	609.6	17.5	256	24.6	355	31.0	442	38.9	547	46.0	639	52.4	720	59.5	807
650	660.4	18.9	299	26.4	413	34.0	525	41.6	635	49.1	740	56.6	843	64.2	944

비 고

1. 관의 호칭방법은 호칭지름 및 호칭두께(스케줄 번호)에 따른다.
2. 무게의 수치는 $1cm^3$의 강을 7.85g으로 하여, 다음 식에 따라 계산하고 KS Q 5002에 따라 유효숫자 셋째자리에서 끝맺음한다.

$W = 0.024\,66t(D-t)$

여기서, W : 관의 무게 (kg/m)

t : 관의 두께 (mm)

D : 관의 바깥지름 (mm)

7-4 상수도용 도복장 강관 KS D 3565 : 2017

■ 종류의 기호 및 화학 성분과 제조방법

종류의 기호	화학 성분 %			제조방법
	C	P	S	
STWW 290	–	0.040 이하	0.040 이하	단접 또는 전기 저항 용접
STWW 370	0.25 이하	0.040 이하	0.040 이하	전기 저항 용접
STWW 400	0.25 이하	0.040 이하	0.040 이하	전기 저항 용접 또는 아크 용접
STWW 600	0.25 이하	0.040 이하	0.040 이하	전기 저항 용접 또는 아크 용접

■ 기계적 성질

종류의 기호	인장강도 N/mm^2	항복점 또는 항복강도 N/mm^2	연신율 %	
			11호 시험편 12호 시험편	1A호 시험편 5호 시험편
			세로 방향	가로 방향
STWW 290	294 이상	–	30 이상	25 이상
STWW 370	373 이상	216 이상	30 이상	25 이상
STWW 400	402 이상	226 이상	–	18 이상

■ 바깥지름, 두께 및 길이의 허용차

구분	범위	허용차
바깥지름	호칭지름 80A 이상 200A 미만	±0.1%
	호칭지름 200A 이상 600A 미만	±0.8 %
	호칭지름 600A 이상 측정은 원둘레 길이에 따른다.	±0.5 %
두께	호칭지름 350A 미만, 두께 4.2mm 이상 두께 7.5mm 미만	+15 % −8 %
	호칭지름 350A 이상, 두께 7.5mm 이상 12.5mm 미만 두께 12.5mm 이상	+15 % −1.0 mm
길이	+ 제한하지 않는다. 0	
벨 엔드 안지름	호칭 지름 1600mm 미만 허용차를 포함한 원관의 바깥지름 +5.0 mm 이내 호칭 지름 1600mm 이상 허용차를 포함한 원관의 바깥지름 +6.0 mm 이내	측정은 원둘레의 길이에 따른다.

■ 수압 시험 압력

단위 : MPa

시험 압력	종류의 기호			
	STWW 290	STWW 370	STWW 400	
			호칭 두께	
			A	B
	2.5	3.4	2.5	2.0

■ 바깥지름, 두께 및 무게

호칭지름 A	바깥지름 mm	종류의 기호							
		STWW 290		STWW 370		STWW 400			
		호칭 두께		호칭 두께		호칭 두께			
						A		B	
		두께 mm	무게 kg/m	두께 mm	무게 kg/m	두께 mm	무게 kg/m	두께 mm	무게 kg/m
80	89.1	4.2	8.79	4.5	9.39	–	–	–	–
100	114.3	4.5	12.2	4.9	13.2	–	–	–	–
125	139.8	4.5	15.0	5.1	16.9	–	–	–	–
150	165.2	5.0	19.8	5.5	21.7	–	–	–	–
200	216.3	5.8	30.1	6.4	33.1	–	–	–	–
250	267.4	6.6	42.4	6.4	41.2	–	–	–	–
300	318.5	6.9	53.0	6.4	49.3	–	–	–	–
350	355.6	–	–	–	–	6.0	51.7	–	–
400	406.4	–	–	–	–	6.0	59.2	–	–
450	457.2	–	–	–	–	6.0	66.8	–	–
500	508.0	–	–	–	–	6.0	74.3	–	–
600	609.6	–	–	–	–	6.0	89.3	–	–
700	711.2	–	–	–	–	7.0	122	6.0	104
800	812.8	–	–	–	–	8.0	159	7.0	139
900	914.4	–	–	–	–	8.0	179	7.0	157
1000	1016.0	–	–	–	–	9.0	223	8.0	199
1100	1117.6	–	–	–	–	10.0	273	8.0	219
1200	1219.2	–	–	–	–	11.0	328	9.0	269
1350	1371.6	–	–	–	–	12.0	402	10.0	336
1500	1524.0	–	–	–	–	14.0	521	11.0	410
1600	1625.6	–	–	–	–	15.0	596	12.0	477
1650	1676.4	–	–	–	–	15.0	615	12.0	493
1800	1828.8	–	–	–	–	16.0	715	13.0	582
1900	1930.4	–	–	–	–	17.0	802	14.0	662
2000	2032.0	–	–	–	–	18.0	894	15.0	746
2100	2133.6	–	–	–	–	19.0	991	16.0	836
2200	2235.2	–	–	–	–	20.0	1093	16.0	876
2300	2336.8	–	–	–	–	21.0	1199	17.0	973
2400	2438.4	–	–	–	–	22.0	1311	18.0	1074
2500	2540.0	–	–	–	–	23.0	1428	18.0	1119
2600	2641.6	–	–	–	–	24.0	1549	19.0	1229
2700	2743.2	–	–	–	–	25.0	1676	20.0	1343
2800	2844.8	–	–	–	–	26.0	1807	21.0	1462
2900	2946.4	–	–	–	–	27.0	1944	21.0	1515
3000	3048.0	–	–	–	–	29.0	2159	22.0	1642

비 고

1. 무게의 수치는 1cm³의 강을 7.85g으로 하여, 다음 식에 따라 계산하여 KS Q 5002에 따라 유효숫자 3자리로 끝맺음한다.

$$W=0.024\ 66t(D-t)$$

여기서, W : 관의 무게 (kg/m)

t : 관의 두께 (mm)

D : 관의 바깥지름 (mm)

7-5 저온 배관용 탄소 강관 KS D 3569 : 2008

■ 종류의 기호 및 화학 성분

종류의 기호	화학 성분 %					
	C	Si	Mn	P	S	Ni
SPLT 390	0.25 이하	0.35 이하	1.35 이하	0.035 이하	0.035 이하	–
SPLT 460	0.18 이하	0.10~0.35	0.30~0.60	0.030 이하	0.030 이하	3.20~3.80
SPLT 700	0.13 이하	0.10~0.35	0.90 이하	0.030 이하	0.030 이하	8.50~9.50

■ 기계적 성질

종류의 기호	인장 시험					
	인장 강도 N/mm^2	항복점 N/mm^2	연신율			
			11호 시험편 12호 시험편	5호 시험편	4호 시험편	
			세로 방향	가로 방향	세로 방향	가로 방향
SPLT 390	390 이상	210 이상	35 이상	25 이상	30 이상	22 이상
SPLT 460	460 이상	250 이상	30 이상	20 이상	24 이상	16 이상
SPLT 700	700 이상	530 이상	21 이상	15 이상	16 이상	10 이상

■ 바깥지름 및 두께 허용차

구 분	바깥지름	허용차	두께	허용차	두께 편차의 허용차
열간가공 이음매없는 강관	50 mm 미만	±0.5 mm	4 mm 미만	±0.5 mm	두께의 20% 이하
	50 mm 이상 160 mm 미만	±1 %	4 mm 이상	±12.5 %	
	160 mm 이상 200 mm 미만	±1.6 mm			
	200 mm 이상	±0.8 %			
	단, 호칭지름 350mm 이상은 둘레 길이에 따를 수 있다. 이 경우의 허용차는 ±0.5 %로 한다.				
냉간가공 이음매없는 강관 및 전기 저항 용접 강관	40 mm 미만	±0.3 mm	2 mm 미만	±0.2 mm	–
	40 mm 이상	±0.8 %	2 mm 이상	±10 %	
	단, 호칭지름 350 이상은 둘레 길이에 따를 수 있다. 이 경우의 허용차는 ±0.5%로 한다.				

■ 수압 시험 압력

단위 : MPa

스케줄 번호	10	20	30	40	60	80	100	120	140	160
시험 압력	2.0	3.5	5.0	6.0	9.0	12.0	15.0	18.0	20.0	20.0

■ 저온 배관용 탄소강 강관의 치수, 무게

호칭지름 A	바깥지름 mm	호칭 두께									
		스케줄 10		스케줄 20		스케줄 30		스케줄 40		스케줄 60	
		두께 mm	무게 kg/m	두께 mm	무게 kg/m	두께 mm	무게 kg/m	두께 mm	무게 kg/m	두께 mm	무게 kg/m
6	10.5	–	–	–	–	–	–	1.7	0.369	–	–
8	13.8	–	–	–	–	–	–	2.2	0.629	–	–
10	17.3	–	–	–	–	–	–	2.3	0.851	–	–
15	21.7	–	–	–	–	–	–	2.8	1.31	–	–
20	27.2	–	–	–	–	–	–	2.9	1.74	–	–
25	34.0	–	–	–	–	–	–	3.4	2.57	–	–
32	42.7	–	–	–	–	–	–	3.6	3.47	–	–
40	48.6	–	–	–	–	–	–	3.7	4.10	–	–
50	60.5	–	–	–	–	–	–	3.9	5.44	–	–
65	76.3	–	–	–	–	–	–	5.2	9.12	–	–
80	89.1	–	–	–	–	–	–	5.5	11.3	–	–
90	101.6	–	–	–	–	–	–	5.7	13.5	–	–
100	114.3	–	–	–	–	–	–	6.0	16.0	–	–
125	139.8	–	–	–	–	–	–	6.6	21.7	–	–
150	165.2	–	–	–	–	–	–	7.1	27.7	–	–
200	216.3	–	–	6.4	33.1	7.0	36.1	8.2	42.1	10.3	52.3
250	267.4	–	–	6.4	41.2	7.8	49.9	9.3	59.2	12.7	79.8
300	318.5	–	–	6.4	49.3	8.4	64.2	10.3	78.3	14.3	107
350	355.6	6.4	55.1	7.9	67.7	9.5	81.1	11.1	94.3	15.1	127
400	406.4	6.4	63.1	7.9	77.6	9.5	93.0	12.7	123	16.7	160
450	457.2	6.4	71.1	7.9	87.5	11.1	122	14.3	156	19.0	205
500	508.0	6.4	79.2	9.5	117	12.7	155	15.1	184	20.6	248
550	558.8	–	–	–	–	–	–	15.9	213	22.2	294
600	609.6	–	–	–	–	–	–	17.5	256	24.6	355
650	660.4	–	–	–	–	–	–	18.9	299	26.4	413

호칭지름 A	바깥지름 mm	호칭 두께									
		스케줄 80		스케줄 100		스케줄 120		스케줄 140		스케줄 160	
		두께 mm	무게 kg/m	두께 mm	무게 kg/m	두께 mm	무게 kg/m	두께 mm	무게 kg/m	두께 mm	무게 kg/m
6	10.5	2.4	0.479	–	–	–	–	–	–	–	–
8	13.8	3.0	0.799	–	–	–	–	–	–	–	–
10	17.3	3.2	1.11	–	–	–	–	–	–	–	–
15	21.7	3.7	1.64	–	–	–	–	–	–	4.7	1.97
20	27.2	3.9	2.24	–	–	–	–	–	–	5.5	2.94
25	34.0	4.5	3.27	–	–	–	–	–	–	6.4	4.36
32	42.7	4.9	4.57	–	–	–	–	–	–	6.4	5.73
40	48.6	5.1	5.47	–	–	–	–	–	–	7.1	7.27
50	60.5	5.5	7.46	–	–	–	–	–	–	8.7	11.1
65	76.3	7.0	12.0	–	–	–	–	–	–	9.5	15.6
80	89.1	7.6	15.3	–	–	–	–	–	–	11.1	21.4
90	101.6	8.1	18.7	–	–	–	–	–	–	12.7	27.8
100	114.3	8.6	22.4	–	–	11.1	28.2	–	–	13.5	33.6
125	139.8	9.5	30.5	–	–	12.7	39.8	–	–	15.9	48.6
150	165.2	11.0	41.8	–	–	14.3	53.2	–	–	18.2	66.0

■ 저온 배관용 탄소강 강관의 치수, 무게 (계속)

호칭지름 A	바깥지름 mm	호칭 두께									
		스케줄 80		스케줄 100		스케줄 120		스케줄 140		스케줄 160	
		두께 mm	무게 kg/m	두께 mm	무게 kg/m	두께 mm	무게 kg/m	두께 mm	무게 kg/m	두께 mm	무게 kg/m
200	216.3	12.7	63.8	15.1	74.9	18.2	88.9	20.6	99.4	23.0	110
250	267.4	15.1	93.9	18.2	112	21.4	130	25.4	152	28.6	168
300	318.5	17.4	129	21.4	157	25.4	184	28.6	204	33.3	234
350	355.6	19.0	158	23.8	195	27.8	225	31.8	254	35.7	282
400	406.4	21.4	203	26.2	246	30.9	286	36.5	333	40.5	365
450	457.2	23.8	254	29.4	310	34.9	363	39.7	409	45.2	459
500	508.0	26.2	311	32.5	381	38.1	441	44.4	508	50.0	565
550	558.8	28.6	374	34.9	451	41.3	527	47.6	600	54.0	672
600	609.6	31.0	442	38.9	547	46.0	639	52.4	720	59.5	807
650	660.4	34.0	525	41.6	635	49.1	740	56.6	843	64.2	944

비 고

1. 관의 호칭 방법은 호칭 지름 및 호칭 두께(스케줄 번호 : Sch)에 따른다.
2. 무게 수치는 $1cm^3$의 강을 7.85g으로 하고, 다음 식에 따라 계산하여 KS Q 5002에 따라 유효숫자 3자리로 끝맺음한다.

   $W=0.024\ 66t(D-t)$

   여기서, W : 관의 무게 (kg/m)

   t : 관의 두께 (mm)

   D : 관의 바깥지름 (mm)

7-6 고온 배관용 탄소 강관 KS D 3570 (폐지)

■ 종류의 기호 및 화학 성분

종류의 기호	화학 성분 %				
	C	Si	Mn	P	S
SPHT 380	0.25 이하	0.10~0.35	0.30~0.90	0.35 이하	0.35 이하
SPHT 420	0.30 이하	0.10~0.35	0.30~1.00	0.35 이하	0.35 이하
SPHT 490	0.33 이하	0.10~0.35	0.30~1.00	0.35 이하	0.35 이하

■ 기계적 성질

종류의 기호	인장 강도 N/mm^2	항복점 또는 항복 강도 N/mm^2	연신율 %			
			11호 시험편 12호 시험편	5호 시험편	4호 시험편	4호 시험편
			세로 방향	가로 방향	가로 방향	세로 방향
SPHT 380	380 이상	220 이상	30 이상	25 이상	28 이상	23 이상
SPHT 420	420 이상	250 이상	25 이상	20 이상	24 이상	19 이상
SPHT 490	490 이상	280 이상	25 이상	20 이상	22 이상	17 이상

■ 바깥지름, 두께 및 두께 편차의 허용차

구 분	바깥지름	허용차	두께	허용차	두께 편차의 허용차
열간가공 이음매 없는 강관	50 mm 미만	±0.5 mm	4 mm 미만	±0.5 mm	두께의 20% 이하
	50 mm 이상 160 mm 미만	±1 %	4 mm 이상	±12.5 %	
	160 mm 이상 200 mm 미만	±1.6 mm			
	200 mm 이상	±0.8 %			
	단, 호칭지름 350mm 이상은 둘레 길이에 따를 수 있다. 이 경우의 허용차는 ±0.5 %로 한다.				
냉간가공 이음매 없는 강관 및 전기 저항 용접 강관	40 mm 미만	±0.3 mm	2 mm 미만	±0.2 mm	–
	40 mm 이상	±0.8 %	2 mm 이상	±10 %	
	단, 호칭지름 350 mm 이상은 둘레 길이에 따를 수 있다. 이 경우의 허용차는 ±0.5 %로 한다.				

■ 수압 시험 압력

단위 : MPa

스케줄 번호	10	20	30	40	60	80	100	120	140	160
시험 압력	2.0	3.5	5.0	6.0	9.0	12.0	15.0	18.0	20.0	20.0

■ 고온 배관용 탄소강 강관의 치수, 무게

호칭지름 A	바깥지름 mm	호칭 두께									
		스케줄 10		스케줄 20		스케줄 30		스케줄 40		스케줄 60	
		두께 mm	무게 kg/m	두께 mm	무게 kg/m	두께 mm	무게 kg/m	두께 mm	무게 kg/m	두께 mm	무게 kg/m
6	10.5	–	–	–	–	–	–	1.7	0.369	–	–
8	13.8	–	–	–	–	–	–	2.2	0.629	–	–
10	17.3	–	–	–	–	–	–	2.3	0.851	–	–
15	21.7	–	–	–	–	–	–	2.8	1.31	–	–
20	27.2	–	–	–	–	–	–	2.9	1.74	–	–
25	34.0	–	–	–	–	–	–	3.4	2.57	–	–
32	42.7	–	–	–	–	–	–	3.6	3.47	–	–
40	48.6	–	–	–	–	–	–	3.7	4.10	–	–
50	60.5	–	–	–	–	–	–	3.9	5.44	–	–
65	76.3	–	–	–	–	–	–	5.2	9.12	–	–
80	89.1	–	–	–	–	–	–	5.5	11.3	–	–
90	101.6	–	–	–	–	–	–	5.7	13.5	–	–
100	114.3	–	–	–	–	–	–	6.0	16.0	–	–
125	139.8	–	–	–	–	–	–	6.6	21.7	–	–
150	165.2	–	–	–	–	–	–	7.1	27.7	–	–
200	216.3	–	–	6.4	33.1	7.0	36.1	8.2	42.1	10.3	52.3
250	267.4	–	–	6.4	41.2	7.8	49.9	9.3	59.2	12.7	79.8
300	318.5	–	–	6.4	49.3	8.4	64.2	10.3	78.3	14.3	107
350	355.6	6.4	55.1	7.9	67.7	9.5	81.1	11.1	94.3	15.1	127
400	406.4	6.4	63.1	7.9	77.6	9.5	93.0	12.7	123	16.7	160
450	457.2	6.4	71.1	7.9	87.5	11.1	122	14.3	156	19.0	205
500	508.0	6.4	79.2	9.5	117	12.7	155	15.1	184	20.6	248
550	558.8	–	–	–	–	12.7	171	15.9	213	22.2	294
600	609.6	–	–	–	–	14.3	228	17.5	256	24.6	355
650	660.4	–	–	–	–	–	–	18.9	299	26.4	413

■ 고온 배관용 탄소강 강관의 치수, 무게 (계속)

호칭지름 A	바깥지름 mm	호칭 두께									
		스케줄 80		스케줄 100		스케줄 120		스케줄 140		스케줄 160	
		두께 mm	무게 kg/m	두께 mm	무게 kg/m	두께 mm	무게 kg/m	두께 mm	무게 kg/m	두께 mm	무게 kg/m
6	10.5	2.4	0.479	–	–	–	–	–	–	–	–
8	13.8	3.0	0.799	–	–	–	–	–	–	–	–
10	17.3	3.2	1.11	–	–	–	–	–	–	–	–
15	21.7	3.7	1.64	–	–	–	–	–	–	4.7	1.97
20	27.2	3.9	2.24	–	–	–	–	–	–	5.5	2.94
25	34.0	4.5	3.27	–	–	–	–	–	–	6.4	4.36
32	42.7	4.9	4.57	–	–	–	–	–	–	6.4	5.73
40	48.6	5.1	5.47	–	–	–	–	–	–	7.1	7.27
50	60.5	5.5	7.46	–	–	–	–	–	–	8.7	11.1
65	76.3	7.0	12.0	–	–	–	–	–	–	9.5	15.6
80	89.1	7.6	15.3	–	–	–	–	–	–	11.1	21.4
90	101.6	8.1	18.7	–	–	–	–	–	–	12.7	27.8
100	114.3	8.6	22.4	–	–	11.1	28.2	–	–	13.5	33.6
125	139.8	9.5	30.5	–	–	12.7	39.8	–	–	15.9	48.6
150	165.2	11.0	41.8	–	–	14.3	53.2	–	–	18.2	66.0
200	216.3	12.7	63.8	15.1	74.9	18.2	88.9	20.6	99.4	23.0	110
250	267.4	15.1	93.9	18.2	112	21.4	130	25.4	152	28.6	168
300	318.5	17.4	129	21.4	157	25.4	184	28.6	204	33.3	234
350	355.6	19.0	158	23.8	195	27.8	225	31.8	254	35.7	282
400	406.4	21.4	203	26.2	246	30.9	286	36.5	333	40.5	365
450	457.2	23.8	254	29.4	310	34.9	363	39.7	409	45.2	459
500	508.0	26.2	311	32.5	381	38.1	441	44.4	508	50.0	565
550	558.8	28.6	374	34.9	451	41.3	527	47.6	600	54.0	672
600	609.6	31.0	442	38.9	547	46.0	639	52.4	720	59.5	807
650	660.4	34.0	525	41.6	635	49.1	740	56.6	843	64.2	944

비 고

1. 관의 호칭 방법은 호칭 지름 및 호칭 두께(스케줄 번호 : Sch)에 따른다.
2. 무게 수치는 $1cm^3$의 강을 7.85g으로 하고, 다음 식에 따라 계산하여 KS Q 5002에 따라 유효숫자 3자리로 끝맺음한다.

$W = 0.024\,66t(D-t)$

여기서, W : 관의 무게 (kg/m)

t : 관의 두께 (mm)

D : 관의 바깥지름 (mm)

7-7 배관용 합금강 강관 KS D 3573 (폐지)

■ 종류의 기호

종류의 기호	
몰리브데넘강 강관	SPA 12
	SPA 20
	SPA 22
크로뮴·몰리브데넘강 강관	SPA 23
	SPA 24
	SPA 25
	SPA 26

■ 화학 성분

종류의 기호	화학 성분 %						
	C	Si	Mn	P	S	Cr	Mo
SPA 12	0.10~0.20	0.10~0.50	0.30~0.80	0.035 이하	0.035 이하	–	0.45~0.65
SPA 20	0.10~0.20	0.10~0.50	0.30~0.60	0.035 이하	0.035 이하	0.50~0.80	0.40~0.65
SPA 22	0.15 이하	0.50 이하	0.30~0.60	0.035 이하	0.035 이하	0.80~1.25	0.45~0.65
SPA 23	0.15 이하	0.50~1.00	0.30~0.60	0.030 이하	0.030 이하	1.00~1.50	0.45~0.65
SPA 24	0.15 이하	0.50 이하	0.30~0.60	0.030 이하	0.030 이하	1.90~2.60	0.87~1.13
SPA 25	0.15 이하	0.50 이하	0.30~0.60	0.030 이하	0.030 이하	4.00~6.00	0.45~0.65
SPA 26	0.15 이하	0.25~1.00	0.30~0.60	0.030 이하	0.030 이하	8.00~10.00	0.90~1.10

■ 기계적 성질

종류의 기호	인장강도 N/mm^2	항복점 또는 항복강도 N/mm^2	연신율 %			
			11호 시험편 12호 시험편	5호 시험편	4호 시험편	4호 시험편
			세로 방향	가로 방향	가로 방향	세로 방향
SPA 12	390 이상	210 이상	30 이상	25 이상	24 이상	19 이상
SPA 20	420 이상	210 이상	30 이상	25 이상	24 이상	19 이상
SPA 22	420 이상	210 이상	30 이상	25 이상	24 이상	19 이상
SPA 23	420 이상	210 이상	30 이상	25 이상	24 이상	19 이상
SPA 24	420 이상	210 이상	30 이상	25 이상	24 이상	19 이상
SPA 25	420 이상	210 이상	30 이상	25 이상	24 이상	19 이상
SPA 26	420 이상	210 이상	30 이상	25 이상	24 이상	19 이상

■ 바깥지름, 두께 및 두께 편차의 허용차

구 분	바깥지름	허용차	두께	허용차	두께 편차의 허용차
열간가공 이음매 없는 강관	50 mm 미만	±0.5 mm	4 mm 미만	±0.5 mm	두께의 20% 이하
	50 mm 이상 160 mm 미만	±1 %	4 mm 이상	±12.5 %	
	160 mm 이상 200 mm 미만	±1.6 mm			
	200 mm 이상	±0.8 %			
	단, 호칭지름 350mm 이상은 둘레 길이에 따를 수 있다. 이 경우의 허용차는 ±0.5%로 한다.				

바깥지름, 두께 및 두께 편차의 허용차 (계속)

구 분	바깥지름	허용차	두께	허용차	두께 편차의 허용차
냉간가공 이음매 없는 강관	40 mm 미만	±0.3 mm	2 mm 미만	±0.2 mm	–
	40 mm 이상	±0.8 %	2 mm 이상	±10 %	
	단, 호칭지름 350 mm 이상은 둘레 길이에 따를 수 있다. 이 경우의 허용차는 ±0.5%로 한다.				

수압 시험 압력

단위 : MPa

스케줄 번호	10	20	30	40	60	80	100	120	140	160
시험 압력	2.0	3.5	5.0	6.0	9.0	12.0	15.0	18.0	20.0	20.0

배관용 합금강 강관의 치수, 무게

호칭지름 A	바깥지름 mm	호칭 두께									
		스케줄 10		스케줄 20		스케줄 30		스케줄 40		스케줄 60	
		두께 mm	무게 kg/m	두께 mm	무게 kg/m	두께 mm	무게 kg/m	두께 mm	무게 kg/m	두께 mm	무게 kg/m
6	10.5	–	–	–	–	–	–	1.7	0.369	–	–
8	13.8	–	–	–	–	–	–	2.2	0.629	–	–
10	17.3	–	–	–	–	–	–	2.3	0.851	–	–
15	21.7	–	–	–	–	–	–	2.8	1.31	–	–
20	27.2	–	–	–	–	–	–	2.9	1.74	–	–
25	34.0	–	–	–	–	–	–	3.4	2.57	–	–
32	42.7	–	–	–	–	–	–	3.6	3.47	–	–
40	48.6	–	–	–	–	–	–	3.7	4.10	–	–
50	60.5	–	–	–	–	–	–	3.9	5.44	–	–
65	76.3	–	–	–	–	–	–	5.2	9.12	–	–
80	89.1	–	–	–	–	–	–	5.5	11.3	–	–
90	101.6	–	–	–	–	–	–	5.7	13.5	–	–
100	114.3	–	–	–	–	–	–	6.0	16.0	–	–
125	139.8	–	–	–	–	–	–	6.6	21.7	–	–
150	165.2	–	–	–	–	–	–	7.1	27.7	–	–
200	216.3	–	–	6.4	33.1	7.0	36.1	8.2	42.1	10.3	52.3
250	267.4	–	–	6.4	41.2	7.8	49.9	9.3	59.2	12.7	79.8
300	318.5	–	–	6.4	49.3	8.4	64.2	10.3	78.3	14.3	107
350	355.6	6.4	55.1	7.9	67.7	9.5	81.1	11.1	94.3	15.1	127
400	406.4	6.4	63.1	7.9	77.6	9.5	93.0	12.7	123	16.7	160
450	457.2	6.4	71.1	7.9	87.5	11.1	122	14.3	156	19.0	205
500	508.0	6.4	79.2	9.5	117	12.7	155	15.1	184	20.6	248
550	558.8	–	–	–	–	–	–	15.9	213	22.2	294
600	609.6	–	–	–	–	–	–	17.5	256	24.6	355
650	660.4	–	–	–	–	–	–	18.9	299	26.4	413

■ 저온 배관용 탄소강 강관의 치수, 무게

호칭지름 A	바깥지름 mm	호칭 두께									
		스케줄 80		스케줄 100		스케줄 120		스케줄 140		스케줄 160	
		두께 mm	무게 kg/m	두께 mm	무게 kg/m	두께 mm	무게 kg/m	두께 mm	무게 kg/m	두께 mm	무게 kg/m
6	10.5	2.4	0.479	–	–	–	–	–	–	–	–
8	13.8	3.0	0.799	–	–	–	–	–	–	–	–
10	17.3	3.2	1.11	–	–	–	–	–	–	–	–
15	21.7	3.7	1.64	–	–	–	–	–	–	4.7	1.97
20	27.2	3.9	2.24	–	–	–	–	–	–	5.5	2.94
25	34.0	4.5	3.27	–	–	–	–	–	–	6.4	4.36
32	42.7	4.9	4.57	–	–	–	–	–	–	6.4	5.73
40	48.6	5.1	5.47	–	–	–	–	–	–	7.1	7.27
50	60.5	5.5	7.46	–	–	–	–	–	–	8.7	11.1
65	76.3	7.0	12.0	–	–	–	–	–	–	9.5	15.6
80	89.1	7.6	15.3	–	–	–	–	–	–	11.1	21.4
90	101.6	8.1	18.7	–	–	–	–	–	–	12.7	27.8
100	114.3	8.6	22.4	–	–	11.1	28.2	–	–	13.5	33.6
125	139.8	9.5	30.5	–	–	12.7	39.8	–	–	15.9	48.6
150	165.2	11.0	41.8	–	–	14.3	53.2	–	–	18.2	66.0
200	216.3	12.7	63.8	15.1	74.9	18.2	88.9	20.6	99.4	23.0	110
250	267.4	15.1	93.9	18.2	112	21.4	130	25.4	152	28.6	168
300	318.5	17.4	129	21.4	157	25.4	184	28.6	204	33.3	234
350	355.6	19.0	158	23.8	195	27.8	225	31.8	254	35.7	282
400	406.4	21.4	203	26.2	246	30.9	286	36.5	333	40.5	365
450	457.2	23.8	254	29.4	310	34.9	363	39.7	409	45.2	459
500	508.0	26.2	311	32.5	381	38.1	441	44.4	508	50.0	565
550	558.8	28.6	374	34.9	451	41.3	527	47.6	600	54.0	672
600	609.6	31.0	442	38.9	547	46.0	639	52.4	720	59.5	807
650	660.4	34.0	525	41.6	635	49.1	740	56.6	843	64.2	944

비 고

1. 관의 호칭 방법은 호칭 지름 및 호칭 두께(스케줄 번호 : Sch)에 따른다.
2. 무게 수치는 1cm³의 강을 7.85g으로 하고, 다음 식에 따라 계산하여 KS Q 5002에 따라 유효숫자 3자리로 끝맺음한다.

   $W=0.024\,66t(D-t)$

   여기서, W : 관의 무게 (kg/m)

   t : 관의 두께 (mm)

   D : 관의 바깥지름 (mm)

7-8 배관용 스테인리스 강관 KS D 3576 : 2017

■ 종류의 기호 및 열처리

분류	종류의 기호	고용화 열처리 ℃
오스테나이트계	STS304TP	1010 이상, 급랭
	STS304HTP	1040 이상, 급랭
	STS304LTP	1010 이상, 급랭
	STS309TP	1030 이상, 급랭
	STS309STP	1030 이상, 급랭
	STS310TP	1030 이상, 급랭
	STS310STP	1030 이상, 급랭
	STS316TP	1010 이상, 급랭
	STS316HTP	1040 이상, 급랭
	STS316LTP	1010 이상, 급랭
	STS316TiTP	920 이상, 급랭
	STS317TP	1010 이상, 급랭
	STS317LTP	1010 이상, 급랭
	STS836LTP	1030 이상, 급랭
	STS890LTP	1030 이상, 급랭
	STS321TP	920 이상, 급랭

분류	종류의 기호	고용화 열처리 ℃
오스테나이트계	STS321HTP	냉간 가공 1095 이상, 급랭
		열간 가공 1050 이상, 급랭
	STS347TP	980 이상, 급랭
	STS347HTP	냉간 가공 1095 이상, 급랭
		열간 가공 1050 이상, 급랭
	STS350TP	1150 이상, 급랭
오스테나이트 페라이트계	STS329J1TP	950 이상, 급랭
	STS329J3LTP	950 이상, 급랭
	STS329J4LTP	950 이상, 급랭
	STS329LDTP	950 이상, 급랭
페라이트계	STS405TP	어닐링 700 이상, 공랭 또는 서랭
	STS409LTP	어닐링 700 이상, 공랭 또는 서랭
	STS430TP	어닐링 700 이상, 공랭 또는 서랭
	STS430LXTP	어닐링 700 이상, 공랭 또는 서랭
	STS430J1LTP	어닐링 720 이상, 공랭 또는 서랭
	STS436LTP	어닐링 720 이상, 공랭 또는 서랭
	STS444TP	어닐링 700 이상, 공랭 또는 서랭

비 고

- STS321TP, STS316TiTP 및 STS347TP에 대해서는 안정화 열처리를 지정할 수 있다. 이 경우의 열처리 온도는 850~930℃로 한다.

참 고

- STS836LTP 및 STS890LTP는 각각 KS D 3706, KS D 3705 및 KS D 3698의 STS317J4L, STS317J5L에 상당한다.

■ 화학 성분

단위 : %

종류의 기호	C	Si	Mn	P	S	Ni	Cr	Mo	기타
ST304TP	0.08 이하	1.00 이하	2.00 이하	0.040 이하	0.030 이하	8.00~11.00	18.00~20.00	–	–
STS304HTP	0.04~0.10	0.75 이하	2.00 이하	0.040 이하	0.030 이하	8.00~11.00	18.00~20.00	–	–
STS304LTP	0.030 이하	1.00 이하	2.00 이하	0.040 이하	0.030 이하	9.00~13.00	18.00~20.00	–	–
STS309TP	0.15 이하	1.00 이하	2.00 이하	0.040 이하	0.030 이하	12.00~15.00	22.00~24.00	–	–
STS309STP	0.08 이하	1.00 이하	2.00 이하	0.040 이하	0.030 이하	12.00~15.00	22.00~24.00	–	–
STS310TP	0.15 이하	1.50 이하	2.00 이하	0.040 이하	0.030 이하	19.00~22.00	24.00~26.00	–	–
STS310STP	0.08 이하	1.50 이하	2.00 이하	0.040 이하	0.030 이하	19.00~22.00	24.00~26.00	–	–
STS316TP	0.08 이하	1.00 이하	2.00 이하	0.040 이하	0.030 이하	10.00~14.00	16.00~18.00	2.00~3.00	–
STS316HTP	0.04~0.10	0.75 이하	2.00 이하	0.030 이하	0.030 이하	11.00~14.00	16.00~18.00	2.00~3.00	–
STS316LTP	0.030 이하	1.00 이하	2.00 이하	0.040 이하	0.030 이하	12.00~16.00	16.00~18.00	2.00~3.00	–
STS316TiTP	0.08 이하	1.00 이하	2.00 이하	0.040 이하	0.030 이하	10.00~14.00	16.00~18.00	2.00~3.00	Ti5 × C% 이상
STS317TP	0.08 이하	1.00 이하	2.00 이하	0.040 이하	0.030 이하	11.00~15.00	18.00~20.00	3.00~4.00	–
STS317LTP	0.030 이하	1.00 이하	2.00 이하	0.040 이하	0.030 이하	11.00~15.00	18.00~20.00	3.00~4.00	–
STS836LTP	0.030 이하	1.00 이하	2.00 이하	0.040 이하	0.030 이하	24.00~26.00	19.00~24.00	5.00~7.00	N 0.25 이하
STS890LTP	0.020 이하	1.00 이하	2.00 이하	0.040 이하	0.030 이하	23.00~28.00	19.00~23.00	4.00~5.00	Cu 1.00~2.00
STS321TP	0.08 이하	1.00 이하	2.00 이하	0.040 이하	0.030 이하	9.00~13.00	17.00~19.00	–	Ti5 × C% 이상
STS321HTP	0.04~0.10	0.75 이하	2.00 이하	0.030 이하	0.030 이하	9.00~13.00	17.00~20.00	–	Ti4 × C% 이상~0.60 이하
STS347TP	0.08 이하	1.00 이하	2.00 이하	0.040 이하	0.030 이하	9.00~13.00	17.00~19.00	–	Nb 10 × C% 이상
STS347HTP	0.04~0.10	1.00 이하	2.00 이하	0.030 이하	0.030 이하	9.00~13.00	17.00~20.00	–	Nb 8 × C~1.00
STS350TP	0.03 이하	1.00 이하	1.50 이하	0.035 이하	0.020 이하	20.0~23.0	22.00~24.00	6.0~6.8	N 0.21~0.32
STS329J1TP	0.08 이하	1.00 이하	1.50 이하	0.040 이하	0.030 이하	3.00~6.00	23.00~28.00	1.00~3.00	–
STS329J3LTP	0.030 이하	1.00 이하	1.50 이하	0.040 이하	0.030 이하	4.50~6.50	21.00~24.00	2.50~3.50	N 0.08~0.20
STS329J4LTP	0.030 이하	1.00 이하	1.50 이하	0.040 이하	0.030 이하	5.50~7.50	24.00~26.00	2.50~3.50	N 0.08~0.20
STS329LDTP	0.030 이하	1.00 이하	1.50 이하	0.040 이하	0.030 이하	2.00~4.00	19.00~22.00	1.00~2.00	N 0.14~0.20
STS405TP	0.08 이하	1.00 이하	1.00 이하	0.040 이하	0.030 이하	–	11.50~14.50	–	Al 0.10~0.30
STS409LTP	0.030 이하	1.00 이하	1.00 이하	0.040 이하	0.030 이하	–	10.50~11.75	–	Ti 6 × C%~0.75
STS430TP	0.12 이하	0.75 이하	1.00 이하	0.040 이하	0.030 이하	–	16.00~18.00	–	–
STS430LXTP	0.030 이하	0.75 이하	1.00 이하	0.040 이하	0.030 이하	–	16.00~19.00	–	Ti또는 Nb0.10~1.00
STS430J1LTP	0.025 이하	1.00 이하	1.00 이하	0.040 이하	0.030 이하	–	16.00~20.00	–	N 0.025 이하 Nb 8×(C%+N%)~0.80 Cu 0.30~0.80
STS436LTP	0.025 이하	1.00 이하	1.00 이하	0.040 이하	0.030 이하	–	16.00~19.00	0.75~1.25	N 0.025 이하 Ti, Nb, Zr 또는 그것들의 조합 8×(C%+N%)~0.80
STS444TP	0.025 이하	1.00 이하	1.00 이하	0.040 이하	0.030 이하	–	17.00~20.00	1.75~2.50	N 0.025 이하 Ti, Nb, Zr 또는 그것들의 조합 8×(C%+N%)~0.80

■ 기계적 성질

종류의 기호	인장 강도 N/mm^2	항복 강도 N/mm^2	연신율 %			
			11호 시험편 12호 시험편	5호 시험편	4호 시험편	
			세로 방향	가로 방향	세로 방향	가로 방향
STS304TP	520 이상	205 이상	35 이상	25 이상	30 이상	22 이상
STS304HTP	520 이상	205 이상	35 이상	25 이상	30 이상	22 이상
STS304LTP	480 이상	175 이상	35 이상	25 이상	30 이상	22 이상
STS309TP	520 이상	205 이상	35 이상	25 이상	30 이상	22 이상
STS309STP	520 이상	205 이상	35 이상	25 이상	30 이상	22 이상
STS310TP	520 이상	205 이상	35 이상	25 이상	30 이상	22 이상
STS310STP	520 이상	205 이상	35 이상	25 이상	30 이상	22 이상
STS316TP	520 이상	205 이상	35 이상	25 이상	30 이상	22 이상
STS316HTP	520 이상	205 이상	35 이상	25 이상	30 이상	22 이상
STS316LTP	480 이상	175 이상	35 이상	25 이상	30 이상	22 이상
STS316TiTB	520 이상	205 이상	35 이상	25 이상	30 이상	22 이상
STS317TP	520 이상	205 이상	35 이상	25 이상	30 이상	22 이상
STS317LTP	480 이상	175 이상	35 이상	25 이상	30 이상	22 이상
STS836LTP	520 이상	205 이상	35 이상	25 이상	30 이상	22 이상
STS890LTP	490 이상	215 이상	35 이상	25 이상	30 이상	22 이상
STS321TP	520 이상	205 이상	35 이상	25 이상	30 이상	22 이상
STS321HTP	520 이상	205 이상	35 이상	25 이상	30 이상	22 이상
STS347TP	520 이상	205 이상	35 이상	25 이상	30 이상	22 이상
STS347HTP	520 이상	205 이상	35 이상	25 이상	30 이상	22 이상
STS350TP	674 이상	330 이상	40 이상	35 이상	35 이상	30 이상
STS329J1TP	590 이상	390 이상	18 이상	13 이상	14 이상	10 이상
STS329J3LTP	620 이상	450 이상	18 이상	13 이상	14 이상	10 이상
STS329J4LTP	620 이상	450 이상	18 이상	13 이상	14 이상	10 이상
STS329LDTP	620 이상	450 이상	25 이상	–	–	–
STS405TP	410 이상	205 이상	20 이상	14 이상	16 이상	11 이상
STS409LTP	360 이상	175 이상	20 이상	14 이상	16 이상	11 이상
STS430TP	410 이상	245 이상	20 이상	14 이상	16 이상	11 이상
STS430LXTP	360 이상	175 이상	20 이상	14 이상	16 이상	11 이상
STS430J1LTP	390 이상	205 이상	20 이상	14 이상	16 이상	11 이상
STS436LTP	410 이상	245 이상	20 이상	14 이상	16 이상	11 이상
STS444TP	410 이상	245 이상	20 이상	14 이상	16 이상	11 이상

■ 배관용 스테인리스 강관의 치수 및 두께

호칭 지름	바깥 지름 mm	호칭 두께															
		스케줄 5S								스케줄 10S							
		두께 mm	단위 무게 kg/m							두께 mm	단위 무게 kg/m						
			종류								종류						
			304 304H 304L 321 321H	309 309S 310 310S 316 316H 316L 316Ti 317 317L 347 347H	329J1 329J3L 329J4L	329LD 405 409L 444	430 430LX 430J1L 436L	836L	890L		304 304H 304L 321 321H	309 309S 310 310S 316 316H 316L 316Ti 317 317L 347 347H	329J1 329J3L 329J4L	329LD 405 409L 444	430 430LX 430J1L 436L	836L	890L
6	10.5	1.0	0.237	0.238	0.233	0.231	0.230	0.241	0.240	1.2	0.278	0.280	0.273	0.272	0.270	0.283	0.282
8	13.8	1.2	0.377	0.379	0.370	0.368	0.366	0.383	0.382	1.65	0.499	0.503	0.491	0.488	0.485	0.508	0.507
10	17.3	1.2	0.481	0.484	0.473	0.470	0.467	0.489	0.489	1.65	0.643	0.647	0.633	0.629	0.625	0.654	0.653
15	21.7	1.65	0.824	0.829	0.811	0.806	0.800	0.838	0.837	2.1	1.03	1.03	1.01	1.00	0.996	1.04	1.04
20	27.2	1.65	1.05	1.06	1.03	1.03	1.02	1.07	1.07	2.1	1.31	1.32	1.29	1.28	1.28	1.33	1.33
25	34.0	1.65	1.33	1.34	1.31	1.30	1.29	1.35	1.35	2.8	2.18	2.19	2.14	2.13	2.11	2.21	2.21
32	42.7	1.65	1.69	1.70	1.66	1.65	1.64	1.71	1.71	2.8	2.78	2.80	2.74	2.72	2.70	2.83	2.83
40	48.6	1.65	1.93	1.94	1.90	1.89	1.87	1.96	1.96	2.8	3.19	3.21	3.14	3.12	3.10	3.25	3.24
50	60.5	1.65	2.42	2.43	2.38	2.36	2.35	2.46	2.46	2.8	4.02	4.05	3.96	3.93	3.91	4.09	4.09
65	76.3	2.1	3.88	3.91	3.82	3.79	3.77	3.95	3.94	3.0	5.48	5.51	5.39	5.35	5.32	5.57	5.56
80	89.1	2.1	4.55	4.58	4.48	4.45	4.42	4.63	4.62	3.0	6.43	6.48	6.33	6.29	6.25	6.54	6.53
90	101.6	2.1	5.20	5.24	5.12	5.09	5.05	5.29	5.28	3.0	7.37	7.42	7.25	7.20	7.16	7.49	7.48
100	114.3	2.1	5.87	5.91	5.77	5.74	5.70	5.97	5.96	3.0	8.32	8.37	8.18	8.13	8.08	8.45	8.44
125	139.8	2.8	9.56	9.62	9.40	9.34	9.28	9.71	9.70	3.4	11.6	11.6	11.4	11.3	11.2	11.7	11.7
150	165.2	2.8	11.3	11.4	11.1	11.1	11.0	11.5	11.5	3.4	13.7	13.8	13.5	13.4	13.3	13.9	13.9
200	216.3	2.8	14.9	15.0	14.6	14.6	14.5	15.1	15.1	4.0	21.2	21.3	20.8	20.7	20.5	21.5	21.5
250	267.4	3.4	22.4	22.5	22.0	21.9	21.7	22.7	22.7	4.0	26.2	26.4	25.8	25.7	25.5	26.7	26.6
300	318.5	4.0	31.3	31.5	30.8	30.6	30.4	31.9	31.8	4.5	35.2	35.4	34.6	34.4	34.2	35.8	35.7
350	355.6	–	–	–	–	–	–	–	–	–	–	–	–	–	–	–	–
400	406.4	–	–	–	–	–	–	–	–	–	–	–	–	–	–	–	–
450	457.2	–	–	–	–	–	–	–	–	–	–	–	–	–	–	–	–
500	508.0	–	–	–	–	–	–	–	–	–	–	–	–	–	–	–	–
550	558.8	–	–	–	–	–	–	–	–	–	–	–	–	–	–	–	–
600	609.6	–	–	–	–	–	–	–	–	–	–	–	–	–	–	–	–
650	660.4	–	–	–	–	–	–	–	–	–	–	–	–	–	–	–	–

■ 배관용 스테인리스 강관의 치수 및 두께 (계속)

호칭 지름	바깥 지름 mm	호칭 두께															
		스케줄 20S								스케줄 40							
		두께 mm	단위 무게 kg/m							두께 mm	단위 무게 kg/m						
			종류								종류						
			304 304H 304L 321 321H	309 309S 310 310S 316 316H 316L 316Ti 317 317L 347 347H	329J1 329J3L 329J4L	329LD 405 409L 444	430 430LX 430J1L 436L	836L	890L		304 304H 304L 321 321H	309 309S 310 310S 316 316H 316L 316Ti 317 317L 347 347H	329J1 329J3L 329J4L	329LD 405 409L 444	430 430LX 430J1L 436L	836L	890L
6	10.5	1.5	0.336	0.338	0.331	0.329	0.327	0.342	0.341	1.7	0.373	0.375	0.367	0.364	0.362	0.378	0.378
8	13.8	2.0	0.588	0.592	0.578	0.575	0.571	0.598	0.597	2.2	0.636	0.640	0.625	0.621	0.617	0.646	0.645
10	17.3	2.0	0.762	0.767	0.750	0.745	0.740	0.775	0.774	2.3	0.859	0.865	0.845	0.840	0.835	0.874	0.873
15	21.7	2.5	1.20	1.20	1.18	1.17	1.16	1.22	1.21	2.8	1.32	1.33	1.30	1.29	1.28	1.34	1.34
20	27.2	2.5	1.54	1.55	1.51	1.50	1.49	1.56	1.56	2.9	1.76	1.77	1.73	1.72	1.70	1.78	1.78
25	34.0	3.0	2.32	2.33	2.28	2.26	2.25	2.35	2.35	3.4	2.59	2.61	2.55	2.53	2.51	2.63	2.63
32	42.7	3.0	2.97	2.99	2.92	2.90	2.88	3.02	3.01	3.6	3.51	3.53	3.45	3.43	3.40	3.56	3.56
40	48.6	3.0	3.41	3.43	3.35	3.33	3.31	3.46	3.46	3.7	4.14	4.16	4.07	4.05	4.02	4.21	4.20
50	60.5	3.5	4.97	5.00	4.89	4.86	4.83	5.05	5.05	3.9	5.50	5.53	5.41	5.38	5.34	5.59	5.58
65	76.3	3.5	6.35	6.39	6.24	6.20	6.16	6.45	6.44	5.2	9.21	9.27	9.06	9.00	8.94	9.36	9.35
80	89.1	4.0	8.48	8.53	8.34	8.29	8.23	8.62	8.61	5.5	11.5	11.5	11.3	11.2	11.1	11.6	11.6
90	101.6	4.0	9.72	9.79	9.56	9.51	9.44	9.88	9.87	5.7	13.6	13.7	13.4	13.3	13.2	13.8	13.8
100	114.3	4.0	11.0	11.1	10.8	10.7	10.7	11.2	11.2	6.0	16.2	16.3	15.9	15.8	15.7	16.5	16.4
125	139.8	5.0	16.8	16.9	16.5	16.4	16.3	17.1	17.0	6.6	21.9	22.0	21.5	21.4	21.3	22.3	22.2
150	165.2	5.0	20.0	20.1	19.6	19.5	19.4	20.3	20.3	7.1	28.0	28.1	27.5	27.3	27.2	28.4	28.4
200	216.3	6.5	34.0	34.2	33.4	33.2	33.0	34.5	34.5	8.2	42.5	42.8	41.8	41.6	41.3	43.2	43.2
250	267.4	6.5	42.2	42.5	41.5	41.3	41.0	42.9	42.9	9.3	59.8	60.2	58.8	58.4	58.1	60.8	60.7
300	318.5	6.5	50.5	50.8	49.7	49.4	49.1	51.3	51.3	10.3	79.1	79.6	77.8	77.3	76.8	80.4	80.3
350	355.6	–	–	–	–	–	–	–	–	11.1	95.3	95.9	93.7	93.1	92.5	96.8	96.7
400	406.4	–	–	–	–	–	–	–	–	12.7	125	125	122	122	121	127	126
450	457.2	–	–	–	–	–	–	–	–	14.3	158	159	155	154	153	160	160
500	508.0	–	–	–	–	–	–	–	–	15.1	185	187	182	181	180	188	188
550	558.8	–	–	–	–	–	–	–	–	15.9	215	216	211	210	209	219	218
600	609.6	–	–	–	–	–	–	–	–	17.5	258	260	254	252	251	262	262
650	660.4	–	–	–	–	–	–	–	–	18.9	302	304	297	295	293	307	307

■ 배관용 스테인리스 강관의 치수 및 두께 (계속)

호칭 지름	바깥 지름 mm	호칭 두께															
		스케줄 80								스케줄 120							
		두께 mm	단위 무게 kg/m							두께 mm	단위 무게 kg/m						
			종 류								종 류						
			304 304H 304L 321 321H	309 309S 310 310S 316 316H 316L 316Ti 317 317L 347 347H	329J1 329J3L 329J4L	329LD 405 409L 444	430 430LX 430J1L 436L	836L	890L		304 304H 304L 321 321H	309 309S 310 310S 316 316H 316L 316Ti 317 317L 347 347H	329J1 329J3L 329J4L	329LD 405 409L 444	430 430LX 430J1L 436L	836L	890L
6	10.5	2.4	0.484	0.487	0.476	0.473	0.470	0.492	0.492	–	–	–	–	–	–	–	–
8	13.8	3.0	0.807	0.812	0.794	0.789	0.784	0.820	0.819	–	–	–	–	–	–	–	–
10	17.3	3.2	1.12	1.13	1.11	1.10	1.09	1.14	1.14	–	–	–	–	–	–	–	–
15	21.7	3.7	1.66	1.67	1.63	1.62	1.61	1.69	1.68	–	–	–	–	–	–	–	–
20	27.2	3.9	2.26	2.28	2.23	2.21	2.20	2.30	2.30	–	–	–	–	–	–	–	–
25	34.0	4.5	3.31	3.33	3.25	3.23	3.21	3.36	3.36	–	–	–	–	–	–	–	–
32	42.7	4.9	4.61	4.64	4.54	4.51	4.48	4.69	4.68	–	–	–	–	–	–	–	–
40	48.6	5.1	5.53	5.56	5.44	5.40	5.37	5.62	5.61	–	–	–	–	–	–	–	–
50	60.5	5.5	7.54	7.58	7.41	7.37	7.32	7.66	7.65	–	–	–	–	–	–	–	–
65	76.3	7.0	12.1	12.2	11.9	11.8	11.7	12.3	12.3	–	–	–	–	–	–	–	–
80	89.1	7.6	15.4	15.5	15.2	15.1	15.0	15.7	15.7	–	–	–	–	–	–	–	–
90	101.6	8.1	18.9	19.0	18.6	18.4	18.3	19.2	19.2	–	–	–	–	–	–	–	–
100	114.3	8.6	22.6	22.8	22.3	22.1	22.0	23.0	23.0	11.1	28.5	28.7	28.1	27.9	27.7	29.0	29.0
125	139.8	9.5	30.8	31.0	30.3	30.1	29.9	31.3	31.3	12.7	40.2	40.5	39.5	39.3	39.0	40.9	40.8
150	165.2	11.0	42.3	42.5	41.6	41.3	41.0	42.9	42.9	14.3	53.8	54.1	52.9	52.5	52.2	54.6	54.6
200	216.3	12.7	64.4	64.8	63.4	63.0	62.5	65.5	65.4	18.2	89.8	90.4	88.3	87.8	87.2	91.3	91.2
250	267.4	15.1	94.9	95.5	93.3	92.8	92.2	96.5	96.3	21.4	131	132	129	128	127	133	133
300	318.5	17.4	131	131	128	128	127	133	133	25.4	185	187	182	181	180	189	188
350	355.6	19.0	159	160	157	156	155	162	162	27.8	227	228	223	222	220	231	230
400	406.4	21.4	205	207	202	201	199	209	208	30.9	289	291	284	283	281	294	293
450	457.2	23.8	257	259	253	251	250	261	261	34.9	367	369	361	359	357	373	373
500	508.0	26.2	314	316	309	307	305	320	319	38.1	446	449	439	436	433	453	453
550	558.8	28.6	378	380	372	369	367	384	383	41.3	532	536	524	520	517	541	541
600	609.6	31.0	447	450	439	437	434	454	454	46.0	646	650	635	631	627	656	656
650	660.4	34.0	531	534	522	519	515	539	539	49.1	748	752	735	731	726	760	759

■ 배관용 스테인리스 강관의 치수 및 두께 (계속)

호칭 지름	바깥 지름 mm	호칭 두께							
		스케줄 160							
		두께 mm	단위 무게 kg/m						
			종류						
			304 304H 304L 321 321H	309 309S 310 310S 316 316H 316L 316Ti 317 317L 347 347H	329J1 329J3L 329J4L	329LD 405 409L 444	430 430LX 430J1L 436L	836L	890L
6	10.5	–	–	–	–	–	–	–	–
8	13.8	–	–	–	–	–	–	–	–
10	17.3	–	–	–	–	–	–	–	–
15	21.7	4.7	1.99	2.00	1.96	1.95	1.93	2.02	2.02
20	27.2	5.5	2.97	2.99	2.92	2.91	2.89	3.02	3.02
25	34.0	6.4	4.40	4.43	4.33	4.30	4.27	4.47	4.47
32	42.7	6.4	5.79	5.82	5.69	5.66	5.62	5.88	5.88
40	48.6	7.1	7.34	7.39	7.22	7.17	7.13	7.46	7.45
50	60.5	8.7	11.2	11.3	11.0	11.0	10.9	11.4	11.4
65	76.3	9.5	15.8	15.9	15.5	15.5	15.4	16.1	16.0
80	89.1	11.1	21.6	21.7	21.2	21.1	20.9	21.9	21.9
90	101.6	12.7	28.1	28.3	27.7	27.5	27.3	28.6	28.5
100	114.3	13.5	33.9	34.1	33.3	33.1	32.9	34.5	34.4
125	139.8	15.9	49.1	49.4	48.3	48.0	47.7	49.9	49.8
150	165.2	18.2	66.6	67.1	65.5	65.1	64.7	67.7	67.7
200	216.3	23.0	111	111	109	108	108	113	112
250	267.4	28.6	170	171	167	166	165	173	173
300	318.5	33.3	237	238	233	231	230	240	240
350	355.6	35.7	284	286	280	278	276	289	289
400	406.4	40.5	369	372	363	361	358	375	375
450	457.2	45.2	464	467	456	453	450	472	471
500	508.0	50.0	570	574	561	558	554	580	579
550	558.8	54.0	679	683	668	664	659	690	689
600	609.6	59.5	815	821	802	797	792	829	828
650	660.4	64.2	953	960	938	932	926	969	968

■ 용접 강관의 치수 무게

호칭 지름	바깥 지름 mm	두께 mm	단위 무게 kg/m							두께 mm	단위 무게 kg/m						
			종류								종류						
			304 304H 304L 321 321H	309 309S 310 310S 316 316H 316L 316Ti 317 317L 347 347H	329J1 329J3L 329J4L	329LD 405 409L 444	430 430LX 430J1L 436L	836L	890L		304 304H 304L 321 321H	309 309S 310 310S 316 316H 316L 316Ti 317 317L 347 347H	329J1 329J3L 329J4L	329LD 405 409L 444	430 430LX 430J1L 436L	836L	890L
6	10.5	2.0	0.423	0.426	0.417	0.414	0.411	0.430	0.430	2.5	0.498	0.501	0.490	0.487	0.484	0.506	0.506
8	13.8	1.5	0.460	0.463	0.452	0.449	0.446	0.467	0.467	2.5	0.704	0.708	0.692	0.688	0.683	0.715	0.714
10	17.3	2.0	0.762	0.767	0.750	0.745	0.740	0.775	0.774	2.5	0.922	0.928	0.907	0.901	0.895	0.937	0.936
15	21.7	1.5	0.755	0.760	0.742	0.738	0.733	0.767	0.766	2.0	0.981	0.988	0.965	0.959	0.943	0.987	0.986
20	27.2	1.5	0.960	0.966	0.944	0.939	0.933	0.976	0.975	2.0	1.26	1.26	1.23	1.23	1.22	1.28	1.27
25	34.0	2.0	1.59	1.60	1.57	1.56	1.55	1.62	1.62	2.5	1.96	1.97	1.93	1.92	1.90	1.99	1.99
32	42.7	2.0	2.03	2.04	1.99	1.98	1.97	2.06	2.06	3.0	2.97	2.99	2.92	2.90	2.88	3.02	3.01
40	48.6	2.0	2.32	2.34	2.28	2.27	2.25	2.36	2.36	3.0	3.41	3.43	3.35	3.33	3.31	3.46	3.46
50	60.5	2.0	2.91	2.93	2.87	2.85	2.83	2.96	2.96	3.0	4.30	4.32	4.23	4.20	4.17	4.37	4.36
65	76.3	2.0	3.70	3.73	3.64	3.62	3.59	3.76	3.76	5.0	8.88	8.94	8.73	8.68	8.62	9.03	9.02
80	89.1	2.0	4.34	4.37	4.27	4.24	4.21	4.41	4.41	8.0	16.2	16.3	15.9	15.8	15.7	16.4	16.4
90	101.6	2.5	6.17	6.21	6.07	6.03	5.99	6.27	6.27	6.0	14.3	14.4	14.1	14.0	13.8	14.5	14.5
100	114.3	2.5	6.96	7.01	6.85	6.81	6.76	7.08	7.07	9.0	23.6	23.8	23.2	23.1	22.9	24.0	24.0
125	139.8	3.0	10.2	10.3	10.1	9.99	9.93	10.4	10.4	3.5	11.9	12.0	11.7	11.6	11.5	12.1	12.1
150	165.2	3.0	12.1	12.2	11.9	11.8	11.8	12.3	12.3	3.5	14.1	14.2	13.9	13.8	13.7	14.3	14.3
200	216.3	3.0	15.9	16.0	15.7	15.6	15.5	16.2	16.2	8.0	41.5	41.8	40.8	40.6	40.3	42.2	42.1
250	267.4	3.5	23.0	23.2	22.6	22.5	19.2	20.1	20.1	10.0	64.1	64.5	63.1	62.7	62.3	65.2	65.1
300	318.5	10.0	76.8	77.3	75.6	75.1	74.6	78.1	78.0	18.0	135	136	133	132	131	137	137
6	10.5	–	–	–	–	–	–	–	–	–	–	–	–	–	–	–	–
8	13.8	–	–	–	–	–	–	–	–	–	–	–	–	–	–	–	–
10	17.3	3.5	1.20	1.21	1.18	1.18	1.17	1.22	1.22	–	–	–	–	–	–	–	–
15	21.7	3.0	1.40	1.41	1.38	1.37	1.36	1.42	1.42	3.5	1.59	1.60	1.56	1.55	1.54	1.61	1.61
20	27.2	3.0	1.81	1.82	1.78	1.77	1.76	1.84	1.84	4.0	2.31	2.33	2.27	2.26	2.24	2.35	2.35
25	34.0	3.5	2.66	2.68	2.62	2.60	2.58	2.70	2.70	–	–	–	–	–	–	–	–
32	42.7	3.5	3.42	3.44	3.36	3.34	3.32	3.47	3.47	5.0	4.70	4.73	4.62	4.59	4.56	4.77	4.77
40	48.6	4.0	4.44	4.47	4.37	4.34	4.32	4.52	4.51	5.0	5.43	5.47	5.34	5.31	5.27	5.52	5.51
50	60.5	4.0	5.63	5.67	5.54	5.50	5.47	5.72	5.72	–	–	–	–	–	–	–	–
65	76.3	–	–	–	–	–	–	–	–	–	–	–	–	–	–	–	–
80	89.1	–	–	–	–	–	–	–	–	–	–	–	–	–	–	–	–
90	101.6	8.0	18.7	18.8	18.3	18.3	18.1	19.0	18.9	–	–	–	–	–	–	–	–
100	114.3	–	–	–	–	–	–	–	–	–	–	–	–	–	–	–	–
125	139.8	7.0	23.2	23.3	22.8	22.6	22.5	23.5	23.5	10.0	32.3	32.5	31.8	31.6	31.4	32.9	32.8
150	165.2	7.0	27.6	27.8	27.1	27.0	26.8	28.0	28.0	12.0	45.8	46.1	45.0	44.8	44.5	46.5	46.5
200	216.3	13.0	65.8	66.3	64.8	64.4	63.9	66.9	66.8	–	–	–	–	–	–	–	–
250	267.4	15.0	94.3	94.9	92.8	92.2	91.6	95.9	95.7	–	–	–	–	–	–	–	–
300	318.5	–	–	–	–	–	–	–	–	–	–	–	–	–	–	–	–

■ 스테인리스 강관의 치수, 허용차 및 단위 길이당 무게

(1) 오스테나이트 스테인리스 강관의 단위 길이당 무게

바깥지름 mm 계열			두께 mm																				
			1.0	1.2	1.6	2.0	2.3	2.6	2.9	3.2	3.6	4.0	4.5	5.0	5.6	6.3	7.1	8.0	8.8	10.0	11.0	12.5	14.2
1	2	3	단위 길이 당 무게 kg/m																				
–	6	–	0.125	0.144	–	–	–	–	–	–	–	–	–	–	–	–	–	–	–	–	–	–	–
–	8	–	0.176	0.204	–	–	–	–	–	–	–	–	–	–	–	–	–	–	–	–	–	–	–
–	10	–	0.225	0.264	–	–	–	–	–	–	–	–	–	–	–	–	–	–	–	–	–	–	–
10.2	–	–	0.230	0.270	0.344	0.410	–	–	–	–	–	–	–	–	–	–	–	–	–	–	–	–	–
–	12	–	0.275	–	0.416	0.500	–	–	–	–	–	–	–	–	–	–	–	–	–	–	–	–	–
–	12.7	–	0.293	0.345	0.445	0.536	0.599	0.658	0.711	0.761	–	–	–	–	–	–	–	–	–	–	–	–	–
13.5	–	–	0.313	0.369	0.477	0.576	0.645	–	0.769	–	–	–	–	–	–	–	–	–	–	–	–	–	–
–	–	14	0.326	–	0.496	0.601	–	–	–	–	–	–	–	–	–	–	–	–	–	–	–	–	–
–	16	–	0.376	0.445	0.577	0.701	–	–	–	–	–	–	–	–	–	–	–	–	–	–	–	–	–
17.2	–	–	0.406	–	0.625	0.761	0.858	–	–	1.12	–	–	–	–	–	–	–	–	–	–	–	–	–
–	–	18	0.425	–	0.657	0.801	–	–	–	–	–	–	–	–	–	–	–	–	–	–	–	–	–
–	19	–	0.451	0.535	0.697	0.851	–	–	–	–	–	–	–	–	–	–	–	–	–	–	–	–	–
–	20	–	0.476	0.564	0.737	0.901	–	–	–	–	–	–	–	–	–	–	–	–	–	–	–	–	–
21.3	–	–	0.509	–	0.789	0.966	–	1.22	–	1.45	–	1.74	–	–	–	–	–	–	–	–	–	–	–
–	–	22	0.526	–	–	1.00	–	–	–	–	–	–	–	–	–	–	–	–	–	–	–	–	–
–	25	–	0.601	0.715	0.937	1.15	–	1.46	–	–	–	–	–	–	–	–	–	–	–	–	–	–	–
–	–	25.4	–	0.727	0.953	1.17	–	1.48	–	–	–	–	–	–	–	–	–	–	–	–	–	–	–
26.9	–	–	0.649	–	1.01	1.25	–	1.58	1.75	1.90	–	2.29	–	–	–	–	–	–	–	–	–	–	–
–	–	30	–	–	1.14	1.40	–	–	–	–	–	–	–	–	–	–	–	–	–	–	–	–	–
–	31.8	–	–	0.920	1.21	1.49	–	1.90	–	2.29	–	2.78	–	–	–	–	–	–	–	–	–	–	–
–	32	–	–	0.925	–	1.50	–	–	–	–	–	–	–	–	–	–	–	–	–	–	–	–	–
33.7	–	–	0.818	0.976	1.29	1.58	1.81	2.02	–	2.45	–	–	3.29	–	–	–	–	–	–	–	–	–	–
–	–	35	–	1.02	–	1.65	–	–	–	–	–	–	–	–	–	–	–	–	–	–	–	–	–
–	38	–	–	1.11	1.46	1.81	–	2.30	–	2.79	–	–	–	–	–	–	–	–	–	–	–	–	–
–	40	–	–	1.17	1.54	–	–	2.44	–	–	–	–	–	–	–	–	–	–	–	–	–	–	–
42.4	–	–	–	–	1.63	2.02	–	2.59	–	3.14	3.49	–	–	4.68	–	–	–	–	–	–	–	–	–
–	–	44.5	–	–	–	2.13	–	2.73	3.02	–	–	–	–	–	–	–	–	–	–	–	–	–	–
48.3	–	–	–	–	1.87	2.31	–	2.97	–	3.61	4.03	–	–	5.42	–	–	–	–	–	–	–	–	–
–	51	–	1.25	1.49	1.98	2.46	–	3.15	–	3.83	–	–	–	–	–	–	–	–	–	–	–	–	–
–	–	54	–	–	2.10	2.60	–	3.35	–	–	–	–	–	–	–	–	–	–	–	–	–	–	–
	57		–	–	2.22	2.75	–	–	3.93	–	–	–	–	–	–	–	–	–	–	–	–	–	–
60.3	–	–	–	–	2.35	2.92	3.34	3.76	4.17	4.58	5.11	5.63	–	–	7.66	–	–	–	–	–	–	–	–
–	63.5	–	–	–	2.48	3.08	–	3.96	–	4.83	–	–	–	–	–	–	–	–	–	–	–	–	–
–	70	–	–	–	2.74	3.40	–	–	4.87	–	–	–	–	–	–	–	–	–	–	–	–	–	–
76.1	–	–	–	–	2.98	3.70	4.25	4.78	5.32	–	6.54	7.22	–	8.90	–	–	12.3	–	–	–	–	–	–
–	–	82.5	–	–		4.03	–	–	–	6.35	–	–	–	–	–	–	–	–	–	–	–	–	–
88.9	–	–	–	–	3.49	4.35	4.98	5.61	6.24	6.86	7.68	8.51	–	–	11.7	–	–	16.2	–	–	–	–	–
–	101.6	–	–	–		4.98	–	–	7.17	–	–	9.77	–	–	13.5	–	–	18.8	–	–	–	–	–
114.3	–	–	–	–	4.52	5.62	–	7.27	8.09	–	9.98	–	12.4	–	–	17.1	–	–	23.2	–	–	–	–
139.7	–	–	–	–	5.53	6.89	–	8.92	–	11.0	–	13.6	–	16.8	–	21.0	23.5	–	–	32.5	–	–	–
168.3	–	–	–	–	6.68	8.32	–	10.8	–	13.2	–	16.4	18.5	20.4	–	–	28.6	–	–	–	43.3	–	–
219.1	–	–	–	–	–	10.9	–	14.1	–	17.3	19.4	21.5	–	–	–	33.6	–	42.2	–	–	–	64.7	–
273	–	–	–	–	–	13.6	–	17.6	–	21.6	24.3	26.9	–	–	–	42.0	–	–	–	65.9	–	81.5	92.0
323.9	–	–	–	–	–	–	–	20.9	–	25.7	–	32.1	35.9	39.9	–	–	56.3	–	–	78.6	–	97.4	–
355.6	–	–	–	–	–	–	–	22.9	–	28.2	–	35.2	–	43.8	–	–	–	–	–	86.5	94.9	104	–
406.4	–	–	–	–	–	–	–	26.3	–	32.3	–	40.3	–	50.2	–	–	–	–	–	99.3	–	123	–
457	–	–	–	–	–	–	–	–	–	36.3	–	45.4	–	56.5	–	–	–	–	–	112	–	139	157
508	–	–	–	–	–	–	–	–	–	40.4	45.5	–	–	62.9	70.4	–	–	–	–	–	137	155	176
610	–	–	–	–	–	–	–	–	–	48.6	–	60.7	–	–	84.8	95.2	–	–	–	–	–	187	212
711	–	–	–	–	–	–	–	–	–	–	–	–	–	–	–	–	125	–	–	–		–	–
813	–	–	–	–	–	–	–	–	–	–	–	–	–	–	–	–	–	161	–	–	–	–	–
914	–	–	–	–	–	–	–	–	–	–	–	–	–	–	–	–	–	–	199	–	–	–	–
1016	–	–	–	–	–	–	–	–	–	–	–	–	–	–	–	–	–	–	–	252	–	–	–

(2) 페라이트 및 마르텐사이트 스테인리스 강관의 단위 길이당 무게

바깥지름 mm 계열			두께 mm																				
			1.0	1.2	1.6	2.0	2.3	2.6	2.9	3.2	3.6	4.0	4.5	5.0	5.6	6.3	7.1	8.0	8.8	10.0	11.0	12.5	14.2
1	2	3	단위 길이 당 무게 kg/m																				
–	6	–	0.121	0.140	–	–	–	–	–	–	–	–	–	–	–	–	–	–	–	–	–	–	–
–	8	–	0.170	0.198	–	–	–	–	–	–	–	–	–	–	–	–	–	–	–	–	–	–	–
–	10	–	0.219	0.256	–	–	–	–	–	–	–	–	–	–	–	–	–	–	–	–	–	–	–
10.2	–	–	0.224	0.262	0.334	0.398	–	–	–	–	–	–	–	–	–	–	–	–	–	–	–	–	–
–	12	–	0.267	–	0.404	0.486	–	–	–	–	–	–	–	–	–	–	–	–	–	–	–	–	–
–	12.7	–	0.285	0.335	0.431	0.520	0.581	0.638	0.690	0.739	–	–	–	–	–	–	–	–	–	–	–	–	–
13.5	–	–	0.303	0.359	0.463	0.558	0.625		0.747	–	–	–	–	–	–	–	–	–	–	–	–	–	–
–	–	14	0.316	–	0.482	0.583	–	–	–	–	–	–	–	–	–	–	–	–	–	–	–	–	–
–	16	–	0.364	0.431	0.559	0.681	–	–	–	–	–	–	–	–	–	–	–	–	–	–	–	–	–
17.2	–	–	0.394	–	0.607	0.739	0.832	–	–	1.08	–	–	–	–	–	–	–	–	–	–	–	–	–
–	–	18	0.413	–	0.637	0.777	–	–	–	–	–	–	–	–	–	–	–	–	–	–	–	–	–
–	19	–	0.437	0.519	0.677	0.825	–	–	–	–	–	–	–	–	–	–	–	–	–	–	–	–	–
–	20	–	0.462	0.548	0.715	0.875	–	–	–	–	–	–	–	–	–	–	–	–	–	–	–	–	–
21.3	–	–	0.493	–	0.765	0.938	–	1.18	–	1.41	–	1.68	–	–	–	–	–	–	–	–	–	–	–
–	–	22	0.510	–	–	0.971	–	–	–	–	–	–	–	–	–	–	–	–	–	–	–	–	–
–	25	–	0.583	0.693	0.909	1.11	–	1.42	–	–	–	–	–	–	–	–	–	–	–	–	–	–	–
–	–	25.4	–	0.705	0.925	1.13	–	1.44	–	–	–	–	–	–	–	–	–	–	–	–	–	–	–
26.9	–	–	0.629	–	0.983	1.21	–	1.54	1.69	1.84	–	2.23	–	–	–	–	–	–	–	–	–	–	–
–	–	30	–	–	1.10	1.36	–	–	–	–	–	–	–	–	–	–	–	–	–	–	–	–	–
–	31.8	–	–	0.892	1.17	1.45	–	–	–	–	–	–	–	–	–	–	–	–	–	–	–	–	–
–	32	–	–	0.897	–	1.46	–	–	–	–	–	–	–	–	–	–	–	–	–	–	–	–	–
33.7	–	–	0.794	0.948	1.25	1.54	1.75	1.96	–	2.37	–	–	3.19	–	–	–	–	–	–	–	–	–	–
–	–	35	–	0.985	–	1.61	–	–	–	–	–	–	–	–	–	–	–	–	–	–	–	–	–
–	38	–	–	1.07	1.42	1.75	–	2.24	–	2.71	–	–	–	–	–	–	–	–	–	–	–	–	–
–	40	–	–	1.13	1.50	–	–	2.36	–	–	–	–	–	–	–	–	–	–	–	–	–	–	–
42.4	–	–	–	–	1.59	1.96	–	2.51	–	3.04	3.39	–	–	4.54	–	–	–	–	–	–	–	–	–
–	–	44.5	–	–	–	2.07	–	2.65	2.94	–	–	–	–	–	–	–	–	–	–	–	–	–	–
48.3	–	–	–	–	1.81	2.25	–	2.89	–	3.51	3.91	–	–	5.26	–	–	–	–	–	–	–	–	–
–	51	–	1.21	1.45	1.92	2.38	–	3.05	–	3.71	–	–	–	–	–	–	–	–	–	–	–	–	–
–	–	54	–	–	2.04	2.52	–	3.25	–	–	–	–	–	–	–	–	–	–	–	–	–	–	–
	57		–	–	2.16	2.67	–	–	3.81	–	–	–	–	–	–	–	–	–	–	–	–	–	–
60.3	–	–	–	–	2.29	2.84	3.24	3.64	4.05	4.44	4.95	5.47	–	–	7.44	–	–	–	–	–	–	–	–
–	63.5	–	–	–	2.40	2.98	–	3.84	–	4.69	–	–	–	–	–	–	–	–	–	–	–	–	–
–	70	–	–	–	2.66	3.30	–	–	4.73	–	–	–	–	–	–	–	–	–	–	–	–	–	–
76.1	–	–	–	–	2.90	3.60	4.13	4.64	5.16	–	6.34	7.00	–	8.64	–	–	11.9	–	–	–	–	–	–
–	–	82.5	–	–	–	3.91	–	–	–	6.17	–	–	–	–	–	–	–	–	–	–	–	–	–
88.9	–	–	–	–	3.39	4.23	4.84	5.45	6.06	6.66	7.46	8.25	–	–	11.3	–	–	15.8	–	–	–	–	–
–	101.6	–	–	–	–	4.84	–	–	6.95	–	–	9.49	–	–	13.1	–	–	18.2	–	–	–	–	–
114.3	–	–	–	–	4.38	5.46	–	7.05	7.85	–	9.68	–	12.0	–	–	16.5	–	–	22.6	–	–	–	–
139.7	–	–	–	–	5.37	6.69	–	8.66	–	10.6	–	13.2	–	16.4	–	20.4	22.9	–	–	31.5	–	–	–
168.3	–	–	–	–	6.48	8.08	–	10.4	–	12.8	–	16.0	17.9	19.8	–	–	27.8	–	–	–	42.1	–	–
219.1	–	–	–	–	–	10.5	–	13.7	–	16.7	18.8	20.9	–	–	–	32.6	–	41.0	–	–	–	62.7	–
273	–	–	–	–	–	13.2	–	17.0	–	21.0	23.5	26.1	–	–	–	40.8	–	–	–	63.9	–	79.1	89.2
323.9	–	–	–	–	–	–	–	20.3	–	24.9	–	31.1	34.9	38.7	–	–	54.7	–	–	76.2	–	94.6	–
355.6	–	–	–	–	–	–	–	22.3	–	27.4	–	34.2	–	42.6	–	–	–	–	–	83.9	92.1	104	–
406.4	–	–	–	–	–	–	–	25.5	–	31.3	–	39.1	–	48.8	–	–	–	–	–	96.3	–	119	–
457	–	–	–	–	–	–	–	–	–	35.3	–	44.0	–	54.9	–	–	–	–	–	108	–	135	153
508	–	–	–	–	–	–	–	–	–	39.2	44.1	–	–	61.1	68.4	–	–	–	–	–	133	151	170
610	–	–	–	–	–	–	–	–	–	47.2	–	58.9	–	–	82.2	92.4	–	–	–	–	–	181	206
711	–	–	–	–	–	–	–	–	–	–	–	–	–	–	–	–	121	–	–	–		–	–
813	–	–	–	–	–	–	–	–	–	–	–	–	–	–	–	–	–	157	–	–	–	–	–
914	–	–	–	–	–	–	–	–	–	–	–	–	–	–	–	–	–	–	193	–	–	–	–
1016	–	–	–	–	–	–	–	–	–	–	–	–	–	–	–	–	–	–	–	244	–	–	–

7-9 배관용 아크 용접 탄소강 강관 KS D 3583 : 2012

■ 종류의 기호 및 화학 성분

종류의 기호	화학 성분 %		
	C	P	S
SPW 400	0.25 이하	0.040 이하	0.040 이하
SPW 600	0.25 이하	0.040 이하	0.040 이하

■ 기계적 성질

종류의 기호	인장 강도 N/mm^2	항복점 또는 항복 강도 N/mm^2	연신율 % 5호 시험편 가로방향
SPW 400	400 이상	225 이상	18 이상
SPW 600	600 이상	440 이상	16 이상

■ 배관용 아크 용접 탄소강 강관의 치수 및 단위 무게

단위 : kg/m

호칭지름	바깥지름 mm	두께 mm												
		6.0	6.4	7.1	7.9	8.7	9.5	10.3	11.1	11.9	12.7	13.1	15.1	15.9
350	355.6	51.7	55.1	61.0	67.7	–	–	–	–	–	–	–	–	–
400	406.4	59.2	63.1	69.9	77.6	–	–	–	–	–	–	–	–	–
450	457.2	66.8	71.1	78.8	87.5	–	–	–	–	–	–	–	–	–
500	508.0	74.3	79.2	87.7	97.4	107	117	–	–	–	–	–	–	–
550	558.8	81.8	87.2	96.6	107	118	129	139	150	160	171	–	–	–
600	609.6	89.3	95.2	105	117	129	141	152	164	175	187	–	–	–
650	660.4	96.8	103	114	127	140	152	165	178	190	203	–	–	–
700	711.2	104	111	123	137	151	164	178	192	205	219	–	–	–
750	762.0	–	119	132	147	162	176	191	206	220	235	–	–	–
800	812.8	–	127	141	157	173	188	204	219	235	251	258	297	312
850	863.6	–	–	–	167	183	200	217	233	250	266	275	316	332
900	914.4	–	–	–	177	194	212	230	247	265	282	291	335	352
1000	1016.0	–	–	–	196	216	236	255	275	295	314	324	373	392
1100	1117.6	–	–	–	–	–	260	281	303	324	346	357	411	432
1200	1219.2	–	–	–	–	–	283	307	331	354	378	390	448	472
1350	1371.6	–	–	–	–	–	–	–	–	393	426	439	505	532
1500	1524.0	–	–	–	–	–	–	–	–	444	473	488	562	591
1600	1625.6	–	–	–	–	–	–	–	–	–	–	521	600	631
1800	1828.8	–	–	–	–	–	–	–	–	–	–	587	675	711
2000	2032.0	–	–	–	–	–	–	–	–	–	–	–	751	791

7-10 배관용 용접 대구경 스테인리스 강관 KS D 3588 : 2009

■ 고용화 열처리

분류	종류의 기호	고용화 열처리 ℃	분류	종류의 기호	고용화 열처리 ℃	분류	종류의 기호	고용화 열처리 ℃
오스테나이트계	STS304TPY STS304LTPY STS309STPY STS310STPY	1010 이상, 급랭 1010 이상, 급랭 1030 이상, 급랭 1030 이상, 급랭	오스테나이트계	STS316TPY STS316LTPY STS317TPY STS317LTPY	1010 이상, 급랭 1010 이상, 급랭 1030 이상, 급랭 1030 이상, 급랭	오스테나이트계	STS321TPY STS347TPY STS350TPY	920 이상, 급랭 980 이상, 급랭 1150 이상, 급랭
						오스테나이트 · 페라이트계	STS329J1TPY	950 이상, 급랭

■ 화학 성분

단위 : %

종류의 기호	C	Si	Mn	P	S	Ni	Cr	Mo	기타
STS 304	0.08 이하	1.00 이하	2.00 이하	0.045 이하	0.030 이하	8.00~10.50	18.00~20.00	–	–
STS 304L	0.030 이하	1.00 이하	2.00 이하	0.045 이하	0.030 이하	9.00~13.00	18.00~20.00	–	–
STS 309S	0.08 이하	1.00 이하	2.00 이하	0.045 이하	0.030 이하	12.00~15.00	22.00~24.00	–	–
STS 310S	0.08 이하	1.50 이하	2.00 이하	0.045 이하	0.030 이하	19.00~22.00	24.00~26.00	–	–
STS 316	0.08 이하	1.00 이하	2.00 이하	0.045 이하	0.030 이하	10.00~14.00	16.00~18.00	2.00~3.00	–
STS 316L	0.030 이하	1.00 이하	2.00 이하	0.045 이하	0.030 이하	12.00~15.00	16.00~18.00	2.00~3.00	–
STS 317	0.08 이하	1.00 이하	2.00 이하	0.045 이하	0.030 이하	11.00~15.00	18.00~20.00	3.00~4.00	–
STS 317L	0.030 이하	1.00 이하	2.00 이하	0.045 이하	0.030 이하	11.00~15.00	18.00~20.00	3.00~4.00	–
STS 321	0.08 이하	1.00 이하	2.00 이하	0.045 이하	0.030 이하	9.00~13.00	17.00~19.00	–	Ti5×C% 이상
STS 347	0.08 이하	1.00 이하	2.00 이하	0.045 이하	0.030 이하	9.00~13.00	17.00~19.00	–	Nb10×C% 이상
STS 329J1	0.08 이하	1.00 이하	1.50 이하	0.040 이하	0.030 이하	3.00~6.00	23.00~28.00	1.00~3.00	–
STS 350	0.030 이하	1.00 이하	1.50 이하	0.035 이하	0.020 이하	20.00~23.00	22.00~24.00	6.00~6.80	N0.21~0.32

■ 기계적 성질

종류의 기호	인장강도 N/mm^2	항복강도 N/mm^2	연신율 %	
			12호 시험편	5호 시험편
			세로 방향	가로 방향
STS304TPY	520 이상	205 이상	35 이상	25 이상
STS304LTPY	480 이상	175 이상	35 이상	25 이상
STS309STPY	520 이상	205 이상	35 이상	25 이상
STS310STPY	520 이상	205 이상	35 이상	25 이상
STS316TPY	520 이상	205 이상	35 이상	25 이상
STS316LTPY	480 이상	175 이상	35 이상	25 이상
STS317TPY	520 이상	205 이상	35 이상	25 이상
STS317LTPY	480 이상	175 이상	35 이상	25 이상
STS321TPY	520 이상	205 이상	35 이상	25 이상
STS347TPY	520 이상	205 이상	35 이상	25 이상
STS350TPY	674 이상	330 이상	40 이상	35 이상
STS329J1TPY	590 이상	390 이상	18 이상	13 이상

■ 배관용 용접 대구경 스테인리스 강관의 치수 및 무게

호칭지름	바깥지름 mm	호칭 두께									
		스케줄 5S					스케줄 10S				
		두께 mm	단위 무게 kg/m				두께	단위 무게 kg/m			
			STS304TPY STS304LTPY STS321TPY	STS309STPY STS310STPY STS316TPY STS316LTPY STS317TPY STS317LTPY STS347TPY	STS329J1TPY	STS350TPY		STS304TPY STS304LTPY STS321TPY	STS309STPY STS310STPY STS316TPY STS316LTPY STS317TPY STS317LTPY STS347TPY	STS329J1TPY	STS350TPY
150	165.2	2.8	11.3	11.4	11.1	11.6	3.4	13.7	13.8	13.5	14.0
200	216.3	2.8	14.9	15.0	14.6	15.2	4.0	21.2	21.3	20.8	21.6
250	267.4	3.4	22.4	22.5	22.0	22.8	4.0	26.2	26.4	25.8	26.8
300	318.5	4.0	31.3	31.5	30.8	32.0	4.5	35.2	35.4	34.6	35.9
350	355.6	4.0	35.0	35.3	34.5	35.8	5.0	43.7	43.9	42.9	44.6
400	406.4	4.5	45.1	45.3	44.3	46.0	5.0	50.0	50.3	49.2	51.1
450	457.2	4.5	50.7	51.1	49.9	51.8	5.0	56.3	56.7	55.4	57.5
500	508.0	5.0	62.6	63.1	61.6	64.0	5.5	68.8	69.3	67.7	70.3
550	558.8	5.0	69.0	69.4	67.8	70.4	5.5	75.8	76.3	74.6	77.4
600	609.6	5.5	82.8	83.3	81.4	84.5	6.5	97.7	98.3	96.0	99.7
650	660.4	5.5	89.7	90.3	88.2	91.6	8.0	130.0	131.0	128.0	133.0
700	711.2	5.5	96.7	97.3	95.1	98.7	8.0	140.0	141.0	138.0	143.0
750	762.0	6.5	122.0	123.0	120.0	125.0	8.0	150.0	151.0	148.0	153.0
800	812.8	–	–	–	–	–	8.0	160.0	161.0	158.0	164.0
850	863.6	–	–	–	–	–	8.0	171.0	172.0	168.0	174.0
900	914.4	–	–	–	–	–	8.0	181.0	182.0	178.0	184.0
1000	1016.0	–	–	–	–	–	9.5	238.0	240.0	234.0	243.0

호칭지름	바깥지름 mm	호칭 두께									
		스케줄 20S					스케줄 40				
		두께 mm	단위 무게 kg/m				두께	단위 무게 kg/m			
			STS304TPY STS304LTPY STS321TPY	STS309STPY STS310STPY STS316TPY STS316LTPY STS317TPY STS317LTPY STS347TPY	STS329J1TPY	STS350TPY		STS304TPY STS304LTPY STS321TPY	STS309STPY STS310STPY STS316TPY STS316LTPY STS317TPY STS317LTPY STS347TPY	STS329J1TPY	STS350TPY
150	165.2	5.0	20.0	20.1	19.6	20.4	7.1	28.0	28.1	27.5	28.6
200	216.3	6.5	34.0	34.2	33.4	34.7	8.2	42.5	42.8	41.8	43.4
250	267.4	6.5	42.2	42.5	41.5	43.1	9.3	59.8	60.2	58.8	61.1
300	318.5	6.5	50.5	50.8	49.7	51.6	10.3	79.1	79.6	77.8	80.8
350	355.6	8.0	69.3	69.7	68.1	70.7	11.1	95.3	95.9	93.7	97.3
400	406.4	8.0	79.4	79.9	78.1	81.1	12.7	125.0	125.0	122.0	127.0
450	457.2	8.0	89.5	90.1	88.0	91.4	14.3	158.0	159.0	155.0	161.0
500	508.0	9.5	118.0	119.0	116.0	120.0	15.1	185.0	187.0	182.0	189.0
550	558.8	9.5	130.0	131.0	128.0	133.0	15.9	215.0	216.0	211.0	220.0
600	609.6	9.5	142.0	143.0	140.0	145.0	17.5	258.0	260.0	254.0	264.0
650	660.4	12.7	205.0	206.0	202.0	209.0	17.5	280.0	282.0	276.0	286.0
700	711.2	12.7	221.0	222.0	217.0	226.0	17.5	302.0	304.0	297.0	309.0
750	762.0	12.7	237.0	239.0	233.0	242.0	17.5	325.0	327.0	319.0	331.0
800	812.8	12.7	253.0	255.0	249.0	259.0	17.5	347.0	349.0	341.0	354.0
850	863.6	12.7	269.0	271.0	265.0	275.0	17.5	369.0	371.0	363.0	377.0
900	914.4	12.7	285.0	287.0	281.0	291.0	19.1	426.0	429.0	419.0	435.0
1000	1016.0	14.3	357.0	359.0	351.0	364.0	26.2	646.0	650.0	635.0	660.0

7-11 스테인리스 강 위생관 KS D 3585 : 2008

■ 종류의 기호 및 화학 성분

종류의 기호	화학 성분 %							
	C	Si	Mn	P	S	Ni	Cr	Mo
STS 304 TBS	0.08 이하	1.00 이하	2.00 이하	0.045 이하	0.030 이하	8.00~10.50	18.00~20.00	−
STS 304 LTBS	0.030 이하					9.00~13.00		
STS 316 TBS	0.08 이하					10.00~14.00	16.00~18.00	2.00~3.00
STS 316 LTBS	0.030 이하					12.00~16.00		

■ 기계적 성질

종류의 기호	인장강도 N/m^2	연신율 %
STS 304 TBS	520 이상	35 이상
STS 304 LTBS	480 이상	
STS 316 TBS	520 이상	
STS 316 LTBS	480 이상	

■ 관의 치수와 바깥지름 및 두께 허용차

바깥지름 mm	두께 mm	길이 m	바깥지름의 허용차	두께 허용차
25.4	1.2	4 또는 6	±0.15	±10%
31.8	1.2		±0.16	
38.1	1.2		±0.19	
50.8	1.5		±0.25	
63.5	2.0		±0.25	
76.3	2.0		±0.25	
89.1	2.0		+0.30 −0.40	
101.6	2.0		+0.35 −0.40	
114.3	3.0		+0.40 −0.60	
139.8	3.0		+0.40 −0.80	
165.2	3.0		+0.40 −1.20	

■ 식품공업용 스테인리스 강관

바깥지름 mm	두께 mm	바깥지름 mm	두께 mm
12	1	76.1	1.6
12.7	1	88.9	2
17.2	1	101.6	2
21.3	1	114.3	2
25	1.2 : 1.6	139.7	2
33.7	1.2 : 1.6	168.3	2.6
38	1.2 : 1.6	219.1	2.6
40	1.2 : 1.6	273	2.6
51	1.2 : 1.6	323.9	2.6
63.5	1.6	355.6	2.6
70	1.6	406.4	3.2

■ 화학 성분

단위 : %

종류	C	Si	Mn	P	S	Cr	Mo	Ni
TS 47	≦0.07	≦1.00	≦2.00	≦0.045	≦0.030	17.00~19.00	–	8.00~12.00
TS 60	≦0.07	≦1.00	≦2.00	≦0.045	≦0.030	16.00~18.50	2.00~2.50	11.00~14.00
TS 61	≦0.07	≦1.00	≦2.00	≦0.045	≦0.030	16.00~18.50	2.50~3.00	11.00~14.50
TW 47	≦0.07	≦1.00	≦2.00	≦0.045	≦0.030	17.00~19.00	–	8.00~11.00
TW 60	≦0.07	≦1.00	≦2.00	≦0.045	≦0.030	16.00~18.50	2.00~2.50	10.50~14.00
TW 61	≦0.07	≦1.00	≦2.00	≦0.045	≦0.030	16.00~18.50	2.50~3.00	11.00~14.50

■ 기계적 성질(실온)

종류	하항복점 또는 0.2% 항복강도 N/mm^2	1.0% 항복강도 N/mm^2	인장강도 N/mm^2	연신율 N/mm^2
TS 47	195 이상	235 이상	490~690	30 이상
TS 60	205 이상	245 이상	510~710	30 이상
TS 61	205 이상	245 이상	510~710	30 이상
TW 47	195 이상	235 이상	510~710	30 이상
TW 60	205 이상	245 이상	510~710	30 이상
TW 61	205 이상	245 이상	490~690	30 이상

7-12 가열로용 강관 KS D 3587 (폐지)

■ 종류의 기호

분류		종류의 기호	분류	종류의 기호
탄소강 강관		STF 410	오스테나이트계 스테인리스 강 강관	STS 304 TF STS 304 HTF STS 309 TF STS 310 TF STS 316 TF STS 316 HTF STS 321 TF STS 321 HTF STS 347 TF STS 347 HTF
합금강 강관	몰리브덴강 강관	STFA 12	니켈-크롬-철 합금관	NCF 800 TF NCF 800 HTF
	크롬-몰리브덴강 강관	STFA 22 STFA 23 STFA 24 STFA 25 STFA 26		

■ 화학 성분

종류의 기호	화학 성분 %								
	C	Si	Mn	P	S	Ni	Cr	Mo	기타
STF 410	0.30 이하	0.10~0.35	0.30~1.00	0.035 이하	0.035 이하	-	-	-	-
STFA 12	0.10~0.20	0.10~0.50	0.30~0.80	0.035 이하	0.035 이하		-	0.45~0.65	-
STFA 22	0.15 이하	0.50 이하	0.30~0.60	0.035 이하	0.035 이하	-	0.80~1.25	0.45~0.65	-
STFA 23	0.15 이하	0.50~1.00	0.30~0.60	0.030 이하	0.030 이하	-	1.00~1.50	0.45~0.65	-
STFA 24	0.15 이하	0.50 이하	0.30~0.60	0.030 이하	0.030 이하	-	1.90~2.60	0.87~1.13	-
STFA 25	0.15 이하	0.50 이하	0.30~0.60	0.030 이하	0.030 이하	-	4.00~6.00	0.45~0.65	-
STFA 26	0.15 이하	0.25~1.00	0.30~0.60	0.030 이하	0.030 이하	-	8.00~10.00	0.90~1.10	-
STS 304 TF	0.08 이하	1.00 이하	2.00 이하	0.040 이하	0.030 이하	8.00~11.00	18.00~20.00	-	-
STS 304 HTF	0.04~0.10	0.75 이하	2.00 이하	0.040 이하	0.030 이하	8.00~11.00	18.00~20.00	-	-
STS 309 TF	0.15 이하	1.00 이하	2.00 이하	0.040 이하	0.030 이하	12.00~15.00	22.00~24.00	-	-
STS 310 TF	0.15 이하	1.50 이하	2.00 이하	0.040 이하	0.030 이하	19.00~22.00	24.00~26.00	-	-
STS 316 TF	0.08 이하	1.00 이하	2.00 이하	0.040 이하	0.030 이하	10.00~14.00	16.00~18.00	2.00~3.00	-
STS 316 HTF	0.04~0.10	0.75 이하	2.00 이하	0.030 이하	0.030 이하	11.00~14.00	16.00~18.00	2.00~3.00	-
STS 321 TF	0.08 이하	1.00 이하	2.00 이하	0.040 이하	0.030 이하	9.00~13.00	17.00~19.00	-	Ti5×C% 이상
STS 321 HTF	0.04~0.10	0.75 이하	2.00 이하	0.030 이하	0.030 이하	9.00~13.00	17.00~20.00	-	Ti4×C% ~0.60
STS 347 TF	0.08 이하	1.00 이하	2.00 이하	0.040 이하	0.030 이하	9.00~13.00	17.00~19.00	-	Nb10×C% 이상
STS 347 HTF	0.04~0.10	0.75 이하	2.00 이하	0.030 이하	0.030 이하	9.00~13.00	17.00~20.00	-	Nb8×C% ~1.00
NCF 800 TF	0.10 이하	1.00 이하	1.50 이하	0.030 이하	0.015 이하	30.00~35.00	19.00~23.00	-	Cu0.75 이하 Al0.15~0.60 Ti0.15~0.60
NCF 800 HTF	0.05~0.10	1.00 이하	1.50 이하	0.030 이하	0.015 이하	30.00~35.00	19.00~23.00	-	Cu0.75 이하 Al0.15~0.60 Ti0.15~0.60

■ 기계적 성질

종류의 기호	가공의 구분	인장강도 N/mm² {kgf/ mm²}	항복점 또는 내력 N/mm² {kgf/mm²}	연신율 %			
				11호 시험편 12호 시험편	5호 시험편	4호 시험편	
				세로방향	가로방향	세로방향	가로방향
STF 410	–	410 이상 {42}	245 이상 {25}	25 이상	20 이상	24 이상	19 이상
STFA 12	–	380 이상 {39}	205 이상 {21}	30 이상	25 이상	24 이상	19 이상
STFA 22	–	410 이상 {42}	205 이상 {21}	30 이상	25 이상	24 이상	19 이상
STFA 23	–	410 이상 {42}	205 이상 {21}	30 이상	25 이상	24 이상	19 이상
STFA 24	–	410 이상 {42}	205 이상 {21}	30 이상	25 이상	24 이상	19 이상
STFA 25	–	410 이상 {42}	205 이상 {21}	30 이상	25 이상	24 이상	19 이상
STFA 26	–	410 이상 {42}	205 이상 {21}	30 이상	25 이상	24 이상	19 이상
STS 304 TF	–	520 이상 {53}	205 이상 {21}	35 이상	25 이상	30 이상	22 이상
STS 304 HTF	–	520 이상 {53}	205 이상 {21}	35 이상	25 이상	30 이상	22 이상
STS 309 TF	–	520 이상 {53}	205 이상 {21}	35 이상	25 이상	30 이상	22 이상
STS 310 TF	–	520 이상 {53}	205 이상 {21}	35 이상	25 이상	30 이상	22 이상
STS 316 TF	–	520 이상 {53}	205 이상 {21}	35 이상	25 이상	30 이상	22 이상
STS 316 HTF	–	520 이상 {53}	205 이상 {21}	35 이상	25 이상	30 이상	22 이상
STS 321 TF	–	520 이상 {53}	205 이상 {21}	35 이상	25 이상	30 이상	22 이상
STS 321 HTF	–	520 이상 {53}	205 이상 {21}	35 이상	25 이상	30 이상	22 이상
STS 347 TF	–	520 이상 {53}	205 이상 {21}	35 이상	25 이상	30 이상	22 이상
STS 347 HTF	–	520 이상 {53}	205 이상 {21}	35 이상	25 이상	30 이상	22 이상
NCF 800 TF	냉간가공	520 이상 {53}	205 이상 {21}	30 이상	–	–	–
	열간가공	450 이상 {46}	175 이상 {18}	30 이상	–	–	–
NCF 800 HTF	–	450 이상 {46}	175 이상 {18}	30 이상	–	–	–

7-13 일반 배관용 스테인리스 강관 KS D 3595 : 2016

■ 종류의 기호

종류의 기호	용도(참고)
STS 304 TPD	통상의 급수, 급탕, 배수, 냉온수 등의 배관용
STS 316 TPD	수질, 환경 등에서 STS 304보다 높은 내식성이 요구되는 경우
STS 329 FLD TPD	옥내의 급수, 급탕, 배수, 냉온수 등의 배관용

■ 인장 강도 및 연신율

종류의 기호	인장 강도 N/mm^2	연신율 %	
		11호 시험편, 12호 시험편	5호 시험편
		세로 방향	가로 방향
STS 304 TPD	520 이상	35 이상	25 이상
STS 316 TPD			
STS 329 FLD TPD	620 이상	30 이상	25 이상

■ 용출 성능

시험 항목	판정 기준	
	급수 설비	일반 수도용 자재
맛	이상이 없을 것	이상이 없을 것
냄새	이상이 없을 것	이상이 없을 것
색도	5도 이하	0.5도 이하
탁도	0.5 NTU 이하	0.2 NTU 이하
비소	0.01 mg/L 이하	0.001 mg/L 이하
카드뮴	0.005 mg/L 이하	0.0005 mg/L 이하
6가 크롬	0.05 mg/L 이하	0.005 mg/L 이하
구리	1.0 mg/L 이하	0.1 mg/L 이하
납	0.01 mg/L 이하	0.001 mg/L 이하
셀레늄	0.01 mg/L 이하	0.001 mg/L 이하
철	0.3 mg/L 이하	0.03 mg/L 이하
수은	0.001 mg/L 이하	0.0001 mg/L 이하

■ 바깥지름, 두께, 치수 허용차 및 무게

단위 : mm

호칭 방법 Su	바깥지름	바깥 지름 허용차		두께	두께의 허용차	단위 무게 (kg/m)	
		바깥 지름	둘레 길이			STS 304 TPD	STS 316 TPD
8	9.52	0 −0.37	−	0.7	±0.12	0.154	0.155
10	12.70			0.8		0.237	0.239
13	15.88			0.8		0.301	0.303
20	22.22			1.0		0.529	0.532
25	28.58			1.0		0.687	0.691
30	34.0	±0.34	±0.20	1.2		0.980	0.986
40	42.7	±0.43		1.2		1.24	1.25
50	48.6	±0.49	±0.25	1.2		1.42	1.43
60	60.5	±0.60		1.5	±0.15	2.20	2.21
75	76.3	±1 %	±0.8 %	1.5		2.79	2.81
80	89.1			2.0	±0.30	4.34	4.37
100	114.3			2.0		5.59	5.63
125	139.8			2.0		6.87	6.91
150	165.2			3.0	±0.40	12.1	12.2
200	216.3			3.0		15.9	16.0
250	267.4			3.0		19.8	19.9
300	318.5			3.0		23.6	23.8

7-14 비닐하우스용 도금 강관 KS D 3760 : 2014

■ 종류의 기호

종류		기호
일반 농업용	아연도 강관	SPVH
	55% 알루미늄-아연합금 도금 강관	SPVH-AZ
구조용	아연도 강관	SPVHS
	55% 알루미늄-아연합금 도금 강관	SPVHS-AZ

■ 항복강도, 인장강도 및 연신율

종류의 기호	항복 강도 N/mm^2	인장 강도 N/mm^2	연신율 %
SPVH	205 이상	270 이상	20 이상
SPVHS	295 이상	400 이상	18 이상
SPVH-AZ	205 이상	275 이상	20 이상
SPVHS-AZ	295 이상	400 이상	18 이상
SPVH-AZM	205 이상	275 이상	20 이상
SPVHS-AZM	295 이상	400 이상	18 이상

■ 치수, 무게 및 치수 허용차

단위 : kg/m

호칭명	바깥지름 mm	두께 mm					
		1.2	1.4	1.5	1.6	1.7	2.0
15	15.9	0.435	0.501	0.533	0.564	–	–
19	19.1	0.530	0.611	0.651	0.690	–	–
22	22.2	0.621	0.718	0.766	0.813	–	–
25	25.4	0.716	0.829	0.884	0.939	0.994	–
28	28.6	0.811	0.939	1.00	1.07	1.13	–
31	31.8	0.906	1.05	1.12	1.19	1.26	–
38	38.1	1.09	1.27	1.35	1.44	1.53	1.78
50	50.8	1.47	1.71	1.82	1.94	2.06	2.41

■ 관의 바깥지름 및 두께 치수 허용차

항목		허용차 mm
바깥지름 mm		0.0~+0.5
두께	1.6 미만	0.0~+0.13
	1.6 이상	0.0~+0.17

7-15 자동차 배관용 금속관 KS R 2028 : 2014

■ 관의 종류 및 기호

기호	종류
2중권 강관	TDW
1중권 강관	TSW
기계 구조용 탄소 강관	STKM11A
이음매 없는 구리 및 구리합금 관	C1201T

■ 표면처리의 종류

종류	기호	표면처리의 종류 및 유무에 따른 구분				
		표면처리하지 않음	주석-납합금 도금	아연 도금 8μm	아연 도금 13μm	아연 도금 25μm
2중권 강관	TDW	TDW-N	TDW-T	TDW-Z8	TDW-Z13	TDW-Z25
1중권 강관	TSW	TSW-N	TSW-T	TSW-Z8	TSW-Z13	TSW-Z25
기계 구조용 탄소 강관	STKM11A	STKM11A-N	STKM11A-T	STKM11A-Z8	STKM11A-Z13	STKM11A-Z25
이음매 없는 구리 및 구리합금 관	C1201T	C1201T	-	-	-	-

■ 화학 성분

종류	기호	화학 성분 %					
		C	Mn	P	S	Si	Cu
2중권 강관	TDW	0.12 이하	0.5 이하	0.040 이하	0.045 이하	-	-
1중권 강관	TSW						
기계 구조용 탄소 강관	STKM11A	0.12 이하	0.25~0.60	0.040 이하	0.040 이하	0.35 이하	-
이음매 없는 구리 및 구리합금 관	C1201T	-	-	0.004 이상 0.015 이하	-	-	99.9 이상

■ 기계적 성질

종류	기호	인장강도 kgf/mm²	항복점 kgf/mm²	신장률 % (11호 시험편)	경도
2중권 강관	TDW	30 이상	18 이상	25 이상	HR30T 65 이하
1중권 강관	TSW				
기계 구조용 탄소 강관	STKM11A	30 이상	-	25 이상	-
이음매 없는 구리 및 구리합금 관	C1201T	21 이상	-	40 이상	-

■ 관의 치수

단위 : mm

호칭지름	바깥 지름		살두께				
	기준치수	허용차	기준 치수				허용차
			2중권 강관	1중권 강관	기계 구조용 탄소 강관	이음매 없는 구리 및 구리합금 관	
3.17	3.17	±0.1	0.7	0.7	0.7	0.8	±0.1
4.0	4.0		1.0	1.0	–	–	
4.76	4.76		0.7	0.7	0.7	0.8	
5.0	5.0		1.5	1.0	–	–	
6.35	6.35		0.7	0.7	0.7	0.8	
8	8		0.7	0.7	0.7	0.8	
10	10		0.7	0.7	0.7	1.0	
10	10		0.9	0.7	0.7	1.0	
12	12		0.9	0.9	0.9	1.0	
12	12		1.0	0.9	0.9	1.0	
12.7	12.7		–	0.9	0.9	1.0	
14	14		–	–	1.0	–	
15	15		1.0	1.0	1.0	1.0	
17.5	17.5		–	–	1.6	–	
18	18		1.0	1.0	1.0	1.0	
20	20		–	–	1.0	1.0	
21	21		–	–	1.5	–	
22	22		–	–	1.0	1.0	
25.4	25.4		–	–	1.6	–	
28	28		–	–	1.5	–	
28.6	28.6		–	–	1.2	–	

■ 관의 무게값

단위 : g/m

호칭지름	2중권 강관	1중권 강관	기계 구조용 탄소 강관	이음매 없는 구리 및 구리합금 관
3.17	43	43	43	53
4.0	74	74	–	–
4.76	41	70	70	89
5.0	130	99	–	–
6.35	99	98	98	124
8	128	126	126	196
10	163	161	161	251
10	202	–	–	–
12	–	246	246	307
12	247	–	–	–
12.7	–	262	262	327
14	–	–	313	–
15	346	345	345	391
17.5	–	–	629	–
18	420	419	419	475
20	–	–	469	531
21	–	–	723	–
22	–	–	518	587
25.4	–	–	941	–
28	–	–	982	–
28.6	–	–	813	–

7-16 일반용수용 도복장강관 KS D 3626 : 2014

■ 종류의 기호 및 제조 방법

종류의 기호	제조방법
STWS 290	단접 또는 전기 저항 용접
STWS 370	전기 저항 용접
STWS 400	전기 저항 용접 또는 아크 용접

■ 화학 성분

종류의 기호	화학 성분 %		
	C	P	S
STWS 290	–	0.040 이하	0.040 이하
STWS 370	0.25 이하	0.040 이하	0.040 이하
STWS 400	0.25 이하	0.040 이하	0.040 이하

■ 기계적 성질

종류의 기호	인장강도 N/mm^2	항복점 또는 항복강도 N/mm^2	연신율 %	
			11호 시험편 12호 시험편	11A호 시험편 5호 시험편
			세로 방향	가로 방향
STWS 290	294 이상	–	30 이상	25 이상
STWS 370	373 이상	216 이상	30 이상	25 이상
STWS 400	402 이상	226 이상	–	18 이상

■ 바깥지름, 두께 및 무게

호칭 지름 A	바깥 지름 mm	종류의 기호							
		STWS 290		STWS 370		STWS 400			
						호칭 두께			
						A		B	
		두께 mm	무게 kg/m	두께 mm	무게 kg/m	두께 mm	무게 kg/m	두께 mm	무게 kg/m
80	89.1	4.2	8.79	4.5	9.39	–	–	–	–
100	114.3	4.5	12.2	4.9	13.2	–	–	–	–
125	139.8	4.5	15.0	5.1	16.9	–	–	–	–
150	165.2	5.0	19.8	5.5	21.7	–	–	–	–
200	216.3	5.8	30.1	6.4	33.1	–	–	–	–
250	267.4	6.6	42.4	6.4	41.2	–	–	–	–
300	318.5	6.9	53.0	6.4	49.3	–	–	–	–
350	355.6	–	–	–	–	6.0	51.7	–	–
400	406.4	–	–	–	–	6.0	59.2	–	–
450	457.2	–	–	–	–	6.0	66.8	–	–
500	508.0	–	–	–	–	6.0	74.3	–	–
600	609.6	–	–	–	–	6.0	89.3	–	–
700	711.2	–	–	–	–	7.0	122	6.0	104
800	812.8	–	–	–	–	8.0	159	7.0	139

■ 바깥지름, 두께 및 무게 (계속)

호칭 지름 A	바깥 지름 mm	종류의 기호							
		STWS 290		STWS 370		STWS 400			
						호칭 두께			
						A		B	
		두께 mm	무게 kg/m	두께 mm	무게 kg/m	두께 mm	무게 kg/m	두께 mm	무게 kg/m
900	914.4	–	–	–	–	8.0	179	7.0	157
1000	1016.0	–	–	–	–	9.0	223	8.0	199
1100	1117.6	–	–	–	–	10.0	273	8.0	219
1200	1219.2	–	–	–	–	11.0	328	9.0	269
1350	1371.6	–	–	–	–	12.0	402	10.0	336
1500	1524.0	–	–	–	–	14.0	521	11.0	410
1600	1625.6	–	–	–	–	15.0	596	12.0	477
1650	1676.4	–	–	–	–	15.0	615	12.0	493
1800	1828.8	–	–	–	–	16.0	715	13.0	582
1900	1930.4	–	–	–	–	17.0	802	14.0	662
2000	2032.0	–	–	–	–	18.0	894	15.0	746
2100	2133.6	–	–	–	–	19.0	991	16.0	836
2200	2235.2	–	–	–	–	20.0	1090	17.0	876
2300	2336.8	–	–	–	–	21.0	1200	18.0	973
2400	2438.4	–	–	–	–	22.0	1310	18.0	1070
2500	2540.0	–	–	–	–	23.0	1430	19.0	1120
2600	2641.6	–	–	–	–	24.0	1550	20.0	1230
2700	2743.2	–	–	–	–	25.0	1680	21.0	1340
2800	2844.8	–	–	–	–	26.0	1810	21.0	1460
2900	2946.9	–	–	–	–	27.0	1940	21.0	1520
3000	3048.0	–	–	–	–	29.0	2160	22.0	1640

7-17 일반용수용 도복장강관 이형관 KS D 3627 : 2014

■ 종류의 기호

종류의 기호	최고 허용 압력 MPa{kgf/cm^2}
F 12	1.2 {12.5}
F 15	1.5 {15}
F 20	2.0 {20}

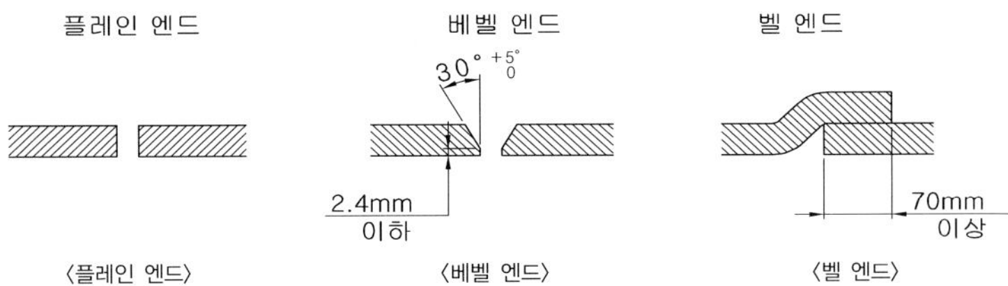

〈플레인 엔드〉 〈베벨 엔드〉 〈벨 엔드〉

■ 바깥지름 및 두께의 허용차

구분	호칭 지름	허용차	
바깥 지름	80A 이상 200A 미만	±1%	
	2000A 이상 600A 미만	±0.8%	
	600A 이상	±0.5% (측정은 둘레길이에 따른다)	
두께	350A 미만	+15% −8%	
벨엔드 안지름	1600mm 미만	바깥지름 +5.0mm 이내	측정은 원둘레의 길이에 따른다
	1600mm 이상	바깥지름 +6.0mm 이내	

■ 플랜지의 치수 허용차

단위 : mm

플랜지 부분		치수 구분	치수 허용차
바깥지름 D_5		300 이하 300 초과 600 이하 600 초과 1000 이하 1000 초과 1500 이하 1500을 초과하는 것	±1 ±1.5 ±2 ±2.5 ±3
볼트 구멍	중심원 지름 D4	250 이하 250 초과 550 이하 550 초과 950 이하 950 초과 1350 이하 1350을 초과하는 것	±0.5 ±0.6 ±0.8 ±1 ±1.5
	구멍 피치	−	±0.5
	구멍지름 d'	−	+1.5 0
두께 K		20 이하	+1.5 0
		20 초과 50 이하	+2 0
		50 초과 100 이하	+3 0
허브의 높이 L		200 이하	+2 0
		200 초과 300 이하	+3 0
		300을 초과하는 것	+4 0
가스켓 홈	안지름 G_1	450 이하	+1.5 0
		450 초과 1600 이하	±1.5
		1600을 초과하는 것	±2
	나비 e	10 이하	+1 0
		10을 초과하는 것	+0.5 −1.0
	깊이 S	5 이하	+0.2 −0.5
		5 초과 10 이하	+0.2 −0.8
		10을 초과하는 것	+0.5 −0.8

■ 가스켓 각 부의 치수 허용차

단위 : mm

호칭 지름 A	GF형 가스켓			RF형 가스켓		
	G1' (%)	a, a_1	b, b_1	D_1	D_3	t
80A~200A	+1.0 0	±0.3	±0.3	+0.2 0	0 −2.0	+0.5 −0.3
250A~450A				+0.3 0	0 −3.0	
500A~700A	0 −1.0			+0.4 0	0 −4.0	
800A~1000A				+0.6 0	0 −5.0	
1100A~1500A				+0.7 0	0 −6.0	
1600A~3000A				+0.8 0	0 −7.0	

■ 관의 종류별 바깥지름 및 두께

단위 : mm

호칭지름 A	바깥지름	관의 종류 및 두께		
		F12	F15	F20
80	89.1	4.2	4.2	4.5
100	114.3	4.5	4.5	4.9
125	139.8	4.5	4.5	5.1
150	165.2	5.0	5.0	5.5
200	216.3	5.8	5.8	6.4
250	267.4	6.6	6.6	6.4
300	318.5	6.9	6.9	6.4
350	355.6	6.0	6.0	6.0
400	406.4	6.0	6.0	6.0
450	457.2	6.0	6.0	6.0
500	508.0	6.0	6.0	6.0
600	609.6	6.0	6.0	6.0
700	711.2	6.0	6.0	7.0
800	812.8	7.0	7.0	8.0
900	914.4	7.0	8.0	8.0
1000	1016.0	8.0	9.0	9.0
1100	1117.6	8.0	10.0	10.0
1200	1219.2	9.0	11.0	11.0
1350	1371.6	10.0	12.0	12.0
1500	1524.0	11.0	14.0	14.0
1600	1625.6	12.0	15.0	15.0
1650	1676.4	12.0	15.0	15.0
1800	1828.8	13.0	16.0	16.0
1900	1930.4	14.0	17.0	17.0
2000	2032.0	15.0	18.0	18.0
2100	2133.6	16.0	19.0	19.0
2200	2235.2	16.0	20.0	20.0
2300	2336.8	17.0	21.0	21.0
2400	2438.4	18.0	22.0	22.0
2500	2540.0	18.0	23.0	23.0
2600	2641.6	19.0	24.0	24.0
2700	2743.2	20.0	25.0	25.0
2800	2844.8	21.0	26.0	26.0
2900	2946.4	21.0	27.0	27.0
3000	3048.0	22.0	29.0	29.0

1 90° 곡관

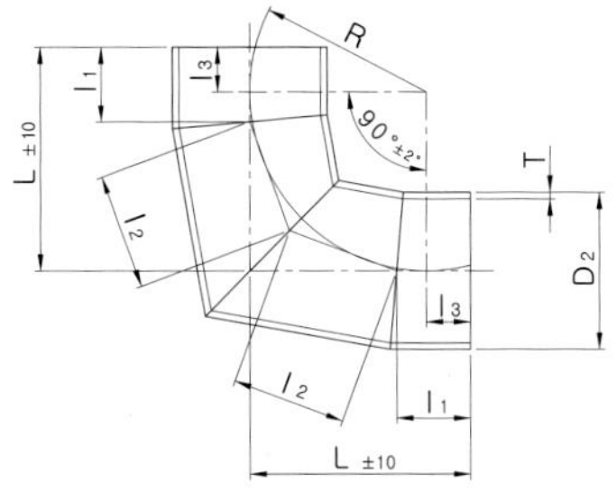

단위 : mm

호칭 지름 A	바깥 지름 D2	F12	F15	F20	각부 치수					관심길이 $2(l_1+l_2)$	참고 무게 (kg)		
		관두께											
		T	T	T	R	l_1	l_2	l_3	L		F12	F15	F20
80	89.1	4.2	4.2	4.5	230	231.6	123.2	170	400	709.6	6.24	6.24	6.66
100	114.3	4.5	4.5	4.9	230	231.6	123.2	170	400	709.6	8.66	8.66	9.37
125	139.8	4.5	4.5	5.1	230	231.6	123.2	170	400	709.6	10.6	10.6	12.0
150	165.2	5.0	5.0	5.5	250	267.0	134.0	200	450	802.0	15.9	15.9	17.4
200	216.3	5.8	5.8	6.4	310	273.1	166.2	190	500	878.6	26.4	26.4	29.1
250	267.4	6.6	6.6	6.4	360	286.5	193.0	190	550	959.0	40.7	40.7	39.5
300	318.5	6.9	6.9	6.4	410	299.9	219.8	190	600	1039.4	55.1	55.1	51.2
350	355.6	6.0	6.0	6.0	460	263.3	246.6	140	600	1019.8	52.7	52.7	52.7
400	406.4	6.0	6.0	6.0	510	276.7	273.4	140	650	1100.2	65.1	65.1	65.1
450	457.2	6.0	6.0	6.0	530	312.0	284.0	170	700	1192.0	79.6	79.6	79.6
500	508.0	6.0	6.0	6.0	560	290.1	300.2	140	700	1180.6	87.7	87.7	87.7
600	609.6	6.0	6.0	6.0	660	366.8	353.6	190	850	1440.8	129	129	129
700	711.2	6.0	6.0	7.0	790	371.7	423.4	160	950	1590.2	165	165	194
800	812.8	7.0	7.0	8.0	790	371.7	423.4	160	950	1590.2	221	221	253
900	914.4	7.0	8.0	8.0	860	420.4	460.8	190	1050	1762.4	277	316	316
1000	1016.0	8.0	9.0	9.0	910	433.8	487.6	190	1100	1842.8	367	411	411
1100	1117.6	8.0	10.0	10.0	910	433.8	487.6	190	1100	1842.8	404	503	503
1200	1219.2	9.0	11.0	11.0	970	439.9	519.8	180	1150	1919.4	516	630	630
1350	1371.6	10.0	12.0	12.0	1020	453.3	546.6	180	1200	1999.8	672	804	804
1500	1524.0	11.0	14.0	14.0	1070	466.7	573.4	180	1250	2080.2	853	1080	1080
1600	1625.6	12.0	15.0	15.0	1200	471.5	643.1	150	1350	2229.2	1060	1330	1330
1650	1676.4	12.0	15.0	15.0	1250	484.9	669.9	150	1400	2309.6	1140	1420	1420
1800	1828.8	13.0	16.0	16.0	1300	498.3	696.7	150	1450	2390.0	1390	1710	1710
1900	1930.4	14.0	17.0	17.0	1350	511.7	723.5	150	1500	2470.4	1640	1980	1980
2000	2032.0	15.0	18.0	18.0	1400	525.1	750.3	150	1550	2550.8	1900	2280	2280
2100	2133.6	16.0	19.0	19.0	1450	538.5	777.1	150	1600	2631.2	2200	2610	2610
2200	2235.2	16.0	20.0	20.0	1500	551.9	803.8	150	1650	2711.4	2380	2960	2960
2300	2336.8	17.0	21.0	21.0	1550	565.3	830.6	150	1700	2791.8	2720	3350	3350
2400	2438.4	18.0	22.0	22.0	1600	578.7	857.4	150	1750	2872.2	3080	3770	3770
2500	2540.0	18.0	23.0	23.0	1650	592.1	884.2	150	1800	2952.6	3300	4220	4220
2600	2641.6	19.0	24.0	24.0	1700	605.5	911.0	150	1850	3033.0	3730	4700	4700
2700	2743.2	20.0	25.0	25.0	1750	618.9	937.8	150	1900	3113.4	4180	5220	5220
2800	2844.8	21.0	26.0	26.0	1800	632.3	964.6	150	1950	3193.8	4670	5770	5770
2900	2946.4	21.0	27.0	27.0	1850	645.7	991.4	150	2000	3274.2	4960	6360	6360
3000	3048.0	22.0	29.0	29.0	1900	659.1	1018.2	150	2050	3354.6	5510	7240	7240

2 45° 곡관

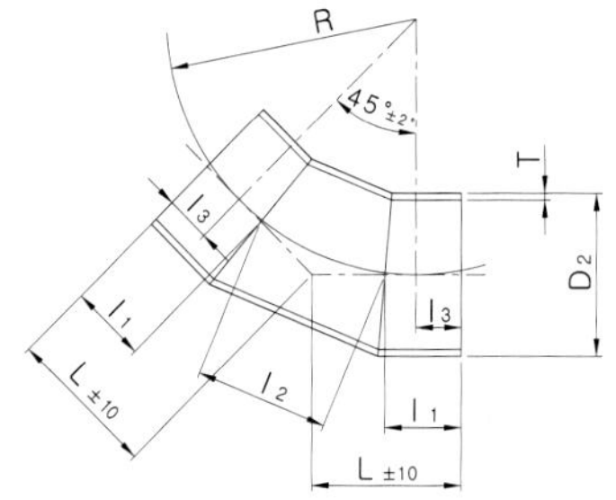

단위 : mm

호칭 지름 A	바깥 지름 D2	F12	F15	F20	각부 치수					관심길이 $2(l_1+l_2)$	참고 무게 (kg)		
		관두께			R	l_1	l_2	l_3	L		F11	F15	F20
		T	T	T									
80	89.1	4.2	4.2	4.5	370	270.3	147.2	196.7	350	687.8	6.05	6.05	6.46
100	114.3	4.5	4.5	4.9	370	270.3	147.2	196.7	350	687.8	8.39	8.39	9.08
125	139.8	4.5	4.5	5.1	370	270.3	147.2	196.7	350	687.8	10.3	10.3	11.6
150	165.2	5.0	5.0	5.5	430	357.4	171.0	271.9	450	885.8	17.5	17.5	19.2
200	216.3	5.8	5.8	6.4	490	344.5	195.0	247.0	450	884.0	26.6	26.6	29.3
250	267.4	6.6	6.6	6.4	550	331.6	218.8	222.2	450	882.0	37.4	37.4	36.3
300	318.5	6.9	6.9	6.4	610	318.6	242.6	197.3	450	879.8	46.6	46.6	43.4
350	355.6	6.0	6.0	6.0	680	353.6	270.6	218.3	500	977.8	50.6	50.6	50.6
400	406.4	6.0	6.0	6.0	740	340.7	294.4	193.5	500	975.8	57.8	57.8	57.8
450	457.2	6.0	6.0	6.0	800	327.7	318.2	168.6	500	973.6	65.0	65.0	65.0
500	508.0	6.0	6.0	6.0	860	314.9	342.2	143.8	500	972.0	72.2	72.2	72.2
600	609.6	6.0	6.0	6.0	980	539.0	389.8	344.1	750	1467.8	131	131	131
700	711.2	6.0	6.0	7.0	1170	498.1	465.4	265.4	750	1461.6	152	152	178
800	812.8	7.0	7.0	8.0	1170	748.1	465.4	515.4	1000	1961.6	273	273	312
900	914.4	7.0	7.0	8.0	1290	722.4	513.2	465.7	1000	1958.0	307	350	350
1000	1016.0	8.0	8.0	9.0	1350	709.3	537.0	440.8	1000	1955.6	389	436	436
1100	1117.6	8.0	8.0	10.0	1350	709.3	537.0	440.8	1000	1955.6	428	534	534
1200	1219.2	9.0	9.0	11.0	1410	696.4	560.8	416.0	1000	1953.6	526	641	641
1350	1371.6	10.0	10.0	12.0	1470	683.5	584.8	391.1	1000	1951.8	656	785	785
1500	1524.0	11.0	11.0	14.0	1530	670.6	608.6	366.3	1000	1949.8	799	1020	1020
1600	1625.6	12.0	15.0	15.0	1680	638.3	668.3	304.1	1000	1944.9	928	1160	1160
1650	1676.4	12.0	15.0	15.0	1680	638.3	668.3	304.1	1000	1944.9	959	1200	1200
1800	1828.8	13.0	16.0	16.0	1680	638.3	668.3	304.1	1000	1944.9	1130	1390	1390
1900	1930.4	14.0	17.0	17.0	1800	612.5	716.1	254.4	1000	1941.1	1290	1560	1560
2000	2032.0	15.0	18.0	18.0	1800	612.5	716.1	254.4	1000	1941.1	1450	1740	1740
2100	2133.6	16.0	19.0	19.0	1920	636.6	763.8	254.7	1050	2037.0	1700	2020	2020
2200	2235.2	16.0	20.0	20.0	1920	363.6	763.8	254.7	1050	2037.0	1780	2230	2230
2300	2336.8	17.0	21.0	21.0	2040	660.8	811.6	255.0	1100	2133.2	2080	2560	2560
2400	2438.4	18.0	22.0	22.0	2040	660.8	811.6	255.0	1100	2133.2	2290	2800	2800
2500	2540.0	18.0	23.0	23.0	2160	685.0	859.3	255.3	1150	2229.3	2500	3180	3180
2600	2641.6	19.0	24.0	24.0	2160	685.0	859.3	255.3	1150	2229.3	2740	3450	3450
2700	2743.2	20.0	25.0	25.0	2160	685.0	859.3	255.3	1150	2229.3	2990	3740	3740
2800	2844.8	21.0	26.0	26.0	2280	709.1	907.0	255.6	1200	2325.2	3400	4200	4200
2900	2946.4	21.0	27.0	27.0	2280	709.1	907.0	255.6	1200	2325.2	3520	4520	4520
3000	3048.0	22.0	29.0	29.0	2400	733.3	954.8	255.9	1250	2421.4	3980	5230	5230

3 $22\frac{1}{2}°$ 곡관

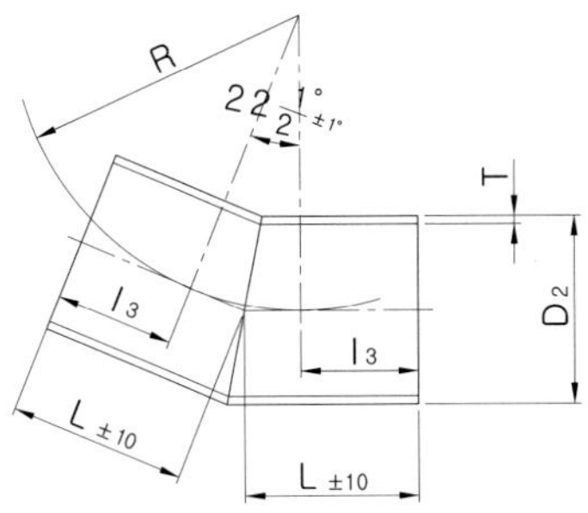

단위 : mm

호칭 지름 A	바깥 지름 D2	F12	F15	F20	각부 치수			관심길이 2L	참고 무게 (kg)		
		관 두께			R	l_3	L		F12	F15	F20
		T	T	T							
80	89.1	4.2	4.2	4.5	380	124.4	200	400	3.52	3.52	3.76
100	114.3	4.5	4.5	4.9	380	124.4	200	400	4.88	4.88	5.28
125	139.8	4.5	4.5	5.1	380	124.4	200	400	6.00	6.00	6.76
150	165.2	5.0	5.0	5.5	380	124.4	200	400	7.92	7.92	8.68
200	216.3	5.8	5.8	6.4	510	148.6	250	500	15.1	15.1	16.5
250	267.4	6.6	6.6	6.4	510	148.6	250	500	21.2	21.2	20.6
300	318.5	6.9	6.9	6.4	640	122.7	250	500	26.5	26.5	24.6
350	355.6	6.0	6.0	6.0	640	372.7	500	1000	51.7	51.7	51.7
400	406.4	6.0	6.0	6.0	770	346.8	500	1000	59.2	59.2	59.2
450	457.2	6.0	6.0	6.0	770	346.8	500	1000	66.8	66.8	66.8
500	508.0	6.0	6.0	6.0	890	323.0	500	1000	74.3	74.3	74.3
600	609.6	6.0	6.0	6.0	1020	547.1	750	1500	134	134	134
700	711.2	6.0	6.0	7.0	1150	521.3	750	1500	156	156	183
800	812.8	7.0	7.0	8.0	1150	771.3	1000	2000	278	278	318
900	914.4	7.0	8.0	8.0	1280	745.4	1000	2000	314	314	358
1000	1016.0	8.0	9.0	9.0	1410	719.5	1000	2000	398	398	446
1100	1117.6	8.0	10.0	10.0	1410	719.5	1000	2000	438	546	546
1200	1219.2	9.0	11.0	11.0	1410	719.5	1000	2000	538	656	656
1350	1371.6	10.0	12.0	12.0	1530	695.7	1000	2000	672	804	804
1500	1524.0	11.0	14.0	14.0	1530	695.7	1000	2000	820	1040	1040
1600	1625.6	12.0	15.0	15.0	1750	651.9	1000	2000	954	1190	1190
1650	1676.4	12.0	15.0	15.0	1750	651.9	1000	2000	986	1230	1230
1800	1828.8	13.0	16.0	16.0	1750	651.9	1000	2000	1160	1430	1430
1900	1930.4	14.0	17.0	17.0	1750	651.9	1000	2000	1320	1600	1600
2000	2032.0	15.0	18.0	18.0	1750	651.9	1000	2000	1490	1790	1790
2100	2133.6	16.0	19.0	19.0	1950	612.1	1000	2000	1670	1980	1980
2200	2235.2	16.0	20.0	20.0	1950	612.1	1000	2000	1750	2190	2190
2300	2336.8	17.0	21.0	21.0	1950	612.1	1000	2000	1950	2400	2400
2400	2438.4	18.0	22.0	22.0	1950	612.1	1000	2000	2150	2620	2620
2500	2540.0	18.0	23.0	23.0	1950	612.1	1000	2000	2240	2860	2860
2600	2641.6	19.0	24.0	24.0	2150	572.3	1000	2000	2460	3100	3100
2700	2743.2	20.0	25.0	25.0	2150	572.3	1000	2000	2690	3350	3350
2800	2844.8	21.0	26.0	26.0	2150	572.3	1000	2000	2920	3610	3610
2900	2946.4	21.0	27.0	27.0	2150	572.3	1000	2000	3030	3890	3890
3000	3048.0	22.0	29.0	29.0	2150	572.3	1000	2000	3280	4320	4320

4 $11\frac{1}{4}°$ 곡관

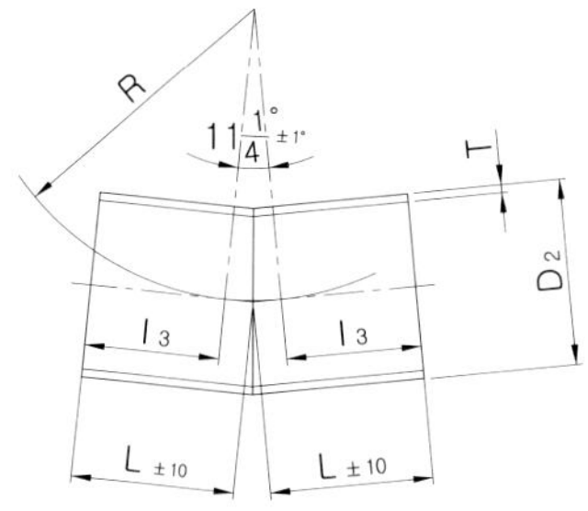

단위 : mm

호칭지름 A	바깥지름 D2	F12	F15	F20	각부 치수			관심길이 2L	참고 무게(kg)		
		관 두께			R	l_3	L		F12	F15	F20
		T	T	T							
80	89.1	4.2	4.2	4.5	770	124.2	200	400	3.52	3.52	3.76
100	114.3	4.5	4.5	4.9	770	124.2	200	400	4.88	4.88	5.28
125	139.8	4.5	4.5	5.1	770	124.2	200	400	6.00	6.00	6.76
150	165.2	5.0	5.0	5.5	770	124.2	200	400	7.92	7.92	8.68
200	216.3	5.8	5.8	6.4	1030	148.6	250	500	15.1	15.1	16.5
250	267.4	6.6	6.6	6.4	1030	148.6	250	500	21.2	21.2	20.6
300	318.5	6.9	6.9	6.4	1290	122.9	250	500	26.5	26.5	24.6
350	355.6	6.0	6.0	6.0	1290	372.9	500	1000	51.7	51.7	51.7
400	406.4	6.0	6.0	6.0	1550	347.3	500	1000	59.2	59.2	59.2
450	457.2	6.0	6.0	6.0	1550	347.3	500	1000	66.8	66.8	66.8
500	508.0	6.0	6.0	6.0	1810	321.7	500	1000	74.3	74.3	74.3
600	609.6	6.0	6.0	6.0	2060	547.1	750	1500	134	134	134
700	711.2	6.0	6.0	7.0	2320	521.5	750	1500	156	156	183
800	812.8	7.0	7.0	8.0	2320	771.5	1000	2000	278	278	318
900	914.4	7.0	7.0	8.0	2580	745.9	1000	2000	314	358	358
1000	1016.0	8.0	8.0	9.0	2840	720.3	1000	2000	398	446	446
1100	1117.6	8.0	8.0	10.0	2840	720.3	1000	2000	438	546	546
1200	1219.2	9.0	9.0	11.0	2840	720.3	1000	2000	538	656	656
1350	1371.6	10.0	10.0	12.0	3100	694.7	1000	2000	672	804	804
1500	1524.0	11.0	11.0	14.0	3100	694.7	1000	2000	820	1040	1040
1600	1625.6	12.0	12.0	15.0	3530	652.3	1000	2000	954	1190	1190
1650	1676.4	12.0	12.0	15.0	3530	652.3	1000	2000	986	1230	1230
1800	1828.8	13.0	13.0	16.0	3530	652.3	1000	2000	1160	1430	1430
1900	1930.4	14.0	14.0	17.0	3530	652.3	1000	2000	1320	1600	1600
2000	2032.0	15.0	15.0	18.0	3530	652.3	1000	2000	1490	1790	1790
2100	2133.6	16.0	16.0	19.0	3950	611.0	1000	2000	1670	1980	1980
2200	2235.2	16.0	16.0	200	3950	611.0	1000	2000	1750	2190	2190
2300	2336.8	17.0	17.0	21.0	3950	611.0	1000	2000	1950	2400	2400
2400	2438.4	18.0	18.0	22.0	3950	611.0	1000	2000	2150	2620	2620
2500	2540.0	18.0	18.0	23.0	3950	611.0	1000	2000	2240	2860	2860
2600	2641.6	19.0	19.0	24.0	4400	566.6	1000	2000	2460	3100	3100
2700	2743.2	20.0	20.0	25.0	4400	566.6	1000	2000	2690	3350	3350
2800	2844.8	21.0	21.0	26.0	4400	566.6	1000	2000	2920	3610	3610
2900	2946.4	21.0	21.0	27.0	4400	566.6	1000	2000	3030	3890	3890
3000	3048.0	22.0	22.0	29.0	4400	566.6	1000	2000	3280	4320	4320

5 $5\frac{5}{8}$° 곡관

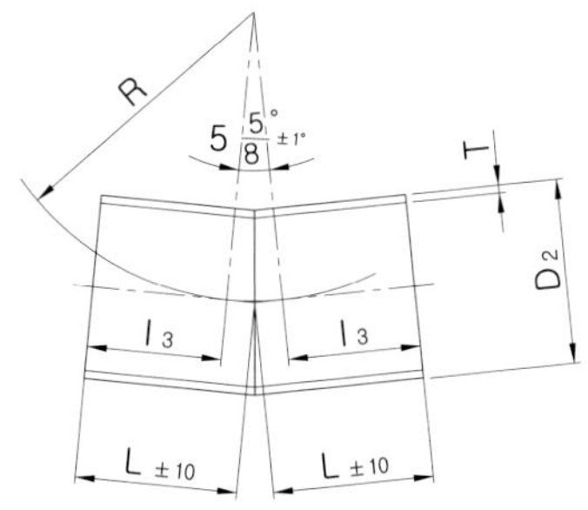

단위 : mm

호칭 지름 A	바깥 지름 D2	F12	F15	F20	각부 치수			관심길이 2L	참고 무게(kg)		
		관 두께			R	l_3	L		F12	F15	F20
		T	T	T							
1000	1016.0	8.0	9.0	9.0	5690	720.5	1000	2000	398	446	446
1100	1117.6	8.0	10.0	10.0	5690	720.5	1000	2000	438	546	546
1200	1219.2	9.0	11.0	11.0	5690	720.5	1000	2000	538	656	656
1350	1371.6	10.0	12.0	12.0	6210	694.9	1000	2000	672	804	804
1500	1524.0	11.0	14.0	14.0	6210	694.9	1000	2000	820	1040	1040
1600	1625.6	12.0	15.0	15.0	7080	652.2	1000	2000	954	1190	1190
1650	1676.4	12.0	15.0	15.0	7080	652.2	1000	2000	986	1230	1230
1800	1828.8	13.0	16.0	16.0	7080	652.2	1000	2000	1160	1430	1430
1900	1930.4	14.0	17.0	17.0	7080	652.2	1000	2000	1320	1600	1600
2000	2032.0	15.0	18.0	18.0	7080	652.2	1000	2000	1490	1790	1790
2100	2133.6	16.0	19.0	19.0	7920	610.9	1000	2000	1670	1980	1980
2200	2235.2	16.0	20.0	20.0	7920	610.9	1000	2000	1750	2190	2190
2300	2336.8	17.0	21.0	21.0	7920	610.9	1000	2000	1950	2400	2400
2400	2438.4	18.0	22.0	22.0	7920	610.9	1000	2000	2150	2610	2610
2500	2540.0	18.0	23.0	23.0	7920	610.9	1000	2000	2240	2860	2860
2600	2641.6	19.0	24.0	24.0	8820	566.7	1000	2000	2460	3100	3100
2700	2743.2	20.0	25.0	25.0	8820	566.7	1000	2000	2690	3350	3350
2800	2844.8	21.0	26.0	26.0	8820	566.7	1000	2000	2920	3610	3610
2900	2946.4	21.0	27.0	27.0	8820	566.7	1000	2000	3030	3890	3890
3000	3048.0	22.0	29.0	29.0	8820	566.7	1000	2000	3280	4320	4320

6 T자 관 F 12

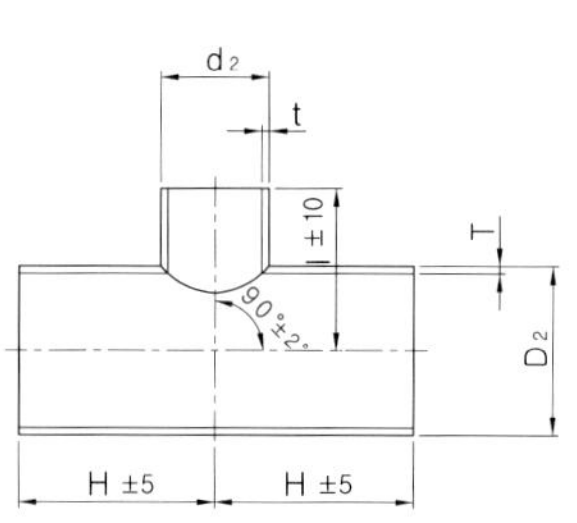

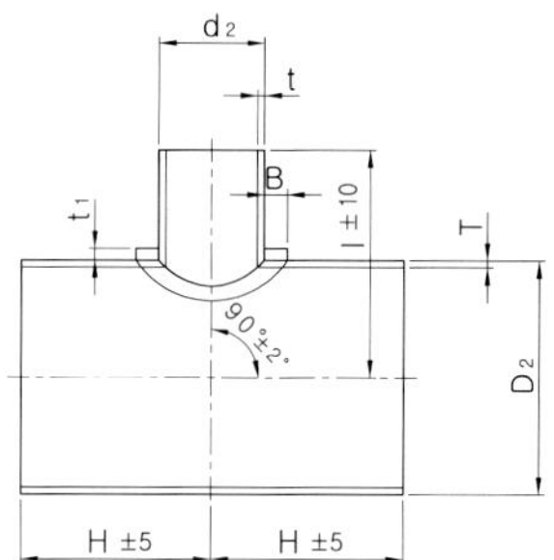

단위 : mm

호칭지름 A	바깥지름		관 두께		보강판		관 길이		참고 무게 (kg)
	D_2	d_2	T	t	t_1	B	H	l	
80×80	89.1	89.1	4.2	4.2	–	–	250	250	6.03
100×80	114.3	89.1	4.5	4.2	–	–	250	250	7.61
100×100	114.3	114.3	4.5	4.5	–	–	250	250	8.13
125×80	139.8	89.1	4.5	4.2	–	–	250	250	8.90
125×100	139.8	114.3	4.5	4.5	–	–	250	250	9.41
125×125	139.8	139.8	4.5	4.5	–	–	250	250	9.75
150×80	165.2	89.1	5.0	4.2	–	–	300	300	13.6
150×100	165.2	114.3	5.0	4.5	–	–	300	300	14.2
150×125	165.2	139.8	5.0	4.5	–	–	300	300	14.6
150×150	165.2	165.2	5.0	5.0	–	–	300	300	15.4
200×100	216.3	114.3	5.8	4.5	–	–	350	350	23.6
200×125	216.3	139.8	5.8	4.5	–	–	350	350	24.1
200×150	216.3	165.2	5.8	5.0	–	–	350	350	250
200×200	216.3	216.3	5.8	5.8	–	–	350	350	27.0
250×100	267.4	114.3	6.6	4.5	–	–	400	400	36.7
250×125	267.4	139.8	6.6	4.5	–	–	400	400	37.2
250×150	267.4	165.2	6.6	5.0	–	–	400	400	38.2
250×200	267.4	216.3	6.6	5.8	–	–	400	400	40.4
250×250	267.4	267.4	6.6	6.6	–	–	400	400	42.8
300×100	318.5	114.3	6.9	4.5	–	–	400	400	44.8
300×125	318.5	139.8	6.9	4.5	–	–	400	400	45.3
300×150	318.5	165.2	6.9	5.0	–	–	500	500	46.1
300×200	318.5	216.3	6.9	5.8	–	–	500	500	48.0
300×250	318.5	267.4	6.9	6.6	–	–	500	500	45.2
300×300	318.5	318.5	6.9	6.9	–	–	500	500	51.6
350×150	355.6	165.2	6.0	5.0	–	–	500	500	57.2
350×200	355.6	216.3	6.0	5.8	–	–	500	500	60.0
350×250	355.6	267.4	6.0	6.6	–	–	500	500	63.4
350×300	355.6	318.5	6.0	6.9	–	–	500	500	66.1
350×350	355.6	355.6	6.0	6.0	–	–	500	500	64.5

■ T자 관 F 12 (계속)

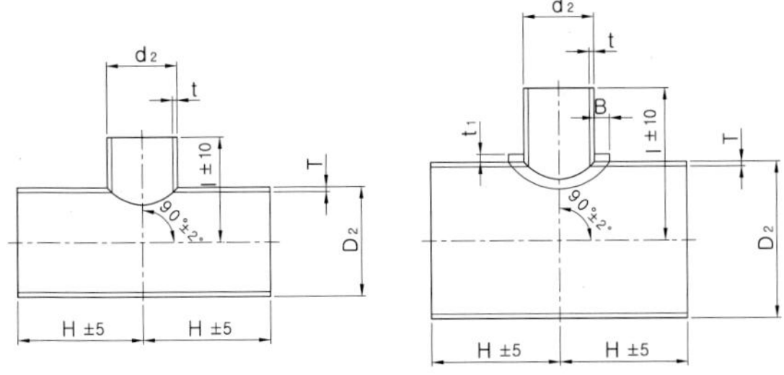

단위 : mm

호칭지름 A	바깥지름		관 두께		보강판		관 길이		참고 무게 (kg)
	D_2	d_2	T	t	t_1	B	H	I	
400×150	406.4	165.2	6.0	5.0	–	–	500	500	64.2
400×200	406.4	216.3	6.0	5.8	–	–	500	500	66.7
400×250	406.4	267.4	6.0	6.6	–	–	500	500	69.7
400×300	406.4	318.5	6.0	6.9	–	–	500	500	72.2
400×350	406.4	355.6	6.0	6.0	–	–	500	500	70.9
400×400	406.4	406.4	6.0	6.0	–	–	500	500	71.7
450×150	457.2	165.2	6.0	5.0	–	–	500	500	71.2
450×200	457.2	216.3	6.0	5.8	–	–	500	500	73.5
450×250	457.2	267.4	6.0	6.6	–	–	500	500	76.2
450×300	457.2	318.5	6.0	6.9	–	–	500	500	78.3
450×350	457.2	355.6	6.0	6.0	–	–	500	500	77.1
450×400	457.2	406.4	6.0	6.0	–	–	500	500	78.1
450×450	457.2	457.2	6.0	6.0	–	–	500	500	78.5
500×200	508.0	216.3	6.0	5.8	–	–	500	500	80.2
500×250	508.0	267.4	6.0	6.6	–	–	500	500	82.5
500×300	508.0	318.5	6.0	6.9	–	–	500	500	84.4
500×350	508.0	355.6	6.0	6.0	–	–	500	500	83.2
500×400	508.0	406.4	6.0	6.0	–	–	500	500	84.0
500×450	508.0	547.2	6.0	6.0	–	–	500	500	84.7
500×500	508.0	508.0	6.0	6.0	–	–	500	500	84.6
600×200	609.6	216.3	6.0	5.8	–	–	750	500	138
600×250	609.6	267.4	6.0	6.6	–	–	750	500	140
600×300	609.6	318.5	6.0	6.9	–	–	750	500	141
600×350	609.6	355.6	6.0	6.0	–	–	750	500	140
600×400	609.6	406.4	6.0	6.0	–	–	750	500	141
600×450	609.6	457.2	6.0	6.0	–	–	750	500	141
600×500	609.6	508.0	6.0	6.0	–	–	750	500	141
600×600	609.6	609.6	6.0	6.0	–	–	750	500	140

■ T자 관 F 12 (계속)

단위 : mm

호칭지름 A	바깥 지름		관 두께		보강판		관 길이		참고 무게 (kg)
	D_2	d_2	T	t	t_1	B	H	I	
700×250	711.2	267.4	7.0	6.6	–	–	750	600	165
700×300	711.2	318.5	7.0	6.9	–	–	750	600	166
700×350	711.2	355.6	7.0	6.0	–	–	750	600	165
700×400	711.2	406.4	7.0	6.0	–	–	750	600	166
700×450	711.2	457.2	7.0	6.0	–	–	750	600	167
700×500	711.2	508.0	7.0	6.0	–	–	750	600	167
700×600	711.2	609.6	7.0	6.0	–	–	750	600	168
700×700	711.2	711.2	7.0	7.0	–	–	750	600	167
800×300	812.8	318.5	8.0	6.9	–	–	1000	700	290
800×350	812.8	355.6	8.0	6.0	–	–	1000	700	288
800×400	812.8	406.4	8.0	6.0	–	–	1000	700	289
800×450	812.8	457.2	8.0	6.0	–	–	1000	700	290
800×500	812.8	508.0	8.0	6.0	–	–	1000	700	291
800×600	812.8	609.6	8.0	6.0	–	–	1000	700	291
800×700	812.8	711.2	8.0	7.0	–	–	1000	700	290
800×800	812.8	812.8	8.0	8.0	–	–	1000	700	295
900×300	914.4	318.5	8.0	6.9	–	–	1000	700	322
900×350	914.4	355.6	8.0	6.0	–	–	1000	700	321
900×400	914.4	406.4	8.0	6.0	–	–	1000	700	321
900×450	914.4	457.2	8.0	6.0	–	–	1000	700	322
900×500	914.4	508.0	8.0	6.0	–	–	1000	700	322
900×600	914.4	609.6	8.0	6.0	–	–	1000	700	321
900×700	914.4	711.2	8.0	7.0	–	–	1000	700	320
900×800	914.4	812.8	8.0	8.0	–	–	1000	700	325
900×900	914.4	914.4	8.0	8.0	–	–	1000	700	321
1000×350	1016.0	355.6	9.0	6.0	–	–	1000	800	402
1000×400	1016.0	406.4	9.0	6.0	–	–	1000	800	408
1000×450	1016.0	457.2	9.0	6.0	–	–	1000	800	408
1000×500	1016.0	508.0	9.0	6.0	–	–	1000	800	408
1000×600	1016.0	609.6	9.0	6.0	–	–	1000	800	408
1000×700	1016.0	711.2	9.0	7.0	–	–	1000	800	406
1000×800	1016.0	812.8	9.0	8.0	–	–	1000	800	411
1000×900	1016.0	914.4	9.0	8.0	–	–	1000	800	409
1100×400	1117.6	406.4	10.0	6.0	–	–	1000	800	445
1100×450	1117.6	457.2	10.0	6.0	–	–	1000	800	444
1100×500	1117.6	508.0	10.0	6.0	–	–	1000	800	444
1100×600	1117.6	609.6	10.0	6.0	–	–	1000	800	443
1100×700	1117.6	711.2	10.0	7.0	–	–	1000	800	441
1100×800	1117.6	812.8	10.0	8.0	–	–	1000	800	444
1100×900	1117.6	914.4	10.0	8.0	–	–	1000	800	441
1100×1000	1117.6	1016.0	10.0	9.0	–	–	1000	800	446
1200×400	1219.2	406.4	9.0	6.0	–	–	1000	900	546
1200×450	1219.2	457.2	9.0	6.0	–	–	1000	900	546
1200×500	1219.2	508.0	9.0	6.0	–	–	1000	900	545
1200×600	1219.2	609.6	9.0	6.0	–	–	1000	900	544

■ T자 관 F 12 (계속)

단위 : mm

호칭지름 A	바깥지름		관두께		보강판		관 길이		참고 무게 (kg)
	D_2	d_2	T	t	t_1	B	H	I	
1200×700	1219.2	711.2	9.0	6.0	–	–	1000	900	542
1200×800	1219.2	812.8	9.0	7.0	–	–	1000	900	545
1200×900	1219.2	914.4	9.0	7.0	–	–	1000	900	542
1200×1000	1219.2	1016.0	9.0	8.0	–	–	1000	900	548
1200×1100	1219.2	1117.6	9.0	8.0	–	–	1000	900	542
1350×450	1371.6	457.2	10.0	6.0	–	–	1250	1000	848
1350×500	1371.6	508.0	10.0	6.0	–	–	1250	1000	848
1350×600	1371.6	609.6	10.0	6.0	–	–	1250	1000	846
1350×700	1371.6	711.2	10.0	6.0	–	–	1250	1000	843
1350×800	1371.6	812.8	10.0	7.0	–	–	1250	1000	847
1350×900	1371.6	914.4	10.0	7.0	–	–	1250	1000	842
1350×1000	1371.6	1016.0	10.0	8.0	–	–	1250	1000	847
1350×1100	1371.6	1117.6	10.0	8.0	–	–	1250	1000	843
1350×1200	1371.6	1219.2	10.0	9.0	–	–	1250	1000	848
1500×500	1524.0	508.0	11.0	6.0	–	–	1250	1000	1030
1500×600	1524.0	609.6	11.0	6.0	–	–	1250	1000	1020
1500×700	1524.0	711.2	11.0	7.0	–	–	1250	1000	1020
1500×800	1524.0	812.8	11.0	7.0	–	–	1250	1000	1010
1500×900	1524.0	914.4	11.0	8.0	–	–	1250	1000	995
1500×1000	1524.0	1016.0	11.0	8.0	–	–	1250	1000	1000
1500×1100	1524.0	1117.6	11.0	9.0	–	–	1250	1000	1000
1500×1200	1524.0	1219.2	11.0	10.0	–	–	1250	1000	1000
1500×1350	1524.0	1371.6	11.0	12.0	–	–	1250	1000	1000
1600×800	1625.6	812.8	12.0	7.0	6.0	70	1500	1200	1450
1600×900	1625.6	914.4	12.0	7.0	6.0	70	1500	1200	1410
1600×1000	1625.6	1016.0	12.0	8.0	6.0	70	1500	1200	1450
1600×1100	1625.6	1117.6	12.0	8.0	6.0	70	1500	1200	1450
1600×1200	1625.6	1219.2	12.0	9.0	6.0	70	1500	1200	1450
1650×800	1676.4	812.8	12.0	7.0	6.0	70	1500	1200	1490
1650×900	1676.4	914.4	12.0	7.0	6.0	70	1500	1200	1460
1650×1000	1676.4	1016.0	12.0	8.0	6.0	70	1500	1200	1490
1650×1100	1676.4	1117.6	12.0	8.0	6.0	70	1500	1200	1490
1650×1200	1676.4	1219.2	12.0	9.0	6.0	70	1500	1200	1490
1800×900	1828.8	914.4	13.0	7.0	6.0	70	1500	1400	1770
1800×1000	1828.8	1016.0	13.0	8.0	6.0	70	1500	1400	1780
1800×1100	1828.8	1117.6	13.0	8.0	6.0	70	1500	1400	1770
1800×1200	1828.8	1219.2	13.0	9.0	6.0	70	1500	1400	1780
1800×1350	1828.8	1371.6	13.0	10.0	6.0	70	1500	1400	1790
1900×1000	1930.4	1016.0	14.0	8.0	6.0	70	1500	1400	2000
1900×1100	1930.4	1117.6	14.0	8.0	6.0	70	1500	1400	1990
1900×1200	1930.4	1219.2	14.0	9.0	6.0	70	1500	1400	2000
1900×1350	1930.4	1371.6	14.0	10.0	6.0	70	1500	1400	2000

■ T자 관 F 12 (계속)

단위 : mm

호칭지름 A	바깥지름		관두께		보강판		관 길이		참고 무게 (kg)
	D_2	d_2	T	t	t_1	B	H	I	
2000×1000	2032.0	1016.0	15.0	8.0	6.0	70	1500	1500	2260
2000×1100	2032.0	1117.6	15.0	8.0	6.0	70	1500	1500	2250
2000×1200	2032.0	1219.2	15.0	9.0	6.0	70	1500	1500	2260
2000×1350	2032.0	1371.6	15.0	10.0	6.0	70	1500	1500	2260
2000×1500	2032.0	1524.0	15.0	11.0	6.0	70	1500	1500	2260
2100×1100	2133.6	1117.6	16.0	8.0	6.0	100	1500	1500	2500
2100×1200	2133.6	1219.2	16.0	9.0	6.0	100	1500	1500	2510
2100×1350	2133.6	1371.6	16.0	10.0	6.0	100	1500	1500	2510
2100×1500	2133.6	1524.0	16.0	11.0	6.0	100	1500	1500	2510
2200×1100	2235.2	1117.6	16.0	8.0	6.0	100	1500	1600	2630
2200×1200	2235.2	1219.2	16.0	9.0	6.0	100	1500	1600	2640
2200×1350	2235.2	1371.6	16.0	10.0	6.0	100	1500	1600	2640
2200×1500	2235.2	1524.0	16.0	11.0	6.0	100	1500	1600	2640
2200×1600	2235.2	1625.6	16.0	12.0	6.0	100	1500	1600	2650
2200×1650	2235.2	1676.4	16.0	12.0	6.0	100	1500	1600	2650
2300×1200	2336.8	1219.2	17.0	9.0	6.0	100	1500	1600	2910
2300×1350	2336.8	1371.6	17.0	10.0	6.0	100	1500	1600	2900
2300×1500	2336.8	1524.0	17.0	11.0	6.0	100	1500	1600	2900
2300×1600	2336.8	1625.6	17.0	12.0	6.0	100	1500	1600	2900
2300×1650	2336.8	1676.4	17.0	12.0	6.0	100	1500	1600	2890
2400×1200	2438.4	1219.2	18.0	9.0	9.0	100	1750	1700	3760
2400×1350	2438.4	1371.6	18.0	10.0	9.0	100	1750	1700	3760
2400×1500	2438.4	1524.0	18.0	11.0	9.0	100	1750	1700	3760
2400×1600	2438.4	1625.6	18.0	12.0	9.0	100	1750	1700	3760
2400×1650	2438.4	1676.4	18.0	12.0	9.0	100	1750	1700	3750
2400×1800	2438.4	1828.8	18.0	13.0	9.0	100	1750	1700	3760
2500×1200	2540.0	1219.2	18.0	9.0	9.0	100	1750	1700	3910
2500×1350	2540.0	1371.6	18.0	10.0	9.0	100	1750	1700	3900
2500×1500	2540.0	1524.0	18.0	11.0	9.0	100	1750	1700	3890
2500×1600	2540.0	1625.6	18.0	12.0	9.0	100	1750	1700	3900
2500×1650	2540.0	1676.4	18.0	12.0	9.0	100	1750	1700	3890
2500×1800	2540.0	1828.8	18.0	13.0	9.0	100	1750	1700	3880
2600×1350	2641.6	1371.6	19.0	10.0	12.0	125	1750	1750	4290
2600×1500	2641.6	1524.0	19.0	11.0	12.0	125	1750	1750	4290
2600×1600	2641.6	1625.6	19.0	12.0	12.0	125	1750	1750	4290
2600×1650	2641.6	1676.4	19.0	12.0	12.0	125	1750	1750	4280
2600×1800	2641.6	1828.8	19.0	13.0	12.0	125	1750	1750	4280
2600×1900	2641.6	1930.4	19.0	14.0	16.0	125	1750	1750	4310
2700×1350	2743.2	1371.6	20.0	10.0	16.0	125	1750	1750	4680
2700×1500	2743.2	1524.0	20.0	11.0	16.0	125	1750	1750	4670
2700×1600	2743.2	1625.6	20.0	12.0	16.0	125	1750	1750	4670
2700×1650	2743.2	1676.4	20.0	12.0	16.0	125	1750	1750	4660
2700×1800	2743.2	1828.8	20.0	13.0	16.0	125	1750	1750	4640
2700×1900	2743.2	1930.4	20.0	14.0	16.0	125	1750	1750	4650
2700×2000	2743.2	2032.0	20.0	15.0	16.0	125	1750	1750	4650

■ T자 관 F 12 (계속)

단위 : mm

호칭지름 A	바깥지름		관두께		보강판		관 길이		참고 무게 (kg)
	D_2	d_2	T	t	t_1	B	H	I	
2800×1350	2844.8	1371.6	21.0	10.0	16.0	125	2000	1900	5850
2800×1500	2844.8	1524.0	21.0	11.0	16.0	125	2000	1900	5840
2800×1600	2844.8	1625.6	21.0	12.0	16.0	125	2000	1900	5850
2800×1650	2844.8	1676.4	21.0	12.0	16.0	125	2000	1900	5840
2800×1800	2844.8	1828.8	21.0	13.0	16.0	125	2000	1900	5830
2800×1900	2844.8	1930.4	21.0	14.0	16.0	125	2000	1900	5830
2800×2000	2844.8	2032.0	21.0	15.0	16.0	125	2000	1900	5850
2800×2100	2844.8	2133.6	21.0	16.0	16.0	125	2000	1900	5850
2900×1500	2946.4	1524.0	21.0	11.0	16.0	150	2000	1900	6050
2900×1600	2946.4	1625.6	21.0	12.0	16.0	150	2000	1900	6050
2900×1650	2946.4	1676.4	21.0	12.0	16.0	150	2000	1900	6040
2900×1800	2946.4	1828.8	21.0	13.0	16.0	150	2000	1900	6030
2900×1900	2946.4	1930.4	21.0	14.0	16.0	150	2000	1900	6030
2900×2000	2946.4	2032.0	21.0	15.0	16.0	150	2000	1900	6040
2900×2100	2946.4	2133.6	21.0	16.0	16.0	150	2000	1900	6050
3000×1500	3048.0	1524.0	22.0	11.0	16.0	150	2000	1900	6520
3000×1600	3048.0	1625.6	22.0	12.0	16.0	150	2000	1900	6520
3000×1650	3048.0	1676.4	22.0	12.0	16.0	150	2000	1900	6510
3000×1800	3048.0	1828.8	22.0	13.0	16.0	150	2000	1900	6490
3000×1900	3048.0	1930.4	22.0	14.0	16.0	150	2000	1900	6480
3000×2000	3048.0	2032.0	22.0	15.0	16.0	150	2000	1900	6470
3000×2100	3048.0	2133.6	22.0	16.0	16.0	150	2000	1900	6140
3000×2200	3048.0	2235.2	22.0	16.0	16.0	150	2000	1900	6450

7 T자 관 F 15

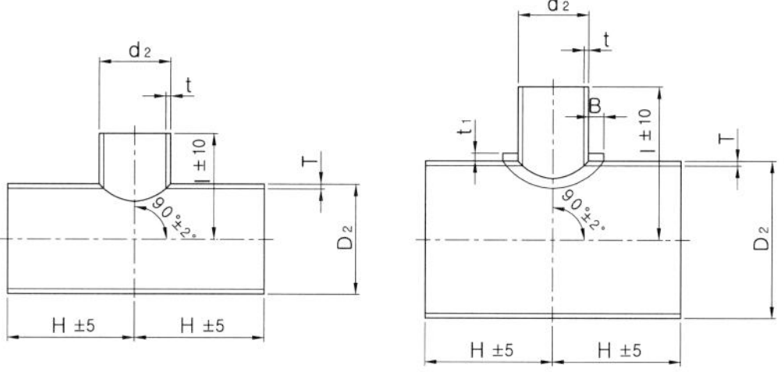

단위 : mm

호칭지름 A	바깥지름		관 두께		보강판		관 길이		참고 무게 (kg)
	D_2	d_2	T	t	t_1	B	H	I	
80×80	89.1	89.1	4.2	4.2	–	–	250	250	6.03
100×80	114.3	89.1	4.5	4.2	–	–	250	250	7.61
100×100	114.3	114.3	4.5	4.5	–	–	250	250	8.13
125×80	139.8	89.1	4.5	4.2	–	–	250	250	8.90
125×100	139.8	114.3	4.5	4.5	–	–	250	250	9.41
125×125	139.8	139.8	4.5	4.5	–	–	250	250	9.75
150×80	165.2	89.1	5.0	4.2	–	–	300	300	13.6
150×100	165.2	114.3	5.0	4.5	–	–	300	300	14.2
150×125	165.2	139.8	5.0	4.5	–	–	300	300	14.6
150×150	165.2	165.2	5.0	5.0	–	–	300	300	15.4
200×100	216.3	114.3	5.8	4.5	–	–	350	350	23.6
200×125	216.3	139.8	5.8	4.5	–	–	350	350	24.1
200×150	216.3	165.2	5.8	5.0	–	–	350	350	25.0
200×200	216.3	216.3	5.8	5.8	–	–	350	350	27.0
250×100	267.4	114.3	6.6	4.5	–	–	400	400	36.7
250×125	267.4	139.8	6.6	4.5	–	–	400	400	37.2
250×150	267.4	165.2	6.6	5.0	–	–	400	400	38.2
250×200	267.4	216.3	6.6	5.8	–	–	400	400	40.4
250×250	267.4	267.4	6.6	6.6	–	–	400	400	42.8
300×100	318.5	114.3	6.9	4.5	–	–	400	400	44.8
300×125	318.5	139.8	6.9	4.5	–	–	400	400	45.3
300×150	318.5	165.2	6.9	5.0	–	–	400	400	46.1
300×200	318.5	216.3	6.9	5.8	–	–	400	400	48.0
300×250	318.5	267.4	6.9	6.6	–	–	400	400	45.0
300×300	318.5	318.5	6.9	6.9	–	–	400	400	51.6
350×150	355.6	165.2	6.0	5.0	–	–	500	500	57.2
350×200	355.6	216.3	6.0	5.8	–	–	500	500	60.0
350×250	355.6	267.4	6.0	6.6	–	–	500	500	63.4
350×300	355.6	318.5	6.0	6.9	–	–	500	500	66.1
350×350	355.6	355.6	6.0	6.0	–	–	500	500	64.5
400×150	406.4	165.2	6.0	5.0	–	–	500	500	64.2
400×200	406.4	216.3	6.0	5.8	–	–	500	500	66.7
400×250	406.4	267.4	6.0	6.6	–	–	500	500	69.7
400×300	406.4	318.5	6.0	6.9	–	–	500	500	72.2
400×350	406.4	355.6	6.0	6.0	–	–	500	500	70.9

■ T자 관 F 15 (계속)

단위 : mm

호칭지름 A	바깥지름		관 두께		보강판		관 길이		참고 무게 (kg)
	D_2	d_2	T	t	t_1	B	H	I	
450×150	457.2	165.2	6.0	5.0	–	–	500	500	71.2
450×200	457.2	216.3	6.0	5.8	–	–	500	500	73.5
450×250	457.2	267.4	6.0	6.6	–	–	500	500	76.2
450×300	457.2	318.5	6.0	6.9	–	–	500	500	78.3
450×350	457.2	355.6	6.0	6.0	–	–	500	500	77.1
450×400	457.2	406.4	6.0	6.0	–	–	500	500	78.1
450×450	457.2	457.2	6.0	6.0	–	–	500	500	78.5
500×200	508.0	216.3	6.0	5.8	–	–	500	500	80.2
500×250	508.0	267.4	6.0	6.6	–	–	500	500	82.5
500×300	508.0	318.5	6.0	6.9	–	–	500	500	84.4
500×350	508.0	355.6	6.0	6.0	–	–	500	500	83.2
500×400	508.0	406.4	6.0	6.0	–	–	500	500	84.0
500×450	508.0	457.2	6.0	6.0	–	–	500	500	84.7
500×500	508.0	508.0	6.0	6.0	–	–	500	500	84.6
600×200	609.6	216.3	6.0	5.8	–	–	750	600	138
600×250	609.6	267.4	6.0	6.6	–	–	750	600	140
600×300	609.6	318.5	6.0	6.9	–	–	750	600	141
600×350	609.6	355.6	6.0	6.0	–	–	750	600	141
600×400	609.6	406.4	6.0	6.0	–	–	750	600	140
600×450	609.6	457.2	6.0	6.0	–	–	750	600	141
600×500	609.6	508.0	6.0	6.0	–	–	750	600	141
600×600	609.6	609.6	6.0	7.0	–	–	750	600	140
700×250	711.2	267.4	7.0	6.6	6.0	70	750	600	168
700×300	711.2	318.5	7.0	6.9	6.0	70	750	600	170
700×350	711.2	355.6	7.0	6.0	6.0	70	750	600	170
700×400	711.2	406.4	7.0	6.0	6.0	70	750	600	171
700×450	711.2	457.2	7.0	6.0	6.0	70	750	600	172
700×500	711.2	508.0	7.0	6.0	6.0	70	750	600	173
700×600	711.2	609.6	7.0	6.0	6.0	70	750	600	175
700×700	711.2	711.2	7.0	7.0	6.0	70	750	600	177
800×300	812.8	318.5	8.0	6.9	6.0	70	1000	700	294
800×350	812.8	355.6	8.0	6.0	6.0	70	1000	700	293
800×400	812.8	406.4	8.0	6.0	6.0	70	1000	700	294
800×450	812.8	457.2	8.0	6.0	6.0	70	1000	700	296
800×500	812.8	508.0	8.0	6.0	6.0	70	1000	700	297
800×600	812.8	609.6	8.0	6.0	6.0	70	1000	700	298
900×300	914.4	318.5	8.0	6.9	6.0	70	1000	700	370
900×350	914.4	355.6	8.0	6.0	6.0	70	1000	700	369
900×400	914.4	406.4	8.0	6.0	6.0	70	1000	700	370
900×450	914.4	457.2	8.0	6.0	6.0	70	1000	700	370
900×500	914.4	508.0	8.0	6.0	6.0	70	1000	700	370
900×600	914.4	609.6	8.0	6.0	6.0	70	1000	700	370
900×700	914.4	711.2	8.0	7.0	6.0	70	1000	700	370
900×800	914.4	812.8	8.0	8.0	6.0	70	1000	700	374
900×900	914.4	914.4	8.0	8.0	6.0	70	1000	700	380
1000×350	1016.0	355.6	9.0	6.0	6.0	70	1000	800	455
1000×400	1016.0	406.4	9.0	6.0	6.0	70	1000	800	461
1000×450	1016.0	457.2	9.0	6.0	6.0	70	1000	800	461
1000×500	1016.0	508.0	9.0	6.0	6.0	70	1000	800	462

■ T자 관 F 15 (계속)

단위 : mm

호칭지름 A	바깥지름		관 두께		보강판		관 길이		참고 무게(kg)
	D_2	d_2	T	t	t_1	B	H	I	
1000×600	1016.0	609.6	9.0	6.0	6.0	70	1000	800	462
1000×700	1016.0	711.2	9.0	7.0	6.0	70	1000	800	461
1000×800	1016.0	812.8	9.0	8.0	6.0	70	1000	800	466
1000×900	1016.0	914.4	9.0	8.0	6.0	70	1000	800	472
1100×400	1117.6	406.4	10.0	6.0	6.0	70	1000	800	556
1100×450	1117.6	457.2	10.0	6.0	6.0	70	1000	800	556
1100×500	1117.6	508.0	10.0	6.0	6.0	70	1000	800	556
1100×600	1117.6	609.6	10.0	6.0	6.0	70	1000	800	554
1100×700	1117.6	711.2	10.0	7.0	6.0	70	1000	800	551
1100×800	1117.6	812.8	10.0	8.0	6.0	70	1000	800	552
1100×900	1117.6	914.4	10.0	8.0	6.0	70	1000	800	556
1100×1000	1117.6	1016.0	10.0	9.0	6.0	70	1000	800	560
1200×400	1219.2	406.4	11.0	6.0	6.0	70	1000	900	667
1200×450	1219.2	457.2	11.0	6.0	6.0	70	1000	1000	667
1200×500	1219.2	508.0	11.0	6.0	6.0	70	1000	1000	666
1200×600	1219.2	609.6	11.0	6.0	6.0	70	1000	1000	665
1200×700	1219.2	711.2	11.0	7.0	6.0	70	1000	1000	662
1200×800	1219.2	812.8	11.0	8.0	6.0	70	1000	1000	664
1200×900	1219.2	914.4	11.0	8.0	6.0	70	1000	1000	668
1200×1000	1219.2	1016.0	11.0	9.0	6.0	70	1000	1000	673
1200×1100	1219.2	1117.6	11.0	10.0	6.0	70	1000	1000	678
1350×450	1371.6	457.2	12.0	6.0	6.0	70	1250	1000	1020
1350×500	1371.6	508.0	12.0	6.0	6.0	70	1250	1000	1020
1350×600	1371.6	609.6	12.0	6.0	6.0	70	1250	1000	1020
1350×700	1371.6	711.2	12.0	7.0	6.0	70	1250	1000	1010
1350×800	1371.6	812.8	12.0	8.0	6.0	70	1250	1000	1010
1350×900	1371.6	914.4	12.0	8.0	6.0	100	1250	1000	1020
1350×1000	1371.6	1016.0	12.0	9.0	6.0	100	1250	1000	1030
1350×1100	1371.6	1117.6	12.0	10.0	6.0	100	1250	1000	1030
1350×1200	1371.6	1219.2	12.0	11.0	6.0	100	1250	1000	1040
1500×500	1524.0	508.0	14.0	6.0	9.0	100	1250	1000	1310
1500×600	1524.0	609.6	14.0	6.0	9.0	100	1250	1000	1310
1500×700	1524.0	711.2	14.0	7.0	9.0	100	1250	1000	1300
1500×800	1524.0	812.8	14.0	8.0	9.0	100	1250	1000	1300
1500×900	1524.0	914.4	14.0	8.0	9.0	100	1250	1000	1300
1500×1000	1524.0	1016.0	14.0	9.0	9.0	100	1250	1000	1300
1500×1100	1524.0	1117.6	14.0	10.0	9.0	100	1250	1000	1300
1500×1200	1524.0	1219.2	14.0	11.0	12.0	100	1250	1000	1310
1500×1350	1524.0	1371.6	14.0	12.0	12.0	100	1250	1000	1310
1600×800	1625.6	812.8	15.0	8.0	9.0	100	1500	1200	1800
1600×900	1625.6	914.4	15.0	8.0	9.0	100	1500	1200	1810
1600×1000	1625.6	1016.0	15.0	9.0	9.0	100	1500	1200	1810
1600×1200	1625.6	1219.2	15.0	11.0	12.0	100	1500	1200	1830
1650×800	1676.4	812.8	15.0	8.0	9.0	100	1500	1200	1860
1650×900	1676.4	914.4	15.0	8.0	12.0	100	1500	1200	1870
1650×1000	1676.4	1016.0	15.0	9.0	12.0	100	1500	1200	1870
1650×1100	1676.4	1117.6	15.0	10.0	12.0	100	1500	1200	1870
1650×1200	1676.4	1219.2	15.0	11.0	12.0	100	1500	1200	1880
1800×900	1828.8	914.4	16.0	8.0	12.0	100	1500	1400	2190

■ T자 관 F 15 (계속)

단위 : mm

호칭지름 A	바깥지름		관 두께		보강판		관 길이		참고 무게(kg)
	D_2	d_2	T	t	t_1	B	H	l	
1800×1000	1828.8	1016.0	16.0	9.0	12.0	100	1500	1400	2190
1800×1100	1828.8	1117.6	16.0	10.0	12.0	125	1500	1400	2210
1800×1200	1828.8	1219.2	16.0	11.0	12.0	125	1500	1400	2220
1800×1350	1828.8	1371.6	16.0	12.0	12.0	150	1500	1400	2250
1900×1000	1930.4	1016.0	17.0	9.0	12.0	100	1500	1400	2430
1900×1100	1930.4	1117.6	17.0	10.0	12.0	125	1500	1400	2450
1900×1200	1930.4	1219.2	17.0	11.0	12.0	125	1500	1400	2460
1900×1350	1930.4	1371.6	17.0	12.0	12.0	150	1500	1400	2480
2000×1000	2032.0	1016.0	18.0	9.0	12.0	125	1500	1500	2720
2000×1100	2032.0	1117.6	18.0	10.0	12.0	125	1500	1500	2730
2000×1200	2032.0	1219.2	18.0	11.0	12.0	125	1500	1500	2780
2000×1350	2032.0	1371.6	18.0	12.0	12.0	150	1500	1500	2760
2000×1500	2032.0	1524.0	18.0	14.0	12.0	150	1500	1500	2790
2100×1100	2133.6	1117.6	19.0	10.0	12.0	125	1500	1500	3000
2100×1200	2133.6	1219.2	19.0	11.0	12.0	125	1500	1500	3000
2100×1350	2133.6	1371.6	19.0	12.0	12.0	150	1500	1500	3020
2100×1500	2133.6	1524.0	19.0	14.0	12.0	150	1500	1500	3040
2200×1100	2235.2	1117.6	20.0	10.0	12.0	125	1500	1600	3310
2200×1200	2235.2	1219.2	20.0	11.0	12.0	150	1500	1600	3320
2200×1350	2235.2	1371.6	20.0	12.0	12.0	150	1500	1600	3330
2200×1500	2235.2	1524.0	20.0	14.0	16.0	150	1500	1600	3380
2200×1600	2235.2	1625.6	20.0	15.0	16.0	150	1500	1600	3390
2200×1650	2235.2	1676.4	20.0	15.0	16.0	150	1500	1600	3380
2300×1200	2336.8	1219.2	21.0	11.0	12.0	150	1500	1600	3620
2300×1350	2336.8	1371.6	21.0	12.0	12.0	150	1500	1600	3610
2300×1500	2336.8	1524.0	21.0	14.0	16.0	150	1500	1600	3650
2300×1600	2336.8	1625.6	21.0	15.0	16.0	150	1500	1600	3660
2300×1650	2336.8	1676.4	21.0	15.0	16.0	150	1500	1600	3650
2400×1200	2438.4	1219.2	22.0	11.0	12.0	150	1500	1700	4620
2400×1350	2438.4	1371.6	22.0	12.0	12.0	150	1500	1700	4610
2400×1500	2438.4	1524.0	22.0	14.0	16.0	150	1500	1700	4660
2400×1600	2438.4	1625.6	22.0	15.0	16.0	150	1500	1700	4660
2400×1650	2438.4	1676.4	22.0	15.0	16.0	150	1500	1700	4650
2400×1800	2438.4	1828.8	22.0	16.0	16.0	150	1500	1700	4650

8 편락관

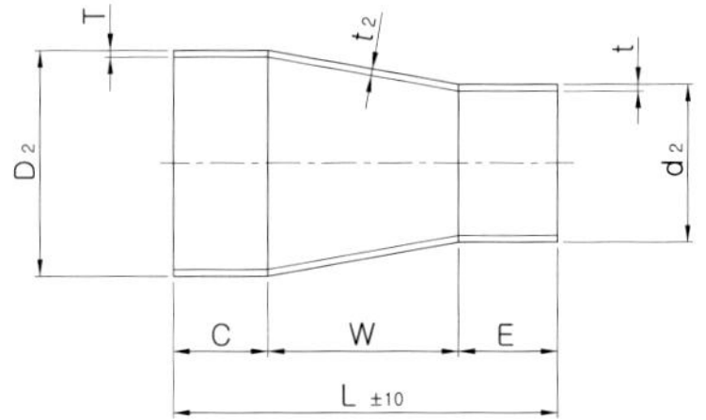

단위 : mm

호칭지름 A	바깥지름		관 두께									관 길이				참고 무게(kg)		
			F12			F15			F20									
	D_2	d_2	T	t	t_2	T	t	t_2	T	t	t_2	C	E	W	L	F12	F15	F20
100×80	114.3	89.1	4.5	4.2	4.5	4.5	4.2	4.5	4.9	4.5	6.0	200	200	300	700	7.44	7.44	8.04
125×80	139.8	89.1	4.5	4.2	4.5	4.5	4.2	4.5	5.1	4.5	6.0	200	200	300	700	8.44	8.44	9.42
125×100	139.8	114.3	4.5	4.5	4.5	4.5	4.5	4.5	5.1	4.9	6.0	200	200	300	700	9.52	9.52	10.4
150×100	165.2	114.3	5.0	4.5	6.0	5.0	4.5	6.0	5.5	4.9	6.0	200	200	300	700	11.4	11.4	12.5
150×125	165.2	139.8	5.0	4.5	6.0	5.0	4.5	6.0	5.5	5.1	6.0	200	200	300	700	12.4	12.4	13.7
200×100	216.3	114.3	5.8	4.5	6.0	5.8	4.5	6.0	6.4	4.9	6.0	200	200	300	700	15.4	15.4	16.9
200×125	216.3	139.8	5.8	4.5	6.0	5.8	4.5	6.0	6.4	5.1	6.0	200	200	300	700	16.5	16.5	16.2
200×150	216.3	165.2	5.8	5.0	6.0	5.8	5.0	6.0	6.4	5.5	6.0	200	200	300	700	18.0	18.0	20.0
250×100	267.4	114.3	6.6	4.5	6.0	6.6	4.5	6.0	6.4	4.9	6.0	200	200	400	800	23.2	23.2	22.8
250×125	267.4	139.8	6.6	4.5	6.0	6.6	4.5	6.0	6.4	5.1	6.0	200	200	400	800	24.5	24.5	24.8
250×150	267.4	165.2	6.6	5.0	6.0	6.6	5.0	6.0	6.4	5.5	6.0	200	200	400	800	26.3	26.3	26.0
250×200	267.4	216.3	6.6	5.8	6.0	6.6	5.8	6.0	6.4	6.4	6.0	200	200	400	800	29.9	29.9	29.8
300×100	318.5	114.3	6.9	4.5	6.0	6.9	4.5	6.0	6.4	4.9	6.0	200	200	400	800	27.8	27.8	26.2
300×125	318.5	139.8	6.9	4.5	6.0	6.9	4.5	6.0	6.4	5.1	6.0	200	200	400	800	29.7	29.7	27.7
300×150	318.5	165.2	6.9	5.0	6.0	6.9	5.0	6.0	6.4	5.5	6.0	200	200	400	800	30.9	30.9	29.3
300×200	318.5	216.3	6.9	5.8	6.0	6.9	5.8	6.0	6.4	6.4	6.0	200	200	400	800	34.5	34.5	33.1
300×250	318.5	267.4	6.9	6.6	6.0	6.9	6.6	6.0	6.4	6.4	6.0	200	200	400	800	38.6	38.6	36.2
350×150	355.6	165.2	6.0	5.0	6.0	6.0	5.0	6.0	6.0	5.5	6.0	200	200	400	800	29.8	29.8	30.2
350×200	355.6	216.3	6.0	5.8	6.0	6.0	5.8	6.0	6.0	6.4	6.0	200	200	400	800	33.2	33.2	33.8
350×250	355.6	267.4	6.0	6.6	6.0	6.0	6.6	6.0	6.0	6.4	6.0	200	200	400	800	37.0	37.0	36.8
350×300	355.6	318.5	6.0	6.9	6.0	6.0	6.9	6.0	6.0	6.4	6.0	200	200	400	800	40.5	40.5	39.8
400×150	406.4	165.2	6.0	5.0	6.0	6.0	5.0	6.0	6.0	5.5	6.0	200	200	500	900	37.1	37.1	37.5
400×200	406.4	216.3	6.0	5.8	6.0	6.0	5.8	6.0	6.0	6.4	6.0	200	200	500	900	40.9	40.9	41.5
400×250	406.4	267.4	6.0	6.6	6.0	6.0	6.6	6.0	6.0	6.4	6.0	200	200	500	900	45.0	45.0	44.8
400×300	406.4	318.5	6.0	6.9	6.0	6.0	6.9	6.0	6.0	6.4	6.0	200	200	500	900	48.9	48.9	49.2
400×350	406.4	355.6	6.0	6.0	6.0	6.0	6.0	6.0	6.0	6.0	6.0	200	200	500	900	50.7	50.7	50.0
450×200	457.2	216.3	6.0	5.8	6.0	6.0	5.8	6.0	6.0	6.4	6.0	200	200	500	900	44.6	44.6	45.1
450×250	457.2	267.4	6.0	6.6	6.0	6.0	6.6	6.0	6.0	6.4	6.0	200	200	500	900	48.7	48.7	48.4
450×300	457.2	318.5	6.0	6.9	6.0	6.0	6.9	6.0	6.0	6.4	6.0	200	200	500	900	52.5	52.5	51.7
450×350	457.2	355.6	6.0	6.0	6.0	6.0	6.0	6.0	6.0	6.0	6.0	200	200	500	900	53.5	53.5	53.5
450×400	457.2	406.4	6.0	6.0	6.0	6.0	6.0	6.0	6.0	6.0	6.0	200	200	500	900	56.7	56.7	56.7
500×250	508.0	267.4	6.0	6.6	6.0	6.0	6.6	6.0	6.0	6.4	6.0	200	200	500	900	52.4	52.4	52.1
500×300	508.0	318.5	6.0	6.9	6.0	6.0	6.9	6.0	6.0	6.4	6.0	200	200	500	900	56.1	56.1	55.4
500×350	508.0	355.6	6.0	6.0	6.0	6.0	6.0	6.0	6.0	6.0	6.0	200	200	500	900	57.1	57.1	57.1
500×400	508.0	406.4	6.0	6.0	6.0	6.0	6.0	6.0	6.0	6.0	6.0	200	200	500	900	60.3	60.3	60.3
500×450	508.0	457.2	6.0	6.0	6.0	6.0	6.0	6.0	6.0	6.0	6.0	200	200	500	900	63.5	63.5	63.5
600×300	609.6	318.5	6.0	6.9	6.0	6.0	6.9	6.0	6.0	6.4	6.0	200	200	500	900	63.7	63.7	63.0
600×350	609.6	355.6	6.0	6.0	6.0	6.0	6.0	6.0	6.0	6.0	6.0	200	200	500	900	64.6	64.6	64.6
600×400	609.6	406.4	6.0	6.0	6.0	6.0	6.0	6.0	6.0	6.0	6.0	200	200	500	900	67.6	67.6	67.6

■ 편락관 (계속)

호칭지름 A	바깥지름		관 두께									관 길이				참고 무게(kg)		
			F12			F15			F20									
	D_2	d_2	T	t	t_2	T	t	t_2	T	t	t_2	C	E	W	L	F12	F15	F20
600×450	609.6	457.2	6.0	6.0	6.0	6.0	6.0	6.0	6.0	6.0	6.0	200	200	500	900	70.7	70.7	70.9
600×500	609.6	508.0	6.0	6.0	6.0	6.0	6.0	6.0	6.0	6.0	6.0	200	200	500	900	73.8	73.8	73.8
700×400	711.2	406.4	6.0	6.0	6.0	6.0	6.0	6.0	7.0	6.0	7.0	250	250	700	1200	99.5	99.5	113
700×450	711.2	457.2	6.0	6.0	6.0	6.0	6.0	6.0	7.0	6.0	7.0	250	250	700	1200	104	104	118
700×500	711.2	508.0	6.0	6.0	6.0	6.0	6.0	6.0	7.0	6.0	7.0	250	250	700	1200	108	108	123
700×600	711.2	609.6	6.0	6.0	6.0	6.0	6.0	6.0	7.0	6.0	7.0	250	250	700	1200	116	116	132
800×450	812.8	457.2	7.0	6.0	7.0	7.0	6.0	7.0	8.0	6.0	8.0	250	250	700	1200	130	130	146
800×500	812.8	508.0	7.0	6.0	7.0	7.0	6.0	7.0	8.0	6.0	8.0	250	250	700	1200	134	134	151
800×600	812.8	609.6	7.0	6.0	7.0	7.0	6.0	7.0	8.0	6.0	8.0	250	250	700	1200	143	143	160
800×700	812.8	711.2	7.0	6.0	7.0	7.0	6.0	7.0	8.0	7.0	8.0	250	250	700	1200	152	152	175
900×500	914.4	508.0	7.0	6.0	7.0	7.0	6.0	7.0	8.0	6.0	8.0	250	250	700	1200	146	165	165
900×600	914.4	609.6	7.0	6.0	7.0	7.0	6.0	7.0	8.0	6.0	8.0	250	250	700	1200	155	174	174
900×700	914.4	711.2	7.0	6.0	7.0	7.0	6.0	7.0	8.0	7.0	8.0	250	250	700	1200	164	183	187
900×800	914.4	812.8	7.0	7.0	7.0	7.0	7.0	7.0	8.0	8.0	8.0	250	250	700	1200	178	198	203
1000×500	1016.0	508.1	8.0	6.0	8.0	8.0	6.0	8.0	9.0	6.0	9.0	250	250	700	1200	179	199	199
1000×600	1016.0	609.6	8.0	6.0	8.0	8.0	6.0	8.0	9.0	6.0	9.0	250	250	700	1200	188	208	208
1000×700	1016.0	711.2	8.0	6.0	8.0	8.0	6.0	8.0	9.0	7.0	9.0	250	250	700	1200	197	218	222
1000×800	1016.0	812.8	8.0	7.0	8.0	8.0	7.0	8.0	9.0	8.0	9.0	250	250	700	1200	211	233	238
1000×900	1016.0	914.4	8.0	7.0	8.0	8.0	7.0	8.0	9.0	8.0	9.0	250	250	700	1200	221	250	250
1100×600	1117.6	609.6	8.0	6.0	8.0	8.0	6.0	8.0	10.0	6.0	10.0	250	250	800	1300	219	268	268
1100×700	1117.6	711.2	8.0	6.0	8.0	8.0	6.0	8.0	10.0	7.0	10.0	250	250	800	1300	229	279	283
1100×800	1117.6	812.8	8.0	7.0	8.0	8.0	7.0	8.0	10.0	8.0	10.0	250	250	800	1300	243	295	300
1100×900	1117.6	914.4	8.0	7.0	8.0	8.0	7.0	8.0	10.0	8.0	10.0	250	250	800	1300	254	313	313
1100×1000	1117.6	1016.0	8.0	8.0	8.0	8.0	8.0	8.0	10.0	9.0	10.0	250	250	800	1300	272	333	333
1200×700	1219.2	711.2	9.0	6.0	9.0	9.0	6.0	9.0	11.0	7.0	11.0	250	250	800	1300	272	326	330
1200×800	1219.2	812.8	9.0	7.0	9.0	9.0	7.0	9.0	11.0	8.0	11.0	250	250	800	1300	287	342	347
1200×900	1219.2	914.4	9.0	7.0	9.0	9.0	7.0	9.0	11.0	8.0	11.0	250	250	800	1300	298	360	360
1200×1000	1219.2	1016.0	9.0	8.0	9.0	9.0	8.0	9.0	11.0	9.0	11.0	250	250	800	1300	315	380	380
1200×1100	1219.2	1117.6	9.0	8.0	9.0	9.0	8.0	9.0	11.0	10.0	11.0	250	250	800	1300	328	402	402
1350×800	1371.6	812.8	10.0	7.0	10.0	10.0	7.0	10.0	12.0	8.0	12.0	250	250	800	1300	345	407	411
1350×900	1371.6	914.4	10.0	7.0	10.0	10.0	7.0	10.0	12.0	8.0	12.0	250	250	800	1300	356	428	424
1350×1000	1371.6	1016.0	10.0	8.0	10.0	10.0	8.0	10.0	12.0	9.0	12.0	250	250	800	1300	373	443	443
1350×1100	1371.6	1117.6	10.0	8.0	10.0	10.0	8.0	10.0	12.0	10.0	12.0	250	250	800	1300	385	465	465
1350×1200	1371.6	1219.2	10.0	9.0	10.0	10.0	9.0	10.0	12.0	11.0	12.0	250	250	800	1300	406	488	488
1500×900	1524.0	914.4	11.0	7.0	11.0	11.0	7.0	11.0	14.0	8.0	14.0	250	250	800	1300	423	532	532
1500×1000	1524.0	1016.0	11.0	8.0	11.0	11.0	8.0	11.0	14.0	9.0	14.0	250	250	800	1300	439	551	551
1500×1100	1524.0	1117.6	11.0	8.0	11.0	11.0	8.0	11.0	14.0	10.0	14.0	250	250	800	1300	451	571	571
1500×1200	1524.0	1219.2	11.0	9.0	11.0	11.0	9.0	11.0	14.0	11.0	14.0	250	250	800	1300	470	594	594
1500×1350	1524.0	1371.6	11.0	10.0	11.0	11.0	10.0	11.0	14.0	12.0	14.0	250	250	800	1300	500	629	629
1600×1000	1625.6	1016.0	12.0	8.0	12.0	12.0	8.0	12.0	15.0	9.0	15.0	300	300	900	1500	571	705	705
1600×1100	1625.6	1117.6	12.0	8.0	12.0	12.0	8.0	12.0	15.0	10.0	15.0	300	300	900	1500	586	730	730
1600×1200	1625.6	1219.2	12.0	9.0	12.0	12.0	9.0	12.0	15.0	11.0	15.0	300	300	900	1500	609	758	758
1600×1350	1625.6	1371.6	12.0	10.0	12.0	12.0	10.0	12.0	15.0	12.0	15.0	300	300	900	1500	614	799	799
1600×1500	1625.6	1524.0	12.0	11.0	12.0	12.0	11.0	12.0	15.0	14.0	15.0	300	300	900	1500	683	855	855
1650×1000	1676.4	1016.0	12.0	8.0	12.0	15.0	9.0	15.0	15.0	9.0	15.0	300	300	900	1500	586	724	724
1650×1100	1676.4	1117.6	12.0	8.0	12.0	15.0	10.0	15.0	15.0	10.0	15.0	300	300	900	1500	600	749	749
1650×1200	1676.4	1219.2	12.0	9.0	12.0	15.0	11.0	15.0	15.0	11.0	15.0	300	300	900	1500	623	775	775
1650×1350	1676.4	1371.6	12.0	10.0	12.0	15.0	12.0	15.0	15.0	12.0	15.0	300	300	900	1500	657	815	815
1650×1500	1676.4	1524.0	12.0	11.0	12.0	15.0	14.0	15.0	15.0	14.0	15.0	300	300	900	1500	696	871	871

■ 편락관 (계속)

호칭지름 A	바깥지름		관 두께									관 길이				참고 무게(kg)		
			F12			F15			F20									
	D_2	d_2	T	t	t_2	T	t	t_2	T	t	t_2	C	E	W	L	F12	F15	F20
1650×1600	1676.4	1625.6	12.0	12.0	12.0	15.0	15.0	15.0	15.0	15.0	15.0	300	300	900	1500	728	908	908
1800×1100	1828.8	1117.6	13.0	8.0	13.0	16.0	10.0	16.0	16.0	10.0	16.0	300	300	900	1500	694	853	853
1800×1200	1828.8	1219.2	13.0	9.0	13.0	16.0	11.0	16.0	16.0	11.0	16.0	300	300	900	1500	716	879	879
1800×1350	1828.8	1371.6	13.0	10.0	13.0	16.0	12.0	16.0	16.0	12.0	16.0	300	300	900	1500	748	916	916
1800×1500	1828.8	1524.0	13.0	11.0	13.0	16.0	14.0	16.0	16.0	14.0	16.0	300	300	900	1500	785	969	969
1800×1600	1828.8	1625.6	13.0	12.0	13.0	16.0	15.0	16.0	16.0	15.0	16.0	300	300	900	1500	816	1010	1010
1800×1650	1828.8	1676.4	13.0	12.0	13.0	16.0	15.0	16.0	16.0	15.0	16.0	300	300	900	1500	826	1020	1020
1900×1100	1930.4	1117.6	14.0	8.0	14.0	17.0	10.0	17.0	17.0	10.0	17.0	300	300	900	1500	779	947	947
1900×1200	1930.4	1219.2	14.0	9.0	14.0	17.0	11.0	17.0	17.0	11.0	17.0	300	300	900	1500	801	971	971
1900×1350	1930.4	1371.6	14.0	10.0	14.0	17.0	12.0	17.0	17.0	12.0	17.0	300	300	900	1500	832	1010	1010
1900×1500	1930.4	1524.0	14.0	11.0	14.0	17.0	14.0	17.0	17.0	14.0	17.0	300	300	900	1500	868	1060	1060
1900×1600	1930.4	1625.6	14.0	12.0	14.0	17.0	15.0	17.0	17.0	15.0	17.0	300	300	900	1500	898	1090	1090
1900×1650	1930.4	1676.4	14.0	12.0	14.0	17.0	15.0	17.0	17.0	15.0	17.0	300	300	900	1500	908	1110	1100
1900×1800	1930.4	1828.8	14.0	13.0	14.0	17.0	16.0	17.0	17.0	16.0	17.0	300	300	900	1500	954	1160	1160
2000×1200	2032.0	1219.2	15.0	9.0	15.0	18.0	11.0	18.0	18.0	11.0	18.0	300	300	900	1500	893	1070	1070
2000×1350	2032.0	1371.6	15.0	10.0	15.0	18.0	12.0	18.0	18.0	12.0	18.0	300	300	900	1500	923	1110	1110
2000×1500	2032.0	1524.0	15.0	11.0	15.0	18.0	14.0	18.0	18.0	14.0	18.0	300	300	900	1500	957	1160	1160
2000×1600	2032.0	1625.6	15.0	12.0	15.0	18.0	15.0	18.0	18.0	15.0	18.0	300	300	900	1500	986	1190	1190
2000×1650	2032.0	1676.4	15.0	12.0	15.0	18.0	15.0	18.0	18.0	15.0	18.0	300	300	900	1500	996	1200	1200
2000×1800	2032.0	1828.8	15.0	13.0	15.0	18.0	16.0	18.0	18.0	16.0	18.0	300	300	900	1500	1040	1250	1250
2000×1900	2032.0	1930.4	15.0	14.0	15.0	18.0	17.0	18.0	18.0	17.0	18.0	300	300	900	1500	1080	1290	1290
2100×1500	2133.6	1524.0	16.0	11.0	16.0	19.0	14.0	19.0	19.0	14.0	19.0	300	300	1000	1600	1120	1340	1340
2100×1600	2133.6	1625.6	16.0	12.0	16.0	19.0	15.0	19.0	19.0	15.0	19.0	300	300	1000	1600	1150	1380	1380
2100×1650	2133.6	1676.4	16.0	12.0	16.0	19.0	15.0	19.0	19.0	15.0	19.0	300	300	1000	1600	1160	1390	1390
2100×1800	2133.6	1828.8	16.0	13.0	16.0	19.0	16.0	19.0	19.0	16.0	19.0	300	300	1000	1600	1210	1440	1440
2100×1900	2133.6	1930.4	16.0	14.0	16.0	19.0	17.0	19.0	19.0	17.0	19.0	300	300	1000	1600	1250	1490	1490
2100×2000	2133.6	2032.0	16.0	15.0	16.0	19.0	18.0	19.0	19.0	18.0	19.0	300	300	1000	1600	1290	1530	1530
2200×1500	2235.2	1524.0	16.0	11.0	16.0	20.0	14.0	20.0	20.0	140	20.0	300	300	1000	1600	1170	1460	1460
2200×1600	2235.2	1625.6	16.0	12.0	16.0	20.0	15.0	20.0	20.0	15.0	20.0	300	300	1000	1600	1200	1490	1490
2200×1650	2235.2	1676.4	16.0	12.0	16.0	20.0	15.0	20.0	20.0	15.0	20.0	300	300	1000	1600	1210	1500	1500
2200×1800	2235.2	1828.8	16.0	13.0	16.0	20.0	16.0	20.0	20.0	16.0	20.0	300	300	1000	1600	1250	1560	1560
2200×1900	2235.2	1930.4	16.0	14.0	16.0	20.0	17.0	20.0	20.0	17.0	20.0	300	300	1000	1600	1290	1600	1600
2200×2000	2235.2	2032.0	16.0	15.0	16.0	20.0	18.0	20.0	20.0	18.0	20.0	300	300	1000	1600	1330	1640	1640
2200×2100	2235.2	2133.6	16.0	16.0	16.0	20.0	19.0	20.0	20.0	19.0	20.0	300	300	1000	1600	1370	1690	1690
2300×1600	2336.8	1625.6	17.0	12.0	17.0	21.0	15.0	21.0	21.0	15.0	21.0	300	300	1000	1600	1310	1620	1620
2300×1650	2336.8	1676.4	17.0	12.0	17.0	21.0	15.0	21.0	21.0	15.0	21.0	300	300	1000	1600	1320	1630	1630
2300×1800	2336.8	1828.8	17.0	13.0	17.0	21.0	16.0	21.0	21.0	16.0	21.0	300	300	1000	1600	1360	1680	1680
2300×1900	2336.8	1930.4	17.0	14.0	17.0	21.0	17.0	21.0	21.0	17.0	21.0	300	300	1000	1600	1390	1720	1720
2300×2000	2336.8	2032.0	17.0	15.0	17.0	21.0	18.0	21.0	21.0	18.0	21.0	300	300	1000	1600	1440	1760	1760
2300×2100	2336.8	2133.6	17.0	16.0	17.0	21.0	19.0	21.0	21.0	19.0	21.0	300	300	1000	1600	1480	1810	1810
2300×2200	2336.8	2235.2	17.0	16.0	17.0	21.0	20.0	21.0	21.0	20.0	21.0	300	300	1000	1600	1510	1860	1860
2400×1650	2438.4	1676.4	18.0	12.0	18.0	22.0	15.0	22.0	22.0	15.0	22.0	300	300	1000	1600	1440	1760	1760
2400×1800	2438.4	1828.8	18.0	13.0	18.0	22.0	16.0	22.0	22.0	16.0	22.0	300	300	1000	1600	1480	1810	1810
2400×1900	2438.4	1930.4	18.0	14.0	18.0	22.0	17.0	22.0	22.0	17.0	22.0	300	300	1000	1600	1510	1850	1850
2400×2000	2438.4	2032.0	18.0	15.0	18.0	22.0	18.0	22.0	22.0	18.0	22.0	300	300	1000	1600	1550	1890	1890
2400×2100	2438.4	2133.6	18.0	16.0	18.0	22.0	19.0	22.0	22.0	19.0	22.0	300	300	1000	1600	1590	1930	1930
2400×2200	2438.4	2235.2	18.0	16.0	18.0	22.0	20.0	22.0	22.0	20.0	22.0	300	300	1000	1600	1620	1980	1980
2400×2300	2438.4	2336.8	18.0	17.0	18.0	22.0	21.0	22.0	22.0	21.0	22.0	300	300	1000	1600	1670	2040	2040

9 나팔관

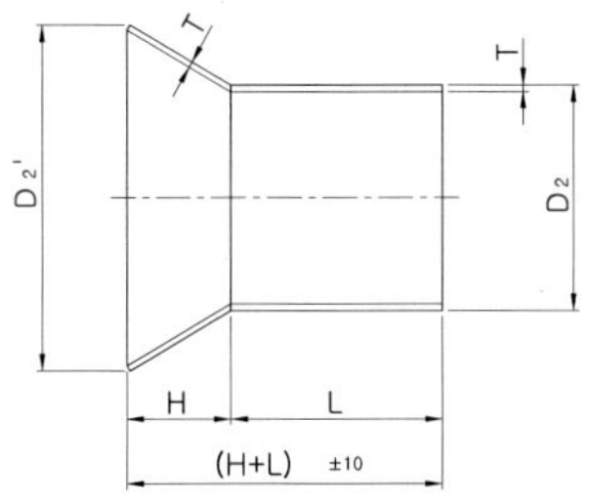

단위 : mm

호칭 지름 A	바깥 지름 D_2	관 두께 T			각부 치수			참고 무게(kg)		
		F12	F15	F20	D_2'	H	L	F12	F15	F20
80	89.1	4.2	4.2	4.5	180	75	425	4.92	4.92	5.26
100	114.3	4.5	4.5	4.9	210	75	425	6.73	6.73	7.31
125	139.8	4.5	4.5	5.1	230	75	425	8.13	8.13	9.18
150	165.2	5.0	5.0	5.5	280	100	400	11.0	11.0	12.1
200	216.3	5.8	5.8	6.4	330	100	400	16.4	16.4	18.1
250	267.4	6.6	6.6	6.4	380	100	400	22.9	22.9	22.2
300	318.5	6.9	6.9	6.4	490	150	600	43.5	43.5	40.4
350	355.6	6.0	6.0	6.0	530	150	600	42.3	42.3	42.3
400	406.4	6.0	6.0	6.0	580	150	600	48.0	48.0	48.0
450	457.2	6.0	6.0	6.0	690	200	550	56.2	56.2	56.2
500	508.0	6.0	6.0	6.0	740	200	550	62.0	62.0	62.0
600	609.6	6.0	6.0	6.0	840	200	550	73.7	73.7	73.7
700	711.2	6.0	6.0	7.0	1000	250	550	88.5	88.5	103
800	812.8	7.0	7.0	8.0	1100	250	500	117	117	133
900	914.4	7.0	8.0	8.0	1200	250	500	131	149	149
1000	1016.0	8.0	9.0	9.0	1300	250	500	165	185	185
1100	1117.6	8.0	10.0	10.0	1410	250	750	236	294	294
1200	1219.2	9.0	11.0	11.0	1510	250	750	288	352	352
1350	1371.6	10.0	12.0	12.0	1660	250	750	359	430	430
1500	1524.0	11.0	14.0	14.0	1810	250	750	437	555	555
1600	1625.6	12.0	15.0	15.0	1970	250	1200	756	943	943
1650	1676.4	12.0	15.0	15.0	2020	300	1200	779	972	972
1800	1828.8	13.0	16.0	16.0	2170	300	1200	918	1130	1130
1900	1930.4	14.0	17.0	17.0	2280	300	1200	1040	1270	1270
2000	2032.0	15.0	18.0	18.0	2380	300	1200	1180	1410	1410

10 배수 T자관 F12

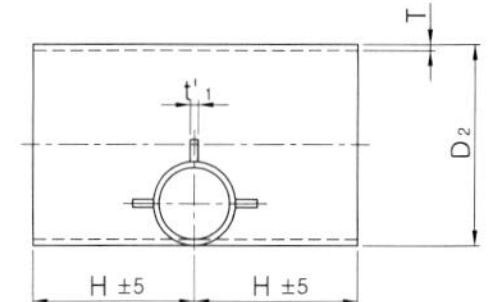

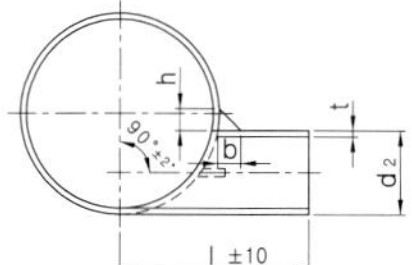

단위 : mm

호칭지름 A	바깥지름		관 두께		관 길이		리브			참고 질량(kg)
	D_2	d_2	T	t	H	l	t'_1	b	h	
200×80	216.3	89.1	5.8	4.2	350	250	–	–	–	22.3
250×80	267.4	89.1	6.6	4.2	400	250	–	–	–	35.0
300×80	318.5	89.1	6.9	4.2	400	300	6.0	60	50	44.0
350×80	355.6	89.1	6.0	4.2	500	350	6.0	70	50	53.8
400×150	406.4	165.2	6.0	5.0	500	350	6.0	70	50	62.7
450×200	457.2	216.3	6.0	5.8	500	400	6.0	80	60	72.8
500×200	508.0	216.3	6.0	5.8	500	450	6.0	80	60	81.3
600×200	609.6	216.3	6.0	5.8	750	500	6.0	80	60	142
700×250	711.2	267.4	6.0	6.6	750	550	6.0	100	80	168
800×200	812.8	216.3	7.0	5.8	1000	600	9.0	100	80	287
800×300	812.8	318.5	7.0	6.9	1000	600	9.0	100	80	292
900×250	914.4	267.4	7.0	6.6	1000	650	9.0	120	100	327
900×350	914.4	355.6	7.0	6.0	1000	650	9.0	120	100	327
1000×300	1016.0	318.5	8.0	6.9	1000	750	9.0	140	120	417
1000×400	1016.0	406.4	8.0	6.0	1000	750	9.0	140	120	415
1100×300	1117.6	318.5	8.0	6.9	1000	800	9.0	160	140	459
1100×400	1117.6	406.4	8.0	6.0	1000	800	9.0	160	140	457
1200×300	1219.2	318.5	9.0	6.9	1000	900	9.0	180	160	562
1200×400	1219.2	406.4	9.0	6.0	1000	900	9.0	180	160	560
1350×300	1371.6	318.5	10.0	6.9	1000	1000	9.0	200	180	700
1350×400	1371.6	406.4	10.0	6.0	1000	1000	9.0	200	180	697
1500×300	1524.0	318.5	11.0	6.9	1000	1100	9.0	220	200	852
1500×400	1524.0	406.4	11.0	6.0	1000	1100	9.0	220	200	849
1600×400	1625.6	406.4	12.0	6.0	1000	1150	9.0	220	200	983
1650×400	1676.4	406.4	12.0	6.0	1000	1150	9.0	220	200	1010
1800×400	1828.8	406.4	13.0	6.0	1000	1200	9.0	220	200	1190
1900×400	1930.4	406.4	14.0	6.0	1000	1200	9.0	220	200	1350
2000×400	2032.0	406.4	15.0	6.0	1000	1300	9.0	220	200	1520
2100×400	2133.6	406.4	16.0	6.0	1000	1350	9.0	220	200	1700
2200×400	2235.2	406.4	16.0	6.0	1000	1400	9.0	220	200	1780
2300×400	2336.8	406.4	17.0	6.0	1000	1450	9.0	220	200	1970
2400×400	2438.4	406.4	18.0	6.0	1000	1500	9.0	220	200	2180
2500×400	2540.0	406.4	18.0	6.0	1000	1550	9.0	220	200	2270
2600×400	2641.6	406.4	19.0	6.0	1000	1600	9.0	220	200	2490
2700×400	2743.2	406.4	20.0	6.0	1000	1650	9.0	220	200	2710
2800×400	2844.8	406.4	21.0	6.0	1000	1700	9.0	220	200	2950
2900×400	2946.4	406.4	21.0	6.0	1000	1800	9.0	220	200	3060
3000×400	3048.0	406.4	22.0	6.0	1000	1800	9.0	220	200	3310

11 배수 T자관 F15

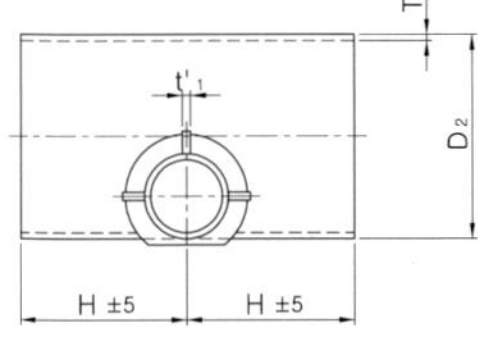

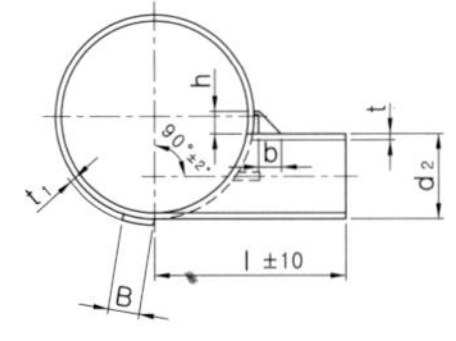

단위 : mm

호칭지름 A	바깥지름		관 두께		관 길이		보강판		리브			참고 무게(kg)
	D_2	d_2	T	t	H	l	t_1	B	t'_1	b	h	
200×80	216.3	89.1	5.8	4.2	350	250	–	–	–	–	–	22.3
250×80	267.4	89.1	6.6	4.2	400	250	–	–	–	–	–	33.0
300×80	318.5	89.1	6.9	4.2	400	300	–	–	6.0	60	50	44.0
350×80	355.6	89.1	6.0	4.2	500	350	–	–	6.0	70	50	53.8
400×150	406.4	165.2	6.0	5.0	500	350	–	–	6.0	70	50	62.7
450×200	457.2	216.3	6.0	5.8	500	400	–	–	6.0	80	60	72.8
500×200	508.0	216.3	6.0	5.8	500	450	–	–	6.0	80	60	81.3
600×200	609.6	216.3	6.0	5.8	750	500	–	–	6.0	80	60	142
700×250	711.2	267.4	7.0	6.6	750	550	6.0	70	6.0	100	80	178
800×200	812.8	216.3	8.0	5.8	1000	600	6.0	70	9.0	100	80	289
800×300	812.8	318.5	8.0	6.9	1000	600	6.0	70	9.0	100	80	295
900×250	914.4	267.4	8.0	6.6	1000	650	6.0	70	9.0	120	100	373
900×350	914.4	355.6	8.0	6.0	1000	650	6.0	70	9.0	120	100	373
1000×300	1016.0	318.5	9.0	6.9	1000	750	6.0	70	9.0	140	120	468
1000×400	1016.0	406.4	9.0	6.0	1000	750	6.0	70	9.0	140	120	466
1100×300	1117.6	318.5	10.0	69	1000	800	6.0	70	9.0	160	140	568
1100×400	1117.6	406.4	10.0	6.0	1000	800	6.0	70	9.0	160	140	566
1200×300	1219.2	318.5	11.0	6.9	1000	900	6.0	70	9.0	180	160	681
1200×400	1219.2	406.4	11.0	6.0	1000	900	6.0	70	9.0	180	160	679
1350×300	1371.6	318.5	12.0	6.9	1000	1000	6.0	70	9.0	200	180	833
1350×400	1371.6	406.4	12.0	6.0	1000	1000	6.0	70	9.0	200	180	831
1500×300	1524.0	318.5	14.0	6.9	1000	1100	6.0	70	9.0	220	200	1070
1500×400	1524.0	406.4	14.0	6.0	1000	1100	6.0	70	9.0	220	200	1070
1600×400	1625.6	406.4	15.0	6.0	1000	1150	6.0	70	9.0	220	200	1220
1650×400	1676.4	406.4	15.0	6.0	1000	1150	6.0	70	9.0	220	200	1260
1800×400	1828.8	406.4	16.0	6.0	1000	1200	6.0	70	9.0	220	200	1460
1900×400	1930.4	406.4	17.0	6.0	1000	1200	6.0	70	9.0	220	200	1630
2000×400	2032.0	406.4	18.0	6.0	1000	1300	6.0	70	9.0	220	200	1810
2100×400	2133.6	406.4	19.0	6.0	1000	1350	6.0	70	9.0	220	200	2010
2200×400	2235.2	406.4	20.0	6.0	1000	1400	6.0	70	9.0	220	200	2210
2300×400	2336.8	406.4	21.0	6.0	1000	1450	6.0	70	9.0	220	200	2420
2400×400	2438.4	406.4	22.0	6.0	1000	1500	6.0	70	9.0	220	200	2650
2500×400	2540.0	406.4	23.0	6.0	1000	1550	6.0	70	9.0	220	200	2880
2600×400	2641.6	406.4	24.0	6.0	1000	1600	6.0	70	9.0	220	200	3120

12 배수 T자관 F20

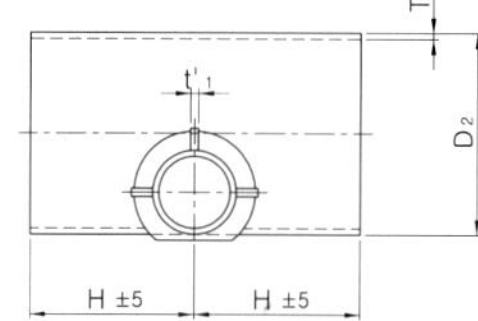

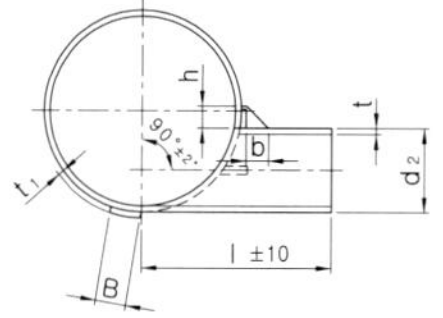

단위 : mm

호칭지름 A	바깥지름		관 두께		관 길이		보강판		리브			참고 무게(kg)
	D_2	d_2	T	t	H	l	t_1	B	t'_1	b	h	
200×80	216.3	89.1	6.4	4.5	350	250	–	–	–	–	–	24.5
250×80	267.4	89.1	6.4	4.5	400	250	–	–	–	–	–	34.3
300×80	318.5	89.1	6.4	4.5	400	300	–	–	6.0	60	50	41.1
350×80	355.6	89.1	6.0	4.5	500	350	–	–	6.0	70	50	53.9
400×150	406.4	165.2	6.0	5.5	500	350	–	–	6.0	70	50	63.1
450×200	457.2	216.3	6.0	6.4	500	400	–	–	6.0	80	60	73.5
500×200	508.0	216.3	6.0	6.4	500	450	–	–	6.0	80	60	84.1
600×200	609.6	216.3	6.0	6.4	750	500	6.0	70	6.0	80	60	144
700×250	711.2	267.4	7.0	6.4	750	550	6.0	70	6.0	100	80	195
800×200	812.8	216.3	8.0	6.4	1000	600	6.0	70	6.0	100	80	329
800×300	812.8	318.5	8.0	6.4	1000	600	6.0	70	9.0	100	80	333
900×250	914.4	267.4	8.0	6.4	1000	650	9.0	100	9.0	120	100	375
900×350	914.4	355.6	8.0	6.0	1000	650	9.0	100	9.0	120	100	376
1000×300	1016.0	318.5	9.0	6.4	1000	750	9.0	100	9.0	140	120	469
1000×400	1016.0	406.4	9.0	6.0	1000	750	12.0	100	9.0	140	120	472
1100×300	1117.6	318.5	10.0	6.4	1000	800	12.0	100	9.0	160	140	535
1100×400	1117.6	406.4	10.0	6.0	1000	800	12.0	100	9.0	160	140	571
1200×300	1219.2	318.5	11.0	6.4	1000	900	12.0	100	9.0	180	160	638
1200×400	1219.2	406.4	11.0	6.0	1000	900	12.0	100	9.0	180	160	684
1350×300	1371.6	318.5	12.0	6.4	1000	1000	12.0	100	9.0	200	180	836
1350×400	1371.6	406.4	12.0	6.0	1000	1000	12.0	125	9.0	200	180	839
1500×300	1524.0	318.5	14.0	6.4	1000	1100	12.0	125	9.0	220	200	1080
1500×400	1524.0	406.4	14.0	6.0	1000	1100	12.0	125	9.0	220	200	1080

13 게이트 밸브 부관 A F12

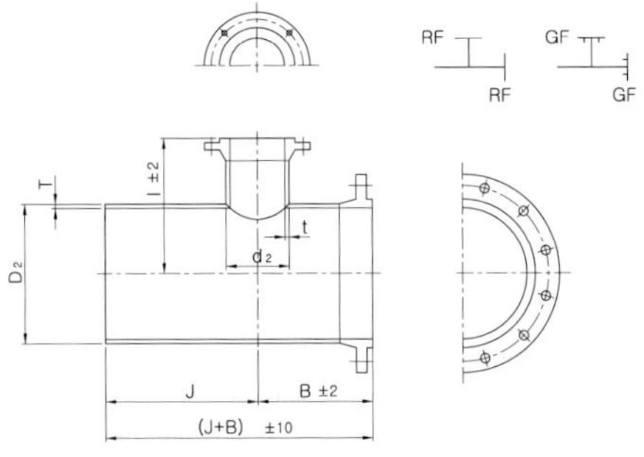

단위 : mm

호칭지름 A	바깥지름		관 두께		관 길이			참고 무게(kg)
	D_2	d_2	T	t	B	l	J	
400×100	406.4	114.3	6.0	4.5	230	320	770	60.2
450×100	457.2	114.3	6.0	4.5	240	340	760	67.7
500×100	508.0	114.3	6.0	4.5	250	360	750	75.1
600×100	609.6	114.3	6.0	4.5	280	440	720	90.5
700×150	711.2	165.2	7.0	5.0	310	490	690	106
800×150	812.8	165.2	8.0	5.0	330	550	670	141
900×200	914.4	216.3	8.0	5.8	370	610	630	159
1000×200	1016.0	216.3	9.0	5.8	400	670	600	202
1100×200	1117.6	216.3	10.0	5.8	420	730	580	222
1200×250	1219.2	267.4	11.0	6.0	460	790	540	273
1350×250	1371.6	267.4	12.0	6.0	490	870	510	339
1500×300	1524.0	318.5	14.0	6.9	530	960	470	414
1600×300	1625.6	318.5	15.0	6.9	540	1010	1460	958
1650×300	1676.4	318.5	15.0	6.9	540	1030	1460	988
1800×350	1828.8	355.6	16.0	6.0	580	1120	1420	1170
2000×350	2032.0	355.6	18.0	6.0	590	1220	1410	1490
2100×400	2133.6	406.4	19.0	6.0	620	1280	1380	1670
2200×400	2235.2	406.4	20.0	6.0	630	1350	1370	1750
2300×450	2336.8	457.2	21.0	6.0	650	1380	1350	1940
2400×450	2438.4	457.2	22.0	6.0	670	1430	1330	2140
2500×450	2540.0	457.2	23.0	6.0	690	1480	1310	2230
2600×500	2641.6	508.0	24.0	6.0	710	1550	1290	2450
2700×500	2743.2	508.0	25.0	6.0	750	1600	1250	2670
2800×500	2844.8	508.0	26.0	6.0	790	1700	1210	2910
3000×500	3048.0	508.0	29.0	6.0	830	1800	1170	3270

14 게이트 밸브 부관 A F15

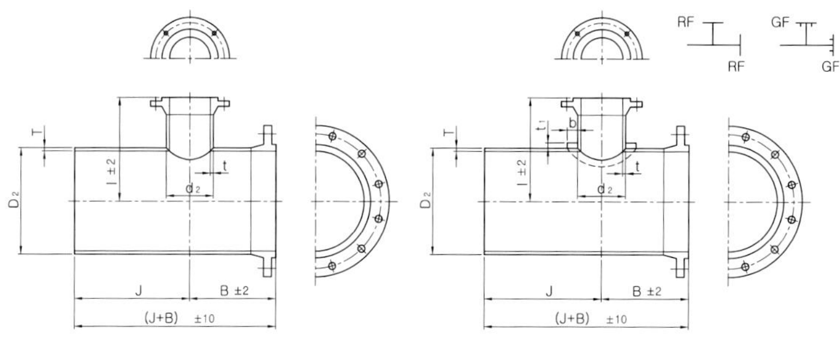

단위 : mm

호칭지름 A	바깥지름		관 두께		보강판		관 길이			참고 무게(kg)
	D_2	d_2	T	t	t_1	b	B	l	J	
400×100	406.4	114.3	6.0	4.5	–	–	230	320	770	60.2
450×100	457.2	114.3	6.0	4.5	–	–	240	340	760	67.7
500×100	508.0	114.3	6.0	4.5	–	–	250	360	750	75.1
600×100	609.6	114.3	6.0	4.5	–	–	280	440	720	90.5
700×150	711.2	165.2	7.0	5.0	–	–	310	490	690	106
800×150	812.8	165.2	8.0	5.0	–	–	330	550	670	141
900×200	914.4	216.3	8.0	5.8	–	–	370	610	630	181
1000×200	1016.0	216.3	9.0	5.8	–	–	400	670	600	226
1100×200	1117.6	216.3	10.0	5.8	–	–	420	730	580	276
1200×250	1219.2	267.4	11.0	6.6	–	–	460	790	540	331
1350×250	1371.6	267.4	12.0	6.6	–	–	490	870	510	405
1500×300	1524.0	318.5	14.0	6.9	–	–	530	960	470	523
1600×300	1625.6	318.5	15.0	6.9	6.0	70	540	1010	1460	1200
1650×300	1676.4	318.5	15.0	6.9	6.0	70	540	1030	1460	1230
1800×350	1828.8	355.6	16.0	6.0	6.0	70	580	1120	1420	1430
2000×350	2032.0	355.6	18.0	6.0	6.0	70	590	1220	1410	1790
2100×400	2133.6	406.4	19.0	6.0	6.0	70	620	1280	1380	1980
2200×400	2235.2	406.4	20.0	6.0	6.0	70	630	1350	1370	2180
2300×450	2336.8	457.2	21.0	6.0	6.0	70	650	1380	1350	2390
2400×450	2438.4	457.2	22.0	6.0	6.0	70	670	1430	1330	2610
2500×450	2540.0	457.2	23.0	6.0	6.0	70	690	1480	1310	2850
2600×500	2641.6	508.0	24.0	6.0	6.0	70	710	1550	1290	3080

15 게이트 밸브 부관 A F20

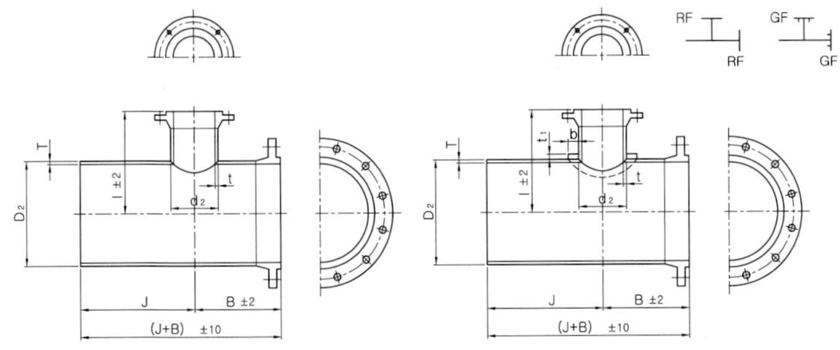

단위 : mm

호칭지름 A	바깥지름		관 두께		보강판		관 길이			참고 무게 (kg)
	D_2	d_2	T	t	t_1	b	B	l	J	
400×100	406.4	114.3	6.0	4.9	–	–	330	320	670	60.3
450×100	457.2	114.3	6.0	4.9	–	–	340	340	660	67.8
500×100	508.0	114.3	6.0	4.9	6.0	70	350	360	650	77.1
600×100	609.6	114.3	6.0	4.9	6.0	70	380	440	620	92.6
700×150	711.2	165.2	7.0	5.5	6.0	70	410	490	590	126
800×150	812.8	165.2	8.0	5.5	6.0	70	430	550	570	163
900×200	914.4	216.3	8.0	6.4	6.0	70	470	610	530	185
1000×200	1016.0	216.3	9.0	6.4	6.0	70	500	670	500	229
1100×200	1117.6	216.3	10.0	6.4	6.0	100	520	730	480	281
1200×250	1219.2	267.4	11.0	6.4	9.0	100	560	790	440	339
1350×250	1371.6	267.4	12.0	6.4	9.0	100	590	870	410	413
1500×300	1524.0	318.5	14.0	6.4	12.0	100	630	960	370	535

16 게이트 밸브 부관 B F12

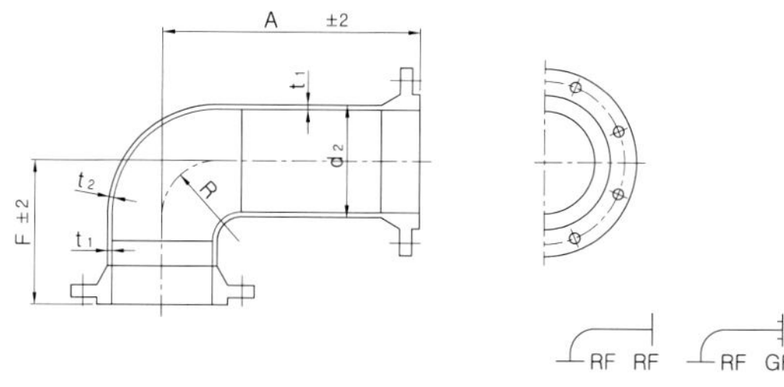

단위 : mm

호칭지름 A	바깥지름 d_2	관 두께 또는 각부 치수					참고 무게 (kg)
		t_1	t_2	A	F	R	
400×100	114.3	4.5	4.5	340	250.0	101.6	6.66
450×100	114.3	4.5	4.5	365	250.0	101.6	6.96
500×100	114.3	4.5	4.5	390	250.0	101.6	7.27
600×100	114.3	4.5	4.5	435	250.0	101.6	7.82
700×150	165.2	5.0	5.0	475	250.0	152.4	13.0
800×150	165.2	5.0	5.0	535	250.0	152.4	14.2
900×200	216.3	5.8	5.8	590	310.0	203.2	24.5
1000×200	216.3	5.8	5.8	635	310.0	203.2	25.8
1100×200	216.3	5.8	5.8	670	310.0	203.2	26.9
1200×250	267.4	6.6	6.6	680	314.0	254.0	39.5
1350×250	267.4	6.6	6.6	725	314.0	254.0	39.5
1500×300	318.5	6.9	6.9	780	374.8	304.8	54.3
1600×300	318.5	6.9	6.9	790	374.8	304.8	54.8
1650×300	318.5	6.9	6.9	790	374.8	304.8	54.8
1800×350	355.6	6.0	7.9	815	440.6	355.6	66.0
2000×350	355.6	6.0	7.9	825	440.6	355.6	66.5
2100×400	406.4	6.0	7.9	835	501.4	406.4	80.6
2200×400	406.4	6.0	7.9	845	501.4	406.4	81.2
2300×450	457.2	6.0	7.9	850	562.2	457.2	96.1
2400×450	457.2	6.0	7.9	870	562.2	457.2	97.4
2500×450	457.2	6.0	7.9	890	562.2	457.2	98.8
2600×500	508.0	6.0	7.9	895	613.0	508.0	114
2700×500	508.0	6.0	7.9	935	613.0	508.0	117
2800×500	508.0	6.0	7.9	975	613.0	508.0	120
3000×500	508.0	6.0	7.9	1015	613.0	508.0	123

17 게이트 밸브 부관 B F15

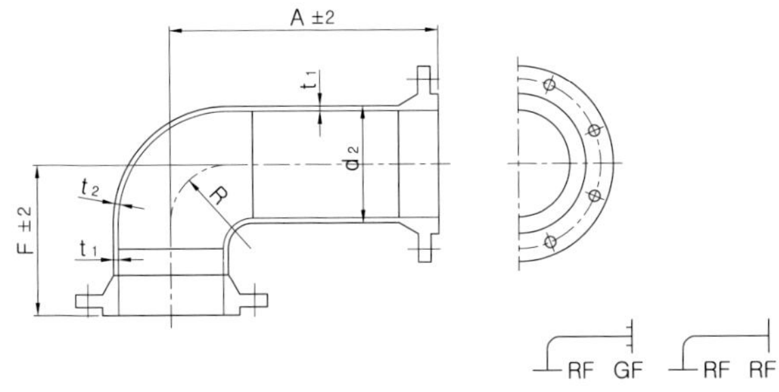

단위 : mm

호칭지름 A	바깥지름 d_2	관 두께 또는 각부 치수					참고 무게 (kg)
		t_1	t_2	A	F	R	
400×100	114.3	4.5	4.5	340	250.0	101.6	6.66
450×100	114.3	4.5	4.5	365	250.0	101.6	6.96
500×100	114.3	4.5	4.5	390	250.0	101.6	7.27
600×100	114.3	4.5	4.5	435	250.0	101.6	7.82
700×150	165.2	5.0	5.0	475	250.0	152.4	13.0
800×150	165.2	5.0	5.0	535	250.0	152.4	14.2
900×200	216.3	5.8	5.8	590	310.0	203.2	24.5
1000×200	216.3	5.8	5.8	635	310.0	203.2	25.8
1100×200	216.3	5.8	5.8	670	310.0	203.2	26.9
1200×250	267.4	6.6	6.6	680	324.0	254.0	38.0
1350×250	267.4	6.6	6.6	725	324.0	254.0	39.9
1500×300	318.5	6.9	6.9	780	379.8	304.8	54.6
1600×300	318.5	6.9	6.9	790	379.8	304.8	55.1
1650×300	318.5	6.9	6.9	790	379.8	304.8	55.1
1800×350	355.6	6.0	7.9	815	450.6	355.6	66.5
2000×350	355.6	6.0	7.9	825	450.6	355.6	67.0
2100×400	406.4	6.0	7.9	835	511.4	406.4	81.2
2200×400	406.4	6.0	7.9	845	511.4	406.4	81.8
2300×450	457.2	6.0	7.9	850	562.2	457.2	96.1
2400×450	457.2	6.0	7.9	870	562.2	457.2	97.4
2500×450	457.2	6.0	7.9	890	567.2	457.2	99.1
2600×500	508.0	6.0	7.9	895	618.0	508.0	115

18 게이트 밸브 부관 B F20

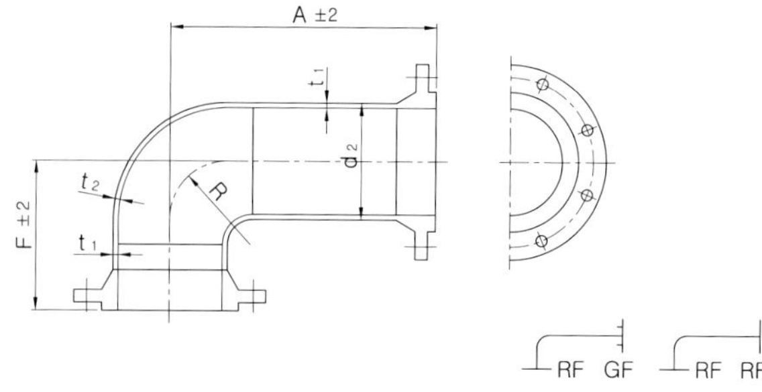

단위 : mm

호칭지름 A	바깥지름 d_2	관 두께 또는 각부 치수					참고 무게 (kg)
		t_1	t_2	A	F	R	
400×100	114.3	4.9	6.0	440	250.0	101.6	8.99
450×100	114.3	4.9	6.0	465	250.0	101.6	9.32
500×100	114.3	4.9	6.0	490	250.0	101.6	9.65
600×100	114.3	4.9	6.0	535	250.0	101.6	10.3
700×150	165.2	5.5	7.1	575	310.0	152.4	19.2
800×150	165.2	5.5	7.1	635	310.0	152.4	20.5
900×200	216.3	6.4	8.2	690	303.2	203.2	32.9
1000×200	216.3	6.4	8.2	735	303.2	203.2	34.4
1100×200	216.3	6.4	8.2	770	303.2	203.2	35.5
1200×250	267.4	6.4	9.3	780	359.0	254.0	49.6
1350×250	267.4	6.4	9.3	825	359.0	254.0	51.5
1500×300	318.5	6.4	10.3	880	414.8	304.8	71.2

19 플랜지 붙이 T자 관 F12

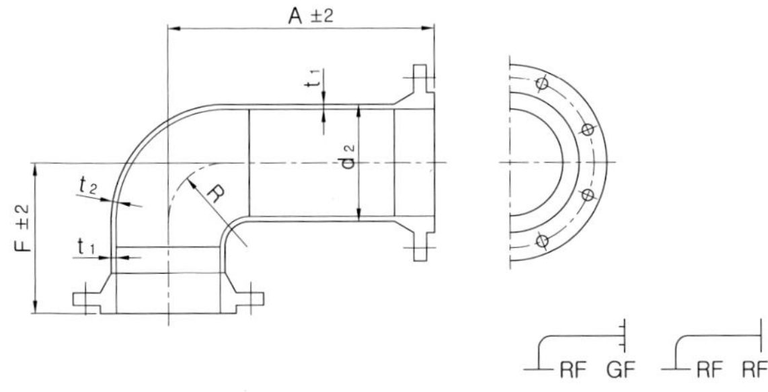

단위 : mm

호칭지름 A	바깥지름		관 두께		관 길이		보강판		참고 무게(kg)
	D_2	d_2	T	t	H	I	t_1	B	
80×80	89.1	89.1	4.2	4.2	250	250	–	–	6.03
100×80	114.3	89.1	4.5	4.2	250	250	–	–	7.61
100×100	114.3	114.3	4.5	4.5	250	250	–	–	8.13
125×80	139.8	89.1	4.5	4.2	250	250	–	–	8.90
125×100	139.8	114.3	4.5	4.5	250	250	–	–	9.41
150×80	165.2	89.1	5.0	4.2	300	280	–	–	13.4
150×100	165.2	114.3	5.0	4.5	300	280	–	–	13.9
200×80	216.3	89.1	5.8	4.2	350	300	–	–	22.5
200×100	216.3	114.3	5.8	4.5	350	300	–	–	23.0
250×80	267.4	89.1	6.6	4.2	400	330	–	–	35.4
250×100	267.4	114.3	6.6	4.5	400	330	–	–	35.9
300×80	318.5	89.1	6.9	4.2	400	350	–	–	43.8
300×100	318.5	114.3	6.9	4.5	400	350	–	–	44.2
350×80	355.6	89.1	6.0	4.2	500	380	–	–	53.2
350×100	355.6	114.3	6.0	4.5	500	380	–	–	53.7
400×80	406.4	89.1	6.0	4.2	500	400	–	–	60.7
400×100	406.4	114.3	6.0	4.5	500	400	–	–	61.2
450×80	457.2	89.1	6.0	4.2	500	400	–	–	68.0
450×100	457.2	114.3	6.0	4.5	500	400	–	–	68.4
500×80	508.0	89.1	6.0	4.2	500	400	–	–	75.3
500×100	508.0	114.3	6.0	4.5	500	400	–	–	75.6
600×80	609.6	89.1	6.0	4.2	750	450	–	–	135
600×100	609.6	114.3	6.0	4.5	750	450	–	–	135
700×80	711.2	89.1	7.0	4.2	750	480	–	–	157
700×100	711.2	114.3	7.0	4.5	750	480	–	–	158
700×600	711.2	609.6	6.0	6.0	750	600	–	–	168
800×80	812.8	89.1	7.0	4.2	1000	520	–	–	279
800×100	812.8	114.3	7.0	4.5	1000	520	–	–	279
800×600	812.8	609.6	7.0	6.0	1000	700	–	–	291
900×100	914.4	114.3	7.0	4.5	1000	590	–	–	314
900×600	914.4	609.6	7.0	6.0	1000	700	–	–	321
1000×150	1016.0	165.2	8.0	5.0	1000	640	–	–	399
1000×600	1016.0	609.6	8.0	6.0	1000	800	–	–	408
1100×150	1117.6	165.2	8.0	5.0	1000	700	–	–	439
1100×600	1117.6	609.6	8.0	6.0	1000	800	–	–	443

■ 플랜지 붙이 T자 관 F12 (계속)

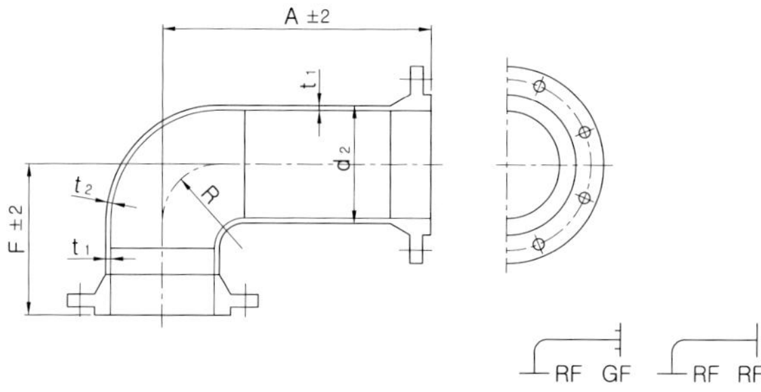

단위 : mm

호칭지름 A	바깥지름		관 두께		관 길이		보강판		참고 무게(kg)
	D_2	d_2	T	t	H	I	t1	B	
1200×150	1219.2	165.2	9.0	5.0	1000	750	–	–	538
1200×600	1219.2	609.6	9.0	6.0	1000	900	–	–	544
1350×150	1371.6	165.2	10.0	5.0	1000	830	–	–	673
1350×600	1371.6	609.6	10.0	6.0	1000	1000	–	–	679
1500×150	1524.0	165.2	11.0	5.0	1000	910	–	–	822
1500×600	1524.0	609.6	11.0	6.0	1000	1000	–	–	818
1600×150	1625.6	165.2	12.0	5.0	1000	1070	–	–	958
1600×600	1625.6	609.6	12.0	6.0	1000	1070	6.0	70	959
1650×150	1676.4	165.2	12.0	5.0	1000	1120	–	–	989
1650×600	1676.4	609.6	12.0	6.0	1000	1120	6.0	70	991
1800×150	1828.8	165.2	13.0	5.0	1000	1170	–	–	1160
1800×600	1828.8	609.6	13.0	6.0	1000	1170	6.0	70	1170
1900×150	1930.4	165.2	14.0	5.0	1000	1250	–	–	1330
1900×600	1930.4	609.6	14.0	6.0	1000	1250	6.0	70	1320
2000×150	2032.0	165.2	15.0	5.0	1000	1280	–	–	1490
2000×600	2032.0	609.6	15.0	6.0	1000	1280	6.0	70	1490
2100×600	2133.6	609.6	16.0	6.0	1000	1340	9.0	100	1680
2200×600	2235.2	609.6	16.0	6.0	1000	1390	9.0	100	1760
2300×600	2336.8	609.6	17.0	6.0	1000	1440	9.0	100	1950
2400×600	2438.4	609.6	18.0	6.0	1000	1490	9.0	100	2150
2500×600	2540.0	609.6	18.0	6.0	1000	1540	9.0	100	2240
2600×600	2641.6	609.6	19.0	6.0	1000	1560	9.0	100	2450
2700×600	2743.2	609.6	20.0	6.0	1000	1640	9.0	100	2680
2800×600	2844.8	609.6	21.0	6.0	1000	1690	9.0	100	2920
2900×600	2946.4	609.6	21.0	6.0	1000	1800	9.0	100	3030
3000×600	3048.0	609.6	22.0	6.0	1000	1800	9.0	100	3270

20 플랜지 붙이 T자 관 F15

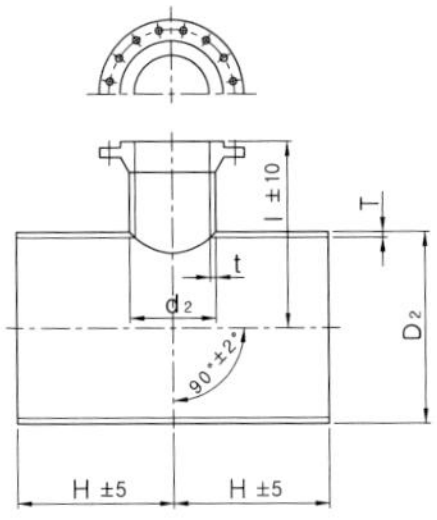

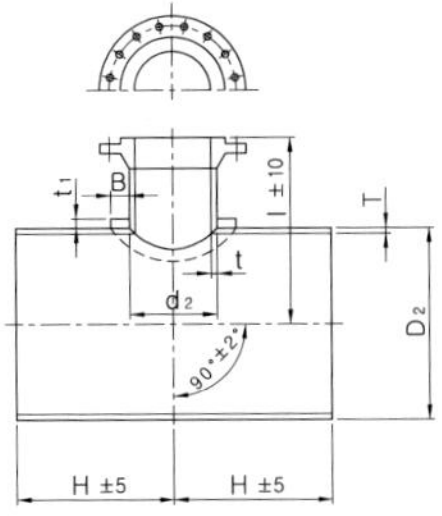

단위 : mm

호칭지름 A	바깥지름		관 두께		관 길이		보강판		참고 무게(kg)
	D_2	d_2	T	t	H	l	t_1	B	
80×80	89.1	89.1	4.2	4.2	250	250	–	–	6.03
100×80	114.3	89.1	4.5	4.2	250	250	–	–	7.61
100×100	114.3	114.3	4.5	4.5	250	250	–	–	8.13
125×80	139.8	89.1	4.5	4.2	250	250	–	–	8.90
125×100	139.8	114.3	4.5	4.5	250	250	–	–	9.41
150×80	165.2	89.1	5.0	4.2	300	280	–	–	13.4
150×100	165.2	114.3	5.0	4.5	300	280	–	–	13.9
200×80	216.3	89.1	5.8	4.2	350	300	–	–	22.5
200×100	216.3	114.3	6.6	4.5	350	300	–	–	23.0
250×80	267.4	89.1	6.6	4.2	400	330	–	–	35.4
250×100	267.4	114.3	6.9	4.5	400	330	–	–	35.9
300×80	318.5	89.1	6.9	4.2	400	350	–	–	43.8
300×100	318.5	114.3	6.0	4.5	400	350	–	–	44.2
350×80	355.6	89.1	6.0	4.2	500	380	–	–	53.2
350×100	355.6	114.3	6.0	4.5	500	380	–	–	53.7
400×80	406.4	89.1	6.0	4.2	500	400	–	–	60.7
400×100	406.4	114.3	6.0	4.5	500	400	–	–	61.2
450×80	457.2	89.1	6.0	4.2	500	400	–	–	68.0
450×100	457.2	114.3	6.0	4.5	500	400	–	–	68.4
500×80	508.0	89.1	6.0	4.2	500	400	–	–	75.3
500×100	508.0	114.3	6.0	4.5	500	400	–	–	75.6
600×80	609.6	89.1	6.0	4.2	750	450	–	–	135
600×100	609.6	114.3	6.0	4.5	750	450	–	–	135
700×80	711.2	89.1	6.0	4.2	750	480	–	–	157
700×100	711.2	114.3	6.0	4.5	750	480	–	–	158
700×600	711.2	609.6	6.0	6.0	750	600	6.0	70	175
800×80	812.8	89.1	7.0	4.2	1000	520	–	–	279
800×100	812.8	114.3	7.0	4.5	1000	520	–	–	279
800×600	812.8	609.6	8.0	6.0	1000	700	6.0	70	298
900×100	914.4	114.3	8.0	4.5	1000	590	–	–	359
900×600	914.4	609.6	9.0	6.0	1000	700	6.0	70	370
1000×150	1016.0	114.3	9.0	5.0	1000	640	–	–	448
1000×600	1016.0	165.2	9.0	6.0	1000	640	6.0	70	462
1100×150	1016.0	609.6	10.0	5.0	1000	800	–	–	547
1100×600	1117.6	165.2	10.0	6.0	1000	700	6.0	70	554

■ 플랜지 붙이 T자 관 F15 (계속)

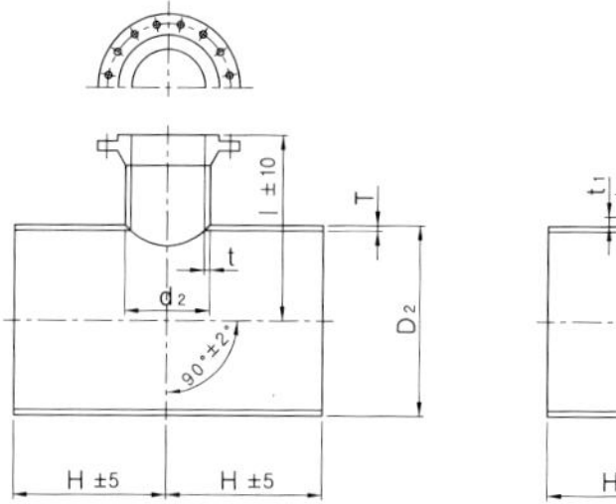

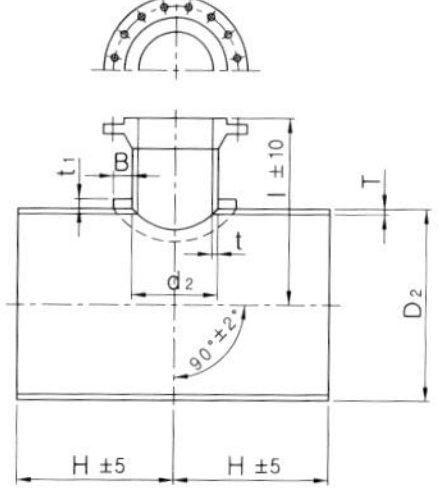

단위 : mm

호칭지름 A	바깥지름		관 두께		관 길이		보강판		참고 무게(kg)
	D_2	d_2	T	t	H	l	t_1	B	
1200×150	1219.2	165.2	11.0	5.0	1000	750	–	–	656
1200×600	1219.2	609.6	12.0	6.0	1000	900	6.0	70	665
1350×150	1371.6	165.2	12.0	5.0	1000	830	–	–	806
1350×600	1371.6	609.6	14.0	6.0	1000	1000	6.0	70	814
1500×150	1524.0	165.2	14.0	5.0	1000	910	–	–	1040
1500×600	1524.0	609.6	15.0	6.0	1000	1000	9.0	100	1050
1600×150	1625.6	165.2	15.0	5.0	1000	1070	–	–	1190
1600×600	1625.6	609.6	15.0	6.0	1000	1070	9.0	100	1200
1650×150	1676.4	165.2	15.0	5.0	1000	1120	–	–	1230
1650×600	1676.4	609.6	15.0	6.0	1000	1120	9.0	100	1240
1800×150	1828.8	165.2	16.0	5.0	1000	1170	6.0	70	1440
1800×600	1828.8	609.6	16.0	6.0	1000	1170	9.0	100	1430
1900×150	1930.4	165.2	17.0	5.0	1000	1250	6.0	70	1610
1900×600	1930.4	609.6	17.0	6.0	1000	1250	9.0	100	1610
2000×150	2032.0	165.2	18.0	5.0	1000	1280	6.0	70	1790
2000×600	2032.0	609.6	18.0	6.0	1000	1280	9.0	100	1790
2100×600	2133.6	609.6	19.0	6.0	1000	1340	9.0	100	1980
2200×600	2235.2	609.6	20.0	6.0	1000	1390	9.0	100	2180
2300×600	2336.8	609.6	21.0	6.0	1000	1440	9.0	100	2390
2400×600	2438.4	609.6	22.0	6.0	1000	1490	9.0	100	2610
2500×600	2540.0	609.6	23.0	6.0	1000	1540	9.0	100	2840
2600×600	2641.6	609.6	24.0	6.0	1000	1560	9.0	100	3080

21 플랜지 붙이 T자 관 F20

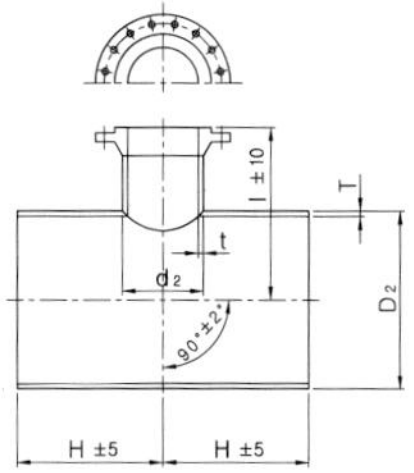

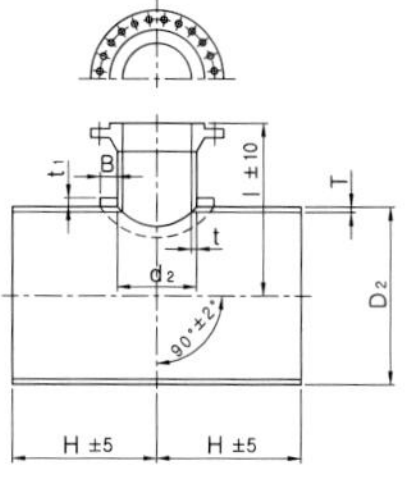

단위 : mm

호칭지름 A	바깥지름		관 두께		관 길이		보강판		참고 무게(kg)
	D_2	d_2	T	t	H	I	t_1	B	
80×80	89.1	89.1	4.5	4.5	250	250	–	–	6.3
100×80	114.3	89.1	4.9	4.5	250	250	–	–	8.22
100×100	114.3	114.3	4.9	4.9	250	250	–	–	8.82
125×80	139.8	89.1	5.1	4.5	250	250	–	–	9.95
125×100	139.8	114.3	5.1	4.9	250	250	–	–	10.52
150×80	165.2	89.1	5.5	4.5	300	280	–	–	14.6
150×100	165.2	114.3	5.5	4.9	300	280	–	–	15.2
200×80	216.3	89.1	6.4	4.5	350	300	–	–	24.7
200×100	216.3	114.3	6.4	4.9	350	300	–	–	25.3
250×80	267.4	89.1	6.4	4.5	400	330	–	–	34.5
250×100	267.4	114.3	6.4	4.9	400	330	–	–	35.1
300×80	318.5	89.1	6.4	4.5	400	350	–	–	40.9
300×100	318.5	114.3	6.4	4.9	400	350	–	–	41.5
350×80	355.6	89.1	6.0	4.5	500	380	–	–	53.4
350×100	355.6	114.3	6.0	4.9	500	380	–	–	44.0
400×80	406.4	89.1	6.0	4.5	500	400	–	–	60.8
400×100	406.4	114.3	6.0	4.9	500	400	–	–	61.4
450×80	457.2	89.1	6.0	4.5	500	400	–	–	68.1
450×100	457.2	114.3	6.0	4.9	500	400	–	–	68.6
500×80	508.0	89.1	6.0	4.5	500	400	6.0	70	75.4
500×100	508.0	114.3	6.0	4.9	500	400	6.0	70	75.7
600×80	609.6	89.1	6.0	4.5	750	450	6.0	70	135
600×100	609.6	114.3	6.0	4.9	750	450	6.0	70	135
700×80	711.2	89.1	7.0	4.5	750	480	6.0	70	183
700×100	711.2	114.3	7.0	4.9	750	480	6.0	70	183
800×80	812.8	89.1	8.0	4.5	1000	520	6.0	70	241
800×100	812.8	114.3	8.0	4.9	1000	520	6.0	70	318
800×600	812.8	609.6	8.0	6.0	1000	700	12.0	125	312
900×100	914.4	114.3	8.0	4.9	1000	590	6.0	70	362
900×600	914.4	609.6	8.0	6.0	1000	700	16.0	125	353
1000×150	1016.0	165.2	9.0	5.5	1000	640	6.0	70	452
1000×600	1016.0	609.6	9.0	6.0	1000	800	16.0	125	440
1100×150	1117.6	165.2	10.0	5.5	1000	700	6.0	70	552
1100×600	1117.6	609.6	10.0	6.0	1000	800	16.0	150	537
1200×150	1219.2	165.2	11.0	55	1000	750	9.0	70	660
1200×600	1219.2	609.6	11.0	6.0	1000	900	16.0	150	644
1350×150	1371.6	165.2	12.0	5.5	1000	830	9.0	70	810
1350×600	1371.6	609.6	12.0	6.0	1000	1000	16.0	175	792
1500×150	1524.0	165.2	14.0	5.5	1000	910	9.0	70	1050
1500×600	1524.0	609.6	14.0	6.0	1000	1000	16.0	175	1020

22 플랜지 접합용 부품 6각 볼트, 너트

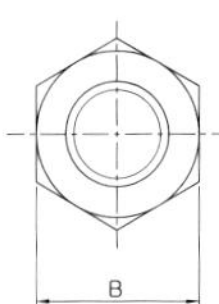

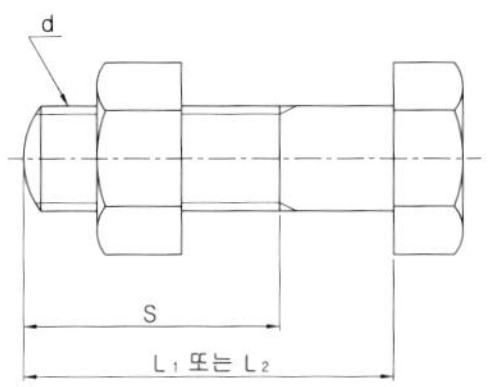

단위 : mm

호칭 지름 A	F12						F15					F20				
	호칭	각부치수				1 세트수	호칭	각부치수			1 세트수	호칭	각부치수			1 세트수
	d	L_1	L_2	S	B		d	L_1	S	B		d	L_1	S	B	
80	M16	75	75	38	24	4	M16	65	38	24	4	M20	75	46	30	8
100	M16	75	75	38	24	8	M16	65	38	24	8	M20	75	46	30	8
125	M16	75	75	38	24	8	M16	70	46	30	8	M22	80	50	32	8
150	M20	75	75	38	24	8	M20	75	46	30	8	M22	85	50	32	12
200	M20	80	80	38	24	8	M20	75	46	30	8	M22	85	50	32	12
250	M20	85	85	46	30	12	M20	80	50	32	12	M24	95	54	36	12
300	M20	85	90	46	30	12	M20	80	50	32	12	M24	95	54	36	16
350	M20	95	95	50	32	16	M20	85	50	32	16	M30	110	66	46	16
400	M24	95	95	50	32	16	M24	100	54	36	16	M30	130	72	46	16
450	M24	100	100	54	36	20	M24	100	54	36	20	M30	130	72	46	20
500	M24	100	110	54	36	20	M24	100	54	36	20	M30	130	72	46	20
600	M27	100	120	54	36	20	M27	110	66	46	20	M36	150	84	55	24
700	M27	110	130	66	46	24	M27	110	66	46	24	M39	160	90	60	24
800	M30	120	130	66	46	24	M30	120	66	46	24	M45	170	102	70	24
900	M30	120	140	66	46	28	M30	120	66	46	28	M45	180	102	70	28
1000	M33	130	150	72	46	28	M33	140	84	55	28	M52	200	116	80	28
1100	M33	130	150	72	46	32	M33	140	84	55	32	M52	210	116	80	32
1200	M33	140	160	72	46	32	M33	150	84	55	32	M52	210	116	80	32
1350	M36	150	170	84	55	36	M36	170	96	65	36	M56	230	137	85	32
1500	M36	150	180	84	55	36	M36	170	96	65	36	M56	240	137	85	36
1600	M36	160	–	84	55	40	M36	180	102	70	40	–	–	–	–	–
1650	M36	160	–	84	55	40	M36	180	102	70	40	–	–	–	–	–
1800	M45	170	–	84	55	44	M45	190	102	70	44	–	–	–	–	–
2000	M45	180	–	96	65	48	M45	190	102	70	48	–	–	–	–	–
2100	M45	190	–	96	65	48	M45	200	102	70	48	–	–	–	–	–
2200	M52	190	–	96	65	52	M52	220	129	80	52	–	–	–	–	–
2300	M52	190	–	96	65	52	M52	220	129	80	52	–	–	–	–	–
2400	M52	200	–	96	65	56	M52	220	129	80	56	–	–	–	–	–
2500	M52	220	–	121	75	56	M52	220	129	80	56	–	–	–	–	–
2600	M52	220	–	121	75	60	M52	220	129	80	60	–	–	–	–	–
2700	M52	220	–	121	75	60	–	–	–	–	–	–	–	–	–	–
2800	M52	220	–	121	75	64	–	–	–	–	–	–	–	–	–	–
3000	M52	240	–	121	75	64	–	–	–	–	–	–	–	–	–	–

비 고

1. L_1치수는 RF형－RF형 또는 RF형－GF형 플랜지를 접속할 경우에 사용한다.
2. L_2치수는 RF형 또는 GF형 플랜지와 게이트 밸브를 접속할 경우에 사용한다.

23 플랜지 접합용 부품 가스켓

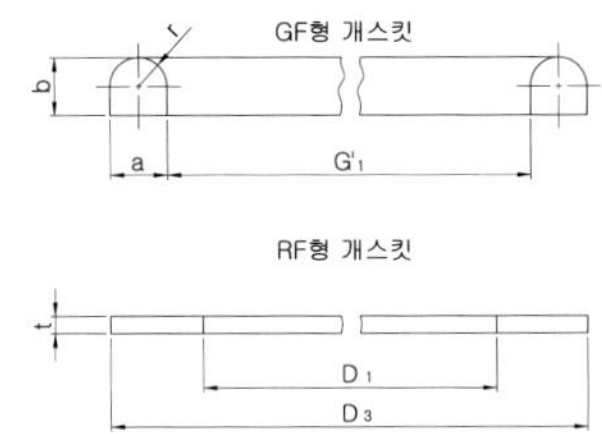

단위 : mm

호칭지름 A	각부 치수						
	GF 형 가스켓				RF 형 가스켓		
	G1′	a	b	r	D_1	D_3	t
80	98	8	8	4	85	125	3
100	123	8	8	4	110	152	3
125	153	8	8	4	135	177	3
150	178	8	8	4	160	204	3
200	228	8	8	4	210	256	3
250	283	8	8	4	260	308	3
300	333	8	8	4	310	362	3
350	383	8	8	4	350	414	3
400	433	8	8	4	400	466	3
450	483	8	8	4	450	518	3
500	525	8	8	4	500	572	3
600	627	8	8	4	600	676	3
700	723	8	8	4	700	780	3
800	825	8	8	4	810	886	3
900	926	8	8	4	910	990	3
1000	1021	12	12	6	1010	1096	3
1100	1121	12	12	6	1110	1200	3
1200	1222	12	12	6	1210	1304	3
1350	1376	12	12	6	1360	1462	3
1500	1528	12	12	6	1510	1620	3
1600	1640	18	18	9	1610	1760	3
1650	1689	18	18	9	1660	1810	3
1800	1838	18	18	9	1810	1960	3
2000	2041	18	18	9	2015	2170	3
2100	2139	18	18	9	2115	2270	3
2200	2238	18	18	9	2215	2370	3
2300	2337	18	18	9	2315	2470	3
2400	2436	18	18	9	2415	2570	3
2500	2536	22	22	11	2515	2680	3
2600	2635	22	22	11	2615	2780	3
2700	2733	22	22	11	2715	2880	3
2800	2843	22	22	11	2820	3000	3
3000	3033	22	22	11	3020	3210	3

비 고

1. 가스켓은 KS M 6613에 규정하는 SBR, CR 및 NBR을 사용한다.
   - RF형 가스켓은 III류 스프링 경도 60을 사용하는데 노화 후의 신장변화율, 스프링 정도의 변화율 및 압축영구 변형은 규정하지 않는다.
   - GF형 가스켓은 IA류 스프링 경도 55를 사용하는데 CR 및 NBR에 대해서는 인장강도 16Mpa 이상으로 한다.
2. RF형 가스켓은 F12 플랜지용, GF형 가스켓은 F12~F20 플랜지용에 사용한다.

24 관 플랜지 F12

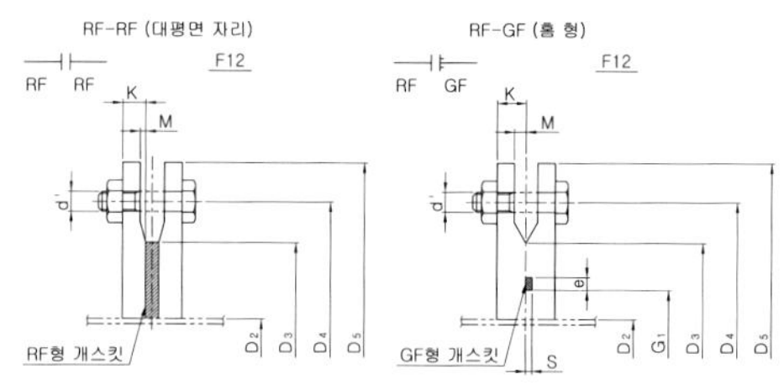

단위 : mm

호칭지름 A	관 몸체		플랜지 치수					볼트			가스켓 홈			무게 (kg)	
	D_2	t	D_5	D_4	D_3	K	M	수	호칭	구멍 d'	G_1	e	s	RF형	GF형
80	89.1	4.2	211	160	133	18	2	4	M16	19	90	10	5	3.59	3.46
100	114.3	4.5	238	180	153	18	2	8	M16	19	115	10	5	4.14	3.99
125	139.8	4.5	263	210	183	20	2	8	M16	19	145	10	5	5.36	5.17
150	165.2	5.0	290	240	209	22	2	8	M20	23	170	10	5	6.69	6.46
200	216.3	5.8	342	295	264	22	2	8	M20	23	220	10	5	8.41	8.13
250	267.4	6.6	410	350	319	24	3	12	M20	23	275	10	5	12.2	11.9
300	318.5	6.9	464	400	367	24	3	12	M20	23	325	10	5	14.5	14.1
350	355.6	6.0	530	460	427	26	3	16	M20	23	375	10	5	21.7	21.3
400	406.4	6.0	582	515	477	26	3	16	M24	27	425	10	5	24.1	23.6
450	457.2	6.0	652	565	518	28	3	20	M24	27	475	10	5	32.2	31.6
500	508.0	6.0	706	620	582	28	3	20	M24	27	530	10	5	36.3	35.6
600	609.6	6.0	810	725	682	30	3	20	M27	30	630	10	5	46.1	45.3
700	711.2	6.0	928	840	797	32	3	24	M27	30	730	10	5	62.1	61.2
800	812.8	7.0	1034	950	904	34	3	24	M30	33	833	10	5	76.0	74.9
900	914.4	7.0	1156	1050	1004	36	3	28	M30	33	935	10	5	98.8	97.6
1000	1016.0	8.0	1262	1160	1111	38	3	28	M33	36	1032	16	8	117	114
1100	1117.6	8.0	1366	1270	1200	41	3	32	M33	36	1134	16	8	138	135
1200	1219.2	9.0	1470	1387	1304	43	3	32	M33	36	1236	16	8	160	156
1350	1371.6	10.0	1642	1552	1462	45	3	36	M36	40	1390	16	8	201	196
1500	1524.0	11.0	1800	1710	1620	48	3	36	M36	40	1544	16	8	244	239
1600	1625.6	12.0	1915	1820	1760	53	3	40	M36	40	1656	24	12	305	293
1650	1676.4	12.0	1950	1870	1770	53	3	40	M36	40	1708	24	12	292	280
1800	1828.8	13.0	2115	2020	1960	55	3	44	M45	49	1856	24	12	337	324
1900	1930.4	14.0	2220	2126	2066	58	4	44	M45	49	1958	24	12	378	364
2000	2032.0	15.0	2325	2230	2170	58	4	48	M45	49	2061	24	12	401	386
2100	2133.6	16.0	2440	2340	2240	59	4	48	M45	49	2161	24	12	448	432
2200	2235.2	16.0	2550	2440	2370	61	4	52	M52	56	2261	24	12	487	471
2300	2336.8	17.0	2655	2540	2440	62	4	52	M52	56	2361	24	12	522	505
2400	2438.4	18.0	2760	2650	2570	64	4	56	M52	56	2461	28	14	570	546
2500	2540.0	18.0	2860	2750	2670	68	5	56	M52	56	2562	28	14	624	599
2600	2641.6	19.0	2960	2850	2780	68	5	60	M52	56	2662	28	14	643	617
2700	2743.2	20.0	3080	2960	2850	71	5	60	M52	56	2762	28	14	740	713
2800	2844.8	21.0	3180	3070	3000	72	5	64	M52	56	2872	28	14	779	751
2900	2946.4	21.0	3292	3180	3104	74	5	64	M52	56	2972	28	14	861	832
3000	3048.0	22.0	3405	3290	3210	76	5	64	M52	56	3072	28	14	952	922

비 고

1. 볼트 구멍의 배치는 관의 모든 축선을 수평으로 했을 경우에 그 플랜지면의 수직 중심선에 대하여 나눈다.
2. 주문자의 특별한 지정이 없는 한 RF－RF형의 조합으로 한다.
3. RF형(대평면 자리형) 플랜지의 가스켓 접촉면은 깊이 0.03~0.15mm의 톱니모양 홈을 지름방향 10mm당 10~20개가 되도록 가공한다.

25 관 플랜지 F15

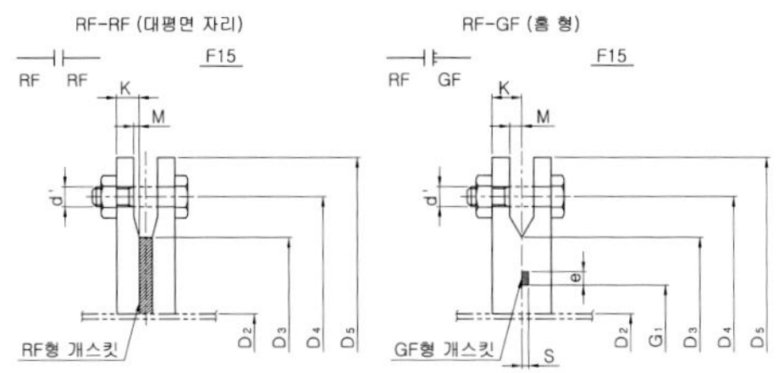

단위 : mm

호칭지름 A	관 몸체		플랜지 치수					볼트			가스켓 홈			무게 (kg)	
	D_2	t	D_5	D_4	D_3	K	M	수	호칭	구멍d'	G_1	e	s	RF형	GF형
80	89.1	4.2	211	160	133	18	2	4	M16	19	90	10	5	3.59	3.46
100	114.3	4.5	238	180	153	18	2	8	M16	19	115	10	5	4.14	3.99
125	139.8	4.5	263	210	183	20	2	8	M16	19	145	10	5	5.36	5.17
150	165.2	5.0	290	240	209	22	2	8	M20	23	170	10	5	6.69	6.46
200	216.3	5.8	342	295	264	22	2	8	M20	23	220	10	5	8.41	8.13
250	267.4	6.6	410	350	319	24	3	12	M20	23	275	10	5	12.2	11.9
300	318.5	6.9	464	400	367	24	3	12	M20	23	325	10	5	7.81	7.46
350	355.6	6.0	530	460	427	26	3	16	M20	23	375	10	5	21.7	21.3
400	406.4	6.0	582	515	477	28	3	16	M24	27	425	10	5	26.1	25.6
450	457.2	6.0	652	565	518	30	3	20	M24	27	475	10	5	34.6	34.0
500	508.0	6.0	706	620	582	30	3	20	M24	27	530	10	5	39.1	38.4
600	609.6	6.0	810	725	682	34	3	20	M27	30	630	10	5	52.7	51.9
700	711.2	6.0	928	840	797	34	3	24	M27	30	730	10	5	66.2	65.3
800	812.8	7.0	1034	950	904	36	3	24	M30	33	833	10	5	80.7	79.7
900	914.4	8.0	1156	1050	1004	38	3	28	M30	33	935	10	5	105	103
1000	1016.0	9.0	1262	1160	1111	42	3	28	M33	36	1032	16	8	130	126
1100	1117.6	10.0	1366	1270	1200	43	3	32	M33	36	1134	16	8	145	142
1200	1219.2	11.0	1470	1387	1304	45	3	32	M33	36	1236	16	8	168	164
1350	1371.6	12.0	1642	1552	1462	51	3	36	M36	40	1390	16	8	229	224
1500	1524.0	14.0	1800	1710	1620	53	3	36	M36	40	1544	16	8	271	266
1600	1625.6	15.0	1915	1820	1760	58	3	40	M36	40	1656	24	12	334	322
1650	1676.4	15.0	1950	1870	1770	58	3	40	M36	40	1708	24	12	321	308
1800	1828.8	16.0	2115	2020	1960	59	3	44	M45	49	1856	24	12	362	349
1900	1930.4	17.0	2220	2126	2066	59	4	44	M45	49	1958	24	12	389	374
2000	2032.0	18.0	2325	2230	2170	62	4	48	M45	49	2061	24	12	430	415
2100	2133.6	19.0	2440	2340	2240	64	4	48	M45	49	2161	24	12	487	472
2200	2235.2	20.0	2550	2440	2370	68	4	52	M52	56	2261	24	12	545	529
2300	2336.8	21.0	2655	2540	2440	69	4	52	M52	56	2361	24	12	583	566
2400	2438.4	22.0	2760	2650	2570	70	4	56	M52	56	2461	28	14	625	601
2500	2540.0	23.0	2860	2750	2670	72	5	56	M52	56	2562	28	14	662	637
2600	2641.6	24.0	2960	2850	2780	72	5	60	M52	56	2662	28	14	682	656

비 고

1. 볼트 구멍의 배치는 관의 모든 축선을 수평으로 했을 경우에 그 플랜지면의 수직 중심선에 대하여 나눈다.
2. 주문자의 특별한 지정이 없는 한 RF－RF형의 조합으로 한다.
3. RF형(대평면 자리형) 플랜지의 가스켓 접촉면은 깊이 0.03~0.15mm의 톱니모양 홈을 지름방향 10mm당 10~20개가 되도록 가공한다.

26 플랜지 뚜껑

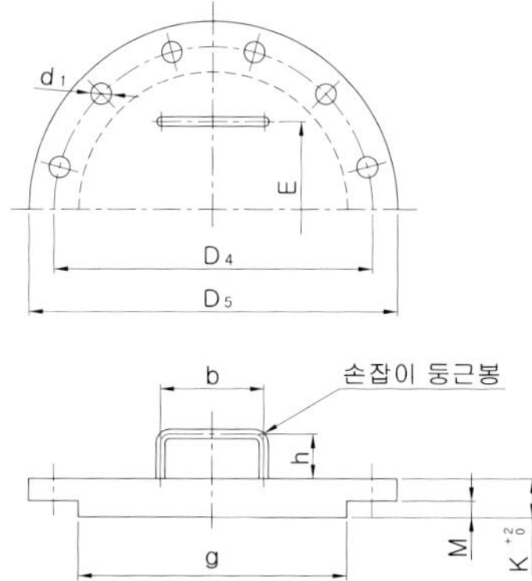

▶ F12

단위 : mm

호칭지름 A	각부 치수						볼트		손잡이				참고 무게 (kg)
	D_5	D_4	g	M	K	d_1	호칭	수	둥근봉 ø	E	b	h	
80	211	160	60	2	12	19	M16	4	9	–	100	50	2.80
100	238	180	85	2	12	19	M16	8	9	–	100	50	3.59
125	263	210	110	2	12	19	M16	8	9	–	100	50	4.38
150	290	240	135	2	12	23	M20	8	9	–	100	50	5.38
200	342	295	185	2	14	23	M20	8	9	200	100	70	9.10
250	410	350	235	2	16	23	M20	12	9	200	150	70	15.1
300	464	400	285	3	19	23	M20	12	16	200	150	70	23.1
350	530	460	325	3	21	23	M20	16	16	200	150	70	33.3
400	582	515	375	3	23	27	M24	16	16	300	150	70	44.4
450	652	565	425	3	26	27	M24	20	19	300	150	70	63.7
500	706	620	475	3	28	27	M24	20	19	350	150	70	80.9
600	810	725	580	3	33	30	M27	20	19	400	150	70	127
700	928	840	680	3	37	30	M27	24	19	450	150	70	187
800	1034	950	780	3	42	33	M30	24	22	500	200	100	265
900	1156	1050	880	3	47	33	M30	28	22	500	200	100	373
1000	1262	1160	980	3	51	36	M33	28	22	600	200	100	484

■ 플랜지 뚜껑 (계속)

▶ F15

단위 : mm

호칭지름 A	각부 치수						볼트		손잡이				참고 무게 (kg)
	D_5	D_4	g	M	K	d_1	호칭	수	둥근봉 ø	E	b	h	
80	185	160	60	2	13	19	M16	4	9	–	100	50	2.51
100	210	180	85	2	13	19	M16	8	9	–	100	50	3.12
125	250	210	110	2	14	19	M16	8	9	–	100	50	4.80
150	280	240	135	2	14	23	M20	8	9	–	100	50	5.95
200	330	295	185	2	16	23	M20	8	9	200	100	70	9.75
250	400	350	235	2	17	23	M20	12	9	200	150	70	15.2
300	445	400	285	3	19	23	M20	12	16	200	150	70	21.3
350	490	460	325	3	22	23	M20	16	16	200	150	70	30.0
400	560	515	375	3	25	27	M24	16	16	300	150	70	44.5
450	620	565	425	3	27	27	M24	20	19	300	150	70	59.4
500	675	620	475	3	30	27	M24	20	19	350	150	70	78.9
600	795	725	580	3	35	30	M27	20	19	400	150	70	129
700	905	840	680	3	40	30	M27	24	19	450	150	70	192
800	1020	950	780	3	45	33	M30	24	22	500	200	100	276
900	1120	1032	880	3	50	33	M30	28	22	500	200	100	371
1000	1235	1160	980	3	62	36	M33	28	22	600	200	100	561

▶ F20

단위 : mm

호칭지름 A	각부 치수						볼트		손잡이				참고무게 (kg)
	D_5	D_4	g	M	K	d_1	호칭	수	둥근봉 ø	E	b	h	
80	200	160	60	2	18	23	M20	8	9	–	100	50	3.81
100	225	185	85	2	18	23	M20	8	9	–	100	50	4.77
125	270	225	110	2	18	25	M22	8	9	–	100	50	6.95
150	305	260	135	2	22	25	M22	12	9	–	100	50	10.9
200	350	305	185	2	22	25	M22	12	9	200	100	70	14.8
250	430	380	235	2	23	27	M24	12	9	200	150	70	23.8
300	480	430	285	3	26	27	M24	16	16	200	150	70	33.4
350	540	480	325	3	28	33	M30	16	16	200	150	70	45.1
400	605	540	375	3	32	33	M30	16	16	300	150	70	65.8
450	675	605	425	3	36	33	M30	20	19	300	150	70	92.9
500	730	660	475	3	39	33	M30	20	19	350	150	70	119
600	845	770	580	3	45	39	M36	24	19	400	150	70	183

27 공기 밸브용 플랜지 뚜껑

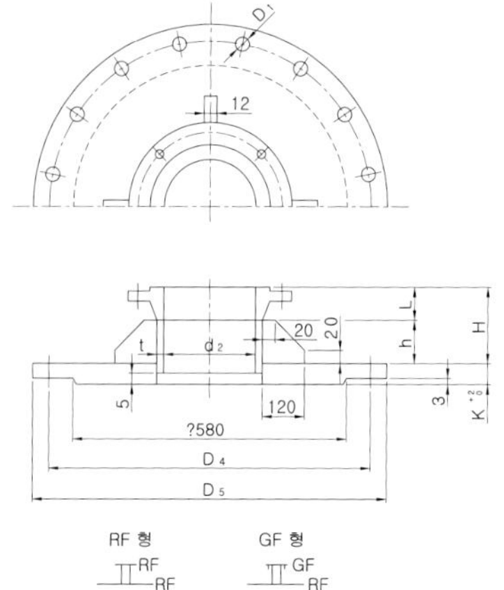

▶ F12

단위 : mm

공기밸브 호칭지름	각부 치수									볼트		참고 무게 (kg)	
	D_5	D_4	K	d_2	t	H	L	h	d_1	호칭	수	RF 형	GF 형
80	810	725	30	89.1	4.2	150	40	110	30	M27	20	124	124
100				114.3	4.5	150	45	105				125	124
150				165.2	5.0	150	50	100				126	125
200				216.3	5.8	150	55	95				125	125

▶ F15

단위 : mm

공기밸브 호칭지름	각부 치수									볼트		참고 무게 (kg)
	D_5	D_4	K	d_2	t	H	L	h	d_1	호칭	수	GF 형
80	810	725	34	89.1	4.2	150	50	100	30	M27	20	140
100				114.3	4.5	150	55	95				140
150				165.2	5.0	150	60	90				140
200				216.3	5.8	150	60	90				140

▶ F20

단위 : mm

공기밸브 호칭지름	각부 치수									볼트		참고 무게 (kg)
	D_5	D_4	K	d_2	t	H	L	h	d_1	호칭	수	GF 형
80	845	770	45	89.1	4.5	150	60	90	39	M36	24	193
100				114.3	4.9	150	60	90				193
150				165.2	5.5	200	100	100				196
200				216.3	6.4	200	100	100				194

28 덕타일 주철관 접속용 짧은 관 (300 A 이하)

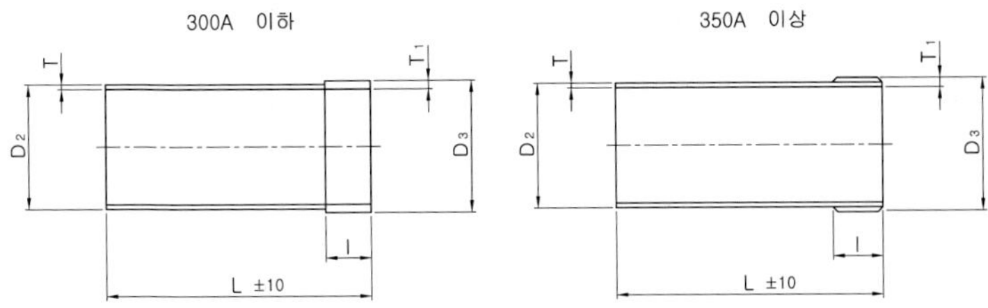

단위 : mm

호칭지름 A	접속 주철관 바깥지름	바깥지름 D_2	관 두께 T				각부 치수			참고 무게 (kg)		
			F12	F15	F20	D_3	T_1	L	l	F12	F15	F20
80	93.0	89.1	4.2	4.2	4.5	92.7	6	1000	150	9.40	9.40	9.90
100	118.0	114.3	4.5	4.5	4.9	117.3	6	1000	150	14.7	14.7	15.7
150	169.0	165.2	5.0	5.0	5.5	169.2	7	1000	150	24.0	24.0	25.9
200	220.0	216.3	5.8	5.8	6.4	218.7	7	1000	150	35.6	35.6	38.6
250	271.6	267.4	6.6	6.6	6.4	270.2	8	1000	150	50.2	50.2	49.0
300	322.8	318.5	6.9	6.9	6.4	322.7	9	1000	150	63.5	63.5	59.7
350	374.0	355.6	6.0	6.0	6.0	373.6	9	1000	200	67.9	67.9	67.9
400	425.6	406.4	6.0	6.0	6.0	424.4	9	1000	200	77.7	77.7	77.7
450	476.8	457.2	6.0	6.0	6.0	475.2	9	1000	200	87.5	87.5	87.5
500	528.0	508.0	6.0	6.0	6.0	528.0	10	1000	200	99.8	99.8	99.8
600	630.8	609.6	6.0	6.0	6.0	629.6	10	1500	200	165	165	165
700	733.0	711.2	6.0	6.0	7.0	733.2	11	1500	200	196	196	222
800	836.0	812.8	7.0	7.0	8.0	834.8	11	2000	200	323	323	362
900	939.0	914.4	7.0	8.0	8.0	938.4	12	2000	200	368	412	412
1000	1041.0	1016.0	8.0	9.0	9.0	1040.0	12	2000	250	474	523	523
1100	1144.0	1117.6	8.0	10.0	10.0	1143.6	13	2000	250	528	637	637
1200	1246.0	1219.2	9.0	11.0	11.0	1245.2	13	2000	250	636	754	754
1350	1400.0	1371.6	10.0	12.0	12.0	1399.6	14	2000	250	791	924	924
1500	1554.0	1524.0	11.0	14.0	14.0	1554.0	15	2000	250	963	1180	1180
1600	1650.0	1625.6	12.0	15.0	15.0	1649.6	12	2000	300	1100	1340	1340
1650	1701.0	1676.4	12.0	15.0	15.0	1700.4	12	2000	300	1130	1380	1380
1800	1848.0	1828.8	13.0	16.0	16.0	1848.8	10	2000	300	1300	1570	1570
2000	2061.0	2032.0	15.0	18.0	18.0	2062.0	15	2000	300	1720	2020	2020
2100	2164.0	2133.6	16.0	19.0	19.0	2163.6	15	2000	300	1910	2220	2220
2200	2280.0	2235.2	16.0	20.0	20.0	2279.2	20	2000	300	2120	2550	2550
2400	2458.0	2438.4	18.0	22.0	22.0	2458.4	10	2000	300	2330	2800	2800
2600	2684.0	2641.6	19.0	24.0	24.0	2683.6	21	2000	300	2870	3510	3510

7-18 고온 고압용 원심력 주강관 KS D 4112 (폐지)

■ 종류의 기호

종류의 기호	비고
SCPH 1-CF	탄소강
SCPH 2-CF	탄소강
SCPH 11-CF	0.5% 몰리브덴강
SCPH 21-CF	1% 크롬 0.5% 몰리브덴강
SCPH 32-CF	2.5% 크롬 1% 몰리브덴강

■ 화학 성분

종류의 기호	화학 성분 %						
	C	Si	Mn	P	S	Cr	Mo
SCPH 1-CF	0.22 이하	0.60 이하	1.10 이하	0.040 이하	0.040 이하	–	–
SCPH 2-CF	0.30 이하	0.60 이하	1.10 이하	0.040 이하	0.040 이하	–	–
SCPH 11-CF	0.20 이하	0.60 이하	0.30~0.60	0.035 이하	0.035 이하	–	0.45~0.65
SCPH 21-CF	0.15 이하	0.60 이하	0.30~0.60	0.030 이하	0.030 이하	1.00~1.50	0.45~0.65
SCPH 32-CF	0.15 이하	0.60 이하	0.30~0.60	0.030 이하	0.030 이하	1.90~2.60	0.90~1.20

■ 불순물의 화학 성분

종류의 기호	화학 성분 %					
	Cu	Ni	Cr	Mo	W	합계량
SCPH 1-CF	0.50 이하	0.50 이하	0.25 이하	0.25 이하	–	1.00 이하
SCPH 2-CF	0.50 이하	0.50 이하	0.25 이하	0.25 이하	–	1.00 이하
SCPH 11-CF	0.50 이하	0.50 이하	0.35 이하	–	0.10 이하	1.00 이하
SCPH 21-CF	0.50 이하	0.50 이하	–	–	0.10 이하	1.00 이하
SCPH 32-CF	0.50 이하	0.50 이하	–	–	0.10 이하	1.00 이하

■ 기계적 성질

종류의 기호	항복점 또는 내구력 N/mm^2	인장강도 N/mm^2	연신율 %
SCPH 1-CF	245 이상	410 이상	21 이상
SCPH 2-CF	275 이상	480 이상	19 이상
SCPH 11-CF	205 이상	380 이상	19 이상
SCPH 21-CF	205 이상	410 이상	19 이상
SCPH 32-CF	205 이상	410 이상	19 이상

CHAPTER 08

구조용 강관

8-1 기계 구조용 탄소 강관 KS D 3517 : 2008

■ 종류 및 기호

종류		기호
11종	A	STKM 11 A
12종	A	STKM 12 A
	B	STKM 12 B
	C	STKM 12 C
13종	A	STKM 13 A
	B	STKM 13 B
	C	STKM 13 C
14종	A	STKM 14 A
	B	STKM 14 B
	C	STKM 14 C
15종	A	STKM 15 A
	C	STKM 15 C
16종	A	STKM 16 A
	C	STKM 16 C
17종	A	STKM 17 A
	C	STKM 17 C
18종	A	STKM 18 A
	B	STKM 18 B
	C	STKM 18 C
19종	A	STKM 19 A
	C	STKM 19 C
20종	A	STKM 20 A

■ 화학 성분

종류		기호	화학 성분 %					
			C	Si	Mn	P	S	Nb 또는 V
11종	A	STKM 11 A	0.12 이하	0.35 이하	0.60 이하	0.040 이하	0.040 이하	-
12종	A	STKM 12 A	0.20 이하	0.35 이하	0.60 이하	0.040 이하	0.040 이하	-
	B	STKM 12 B						
	C	STKM 12 C						
13종	A	STKM 13 A	0.25 이하	0.35 이하	0.30~0.90	0.040 이하	0.040 이하	-
	B	STKM 13 B						
	C	STKM 13 C						
14종	A	STKM 14 A	0.30 이하	0.35 이하	0.30~1.00	0.040 이하	0.040 이하	-
	B	STKM 14 B						
	C	STKM 14 C						
15종	A	STKM 15 A	0.25~0.35	0.35 이하	0.30~1.00	0.040 이하	0.040 이하	-
	C	STKM 15 C						
16종	A	STKM 16 A	0.35~0.45	0.40 이하	0.40~1.00	0.040 이하	0.040 이하	-
	C	STKM 16 C						
17종	A	STKM 17 A	0.45~0.55	0.40 이하	0.40~1.00	0.040 이하	0.040 이하	-
	C	STKM 17 C						
18종	A	STKM 18 A	0.18 이하	0.55 이하	1.50 이하	0.040 이하	0.040 이하	-
	B	STKM 18 B						
	C	STKM 18 C						
19종	A	STKM 19 A	0.25 이하	0.55 이하	1.50 이하	0.040 이하	0.040 이하	-
	C	STKM 19 C						
20종	A	STKM 20 A	0.25 이하	0.55 이하	1.60 이하	0.040 이하	0.040 이하	0.15 이하

■ 기계적 성질

종류		기호	인장강도 N/mm²	항복점 또는 항복 강도 N/mm²	연신율 %		편평성	굽힘성	
					4호 시험편 11호 시험편 12호 시험편 세로 방향	4호 시험편 5호 시험편 가로 방향	평판 사이의 거리(H) D는 관의 지름	굽힘 각도	안쪽 반지름 (D는 관의 지름)
11종	A	STKM 11 A	290 이상	–	35 이상	30 이상	1/2 D	180°	4 D
12종	A	STKM 12 A	340 이상	175 이상	35 이상	30 이상	2/3 D	90°	6 D
	B	STKM 12 B	390 이상	275 이상	25 이상	20 이상	2/3 D	90°	6 D
	C	STKM 12 C	470 이상	355 이상	20 이상	15 이상	–	–	–
13종	A	STKM 13 A	370 이상	215 이상	30 이상	25 이상	2/3 D	90°	6 D
	B	STKM 13 B	440 이상	305 이상	20 이상	15 이상	3/4 D	90°	6 D
	C	STKM 13 C	510 이상	380 이상	15 이상	10 이상	–	–	–
14종	A	STKM 14 A	410 이상	245 이상	25 이상	20 이상	3/4 D	90°	6 D
	B	STKM 14 B	500 이상	355 이상	15 이상	10 이상	7/8 D	90°	8 D
	C	STKM 14 C	550 이상	410 이상	15 이상	10 이상	–	–	–
15종	A	STKM 15 A	470 이상	275 이상	22 이상	17 이상	3/4 D	90°	6 D
	C	STKM 15 C	580 이상	430 이상	12 이상	7 이상	–	–	–
16종	A	STKM 16 A	510 이상	325 이상	20 이상	15 이상	7/8 D	90°	8 D
	C	STKM 16 C	620 이상	460 이상	12 이상	7 이상	–	–	–
17종	A	STKM 17 A	550 이상	345 이상	20 이상	15 이상	7/8 D	90°	8 D
	C	STKM 17 C	650 이상	480 이상	10 이상	5 이상	–	–	–
18종	A	STKM 18 A	440 이상	275 이상	25 이상	20 이상	7/8 D	90°	6 D
	B	STKM 18 B	490 이상	315 이상	23 이상	18 이상	7/8 D	90°	8 D
	C	STKM 18 C	510 이상	380 이상	15 이상	10 이상	–	–	–
19종	A	STKM 19 A	490 이상	315 이상	23 이상	18 이상	7/8 D	90°	6 D
	C	STKM 19 C	550 이상	410 이상	15 이상	10 이상	–	–	–
20종	A	STKM 20 A	540 이상	390 이상	23 이상	18 이상	7/8 D	90°	6 D

8-2 기계 구조용 스테인리스 강 강관 KS D 3536 : 2015

■ 종류 및 기호와 열처리

분류	종류의 기호	열처리 ℃	
오스테나이트계	STS 304 TKA	고용화 열처리	1 010 이상, 급랭
	STS 316 TKA		1 010 이상, 급랭
	STS 321 TKA		920 이상, 급랭
	STS 347 TKA		980 이상, 급랭
	STS 350 TKA		1 150 이상, 급랭
	STS 304 TKC	제조한 그대로	
	STS 316 TKC		
페라이트계	STS 430 TKA	어닐링	700 이상, 공랭 또는 서랭
	STS 430 TKC	제조한 그대로	
	STS 439 TKC		
마텐자이트계	STS 410 TKA	어닐링	700 이상, 공랭 또는 서랭
	STS 420 J1 TKA		700 이상, 공랭 또는 서랭
	STS 420 J2 TKA		700 이상, 공랭 또는 서랭
	STS 410 TKC	제조한 그대로	

■ 화학성분

단위 : %

<table>
<tr><th>종류의 기호</th><th>C</th><th>Si</th><th>Mn</th><th>P</th><th>S</th><th>Ni</th><th>Cr</th><th>Mo</th><th>Ti</th><th>Nb</th></tr>
<tr><td>STS 304 TKA</td><td rowspan="6">0.08 이하</td><td rowspan="7">1.00 이하</td><td rowspan="6">2.00 이하</td><td rowspan="6">0.040 이하</td><td rowspan="6">0.030 이하</td><td rowspan="2">8.00~ 11.00</td><td rowspan="2">18.00~ 20.00</td><td rowspan="2">–</td><td rowspan="4">–</td><td rowspan="4">–</td></tr>
<tr><td>STS 304 TKC</td></tr>
<tr><td>STS 316 TKA</td><td rowspan="2">10.00~ 14.00</td><td rowspan="2">16.00~ 18.00</td><td rowspan="2">2.00~ 3.00</td></tr>
<tr><td>STS 316 TKC</td></tr>
<tr><td>STS 321 TKA</td><td rowspan="2">9.00~ 13.00</td><td rowspan="2">17.00~ 19.00</td><td rowspan="2">–</td><td>5×C% 이상</td><td></td></tr>
<tr><td>STS 347 TKA</td><td>–</td><td>10×C% 이상</td></tr>
<tr><td>STS 350 TKA</td><td>0.03 이하</td><td>1.50 이하</td><td>0.035 이하</td><td>0.02 이하</td><td>20.0~ 23.0</td><td>22.0~ 24.0</td><td>6.0~ 6.8</td><td rowspan="2">–</td><td rowspan="2">–</td></tr>
<tr><td>STS 430 TKA</td><td rowspan="2">0.12 이하</td><td rowspan="2">0.75 이하</td><td rowspan="7">1.00 이하</td><td rowspan="7">0.040 이하</td><td rowspan="7">0.030 이하</td><td rowspan="7">–</td><td>16.00~ 18.00</td><td rowspan="7">–</td></tr>
<tr><td>STS 430 TKC</td><td>17.00~ 20.00</td><td>–</td><td>–</td></tr>
<tr><td>STS 439 TKC</td><td>0.025 이하</td><td rowspan="5">1.00 이하</td><td>11.50~ 13.50</td><td rowspan="5">–</td><td rowspan="5">–</td></tr>
<tr><td>STS 410 TKA</td><td rowspan="2">0.15 이하</td><td rowspan="4">12.00~ 14.00</td></tr>
<tr><td>STS 410 TKC</td></tr>
<tr><td>STS 420 J1 TKA</td><td>0.16~ 0.25</td></tr>
<tr><td>STS 420 J2 TKA</td><td>0.26~ 0.40</td></tr>
</table>

■ 기계적 성질

<table>
<tr><th rowspan="3">종류의 기호</th><th rowspan="3">인장 강도 M/mm²</th><th rowspan="3">항복 강도 M/mm²</th><th colspan="3">연신율 %</th><th>편평성</th></tr>
<tr><th rowspan="2">11호 시험편
12호 시험편</th><th colspan="2">4호 시험편</th><th rowspan="2">평판 사이 거리 H
(D는 관의 바깥지름)</th></tr>
<tr><th>수직 방향</th><th>수평 방향</th></tr>
<tr><td>STS 304 TKA</td><td rowspan="4">520 이상</td><td rowspan="4">205 이상</td><td rowspan="4">35 이상</td><td rowspan="4">30 이상</td><td rowspan="4">22 이상</td><td rowspan="5">1/3D</td></tr>
<tr><td>STS 316 TKA</td></tr>
<tr><td>STS 321 TKA</td></tr>
<tr><td>STS 347 TKA</td></tr>
<tr><td>STS 350 TKA</td><td>330 이상</td><td>674 이상</td><td>40 이상</td><td>35 이상</td><td>30 이상</td></tr>
<tr><td>STS 304 TKC</td><td rowspan="2">520 이상</td><td rowspan="2">205 이상</td><td rowspan="2">35 이상</td><td rowspan="2">30 이상</td><td rowspan="2">22 이상</td><td rowspan="2">2/3D</td></tr>
<tr><td>STS 316 TKC</td></tr>
<tr><td>STS 430 TKA</td><td rowspan="2">410 이상</td><td rowspan="2">245 이상</td><td rowspan="4">20 이상</td><td rowspan="7">–</td><td rowspan="7">–</td><td>2/3D</td></tr>
<tr><td>STS 430 TKC</td><td>3/4D</td></tr>
<tr><td>STS 439 TKC</td><td>410 이상</td><td>205 이상</td><td>3/4D</td></tr>
<tr><td>STS 410 TKA</td><td>410 이상</td><td>205 이상</td><td>2/3D</td></tr>
<tr><td>STS 420 J1 TKA</td><td>470 이상</td><td>215 이상</td><td>19 이상</td><td rowspan="3">3/4D</td></tr>
<tr><td>STS 420 J2 TKA</td><td>540 이상</td><td>225 이상</td><td>18 이상</td></tr>
<tr><td>STS 410 TKC</td><td>410 이상</td><td>205 이상</td><td>20 이상</td></tr>
</table>

8-3 일반 구조용 탄소 강관 KS D 3566 : 2016

■ 화학성분

단위 : %

종류의 기호 (종래 기호)	C	Si	Mn	P	S
SGT275 (STK400)	0.25 이하	–	–	0.040 이하	0.040 이하
SGT355 (STK490, 500)	0.24 이하	0.40 이하	1.50 이하	0.040 이하	0.040 이하
SGT410 (STK540)	0.28 이하	0.40 이하	1.60~1.30	0.040 이하	0.040 이하
SGT450 (STK590)	0.30 이하	0.40 이하	2.00 이하	0.040 이하	0.040 이하
SGT550 (STK690)	0.30 이하	0.40 이하	2.00 이하	0.040 이하	0.040 이하

■ 기계적 성질

기계적 성질	인장 강도 M/mm²	항복점 또는 항복 강도 M/mm²	연신율 % 11호시험편 12호시험편	연신율 % 5호 시험편	굽힘성[a] 굽힘 각도	굽힘성[a] 안쪽 반지름 (D는 관의 바깥지름)	편평성 편판 사이의 거리(H) (D는 관의 바깥지름)	용접부 인장 강도 M/mm²
			세로 방향	가로 방향				
제조법 구분	이음매 없음, 단접, 전기저항 용접, 아크 용접				이음매 없음, 단접, 전기저항 용접		이음매 없음, 단접, 전기저항 용접	아크 용접
바깥지름 구분	전체 바깥지름	전체 바깥지름	40mm를 초과하는 것		50mm 이하		전체 바깥지름	350mm를 초과하는 것
SGT275 (STK400)	410 이상	275 이상	23 이상	18 이상	90°	6D	2/3*D*	400 이상
SGT355 (STK490, 500)	500 이상	355 이상	20 이상	16 이상	90°	6D	7/8*D*	500 이상
SGT410 (STK540)	540 이상	410 이상	20 이상	16 이상	90°	6D	7/8*D*	540 이상
SGT450 (STK590)	590 이상	450 이상	20 이상	16 이상	90°	6D	7/8*D*	590 이상
SGT550 (STK690)	690 이상	550 이상	20 이상	16 이상	90°	6D	7/8*D*	690 이상

■ 일반 구조용 탄소 강관의 치수 및 무게

바깥 지름 mm	두께 mm	단위 무게 kg/m	참고 단면적 cm²	참고 단면 2차 모멘트 cm⁴	참고 단면 계수 cm³	참고 단면 2차 반지름 cm
21.7	2.0	0.972	1.238	0.607	0.560	0.700
27.2	2.0	1.24	1.583	1.26	0.930	0.890
	2.3	1.41	1.799	1.41	1.03	0.880
34.0	2.3	1.80	2.291	2.89	1.70	1.12
42.7	2.3	2.29	2.919	5.97	2.80	1.43
	2.5	2.48	3.157	6.40	3.00	1.42
48.6	2.3	2.63	3.345	8.99	3.70	1.64
	2.5	2.84	3.621	9.65	3.97	1.63
	2.8	3.16	4.029	10.6	4.36	1.62
	3.2	3.58	4.564	11.8	4.86	1.61
60.5	2.3	3.30	4.205	17.8	5.90	2.06
	3.2	4.52	5.760	23.7	7.84	2.03
	4.0	5.57	7.100	28.5	9.41	2.00

■ 일반 구조용 탄소 강관의 치수 및 무게 (계속)

바깥 지름 mm	두께 mm	단위 무게 kg/m	참 고			
			단면적 cm^2	단면 2차 모멘트 cm^4	단면 계수 cm^3	단면 2차 반지름 cm
76.3	2.8	5.08	6.465	43.7	11.5	2.60
	3.2	5.77	7.349	49.2	12.9	2.59
	4.0	7.13	9.085	59.5	15.6	2.58
89.1	2.8	5.96	7.591	70.7	15.9	3.05
	3.2	6.78	8.636	79.8	17.9	3.04
101.6	3.2	7.76	9.892	120	23.6	3.48
	4.0	9.63	12.26	146	28.8	3.45
	5.0	11.9	15.17	177	34.9	3.42
114.3	3.2	8.77	11.17	172	30.2	3.93
	3.5	9.58	12.18	187	32.7	3.92
	4.5	12.2	15.52	234	41.0	3.89
139.8	3.6	12.1	15.40	357	51.1	4.82
	4.0	13.4	17.07	394	56.3	4.80
	4.5	15.0	19.13	438	62.7	4.79
	6.0	19.8	25.22	566	80.9	4.74
165.2	4.5	17.8	22.72	734	88.9	5.68
	5.0	19.8	25.16	808	97.8	5.67
	6.0	23.6	30.01	952	115	5.63
	7.1	27.7	35.26	110×10	134	5.60
190.7	4.5	20.7	26.32	114×10	120	6.59
	5.3	24.2	30.87	133×10	139	6.56
	6.0	27.3	34.82	149×10	156	6.53
	7.0	31.7	40.40	171×10	179	6.50
	8.2	36.9	47.01	196×10	206	6.46
216.3	4.5	23.5	29.94	168×10	155	7.49
	5.8	30.1	38.36	213×10	197	7.45
	6.0	31.1	39.64	219×10	203	7.44
	7.0	36.1	46.03	252×10	233	7.40
	8.0	41.1	52.35	284×10	263	7.37
	8.2	42.1	53.61	291×10	269	7.36
267.4	6.0	38.7	49.27	421×10	315	9.24
	6.6	42.4	54.08	460×10	344	9.22
	7.0	45.0	57.26	486×10	363	9.21
	8.0	51.2	65.19	549×10	411	9.18
	9.0	57.3	73.06	611×10	457	9.14
	9.3	59.2	75.41	629×10	470	9.13
318.5	6.0	46.2	58.91	719×10	452	11.1
	6.9	53.0	67.55	820×10	515	11.0
	8.0	61.3	78.04	941×10	591	11.0
	9.0	68.7	87.51	105×10^2	659	10.9
	10.3	78.3	99.73	119×10^2	744	10.9
355.6	6.4	55.1	70.21	107×10^2	602	12.3
	7.9	67.7	86.29	130×10^2	734	12.3
	9.0	76.9	98.00	147×10^2	828	12.3
	9.5	81.1	103.3	155×10^2	871	12.2
	12.0	102	129.5	191×10^2	108×10	12.2
	12.7	107	136.8	201×10^2	113×10	12.1

■ 일반 구조용 탄소 강관의 치수 및 무게 (계속)

바깥 지름 mm	두께 mm	단위 무게 kg/m	참 고			
			단면적 cm^2	단면 2차 모멘트 cm^4	단면 계수 cm^3	단면 2차 반지름 cm
406.4	7.9	77.6	98.90	196×10^2	967	14.1
	9.0	88.2	112.4	222×10^2	109×10	14.1
	9.5	93.0	118.5	233×10^2	115×10	14.0
	12.0	117	148.7	289×10^2	142×10	14.0
	12.7	123	157.1	305×10^2	150×10	13.9
	16.0	154	196.2	374×10^2	184×10	13.8
	19.0	182	231.2	435×10^2	214×10	13.7
457.2	9.0	99.5	126.7	318×10^2	140×10	15.8
	9.5	105	133.6	335×10^2	147×10	15.8
	12.0	132	167.8	416×10^2	182×10	15.7
	12.7	139	177.3	438×10^2	192×10	15.7
	16.0	174	221.8	540×10^2	236×10	15.6
	19.0	205	261.6	629×10^2	275×10	15.5
500	9.0	109	138.8	418×10^2	167×10	17.4
	12.0	144	184.0	548×10^2	219×10	17.3
	14.0	168	213.8	632×10^2	253×10	17.2
508.0	7.9	97.4	124.1	388×10^2	153×10	17.7
	9.0	111	141.1	439×10^2	173×10	17.6
	9.5	117	148.8	462×10^2	182×10	17.6
	12.0	147	187.0	575×10^2	227×10	17.5
	12.7	155	197.6	606×10^2	239×10	17.5
	14.0	171	217.3	663×10^2	261×10	17.5
	16.0	194	247.3	749×10^2	295×10	17.4
	19.0	229	291.9	874×10^2	344×10	17.3
	22.0	264	335.9	994×10^2	391×10	17.2
558.8	9.0	122	155.5	588×10^2	210×10	19.4
	12.0	162	206.1	771×10^2	276×10	19.3
	16.0	214	272.8	101×10^3	360×10	19.2
	19.0	253	322.2	118×10^3	421×10	19.1
	22.0	291	371.0	134×10^3	479×10	19.0
600	9.0	131	167.1	730×10^2	243×10	20.9
	12.0	174	221.7	958×10^2	320×10	20.8
	14.0	202	257.7	111×10^3	369×10	20.7
	16.0	230	293.6	125×10^3	418×10	20.7
609.6	9.0	133	169.8	766×10^2	251×10	21.2
	9.5	141	179.1	806×10^2	265×10	21.2
	12.0	177	225.3	101×10^3	330×10	21.1
	12.7	187	238.2	106×10^3	348×10	21.1
	14.0	206	262.0	116×10^3	381×10	21.1
	16.0	234	298.4	132×10^3	431×10	21.0
	19.0	277	352.5	154×10^3	505×10	20.9
	22.0	319	406.1	176×10^3	576×10	20.8
700	9.0	153	195.4	117×10^3	333×10	24.4
	12.0	204	259.4	154×10^3	439×10	24.3
	14.0	237	301.7	178×10^3	507×10	24.3
	16.0	270	343.8	201×10^3	575×10	24.2
711.2	9.0	156	198.5	122×10^3	344×10	24.8
	12.0	207	263.6	161×10^3	453×10	24.7
	14.0	241	306.6	186×10^3	524×10	24.7
	16.0	274	349.4	211×10^3	594×10	24.6
	19.0	324	413.2	248×10^3	696×10	24.5
	22.0	374	476.3	283×10^3	796×10	24.4

■ 일반 구조용 탄소 강관의 치수 및 무게 (계속)

바깥 지름 mm	두께 mm	단위 무게 kg/m	참고			
			단면적 cm^2	단면 2차 모멘트 cm^4	단면 계수 cm^3	단면 2차 반지름 cm
812.8	9.0	178	227.3	184×10^3	452×10	28.4
	12.0	237	301.9	242×10^3	596×10	28.3
	14.0	276	351.3	280×10^3	690×10	28.2
	16.0	314	400.5	318×10^3	782×10	28.2
	19.0	372	473.8	373×10^3	919×10	28.1
	22.0	429	546.6	428×10^3	105×102	28.0
914.4	12.0	267	340.2	348×10^3	758×10	31.9
	14.0	311	396.0	401×10^3	878×10	31.8
	16.0	354	451.6	456×10^3	997×10	31.8
	19.0	420	534.5	536×10^3	117×102	31.7
	22.0	484	616.5	614×10^3	134×102	31.5
1016.0	12.0	297	378.5	477×10^3	939×10	35.5
	14.0	346	440.7	553×10^3	109×102	35.4
	16.0	395	502.7	628×10^3	124×102	35.4
	19.0	467	595.1	740×10^3	146×102	35.2
	22.0	539	687.0	849×10^3	167×102	35.2

8-4 일반 구조용 각형 강관 KS D 3568 : 2016

■ 종류의 기호 및 화학 성분

종류의 기호 (종래기호)	화학 성분 %				
	C	Si	Mn	P	S
SRT 275	0.25 이하	–	–	0.040 이하	0.040 이하
SRT 355	0.18 이하	0.55 이하	1.50 이하	0.040 이하	0.040 이하
SRT 410	0.23 이하	0.40 이하	1.50 이하	0.040 이하	0.040 이하
SRT 450	0.30 이하	0.40 이하	2.00 이하	0.040 이하	0.040 이하
SRT 550	0.30 이하	0.40 이하	2.00 이하	0.040 이하	0.040 이하

■ 기계적 성질

종류의 기호	인장 시험		
	인장 강도 N/mm^2	항복점 또는 항복 강도 N/mm^2	연신율(5호 시험편) %
SRT 275	410 이상	275 이상	23 이상
SRT 355	500 이상	355 이상	23 이상
SRT 410	540 이상	410 이상	20 이상
SRT 450	590 이상	450 이상	20 이상
SRT 550	690 이상	550 이상	20 이상

■ 일반 구조용 각형 강관의 치수 및 무게

(1) 정사각형

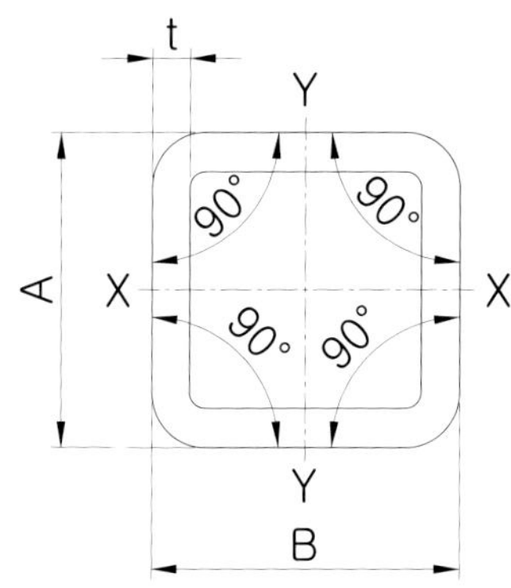

변의 길이 A×B mm	두께 t mm	무게 kg/m	참고			
			단면적 cm^2	단면의 2차 모멘트 IX, IY cm^4	단면 계수 ZX, ZY cm^3	단면의 2차 반지름 iX, iY cm
20×20	1.2	0.697	0.865	0.53	0.52	0.769
20×20	1.6	0.872	1.123	0.67	0.65	0.751
25×25	1.2	0.867	1.105	1.03	0.824	0.965
25×25	1.6	1.12	1.432	1.27	1.02	0.942
30×30	1.2	1.06	1.345	1.83	1.22	1.17
30×30	1.6	1.38	1.752	2.31	1.54	1.15
40×40	1.6	1.88	2.392	5.79	2.90	1.56
40×40	2.3	2.62	3.332	7.73	3.86	1.52
50×50	1.6	2.38	3.032	11.7	4.68	1.96
50×50	2.3	3.34	4.252	15.9	6.34	1.93
50×50	3.2	4.50	5.727	20.4	8.16	1.89
60×60	1.6	2.88	3.672	20.7	6.89	2.37
60×60	2.3	4.06	5.172	28.3	9.44	2.34
60×60	3.2	5.50	7.007	36.9	12.3	2.30
75×75	1.6	3.64	4.632	41.3	11.0	2.99
75×75	2.3	5.14	6.552	57.1	15.2	2.95
75×75	3.2	7.01	8.927	75.5	20.1	2.91
75×75	4.5	9.55	12.17	98.6	26.3	2.85
80×80	2.3	5.50	7.012	69.9	17.5	3.16
80×80	3.2	7.51	9.567	92.7	23.2	3.11
80×80	4.5	10.3	13.07	122	30.4	3.05
90×90	2.3	6.23	7.932	101	22.4	3.56
90×90	3.2	8.51	10.85	135	29.9	3.52
100×100	2.3	6.95	8.852	140	27.9	3.97
100×100	3.2	9.52	12.13	187	37.5	3.93
100×100	4.0	11.7	14.95	226	45.3	3.89
100×100	4.5	13.1	16.67	249	49.9	3.87
100×100	6.0	17.0	21.63	311	62.3	3.79
100×100	9.0	24.1	30.67	408	81.6	3.65
100×100	12.0	30.2	38.53	471	94.3	3.50

(1) 정사각형 (계속)

변의 길이 A×B mm	두께 t mm	무게 kg/m	참고			
			단면적 cm^2	단면의 2차 모멘트 IX, IY cm^4	단면 계수 ZX, ZY cm^3	단면의 2차 반지름 iX, iY cm
125×125	3.2	12.0	15.33	376	60.1	4.95
125×125	4.5	16.6	21.17	506	80.9	4.89
125×125	5.0	18.3	23.36	553	88.4	4.86
125×125	6.0	21.7	27.63	641	103	4.82
125×125	9.0	31.1	39.67	865	138	4.67
125×125	12.0	39.7	50.53	103×10	165	4.52
150×150	4.5	20.1	25.67	896	120	5.91
150×150	5.0	22.3	28.36	982	131	5.89
150×150	6.0	26.4	33.63	115×10	153	5.84
150×150	9.0	38.2	48.67	158×10	210	5.69
175×175	4.5	23.7	30.17	145×10	166	6.93
175×175	5.0	26.2	33.36	159×10	182	6.91
175×175	6.0	31.1	39.63	186×10	213	6.86
200×200	4.5	27.2	34.67	219×10	219	7.95
200×200	5.0	35.8	45.63	283×10	283	7.88
200×200	6.0	46.9	59.79	362×10	362	7.78
200×200	9.0	52.3	66.67	399×10	399	7.73
200×200	12.0	67.9	86.53	498×10	498	7.59
250×250	5.0	38.0	48.36	481×10	384	9.97
250×250	6.0	45.2	57.63	567×10	454	9.92
250×250	8.0	59.5	75.79	732×10	585	9.82
250×250	9.0	66.5	84.67	809×10	647	9.78
250×250	12.0	86.8	110.5	103×102	820	9.63
300×300	4.5	41.3	52.67	763×10	508	12.0
300×300	6.0	54.7	69.63	996×10	664	12.0
300×300	9.0	80.6	102.7	143×102	956	11.8
300×300	12.0	106	134.5	183×102	122×10	11.7
350×350	9.0	94.7	120.7	232×102	132×10	13.9
350×350	12.5	124	158.5	298×102	170×10	13.7

(2) 직사각형

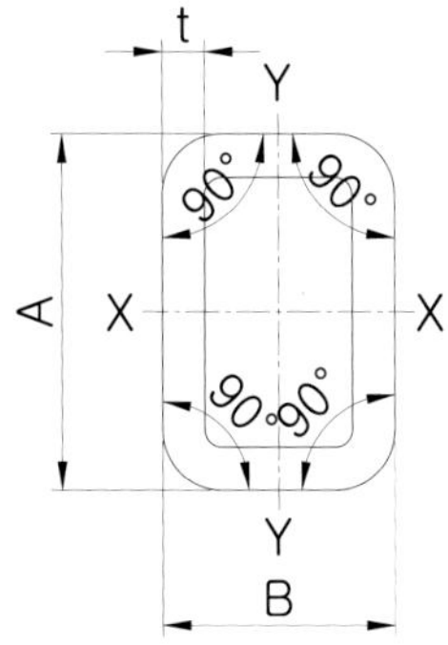

(2) 직사각형 (계속)

변의 길이 A×B mm	두께 t mm	무게 kg/m	참고						
			단면적 cm^2	단면의 2차 모멘트 IX, IY cm^4		단면 계수 ZX, ZY cm^3		단면의 2차 반지름 iX, iY cm	
30×20	1.2	0.868	1.105	1.34	0.711	0.890	0.711	1.10	0.802
30×20	1.6	1.124	1.4317	1.66	0.879	1.11	0.879	1.80	0.784
40×20	1.2	1.053	1.3453	2.73	0.923	1.36	0.923	1.42	0.828
40×20	1.6	1.375	1.7517	3.43	1.15	1.72	1.15	1.40	0.810
50×20	1.6	1.63	2.072	6.08	1.42	2.43	1.42	1.71	0.829
50×20	2.3	2.25	2.872	8.00	1.83	3.20	1.83	1.67	0.798
50×30	1.6	1.88	2.392	7.96	3.60	3.18	2.40	1.82	1.23
50×30	2.3	2.62	3.332	10.6	4.76	4.25	3.17	1.79	1.20
60×30	1.6	2.13	2.712	2.5	4.25	4.16	2.83	2.15	1.25
60×30	2.3	2.98	3.792	16.8	5.65	5.61	3.76	2.11	1.22
60×30	3.2	3.99	5.087	21.4	7.08	7.15	4.72	2.05	1.18
75×20	1.6	2.25	2.872	17.6	2.10	4.69	2.10	2.47	0.855
75×20	2.3	3.16	4.022	23.7	2.73	6.31	2.73	2.43	0.824
75×45	1.6	2.88	3.672	28.4	12.9	7.56	5.75	2.78	1.88
75×45	2.3	4.06	5.172	38.9	17.6	10.4	7.82	2.74	1.84
75×45	3.2	5.50	7.007	50.8	22.8	13.5	10.1	2.69	1.80
80×40	1.6	2.88	3.672	30.7	10.5	7.68	5.26	2.89	1.69
80×40	2.3	4.06	5.172	42.1	14.3	10.5	7.14	2.85	1.66
80×40	3.2	5.50	7.007	54.9	18.4	13.7	9.21	2.80	1.62
90×45	2.3	4.60	5.862	61.0	20.8	13.6	9.22	3.23	1.88
90×45	3.2	6.25	7.967	80.2	27.0	17.8	12.0	3.17	1.84
100×20	1.6	2.88	3.672	38.1	2.78	7.61	2.78	3.22	0.870
100×20	2.3	4.06	5.172	51.9	3.64	10.4	3.64	3.17	0.839
100×40	1.6	3.38	4.312	53.5	12.9	10.7	6.44	3.52	1.73
100×40	2.3	4.78	6.092	73.9	17.5	14.8	8.77	3.48	1.70
100×40	4.2	8.32	10.60	120	27.6	24.0	10.6	3.36	1.61
100×50	1.6	3.64	4.632	61.3	21.1	12.3	8.43	3.64	2.13
100×50	2.3	5.14	6.552	84.8	29.0	17.0	11.6	3.60	2.10
100×50	3.2	7.01	8.927	112	38.0	22.5	15.2	3.55	2.06
100×50	4.5	9.55	12.17	147	48.9	29.3	19.5	3.47	2.00
125×40	1.6	4.01	5.112	94.4	15.8	15.1	7.91	4.30	1.76
125×40	2.3	5.69	7.242	131	21.6	20.9	10.8	4.25	1.73
125×75	2.3	6.95	8.852	192	87.5	30.6	23.3	4.65	3.14
125×75	3.2	9.52	12.13	257	117	41.1	31.1	4.60	3.10
125×75	4.0	11.7	14.95	311	141	49.7	37.5	4.56	3.07
125×75	4.5	13.1	16.67	342	155	54.8	41.2	4.53	3.04
125×75	6.0	17.0	21.63	428	192	68.5	51.1	4.45	2.98
150×75	3.2	10.8	13.73	402	137	53.6	36.6	5.41	3.16
150×80	4.5	15.2	19.37	563	211	75.0	52.9	5.39	3.30
150×80	5.0	16.8	21.36	614	230	81.9	57.5	5.36	3.28

(2) 직사각형 (계속)

변의 길이 A×B mm	두께 t mm	무게 kg/m	참고						
			단면적 cm^2	단면의 2차 모멘트 IX, IY cm^4		단면 계수 ZX, ZY cm^3		단면의 2차 반지름 iX, iY cm	
150×80	6.0	19.8	25.23	710	264	94.7	66.1	5.31	3.24
150×100	3.2	12.0	15.33	488	262	65.1	52.5	5.64	4.14
150×100	4.5	16.6	21.17	658	352	87.7	70.4	5.58	4.08
150×100	6.0	21.7	27.63	835	444		88.8	5.50	4.01
150×100	9.0	31.1	39.67	113×10	595		119	5.33	3.87
200×100	4.5	20.1	25.67	133×10	455	133	90.9	7.20	4.21
200×100	6.0	26.4	33.63	170×10	577	170	115	7.12	4.14
200×100	9.0	38.2	48.67	235×10	782	235	156	6.94	4.01
200×150	4.5	23.7	30.17	176×10	113×10	176	151	7.64	6.13
200×150	6.0	31.1	39.63	227×10	146×10	227	194	7.56	6.06
200×150	9.0	45.3	57.67	317×10	202×10	317	270	7.41	5.93
250×150	6.0	35.8	45.63	389×10	177×10	311	236	9.23	6.23
250×150	9.0	52.3	66.67	548×10	247×10	438	330	9.06	6.09
250×150	12.0	67.9	86.53	685×10	307×10	548	409	8.90	5.95
300×200	6.0	45.2	57.63	737×10	396×10	491	396	11.3	8.29
300×200	9.0	66.5	84.67	105×102	563×10	702	563	11.2	8.16
300×200	12.0	86.8	110.5	134×102	711×10	890	711	11.0	8.02
350×150	6.0	45.2	57.63	891×10	239×10	509	319	12.4	6.44
350×150	9.0	66.5	84.67	127×102	337×10	726	449	12.3	6.31
350×150	12.0	86.8	110.5	161×102	421×10	921	562	12.1	6.17
400×200	6.0	54.7	69.63	148×102	509×10	739	509	14.6	8.55
400×200	9.0	80.6	102.7	213×102	727×10	107×10	727	14.4	8.42
400×200	12.0	106	134.5	273×102	923×10	136×10	923	14.2	8.23

8-5 기계 구조용 합금강 강관 KS D 3574 (폐지)

■ 종류의 기호

종류의 기호	참고	분류
	구 기호	
SCr 420 TK	–	크로뮴강
SCM 415 TK	–	크로뮴몰리브데넘강
SCM 418 TK	–	
SCM 420 TK	–	
SCM 430 TK	STKS 1 유사	
SCM 435 TK	STKS 3 유사	
SCM 440 TK	–	

화학 성분

종류의 기호	화학 성분 %							
	구 기호 (참고)	C	Si	Mn	P	S	Cr	Mo
SCr 420 TK	–	0.18~0.23	0.15~0.35	0.60~0.85	0.030 이하	0.030 이하	0.90~1.20	–
SCM 415 TK	–	0.13~0.18	0.15~0.35	0.60~0.85	0.030 이하	0.030 이하	0.90~1.20	0.15~0.30
SCM 418 TK	–	0.16~0.21	0.15~0.35	0.60~0.85	0.030 이하	0.030 이하	0.90~1.20	0.15~0.30
SCM 420 TK	–	0.18~0.23	0.15~0.35	0.60~0.85	0.030 이하	0.030 이하	0.90~1.20	0.15~0.30
SCM 430 TK	STKS 1 유사	0.28~0.33	0.15~0.35	0.60~0.85	0.030 이하	0.030 이하	0.90~1.20	0.15~0.30
SCM 435 TK	STKS 3 유사	0.33~0.38	0.15~0.35	0.60~0.85	0.030 이하	0.030 이하	0.90~1.20	0.15~0.30
SCM 440 TK	–	0.38~0.43	0.15~0.35	0.60~0.85	0.030 이하	0.030 이하	0.90~1.20	0.15~0.30

바깥지름의 허용차

구분	바깥지름	허용차
1호	50 mm 미만 50 mm 이상	±0.5 mm ±1 %
2호	50 mm 미만 50 mm 이상	±0.25 mm ±0.5 %
3호	25 mm 미만 25 mm 이상 40 mm 미만 40 mm 이상 50 mm 미만 50 mm 이상 60 mm 미만 60 mm 이상 70 mm 미만 70 mm 이상 80 mm 미만 80 mm 이상 90 mm 미만 90 mm 이상 100 mm 미만 100 mm 이상	±0.12 mm ±0.15 mm ±0.18 mm ±0.20 mm ±0.23 mm ±0.25 mm ±0.30 mm ±0.40 mm ±0.50 %
4호	13 mm 미만 13 mm 이상 25 mm 미만 25 mm 이상 40 mm 미만 40 mm 이상 65 mm 미만 65 mm 이상 90 mm 미만 90 mm 이상 140 mm 미만 140 mm 이상	±0.25 mm ±0.40 mm ±0.60 mm ±0.80 mm ±1.00 mm ±1.20 mm

두께의 허용차

구분	바깥지름	허용차
1호	4 mm 미만	+0.6 mm −0.5 mm
	4 mm 이상	+15 % −12.5 %
2호	3 mm 미만	±0.3 mm
	3 mm 이상	±10 %
3호	2 mm 미만	±0.15 mm
	2 mm 이상	±8 %

8-6 자동차 구조용 전기 저항 용접 탄소강 강관 KS D 3598 (폐지)

■ 종류의 기호

종류	기호	적요
G 종	STAM 30 GA	자동차 구조용 일반 부품에 사용하는 관
	STAM 30 GB	
	STAM 35 G	
	STAM 40 G	
	STAM 45 G	
	STAM 48 G	
	STAM 51 G	
H 종	STAM 45 H	자동차 구조용 가운데 특히 항복 강도를 중시한 부품에 사용하는 관
	STAM 48 H	
	STAM 51 H	
	STAM 55 H	

■ 화학 성분

종류의 기호	화학 성분 %				
	C	Si	Mn	P	S
STAM 30 GA STAM 30 GB	0.12 이하	0.35 이하	0.60 이하	0.035 이하	0.035 이하
STAM 35 G	0.20 이하	0.35 이하	0.60 이하	0.035 이하	0.035 이하
STAM 40 G	0.25 이하	0.35 이하	0.30~0.90	0.035 이하	0.035 이하
STAM 45 G STAM 45 H	0.25 이하	0.35 이하	0.30~0.90	0.035 이하	0.035 이하
STAM 48 G STAM 48 H	0.25 이하	0.35 이하	0.30~0.90	0.035 이하	0.035 이하
STAM 51 G STAM 51 H	0.30 이하	0.35 이하	0.30~1.00	0.035 이하	0.035 이하
STAM 55 H	0.30 이하	0.35 이하	0.30~1.00	0.035 이하	0.035 이하

■ 기계적 성질

종류	기호	인장 시험			압광 시험
		인장 강도 N/m^2	항복점 또는 항복 강도 N/m^2	연신율 % 11호 시험편 12호 시험편 세로 방향	눌러서 폈을 때 크기 (D는 관의 바깥지름)
G종	STAM 30 GA	294 이상	177 이상	40 이상	1.25 D
	STAM 30 GB	294 이상	177 이상	35 이상	1.20 D
	STAM 35 G	343 이상	196 이상	35 이상	1.20 D
	STAM 40 G	392 이상	235 이상	30 이상	1.20 D
	STAM 45 G	441 이상	304 이상	25 이상	1.15 D
	STAM 48 G	471 이상	324 이상	22 이상	1.15 D
	STAM 51 G	500 이상	353 이상	18 이상	1.15 D
H종	STAM 45 H	441 이상	353 이상	20 이상	1.15 D
	STAM 48 H	471 이상	412 이상	18 이상	1.10 D
	STAM 51 H	500 이상	431 이상	16 이상	1.10 D
	STAM 55 H	539 이상	481 이상	13 이상	1.05 D

■ 표준 치수 및 중량

중량 : kg/m

바깥 지름 mm	두께 mm														
	1.0	1.2	1.6	2.0	2.3	2.6	2.8	2.9	3.2	3.4	3.5	4.0	4.5	5.0	6.0
15.9	–	0.435	0.564	0.686	–	–	–	–	–	–	–	–	–	–	–
17.3	–	–	–	0.755	0.851	–	–	–	–	–	–	–	–	–	–
19.1	0.446	0.530	0.690	0.843	0.953	–	–	–	–	–	–	–	–	–	–
22.2	0.523	0.621	0.813	0.996	1.13	–	–	–	–	–	–	–	–	–	–
25.4	–	0.716	0.939	1.15	–	1.50	–	1.61	–	–	–	–	–	–	–
28.6	–	0.811	1.07	1.31	–	1.67	–	–	–	–	–	–	–	–	–
31.8	0.760	0.906	1.19	1.47	1.67	–	–	–	2.26	–	–	–	–	–	–
34.0	–	–	1.28	–	1.80	–	–	–	2.43	–	–	2.97	–	–	–
35.0	–	1.00	1.32	1.63	–	–	2.22	2.32	–	–	–	–	–	–	–
38.1	0.915	1.09	1.44	1.78	2.03	–	–	–	–	–	–	–	–	–	–
42.7	–	1.23	1.62	2.01	2.29	2.57	–	–	3.12	–	3.38	–	–	4.65	
45.0	1.08	1.30	1.71	2.12	2.42	2.71	–	3.01	3.30	–	–	–	4.49	4.93	5.77
47.6	–	1.37	1.81	–	2.57	–	–	3.20	–	–	–	–	–	–	–
48.6	–	1.40	1.85	2.30	2.63	–	–	3.27	3.58	–	–	–	4.89	5.38	6.30
50.8	–	1.47	1.94	2.41	2.75	3.08	3.31	3.43	–	3.97	4.08	4.63	–	–	6.63
54.0	–	1.56	2.07	–	2.93	3.29	3.54	3.65	–	4.24	4.36	4.95	–	–	–
57.0	–	–	2.19	–	3.10	3.48	3.74	3.87	4.25	4.49	4.62	–	–	–	–
60.5	–	–	2.32	–	3.30	3.71	–	4.12	4.52	–	–	5.59	–	–	–
63.5	–	–	2.44	–	–	3.90	–	–	–	–	–	–	–	–	–
65.0	–	–	2.50	–	–	–	–	–	4.88	–	5.31	–	–	–	–
68.9	–	–	2.66	–	3.78	–	–	–	–	–	–	–	–	–	–
70.0	–	–	2.70	–	–	–	–	–	5.27	–	5.74	–	–	–	–
75.0	–	–	2.90	–	4.12	4.63	–	5.16	5.67	–	–	7.03	–	–	–
80.0	–	–	3.09	–	–	4.96	–	–	6.06	–	–	–	–	–	–
82.6	–	–	–	3.98	4.55	–	–	–	–	–	–	–	–	–	–
90.0	–	–	3.49	–	4.97	5.59	–	–	6.85	–	–	8.51	–	10.5	12.4
94.0	–	–	3.65	–	–	5.86	–	–	7.17	–	–	–	–	–	–
101.6	–	–	–	–	–	–	–	–	–	–	–	9.66	–	11.9	14.1

8-7 실린더 튜브용 탄소 강관 KS D 3618 (폐지)

■ 종류 및 기호

종류의 기호	(참고) 종래기호
STC370	STC 38
STC 440	STC 45
STC 510 A	STC 52 A
STC 510 B	STC 52 B
STC 540	STC 55
STC 590 A	STC 60 A
STC 590 B	STC 60 B

화학 성분

단위 : %

종류의 기호	C	Si	Mn	P	S	Nb 또는 V
STC 370	0.25 이하	0.35 이하	0.30~0.90	0.040 이하	0.040 이하	–
STC 440	0.25 이하	0.35 이하	0.30~0.90	0.040 이하	0.040 이하	–
STC 510 A	0.25 이하	0.35 이하	0.30~0.90	0.040 이하	0.040 이하	–
STC 510 B	0.18 이하	0.55 이하	1.50 이하	0.040 이하	0.040 이하	–
STC 540	0.25 이하	0.55 이하	1.60 이하	0.040 이하	0.040 이하	0.15 이하
STC 590 A	0.25 이하	0.35 이하	0.30~0.90	0.040 이하	0.040 이하	–
STC 590 B	0.25 이하	0.55 이하	1.50 이하	0.040 이하	0.040 이하	–

기계적 성질

종류의 기호	인장강도 N/mm^2 {kgf/mm^2}	항복점 또는 내구력 N/mm^2 {kgf/mm^2}	연신율 % 11호 시험편 12호 시험편 세 로 방 향
STC 370	370{38} 이상	215{22} 이상	30 이상
STC 440	440{31} 이상	305{31} 이상	10 이상
STC 510 A	510{39} 이상	380{39} 이상	10 이상
STC 510 B	510{39} 이상	380{39} 이상	15 이상
STC 540	540{40} 이상	390{40} 이상	20 이상
STC 590 A	590{50} 이상	490{50} 이상	10 이상
STC 590 B	590{50} 이상	490{50} 이상	15 이상

호닝용 냉간 마무리 강관의 권장 안지름

단위 : mm

32.0 40.0 50.0 60.0 63.0 65.0 70.0 80.0 90.0
100.0 110.0 125.0 140.0 150.0 160.0 180.0 200.0

관의 바깥지름 허용차

구분	바깥지름	허용차
열간 마무리 이음매 없는 강관	50 mm 미만 50 mm 이상 125 mm 미만 125 mm 이상	±0.5 mm ±1.0 % 단 최대치 1.0 mm ±0.8 %
냉간 마무리 이음매 없는 강관	50 mm 미만 50 mm 이상	±0.25 mm ±0.5 %

관의 안지름 허용차

구분	호칭 안지름 mm		허용차 mm	
	초과	이하	최대 허용차	최소 허용차
냉간 마무리 이음매 없는 강관 및 냉간 마무리 전기저항 용접 강관	–	50	−0.10	−0.30
	50	80	−0.10	−0.40
	80	120	−0.10	−0.50
	120	160	−0.10	−0.60
	160	180	−0.10	−0.80
	180	200	−0.10	−0.90

■ 관의 두께 허용차

구분	허용차
열간 마무리 이음매 없는 강관	±12.5 % 단, 최소치 0.5 mm
냉간 마무리 이음매 없는 강관	±10 % 단, 최소치 0.3 mm
냉간 마무리 전기저항 용접 강관	±8 % 단, 최소치 0.15 mm

■ 제조 방법 및 열처리

종류의 기호	제조 번호	열처리	용도
STC 370	열간 마무리 이음매 없음	제조한 그대로	절삭용
STC 440	냉간 마무리 전기저항 용접	냉간 드로잉 그대로 또는 응력제거 어닐링	호닝용
STC 510 A	냉간 마무리 이음매 없음 냉간 마무리 전기저항 용접	냉간 드로잉 그대로 또는 응력제거 어닐링 냉간 드로잉 그대로 또는 응력제거 어닐링	절삭용 및 호닝용 호닝용
STC 510 B	냉간 마무리 이음매 없음 냉간 마무리 전기저항 용접	응력제거 어닐링 응력제거 어닐링	절삭용 및 호닝용 호닝용
STC 540	열간 마무리 이음매 없음	제조한 그대로	절삭용
STC 590 A	냉간 마무리 이음매 없음	냉간 드로잉 그대로 또는 응력제거 어닐링	절삭용 및 호닝용
STC 590 A	냉간 마무리 이음매 없음	응력제거 어닐링	절삭용 및 호닝용

8-8 건축 구조용 탄소 강관 KS D 3632 : 2016

■ 종류의 기호 및 화학 성분

단위 : %

종류의 기호	C	Si	Mn	P	S	N
SNT275E, SNT275A (STKN 400B)	0.25 이하	0.35 이하	1.40 이하	0.030 이하	0.015 이하	0.006 이하
SNT355E, SNT355A (STKN 490B)	0.22 이하	0.55 이하	1.60 이하	0.030 이하	0.015 이하	0.006 이하
SNT460E, SNT460A (STKN 570B)	0.18 이하	0.55 이하	1.60 이하	0.030 이하	0.015 이하	0.006 이하

■ 탄소 당량

• 탄소 당량(%)$= C + \frac{Mn}{6} + \frac{(Cr + Mo + V)}{5} + \frac{(Ni + Cu)}{15}$

종류의 기호	탄소 당량 %
SNT275E, SNT275A (STKN 400B)	0.38 이하
SNT355E, SNT355A (STKN 490B)	0.44 이하
SNT460E, SNT460A (STKN 570B)	0.46 이하

■ 기계적 성질

종류의 기호	인장강도 N/mm²	두께 구분 mm	항복점 또는 내구력 N/mm²	두께 구분 mm	항복비 %	연신율 %	편평성 평판간의 거리(H) D는 바깥지름	샤르피 흡수 에너지 J	용접부 인장강도 N/mm²
							전기저항 용접, 단접, 이음매 없음		아크 용접
SNT275E SNT275A (STKN 400B)	400 이상 550 이하	12 미만	275 이상	12 미만	–	23 이상	2/3 D	27 이상 (0℃)	410 이상
		12 이상 40 이하	275 이상 395 이하	12 이상 40 이하	80 이하				
		40 초과 100 이하	255 이상 375 이하	40 초과 100 이하	80 이하				
SNT355E SNT355A (STKN 490B)	490 이상 640 이하	12 미만	355 이상	12 미만	–	23 이상	7/8D	27 이상 (0℃)	490 이상
		12 이상 40 이하	355 이상 475 이하	12 이상 40 이하	80 이하				
		40 초과 100 이하	335 이상 455 이하	40 초과 100 이하	80 이하				
SNT460E SNT460A (STKN 570B)	570 이상 740 이하	12 미만	460 이상	12 미만	85 이하	20 이상	7/8D	47 이상 (−5℃)	570 이상
		12 이상 40 이하	460 이상 630 이하	12 이상 40 이하					
		40 초과 100 이하	440 이상 610 이하	40 초과 100 이하	85 이하				

■ 건축 구조용 탄소 강관의 표준 치수 및 무게

바깥지름 mm	두께 mm	단위 질량 kg/m	참고			
			단면적 cm²	단면 2차 모멘트 cm⁴	단계 계수 cm³	단면 2차 반지름 cm
60.5	3.2	4.52	5.760	23.7	7.84	2.03
	4.5	6.21	7.917	31.2	10.3	1.99
76.3	3.2	5.77	7.349	49.2	12.9	2.59
	4.5	7.97	10.15	65.7	17.2	2.54
89.1	3.2	6.78	8.636	79.8	17.9	3.04
	4.5	9.39	11.96	107	24.1	3.00
101.6	3.2	7.76	9.892	120	23.6	3.48
	4.5	10.8	13.73	162	31.9	3.44
114.3	3.2	8.77	11.17	172	30.2	3.93
	4.5	12.2	15.52	234	41.0	3.89
139.8	4.5	15.0	19.13	438	62.7	4.79
	6.0	19.8	25.22	566	80.9	4.74
165.2	4.5	17.8	22.72	734	88.9	5.68
	6.0	23.6	30.01	952	115	5.63
190.7	4.5	20.7	26.32	1140	120	6.59
	6.0	27.3	34.82	1490	156	6.53
	8.0	36.0	45.92	1920	201	6.47
216.3	6.0	31.1	39.64	2190	203	7.44
	8.0	41.1	52.35	2840	263	7.37
267.4	6.0	38.7	49.27	4210	315	9.24
	8.0	51.2	65.19	5490	411	9.18
	9.0	57.3	73.06	6110	457	9.14
318.5	6.0	46.2	58.90	7190	452	11.1
	8.0	61.3	78.04	9410	591	11.0
	9.0	68.7	87.51	10500	659	10.9

■ 건축 구조용 탄소 강관의 표준 치수 및 무게 (계속)

바깥지름 mm	두께 mm	단위 질량 kg/m	참고			
			단면적 cm^2	단면 2차 모멘트 cm^4	단계 계수 cm^3	단면 2차 반지름 cm
355.6	6.0	51.7	65.90	10100	566	12.4
	8.0	68.6	87.36	13200	742	12.3
	9.0	76.9	98.00	14700	828	12.3
	12.0	102	129.5	19100	1080	12.2
406.4	9.0	88.2	112.4	22200	1090	14.1
	12.0	117	148.7	28900	1420	14.0
	14.0	135	172.6	33300	1640	13.9
	16.0	154	196.2	37400	1840	13.8
	19.0	182	231.2	43500	2140	13.7
457.2	9.0	99.5	126.7	31800	1390	15.8
	12.0	132	167.8	41600	1820	15.7
	14.0	153	194.9	47900	2100	15.7
	16.0	174	221.8	54000	2360	15.6
	19.0	205	261.6	62900	2750	15.5
500.0	9.0	109	138.8	41800	1670	17.4
	12.0	144	184.0	54800	2190	17.3
	14.0	168	213.8	63200	2530	17.2
	16.0	191	243.3	71300	2850	17.1
	19.0	225	287.1	83200	3330	17.0
508.0	9.0	111	141.1	43900	1730	17.6
	12.0	147	187.0	57500	2270	17.5
	14.0	171	217.3	66300	2610	17.5
	16.0	194	247.3	74900	2950	17.4
	19.0	229	291.9	87400	3440	17.3
	22.0	264	335.9	99400	3910	17.2
558.8	9.0	122	155.5	58800	2100	19.4
	12.0	162	206.1	77100	2760	19.3
	14.0	188	239.6	89000	3180	19.3
	16.0	214	272.8	101000	3600	19.2
	19.0	253	322.2	118000	4210	19.1
	22.0	291	371.0	134000	4790	19.0
	25.0	329	419.2	150000	5360	18.9
600.0	9.0	131	167.1	73000	2430	20.9
	12.0	174	221.7	95800	3190	20.8
	14.0	202	257.7	111000	3690	20.7
	16.0	230	293.6	125000	4170	20.7
	19.0	272	346.8	146000	4880	20.6
	22.0	314	399.5	167000	5570	20.5
609.6	9.0	133	169.8	76600	2510	21.2
	12.0	177	225.3	101000	3300	21.1
	14.0	206	262.0	116000	3810	21.1
	16.0	234	298.4	132000	4310	21.0
	19.0	277	352.5	154000	5050	20.9
	22.0	319	406.1	176000	5760	20.8

■ 건축 구조용 탄소 강관의 표준 치수 및 무게 (계속)

바깥지름 mm	두께 mm	단위 질량 kg/m	참고			
			단면적 cm^2	단면 2차 모멘트 cm^4	단계 계수 cm^3	단면 2차 반지름 cm
660.4	12.0	192	244.4	129000	3890	22.9
	14.0	223	284.3	149000	4500	22.9
	16.0	254	323.9	168000	5090	22.8
	19.0	301	382.9	197000	5970	22.7
	22.0	346	441.2	225000	6820	22.6
700.0	12.0	204	259.4	154000	4390	24.3
	14.0	237	301.7	178000	5070	24.3
	16.0	270	343.8	201000	5750	24.2
	19.0	319	406.5	236000	6740	24.1
	22.0	368	468.6	270000	7700	24.0
711.2	12.0	207	263.6	161000	4530	24.7
	14.0	241	306.6	186000	5240	24.7
	16.0	274	349.4	211000	5940	24.6
	19.0	324	413.2	248000	6960	24.5
	22.0	374	476.3	283000	7960	24.4
812.8	12.0	237	301.9	242000	5960	28.3
	14.0	276	351.3	280000	6900	28.2
	16.0	314	400.5	318000	7820	28.2
	19.0	372	473.8	373000	9190	28.1
	22.0	429	546.6	428000	10500	28.0
914.4	14.0	311	396.0	401000	8780	31.8
	16.0	354	451.6	456000	9970	31.8
	19.0	420	534.5	536000	11700	31.7
	22.0	484	616.8	614000	13400	31.6
	25.0	548	698.5	691000	15100	31.5
1016.0	16.0	395	502.7	628000	12400	35.4
	19.0	467	595.1	740000	14600	35.3
	22.0	539	687.0	849000	16700	35.2
	25.0	611	778.3	956000	18800	35.0
	28.0	682	869.1	1060000	20900	34.9
1066.8	16.0	415	528.2	729000	13700	37.2
	19.0	491	625.4	859000	16100	37.1
	22.0	567	722.1	986000	18500	36.9
	25.0	642	818.2	1110000	20800	36.8
	28.0	717	913.8	1230000	23100	36.7
1117.6	16.0	435	553.7	840000	15000	39.0
	19.0	515	655.8	990000	17700	38.8
	22.0	594	757.2	1140000	20300	38.7
	25.0	674	858.1	1280000	22900	38.6
	28.0	752	958.5	1420000	25500	38.5
1168.4	19.0	539	686.1	1130000	19400	40.6
	22.0	622	792.3	1300000	22300	40.5
	25.0	705	898.0	1470000	25100	40.4
	28.0	787	1003	1630000	27900	40.3
	30.0	842	1073	1740000	29800	40.3
	32.0	897	1142	1850000	31600	40.2

■ 건축 구조용 탄소 강관의 표준 치수 및 무게 (계속)

바깥지름 mm	두께 mm	단위 질량 kg/m	참고			
			단면적 cm^2	단면 2차 모멘트 cm^4	단계 계수 cm^3	단면 2차 반지름 cm
1219.2	19.0	562	716.4	1290000	21200	42.4
	22.0	650	827.4	1480000	24300	42.3
	25.0	736	937.9	1670000	27400	42.2
	28.0	822	1048	1860000	30500	42.1
	30.0	880	1121	1980000	32500	42.1
	32.0	937	1194	2100000	34500	42.0
1270.0	19.0	586	746.7	1460000	23000	44.2
	22.0	677	862.6	1680000	26500	44.1
	25.0	768	977.8	1900000	29800	44.0
	28.0	858	1093	2110000	33200	43.9
	30.0	917	1169	2250000	35400	43.9
	32.0	977	1245	2390000	37600	43.8
1320.8	19.0	610	777.0	1650000	24900	46.0
	22.0	705	897.7	1890000	28700	45.9
	25.0	799	1018	2140000	32400	45.8
	28.0	893	1137	2380000	36000	45.7
	30.0	955	1217	2540000	38400	45.6
	32.0	1017	1296	2690000	40800	45.6
1371.6	22.0	732	932.8	2120000	31000	47.7
	25.0	830	1058	2400000	35000	47.6
	28.0	928	1182	2670000	38900	47.5
	30.0	993	1264	2850000	41500	47.4
	32.0	1057	1347	3020000	44100	47.4
	36.0	1186	1511	3370000	49100	47.2
1422.4	22.0	760	967.9	2370000	33400	49.5
	25.0	861	1098	2680000	37700	49.4
	28.0	963	1227	2980000	41900	49.3
	30.0	1030	1312	3180000	44700	49.2
	32.0	1097	1398	3380000	47500	49.2
	36.0	1231	1568	3770000	53000	49.0
	40.0	1364	1737	4150000	58400	48.9
1524.0	22.0	815	1038	2930000	38400	53.1
	25.0	924	1177	3310000	43400	53.0
	28.0	1033	1316	3680000	48300	52.9
	30.0	1105	1408	3930000	51600	52.8
	32.0	1177	1500	4180000	54800	52.8
	36.0	1321	1683	4660000	61200	52.6
1574.8	25.0	955	1217	3660000	46400	54.8
	28.0	1068	1361	4070000	51700	54.7
	30.0	1143	1456	4340000	55200	54.6
	32.0	1217	1551	4620000	58600	54.6
	36.0	1366	1740	5150000	65500	54.4
	40.0	1514	1929	5680000	72200	54.3

8-9 철탑용 고장력강 강관 KS D 3780 (폐지)

■ 종류와 기호

종류와 기호	종래 기호(참고)	비고
STKT 540	STKT 55	-
STKT 590	STKT 60	세립 킬드강, 두께 25mm 이하

■ 화학 성분

단위 : %

종류와 기호	C	Si	Mn	P	S	Nb+V
STKT 540	0.23 이하	0.55 이하	1.50 이하	0.040 이하	0.040 이하	-
STKT 590	0.12 이하	0.40 이하	2.00 이하	0.030 이하	0.030 이하	0.15 이하

■ 기계적 성질

종류의 기호	인장 강도 N/mm^2 (kgf/mm^2)	항복점 또는 내구력 N/mm^2 (kgf/mm^2)	연신율 %		편평성	용접부 인장 강도 N/mm^2 (kgf/mm^2)
			11호 시험편 12호 시험편	5호 시험편	평판 간의 거리(H) D는 관의 바깥지름	
			세로 방향	가로 방향		
	전기 저항 용접, 아크 용접				전기 저항 용접	아크 용접
	전바깥지름	전바깥지름	40mm 초과		전바깥지름	350mm 초과
STKT 540	540(55) 이상	390(40) 이상	20 이상	16 이상	7/8 D	540(55) 이상
STKT 590	590~740(60-70)	440(45) 이상	20 이상	16 이상	3/4 D	590~740(60~70)

■ 철탑용 고장력강 강관의 치수 및 무게

바깥지름 mm	두께 mm	단위무게 kg/m	참고			
			단면적 cm^2	단면 2차 모멘트 cm^4	단면 계수 cm^3	단면 2차 반지름 cm
139.8	3.5	11.8	14.99	348	49.8	4.82
139.8	4.5	15.0	19.13	438	62.7	4.79
165.2	4.5	17.8	22.72	734	88.9	5.68
165.2	5.5	21.7	27.59	881	107	5.65
190.7	5.3	24.2	30.87	133×10	139	6.56
190.7	5.5	25.1	32.00	137×10	144	6.55
190.7	6.0	27.3	34.82	149×10	156	6.53
216.3	5.8	30.1	38.36	213×10	197	7.45
216.3	6.0	31.1	39.64	219×10	203	7.44
216.3	7.0	36.1	46.03	252×10	233	7.40
216.3	8.2	42.1	53.61	291×10	269	7.36
267.4	6.0	38.7	49.27	421×10	315	9.24
267.4	7.0	45.0	57.27	486×10	363	9.21
267.4	9.0	57.4	73.06	611×10	457	9.14
318.5	6.9	53.0	67.55	820×10	515	11.0
318.5	8.0	61.3	78.04	941×10	591	11.0
318.5	9.0	68.7	87.51	105×10^2	659	10.9
355.6	7.9	67.7	86.29	130×10^2	734	12.3
355.6	9.0	76.9	98.00	147×10^2	828	12.3
355.6	10.0	85.2	108.6	162×10^2	912	12.2
406.4	9.0	88.2	222×10^2	222×10^2	109×10	14.1

■ 철탑용 고장력강 강관의 치수 및 무게 (계속)

바깥지름 mm	두께 mm	단위무게 kg/m	참고			
			단면적 cm^2	단면 2차 모멘트 cm^4	단면 계수 cm^3	단면 2차 반지름 cm
406.4	10.0	97.8	245×102	245×10^2	120×10	14.0
406.4	12.0	117	289×102	289×10^2	142×10	14.0
457.2	12.0	132	416×102	416×10^2	182×10	15.7
508.0	12.0	147	575×102	575×10^2	227×10	17.5
558.8	12.0	162	206.1	771×10^2	276×10	19.3
558.8	14.0	188	239.6	890×10^2	318×10	19.3
609.6	14.0	206	262.2	116×10^3	381×10	21.1
609.6	16.0	234	298.4	132×10^3	431×10	21.0
660.4	16.0	254	323.9	168×10^3	509×10	22.8
660.4	18.0	285	363.3	188×10^3	568×10	22.7
711.2	18.0	308	392.0	236×10^3	663×10	24.5
762.0	18.0	330	420.7	291×10^3	765×10	26.3
812.8	18.0	353	449.4	355×10^3	874×10	28.1
812.8	20.0	391	498.1	392×10^3	964×10	28.0
863.6	18.0	375	478.2	428×10^3	990×10	29.9
863.6	20.0	416	530.1	472×10^3	109×10^2	29.8
914.4	18.0	398	506.9	509×10^3	111×10^2	31.7
914.4	20.0	441	562.0	562×10^3	123×10^2	31.6
914.4	22.0	484	616.8	614×10^3	134×10^2	31.6
965.2	20.0	466	593.9	664×10^3	137×10^2	33.4
965.2	22.0	512	651.9	725×10^3	150×10^2	33.4
965.2	24.0	557	709.6	786×10^3	163×10^2	33.3
1016.0	20.0	491	625.8	776×10^3	153×10^2	35.2
1016.0	24.0	587	748.0	921×10^3	181×10^2	35.1
1066.8	20.0	516	657.7	901×10^3	169×10^2	37.0
1066.8	22.0	567	722.1	986×10^3	185×10^2	36.9
1066.8	24.0	617	786.3	107×10^4	200×10^2	36.9
1117.6	22.0	594	757.2	114×10^4	203×10^2	38.7
1117.6	24.0	647	824.6	123×10^4	221×10^2	38.7

8-10 기계구조용 합금강 강재 KS D 3867 : 2015

■ 종류의 기호

종류의 기호	분류	종류의 기호	분류	종류의 기호	분류	종류의 기호	분류
SMn 420	망가니즈강	SCr 445	크로뮴강	SCM 440	크로뮴몰리브데넘강	SNCM 420	니켈크로뮴 몰리브데넘강
SMn 433				SCM 445		SNCM 431	
SMn 438		SCM 415	크로뮴몰리브데넘강	SCM 822		SNCM 439	
SMn 443		SCM 418		SNC 236	니켈크로뮴강	SNCM 447	
SMnC 420	망가니즈크로뮴강	SCM 420		SNC 415		SNCM 616	
SMnC 443		SCM 421		SNC 631		SNCM 625	
SCr 415	크로뮴강	SCM 425		SNC 815		SNCM 630	
SCr 420		SCM 430		SNC 836		SNCM 815	
SCr 430		SCM 432		SNCM 220	니켈몰리브데넘강		
SCr 435		SCM 435		SNCM 240			
SCr 440				SNCM 415			

비 고

• SMn 420, SMnC 420, SCr 415, SCr 420, SCM 415, SCM 418, SCM 420, SCM 421, SCM 822, SNC 415, SNC 815, SNCM 220, SNCM 415, SNCM 420, SNCM 616 및 SNCM 815 주로 표면 담금질용으로 사용한다.

■ 화학 성분

단위 : %

종류의 기호	C	Si	Mn	P	S	Ni	Cr	Mo
SMn 420	0.17~0.23	0.15~0.35	1.20~0.50	0.030 이하	0.030 이하	0.25 이하	0.35 이하	–
SMn 433	0.30~0.36	0.15~0.35	1.20~0.50	0.030 이하	0.030 이하	0.25 이하	0.35 이하	–
SMn 438	0.35~0.41	0.15~0.35	1.35~1.65	0.030 이하	0.030 이하	0.25 이하	0.35 이하	–
SMn 443	0.40~0.46	0.15~0.35	1.35~1.65	0.030 이하	0.030 이하	0.25 이하	0.35 이하	–
SMnC 420	0.17~0.23	0.15~0.35	1.20~1.50	0.030 이하	0.030 이하	0.25 이하	0.35~0.70	–
SMnC 443	0.40~0.46	0.15~0.35	1.35~1.65	0.030 이하	0.030 이하	0.25 이하	0.35~0.70	–
SCr 415	0.13~0.18	0.15~0.35	0.60~0.90	0.030 이하	0.030 이하	0.25 이하	0.90~1.20	–
SCr 420	0.18~0.23	0.15~0.35	0.60~0.90	0.030 이하	0.030 이하	0.25 이하	0.90~1.20	–
SCr 430	0.28~0.33	0.15~0.35	0.60~0.90	0.030 이하	0.030 이하	0.25 이하	0.90~1.20	–
SCr 435	0.33~0.38	0.15~0.35	0.60~0.90	0.030 이하	0.030 이하	0.25 이하	0.90~1.20	–
SCr 440	0.38~0.43	0.15~0.35	0.60~0.90	0.030 이하	0.030 이하	0.25 이하	0.90~1.20	–
SCr 445	0.43~0.48	0.15~0.35	0.60~0.90	0.030 이하	0.030 이하	0.25 이하	0.90~1.20	–
SCM 415	0.13~0.18	0.15~0.35	0.60~0.90	0.030 이하	0.030 이하	0.25 이하	0.90~1.20	0.15~0.25
SCM 418	0.16~0.21	0.15~0.35	0.60~0.90	0.030 이하	0.030 이하	0.25 이하	0.90~1.20	0.15~0.25
SCM 420	0.18~0.23	0.15~0.35	0.60~0.90	0.030 이하	0.030 이하	0.25 이하	0.90~1.20	0.15~0.25
SCM 421	0.17~0.23	0.15~0.35	0.70~1.00	0.030 이하	0.030 이하	0.25 이하	0.90~1.20	0.15~0.25
SCM 425	0.23~0.28	0.15~0.35	0.60~0.90	0.030 이하	0.030 이하	0.25 이하	0.90~1.20	0.15~0.30
SCM 430	0.28~0.33	0.15~0.35	0.60~0.90	0.030 이하	0.030 이하	0.25 이하	0.90~1.20	0.15~0.30
SCM 432	0.27~0.37	0.15~0.35	0.30~0.60	0.030 이하	0.030 이하	0.25 이하	1.00~1.50	0.15~0.30
SCM 435	0.33~0.38	0.15~0.35	0.60~0.90	0.030 이하	0.030 이하	0.25 이하	0.90~1.20	0.15~0.30
SCM 440	0.38~0.43	0.15~0.35	0.60~0.90	0.030 이하	0.030 이하	0.25 이하	0.90~1.20	0.15~0.30
SMC 445	0.43~0.48	0.15~0.35	0.60~0.90	0.030 이하	0.030 이하	0.25 이하	0.90~1.20	0.15~0.30
SCM 822	0.20~0.25	0.15~0.35	0.60~0.90	0.030 이하	0.030 이하	0.25 이하	0.90~1.20	0.35~0.45
SNC 236	0.32~0.40	0.15~0.35	0.50~0.80	0.030 이하	0.030 이하	1.00~1.50	0.50~0.90	–
SNC 415	0.12~0.18	0.15~0.35	0.35~0.65	0.030 이하	0.030 이하	2.00~2.50	0.20~0.50	–
SNC 631	0.27~0.35	0.15~0.35	0.35~0.65	0.030 이하	0.030 이하	2.50~3.00	0.60~1.00	–
SNC 815	0.12~0.18	0.15~0.35	0.35~0.65	0.030 이하	0.030 이하	3.00~3.50	0.60~1.00	–
SNC 836	0.32~0.40	0.15~0.35	0.35~0.65	0.030 이하	0.030 이하	3.00~3.50	0.60~1.00	–
SNCM 220	0.17~0.23	0.15~0.35	0.60~0.90	0.030 이하	0.030 이하	0.40~0.70	0.40~0.60	0.15~0.25
SNCM 240	0.38~0.43	0.15~0.35	0.70~1.00	0.030 이하	0.030 이하	0.40~0.70	0.40~0.60	0.15~0.30
SNCM 415	0.12~0.18	0.15~0.35	0.40~0.70	0.030 이하	0.030 이하	1.60~2.00	0.40~0.60	0.15~0.30
SNCM 420	0.17~0.23	0.15~0.35	0.40~0.70	0.030 이하	0.030 이하	1.60~2.00	0.40~0.60	0.15~0.30
SNCM 431	0.27~0.35	0.15~0.35	0.60~0.90	0.030 이하	0.030 이하	1.60~2.00	0.60~1.00	0.15~0.30
SNCM 439	0.36~0.43	0.15~0.35	0.60~0.90	0.030 이하	0.030 이하	1.60~2.00	0.60~1.00	0.15~0.30
SNCM 447	0.44~0.50	0.15~0.35	0.60~0.90	0.030 이하	0.030 이하	1.60~2.00	0.60~1.00	0.15~0.30
SNCM 616	0.13~0.20	0.15~0.35	0.80~1.20	0.030 이하	0.030 이하	2.80~3.20	1.40~1.80	0.40~0.60
SNCM 625	0.20~0.30	0.15~0.35	0.35~0.60	0.030 이하	0.030 이하	3.00~3.50	1.00~1.50	0.15~0.30
SNCM 630	0.25~0.35	0.15~0.35	0.35~0.60	0.030 이하	0.030 이하	2.50~3.50	2.50~3.50	0.30~0.70
SNCM 815	0.12~0.18	0.15~0.35	0.30~0.60	0.030 이하	0.030 이하	4.00~4.50	0.70~1.00	0.15~0.30

■ 열간 압연 봉강 및 선재의 표준 치수

단위 : mm

원형강(지름)				각강(맞변거리)		6각강(맞변거리)		선재(지름)	
(10)	(24)	46	100	40	100	(12)	50	5.5	(17)
11	25	48	(105)	45	(105)	13	55	6	(18)
(12)	(26)	50	110	50	110	14	60	7	19
13	28	55	(115)	55	(115)	17	63	8	(20)
(14)	30	60	120	60	120	19	67	9	22
(15)	32	65	130	65	130	22	71	9.5	(24)
16	34	70	140	70	140	24	(75)	(10)	25
(17)	36	75	150	75	150	27	(77)	11	(26)
(18)	38	80	160	80	160	30	(81)	(12)	28
19	40	85	(170)	85	180	32	–	13	30
(20)	42	90	180	90	200	36	–	(14)	32
22	44	95	(190)	95	–	41	–	(15)	–
–	–	–	200	–	–	46	–	16	–

비 고

• ( )안의 치수는 될 수 있으면 사용하지 않는 것이 좋다.

CHAPTER 09

열 전달용 강관

9-1 보일러 및 열 교환기용 탄소 강관 KS D 3563 : 2018

■ 종류의 기호

종류의 기호	종래 기호(참고)
STBH 235	1. 강관의 두께 12.5mm 이하 2. 강관의 바깥지름 139.8mm 이하
STBH 275	
STBH 355	

■ 화학 성분

종류의 기호	화학 성분(%)				
	C	Si	Mn	P	S
STBH 235	0.18 이하	0.35 이하	0.30~0.30	0.35 이하	0.35 이하
STBH 275	0.32 이하	0.35 이하	0.30~0.80	0.35 이하	0.35 이하
STBH 355	0.25 이하	0.35 이하	1.00~1.50	0.35 이하	0.35 이하

■ 기계적 성질

종류의 기호	인장강도 N/mm² {kgf/mm²}	항복점 또는 항복강도 N/mm²	신 장 률 %		
			바깥지름 20mm 이상	바깥지름 20mm 미만 10mm 이상	바깥지름 10mm 미만
			11호 시험편 12호 시험편	11호 시험편	11호 시험편
STBH 235	340{35} 이상	235 이상	35 이상	30 이상	27 이상
STBH 275	410{42} 이상	275 이상	25 이상	20 이상	17 이상
STBH 355	510{52} 이상	355 이상	25 이상	20 이상	17 이상

■ 보일러·열 교환기용 탄소 강관의 치수 및 무게

단위 : kg/m

바깥지름 mm	두께 mm																		
	1.2	1.6	2.0	2.3	2.6	2.9	3.2	3.5	4.0	4.5	5.0	5.5	6.0	6.5	7.0	8.0	9.5	11.0	12.5
15.9	0.435	0.564	0.686	0.771	0.853	0.930													
19.0	0.527	0.687	0.838	0.947	1.05	1.15													
21.7	0.607	0.793	0.972	1.10	1.22	1.34	1.46												
25.4	0.716	0.939	1.15	1.31	1.46	1.61	1.75	1.89											
27.2	0.769	1.01	1.24	1.41	1.58	1.74	1.89	2.05	2.29										
31.8	0.906	1.19	1.47	1.67	1.87	2.07	2.26	2.44	2.74	3.03									
34.0		1.28	1.58	1.80	2.01	2.22	2.43	2.63	2.96	3.27	3.58								
38.1		1.44	1.78	2.03	2.28	2.52	2.75	2.99	3.36	3.73	4.08	4.42							
42.7			2.01	2.29	2.57	2.85	3.12	3.38	3.82	4.24	4.65	5.05	5.43						
45.0			2.12	2.42	2.72	3.01	3.30	3.58	4.04	4.49	4.93	5.36	5.77	6.17					
48.6			2.30	2.63	2.95	3.27	3.58	3.89	4.40	4.89	5.38	5.85	6.30	6.75	7.18				
50.8			2.41	2.75	3.09	3.43	3.76	4.08	4.62	5.14	5.65	6.14	6.63	7.10	7.56	8.44	9.68	10.8	11.8
54.0			2.56	2.93	3.30	3.65	4.01	4.36	4.93	5.49	6.04	6.58	7.10	7.61	8.11	9.07	10.4	11.7	12.8
57.1			2.72	3.11	3.49	3.88	4.25	4.63	5.24	5.84	6.42	7.00	7.56	8.11	8.65	9.69	11.2	12.5	13.7
60.3			2.88	3.29	3.70	4.10	4.51	4.90	5.55	6.19	6.82	7.43	8.03	8.62	9.20	10.3	11.9	13.4	14.7
63.5				3.47	3.90	4.33	4.76	5.18	5.8	6.55	7.21	7.87	8.51	9.14	9.75	10.9	12.7	14.2	15.7

■ 보일러·열 교환기용 탄소 강관의 치수 및 무게 (계속)

단위 : kg/m

바깥지름 mm	두께 mm																		
	1.2	1.6	2.0	2.3	2.6	2.9	3.2	3.5	4.0	4.5	5.0	5.5	6.0	6.5	7.0	8.0	9.5	11.0	12.5
65.0				3.56	4.00	4.44	4.88	5.31	6.02	6.71	7.40	8.07	8.73	9.38	10.0	11.2	13.0	14.6	16.2
70.0				3.84	4.32	4.80	5.27	5.74	6.51	7.27	8.01	8.75	9.47	10.2	10.9	12.2	14.2	16.0	17.7
76.2				4.19	4.72	5.24	5.76	6.27	7.12	7.96	8.78	9.59	10.4	11.2	11.9	13.5	15.6	17.7	19.6
82.6							6.27	6.83	7.75	8.67	9.57	10.5	11.3	12.2	13.1	14.7	17.1	19.4	21.6
88.9							6.76	7.37	8.37	9.37	10.3	11.3	12.3	13.2	14.1	16.0	18.6	21.1	23.6
101.6								8.47	9.63	10.8	11.9	13.0	14.1	15.2	16.3	18.5	21.6	24.6	27.5
114.3									10.9	12.2	13.5	14.8	16.0	17.3	18.5	21.0	24.6	28.0	31.4
127.0									12.1	13.6	15.0	16.5	17.9	19.3	20.7	23.5	27.5	31.5	35.3
139.8												18.2	19.8	21.4	22.9	26.0	30.5	34.9	39.2

9-2 저온 열 교환기용 강관 KS D 3571 (폐지)

■ 종류의 기호 및 열처리

종류의 기호	분류	열처리
STLT 390	탄소강 강관	노멀라이징 또는 노멀라이징 후 템퍼링
STLT 460	니켈 강관	노멀라이징 또는 노멀라이징 후 템퍼링
STLT 700	니켈 강관	2회 노멀라이징 후 템퍼링 또는 퀜칭 템퍼링

■ 화학 성분

종류의 기호	화학 성분(%)					
	C	Si	Mn	P	S	Ni
STLT 390	0.25 이하	0.35 이하	1.35 이하	0.035 이하	0.035 이하	–
STLT 460	0.18 이하	0.10~0.35	0.30~0.60	0.030 이하	0.030 이하	3.20~3.80
STLT 700	0.13 이하	0.10~0.35	0.90 이하	0.030 이하	0.030 이하	8.50~9.50

■ 기계적 성질

종류의 기호	인장강도 N/mm^2	항복점 또는 항복강도 N/mm^2	신장률 %		
			바깥지름 20mm 이상	바깥지름 20mm 미만 10mm 이상	바깥지름 10mm 미만
			11호 시험편 12호 시험편	11호 시험편	11호 시험편
STLT 390	390 이상	210 이상	35 이상	30 이상	27 이상
STLT 460	460 이상	250 이상	30 이상	25 이상	22 이상
STLT 700	700 이상	530 이상	21 이상	16 이상	13 이상

■ 저온 열 교환기용 탄소 강관의 치수 및 무게

단위 : kg/m

바깥지름 mm	두께 mm								
	1.2	1.6	2.0	2.3	2.9	3.5	4.5	5.5	6.5
15.9	0.435	0.564	0.686						
19.0		0.687	0.838	0.947					
25.4			1.15	1.31	1.61				
31.8				1.67	2.07	2.44			
38.1					2.52	2.99	3.73		
45.0						3.58	4.49	5.36	
50.8						4.08	5.14	6.14	7.10

9-3 보일러, 열 교환기용 합금강 강관 KS D 3572 : 2008

■ 종류의 기호 및 열처리

종류의 기호	분류	열처리
STAH 12	몰리브덴강 강관	• 저온 어닐링, 등온 어닐링, 완전 어닐링, 노멀라이징 또는 노멀라이징 후 템퍼링
STAH 13		
STAH 20	크롬 몰리브덴강 강관	• 저온 어닐링, 등온 어닐링, 완전 어닐링, 노멀라이징 후 템퍼링
STAH 22		
STAH 23		• 등온 어닐링, 완전 어닐링 또는 노멀라이징 후 템퍼링
STAH 24		
STAH 25		
STAH 26		

■ 화학 성분

종류의 기호	화학 성분(%)						
	C	Si	Mn	P	S	Cr	Mo
STAH 12	0.10~0.20	0.10~0.50	0.30~0.80	0.035 이하	0.035 이하	–	0.45~0.65
STAH 13	0.15~0.25	0.10~0.50	0.30~0.80	0.035 이하	0.035 이하	–	0.45~0.65
STAH 20	0.10~0.20	0.10~0.50	0.30~0.60	0.035 이하	0.035 이하	0.50~0.80	0.40~0.65
STAH 22	0.15 이하	0.50 이하	0.30~0.60	0.035 이하	0.035 이하	0.80~1.25	0.45~0.65
STAH 23	0.15 이하	0.50~1.00	0.30~0.60	0.030 이하	0.030 이하	1.00~1.50	0.45~0.65
STAH 24	0.15 이하	0.50 이하	0.30~0.60	0.030 이하	0.030 이하	1.90~2.60	0.87~1.13
STAH 25	0.15 이하	0.50 이하	0.30~0.60	0.030 이하	0.030 이하	4.00~6.00	0.45~0.65
STAH 26	0.15 이하	0.25~1.00	0.30~0.60	0.030 이하	0.030 이하	8.00~10.00	0.90~1.10

■ 기계적 성질

종류의 기호	인장강도 N/mm2	항복점 또는 항복강도 N/mm2	연신율 %		
			바깥지름 20mm 이상	바깥지름 20mm 미만 10mm 이상	바깥지름 10mm 미만
			11호 시험편 12호 시험편	11호 시험편	11호 시험편
STAH 12	390 이상	210 이상	30 이상	25 이상	22 이상
STAH 13	420 이상	210 이상	30 이상	25 이상	22 이상
STAH 20	420 이상	210 이상	30 이상	25 이상	22 이상
STAH 22	420 이상	210 이상	30 이상	25 이상	22 이상
STAH 23	420 이상	210 이상	30 이상	25 이상	22 이상
STAH 24	420 이상	210 이상	30 이상	25 이상	22 이상
STAH 25	420 이상	210 이상	30 이상	25 이상	22 이상
STAH 26	420 이상	210 이상	30 이상	25 이상	22 이상

■ 보일러, 열 교환기용 합금 강관의 치수 및 무게

단위 : kg/m

바깥지름 mm	두께 mm																		
	1.2	1.6	2.0	2.3	2.6	2.9	3.2	3.5	4.0	4.5	5.0	5.5	6.0	6.5	7.0	8.0	9.5	11.0	12.5
15.9	0.435	0.564	0.686	0.771	0.853	0.930													
19.0		0.687	0.838	0.947	1.05	1.15													
21.7			0.972	1.10	1.22	1.34	1.46												
25.4			1.15	1.31	1.46	1.61	1.75	1.89											
27.2			1.24	1.41	1.58	1.74	1.89	2.05	2.29										
31.8				1.67	1.87	2.07	2.26	2.44	2.74	3.03									
34.0					2.01	2.22	2.43	2.63	2.96	3.27	3.58								
38.1					2.28	2.52	2.75	2.99	3.36	3.73	4.08	4.42							
42.7					2.57	2.85	3.12	3.38	3.82	4.24	4.65	5.05	5.43						
45.0					2.72	3.01	3.30	3.58	4.04	4.49	4.93	5.36	5.77	6.17					
48.6					2.95	3.27	3.58	3.89	4.40	4.89	5.38	5.85	6.30	6.75	7.18				
50.8					3.09	3.43	3.76	4.08	4.62	5.14	5.65	6.14	6.63	7.10	7.56	8.44	9.68	10.8	11.8
54.0					3.30	3.65	4.01	4.36	4.93	5.49	6.04	6.58	7.10	7.61	8.11	9.07	10.4	11.7	12.8
57.1						3.88	4.25	4.63	5.24	5.84	6.42	7.00	7.56	8.11	8.65	9.69	11.2	12.5	13.7
60.3						4.10	4.51	4.90	5.55	6.19	6.82	7.43	8.03	8.62	9.20	10.3	11.9	13.4	14.7
63.5						4.33	4.76	5.18	5.87	6.55	7.21	7.87	8.51	9.14	9.75	10.9	12.7	14.2	15.7
65.0						4.44	4.88	5.31	6.02	6.71	7.40	8.07	8.73	9.38	10.0	11.2	13.0	14.6	16.2
70.0						4.80	5.27	5.74	6.51	7.27	8.01	8.75	9.47	10.2	10.9	12.2	14.2	16.0	17.7
76.2							5.76	6.27	7.12	7.96	8.78	9.59	10.4	11.2	11.9	13.5	15.6	17.7	19.6
82.6							6.27	6.83	7.75	8.67	9.57	10.5	11.3	12.2	13.1	14.7	17.1	19.4	21.6
88.9							6.76	7.37	8.37	9.37	10.3	11.3	12.3	13.2	14.1	16.0	18.6	21.1	23.6
101.6								8.47	9.63	10.8	11.9	13.0	14.1	15.2	16.3	18.5	21.6	24.6	27.5
114.3									10.9	12.2	13.5	14.8	16.0	17.3	18.5	21.0	24.6	28.0	31.4
127.0									12.1	13.6	15.0	16.5	17.9	19.3	20.7	23.5	27.5	31.5	35.3
139.8												18.2	19.8	21.4	22.9	26.0	30.5	34.9	39.2

9-4 보일러, 열 교환기용 스테인리스 강관 KS D 3577 : 2007

■ 종류의 기호

분류	종류의 기호	분류	종류의 기호	분류	종류의 기호
오스테나이트계 강관	STS 304 TB	오스테나이트계 강관	STS 317 TB	페라이트계 강관	STS 405 TB
	STS 304 HTB		STS 317 LTB		STS 409 TB
	STS 304 LTB		STS 321 TB		STS 410 TB
	STS 309 TB		STS 321 HTB		STS 410 TiTB
	STS 309 STB		STS 347 TB		STS 430 TB
	STS 310 TB		STS 347 HTB		STS 444 TB
	STS 310 STB		STS XM 15 J 1 TB		STS XM 8 TB
			STS 350 TB		STS XM 27 TB
	STS 316 TB	오스테나이트·페라이트계 강관	STS 329 J 1 TB		–
	STS 316 HTB		STS 329 J 2 LTB		–
	STS 316 LTB		STS 329 LD TB		–

■ 열처리

종류의 기호	열처리 ℃	
	어닐링	고용화 열처리
STS 304 TB	–	1010 이상 급랭
STS 304 HTB	–	1040 이상 급랭
STS 304 LTB	–	1010 이상 급랭
STS 309 TB	–	1030 이상 급랭
STS 309 STB	–	1030 이상 급랭
STS 310 TB	–	1030 이상 급랭
STS 310 STB	–	1030 이상 급랭
STS 316 TB	–	1010 이상 급랭
STS 316 HTB	–	1040 이상 급랭
STS 316 LTB	–	1010 이상 급랭
STS 317 TB	–	1010 이상 급랭
STS 317 LTB	–	1010 이상 급랭
STS 321 TB	–	920 이상 급랭
STS 321 HTB	–	냉간 가공 1095 이상 급랭
STS 347 TB	–	열간 가공 1050 이상 급랭
STS 347 HTB	–	980 이상 급랭
STS XM 15 J 1 TB	–	냉간 가공 1095 이상 급랭
STS 350 TB	–	열간 가공 1050 이상 급랭
STS 329 J 1 TB	–	950 이상 급랭
STS 329 J 2 LTB	–	950 이상 급랭
STS 329 LD TB	–	950 이상 급랭
STS 405 TB	700 이상 공랭 또는 서랭	–
STS 409 TB	700 이상 공랭 또는 서랭	–
STS 410 TB	700 이상 공랭 또는 서랭	–
STS 410 TiTB	700 이상 공랭 또는 서랭	–
STS 430 TB	700 이상 공랭 또는 서랭	–
STS 444 TB	700 이상 공랭 또는 서랭	–
STS XM 8 TB	700 이상 공랭 또는 서랭	–
STS XM 27 TB	700 이상 공랭 또는 서랭	–

■ 화학 성분

종류의 기호	화학 성분 %								
	C	Si	Mn	P	S	Ni	Cr	Mo	기타
STS 304 TB	0.08 이하	1.00 이하	2.00 이하	0.040 이하	0.030 이하	8.00~11.00	18.00~20.00	–	–
STS 304 HTB	0.04~0.10	0.75 이하	2.00 이하	0.040 이하	0.030 이하	8.00~11.00	18.00~20.00	–	–
STS 304 LTB	0.030 이하	1.00 이하	2.00 이하	0.040 이하	0.030 이하	9.00~13.00	18.00~20.00	–	–
STS 309 TB	0.15 이하	1.00 이하	2.00 이하	0.040 이하	0.030 이하	12.00~15.00	22.00~24.00	–	–
STS 309 STB	0.08 이하	1.00 이하	2.00 이하	0.040 이하	0.030 이하	12.00~15.00	22.00~24.00	–	–
STS 310TB	0.15 이하	1.50 이하	2.00 이하	0.040 이하	0.030 이하	19.00~22.00	24.00~26.00	–	–
STS 310 STB	0.08 이하	1.50 이하	2.00 이하	0.040 이하	0.030 이하	19.00~22.00	24.00~26.00	–	–
STS 316 TB	0.08 이하	1.00 이하	2.00 이하	0.040 이하	0.030 이하	10.00~14.00	16.00~18.00	2.00~3.00	–
STS 316 HTB	0.04~0.10	0.75 이하	2.00 이하	0.030 이하	0.030 이하	11.00~14.00	16.00~18.00	2.00~3.00	–
STS 316 LTB	0.030 이하	1.00 이하	2.00 이하	0.040 이하	0.030 이하	12.00~16.00	16.00~18.00	2.00~3.00	–
STS 317 TB	0.08 이하	1.00 이하	2.00 이하	0.040 이하	0.030 이하	11.00~15.00	18.00~20.00	3.00~4.00	–
STS 317 LTB	0.030 이하	1.00 이하	2.00 이하	0.040 이하	0.030 이하	11.00~15.00	18.00~20.00	3.00~4.00	–
STS 321 TB	0.08 이하	1.00 이하	2.00 이하	0.040 이하	0.030 이하	9.00~13.00	17.00~19.00	–	–
STS 321 HTB	0.04~0.10	0.75 이하	2.00 이하	0.030 이하	0.030 이하	9.00~13.00	17.00~20.00	–	Ti5×C% 이상
STS 347 TB	0.08 이하	1.00 이하	2.00 이하	0.040 이하	0.030 이하	9.00~13.00	17.00~20.00	–	Ti 4×C% ~0.60
STS 347 HTB	0.04~0.10	1.00 이하	2.00 이하	0.030 이하	0.030 이하	9.00~13.00	17.00~20.00	–	Nb 10×C%~이상
STS XM 15 J 1 TB	0.08 이하	3.00~5.00	2.00 이하	0.045 이하	0.030 이하	11.50~15.00	15.00~20.00	–	Nb 8×C%~1.00
STS 350 TB	0.03 이하	1.00 이하	1.50 이하	0.035 이하	0.020 이하	20.0~23.00	22.00~24.00	6.0~6.8	N 0.21~0.32
STS 329 J 1 TB	0.08 이하	1.00 이하	1.50 이하	0.040 이하	0.030 이하	3.00~6.00	23.00~28.00	1.00~3.00	–
STS 329 J 2 LTB	0.030 이하	1.00 이하	1.50 이하	0.040 이하	0.030 이하	4.50~7.50	21.00~26.00	2.50~4.00	N 0.08~0.30
STS 329 LD TB	0.030 이하	1.00 이하	1.50 이하	0.040 이하	0.030 이하	2.00~4.00	19.00~22.00	1.00~2.00	N 0.14~0.20
STS 405 TB	0.08 이하	1.00 이하	1.00 이하	0.040 이하	0.030 이하	–	1150~14.50	–	Al 0.10~0.30
STS 409 TB	0.08 이하	1.00 이하	1.00 이하	0.040 이하	0.030 이하	–	10.50~11.75	–	Ti 6×C%~0.75
STS 410 TB	0.15 이하	1.00 이하	1.00 이하	0.040 이하	0.030 이하	–	11.50~13.50	–	–
STS 410 TiTB	0.08 이하	1.00 이하	1.00 이하	0.040 이하	0.030 이하	–	11.50~13.50	–	Ti 6×C%~0.75
STS 430 TB	0.12 이하	0.75 이하	1.00 이하	0.040 이하	0.030 이하	–	16.00~18.00	–	–
STS 444 TB	0.025 이하	1.00 이하	1.00 이하	0.040 이하	0.030 이하	–	17.00~20.00	1.75~2.50	Ti, Nb, Zr또는 이들의 조합 8×(C%+N%)~0.80
STS XM 8 TB	0.08 이하	1.00 이하	1.00 이하	0.040 이하	0.030 이하	–	17.00~19.00	–	Ti 12×C%~1.10
STS XM 27 TB	0.010 이하	0.40 이하	0.40 이하	0.030 이하	0.020 이하	–	25.00~27.50	0.75~1.50	N 0.015 이하

■ 기계적 성질

종류의 기호	인장 시험				
	인장 강도 N/mm^2	항복 강도 N/mm^2	연신율 %		
			바깥지름 20mm 이상	바깥지름 20mm 미만 10mm 이상	바깥지름 10mm 미만
			11호 시험편 12호 시험편	11호 시험편	11호 시험편
STS 304 TB	520 이상	206 이상	35 이상	30 이상	27 이상
STS 304 HTB	520 이상	206 이상	35 이상	30 이상	27 이상
STS 304 LTB	481 이상	177 이상	35 이상	30 이상	27 이상
STS 309 TB	520 이상	206 이상	35 이상	30 이상	27 이상
STS 309 STB	520 이상	206 이상	35 이상	30 이상	27 이상
STS 310TB	520 이상	206 이상	35 이상	30 이상	27 이상
STS 310 STB	520 이상	206 이상	35 이상	30 이상	27 이상
STS 316 TB	520 이상	206 이상	35 이상	30 이상	27 이상
STS 316 HTB	520 이상	206 이상	35 이상	30 이상	27 이상
STS 316 LTB	481 이상	177 이상	35 이상	30 이상	27 이상

■ 기계적 성질 (계속)

종류의 기호	인장 시험				
	인장 강도 N/mm²	항복 강도 N/mm²	연신율 %		
			바깥지름 20mm 이상	바깥지름 20mm 미만 10mm 이상	바깥지름 10mm 미만
			11호 시험편 12호 시험편	11호 시험편	11호 시험편
STS 317 TB	520 이상	206 이상	35 이상	30 이상	27 이상
STS 317 LTB	481 이상	177 이상	35 이상	30 이상	27 이상
STS 321 TB	520 이상	206 이상	35 이상	30 이상	27 이상
STS 321 HTB	520 이상	206 이상	35 이상	30 이상	27 이상
STS 347 TB	520 이상	206 이상	35 이상	30 이상	27 이상
STS 347 HTB	520 이상	206 이상	35 이상	30 이상	27 이상
STS XM 15 J 1 TB	520 이상	206 이상	35 이상	30 이상	27 이상
STS 350 TB	674 이상	330 이상	40 이상	35 이상	30 이상
STS 329 J 1 TB	588 이상	392 이상	18 이상	13 이상	10 이상
STS 329 J 2 LTB	618 이상	441 이상	18 이상	13 이상	10 이상
STS 329 LD TB	620 이상	450 이상	25 이상	–	–
STS 405 TB	412 이상	206 이상	20 이상	15 이상	12 이상
STS 409 TB	412 이상	206 이상	20 이상	15 이상	12 이상
STS 410 TB	412 이상	206 이상	20 이상	15 이상	12 이상
STS 410 TiTB	412 이상	206 이상	20 이상	15 이상	12 이상
STS 430 TB	412 이상	245 이상	20 이상	15 이상	12 이상
STS 444 TB	412 이상	245 이상	20 이상	15 이상	12 이상
STS XM 8 TB	412 이상	206 이상	20 이상	15 이상	12 이상
STS XM 27 TB	412 이상	245 이상	20 이상	15 이상	12 이상

■ STB 304, STS 304 HTB, STS 304 LTB, STS 321 TB 및 STS 321 HTB의 치수 및 무게

단위 : kg/m

바깥지름 mm	두께 mm																	
	1.2	1.6	2.0	2.3	2.6	2.9	3.2	3.5	4.0	4.5	5.0	5.5	6.0	6.5	7.0	8.0	9.5	11.0	12.5
15.9	0.439	0.570	0.692	0.779	0.861	0.939													
19.0	0.532	0.693	0.847	0.957	1.06	1.16													
21.7	0.613	0.801	0.981	1.11	1.24	1.36	1.47												
25.4	0.723	0.949	1.17	1.32	1.48	1.63	1.77	1.91											
27.2	0.777	1.02	1.26	1.43	1.59	1.76	1.91	2.07	2.31										
31.8	0.915	1.20	1.48	1.69	1.89	2.09	2.28	2.47	2.77	3.06									
34.0		1.29	1.59	1.82	2.03	2.45	2.46	2.66	2.99	3.31	3.61								
38.1		1.45	1.80	2.05	2.30	2.54	2.78	3.02	3.40	3.77	4.12	4.47							
42.7			2.03	2.31	2.60	2.88	3.15	3.42	3.86	4.28	4.70	5.10	5.49						
45.0			2.14	2.45	2.75	3.04	3.33	3.62	4.09	4.54	4.98	5.41	5.83	6.23					
48.6			2.32	2.65	2.98	3.30	3.62	3.93	4.44	4.94	5.43	5.90	6.37	6.82	7.25				
50.8			2.43	2.78	3.12	3.46	3.79	4.12	4.66	5.19	5.70	6.21	6.70	7.17	7.64	8.53	9.77	10.9	11.9
54.0			2.59	2.96	3.33	3.69	4.05	4.40	4.98	5.55	6.10	6.64	7.17	7.69	8.20	9.17	10.5	11.8	12.9
57.1			2.75	3.14	3.53	3.92	4.30	4.67	5.29	5.90	6.49	7.07	7.64	8.19	8.74	9.78	11.3	12.6	13.9
60.3			2.90	3.32	3.74	4.15	4.55	4.95	5.61	6.25	6.89	7.51	8.12	8.71	9.29	10.4	12.0	13.5	14.9
63.5				3.51	3.94	4.38	4.81	5.23	5.93	6.61	7.29	7.95	8.59	9.23	9.85	11.1	12.8	14.4	15.9
65.0				3.59	4.04	4.49	4.93	5.36	6.08	6.78	7.47	8.15	8.82	9.47	10.1	11.4	13.1	14.8	16.3

■ STB 304, STS 304 HTB, STS 304 LTB, STS 321 TB 및 STS 321 HTB의 치수 및 무게

단위 : kg/m

바깥 지름 mm	두께 mm																		
	1.2	1.6	2.0	2.3	2.6	2.9	3.2	3.5	4.0	4.5	5.0	5.5	6.0	6.5	7.0	8.0	9.5	11.0	12.5
15.9	0.439	0.570	0.692	0.779	0.861	0.939													
19.0	0.532	0.693	0.847	0.957	1.06	1.16													
21.7	0.613	0.801	0.981	1.11	1.24	1.36	1.47												
25.4	0.723	0.949	1.17	1.32	1.48	1.63	1.77	1.91											
27.2	0.777	1.02	1.26	1.43	1.59	1.76	1.91	2.07	2.31										
31.8	0.915	1.20	1.48	1.69	1.89	2.09	2.28	2.47	2.77	3.06									
34.0		1.29	1.59	1.82	2.03	2.45	2.46	2.66	2.99	3.31	3.61								
38.1		1.45	1.80	2.05	2.30	2.54	2.78	3.02	3.40	3.77	4.12	4.47							
42.7			2.03	2.31	2.60	2.88	3.15	3.42	3.86	4.28	4.70	5.10	5.49						
45.0			2.14	2.45	2.75	3.04	3.33	3.62	4.09	4.54	4.98	5.41	5.83	6.23					
48.6			2.32	2.65	2.98	3.30	3.62	3.93	4.44	4.94	5.43	5.90	6.37	6.82	7.25				
50.8			2.43	2.78	3.12	3.46	3.79	4.12	4.66	5.19	5.70	6.21	6.70	7.17	7.64	8.53	9.77	10.9	11.9
54.0			2.59	2.96	3.33	3.69	4.05	4.40	4.98	5.55	6.10	6.64	7.17	7.69	8.20	9.17	10.5	11.8	12.9
57.1			2.75	3.14	3.53	3.92	4.30	4.67	5.29	5.90	6.49	7.07	7.64	8.19	8.74	9.78	11.3	12.6	13.9
60.3			2.90	3.32	3.74	4.15	4.55	4.95	5.61	6.25	6.89	7.51	8.12	8.71	9.29	10.4	12.0	13.5	14.9
63.5				3.51	3.94	4.38	4.81	5.23	5.93	6.61	7.29	7.95	8.59	9.23	9.85	11.1	12.8	14.4	15.9
65.0				3.59	4.04	4.49	4.93	5.36	6.08	6.78	7.47	8.15	8.82	9.47	10.1	11.4	13.1	14.8	16.3
바깥 지름 mm	두께 mm																		
	1.2	1.6	2.0	2.3	2.6	2.9	3.2	3.5	4.0	4.5	5.0	5.5	6.0	6.5	7.0	8.0	9.5	11.0	12.5
70.0				3.88	4.37	4.85	5.32	5.80	6.58	7.34	8.10	8.84	9.57	10.3	11.0	12.4	14.3	16.2	17.9
76.2				4.23	4.77	5.30	5.82	6.34	7.19	8.04	8.87	9.69	10.5	11.3	12.1	13.6	15.8	17.9	19.8
82.6							6.33	6.90	7.83	8.75	9.67	10.6	11.4	12.3	13.2	14.9	17.3	19.6	21.8
88.9							6.83	7.45	8.46	9.46	10.4	11.4	12.4	13.3	14.3	16.1	18.8	21.3	23.8
101.6								8.55	9.72	10.9	12.0	13.2	14.3	15.4	16.5	18.7	21.8	24.8	27.7
114.3									11.0	12.3	13.6	14.9	16.2	17.5	18.7	21.2	24.8	28.3	31.7
127.0									12.3	13.7	15.2	16.6	18.1	19.5	20.9	23.7	27.8	31.8	35.7
139.8												18.4	20.0	21.6	23.2	26.3	30.8	35.3	39.6

■ STS 309 TB, STS 309 STB, STS 310 TB, STS 310 STB, STS 316 TB, STS 316 HTB, STS 316 LTB, STS 317 TB, STS 317 LTB, STS 347 TB 및 STS 347 HTB의 치수 및 무게

단위 : kg/m

바깥 지름 mm	두께 mm																		
	1.2	1.6	2.0	2.3	2.6	2.9	3.2	3.5	4.0	4.5	5.0	5.5	6.0	6.5	7.0	8.0	9.5	11.0	12.5
15.9	0.442	0.574	0.697	0.784	0.867	0.945													
19.0	0.535	0.698	0.852	0.963	1.07	1.17													
21.7	0.617	0.806	0.988	1.12	1.24	1.37	1.48												
25.4	0.728	0.955	1.17	1.33	1.49	1.64	1.78	1.92											
27.2	0.782	1.03	1.26	1.44	1.60	1.77	1.93	2.08	2.33										
31.8	0.921	1.21	1.49	1.70	1.90	2.10	2.29	2.48	2.79	3.08									
34.0		1.30	1.60	1.83	2.05	2.26	2.47	2.68	3.01	3.33	3.64								
38.1		1.46	1.81	2.06	2.31	2.56	2.80	3.04	3.42	3.79	4.15	4.50							
42.7			2.04	2.33	2.61	2.89	3.17	3.44	3.88	4.31	4.73	5.13	5.52						
45.0			2.16	2.46	2.76	3.06	3.35	3.64	4.11	4.57	5.01	5.45	5.87	6.27					
48.6			2.34	2.67	3.00	3.32	3.64	3.96	4.47	4.98	5.47	5.94	6.41	6.86	7.30				
50.8			2.45	2.80	3.14	3.48	3.82	4.15	4.69	5.22	5.74	6.25	6.74	7.22	7.69	8.58	9.84	11.0	12.0
54.0			2.61	2.98	3.35	3.72	4.08	4.43	5.01	5.58	6.14	6.69	7.22	7.74	8.25	9.23	10.6	11.9	13.0
57.1			2.76	3.16	3.55	3.94	4.32	4.70	5.32	5.93	6.53	7.11	7.69	8.25	8.79	9.85	11.3	12.7	14.0
60.3			2.92	3.34	3.76	4.17	4.58	4.98	5.65	6.30	6.93	7.56	8.17	8.77	9.35	10.5	12.1	13.6	15.0
63.5				3.53	3.97	4.41	4.84	5.26	5.97	6.66	7.33	8.00	8.65	9.29	9.92	11.1	12.9	14.5	16.0
65.0				3.62	4.07	4.51	4.96	5.40	6.12	6.83	7.52	8.20	8.87	9.53	10.2	11.4	13.2	14.9	16.5
70.0				3.90	4.39	4.88	5.36	5.84	6.62	7.39	8.15	8.89	9.63	10.3	11.1	12.4	14.4	16.3	18.0
76.2				4.26	4.80	5.33	5.86	6.38	7.24	8.09	8.92	9.75	10.6	11.4	12.1	13.7	15.9	18.0	20.0
82.6							6.37	6.94	7.88	8.81	9.73	10.6	11.5	12.4	13.3	15.0	17.4	19.7	22.0
88.9							6.88	7.49	8.51	9.52	10.5	11.5	12.5	13.4	14.4	16.2	18.9	21.5	23.9
101.6								8.61	9.79	11.0	12.1	13.3	14.4	15.5	16.6	18.8	21.9	25.0	27.9
114.3									11.1	12.4	13.7	15.0	16.3	17.6	18.8	21.3	25.0	28.5	31.9
127.0									12.3	13.8	15.3	16.8	18.2	19.6	21.1	23.9	28.0	32.0	35.9
139.8												18.5	20.1	21.7	23.3	26.4	31.0	35.5	39.9

■ STS 329 J1 TB 및 STS 329 J2 LTB의 치수 및 무게

단위 : kg/m

바깥지름 mm	두께 mm																		
	1.2	1.6	2.0	2.3	2.6	2.9	3.2	3.5	4.0	4.5	5.0	5.5	6.0	6.5	7.0	8.0	9.5	11.0	12.5
15.9	0.432	0.561	0.681	0.766	0.847	0.924													
19.0	0.523	0.682	0.833	0.941	1.04	1.14													
21.7	0.603	0.788	0.965	1.09	1.22	1.34	1.45												
25.4	0.711	0.933	1.15	1.30	1.45	1.60	1.74	1.88											
27.2	0.764	1.00	1.23	1.40	1.57	1.73	1.88	2.03	2.27										
31.8	0.900	1.18	1.46	1.66	1.86	2.05	2.24	2.43	2.72	3.01									
34.0		1.27	1.57	1.79	2.00	2.21	2.41	2.62	2.94	3.25	3.55								
38.1		1.43	1.77	2.02	2.26	2.50	2.74	2.97	3.34	3.70	4.05	4.39							
42.7			1.99	2.28	2.55	2.83	3.10	3.36	3.79	4.21	4.62	5.01	5.39						
45.0			2.11	2.41	2.70	2.99	3.28	3.56	4.02	4.47	4.90	5.32	5.73	6.13					
48.6			2.28	2.61	2.93	3.25	3.56	3.87	4.37	4.86	5.34	5.81	6.26	6.70	7.13				
50.8			2.39	2.73	3.07	3.40	3.73	4.06	4.59	5.10	5.61	6.10	6.59	7.05	7.51	8.39	9.61	10.7	11.7
54.0			2.55	2.91	3.27	3.63	3.98	4.33	4.90	5.46	6.00	6.54	7.06	7.56	8.06	9.02	10.4	11.6	12.7
57.1			2.70	3.09	3.47	3.85	4.23	4.60	5.20	5.80	6.38	6.95	7.51	8.06	8.59	9.62	11.1	12.4	13.7
60.3			2.86	3.27	3.68	4.08	4.48	4.87	5.52	6.15	6.77	7.38	7.98	8.57	9.14	10.3	11.8	13.3	14.6
63.5				3.45	3.88	4.31	4.73	5.15	5.83	6.50	7.17	7.82	8.45	9.08	9.69	10.9	12.6	14.1	15.6
65.0				3.53	3.97	4.41	4.85	5.27	5.98	6.67	7.35	8.02	8.67	9.32	9.95	11.2	12.9	14.6	16.1
70.0				3.81	4.29	4.77	5.23	5.70	6.47	7.22	7.96	8.69	9.41	10.1	10.8	12.2	14.1	15.9	17.6
76.2				4.16	4.69	5.21	5.72	6.23	7.08	7.90	8.72	9.53	10.3	11.1	11.9	13.4	15.5	17.6	19.5
82.6							6.22	6.78	7.70	8.61	9.51	10.4	11.3	12.1	13.0	14.6	17.0	19.3	21.5
88.9							6.72	7.32	8.32	9.31	10.3	11.2	12.2	13.1	14.0	15.9	18.5	21.0	23.4
101.6								8.41	9.56	10.7	11.8	12.9	14.1	15.1	16.2	18.3	21.4	24.4	27.3
114.3									10.8	12.1	13.4	14.7	15.9	17.2	18.4	20.8	24.4	27.8	31.2
127.0									12.1	13.5	14.9	16.4	17.8	19.2	20.6	23.3	27.3	31.3	35.1
139.8												18.1	19.7	21.2	22.8	25.8	30.3	34.7	39.0

■ STS 430 TB 및 STS XM 8 TB의 치수 및 무게

단위 : kg/m

바깥지름 mm	두께 mm																		
	1.2	1.6	2.0	2.3	2.6	2.9	3.2	3.5	4.0	4.5	5.0	5.5	6.0	6.5	7.0	8.0	9.5	11.0	12.5
15.9	0.427	0.553	0.672	0.757	0.836	0.912													
19.0	0.517	0.673	0.822	0.929	1.03	1.13													
21.7	0.595	0.778	0.953	1.08	1.20	1.32	1.43												
25.4	0.702	0.921	1.13	1.29	1.43	1.58	1.72	1.85											
27.2	0.755	0.991	1.22	1.39	1.55	1.70	1.86	2.01	2.24										
31.8	0.888	1.17	1.44	1.64	1.84	2.03	2.21	2.40	2.69	2.97									
34.0		1.25	1.55	1.76	1.97	2.18	2.38	2.58	2.90	3.21	3.51								
38.1		1.41	1.75	1.99	2.23	2.47	2.70	2.93	3.30	3.66	4.00	4.33							
42.7			1.97	2.25	2.52	2.79	3.06	3.32	3.74	4.16	4.56	4.95	5.33						
45.0			2.08	2.38	2.67	2.95	3.24	3.51	3.97	4.41	4.84	5.26	5.66	6.05					
48.6			2.25	2.58	2.89	3.21	3.51	3.82	4.32	4.80	5.27	5.73	6.18	6.62	7.04				
50.8			2.36	2.70	3.03	3.36	3.68	4.00	4.53	5.04	5.54	6.03	6.50	6.97	7.42	8.28	9.49	10.6	11.6
54.0			2.52	2.88	3.23	3.58	3.93	4.28	4.84	5.39	5.93	6.45	6.97	7.47	7.96	8.90	10.2	11.4	12.5
57.1			2.67	3.05	3.42	3.80	4.17	4.54	5.14	5.73	6.30	6.87	7.42	7.96	8.48	9.50	10.9	12.3	13.5
60.3			2.82	3.23	3.63	4.03	4.42	4.81	5.45	6.07	6.69	7.29	7.88	8.46	9.03	10.1	11.7	13.1	14.5
63.5				3.40	3.83	4.25	4.67	5.08	5.76	6.42	7.08	7.72	8.35	8.96	9.57	10.7	12.4	14.0	15.4
65.0				3.49	3.92	4.36	4.78	5.21	5.90	6.59	7.26	7.92	8.56	9.20	9.82	11.0	12.8	14.4	15.9

■ STS 430 TB 및 STS XM 8 TB의 치수 및 무게 (계속)

단위 : kg/m

바깥 지름 mm	두께 mm																		
	1.2	1.6	2.0	2.3	2.6	2.9	3.2	3.5	4.0	4.5	5.0	5.5	6.0	6.5	7.0	8.0	9.5	11.0	12.5
70.0				3.77	4.24	4.71	5.17	5.63	6.39	7.13	7.86	8.58	9.29	9.98	10.7	12.0	13.9	15.7	17.4
76.2				4.11	4.63	5.14	5.65	6.16	6.99	7.80	8.61	9.41	10.3	11.0	11.7	13.2	15.3	17.3	19.3
82.6							6.15	6.70	7.61	8.50	9.39	10.3	11.1	12.0	12.8	14.4	16.8	19.1	21.2
88.9							6.63	7.23	8.21	9.19	10.1	11.1	12.0	13.0	13.9	15.7	18.2	20.7	23.1
101.6								8.31	9.44	10.6	11.7	12.8	13.9	15.0	16.0	18.1	21.2	24.1	26.9
114.3									10.7	12.0	13.2	14.5	15.7	16.0	18.2	20.6	24.1	27.5	30.8
127.0									11.9	13.3	14.8	16.2	17.6	18.0	20.3	23.0	27.0	30.9	34.6
139.8												17.9	19.4	21.0	22.5	25.5	29.9	34.3	38.5

■ STS 329 LD TB, STS 405 TB, STS 409 TB, STS 410 TB, STS 410 Ti TB, STS 444 TB 및 STS XM 15 J1 TB의 치수 및 무게

단위 : kg/m

바깥 지름 mm	두께 mm																		
	1.2	1.6	2.0	2.3	2.6	2.9	3.2	3.5	4.0	4.5	5.0	5.5	6.0	6.5	7.0	8.0	9.5	11.0	12.5
15.9	0.430	0.557	0.677	0.762	0.842	0.918													
19.0	0.520	0.678	0.828	0.935	1.04	1.14													
21.7	0.599	0.783	0.960	1.09	1.21	1.33	1.44												
25.4	0.707	0.927	1.14	1.29	1.44	1.59	1.73	1.87											
27.2	0.760	0.997	1.23	1.39	1.56	1.72	1.87	2.02	2.26										
31.8	0.894	1.18	1.45	1.65	1.85	2.04	2.23	2.41	2.71	2.99									
34.0		1.26	1.56	1.78	1.99	2.20	2.40	2.60	2.92	3.23	3.53								
38.1		1.42	1.76	2.00	2.25	2.49	2.72	2.95	3.32	3.68	4.03	4.37							
42.7			1.98	2.26	2.54	2.81	3.08	3.34	3.77	4.19	4.59	4.98	5.36						
45.0			2.09	2.39	2.68	2.97	3.26	3.54	3.99	4.44	4.87	5.29	5.70	6.09					
48.6			2.27	2.59	2.91	3.23	3.53	3.84	4.34	4.83	5.31	5.77	6.22	6.66	7.09				
50.8			2.38	2.72	3.05	3.38	3.71	4.03	4.56	5.07	5.58	6.07	6.55	7.01	7.47	8.33	9.55	10.7	11.7
54.0			2.53	2.90	3.25	3.61	3.96	4.30	4.87	5.42	5.97	6.50	7.01	7.52	8.01	8.96	10.3	11.5	12.6
57.1			2.68	3.07	3.45	3.83	4.20	4.57	5.17	5.76	6.34	6.91	7.47	8.01	8.54	9.56	11.0	12.3	13.6
60.3			2.84	3.25	3.65	4.05	4.45	4.84	5.48	6.11	6.73	7.34	7.93	8.52	9.08	10.2	11.8	13.2	14.5
63.5				3.43	3.86	4.28	4.70	5.11	5.80	6.46	7.12	7.77	8.40	9.02	9.63	10.8	12.5	14.1	15.5
65.0				3.51	3.95	4.39	4.82	5.24	5.94	6.63	7.31	7.97	8.62	9.26	9.89	11.1	12.8	14.5	16.0
70.0				3.79	4.27	4.74	5.21	5.67	6.43	7.18	7.91	8.64	9.35	10.1	10.7	12.1	14.0	15.8	17.5
76.2				4.14	4.66	5.18	5.69	6.20	7.03	7.86	8.67	9.47	10.3	11.0	11.8	13.3	15.4	17.5	19.4
82.6							6.19	6.74	7.66	8.56	9.45	10.3	11.2	12.0	12.9	14.5	16.9	19.2	21.3
88.9							6.68	7.28	8.27	9.29	10.2	11.2	12.1	13.0	14.0	15.8	18.4	20.9	23.3
101.6								8.36	9.51	10.6	11.8	12.9	14.0	15.1	16.1	18.2	21.3	24.3	27.1
114.3									10.7	12.0	13.3	14.6	15.8	17.1	18.3	20.7	24.2	27.7	31.0
127.0									12.0	13.4	14.9	16.3	17.7	19.1	20.5	23.2	27.2	31.1	34.9
139.8												18.0	19.5	21.1	22.6	25.7	30.1	34.5	38.7

■ STS XM 27TB의 치수 및 무게

단위 : kg/m

바깥지름 mm	두께 mm																		
	1.2	1.6	2.0	2.3	2.6	2.9	3.2	3.5	4.0	4.5	5.0	5.5	6.0	6.5	7.0	8.0	9.5	11.0	12.5
15.9	0.425	0.551	0.670	0.754	0.833	0.909													
19.0	0.515	0.671	0.819	0.926	1.03	1.13													
21.7	0.593	0.775	0.950	1.08	1.20	1.31	1.43												
25.4	0.700	0.918	1.13	1.28	1.43	1.57	1.71	1.85											
27.2	0.752	0.987	1.21	1.38	1.54	1.70	1.85	2.00	2.24										
31.8	0.885	1.16	1.44	1.64	1.83	2.02	2.21	2.39	2.68	2.96									
34.0		1.25	1.54	1.76	1.97	2.17	2.38	2.57	2.89	3.20	3.49								
38.1		1.41	1.74	1.98	2.22	2.46	2.69	2.92	3.39	3.64	3.99	4.32							
42.7			1.96	2.24	2.51	2.78	3.05	3.31	3.73	4.14	4.54	4.93	5.31						
45.0			2.07	2.37	2.66	2.94	3.22	3.50	3.95	4.39	4.82	5.24	5.64	6.03					
48.6			2.25	2.57	2.88	3.19	3.50	3.80	4.30	4.78	5.25	5.71	6.16	6.59	7.02				
50.8			2.35	2.69	3.02	3.35	3.67	3.99	4.51	5.02	5.52	6.00	6.48	6.94	7.39	8.25	9.46	10.6	11.5
54.0			2.51	2.87	3.22	3.57	3.92	4.26	4.82	5.37	5.90	6.43	6.94	7.44	7.93	8.87	10.2	11.4	12.5
57.1			2.66	3.04	3.41	3.79	4.16	4.52	5.12	5.70	6.28	6.84	7.39	7.93	8.45	9.47	10.9	12.2	13.4
60.3			2.81	3.21	3.62	4.01	4.40	4.79	5.43	6.05	6.66	7.26	7.85	8.43	8.99	10.1	11.6	13.1	14.4
63.5				3.39	3.82	4.24	4.65	5.06	5.74	6.40	7.05	7.69	8.31	8.93	9.53	10.7	12.4	13.9	15.4
65.0				3.48	3.91	4.34	4.77	5.19	5.88	6.56	7.23	7.89	8.53	9.16	9.78	11.0	12.7	14.3	15.8
70.0				3.75	4.22	4.69	5.15	5.61	6.36	7.10	7.83	8.55	9.25	9.95	10.6	12.0	13.9	15.6	17.3
76.2				4.10	4.61	5.12	5.63	6.13	6.96	7.78	8.58	9.37	10.2	0.9	11.7	13.1	15.3	17.3	19.2
82.6							6.12	6.67	7.58	8.47	9.35	10.2	11.1	11.9	12.8	14.4	16.7	19.0	21.1
88.9							6.61	7.20	8.18	9.15	10.1	11.1	12.0	12.9	13.8	15.6	18.2	20.7	23.0
101.6								8.27	9.41	10.5	11.6	12.7	13.8	14.9	16.0	18.0	21.1	24.0	26.8
114.3									10.6	11.9	13.2	14.4	15.7	16.9	18.1	20.5	24.0	27.4	30.7
127.0									11.9	13.3	14.7	16.1	17.5	18.9	20.2	22.9	26.9	30.8	34.5
139.8												17.8	19.3	20.9	22.4	25.4	29.8	34.1	38.3

■ STS 305 TB의 치수 및 무게

단위 : kg/m

바깥지름 mm	두께 mm																		
	1.2	1.6	2.0	2.3	2.6	2.9	3.2	3.5	4.0	4.5	5.0	5.5	6.0	6.5	7.0	8.0	9.5	11.0	12.5
15.9	0.449	0.582	0.707	0.796	0.880	0.959													
19.0	0.543	0.708	0.865	0.977	1.08	1.19													
21.7	0.626	0.818	1.00	1.14	1.26	1.39	1.51												
25.4	0.739	0.969	1.19	1.35	1.51	1.66	1.81	1.95											
27.2	0.794	1.04	1.28	1.46	1.63	1.79	1.95	2.11	2.36										
31.8	0.934	1.23	1.52	1.73	1.93	2.13	2.33	2.52	2.83	3.13									
34.0		1.32	1.63	1.85	2.08	2.29	2.51	2.72	3.05	3.38	3.69								
38.1		1.49	1.84	2.09	2.35	2.60	2.84	3.08	3.47	3.85	4.21	4.56							
42.7			2.07	2.36	2.65	2.94	3.22	3.49	3.94	4.37	4.80	5.21	5.60						
45.0			2.19	2.50	2.80	3.11	3.40	3.70	4.17	4.64	5.09	5.53	5.95	6.37					
48.6			2.37	2.71	3.04	3.37	3.70	4.02	4.54	5.05	5.55	6.03	6.50	6.96	7.41				
50.8			2.48	2.84	3.19	3.53	3.88	4.21	4.76	5.30	5.83	6.34	6.84	7.33	7.80	8.71	9.98	11.1	12.2
54.0			2.65	3.03	3.40	3.77	4.14	4.50	5.09	5.67	6.23	6.79	7.33	7.85	8.37	9.36	10.8	12.0	13.2
57.1			2.80	3.21	3.60	4.00	4.39	4.77	5.40	6.02	6.63	7.22	7.80	8.37	8.92	9.99	11.5	12.9	14.2
60.3			2.97	3.39	3.82	4.23	4.65	5.06	5.73	6.39	7.03	7.67	8.29	8.90	9.49	10.6	12.3	13.8	15.2
63.5				3.58	4.03	4.47	4.91	5.34	6.05	6.75	7.44	8.12	8.78	9.43	10.1	11.3	13.1	14.7	16.2
65.0				3.67	4.13	4.58	5.03	5.48	6.21	6.93	7.63	8.33	9.01	9.67	10.3	11.6	13.4	15.1	16.7

■ STS 305 TB의 치수 및 무게 (계속)

단위 : kg/m

바깥 지름 mm	두께 mm																		
	1.2	1.6	2.0	2.3	2.6	2.9	3.2	3.5	4.0	4.5	5.0	5.5	6.0	6.5	7.0	8.0	9.5	11.0	12.5
70.0				3.96	4.46	4.95	5.44	5.92	6.72	7.50	8.27	9.02	9.77	10.5	11.2	12.6	14.6	16.5	18.3
76.2				4.32	4.87	5.41	5.94	6.47	7.35	8.21	9.06	9.89	10.7	11.5	12.3	13.9	16.1	18.2	20.3
82.6							6.46	7.04	8.00	8.94	9.87	10.8	11.7	12.6	13.5	15.2	17.7	20.0	22.3
88.9							6.98	7.60	8.64	9.66	10.7	11.7	12.7	13.6	14.6	16.5	19.2	21.8	24.3
101.6								8.73	9.93	11.1	12.3	13.4	14.6	15.7	16.8	19.0	22.3	25.4	28.3
114.3									11.2	12.6	13.9	15.2	16.5	17.8	19.1	21.6	25.3	28.9	32.4
127.0									12.5	14.0	15.5	17.0	18.5	19.9	21.4	24.2	28.4	32.5	36.4
139.8												18.8	20.4	22.0	23.6	26.8	31.5	36.0	40.5

9-5 가열로용 강관 KS D 3587 (폐지)

■ 종류의 기호

<table>
<tr><th colspan="2">분류</th><th>종류의 기호</th><th>분류</th><th>종류의 기호</th></tr>
<tr><td colspan="2">탄소강 강관</td><td>STF 410</td><td>오스테나이트계
스테인리스 강관</td><td>STS 304 TF
STS 304H TF
STS 309 TF
STS 310 TF
STS 316 TF
STS 316H TF
STS 321 TF
STS 321H TF
STS 347 TF
STS 347H TF</td></tr>
<tr><td rowspan="2">합금강 강관</td><td>몰리브덴강 강관</td><td>STFA 12</td><td rowspan="2">니켈-크롬-철 합금관</td><td rowspan="2">NCF 800 TF
NCF 800H TF</td></tr>
<tr><td>크롬-몰리브덴강 강관</td><td>STFA 22
STFA 23
STFA 24
STFA 25
STFA 26</td></tr>
</table>

■ 화학 성분

종류의 기호	화학 성분 %								
	C	Si	Mn	P	S	Ni	Cr	Mo	기타
STF 410	0.30 이하	0.10~0.35	0.30~1.00	0.035 이하	0.035 이하	-	-	-	-
STFA 12	0.10~0.20	0.10~0.50	0.30~0.80	0.035 이하	0.035 이하	-	-	0.45~0.65	-
STFA 22	0.15 이하	0.50 이하	0.30~0.60	0.035 이하	0.035 이하	-	0.80~1.25	0.45~0.65	-
STFA 23	0.15 이하	0.50~1.00	0.30~0.60	0.030 이하	0.030 이하	-	1.00~1.50	0.45~0.65	-
STFA 24	0.15 이하	0.50 이하	0.30~0.60	0.030 이하	0.030 이하	-	1.90~2.60	0.87~1.13	-
STFA 25	0.15 이하	0.50 이하	0.30~0.60	0.030 이하	0.030 이하	-	4.00~6.00	0.45~0.65	-
STFA 26	0.15 이하	0.25~1.00	0.30~0.60	0.030 이하	0.030 이하	-	8.00~10.00	0.90~1.10	-
STS 304 TF	0.08 이하	1.00 이하	2.00 이하	0.040 이하	0.030 이하	8.00~11.00	18.00~20.00	-	-
STS 304H TF	0.04~0.10	0.75 이하	2.00 이하	0.040 이하	0.030 이하	8.00~11.00	18.00~20.00	-	-
STS 309 TF	0.15 이하	1.00 이하	2.00 이하	0.040 이하	0.030 이하	12.00~15.00	22.00~24.00	-	-
STS 310 TF	0.15 이하	1.50 이하	2.00 이하	0.040 이하	0.030 이하	19.00~22.00	24.00~26.00	-	-
STS 316 TF	0.08 이하	1.00 이하	2.00 이하	0.040 이하	0.030 이하	10.00~14.00	16.00~18.00	2.00~3.00	-

■ 화학 성분 (계속)

종류의 기호	화학 성분 %								
	C	Si	Mn	P	S	Ni	Cr	Mo	기타
STS 316H TF	0.04~0.10	0.75 이하	2.00 이하	0.030 이하	0.030 이하	11.00~14.00	16.00~18.00	2.00~3.00	–
STS 321 TF	0.08 이하	1.00 이하	2.00 이하	0.040 이하	0.030 이하	9.00~13.00	17.00~19.00	–	Ti5×C% 이상
STS 321H TF	0.04~0.10	0.75 이하	2.00 이하	0.030 이하	0.030 이하	9.00~13.00	17.00~19.00	–	Ti4×C% ~0.60
STS 347 TF	0.08 이하	1.00 이하	2.00 이하	0.040 이하	0.030 이하	9.00~13.00	17.00~19.00	–	Nb10×C% 이상
STS 347H TF	0.04~0.10	0.75 이하	2.00 이하	0.030 이하	0.030 이하	9.00~13.00	17.00~20.00	–	Nb8×C% ~1.00
NCF 800 TF	0.10 이하	1.00 이하	1.50 이하	0.030 이하	0.015 이하	30.00~35.00	19.00~23.00	–	Cu 0.75 이하 Al 0.15~0.60 Ti 0.15~0.60
NCF 800H TF	0.05~0.10	1.00 이하	1.50 이하	0.030 이하	0.015 이하	30.00~35.00	19.00~23.00	–	Cu 0.75 이하 Al 0.15~0.60 Ti 0.15~0.60

■ 기계적 성질

종류의 기호	가공의 구분	인장 강도 N/mm^2 (kgf/mm^2)	항복점 또는 내력 N/mm^2 (kgf/mm^2)	연신율 %			
				11호 시험편 12호 시험편	5호 시험편	4호 시험편	
				세로 방향	가로 방향	세로 방향	가로 방향
STF 410	–	410 이상 (42)	245 이상 (25)	25 이상	25 이상	24 이상	19 이상
STFA 12	–	380 이상 (39)	205 이상 (21)	30 이상	25 이상	24 이상	19 이상
STFA 22	–	410 이상 (42)	205 이상 (21)	30 이상	25 이상	24 이상	19 이상
STFA 23	–	410 이상 (42)	205 이상 (21)	30 이상	25 이상	24 이상	19 이상
STFA 24	–	410 이상 (42)	205 이상 (21)	30 이상	25 이상	24 이상	19 이상
STFA 25	–	410 이상 (42)	205 이상 (21)	30 이상	25 이상	24 이상	19 이상
STFA 26	–	410 이상 (42)	205 이상 (21)	30 이상	25 이상	24 이상	19 이상
STS 304 TF	–	520 이상 (53)	205 이상 (21)	35 이상	25 이상	30 이상	22 이상
STS 304H TF	–	520 이상 (53)	205 이상 (21)	35 이상	25 이상	30 이상	22 이상
STS 309 TF	–	520 이상 (53)	205 이상 (21)	35 이상	25 이상	30 이상	22 이상
STS 310 TF	–	520 이상 (53)	205 이상 (21)	35 이상	25 이상	30 이상	22 이상
STS 316 TF	–	520 이상 (53)	205 이상 (21)	35 이상	25 이상	30 이상	22 이상
STS 316H TF	–	520 이상 (53)	205 이상 (21)	35 이상	25 이상	30 이상	22 이상
STS 321 TF	–	520 이상 (53)	205 이상 (21)	35 이상	25 이상	30 이상	22 이상
STS 321H TF	–	520 이상 (53)	205 이상 (21)	35 이상	25 이상	30 이상	22 이상
STS 347 TF	–	520 이상 (53)	205 이상 (21)	35 이상	25 이상	30 이상	22 이상
STS 347H TF	–	520 이상 (53)	205 이상 (21)	35 이상	25 이상	30 이상	22 이상
NCF 800 TF	냉간 가공 열간 가공	520 이상 (53) 450 이상 (46)	205 이상 (21) 175 이상 (18)	30 이상 30 이상	– –	– –	– –
NCF 800H TF	–	450 이상 (46)	175 이상 (18)	30 이상	–	–	–

■ 탄소강 강관 및 합금강 강관의 열처리

종류의 기호	열처리	
STF 410	열간 가공 이음매 없는 강관	제조한 그대로 다만, 필요에 따라 저온 어닐링 또는 노멀라이징을 할 수 있다.
	냉간 가공 이음매 없는 강관	저온 어닐링 또는 노멀라이징
STFA 12	저온 어닐링, 등온 어닐링, 완전 어닐링, 노멀라이징 또는 노멀라이징 후 템퍼링	
STFA 22	저온 어닐링, 등온 어닐링, 완전 어닐링 또는 노멀라이징 후 템퍼링	
STFA 23 STFA 24 STFA 25 STFA 26	등온 어닐링, 완전 어닐링 또는 노멀라이징 후 템퍼링	

비 고

- STFA 23, STFA 24, STFA 25 및 STFA 26의 템퍼링 온도는 650℃ 이상으로 한다.

■ 오스테나이트계 스테인리스 강 강관 및 니켈–크롬–철 합금관의 열처리

종류의 기호	고용화 열처리 ℃	어닐링 ℃
STS 304 TF	1010 이상 급랭	–
STS 304H TF	1040 이상 급랭	–
STS 309 TF	1030 이상 급랭	–
STS 310 TF	1030 이상 급랭	–
STS 316 TF	1010 이상 급랭	–
STS 316H TF	1040 이상 급랭	–
STS 321 TF	920 이상 급랭	–
STS 321H TF	냉간 가공 1095 이상 급랭 열간 가공 1050 이상 급랭	–
STS 347 TF	980 이상 급랭	–
STS 347H TF	냉간 가공 1095 이상 급랭 열간 가공 1050 이상 급랭	–
NCF 800 TF	–	950 이상 급랭
NCF 800H TF	1100 이상 급랭	–

비 고

- STS 321 TF 및 STS 347 TF에 대해서는 안정화 열처리를 지정할 수 있다. 이 경우의 열처리 온도는 850~930℃로 한다.

■ 탄소강, 합금강 및 니켈-크롬-철 합금 가열로용 강관의 치수 및 무게

단위 : kg/m

호칭 지름		바깥 지름	두께 mm																	
A	B	mm	4.0	4.5	5.0	5.5	6.0	6.5	7.0	8.0	9.5	11.0	12.5	14.0	16.0	18.0	20.0	22.0	25.0	28.0
50	2	60.5	5.57	6.21	6.84	7.46	8.06	8.66	9.24	10.4	11.9									
65	2½	76.3		7.97	8.79	9.60	10.4	11.2	12.0	13.5	15.6									
80	3	89.1		9.39	10.4	11.3	12.3	13.2	14.2	16.0	18.6	21.2								
90	3½	101.6		10.8	11.9	13.0	14.1	15.2	16.3	18.5	21.6	24.6	27.5							
100	4	114.3			13.5	14.8	16.0	17.3	18.5	21.0	24.6	28.0	31.4	34.6						
125	5	139.8			16.6	18.2	19.8	21.4	22.9	26.0	30.5	34.9	39.2	43.4	48.8					
150	6	165.2				21.7	23.6	25.4	27.3	31.0	36.5	41.8	47.1	52.2	58.9	65.3				
200	8	216.3						33.6	36.1	41.1	48.4	55.7	62.8	69.8	79.0	88.0	96.8	105		
250	10	267.4						41.8	45.0	51.2	60.4	69.6	78.0	87.5	99.2	111	122	133	149	165

■ 스테인리스 강 가열로용 강관의 치수 및 무게

단위 : kg/m

호칭 지름		바깥 지름	종 류	두께 mm																	
A	B	mm		4.0	4.5	5.0	5.5	6.0	6.5	7.0	8.0	9.5	11.0	12.5	14.0	16.0	18.0	20.0	22.0	25.0	28.0
50	2	60.5	STS 304 TF, STS 304 HTF STS 321 TF, STS 321 HTF	5.63	6.28	6.91	7.54	8.15	8.74	9.33	10.5	12.1									
			상기 이외	5.67	6.32	7.00	7.58	8.20	8.80	9.39	10.5	12.1									
65	2½	76.3	STS 304 TF, STS 304 HTF STS 321 TF, STS 321 HTF		8.05	8.88	9.70	10.5	11.3	12.1	13.6	15.8									
			상기 이외		8.10	8.94	9.76	10.5	11.3	12.1	13.7	15.9									
80	3	89.1	STS 304 TF, STS 304 HTF STS 321 TF, STS 321 HTF		9.48	10.5	11.5	12.4	13.4	14.3	16.2	18.8	21.4								
			상기 이외		9.54	10.5	11.5	12.5	13.5	14.4	16.3	19.0	21.5								
90	3½	101.6	STS 304 TF, STS 304 HTF STS 321 TF, STS 321 HTF		10.9	12.0	13.2	14.3	15.4	16.5	18.7	21.8	24.8	27.7							
			상기 이외		11.0	12.1	13.3	14.4	15.5	16.6	18.8	21.9	25.0	27.9							
100	4	114.3	STS 304 TF, STS 304 HTF STS 321 TF, STS 321 HTF			13.6	14.9	16.2	17.5	18.7	21.2	24.8	28.3	31.7	35.0						
			상기 이외			13.7	15.0	16.3	17.6	18.8	21.3	25.0	28.5	31.9	35.2						
125	5	139.8	STS 304 TF, STS 304 HTF STS 321 TF, STS 321 HTF			16.8	18.4	20.0	21.6	23.2	26.3	30.8	35.3	39.6	43.9	49.3					
			상기 이외			17.0	18.5	20.1	21.7	23.3	26.4	31.0	35.5	39.9	44.2	49.5					
150	6	165.2	STS 304 TF, STS 304 HTF STS 321 TF, STS 321 HTF				21.9	23.8	25.7	27.6	31.3	36.8	42.3	47.5	52.7	59.5	66.0				
			상기 이외				22.0	23.9	25.9	27.8	31.5	37.1	42.5	47.9	53.1	59.8	66.4				
200	8	216.3	STS 304 TF, STS 304 HTF STS 321 TF, STS 321 HTF						34.0	36.5	41.5	48.9	56.3	63.5	70.6	79.8	88.9	97.8	106		
			상기 이외						34.2	36.7	41.8	49.3	56.6	63.9	71.0	80.3	89.5	98.4	107		
250	10	267.4	STS 304 TF, STS 304 HTF STS 321 TF, STS 321 HTF						42.2	45.4	51.7	61.0	70.3	79.4	88.4	100	112	123	134	151	167
			상기 이외						42.5	45.7	52.0	61.4	70.7	79.9	88.9	101	113	124	135	152	168

9-6 배관용 및 열 교환기용 타이타늄, 팔라듐 합금관 KS D 3759 : 2008

■ 종류 및 기호

<table>
<tr><th>종류</th><th>제조 방법</th><th>마무리 방법</th><th>기호</th><th>특색 및 용도 보기</th></tr>
<tr><td rowspan="4">1종</td><td rowspan="2">이음매 없는 관</td><td>열간 압출</td><td>TTP 28 Pd E</td><td rowspan="12">• 내식성, 특히 틈새 내식성이 좋다. 화학 장치, 석유 정제 장치, 펄프 제지 공업 장치 등에 사용된다.
[비고] 기호 중 TTP는 배관용이고, ( )의 TTH는 열 교환기용 기호이다.</td></tr>
<tr><td>냉간 인발</td><td>TTP 28 Pd D
(TTH 28 Pd D)</td></tr>
<tr><td rowspan="2">용접관</td><td>용접한 대로</td><td>TTP 28 Pd W
(TTH 28 Pd W)</td></tr>
<tr><td>냉간 인발</td><td>TTP 28 Pd WD
(TTH 28 Pd WD)</td></tr>
<tr><td rowspan="4">2종</td><td rowspan="2">이음매 없는 관</td><td>열간 압출</td><td>TTP 35 Pd E</td></tr>
<tr><td>냉간 인발</td><td>TTP 35 Pd D
(TTH 35 Pd D)</td></tr>
<tr><td rowspan="2">용접관</td><td>용접한 대로</td><td>TTP 35 Pd W
(TTH 35 Pd W)</td></tr>
<tr><td>냉간 인발</td><td>TTP 35 Pd WD
(TTH 35 Pd WD)</td></tr>
<tr><td rowspan="4">3종</td><td rowspan="2">이음매 없는 관</td><td>열간 압출</td><td>TTP 49 Pd E</td></tr>
<tr><td>냉간 인발</td><td>TTP 49 Pd D
(TTH 49 Pd D)</td></tr>
<tr><td rowspan="2">용접관</td><td>용접한 대로</td><td>TTP 49 Pd W
(TTH 49 Pd W)</td></tr>
<tr><td>냉간 인발</td><td>TTP 49 Pd WD
(TTH 49 Pd WD)</td></tr>
</table>

■ 화학 성분

종류	화학 성분 %					
	H	O	N	Fe	Pd	Ti
1종	0.015 이하	0.15 이하	0.05 이하	0.20 이하	0.12~0.25	나머지
2종	0.015 이하	0.20 이하	0.05 이하	0.25 이하	0.12~0.25	나머지
3종	0.015 이하	0.30 이하	0.07 이하	0.30 이하	0.12~0.25	나머지

■ 일반 배관용 이음매 없는 관의 기계적 성질

종류	바깥지름 mm	두께 mm	인장 시험	
			인장 강도 N/mm²	연신율 %
1종	10 이상 80 이하	1 이상 10 이하	280~420	27 이상
2종	10 이상 80 이하	1 이상 10 이하	350~520	23 이상
3종	10 이상 80 이하	1 이상 10 이하	490~620	18 이상

■ 일반 배관용 용접관의 기계적 성질

종류	바깥지름 mm	두께 mm	인장 시험	
			인장 강도 N/mm^2	연신율 %
1종	10 이상 150 이하	1 이상 10 미만	280~420	27 이상
2종	10 이상 150 이하	1 이상 10 미만	350~520	23 이상
3종	10 이상 150 이하	1 이상 10 미만	490~620	18 이상

■ 열 교환기용 이음매 없는 관의 기계적 성질

종류	바깥지름 mm	두께 mm	인장 시험	
			인장 강도 N/mm^2	연신율 %
1종	10 이상 60 이하	1 이상 5 이하	280~420	27 이상
2종	10 이상 60 이하	1 이상 5 이하	350~520	23 이상
3종	10 이상 60 이하	1 이상 5 이하	490~620	18 이상

■ 열 교환기용 용접관의 기계적 성질

종류	바깥지름 mm	두께 mm	인장 시험	
			인장 강도 N/mm^2	연신율 %
1종	10 이상 60 이하	0.5 이상 3 미만	280~420	27 이상
2종	10 이상 60 이하	0.5 이상 3 미만	350~520	23 이상
3종	10 이상 60 이하	0.5 이상 3 미만	490~620	18 이상

CHAPTER 10

특수 용도 강관 및 합금관

10-1 강제 전선관 KS C 8401 : 2016

■ 후강 전선관의 치수, 무게 및 유효 나사부의 길이와 바깥지름 및 무게의 허용차

호칭 방법	바깥 지름 mm	바깥지름의 허용차 mm	두께 mm	무게 kg/m	유효 나사부의 길이 mm	
					최대	최소
G 12	–	–	–	–	–	–
G 16	21.0	±0.3	2.3	1.06	19	16
G 21	–	–	–	–	–	–
G 22	26.5	±0.3	2.3	1.37	22	19
G 27	–	–	–	–	–	–
G 28	33.3	±0.3	2.5	1.90	25	22
G 35	–	–	–	–	–	–
G 36	41.9	±0.3	2.5	2.43	28	25
G 41	–	–	–	–	–	–
G 42	47.8	±0.3	2.5	2.79	28	25
G 53	–	–	–	–	–	–
G 54	59.6	±0.3	2.8	3.92	32	28
G 63	–	–	–	–	–	–
G 70	75.2	±0.3	2.8	5.00	36	32
G 78	–	–	–	–	–	–
G 82	87.9	±0.3	2.8	5.88	40	36
G 91	–	–	–	–	–	–
G 92	100.7	±0.4	3.5	8.39	42	36
G 103	–	–	–	–	–	–
G 104	113.4	±0.4	3.5	9.48	45	39
G 129	–	–	–	–	–	–
G 155	–	–	–	–	–	–

■ 박강 전선관의 치수, 무게 및 유효 나사부의 길이와 바깥지름 및 무게의 허용차

호칭 방법	바깥 지름 mm	바깥지름의 허용차 mm	두께 mm	무게 kg/m	유효 나사부의 길이 mm	
					최대	최소
C 19	19.1	±0.2	1.6	0.690	14	12
C 25	25.4	±0.2	1.6	0.939	17	15
C 31	31.8	±0.2	1.6	1.19	19	17
C 39	38.1	±0.2	1.6	1.44	21	19
C 51	50.8	±0.2	1.6	1.94	24	22
C 63	63.5	±0.35	2.0	3.03	27	25
C 75	76.2	±0.35	2.0	3.66	30	28

■ 나사없는 전선관의 치수 및 무게와 바깥지름 및 무게의 허용차

호칭 방법	바깥 지름 mm	바깥지름의 허용차 mm	두께 mm	무게 kg/m
E 19	19.1	±0.15	1.2	0.530
E 25	25.4	±0.15	1.2	0.716
E 31	31.8	±0.15	1.4	1.05
E 39	38.1	±0.15	1.4	1.27
E 51	50.8	±0.15	1.4	1.71
E 63	63.5	±0.25	1.6	2.44
E 75	76.2	±0.25	1.8	3.30

10-2 고압 가스 용기용 이음매 없는 강관 KS D 3575 : 2008

■ 종류의 기호 및 분류

종류의 기호	분류
STHG 11 STHG 12	망간강 강관
STHG 21 STHG 22	크롬몰리브덴강 강관
STHG 31	니켈크롬몰리브덴강 강관

■ 화학 성분

단위 : %

종류의 기호	C	Si	Mn	P	S	Ni	Cr	Mo
STHG 11	0.50 이하	0.10~0.35	1.80 이하	0.035 이하	0.035 이하	–	–	–
STHG 12	0.30~0.41	0.10~0.35	1.35~1.70	0.030 이하	0.030 이하	–	–	–
STHG 21	0.25~0.35	0.15~0.35	0.40~0.90	0.030 이하	0.030 이하	0.25 이하	0.80~1.20	0.15~0.30
STHG 22	0.33~0.38	0.15~0.35	0.40~0.90	0.030 이하	0.030 이하	0.25 이하	0.80~1.20	0.15~0.30
STHG 31	0.35~0.40	0.10~0.50	1.20~1.50	0.030 이하	0.030 이하	0.50~1.00	0.30~0.60	0.15~0.25

10-3 열 교환기용 이음매 없는 니켈-크로뮴-철합금 관 KS D 3757 : 2008

■ 종류의 기호 및 화학 성분

단위 : %

종류의 기호	C	Si	Mn	P	S	Ni	Cr	Fe	Mo	Cu	Al	Ti	Nb+Ta
NCF 600 TB	0.15 이하	0.50 이하	1.00 이하	0.030 이하	0.015 이하	72.00 이상	14.00~17.00	6.00~17.00	–	0.50 이하	–	–	–
NCF 625 TB	0.10 이하	0.50 이하	0.50 이하	0.015 이하	0.015 이하	58.00 이상	20.00~23.00	5.00 이하	8.00~10.00	–	0.40 이하	0.40 이하	3.15~4.15
NCF 690 TB	0.05 이하	0.50 이하	0.50 이하	0.030 이하	0.015 이하	58.00 이상	27.00~31.00	7.00~11.00	–	0.50 이하	–	–	–

■ 종류의 기호 및 화학 성분

단위 : %

종류의 기호	C	Si	Mn	P	S	Ni	Cr	Fe	Mo	Cu	Al	Ti	Nb+Ta
NCF 800 TB	0.10 이하	1.00 이하	1.50 이하	0.030 이하	0.015 이하	30.00~35.00	19.00~23.00	나머지	–	0.75 이하	0.15~0.60	0.15~0.60	–
NCF 800 HTB	0.05~0.10	1.00 이하	1.50 이하	0.030 이하	0.015 이하	30.00~35.00	19.00~23.00	나머지	–	0.75 이하	0.15~0.60	0.15~0.60	–
NCF 825 TB	0.05 이하	0.50 이하	1.00 이하	0.030 이하	0.015 이하	33.00~45.00	19.50~23.50	나머지	2.50~3.50	1.50~3.00	0.20 이하	0.60~1.20	–

■ 기계적 성질

종류의 기호	열처리	인장강도 N/mm^2	항복 강도 N/mm^2	연신율 %
NCF 600 TB	어닐링	550 이상	245 이상	30 이상
NCF 625 TB	어닐링	820 이상	410 이상	30 이상
	고용화 열처리	690 이상	275 이상	30 이상
NCF 690 TB	어닐링	590 이상	245 이상	30 이상
NCF 800 TB	어닐링	520 이상	205 이상	30 이상
NCF 800 HTB	고용화 열처리	450 이상	175 이상	30 이상
NCF 825 TB	어닐링	580 이상	235 이상	30 이상

■ 열처리

종류의 기호	열처리 ℃	
	고용화 열처리	어닐링
NCF 600 TB	–	900 이상 급랭
NCF 625 TB	1090 이상 급랭	870 이상 급랭
NCF 690 TB	–	900 이상 급랭
NCF 800 TB	–	950 이상 급랭
NCF 800 HTB	1100 이상 급랭	–
NCF 825 TB	–	930 이상 급랭

10-4 배관용 이음매 없는 니켈-크로뮴-철합금 관 KS D 3758 : 2008

■ 종류의 기호 및 열처리

종류의 기호	열처리 ℃	
	고용화 열처리	어닐링
NCF 600 TP	–	900 이상 급랭
NCF 625 TP	1090 이상 급랭	870 이상 급랭
NCF 690 TP	–	900 이상 급랭
NCF 800 TP	–	950 이상 급랭
NCF 800 HTP	1100 이상 급랭	–
NCF 825 TP	–	930 이상 급랭

■ 화학 성분

단위 : %

종류의 기호	C	Si	Mn	P	S	Ni	Cr	Fe	Mo	Cu	Al	Ti	Nb+Ta
NCF 600 TP	0.15 이하	0.50 이하	1.00 이하	0.030 이하	0.015 이하	72.00 이상	14.00~17.00	6.00~10.00	–	0.50 이하	–	–	–
NCF 625 TP	0.10 이하	0.50 이하	0.50 이하	0.015 이하	0.015 이하	58.00 이상	20.00~23.00	5.00 이하	8.00~10.00	–	0.40 이하	0.40 이하	3.15~4.15
NCF 690 TP	0.05 이하	0.50 이하	0.50 이하	0.030 이하	0.015 이하	58.00 이상	27.00~31.00	7.00~11.00	–	0.50 이하	–	–	–
NCF 800 TP	0.10 이하	1.00 이하	1.50 이하	0.030 이하	0.015 이하	30.00~35.00	19.00~23.00	나머지	–	0.75 이하	0.15~0.60	0.15~0.60	–
NCF 800 HTP	0.05~0.10	1.00 이하	1.50 이하	0.030 이하	0.015 이하	30.00~35.00	19.00~23.00	나머지	–	0.75 이하	0.15~0.60	0.15~0.60	–
NCF 825 TP	0.05 이하	0.50 이하	1.00 이하	0.030 이하	0.015 이하	38.00~46.00	19.50~23.50	나머지	2.50~3.50	1.50~3.00	0.20 이하	0.60~1.20	–

■ 기계적 성질

종류의 기호	열처리	치수	인장시험		
			인장 강도 N/mm2	항복 강도 N/mm2	연신율 %
NCF 600 TP	열간 가공 후 어닐링	바깥지름 127mm 이하	549 이상	206 이상	35 이상
		바깥지름 127mm 초과	520 이상	177 이상	35 이상
	냉간 가공 후 어닐링	바깥지름 127mm 이하	549 이상	245 이상	30 이상
		바깥지름 127mm 초과	549 이상	206 이상	30 이상
NCF 625 TP	열간 가공 후 어닐링	–	820 이상	410 이상	30 이상
	냉간 가공 후 어닐링	–	690 이상	275 이상	30 이상
NCF 690 TP	열간 가공 후 어닐링	바깥지름 127mm 이하	590 이상	205 이상	35 이상
		바깥지름 127mm 초과	520 이상	175 이상	35 이상
	냉간 가공 후 어닐링	바깥지름 127mm 이하	590 이상	245 이상	30 이상
		바깥지름 127mm 초과	590 이상	205 이상	30 이상
NCF 800 TP	열간 가공 후 어닐링	–	451 이상	177 이상	30 이상
	냉간 가공 후 어닐링	–	520 이상	206 이상	30 이상
NCF 800 HTP	열간 가공 후 또는 냉간 가공 후 어닐링	–	451 이상	177 이상	30 이상
NCF 825 TP	열간 가공 후 어닐링	–	520 이상	177 이상	30 이상
	냉간 가공 후 어닐링	–	579 이상	235 이상	30 이상

10-5 시추용 이음매 없는 강관 KS E 3114 (폐지)

■ 종류의 기호

종류의 기호 신 단위	종래 단위 (참고)	적용
STM-C 540	STM-C 55	케이싱 튜브용, 코어 튜브용
STM-C 640	STM-C 65	
STM-R 590	STM-R 60	보링 로드용
STM-R 690	STM-R 70	
STM-R 780	STM-R 80	
STM-R 830	STM-R 85	

■ 화학 성분

화학 성분 %	
P	S
0.040 이하	0.040 이하

■ 기계적 성질

종류의 기호	인장강도 N/m^2	항복점 또는 내력 N/m^2	신장율 %
			11호, 12호 시험편
STM-C 540	540 이상	–	18 이상
STM-C 640	640 이상	–	16 이상
STM-R 590	590 이상	375 이상	18 이상
STM-R 690	690 이상	440 이상	16 이상
STM-R 780	780 이상	520 이상	15 이상
STM-R 830	830 이상	590 이상	10 이상

■ 바깥지름, 두께 및 무게(케이싱 튜브용)

호칭 지름	바깥지름 mm	안지름 mm	두께 mm	단위 무게 kg/m
43	43	37	3.0	2.96
53	53	47	3.0	3.70
63	63	57	3.0	4.44
73	73	67	3.0	5.18
83	83	77	3.0	5.92
97	97	90	3.5	8.07
112	112	105	3.5	9.36
127	127	118	4.5	13.6
142	142	133	4.5	15.3

■ 바깥지름, 두께 및 무게(코어 튜브용)

호칭 지름	바깥지름 mm	안지름 mm	두께 mm	단위 무게 kg/m
34	34	26.5	3.75	2.88
44	44	34.5	4.75	4.60
54	54	44.5	4.75	5.77
64	64	54.5	4.75	6.94
74	74	64.5	4.75	8.11
84	84	74.5	4.75	9.28
99	99	88.5	5.25	12.1
114	114	103.5	5.25	14.1
129	129	118.5	5.25	16.0
144	144	133.5	5.25	18.0
180	180	168	6.00	25.7

■ 바깥지름, 두께 및 무게(보링 로드용)

호칭 지름	바깥지름 mm	안지름 mm	두께 mm	단위 무게 kg/m
33.5	33.5	23	5.25	3.66
40.5	40.5	31	4.75	4.19
42	42	32	5.0	4.56
50	50	37	6.5	6.97

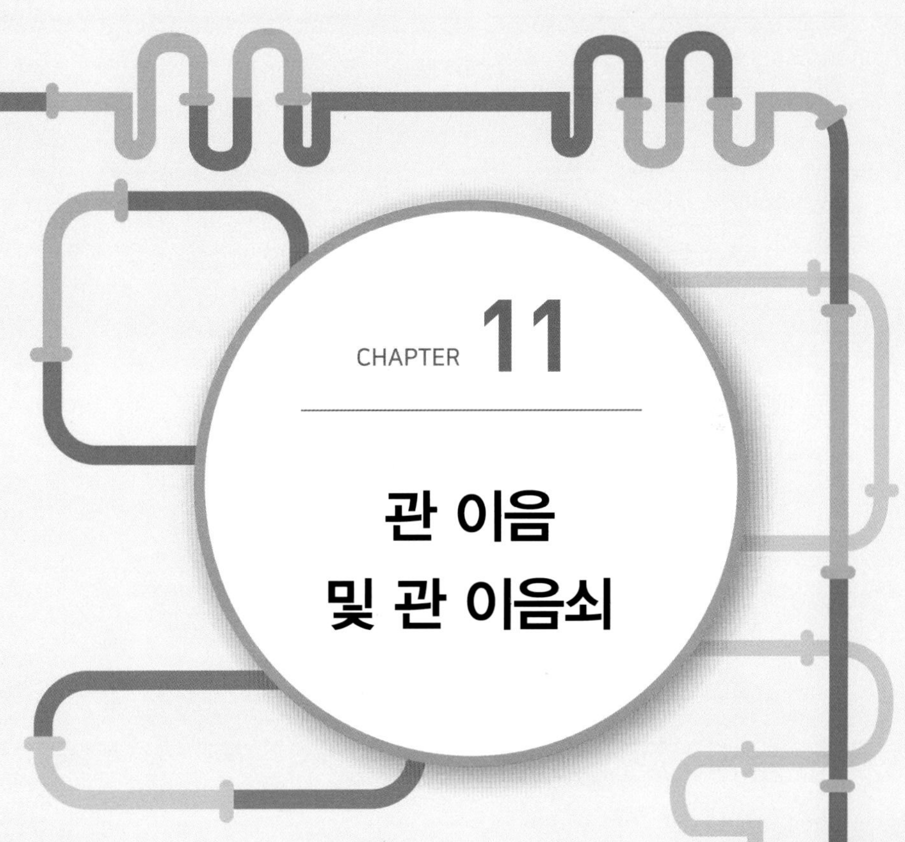

CHAPTER 11

관 이음 및 관 이음쇠

11-1 나사식 가단 주철제 관 이음쇠 KS B 1531 : 2016

1 이음쇠의 끝부분

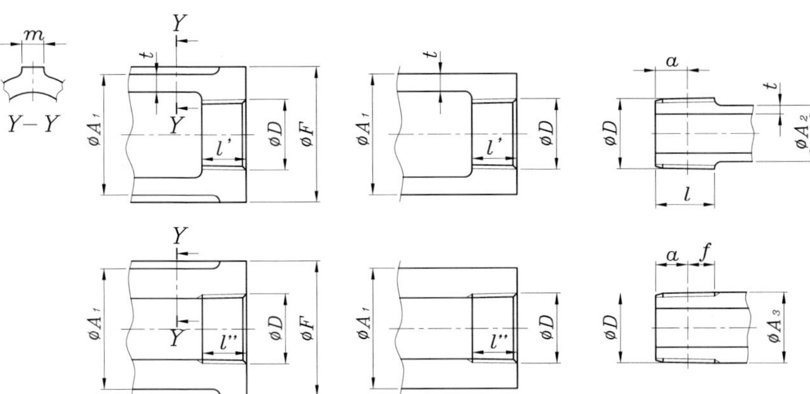

단위 : mm

호칭	나사부				바깥지름(최소)			두께		밴드바깥 지름(참고) F	리브(참고)	
	나사의 기준지름 D	나사산 수 (25.4mm 당)	암나사부의 길이 l' (최소)	수나사부의 길이 l (최소)	암나사쪽 A_1	수나사쪽		t			나비 m	수
						A_2	A_3	기준 치수	최소 치수			소켓탭
6	9.728	28	6	8	15	9	11	2	1.5	18	3	2
8	13.157	19	8	11	19	12	14	2.5	2	22	3	2
10	16.662	19	9	12	23	14	17	2.5	2	26	3	2
15	20.955	14	11	15	27	18	22	2.5	2	30	4	2
20	26.441	14	13	17	33	24	27	3	2.3	36	4	2
25	33.249	11	15	19	41	30	34	3	2.3	44	5	2
32	41.910	11	17	22	50	39	43	3.5	2.8	53	5	2
40	47.803	11	18	22	56	44	49	3.5	2.8	60	5	2
50	59.614	11	20	26	69	56	61	4	3.3	73	5	2
65	75.184	11	23	30	86	72	76	4.5	3.5	91	6	2
80	87.884	11	25	34	99	84	89	5	4	105	7	2
100	113.030	11	28	40	127	110	114	6	5	133	8	4
125	138.430	11	30	44	154	136	140	6.5	5.5	161	8	4
150	163.830	11	33	44	182	160	165	7.5	6.5	189	8	4

2 엘보 · 암수 엘보(스트리트 엘보) · 45° 엘보 · 45° 암수 엘보(45° 스트리트 엘보)

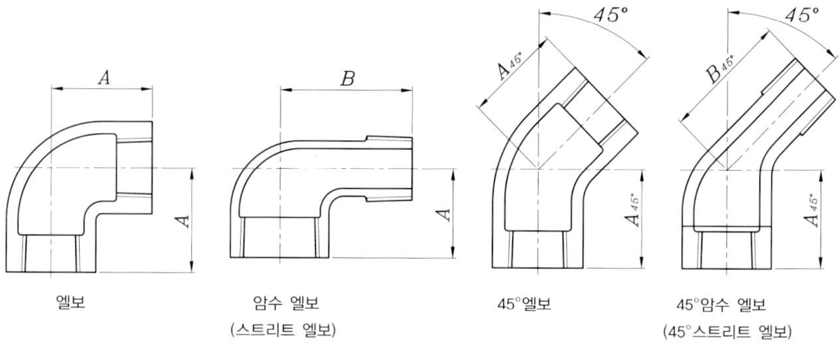

단위 : mm

호칭	중심에서 끝면까지의 거리			
	A	A45°	B	B45°
6	17	16	26	21
8	19	17	30	23
10	23	19	35	27
15	27	21	40	31
20	32	25	47	36
25	38	29	54	42
32	46	34	62	49
40	48	37	68	51
50	57	42	79	59
65	69	49	92	71
80	78	54	104	79
100	97	65	126	96
125	113	74	148	110
150	132	82	170	127

3 지름이 다른 엘보 · 지름이 다른 암수 엘보(지름이 다른 스트리트 엘보)

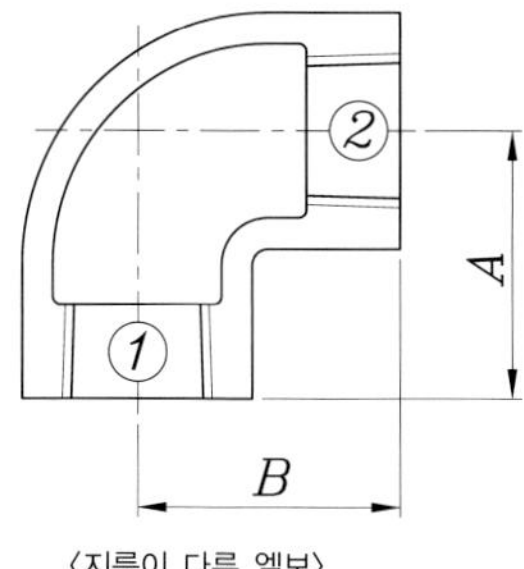

〈지름이 다른 엘보〉

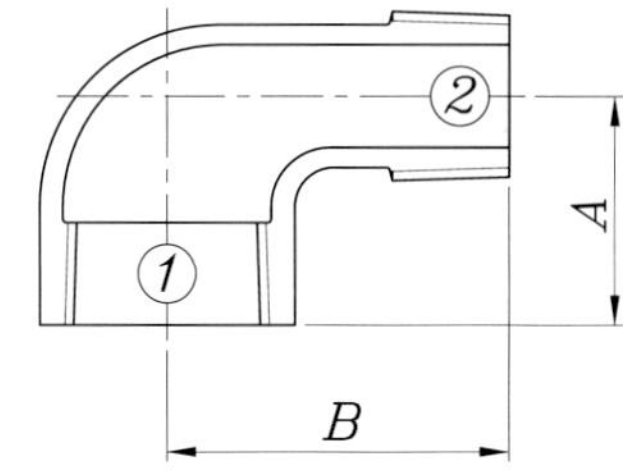

〈지름이 다른 암수 엘보(지름이 다른 스트리트 엘보)〉

단위 : mm

호칭 ①×②	지름이 다른 엘보	
	중심에서 끝면까지의 거리	
	A	B
10×6	19	21
10×8	20	22
15×8	24	24
15×10	26	25
20×10	28	28
20×15	29	30
25×10	30	31
25×15	32	33
25×20	34	35
32×15	34	38
32×20	38	40
32×25	40	42
40×15	35	42
40×20	38	43
40×25	41	45
40×32	45	48
50×15	38	48
50×20	41	49
50×25	44	51
50×32	48	54
50×40	52	55
65×25	48	60
65×32	52	62

3 지름이 다른 엘보 · 지름이 다른 암수 엘보(지름이 다른 스트리트 엘보) (계속)

단위 : mm

호칭 ①×②	지름이 다른 엘보 중심에서 끝면까지의 거리	
	A	B
65×40	55	62
65×50	60	65
80×32	55	70
80×40	58	72
80×50	62	72
80×65	72	75
100×50	69	87
100×65	78	90
100×80	83	91
125×80	87	107
125×100	100	111
150×100	102	125
150×125	116	128

단위 : mm

호칭 ①×②	지름이 다른 암수 엘보(지름이 다른 스트리트 엘보) 중심에서 끝면까지의 거리	
	A	B
20×15	29	44
25×15	32	47
25×20	34	51
32×25	40	61
40×25	41	65
40×32	45	68
50×20	41	65
50×32	48	75
50×40	52	75
65×25	48	79
65×50	60	88
80×50	62	98

4 T · 암수 T(서비스 T)

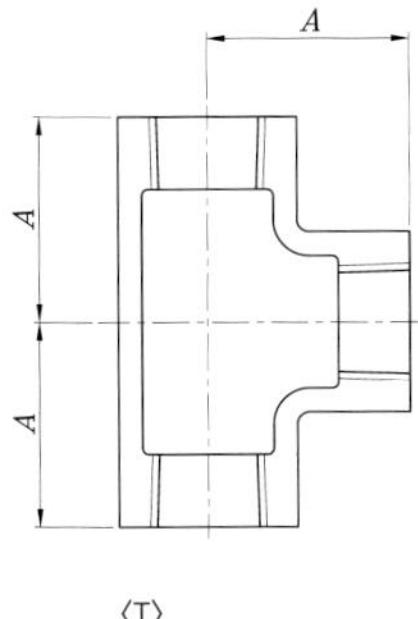

〈T〉

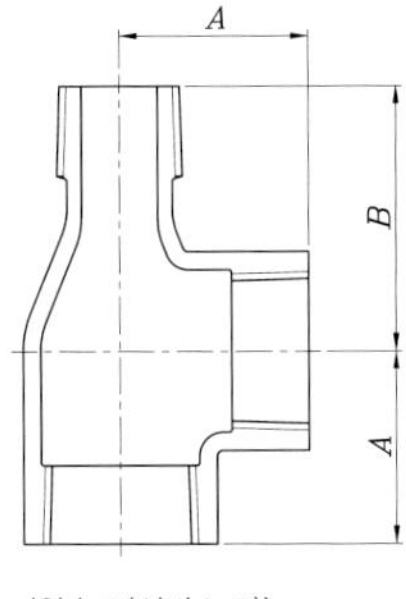

〈암수 T(서비스 T)〉

단위 : mm

호칭	중심에서 끝면까지의 거리	
	A	B
6	17	26
8	19	30
10	23	35
15	27	40
20	32	47
25	38	54
32	46	62
40	48	68
50	57	79
65	69	92
80	78	104
100	97	126
125	113	148
150	132	170

5 지름이 다른 T(가지 지름만 다른 것)

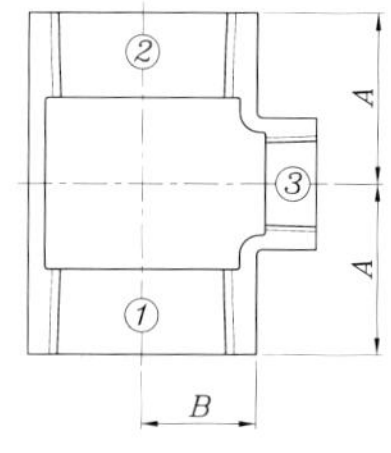

〈가지 지름이 작은 것〉

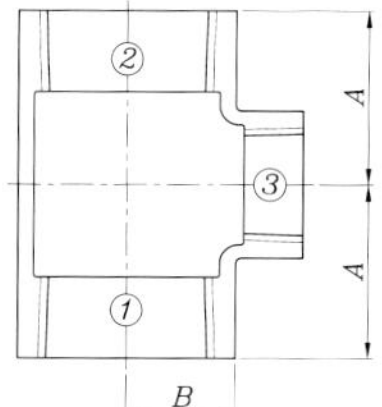

〈가지 지름이 큰 것〉

단위 : mm

호칭 ①×②×③	중심에서 끝면까지의 거리		①×②×③	중심에서 끝면까지의 거리	
	A	B		A	B
8×8×10	22	20	50×50×15	38	48
10×10×6	19	21	50×50×20	41	49
10×10×8	20	22	50×50×25	44	51
10×10×15	25	26	50×50×32	48	54
15×15×8	24	24	50×50×40	52	55
15×15×10	26	25	50×50×65	65	60
15×15×20	30	30	50×50×80	72	62
15×15×25	33	32	65×65×15	41	57
20×20×8	25	27	65×65×20	44	58
20×20×10	28	28	65×65×25	48	60
20×20×15	29	30	65×65×32	52	62
20×20×25	35	34	65×65×40	55	62
20×20×32	40	38	65×65×50	60	65
25×25×10	30	31	65×65×80	75	70
25×25×15	32	33	80×80×20	46	66
25×25×20	34	35	80×80×25	50	68
25×25×32	42	40	80×80×32	55	70
25×25×40	45	42	80×80×40	58	72
32×32×10	33	36	80×80×50	62	72
32×32×15	34	38	80×80×65	72	75
32×32×20	38	40	80×80×100	92	85
32×32×25	40	42	100×100×20	54	80
32×32×40	48	45	100×100×25	57	83
32×32×50	52	48	100×100×32	61	86
40×40×10	34	40	100×100×40	63	86
40×40×15	35	42	100×100×50	69	87
40×40×20	38	43	100×100×65	78	90
40×40×25	41	45	100×100×80	83	91
40×40×32	45	48	125×125×20	55	96
40×40×50	54	52	125×125×25	60	97

단위 : mm

호칭 ①×②×③	중심에서 끝면까지의 거리	
	A	B
125×125×32	62	100
125×125×40	66	100
125×125×50	72	103
125×125×65	81	105
125×125×80	87	107
125×125×100	100	111
150×150×20	60	108
150×150×25	64	110
150×150×32	67	113
150×150×40	70	115
150×150×50	75	116
150×150×65	85	118
150×150×80	92	120
150×150×100	102	125
150×150×125	116	128

6 지름이 다른 T(통로가 다른 것) · 지름이 다른 암수 T(지름이 다른 서비스 T)

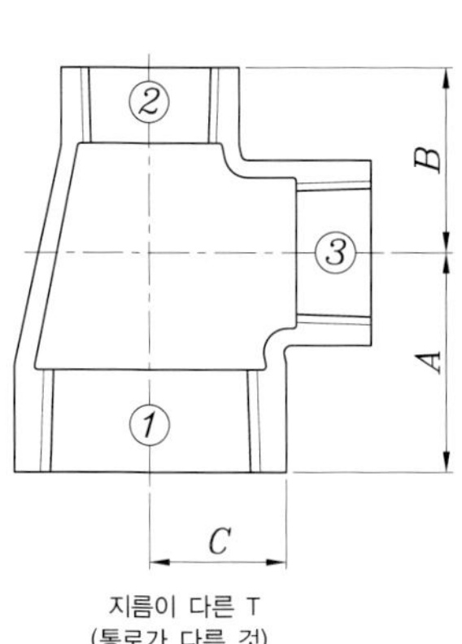

지름이 다른 T
(통로가 다른 것)

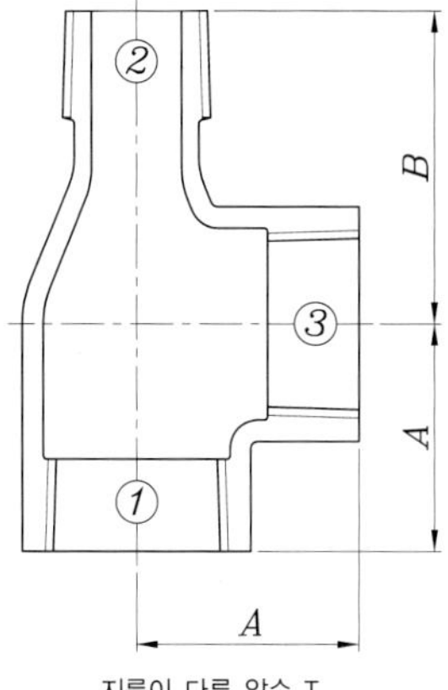

지름이 다른 암수 T
(지름이 다른 서비스 T)

단위 : mm

호칭 ①×②×③	중심에서 끝면까지의 거리		
	A	B	C
20×15×15	30	27	30
20×15×20	32	30	32
25×15×15	32	27	33
25×15×20	34	30	35
25×15×25	38	34	38
25×20×15	32	29	33
25×20×20	34	32	35
32×20×20	37	32	40
32×20×25	40	35	42
32×20×32	46	40	46
32×25×20	37	34	40
32×25×25	40	38	42
40×25×25	41	37	45
40×25×32	45	42	48
40×25×40	48	45	48
40×32×25	41	40	45
40×32×32	45	44	48

단위 : mm

호칭 ①×②×③	중심에서 끝면까지의 거리	
	A	B
20×15×20	32	44
25×15×25	38	47
25×20×25	38	51
32×20×32	46	55
32×25×32	46	61
40×25×40	48	65
40×32×40	48	68
50×20×50	57	65
50×32×50	57	75
50×40×50	57	75
65×25×65	69	79
65×50×65	69	88
80×50×80	78	98

7 크로스 · 지름이 다른 크로스

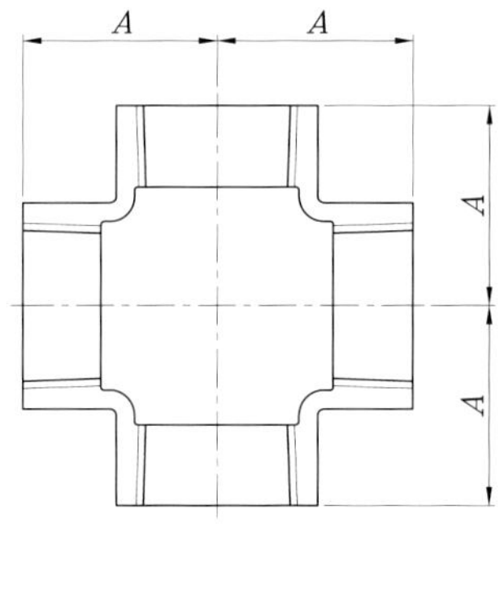

〈크로스〉

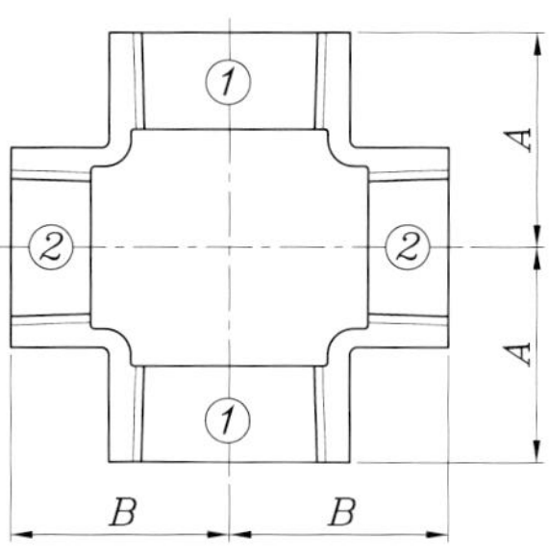

〈지름이 다른 크로스〉

단위 : mm

호칭	중심에서 끝면까지의 거리
	A
6	17
8	19
10	23
15	27
20	32
25	38
32	46
40	48
50	57
65	69
80	78
100	97
125	113
150	132

단위 : mm

호칭 ①×②	중심에서 끝면까지의 거리	
	A	B
20×15	29	30
25×15	32	33
25×20	34	35
32×20	38	40
32×25	40	42
40×20	38	43
40×25	41	45
40×32	45	48
50×20	41	49
50×25	44	51
50×32	48	54
50×40	52	55
65×25	48	60
65×50	60	65
80×25	50	68
80×50	62	72
80×65	72	75

8 쇼트 벤드 · 암수 쇼트 벤드

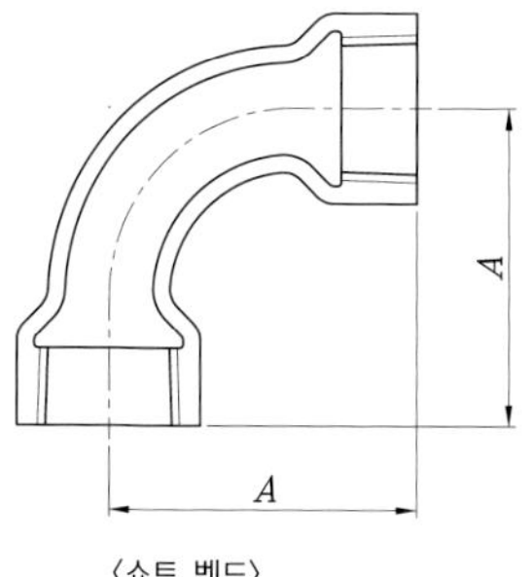

〈쇼트 벤드〉

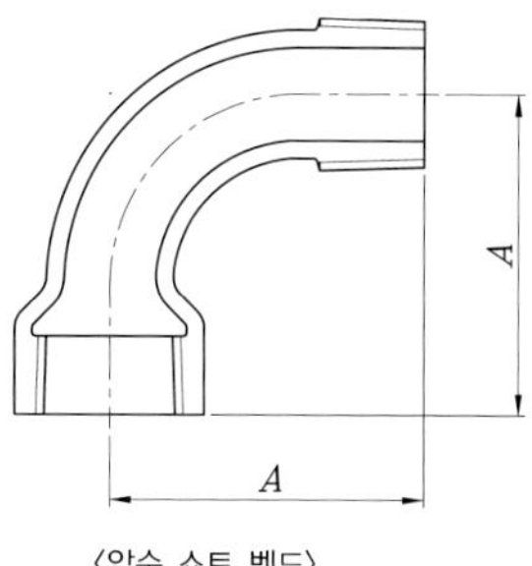

〈암수 쇼트 벤드〉

단위 : mm

호칭	중심에서 끝면까지의 거리
	A
15	45
20	50
25	63
32	76
40	85
50	102

9 롱 벤드 · 암수 롱 벤드 · 수 롱 벤드 · 45° 롱 벤드 · 45° 암수 롱 벤드 · 45° 수 롱 벤드

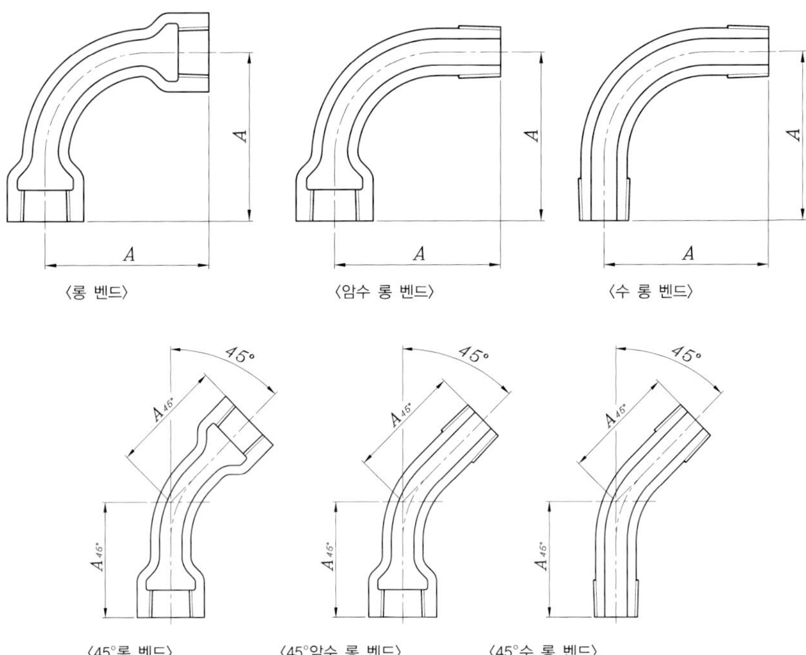

〈45°롱 벤드〉 〈45°암수 롱 벤드〉 〈45°수 롱 벤드〉

단위 : mm

호칭	중심에서 끝면까지의 거리	
	A	A 45°
6	32	25
8	38	29
10	44	35
15	52	38
20	65	45
25	82	55
32	100	63
40	115	70
50	140	85
65	175	100
80	205	115
100	260	145
125	318	170
150	375	195

10 45° Y · 90° Y · 되돌림 벤드(리턴 벤드)

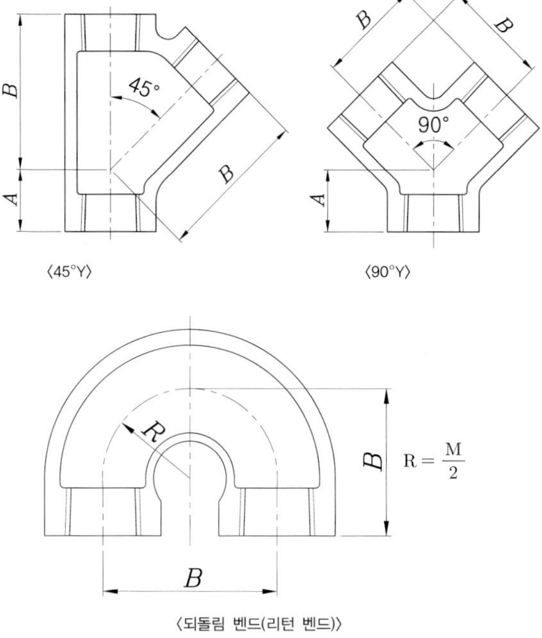

〈45°Y〉 〈90°Y〉

R = M/2

〈되돌림 벤드(리턴 벤드)〉

단위 : mm

호 칭	45° Y 중심에서 끝면까지의 거리		90° Y 중심에서 끝면까지의 거리	
	A	B	A	B
6	10	25	10	17
8	13	31	13	19
10	14	35	14	23
15	18	42	18	28
20	20	50	20	32
25	23	62	23	38
32	28	75	28	46
40	30	82	30	48
50	34	99	34	57
65	40	124	40	68
80	45	140	45	78
100	57	178	52	97
125	65	215	60	114
150	74	255	67	132

단위 : mm

호칭	중심 거리 M		B
	기준 치수	허용차	
6	23	±0.8	21
8	28	±0.8	23
10	32	±0.8	28
15	38	±0.8	33
20	50	±0.8	41
25	62	±0.8	50
32	75	±1	60
40	82	±1	62
50	98	±1.2	72
65	115	±1.2	82
80	130	±1.5	93
100	160	±1.8	115

11 소켓 · 암수 소켓 · 지름이 다른 소켓 · 편심 지름이 다른 소켓

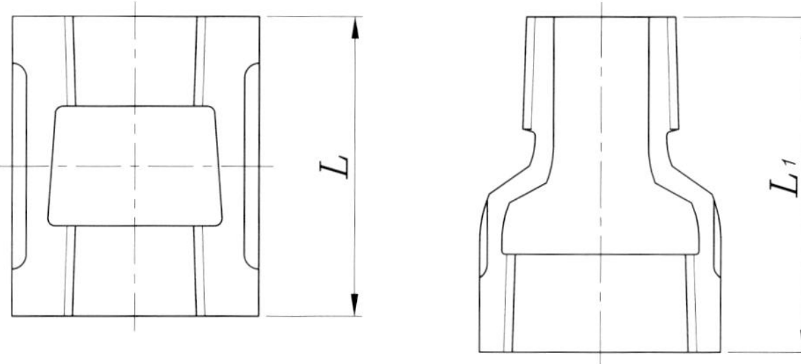

〈소켓 · 암수 소켓〉

단위 : mm

호칭	소켓	암수 소켓
	L	L_1
6	22	25
8	25	28
10	30	32
15	35	40
20	40	48
25	45	55
32	50	60
40	55	65
50	60	70
65	70	80
80	75	90
100	85	100
125	95	110
150	105	125

■ 소켓 · 암수 소켓 · 지름이 다른 소켓 · 편심 지름이 다른 소켓 (계속)

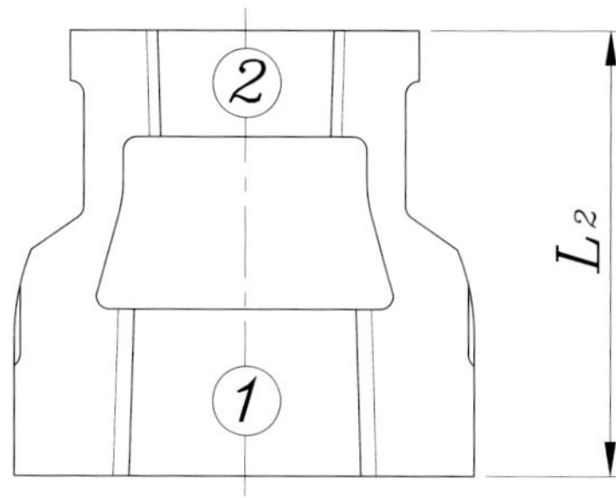

〈편심 지름이 다른 소켓〉

단위 : mm

호칭 ①×②	L_2	호칭 ①×②	L_2
8×6	25	50×25	58
10×6	28	50×32	58
10×8	28	50×15	58
15×6	34	65×15	65
15×8	34	65×20	65
15×10	34	65×25	65
20×8	38	65×32	65
20×10	38	65×40	65
20×15	38	65×50	65
25×10	42	80×20	72
25×15	42	80×25	72
25×20	42	80×32	72
32×15	48	80×40	72
32×20	48	80×50	72
32×25	48	80×65	72
40×15	52	100×50	85
40×20	52	100×65	85
40×25	52	100×80	85
40×32	52	125×80	95
50×15	58	125×100	95
50×20	58	150×100	105
		150×125	105

■ 소켓 · 암수 소켓 · 지름이 다른 소켓 · 편심 지름이 다른 소켓 (계속)

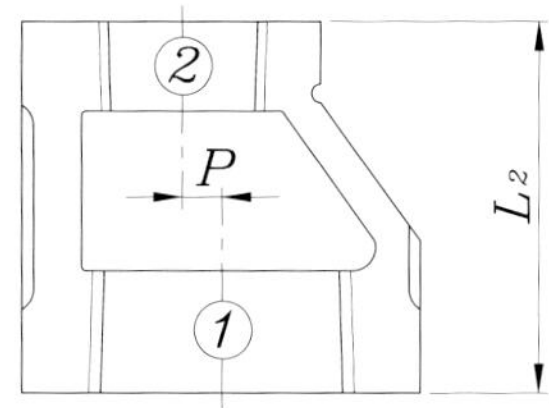

〈편심 지름이 다른 소켓〉

단위 : mm

호칭 ①×②	L_2	P
50×15	58	18.5
50×20	58	16
50×25	58	13
50×32	58	9
50×40	58	6
65×40	65	14
65×50	65	8
80×50	72	14
80×65	72	6.5
100×50	85	26.5
100×65	85	19
100×80	85	12.5
125×80	95	25.5
125×100	95	13
150×100	105	25
150×125	105	12.5

12 부싱

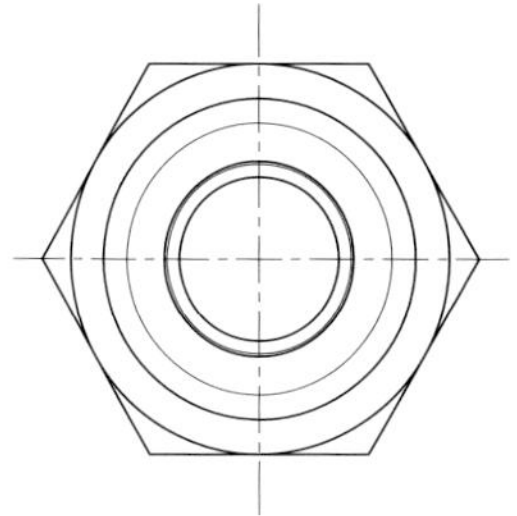

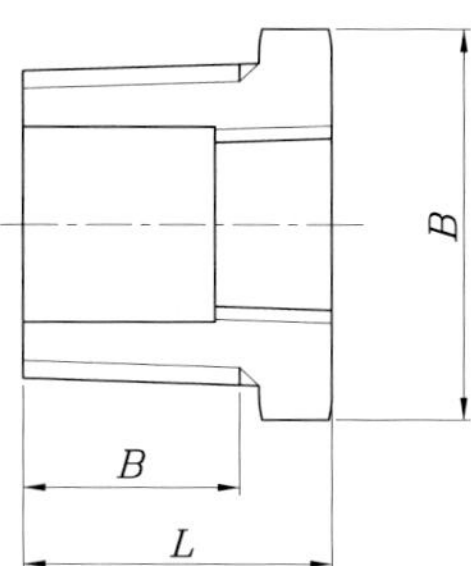

단위 : mm

호칭	L	E	맞변 거리 B	
			6각	8각
8×6	17	12	17	–
10×8	18	13	21	–
15×8	18	13	21	–
15×10	21	16	26	–
20×8	21	16	26	–
20×10	21	16	26	–
20×15	24	18	32	–
25×8	24	18	32	–
25×10	24	18	32	–
25×15	27	20	38	–
25×20	27	20	38	–
32×10	27	20	38	–
32×15	27	20	38	–
32×20	30	22	46	–
32×25	30	22	46	–
40×10	30	22	46	–
40×15	30	22	46	–
40×20	32	23	54	–
40×25	32	23	54	–
40×32	32	23	54	–
50×15	32	23	–	63
50×20	32	23	–	63
50×25	36	25	–	63
50×32	36	25	–	63

단위 : mm

호칭	L	E	맞변 거리 B	
			6각	8각
50×40	36	25	–	63
65×25	39	28	–	80
65×32	39	28	–	80
65×40	39	28	–	80
65×50	39	28	–	80
80×25	44	32	–	95
80×32	44	32	–	95
80×40	44	32	–	95
80×50	44	32	–	95
80×65	44	32	–	95
100×40	51	37	–	120
100×50	51	37	–	120
100×65	51	37	–	120
100×80	51	37	–	120
125×80	57	42	–	145
125×100	57	42	–	145
150×80	64	46	–	170
150×100	64	46	–	170
150×125	64	46	–	170

13 니플 · 지름이 다른 니플

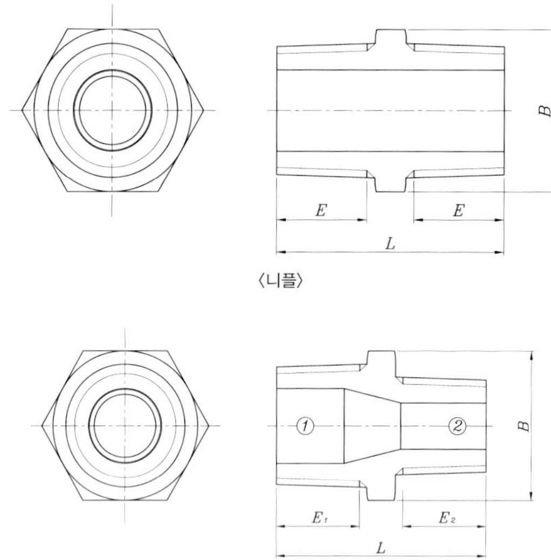

〈니플〉

〈지름이 다른 니플〉

단위 : mm

호칭	L	E	맞변 거리 B	
			6각	8각
6	32	11	14	–
8	34	12	17	–
10	36	13	21	–
15	42	16	26	–
20	47	18	32	–
25	52	20	38	–
32	56	22	46	–
40	60	23	54	–
50	66	25	–	63
65	73	28	–	80
80	81	32	–	95
100	92	37	–	120
125	104	42	–	145
150	116	46	–	170

단위 : mm

호칭 ①×②	L	E_1	E_2	맞변 거리 B	
				6각	8각
10×8	35	13	12	21	–
15×8	38	16	12	26	–
15×10	39	16	13	26	–
20×8	41	18	12	32	–
20×10	42	18	13	32	–
20×15	45	18	16	32	–
25×10	45	20	13	38	–
25×15	48	20	16	38	–
25×20	50	20	18	38	–
32×15	50	22	16	46	–
32×20	52	22	18	46	–
32×25	54	22	20	46	–
40×20	55	23	18	54	–
40×25	57	23	20	54	–
40×32	59	23	22	54	–
50×20	59	25	18	–	63
50×25	61	25	20	–	63
50×32	63	25	22	–	63
50×40	64	25	23	–	63
65×40	68	28	23	–	80
65×50	70	28	25	–	80
80×50	74	32	25	–	95
80×65	77	32	28	–	95
100×50	80	37	25	–	120
100×80	87	37	32	–	120

14 멈춤 너트(로크 너트)

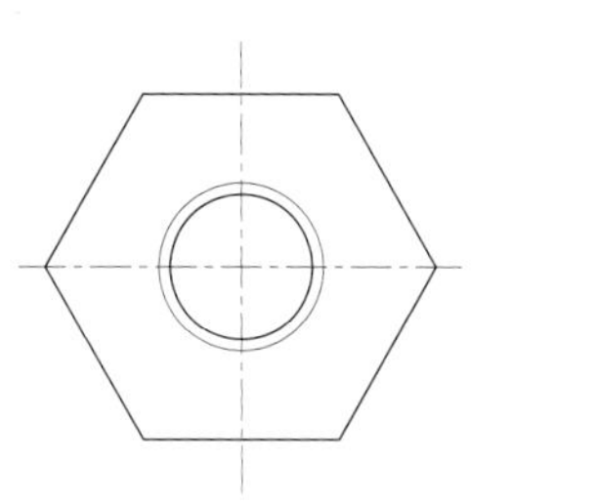

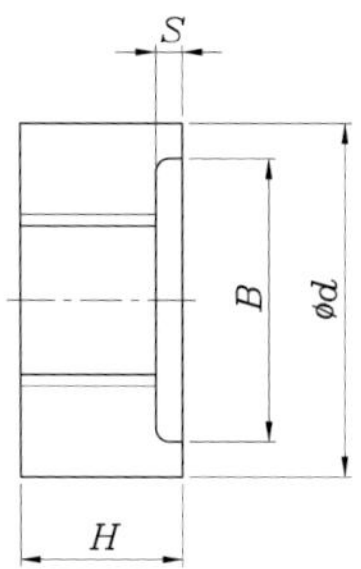

단위 : mm

호칭	높이 H	지름 d	깊이 S	맞변 거리 B	
				6각	8각
8	8	18	1.2	21	–
10	9	22	1.2	26	–
15	9	28	1.2	32	–
20	10	34	1.5	38	–
25	11	40	1.5	46	–
32	12	50	1.5	54	–
40	13	55	2.5	–	63
50	15	68	2.5	–	77
65	17	88	2.5	–	100
80	18	100	2.5	–	115
100	22	125	2.5	–	145
125	25	150	2.5	–	165
150	30	180	2.5	–	200

15 캡

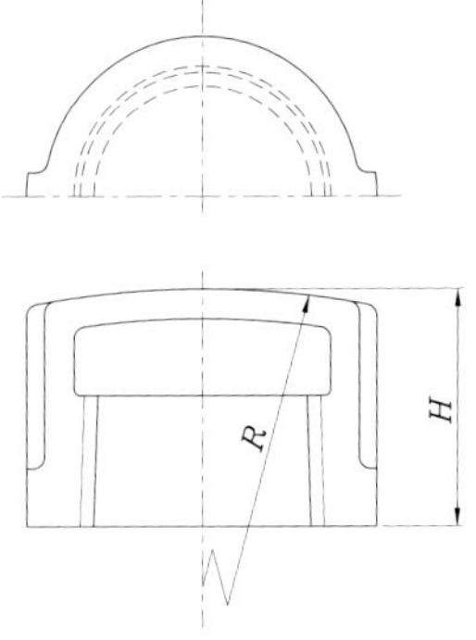

단위 : mm

호칭	높이	머리부 반지름
	H(최소)	R(참고)
6	14	40
8	15	50
10	17	62
15	20	78
20	24	95
25	28	125
32	30	150
40	32	170
50	36	215
65	42	270
80	45	310
100	55	405
125	58	495
150	65	580

16 플러그

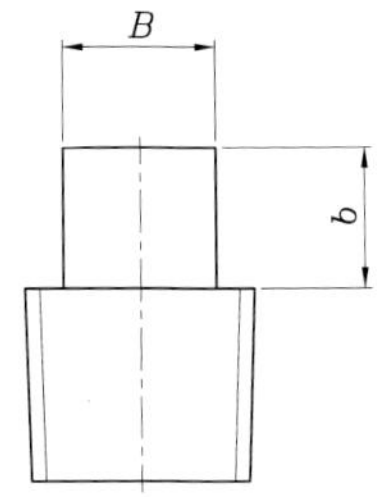

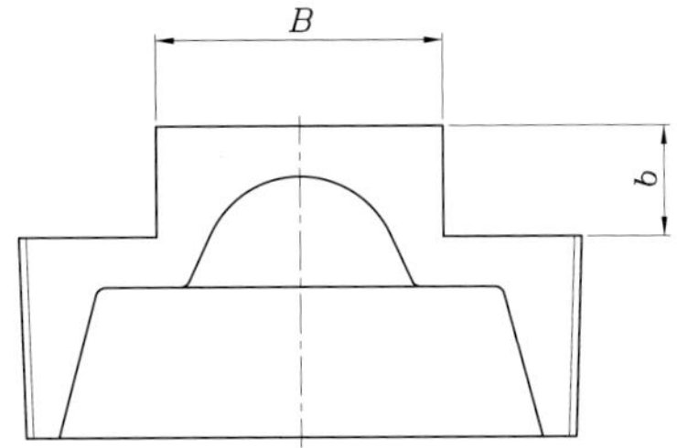

단위 : mm

호칭	머리부(4각)	
	맞변거리 B	높이 b
6	7	7
8	9	8
10	12	9
15	14	10
20	17	11
25	19	12
32	23	13
40	26	14
50	32	15
65	41	18
80	46	19
90	54	21
100	58	22
125	67	25
150	77	28

17 유니언

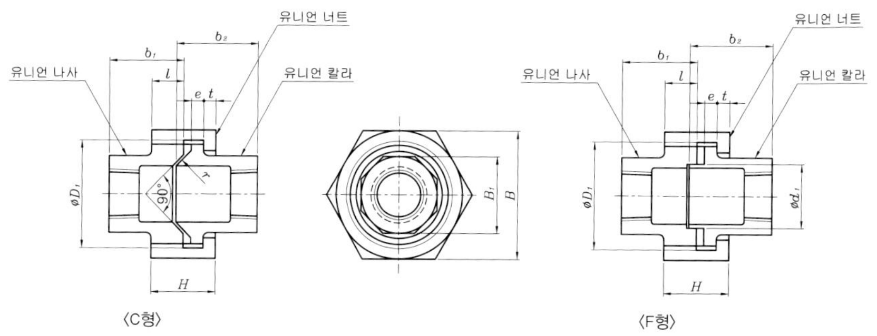

〈C형〉 〈F형〉

단위 : mm

호칭	유니언 나사 및 유니언 칼라							유니언 너트				나사부(참고) D1
	나사의 길이 l	b1	칼라의 두께 e	b2	d1	맞변거리 B1 8각	맞변거리 B1 10각	높이 H	두께 t	맞변거리 B 8각	맞변거리 B 10각	나사의 호칭 D1
6	6.5	15	2.5	16.5	12.5	15	–	13	2.5	25	–	M21×1.5
8	7	17	2.5	18	16.5	19	–	13.5	2.5	31	–	M26×1.5
10	8	19	3	20.5	20	23	–	16	3	37	–	M31×2
15	9	21	3	21.5	24	27	–	17	3	42	–	M35×2
20	9.5	24.5	3.5	26	30	33	–	18.5	3.5	49	–	M42×2
25	10	27	4	29	38	41	–	20	4	59	–	M51×2
32	11	30	4.5	32	46	–	50	22	4.5	–	69	M60×2
40	12	33	5	35.5	53	–	56	24.5	5	–	78	M68×2
50	13.5	37	5.5	39.5	65	–	69	27	5.5	–	93	M82×2
65	15	42	6	45.5	81	–	86	29.5	6	–	112	M100×2
80	17	47	6.5	50	95	–	99	32.5	6.5	–	127	M115×2
100	21	58	7.5	60.5	121	–	127	39	7.5	–	158	M145×2
125	24	66	8	66.5	150	–	154	43	8	–	188	M175×3
150	28	73	9	73	177	–	182	49	9	–	219	M205×3

18 조립 플랜지

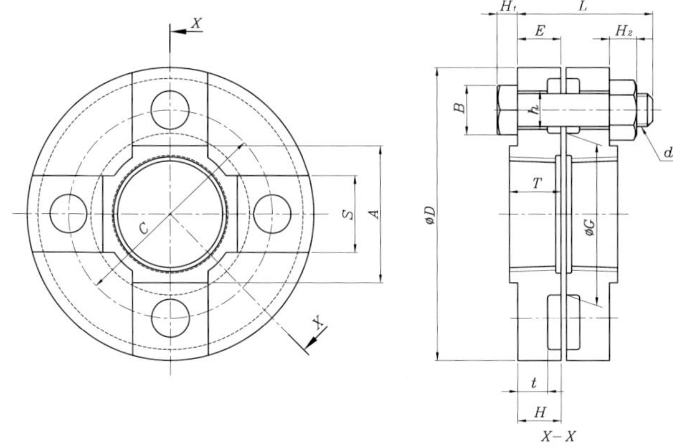

단위 : mm

호칭	플랜지											볼트 및 너트				
	D	A	G	S	E	H	T	t	C	h	볼트 구멍수	호칭 d	(참고)			
													L	B	H_1	H_2
15	73	27	34	23	10	6	13	3	48	12	3	M10	32	21	7	8
20	79	33	40	23	12	6	15	3.5	54	12	3	M10	36	21	7	8
25	87	41	48	23	14	8	17	3.5	62	12	4	M10	40	21	7	8
32	107	50	59	28	16	9	19	4	76	15	4	M12	50	26	8	10
40	112	56	65	28	17	10	20	4	82	15	4	M12	50	26	8	10
50	126	69	78	28	21	11	24	5	95	15	4	M12	56	26	8	10
65	155	86	96	35	23	12	27	5.5	118	19	4	M16	71	32	10	13
80	168	99	109	35	26	13	30	6	131	19	4	M16	71	32	10	13
100	196	127	136	35	32	16	36	7	159	19	4	M16	90	32	10	13
125	223	154	163	35	36	19	40	8	186	19	6	M16	90	32	10	13
150	265	182	194	41	36	21	40	9	220	24	6	M20	100	38	13	16

11-2 나사식 배수관 이음쇠 KS B 1532 : 2002 (2017 확인)

1 이음쇠의 끝부

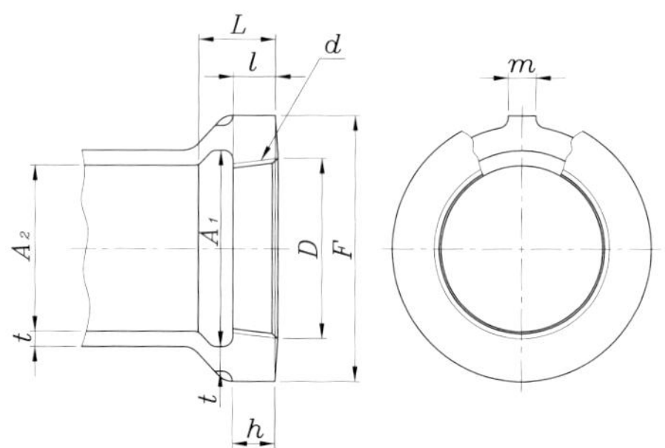

단위 : mm

호칭	나사부						리세스	안지름	
	나사의 호칭 d	나사의 기준지름 D	나사산 수 (25.4mm 당)	암나사의 길이 l (최소)	리세스를 포함한 나사부 전체 길이		안지름 A_1 (최소)	A_2	
					기준 치수	허용차		기준 치수	허용차
$1\frac{1}{4}$	PT $1\frac{1}{4}$	41.910	11	10	18	+2.5 −0.5	43	36	±1
$1\frac{1}{2}$	PT $1\frac{1}{2}$	47.803	11	11	19	+2.5 −0.5	49	42	±1
2	PT 2	59.614	11	13	22	+2.5 −0.5	61	53	±1
$2\frac{1}{2}$	PT $2\frac{1}{2}$	75.184	11	15	25	+3.5 −0.5	77	68	±1
3	PT 3	87.884	11	17	28	+3.5 −0.5	90	81	±1
4	PT 4	113.030	11	21	33	+3.5 −0.5	115	105	±1.5
5	PT 5	138.430	11	23	36	+3.5 −0.5	141	131	±1.5
6	PT 6	163.830	11	24	39	+3.5 −0.5	167	155	±1.5

호칭	두께				밴드				리브	
	주철제		가단 주철제		주철제		가단 주철제		나비수 m	
	t		t		바깥지름 F	나비 h	바깥지름 F	나비 h		
	기준 치수	허용차	기준 치수	허용차						
$1\frac{1}{4}$	4.5	+ 규정하지 않는다 − 0.7	3.5	+ 규정하지 않는다 − 0.7	57	10	53	8	5	2
$1\frac{1}{2}$	4.5		3.5		64	11	60	9	5	2
2	5		4		78	13	73	11	5	2
$2\frac{1}{2}$	5.5	+ 규정하지 않는다 − 1.0	4.5	+ 규정하지 않는다 − 1.0	96	15	91	12	6	2
3	6		5		111	17	105	13	7	2
4	7.5		6		139	21	133	16	8	4
5	8.5		6.5		169	23	161	18	8	4
6	9		7.5		199	24	189	20	8	4

2 90° 엘보, 90° 큰 반지름 엘보

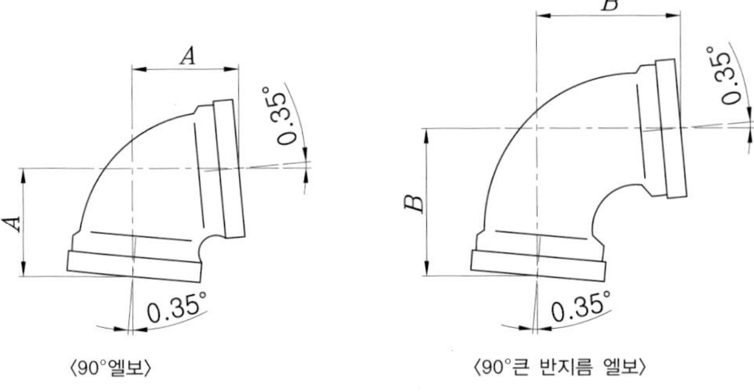

〈90°엘보〉 〈90°큰 반지름 엘보〉

단위 : mm

호칭	90° 엘보 중심에서 끝면까지의 거리 A	90° 큰 반지름 엘보 중심에서 끝면까지의 거리 B
$1\frac{1}{4}$	44	57
$1\frac{1}{2}$	49	63
2	58	76
$2\frac{1}{2}$	70	92
3	80	106
4	99	132
5	118	158
6	135	182

3 45° 엘보, 22° $\frac{1}{2}$ 엘보

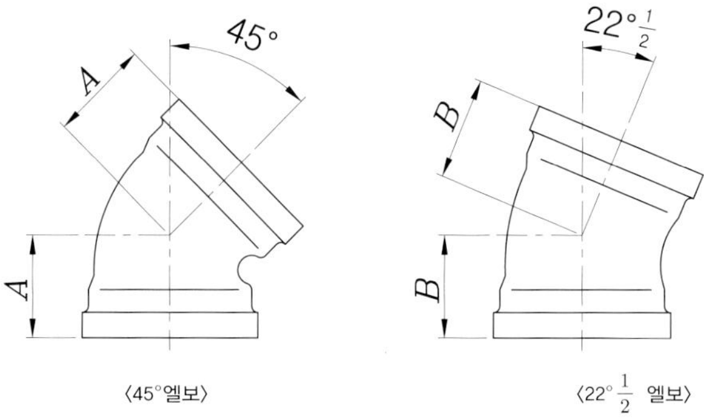

〈45°엘보〉　〈22° $\frac{1}{2}$ 엘보〉

단위 : mm

호칭	45° 엘보	22° $\frac{1}{2}$ 엘보
	중심에서 끝면까지의 거리 A	중심에서 끝면까지의 거리 B
1$\frac{1}{4}$	33	30
1$\frac{1}{2}$	36	32
2	42	37
2$\frac{1}{2}$	50	42
3	56	48
4	68	57
5	79	65
6	89	72

4 통기 T, 90° Y, 90° 큰 반지름, 90° 양 Y, 90° 큰 반지름 양 Y

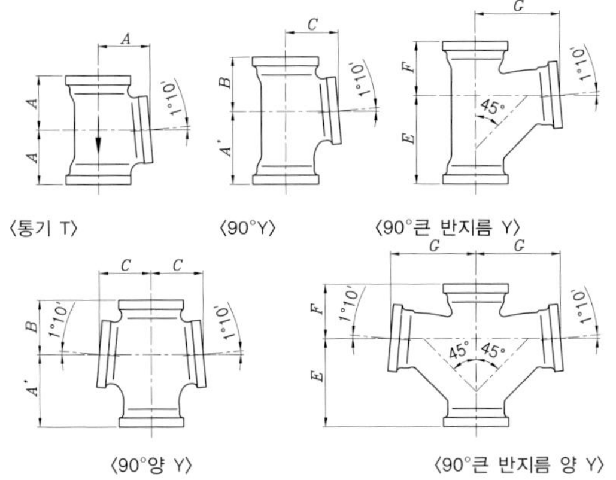

〈통기 T〉 〈90°Y〉 〈90°큰 반지름 Y〉

〈90°양 Y〉 〈90°큰 반지름 양 Y〉

단위 : mm

호칭	통기 T	90° Y 및 90° 양 Y			90° 큰 반지름 Y 및 90° 큰 반지름 양 Y		
	중심에서 끝면까지의 거리	중심에서 끝면까지의 거리			중심에서 끝면까지의 거리		
	A	A'	B	C	E	F	G
$1\frac{1}{4}$	44	57	40	56	87	31	86
$1\frac{1}{2}$	49	63	44	62	96	35	95
2	58	76	53	75	115	42	114
$2\frac{1}{2}$	70	92	64	91	140	51	139
3	80	106	74	104	160	58	158
4	99	132	92	130	200	72	198
5	118	158	110	155	240	88	237
6	135	182	125	179	279	105	276

5 지름 틀린 90° Y, 지름 틀린 90° 큰 반지름, 지름 틀린 90° 양 Y, 지름 틀린 90° 큰 반지름 양 Y

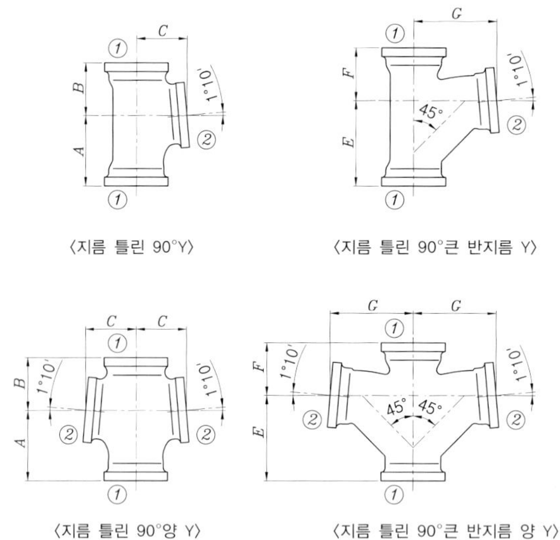

〈지름 틀린 90°Y〉 〈지름 틀린 90°큰 반지름 Y〉

〈지름 틀린 90°양 Y〉 〈지름 틀린 90°큰 반지름 양 Y〉

단위 : mm

호칭 ①×②	지름 틀린 90° Y 및 지름 틀린 90° 양 Y			지름 틀린 90° 큰 반지름 Y 및 지름 틀린 90° 큰 반지름 양 Y		
	중심에서 끝면까지의 거리			중심에서 끝면까지의 거리		
	A'	B	C	E	F	G
1½ × 1¼	58	41	59	88	31	89
2 × 1¼	61	45	65	95	31	98
2 × 1½	66	48	68	102	35	103
2½ × 1½	69	51	75	108	35	114
2½ × 2	79	57	83	120	42	123
3 × 1½	72	55	82	114	35	123
3 × 2	82	60	89	126	42	133
3 × 2½	95	68	98	145	51	147
4 × 1½	77	61	94	122	35	138
4 × 2	87	66	101	135	42	149
4 × 2½	100	74	110	155	51	164
4 × 3	111	80	116	168	58	173
5 × 2	90	70	114	140	42	164
5 × 2½	103	78	123	160	51	179
5 × 3	114	84	129	174	58	189
5 × 4	135	96	143	205	72	213
6 × 2	93	74	126	143	42	176
6 × 3	117	88	141	179	58	203
6 × 4	138	101	155	212	72	229
6 × 5	161	115	167	244	88	250

6 45° Y, 45° 양 Y

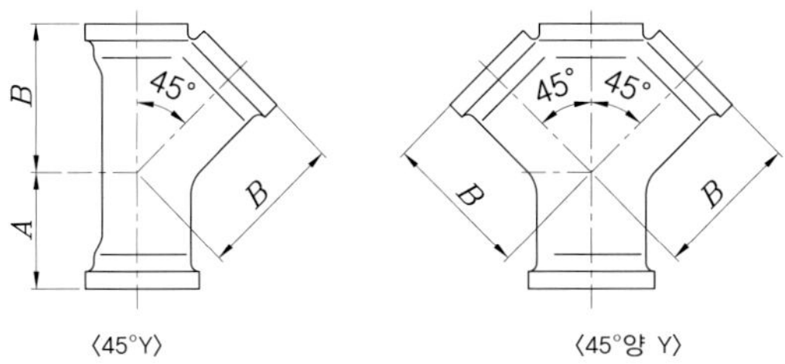

〈45°Y〉 〈45°양 Y〉

단위 : mm

호칭	중심에서 끝면까지의 거리	
	A	B
$1\frac{1}{4}$	33	77
$1\frac{1}{2}$	36	86
2	42	104
$2\frac{1}{2}$	50	128
3	56	147
4	68	184
5	79	220
6	89	255

7 지름 틀린 45° Y, 지름 틀린 45° 양 Y

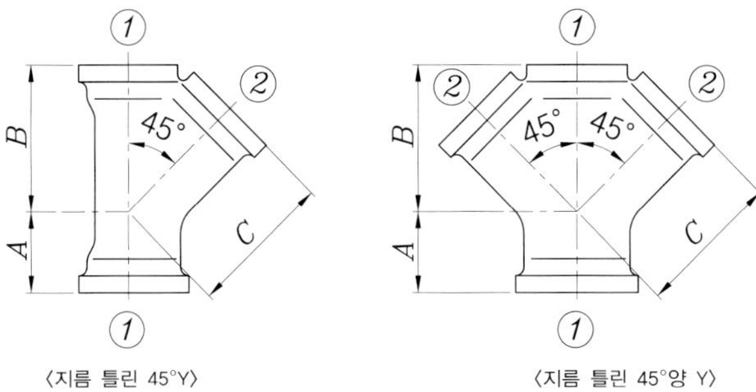

〈지름 틀린 45°Y〉 〈지름 틀린 45°양 Y〉

단위 : mm

호칭 ①×②	중심에서 끝면까지의 거리		
	A	B	C
$1\frac{1}{2} \times 1\frac{1}{4}$	31	81	83
$2 \times 1\frac{1}{4}$	29	89	93
$2 \times 1\frac{1}{2}$	34	94	97
$2\frac{1}{2} \times 1\frac{1}{2}$	29	105	112
$2\frac{1}{2} \times 2$	38	114	118
$3 \times 1\frac{1}{2}$	26	114	123
3 × 2	34	123	130
$3 \times 2\frac{1}{2}$	47	136	139
$4 \times 1\frac{1}{2}$	19	131	146
4 × 2	27	140	153
$4 \times 2\frac{1}{2}$	40	153	162
4 × 3	49	163	169
5 × 2	17	155	173
$5 \times 2\frac{1}{2}$	30	168	182
5 × 3	39	178	190
5 × 4	58	198	204
6 × 2	8	170	194
6 × 3	30	193	210
6 × 4	49	213	224
6 × 5	70	234	240

8 소켓, 인크리저

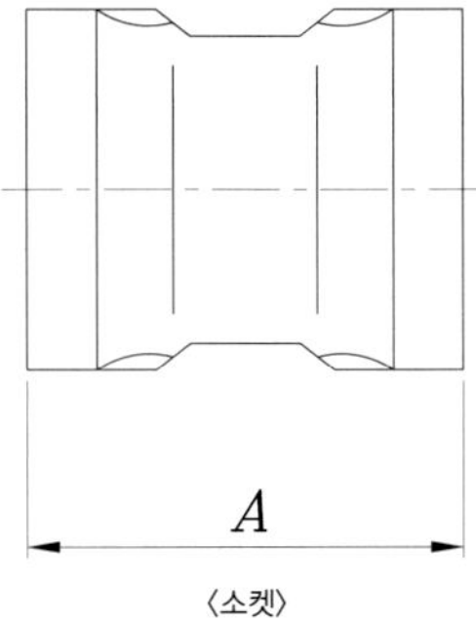

〈소켓〉

단위 : mm

호칭	소켓 A
$1\frac{1}{4}$	60
$1\frac{1}{2}$	65
2	75
$2\frac{1}{2}$	85
3	90
4	105
5	115
6	125

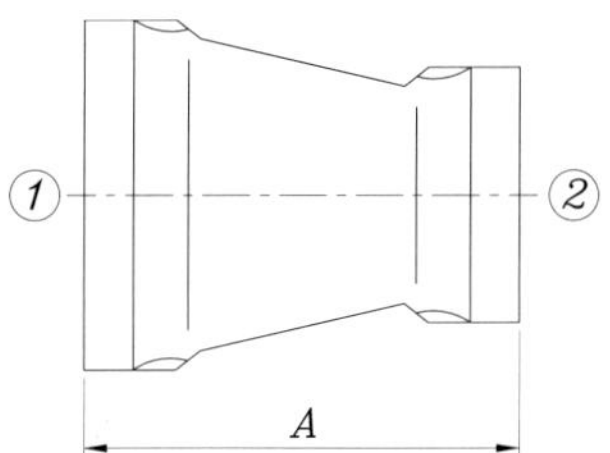

단위 : mm

호칭	소켓 A
$2 \times 1\frac{1}{2}$	150
$2\frac{1}{2} \times 2$	150
3 × 2	150
4 × 2	200
4 × 3	200
5 × 3	200
5 × 4	200
6 × 4	200
6 × 5	200

9 태커

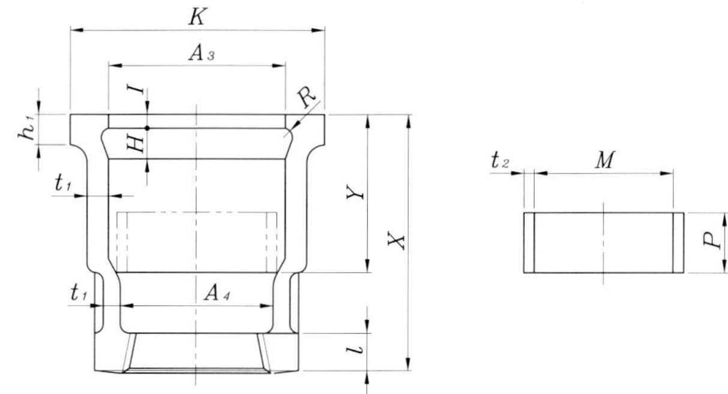

단위 : mm

<table>
<tr><th rowspan="4">호칭</th><th rowspan="4">X</th><th colspan="7">소켓 끝부</th><th colspan="2"></th><th></th></tr>
<tr><th rowspan="3">Y</th><th colspan="2">A3</th><th colspan="4">t1</th><th colspan="2">K</th><th rowspan="3">h1</th></tr>
<tr><th rowspan="2">기준
치수</th><th rowspan="2">허용차</th><th colspan="2">주철제</th><th colspan="2">가단 주철제</th><th rowspan="2">주철제</th><th rowspan="2">가단
주철제</th></tr>
<tr><th>기준
치수</th><th>허용차</th><th>기준
치수</th><th>허용차</th></tr>
<tr><td>2</td><td>107</td><td>44</td><td>78</td><td>+4
−2</td><td>6</td><td>+규정하지 않는다
−0.7</td><td>4</td><td>+규정하지 않는다
−0.7</td><td>104</td><td>93</td><td>14</td></tr>
<tr><td>2½</td><td>119</td><td>48</td><td>93</td><td>+4
−2</td><td>6</td><td rowspan="5">+규정하지 않는다
−1.0</td><td>4.5</td><td rowspan="5">+규정하지 않는다
−1.0</td><td>119</td><td>109</td><td>15</td></tr>
<tr><td>3</td><td>128</td><td>48</td><td>106</td><td>+4
−2</td><td>6</td><td>5</td><td>132</td><td>123</td><td>16</td></tr>
<tr><td>4</td><td>148</td><td>99</td><td>133</td><td>+4
−2</td><td>7.5</td><td>6</td><td>159</td><td>152</td><td>17</td></tr>
<tr><td>5</td><td>157</td><td>103</td><td>158</td><td>+4
−2</td><td>8.5</td><td>6.5</td><td>184</td><td>179</td><td>18</td></tr>
<tr><td>6</td><td>165</td><td>107</td><td>184</td><td>+4
−2</td><td>9</td><td>7.5</td><td>210</td><td>207</td><td>20</td></tr>
</table>

호칭	소켓 끝부			나사박음 끝부	링		
	H	I	R	A4 (최소)	M	t2	P
2	10	6	3	63	−	−	−
2½	11	6	3	79	−	−	−
3	11	6	3	92	−	−	−
4	13	6	3	118	118	5.0	46
5	13	6	3	144	142.5	5.5	50
6	13	6	3	169	168	6.0	54

10 U 트랩

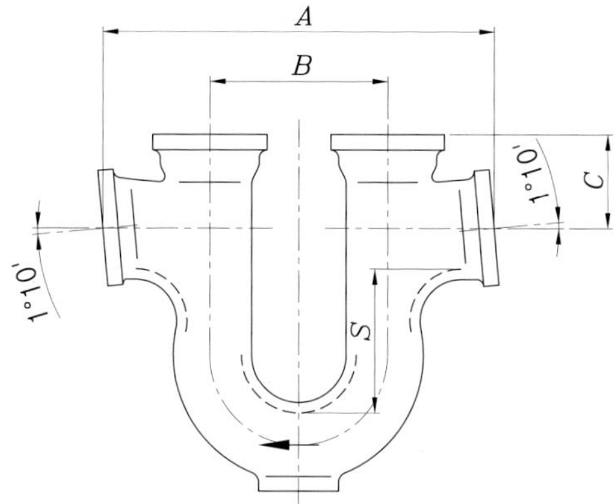

단위 : mm

호칭	A	B		C	봉수 깊이 (참고) S	상부 지름의 호칭
		기준 치수	허용차			
2	251	101	±1.2	53	50	2
3	344	136	±1.5	74	65	3
4	435	177	±1.8	92	65	4
5	516	214	±2.1	105	85	4
6	600	250	±3.0	118	100	4

11-3 나사식 강관제 관 이음쇠 KS B 1533 : 2009

1 배럴 니플 · 클로즈 니플

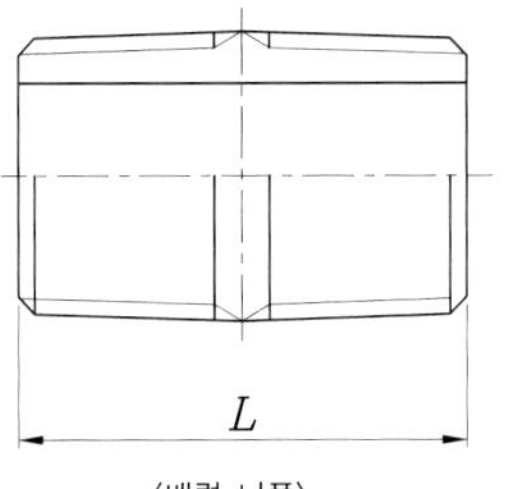

〈배럴 니플〉

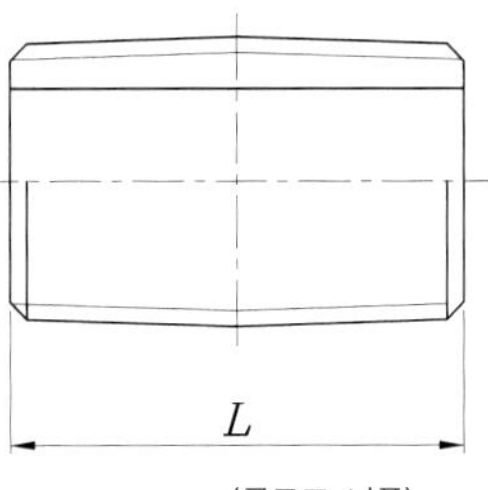

〈클로즈 니플〉

단위 : mm

호칭		배럴 니플	클로즈 니플
KS	JIS	L (최소)	L (최소)
6	1/8	24	22
8	1/4	26	24
10	3/8	28	26
15	1/2	34	29
20	3/4	38	35
25	1	42	38
32	$1\frac{1}{4}$	50	41
40	$1\frac{1}{2}$	50	44
50	2	58	51
65	$2\frac{1}{2}$	70	64
80	3	78	67
100	4	90	73
125	5	103	76
150	6	103	79

2 롱 니플

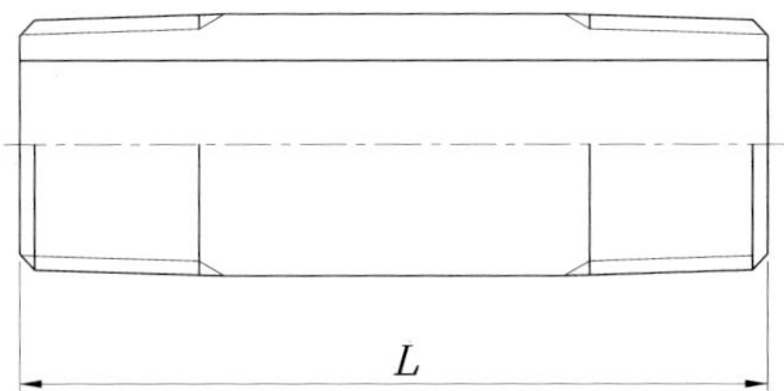

단위 : mm

호칭		길이 L (최소)								
KS	JIS	50	65	75	100	125	150	200	250	300
6	1/8	○	○	○	○	○	○	○	○	○
8	1/4	○	○	○	○	○	○	○	○	○
10	3/8	○	○	○	○	○	○	○	○	○
15	1/2	○	○	○	○	○	○	○	○	○
20	3/4	○	○	○	○	○	○	○	○	○
25	1	○	○	○	○	○	○	○	○	○
32	$1\frac{1}{4}$		○	○	○	○	○	○	○	○
40	$1\frac{1}{2}$		○	○	○	○	○	○	○	○
50	2		○	○	○	○	○	○	○	○
65	$2\frac{1}{2}$			○	○	○	○	○	○	○
80	3				○	○	○	○	○	○
100	4				○	○	○	○	○	○
125	5					○	○	○	○	○
150	6					○	○	○	○	○

3 소켓

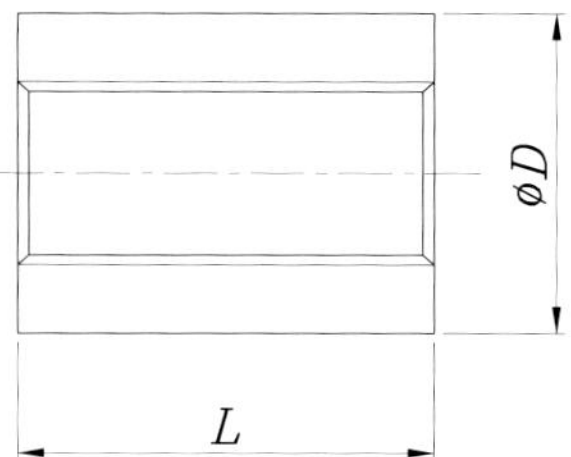

단위 : mm

호칭		바깥지름 D (최소)		길이 L(최소)
KS	JIS	스테인리스 강제	탄소 강제	
6	1/8	12.5	14	17
8	1/4	17.0	18.5	25
10	3/8	20.5	21.3	26
15	1/2	24.5	26.4	34
20	3/4	30.5	31.8	36
25	1	37.5	39.5	43
32	$1\frac{1}{4}$	46.4	48.3	48
40	$1\frac{1}{2}$	52.4	54.5	48
50	2	65	66.3	56
65	$2\frac{1}{2}$	80	82	65
80	3	92	95	71
100	4	120	122	83
125	5	145	147	92
150	6	173	174	92

11-4 유압용 25MPa 물림식 관 이음쇠 KS B 1535 (폐지)

1 평행나사 니플 O형, 평행나사 니플 E형 및 테이퍼 나사 니플의 모양 및 치수

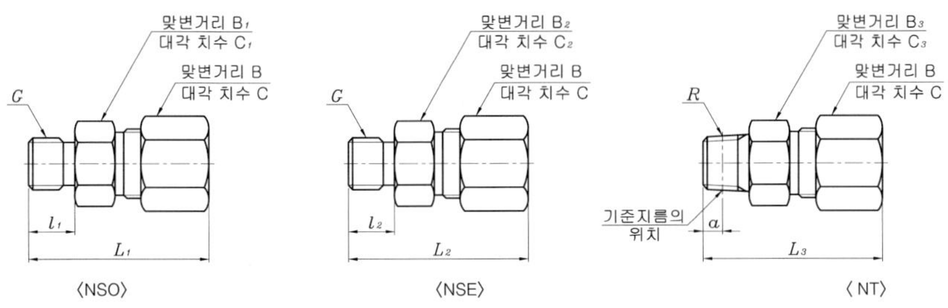

단위 : mm

크기의 호칭	적용관 바깥지름	이음쇠의 안지름 (최소)	나사의 호칭		l_1 (최대)	l_2 (최대)	a	L_1 (손으로 조임, 최대)	L_2 (손으로 조임, 최대)	L_3 (손으로 조임, 최대)	맞변거리×대각치수			
			C	R							B×C	B_1×C_1	B_2×C_2	B_3×C_3
4	4	2.5	1/8		10	7.4	3.97	36	33	34	12×13.9	14×16.2	14×16.2	12×13.9
6	6	4	1/8		10	7.4	3.97	41	38	39	14×16.2	14×16.2	14×16.2	14×16.2
8	8	6	1/4		12	11	6.01	45	44	44	17×19.6	19×21.9	19×21.9	17×19.6
10	10	7	1/4		12	11	6.01	46	45	45	19×21.9	19×21.9	19×21.9	19×21.9
12	12	9	3/8		12	11.4	6.35	47	46	47	22×25.4	22×25.4	22×25.4	22×25.4
16	16	12	1/2		16	15	8.16	56	55	55	30×34.6	27×31.2	27×31.2	27×31.2
20	20	16	3/4	–	17	16.3	–	62	61	–	36×41.6	36×41.6	32×37.0	–
25	25	20	1	–	21	19.1	–	69	67	–	46×53.1	41×47.3	41×47.3	–
30	30	25	$1\frac{1}{4}$	–	21	21.4	–	73	73	–	50×57.7	50×57.7	50×57.7	–
32	32	26	$1\frac{1}{4}$	–	21	21.4	–	75	75	–	55×63.5	50×57.7	50×57.7	–
38	38	32	$1\frac{1}{2}$ 1/2	–	21	21.4	–	77	77	–	60×69.3	55×63.5	55×63.5	–

2 용접 니플 및 칸막이 용접 유니언의 모양 및 치수

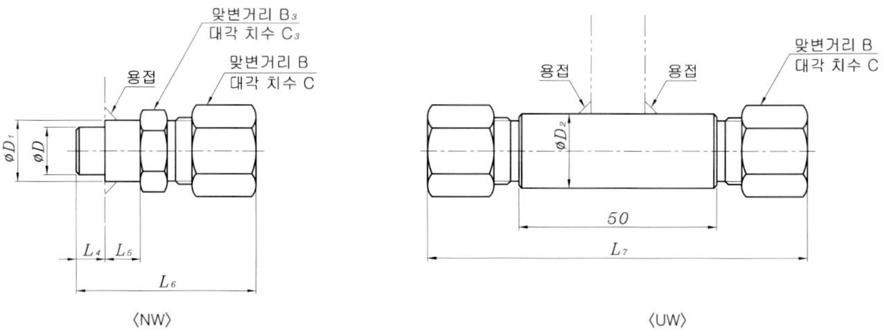

단위 : mm

크기의 호칭	적용관 바깥지름	이음쇠의 안지름 (최소)	D		D_1	D_2		L_4 (최대)	L_5 (최대)	L_6 (손으로 조임) (최대)	L_7 (손으로 조임) (최대)	맞변거리×대각치수	
												B×C	B_3×C_3
4	4	2.5	10		12	12		5	10	39	90	12×13.9	12×13.9
6	6	4	10		14	16		5	10	44	100	14×16.2	14×16.2
8	8	6	15		17	16		5	12	47	100	17×19.6	17×19.6
10	10	7	15		19	19		5	12	48	102	19×21.9	19×21.9
12	12	9	18		22	20		7	12	51	102	22×25.4	22×25.4
16	16	12	25	−0.1 −0.3	27	28	0 −0.2	7	15	58	110	30×34.6	27×31.2
20	20	16	28		32	32		7	15	63	116	36×41.6	32×37.0
25	25	20	37		41	38		10	15	70	116	46×53.1	41×47.3
30	30	25	42		46	46		10	15	73	118	50×57.7	46×53.1
32	32	26	42		46	46		10	15	73	118	55×63.5	46×53.1
38	38	32	50		55	55		10	15	73	118	60×69.3	55×63.5

3 유니언, 유니언 엘보 및 유니언 T의 모양 및 치수

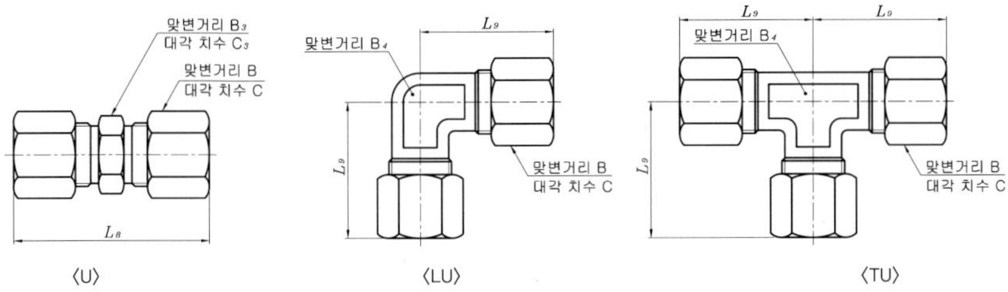

단위 : mm

크기의 호칭	적용관 바깥지름	이음쇠의 안지름 (최소)	L_8 (손으로 조임) (최대)	L_9 (손으로 조임) (최대)	맞변거리×대각치수		몸체의 맞변거리 (최대) B_4
					B×C	B_3×C_3	
4	4	2.5	44	30	12×13.9	12×13.9	10
6	6	4	54	33	14×16.2	14×16.2	12
8	8	6	55	35	17×19.6	17×19.6	14
10	10	7	57	37	19×21.9	19×21.9	17
12	12	9	58	39	22×25.4	22×25.4	19
16	16	12	66	48	30×34.6	27×31.2	24
20	20	16	74	54	36×41.6	32×37.0	30
25	25	20	78	60	46×53.1	41×47.3	36
30	30	25	80	65	50×57.7	46×53.1	41
32	32	26	83	68	55×63.8	46×53.1	46
38	38	32	86	71	60×69.3	55×63.5	50

4 평행나사 엘보, 평행나사 중앙 T 및 평행나사 끝 T의 모양 및 치수

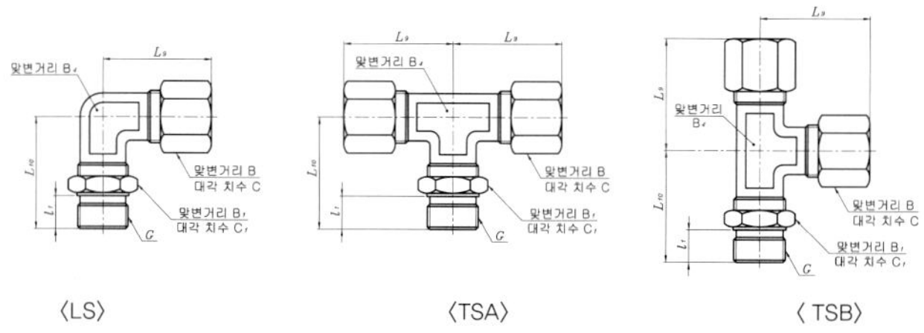

단위 : mm

크기의 호칭	적용관 바깥 지름	이음쇠의 안지름 (최소)	나사의 호칭 G	l_1 (최대)	L_9 (손으로 조임) (최대)	L_{10} (최대)	맞변거리×대각치수		몸체의 맞변거리 (최대) B_4
							B×C	B_1×C_1	
4	4	2.5	1/8	10	30	29	12×13.9	14×16.2	10
6	6	4	1/8	10	33	30	14×16.2	14×16.2	12
8	8	6	1/4	12	35	34	17×19.6	19×21.9	14
10	10	7	1/4	12	37	35	19×21.9	19×21.9	17
12	12	9	3/8	12	39	36	22×25.4	22×25.4	19
16	16	12	1/2	16	48	46	30×34.6	27×31.2	24
20	20	16	3/4	17	54	53	36×41.6	36×41.6	30
25	25	20	1	21	60	65	46×53.1	41×47.3	36
30	30	25	1 1/4	21	65	70	50×57.7	50×57.7	41
32	32	26	1 1/4	21	68	73	55×63.5	50×57.7	46
38	38	32	$1\frac{1}{2}$	21	71	77	60×69.3	55×63.5	50

5 평행나사 엘보, 평행나사 중앙 T 및 평행나사 끝 T의 모양 및 치수

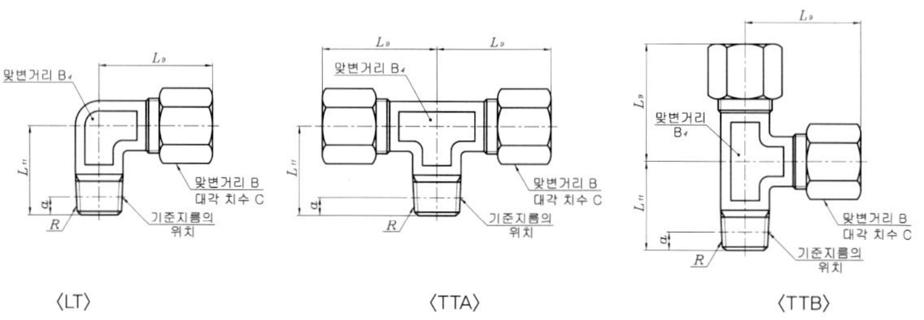

단위 : mm

크기의 호칭	적용관 바깥지름	이음쇠의 안지름 (최소)	나사의 호칭 R	a	L_9 (손으로 임) (최대)	L_{11} (최대)	맞변거리×대각치수 B×C	몸체의 맞변거리 (최대) B_4
4	4	2.5	1/8	3.97	30	20	12×13.9	10
6	6	4	1/8	3.97	33	20	14×16.2	12
8	8	6	1/4	6.01	35	25	17×19.6	14
10	10	7	1/4	6.01	37	27	19×21.9	17
12	12	9	3/8	6.35	39	30	22×25.4	19
16	16	12	1/2	8.16	48	35	30×34.6	24

6 칸막이 고정 유니언, 칸막이 고정 유니언 엘보 및 칸막이 고정 유니언 T의 모양 및 치수

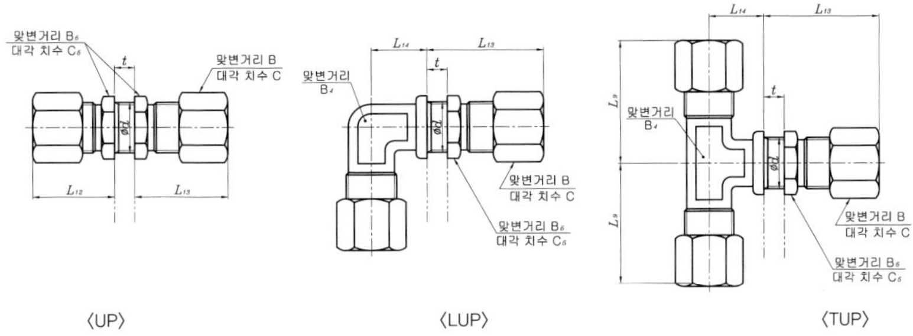

〈UP〉 〈LUP〉 〈TUP〉

단위 : mm

크기의 호칭	적용관 바깥지름	이음쇠의 안지름 (최소)	L_9 (손으로 조임) (최대)	L_{12} (손으로 조임) (최대)	L_{13} (손으로 조임) (최대)	L_{14}	맞변거리×대각치수		몸체의 맞변거리 (최대) B_4	참고		
							B×C	B_5×C_5		d (구멍 지름)	t (최대)	t (최대)
4	4	2.5	30	24	38	15	12×13.9	14×16.2	10	11	12	4
6	6	4	33	29	43	18	14×16.2	17×19.6	12	13	12	5
8	8	6	35	30	43	21	17×19.6	19×21.9	14	15	12	5
10	10	7	37	31	44	23	19×21.9	22×25.4	17	17	12	5
12	12	9	39	32	44	26	22×25.4	22×25.4	19	19	12	5
16	16	12	48	36	50	34	30×34.6	27×31.2	24	25	12	6
20	20	16	54	41	53	41	36×41.6	36×41.6	30	31	12	6
25	25	20	60	45	53	51	46×53.1	41×47.3	36	37	12	6
30	30	25	65	48	54	55	50×57.7	50×57.7	41	43	12	6
32	32	26	68	50	55	60	55×63.5	50×57.7	46	46	12	6
38	38	32	71	55	56	66	60×69.3	55×63.5	50	53	12	6

7 평행나사 형식의 이음쇠 부착 끝부분 및 상대 구멍의 모양 및 치수

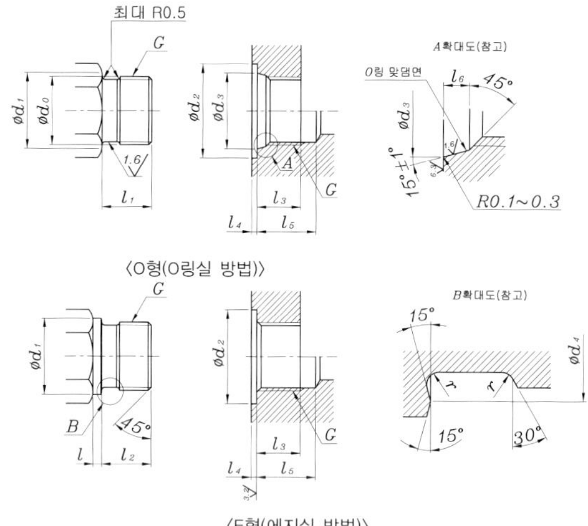

〈O형(O링실 방법)〉

〈E형(에지실 방법)〉

단위 : mm

나사의 호칭 G	d_0±0.1	d_1 0 −0.4		d_2±0.3		d_3+0.1 0	l (최소)	l_3 (최소)	l_4 (최대)	l_5 (최소)	l_6 +0.4 0	적용하는 O링의 호칭번호	d_4 (참고)	r (참고)
		O형	E형	O형	E형									
1/8	8	14	14	18	15	11.6	1.5	10	1	15	2	P8	12	1
1/4	11	19	18	24	19	15.6	2	12	1.5	18	2.5	P11	15.5	1.2
3/8	14	22	22	28	23	18.6	2.5	12	2	18	2.5	P14	19.5	1.2
1/2	18	27	26	34	27	22.6	3	16	2.5	24	2.5	P18	23.5	1.6
3/4	23	36	32	45	33	29.8	3	17	2.5	25	3.5	P22.4	29.5	1.6
1	29	41	39	51	40	35.8	3	21	2.5	30	3.5	P29	36	2.5
$1\frac{1}{4}$	38	50	49	62	50	44.8	3	21.4	2.5	30	3.5	P38	45.5	2.5
$1\frac{1}{2}$	44	55	55	68	56	50.8	3	21.4	2.5	30	3.5	P44	51.6	2.5

11-5 배관용 강제 맞대기 용접식 관 이음쇠 KS B 1541 (폐지)

1 모양에 따른 종류 및 그 기호

모양에 따른 종류		기호
대분류	소분류	
45° 엘보	롱	45E(L)
90° 엘보	롱	90E(L)
	쇼트	90E(S)
180° 엘보	롱	180E(L)
	쇼트	180E(S)
리듀서	동심	R(C)
	편심	R(E)
T	같은 지름	T(S)
	다른 지름	T(R)
캡	–	C

2 배관용 관 이음쇠의 재료에 따른 종류의 기호 및 대응하는 강관

구분	재료에 따른 종류의 기호		대응하는 강관		적요
	KS	JIS	KS	JIS	
탄소강	PS 380	PG 370	D 3562 SPPS 380	G 3454 STPG 370	압력 배관용
	PH 420	PS 410	D 3562 SPPS 420	G 3454 STPG 410	
			D 3564 SPPH 420(SPPH 380)	G 3455 STS 410(STS370)	고압 배관용
	PH 490	PS 480	D 3564 SPPH 490	G 3455 STS 480	
	HT 380	PT 370	D 3562 SPPS 380	G 3454 STPG 370	고온 배관용
			D 3570 SPHT 380	G 3456 STPT 370	
	HT 420	PT 410	D 3562 SPPS 420	G 3454 STPG 410	
			D 3570 SPHT 420	G 3456 STPT 410	
	HT 490	PT 480	D 3570 SPHT 490	G 3456 STPT 480	
	LT 390	PL 380	D 3569 SPLT 490	G 3460 STPL 380	저온 배관용
합금강	PA 12	PA 12	D 3573 SPA 12	G 3458 STPA 12	고온 배관용
	PA 22	PA 22	D 3573 SPA 22	G 3458 STPA 22	
	PA 23	PA 23	D 3573 SPA 23	G 3458 STPA 23	
	PA 24	PA 24	D 3573 SPA 24	G 3458 STPA 24	
	PA 25	PA 25	D 3573 SPA 25	G 3458 STPA 25	
	PA 26	PA 26	D 3573 SPA 26	G 3458 STPA 26	
	LT 460	PL 450	D 3569 SPLT 460	G 3460 STPA 450	저온 배관용
	LT 700	PL 690	D 3569 SPLT 700	G 3460 STPA 690	

■ 배관용 관 이음쇠의 재료에 따른 종류의 기호 및 대응하는 강관 (계속)

구분	재료에 따른 종류의 기호		대응하는 강관		적요
	KS	JIS	KS	JIS	
스테인리스 강	STS 304	SUS 304	D 3576 STS 304 TP	G 3459 SUS 304TP	내식 및 고온 배관용 STS 329 J1, STS 329 J2L 및 STS 405를 제외한 저온 배관용으로도 사용할 수 있다.
	STS 304H	SUS 304H	D 3576 STS 304 HTP	G 3459 SUS 304HTP	
	STS 304L	SUS 304L	D 3576 STS 304 LTP	G 3459 SUS 304LTP	
	STS 309	SUS 309	D 3576 STS 309 TP	G 3459 SUS 309TP	
	STS 309S	SUS 309S	D 3576 STS 309 STP	G 3459 SUS 309STP	
	STS 310	SUS 310	D 3576 STS 310 TP	G 3459 SUS 310TP	
	STS 310S	SUS 310S	D 3576 STS 310 STP	G 3459 SUS 310STP	
	STS 316	SUS 316	D 3576 STS 316 TP	G 3459 SUS 316TP	
	STS 316H	SUS 316H	D 3576 STS 316 HTP	G 3459 SUS 316HTP	
	STS 316L	SUS 316L	D 3576 STS 316 LTP	G 3459 SUS 316LTP	
	–	SUS 316Ti	–	G 3459 SUS 316TiTP	
	STS 317	SUS 317	D 3576 STS 317 TP	G 3459 SUS 317TP	
	STS 317L	SUS 317L	D 3576 STS 317 LTP	G 3459 SUS 317LTP	
	STS 321	SUS 321	D 3576 STS 321 TP	G 3459 SUS 321TP	
	STS 321H	SUS 321H	D 3576 STS 321 HTP	G 3459 SUS 321HTP	
	STS 347	SUS 347	D 3576 STS 347 TP	G 3459 SUS 347TP	
	STS 347H	SUS 347H	D 3576 STS 347 HTP	G 3459 SUS 347HTP	
	–	SUS 836L	–	G 3459 SUS 836LTP	
	–	SUS 890L	–	G 3459 SUS 890LTP	
	STS 329J1	SUS 329J1	D 3576 STS 329 J1TP	G 3459 SUS 329J1TP	
	STS 329J2L	SUS 329J3L	D 3576 STS 329 J2LTP	G 3459 SUS 329J3LTP	
	–	SUS 329J4L	–	G 3459 SUS 329J4LTP	
	STS 405	SUS 405	D 3576 STS 405 TP	G 3459 SUS 405TP	
	–	SUS 409L	–	G 3459 SUS 409LTP	
	–	SUS 430	–	G 3459 SUS 430TP	
	–	SUS 430LX	–	G 3459 SUS 430LXTP	
	–	SUS 430J1L	–	G 3459 SUS 430J1LTP	
	–	SUS 436L	–	G 3459 SUS 436LTP	
	–	SUS 444	–	G 3459 SUS 444TP	

3 가열로용 관 이음쇠의 재료에 따른 종류의 기호 및 대응하는 강관

구분	재료에 따른 종류의 기호		대응하는 강관	
	KS	JIS	KS	JIS
탄소강	FT 410	FT 410	D 3587 STF 410	G 3467 STF 410
합금강	FT 12	FA 12	D 3467 STFA 12	G 3467 STFA 12
	FA 22	FA 22	D 3467 STFA 22	G 3467 STFA 22
	FA 23	FA 23	D 3467 STFA 23	G 3467 STFA 23
	FA 24	FA 24	D 3467 STFA 24	G 3467 STFA 24
	FA 25	FA 25	D 3467 STFA 25	G 3467 STFA 25
	FA 26	FA 26	D 3467 STFA 26	G 3467 STFA 26
스테인리스 강	STS 304F	SUS 304 F	D 3467 STS 304 TF	G 3467 SUS 304 TF
	STS 304HF	SUS 304 HF	D 3467 STS 304 HTF	G 3467 SUS 304 HTF
	STS 309F	SUS 309 F	D 3467 STS 309 TF	G 3467 SUS 309 TF
	STS 310F	SUS 310 F	D 3467 STS 310 TF	G 3467 SUS 310 TF
	STS 316F	SUS 316 F	D 3467 STS 316 TF	G 3467 SUS 316 TF
	STS 316HF	SUS 316 HF	D 3467 STS 316 HTF	G 3467 SUS 316 HTF
	STS 321F	SUS 321 F	D 3467 STS 321 TF	G 3467 SUS 321 TF
	STS 321HF	SUS 321 HF	D 3467 STS 321 HTF	G 3467 SUS 321 HTF
	STS 347F	SUS 347 F	D 3467 STS 347 TF	G 3467 SUS 347 TF
	STS 347HF	SUS 347 HF	D 3467 STS 347 HTF	G 3467 SUS 347 HTF
니켈크롬 철합금	NCF 800F	NCF 800 F	D 3467 NCF 800 TF	G 3467 NCF 800 TF
	NCF 800HF	NCF 800 HF	D 3467 NCF 800 HTF	G 3467 NCF 800 HTF

4 탄소강, 합금강 및 스테인리스 강의 관 이음쇠의 바깥지름, 안지름 및 두께

단위 : mm

지름의 호칭		바깥 지름	호칭 두께							
			스케쥴 40		스케쥴 80		스케쥴 120		스케쥴 160	
A	B		안지름	두께	안지름	두께	안지름	두께	안지름	두께
15	1/2	21.7	16.1	2.8	14.3	3.7	–	–	12.3	4.7
20	3/4	27.2	21.4	2.9	19.4	3.9	–	–	16.2	5.5
25	1	34.0	27.2	3.4	25.0	4.5	–	–	21.2	6.4
32	11/4	42.7	35.5	3.6	32.9	4.9	–	–	29.9	6.4
40	$1\frac{1}{2}$	48.6	41.2	3.7	38.4	5.1	–	–	34.4	7.1
50	2	60.5	52.7	3.9	49.5	5.5	–	–	43.1	8.7
65	$2\frac{1}{2}$	76.3	65.9	5.2	62.3	7.0	–	–	57.3	9.5
80	3	89.1	78.1	5.5	73.9	7.6	–	–	66.9	11.1
90	$3\frac{1}{2}$	101.6	90.2	5.7	85.4	8.1	–	–	76.2	12.7
100	4	114.3	102.3	6.0	97.1	8.6	92.1	11.1	87.3	13.5
125	5	139.8	126.6	6.6	120.8	9.5	114.4	12.7	108.0	15.9
150	6	165.2	151.0	7.1	143.2	11.0	136.6	14.3	128.8	18.2
200	8	216.3	199.9	8.2	190.9	12.7	179.9	18.2	170.3	23.0
250	10	267.4	248.8	9.3	237.2	15.1	224.6	21.4	210.2	28.6
300	12	318.5	297.9	10.3	283.7	17.4	267.7	25.4	251.9	33.3
350	14	355.6	333.4	11.1	317.6	19.0	300.0	27.8	284.2	35.7
400	16	406.4	381.0	12.7	363.6	21.4	344.6	30.9	325.4	40.5
450	18	457.2	428.6	14.3	409.6	23.8	387.4	34.9	366.8	45.2
500	20	508.0	477.8	15.1	455.6	26.2	431.8	38.1	408.0	50.0
550	22	558.8	527.0	15.9	501.6	28.6	476.2	41.3	450.8	54.0
600	24	609.6	574.6	17.5	547.6	31.0	517.6	46.0	490.6	59.5
650	26	660.4	622.6	18.9	592.4	34.0	562.2	49.1	532.0	64.2

5 스테인리스 강의 배관용 관 이음쇠의 바깥지름, 안지름 및 두께

단위 : mm

지름의 호칭		바깥 지름	호칭 두께													
			스케줄 5S		스케줄 10S		스케줄 20S		스케줄 40		스케줄 80		스케줄 120		스케줄 160	
A	B		안지름	두께	안지름	두께	안지름	두께	안지름	두께	안지름	두께	안지름	두께	안지름	두께
15	1/2	21.7	18.4	1.65	17.5	2.1	16.7	2.5	16.1	2.8	14.3	3.7	–	–	12.3	4.7
20	3/4	27.2	23.9	1.65	23.0	2.1	22.2	2.5	21.4	2.9	19.4	3.9	–	–	16.2	5.5
25	1	34.0	30.7	1.65	28.4	2.8	28.0	3.0	27.2	3.4	25.0	4.5	–	–	21.2	6.4
32	11/4	42.7	39.4	1.65	37.1	2.8	36.7	3.0	35.5	3.6	32.9	4.9	–	–	29.9	6.4
40	$1\frac{1}{2}$	48.6	45.3	1.65	43.0	2.8	42.6	3.0	41.2	3.7	38.4	5.1	–	–	34.4	7.1
50	2	60.5	57.2	1.65	54.9	2.8	53.5	3.5	52.7	3.9	49.5	5.5	–	–	43.1	8.7
65	$2\frac{1}{2}$	76.3	72.1	2.1	70.3	3.0	69.3	3.5	65.9	5.2	62.3	7.0	–	–	57.3	9.5
80	3	89.1	84.9	2.1	83.1	3.0	81.1	4.0	78.1	5.5	73.9	7.6	–	–	66.9	11.1
90	$3\frac{1}{2}$	101.6	97.4	2.1	95.6	3.0	93.6	4.0	90.2	5.7	85.4	8.1	–	–	76.2	12.7
100	4	114.3	110.1	2.1	108.3	3.0	106.3	4.0	102.3	6.0	97.1	8.6	92.1	11.1	87.3	13.5
125	5	139.8	134.2	2.8	133.0	3.4	129.8	5.0	126.6	6.6	120.8	9.5	114.4	12.7	108.0	15.9
150	6	165.2	159.6	2.8	158.4	3.4	155.2	5.0	151.0	7.1	143.2	11.0	136.6	14.3	128.8	18.2
200	8	216.3	210.7	2.8	208.3	4.0	203.3	6.5	199.9	8.2	190.9	12.7	179.9	18.2	170.3	230
250	10	267.4	260.6	3.4	259.4	4.0	254.4	6.5	248.8	9.3	237.2	15.1	224.6	21.4	210.2	28.6
300	12	318.5	310.5	4.0	309.5	4.5	305.5	6.5	297.9	10.3	283.7	17.4	267.7	25.4	251.9	33.3
350	14	355.6	–	–	–	–	–	–	333.4	11.1	317.6	19.0	300.0	27.8	284.2	35.7
400	16	406.4	–	–	–	–	–	–	381.0	12.7	363.6	21.4	344.6	30.9	325.4	40.5
450	18	457.2	–	–	–	–	–	–	428.6	14.3	409.6	23.8	387.4	34.9	366.8	45.2
500	20	508.0	–	–	–	–	–	–	477.8	15.1	455.6	26.2	431.8	38.1	408.0	50.0
550	22	558.8	–	–	–	–	–	–	527.0	15.9	501.6	28.6	476.2	41.3	450.8	54.0
600	24	609.6	–	–	–	–	–	–	574.6	17.5	547.6	31.0	517.6	46.0	490.6	59.5
650	26	660.4	–	–	–	–	–	–	622.6	18.9	592.4	34.0	562.2	49.1	532.0	64.2

6 가열로용 관이음의 바깥지름, 안지름 및 두께

단위 : mm

지름의 호칭		바깥 지름	안지름																
			두께																
A	B		4.0	4.5	5.0	5.5	6.0	6.5	7.0	8.0	9.5	11.0	12.5	14.0	16.0	18.0	20.0	22.0	25.0	28.0
50	2	60.5	51.4	50.2	49.1	48.0	46.8	45.7	44.5	42.3	38.8	–	–	–	–	–	–	–		
65	$2\frac{1}{2}$	76.3	–	66.0	64.9	63.8	62.6	61.5	60.3	58.1	54.6	–	–	–	–	–	–	–		
80	3	89.1	–	78.8	77.7	76.6	75.4	74.3	73.1	70.9	67.4	64.0	–	–	–	–	–	–		
90	$3\frac{1}{2}$	101.6	–	91.3	90.2	89.1	87.9	86.8	85.6	83.4	79.9	76.5	73.1	–	–	–	–	–		
100	4	114.3	–	–	102.9	101.8	100.6	99.5	98.3	96.1	92.6	89.2	85.8	82.4	–	–	–	–		
125	5	139.8	–	–	128.4	127.3	126.1	125.0	123.8	121.6	118.1	114.7	111.3	107.9	103.3	–	–	–		
150	6	165.2	–	–	–	152.7	151.5	150.4	149.2	147.0	143.5	140.1	136.7	133.3	128.7	124.2	–	–		
200	8	216.3	–	–	–	–	–	201.5	200.3	198.1	194.6	191.2	187.8	184.4	179.8	175.3	170.7	166.1		
250	10	267.4	–	–	–	–	–	252.6	251.4	249.2	245.7	242.3	238.9	235.5	230.9	226.4	221.8	217.2	210.4	203.6

7 45° 엘보, 90° 엘보, 180° 엘보 및 캡의 모양 및 치수

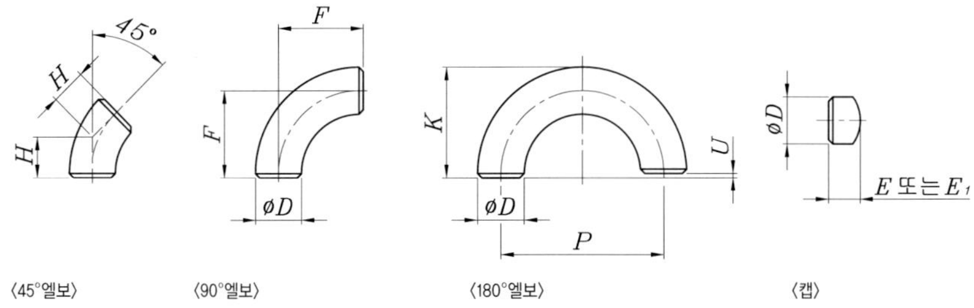

〈45°엘보〉 〈90°엘보〉 〈180°엘보〉 〈캡〉

단위 : mm

지름의 호칭		바깥지름 D	중심에서 끝면까지의 거리			중심에서 중심까지의 거리		뒤에서 끝면까지의 거리				
			45° 엘보 H	90° 엘보 F		180° 엘보 P		180° 엘보 K		캡		
A	B		롱	롱	쇼트	롱	쇼트	롱	쇼트	E	E_1	한계두께
15	1/2	21.7	15.8	38.1	–	76.2	–	49.0	–	25.4	–	–
20	3/4	27.2	15.8	38.1	–	76.2	–	51.7	–	25.4	–	–
25	1	34.0	15.8	38.1	25.4	76.2	50.8	55.1	42.4	38.1	–	–
32	11/4	42.7	19.7	47.6	31.8	95.2	63.6	69.0	53.2	38.1	–	–
40	1$\frac{1}{2}$	48.6	23.7	57.2	38.1	114.4	76.2	81.5	62.4	38.1	–	–
50	2	60.5	31.6	76.2	50.8	152.4	101.6	106.5	81.1	38.1	44.5	5.5
65	2$\frac{1}{2}$	76.3	39.5	95.3	63.5	190.6	127.0	133.5	101.7	38.1	50.8	7.0
80	3	89.1	47.3	114.3	76.2	228.6	152.4	158.9	120.8	50.8	63.5	7.6
90	3$\frac{1}{2}$	101.6	55.3	133.4	88.9	266.8	177.8	184.2	139.7	63.5	76.2	8.1
100	4	114.3	63.1	152.4	101.6	304.8	203.2	209.6	15.8	63.5	76.2	8.6
125	5	139.8	78.9	190.5	127.0	381.0	254.0	260.4	196.9	76.2	88.9	9.5
150	6	165.2	94.7	228.6	152.4	457.2	304.8	311.2	235.0	88.9	101.6	11.0
200	8	216.3	126.3	304.8	203.2	609.6	406.4	413.0	311.4	101.6	127.0	12.7
250	10	267.4	157.8	381.0	254.0	762.0	508.0	514.7	387.7	127.0	152.4	12.7
300	12	318.5	189.4	457.2	304.8	914.4	609.6	616.5	464.1	152.4	177.8	12.7
350	14	355.6	220.9	533.4	355.6	1066.8	711.2	711.2	533.4	165.1	190.5	12.7
400	16	406.4	252.5	609.6	406.4	1219.2	812.8	812.8	609.6	1778	203.2	12.7
450	18	457.2	284.1	685.8	457.2	1371.6	914.4	914.4	685.8	203.2	228.6	12.7
500	20	508.0	315.6	762.0	508.0	1524.0	1016.0	1016.0	762.0	228.6	254.0	12.7
550	22	558.8	347.2	838.2	558.8	–	–	–	–	254.0	254.0	12.7
600	24	609.6	378.7	914.4	609.6	–	–	–	–	266.7	304.8	12.7
650	26	660.4	410.3	990.6	660.4	–	–	–	–	266.7	–	–

8 리듀서의 모양 및 치수

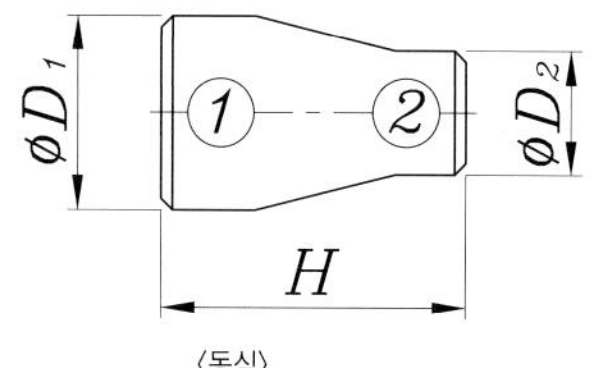

〈동심〉

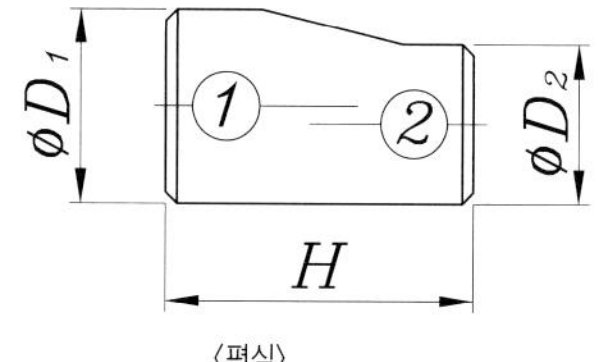

〈편심〉

단위 : mm

지름의 호칭 ①×②		바깥지름		끝면에서 끝면까지의 거리 H
A	B	D_1	D_2	
20×15	$\frac{3}{4}\times\frac{1}{2}$	27.2	21.7	38.1
25×20	$1\times\frac{3}{4}$	34.0	27.2	50.8
25×15	$1\times\frac{1}{2}$	34.0	21.7	50.8
32×25	$1\frac{1}{4}\times1$	42.7	34.0	50.8
32×20	$1\frac{1}{4}\times\frac{3}{4}$	42.7	27.2	50.8
32×15	$1\frac{1}{4}\times\frac{1}{2}$	42.7	21.7	63.5
40×32	$1\frac{1}{2}\times1\frac{1}{4}$	48.6	42.7	63.5
40×25	$1\frac{1}{2}\times1$	48.6	34.0	63.5
40×20	$1\frac{1}{2}\times\frac{3}{4}$	48.6	27.2	63.5
40×15	$1\frac{1}{2}\times\frac{1}{2}$	48.6	21.7	76.2
50×40	$2\times1\frac{1}{2}$	60.5	48.6	76.2
50×32	$2\times1\frac{1}{4}$	60.5	42.7	76.2
50×25	2×1	60.5	34.0	76.2
50×20	$2\times\frac{3}{4}$	60.5	27.2	88.9
65×50	$2\frac{1}{2}\times2$	76.3	60.5	88.9
65×40	$2\frac{1}{2}\times1\frac{1}{2}$	76.3	48.6	88.9
65×32	$2\frac{1}{2}\times1\frac{1}{4}$	76.3	42.7	88.9
65×25	$2\frac{1}{2}\times1$	76.3	34.0	88.9
80×65	$3\times2\frac{1}{2}$	89.1	76.3	88.9
80×50	3×2	89.1	60.5	88.9
80×40	$3\times1\frac{1}{2}$	89.1	48.6	88.9
80×32	$3\times1\frac{1}{4}$	89.1	42.7	88.9
90×80	$3\frac{1}{2}\times3$	101.6	89.1	101.6
90×65	$3\frac{1}{2}\times2\frac{1}{2}$	101.6	76.3	101.6
90×50	$3\frac{1}{2}\times2$	101.6	60.5	101.6
90×40	$3\frac{1}{2}\times1\frac{1}{2}$	101.6	48.6	101.6
90×32	$3\frac{1}{2}\times1\frac{1}{4}$	101.6	42.7	101.6
100×90	$4\times3\frac{1}{2}$	114.3	101.6	101.6
100×80	4×3	114.3	89.1	101.6
100×65	$4\times2\frac{1}{2}$	114.3	76.3	101.6
100×50	4×2	114.3	60.5	101.6
100×40	$4\times1\frac{1}{2}$	114.3	48.6	101.6
125×100	5×4	139.8	114.3	127.0
125×90	$5\times3\frac{1}{2}$	139.8	101.6	127.0
125×80	5×3	139.8	89.1	127.0
125×65	$5\times2\frac{1}{2}$	139.8	76.3	127.0
125×50	5×2	139.8	60.5	127.0

■ 리듀서의 모양 및 치수 (계속)

단위 : mm

지름의 호칭 ①×②		바깥지름		끝면에서 끝면까지의 거리 H
A	B	D_1	D_2	
150×125	6×5	165.2	139.8	139.7
150×100	6×4	165.2	114.3	139.7
150×90	6×3½	165.2	101.6	139.7
150×80	6×3	165.2	89.1	139.7
150×65	6×2½	165.2	76.3	139.7
200×150	8×6	216.3	165.2	152.4
200×125	8×5	216.3	139.8	152.4
200×100	8×4	216.3	114.3	152.4
200×90	8×3½	216.3	101.6	152.4
250×200	10×8	267.4	216.3	177.8
250×150	10×6	267.4	165.2	177.8
250×125	10×5	267.4	139.8	177.8
250×100	10×4	267.4	114.3	177.8
300×250	12×10	318.5	267.4	203.2
300×200	12×8	318.5	216.3	203.2
300×150	12×6	318.5	165.2	203.2
300×125	12×5	318.5	139.8	203.2
350×300	14×12	355.6	318.5	330.2
350×250	14×10	355.6	267.4	330.2
350×200	14×8	355.6	216.3	330.2
350×150	14×6	355.6	165.2	330.2
400×350	16×14	406.4	355.6	355.6
400×300	16×12	406.4	318.5	355.6
400×250	16×10	406.4	267.4	355.6
400×200	16×8	406.4	216.3	355.6
450×400	18×16	457.2	406.4	381.0
450×350	18×14	457.2	355.6	381.0
450×300	18×12	457.2	318.5	381.0
450×250	18×10	457.2	267.4	381.0
500×450	20×18	508.0	457.2	508.0
500×400	20×16	508.0	406.4	508.0
500×350	20×14	508.0	355.6	508.0
500×300	20×12	508.0	318.5	508.0
550×500	22×20	558.8	508.0	508.0
550×450	22×18	558.8	457.2	508.0
550×400	22×16	558.8	406.4	508.0
550×350	22×14	558.8	355.6	508.0
600×550	24×22	609.6	558.8	508.0
600×500	24×20	609.6	508.0	508.0
600×450	24×18	609.6	457.2	508.0
600×400	24×16	609.6	406.4	508.0
650×600	26×24	660.4	609.6	609.6
650×550	26×22	660.4	558.8	609.6
650×500	26×20	660.4	508.0	609.6
650×450	26×18	660.4	457.2	609.6

9 같은 지름 T의 모양 및 치수

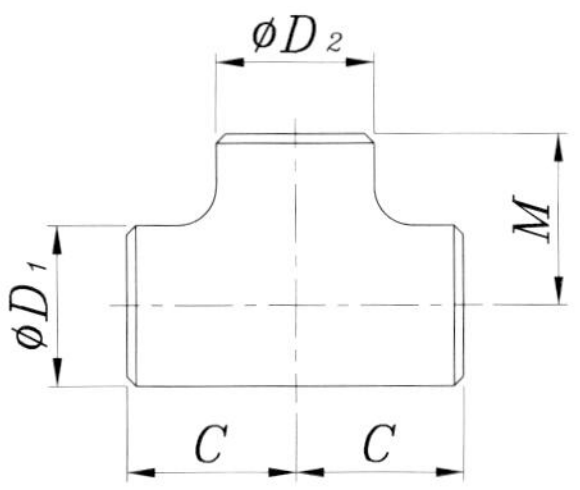

단위 : mm

지름의 호칭		바깥 지름		중심에서 끝면까지의 거리	
A	B	D_1	D_2	C	M
15	$\frac{1}{2}$	21.7	21.7	25.4	25.4
20	$\frac{3}{4}$	27.2	27.2	28.6	28.6
25	1	34.0	34.0	38.1	38.1
32	$1\frac{1}{4}$	42.7	42.7	47.6	47.6
40	$1\frac{1}{2}$	48.6	48.6	57.2	57.2
50	2	60.5	60.5	63.5	63.5
65	$2\frac{1}{2}$	76.3	76.3	76.2	76.2
80	3	89.1	89.1	85.7	85.7
90	$3\frac{1}{2}$	101.6	101.6	95.3	95.3
100	4	114.3	114.3	104.8	104.8
125	5	139.8	139.8	123.8	123.8
150	6	165.2	165.2	142.9	142.9
200	8	216.3	216.3	177.8	177.8
250	10	267.4	267.4	215.9	215.9
300	12	318.5	318.5	254.0	254.0
350	14	355.6	355.6	279.4	279.4
400	16	406.4	406.4	304.8	304.8
450	18	457.2	457.2	342.9	342.9
500	20	508.0	508.0	381.0	381.0
550	22	558.8	558.8	419.1	419.1
600	24	609.6	609.6	431.8	431.8
650	26	660.4	660.4	495.3	495.3

10 지름이 다른 T의 모양 및 치수

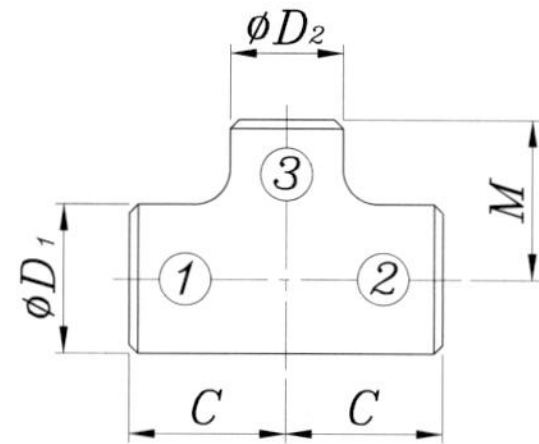

단위 : mm

지름의 호칭 ①×②×③		바깥지름		중심에서 끝면까지의 거리	
A	B	D_1	D_2	C	M
20×20×15	$\frac{3}{4}\times\frac{3}{4}\times\frac{1}{2}$	27.2	21.7	28.6	28.6
25×25×20	1×1×3/4	34.0	27.2	38.1	38.1
25×25×15	$1\times1\times\frac{1}{2}$	34.0	21.7	38.1	38.1
32×32×25	$1\frac{1}{4}\times1\frac{1}{4}\times1$	42.7	34.0	47.6	47.6
32×32×20	$1\frac{1}{4}\times1\frac{1}{4}\times\frac{3}{4}$	42.7	27.2	47.6	47.6
32×32×15	$1\frac{1}{4}\times1\frac{1}{4}\times\frac{1}{2}$	42.7	21.7	47.6	47.6
40×40×32	$1\frac{1}{2}\times1\frac{1}{2}\times1\frac{1}{4}$	48.6	42.7	57.2	57.2
40×40×25	$1\frac{1}{2}\times1\frac{1}{2}\times1$	48.6	34.0	57.2	57.2
40×40×20	$1\frac{1}{2}\times1\frac{1}{2}\times\frac{3}{4}$	48.6	27.2	57.2	57.2
40×40×15	$1\frac{1}{2}\times1\frac{1}{2}\times\frac{1}{2}$	48.6	21.7	57.2	57.2
50×50×40	$2\times2\times1\frac{1}{2}$	60.5	48.6	63.5	60.3
50×50×32	$2\times2\times1\frac{1}{4}$	60.5	42.7	63.5	57.2
50×50×25	2×2×1	60.5	34.0	63.5	50.8
50×50×20	$2\times2\times\frac{3}{4}$	60.5	27.2	63.5	44.5
65×65×50	$2\frac{1}{2}\times2\frac{1}{2}\times2$	76.3	60.5	76.2	69.9
65×65×40	$2\frac{1}{2}\times2\frac{1}{2}\times1\frac{1}{2}$	76.3	48.6	76.2	66.7
65×65×32	$2\frac{1}{2}\times2\frac{1}{2}\times1\frac{1}{4}$	76.3	42.7	76.2	63.5
65×65×25	$2\frac{1}{2}\times2\frac{1}{2}\times1$	76.3	34.0	76.2	57.2
80×80×65	$3\times3\times2\frac{1}{2}$	89.1	76.3	85.7	82.6
80×80×50	3×3×2	89.1	60.5	85.7	76.2
80×80×40	$3\times3\times1\frac{1}{2}$	89.1	48.6	85.7	73.0
80×80×32	$3\times3\times1\frac{1}{4}$	89.1	42.7	85.7	69.9
90×90×80	$3\frac{1}{2}\times3\frac{1}{2}\times3$	101.6	89.1	95.3	92.1
90×90×65	$3\frac{1}{2}\times3\frac{1}{2}\times2\frac{1}{2}$	101.6	76.3	95.3	88.9
90×90×50	$3\frac{1}{2}\times3\frac{1}{2}\times2$	101.6	60.5	95.3	82.6
90×90×40	$3\frac{1}{2}\times3\frac{1}{2}\times1\frac{1}{2}$	101.6	48.6	95.3	79.4
100×100×90	$4\times4\times3\frac{1}{2}$	114.3	101.6	104.8	101.6
100×100×80	4×4×3	114.3	89.1	104.8	98.4
100×100×65	$4\times4\times2\frac{1}{2}$	114.3	76.3	104.8	95.3
100×100×50	4×4×2	114.3	60.5	104.8	88.9
100×100×40	$4\times4\times1\frac{1}{2}$	114.3	48.6	104.8	85.7
125×125×100	5×5×4	139.8	114.3	123.8	117.5
125×125×90	$5\times5\times3\frac{1}{2}$	139.8	101.6	123.8	114.3
125×125×80	5×5×3	139.8	89.1	123.8	111.1

■ 지름이 다른 T의 모양 및 치수 (계속)

단위 : mm

지름의 호칭 ①×②×③		바깥지름		중심에서 끝면까지의 거리	
A	B	D_1	D_2	C	M
125×125×65	5×5×2½	139.8	76.3	123.8	108.0
125×125×50	5×5×2	139.8	60.5	123.8	104.8
150×150×125	6×6×5	165.2	139.8	142.9	136.5
150×150×100	6×6×4	165.2	114.3	142.9	130.2
150×150×90	6×6×3½	165.2	101.6	142.9	127.0
150×150×80	6×6×3	165.2	89.1	142.9	123.8
150×150×65	6×6×2½	165.2	76.3	142.9	120.7
200×200×150	8×8×6	216.3	165.2	177.8	168.3
200×200×125	8×8×5	216.3	139.8	177.8	161.9
200×200×100	8×8×4	216.3	114.3	177.8	155.6
200×200×90	8×8×3½	216.3	101.6	177.8	152.4
250×250×200	10×10×8	267.4	216.3	215.9	203.2
250×250×150	10×10×6	267.4	165.2	215.9	193.7
250×250×125	10×10×5	267.4	139.8	215.9	190.5
250×250×100	10×10×4	267.4	114.3	215.9	184.2
300×300×250	12×12×10	318.5	267.4	254.0	241.3
300×300×200	12×12×8	318.5	216.3	254.0	228.6
300×300×150	12×12×6	318.5	165.2	254.0	219.1
300×300×125	12×12×5	318.5	139.8	254.0	215.9
350×350×300	14×14×12	355.6	318.5	279.4	269.9
350×350×250	14×14×10	355.6	267.4	279.4	257.2
350×350×200	14×14×8	355.6	216.3	279.4	247.7
350×350×150	14×14×6	355.6	165.2	279.4	238.1
400×400×350	16×16×14	406.4	355.6	304.8	304.8
400×400×300	16×16×12	406.4	318.5	304.8	295.3
400×400×250	16×16×10	406.4	267.4	304.8	282.6
400×400×200	16×16×8	406.4	216.3	304.8	273.1
400×400×150	16×16×6	406.4	165.2	304.8	263.5
450×450×400	18×18×16	457.2	406.4	342.9	330.2
450×450×350	18×18×14	457.2	355.6	342.9	330.2
450×450×300	18×18×12	457.2	318.5	342.9	320.7
450×450×250	18×18×10	457.2	267.4	342.9	308.0
450×450×200	18×18×8	457.2	216.3	342.9	298.5
500×500×450	20×20×18	508.0	457.2	381.0	368.3
500×500×400	20×20×16	508.0	406.4	381.0	355.6
500×500×350	20×20×14	508.0	355.6	381.0	355.6
500×500×300	20×20×12	508.0	318.5	381.0	346.1
500×500×250	20×20×10	508.0	267.4	381.0	333.4
500×500×200	20×20×8	508.0	216.3	381.0	323.9
550×550×500	22×22×20	558.8	508.0	419.1	406.4
550×550×450	22×22×18	558.8	457.2	419.1	393.7
550×550×400	22×22×16	558.8	406.4	419.1	381.0
600×600×550	24×24×22	609.6	558.8	431.8	431.8
600×600×500	24×24×20	609.6	508.0	431.8	431.8
600×600×450	24×24×18	609.6	457.2	431.8	419.1
650×650×600	26×26×24	660.4	609.6	495.3	482.6
650×650×550	26×26×22	660.4	558.8	495.3	469.9
650×650×500	26×26×20	660.4	508.0	495.3	457.2

11 관 이음쇠의 치수 허용차

단위 : mm

관 이음쇠의 종류	항목	지름의 호칭						
		A	15~65	80~100	125~200	250~450	600~600	650
		B	½~2½	3~4	5~8	10~18	20~24	26
모든 관 이음쇠	끝부의 바깥지름		+1.6 −0.8	±1.6	+2.4 −1.6	+4.0 −3.2	+6.4 −4.8	
	끝면의 안지름		±0.8	±1.6		±3.2	±4.8	
	두께		+규정하지 않는다. −12.5 %					
	베벨 각도		33°, 30°이하, 1.6±0.8, t, 14°이하, 관 이음쇠의 실제 두께, (루트면의 높이), 안지름, 바깥지름 / 45°이하, 30°이하, R3.2 이상, 37.5° ±2.5°, 19, t, 14°이하, 관 이음쇠의 실제 두께, (루트면의 높이) 1.6±0.8, 안지름, 바깥지름 〈베벨 엔드의 모양 및 치수〉					
	루트면의 높이							
45° 엘보 90° 엘보	중심에서 끝면까지의 거리(H, F)		±1.6			±2.4		±3.2
180° 엘보	중심에서 중심까지의 거리(P)		±6.4			±9.5		
	뒤에서 끝면까지의 거리(K)		±6.4					
	끝면과 끝면의 어긋남(U)(최대)		1.6			3.2		
리듀서	끝면에서 끝면까지의 거리(H)		±1.6			±2.4		±4.8
T	중심에서 끝면까지의 거리(C, M)		±1.6			±2.4		±3.2
캡	뒤에서 끝면까지의 거리 (E, E1)		±3.2		±6.4			±9.5
모든 관 이음쇠			–					±0.5%

12 관 이음쇠의 축심에 대한 직각도의 허용차

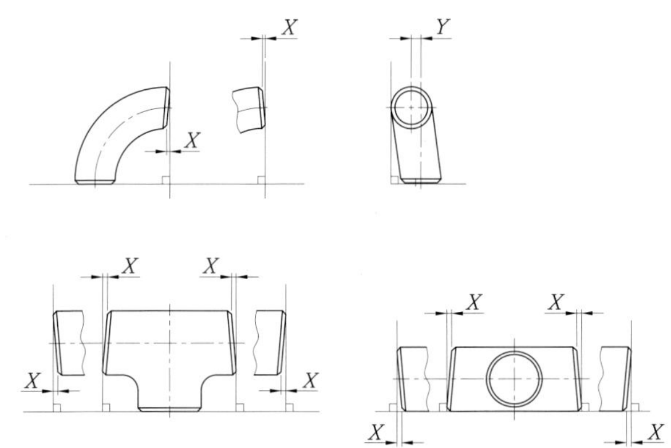

■ 관 이음쇠의 축심에 대한 직각도의 허용차

단위 : mm

관이음쇠의 종류	항목	지름의 호칭						
		A	15~100	125~200	250~300	350~450	450~600	650
		B	$\frac{1}{2}$~4	5~8	10~12	14~16	18~24	26
		허용차						
엘보, 리듀서, T	오프 앵글(X)	0.8		1.6	2.4	2.4	3.2	4.8
엘보, T	오프 플레인(Y)	1.6		3.2	4.8	6.4	9.5	

비 고

- 리듀서 및 지름이 다른 T의 직각도 허용차는 큰 지름 쪽의 허용차를 적용한다.

11-6 특수 배관용 강제 맞대기 용접식 관 이음쇠 KS B 1542 (폐지)

1 모양에 따른 종류 및 그 기호

모양에 따른 종류		기호
대분류	소분류	
45° 엘보	같은 지름	45 E (S)
	다른 지름	45 E (R)
90° 엘보	같은 지름	90 E (S)
	다른 지름	90 E (R)
풀 커플링	같은 지름	FC (S)
	다른 지름	FC (R)
하프 커플링	–	HC
캡	–	C
45° Y	같은 지름	45 Y (S)
	다른 지름	45 Y (R)
T	같은 지름	T (S)
	다른 지름	T (R)
크로스	같은 지름	CROSS (S)
	다른 지름	CROSS (R)

2 재료에 따른 종류의 기호 및 대응하는 강관

구분	재료에 따른 종류의 기호	대응하는 강관	적요
탄소강	PS 38	KS D 3562 SPPS 38 KS D 3564 SPPH 38	압력 배관용
	PS 42	KS D 3562 SPPS 42 KS D 3564 SPPH 42	
	PS 49	KS D 3564 SPPH 49	
	PT 38	KS D 3562 SPPS 38 KS D 3570 SPHT 38	
	PT 42	KS D 3562 SPPS 42 KS D 3570 SPHT 42	
	PT 49	KS D 3570 SPHT 49	
	PL 39	KS D 3569 SPLT 39	저온 배관용
합금강	PA 12	KS D 3573 SPA 12	고온 배관용
	PA 22	KS D 3573 SPA 22	
	PA 23	KS D 3573 SPA 23	
	PA 24	KS D 3573 SPA 24	
	PA 25	KS D 3573 SPA 25	
	PA 26	KS D 3573 SPA 26	
	PL 46	KS D 3569 SPLT46	저온 배관용
스테인리스 강	STS 304	KS D 3576 STS 304 TP	내식 및 고온 배관용 STS 329 J1 및 STS 405를 제외하고 저온 배관용으로도 사용할 수 있다.
	STS 304 H	KS D 3576 STS 304 HTP	
	STS 304 L	KS D 3576 STS 304 LTP	
	STS 309 S	KS D 3576 STS 309 STP	
	STS 310 S	KS D 3576 STS 310 STP	
	STS 316	KS D 3576 STS 316 TP	
	STS 316 H	KS D 3576 STS 316 HTP	
	STS 316 L	KS D 3576 STS 316 LTP	
	STS 317	KS D 3576 STS 317 TP	
	STS 317 L	KS D 3576 STS 317 LTP	
	STS 321	KS D 3576 STS 321 TP	
	STS 321 H	KS D 3576 STS 321 HTP	
	STS 347	KS D 3576 STS 347 TP	
	STS 347 H	KS D 3576 STS 347 HTP	
	STS 329 J1	KS D 3576 STS 329 J1TP	
	STS 405	KS D 3576 STS 405 TP	

3 관 이음쇠 삽입부의 안지름, 깊이, 구멍지름 및 두께

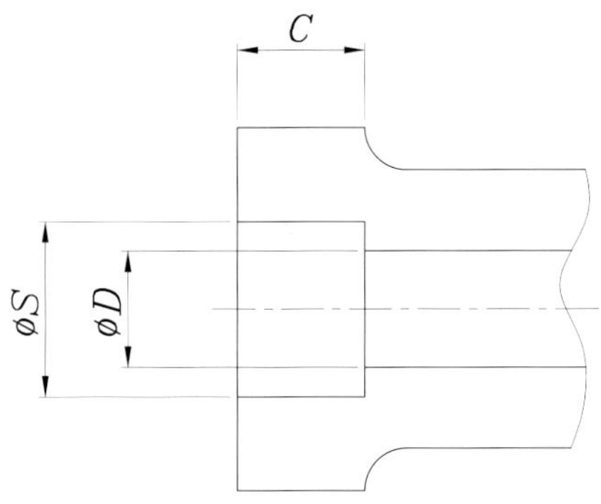

단위 : mm

지름의 호칭		삽입부의 안지름 S	삽입부의 깊이 (최소) C	구멍 지름 D 호칭 두께			두께 (최소) 호칭 두께	
A	B			스케쥴 80 1란	스케쥴 80 2란	스케쥴 160	스케쥴 80	스케쥴 160
6	$\frac{1}{8}$	11.0	9.6	7.1	5.7	–	3.2	–
8	$\frac{1}{4}$	14.3	9.6	9.4	7.8	–	3.3	–
10	$\frac{3}{8}$	17.8	9.6	12.7	10.9	–	3.5	–
15	$\frac{1}{2}$	22.2	9.6	16.1	14.3	12.3	4.1	5.2
20	$\frac{3}{4}$	27.7	12.7	21.4	19.4	16.2	4.3	6.1
25	1	34.5	12.7	27.2	25.0	21.2	5.0	7.0
32	$1\frac{1}{4}$	43.2	12.7	35.5	32.9	29.9	5.4	7.0
40	$1\frac{1}{2}$	49.1	12.7	41.2	38.4	34.4	5.6	7.8
50	2	61.1	15.9	52.7	49.5	43.1	6.1	9.6
65	$2\frac{1}{2}$	77.1	15.9	65.9	62.3	57.3	7.7	10.4
80	3	90.0	15.9	78.1	73.9	66.9	8.4	12.2

4 45° 엘보, 90° 엘보, T, 크로스 및 45° Y의 모양 및 치수

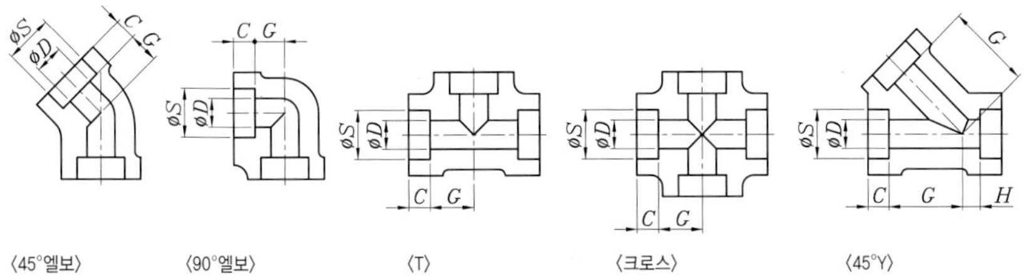

〈45°엘보〉 〈90°엘보〉 〈T〉 〈크로스〉 〈45°Y〉

단위 : mm

지름의 호칭		중심에서 삽입부 밑면까지의 거리							
		45° 엘보 G		90° 엘보, T, 크로스 G		45° Y G		45° Y H	
		호칭 두께		호칭 두께		호칭 두께		호칭 두께	
A	B	스케쥴 80	스케쥴 160	스케쥴 80	스케쥴 160	스케쥴 80	스케쥴 160	스케쥴 80	스케쥴 160
6	$\frac{1}{8}$	7.9	–	11.1	–	–	–	–	–
8	$\frac{1}{4}$	7.9	–	11.1	–	31.8	–	7.9	–
10	$\frac{3}{8}$	7.9	–	13.5	–	36.5	–	7.9	–
15	$\frac{1}{2}$	11.1	12.7	15.9	19.1	41.3	50.8	11.1	12.7
20	$\frac{3}{4}$	12.7	14.3	19.1	22.2	50.8	60.3	12.7	14.3
25	1	14.3	17.5	22.2	27.0	60.3	71.4	14.3	17.5
32	$1\frac{1}{4}$	17.5	20.6	27.0	31.8	71.4	81.0	17.5	20.6
40	$1\frac{1}{2}$	20.6	25.4	31.8	38.1	81.0	98.4	20.6	25.4
50	2	25.4	28.6	38.1	41.3	98.4	120.0	25.4	28.6
65	$2\frac{1}{2}$	28.6	31.8	41.3	57.2	–	–	–	–
80	3	31.8	34.9	57.2	63.5	–	–	–	–

5 풀 커플링, 하프 커플링 및 캡의 모양 및 치수

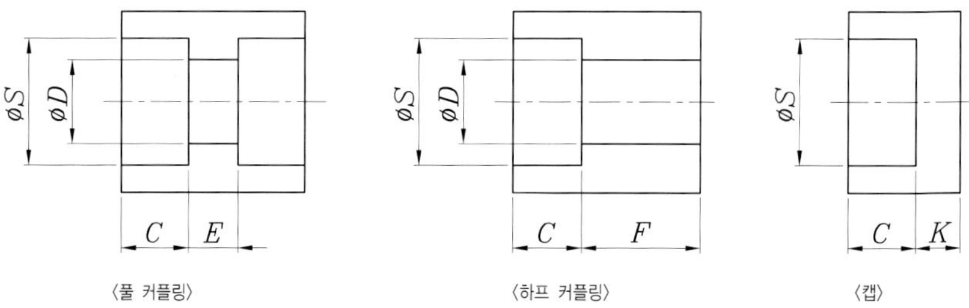

〈풀 커플링〉 〈하프 커플링〉 〈캡〉

단위 : mm

지름의 호칭		삽입부 밑면 사이의 거리	삽입부 밑면에서 상대면까지의 거리	헤드 두께 (최소) 캡 K 호칭 두께	
A	B	풀 커플링 E	하프 커플링 F	스케줄 80	스케줄 160
6	$\frac{1}{8}$	6.4	15.9	3.5	–
8	$\frac{1}{4}$	6.4	15.9	4.5	–
10	$\frac{3}{8}$	6.4	17.5	5.0	–
15	$\frac{1}{2}$	9.5	22.2	6.1	7.2
20	$\frac{3}{4}$	9.5	23.8	7.0	8.8
25	1	12.7	28.6	8.3	10.6
32	$1\frac{1}{4}$	12.7	30.2	9.6	11.8
40	$1\frac{1}{2}$	12.7	31.8	10.5	13.3
50	2	19.1	41.3	12.2	16.4
65	$2\frac{1}{2}$	19.1	42.9	15.3	19.2
80	3	19.1	44.5	17.3	22.5

11-7 배관용 강판제 맞대기 용접식 관 이음쇠 KS B 1543 : 2009

1 모양에 따른 종류 및 그 기호

모양에 따른 종류			기호
대분류	소분류		
45° 엘보	길음		45 E (L)
90° 엘보	길음		90 E (L)
	짧음		90 E (S)
180° 엘보	길음		180 E (L)
	짧음		180 E (S)
리듀서	동심	1형	R (C) 1
		2형	R (C) 2
	편심	1형	R (E) 1
		2형	R (E) 2
T	같은 지름		T (S)
	다른 지름		T (R)

2 재료에 따른 종류의 기호 및 대응하는 강관

구분	재료에 따른 종류의 기호	대응하는 강관	적요
탄소강	PG 38 W	KS D 3562 SPPS 380	압력 배관용
	PG 42 W	KS D 3562 SPPS 420	
	PT 38 W	KS D 3570 SPHT 380	고온 배관용
	PT 42 W	KS D 3570 SPHT 420	
	PT 49 W	KS D 3570 SPHT 490	
	PL 39 W	KS D 3570 SPLT 390	저온 배관용
합금강	PA 12 W	KS D 3573 SPA 12	고온 배관용
	PA 22 W	KS D 3573 SPA 22	
	PA 23 W	KS D 3573 SPA 23	
	PA 24 W	KS D 3573 SPA 24	
	PA 25 W	KS D 3573 SPA 25	
	PA 26 W	KS D 3573 SPA 26	
	PL 46 W	KS D 3569 SPLT 460	저온 배관용
스테인리스 강	STS 304 W	KS D 3576 STS 304 TP KS D 3588 STS 304 TPY	내식 및 고온 배관용 STS 329 J1W 및 STS 405 W를 제외하고 저온 배관용으로도 사용할 수 있다.
	STS 304 LW	KS D 3576 STS 304 LTP KS D 3588 STS 304 LTPY	
	STS 309 SW	KS D 3576 STS 309 STP KS D 3588 STS 309 STPY	
	STS 310 SW	KS D 3576 STS 310 STP KS D 3588 STS 310 STPY	
	STS 316 W	KS D 3576 STS 316 TP KS D 3588 STS 316 TPY	
	STS 316 LW	KS D 3576 STS 316 LTP KS D 3588 STS 316 LTPY	
	STS 317 W	KS D 3576 STS 317 TP KS D 3588 STS 317 TPY	
	STS 317 LW	KS D 3576 STS 317 LTP KS D 3588 STS 317 LTPY	
	STS 321 W	KS D 3576 STS 321 TP KS D 3588 STS 321 TPY	
	STS 347 W	KS D 3576 STS 347 TP KS D 3588 STS 347 TPY	
	STS 329 J1W	KS D 3576 STS 329 I1 TP KS D 3588 STS 329 J1 TPY	
	STS 405 W	KS D 3576 STS 405 TP	

3 탄소강, 합금강 및 스테인리스 강의 관 이음쇠의 바깥지름, 안지름 및 두께

단위 : mm

지름의 호칭		바깥지름	호칭 두께									
			LG		STD		XS		스케줄 40		스케줄 80	
A	B		안지름	두께	안지름	두께	안지름	두께	안지름	두께	안지름	두께
15	1/2	21.7	–	–	–	–	–	–	16.1	2.8	14.3	3.7
20	3/4	27.2	–	–	–	–	–	–	21.4	2.9	19.4	3.9
25	1	34.0	–	–	–	–	–	–	27.2	3.4	25.0	4.5
32	$1\frac{1}{4}$	42.7	–	–	–	–	–	–	35.5	3.6	32.9	4.9
40	$1\frac{1}{2}$	48.6	–	–	–	–	–	–	41.2	3.7	38.4	5.1
50	2	60.5	–	–	–	–	–	–	52.7	3.9	49.5	5.5
65	$2\frac{1}{2}$	76.3	–	–	–	–	–	–	65.9	5.2	62.3	7.0
80	3	89.1	–	–	–	–	–	–	78.1	5.5	73.9	7.6
90	$3\frac{1}{2}$	101.6	–	–	–	–	–	–	90.2	5.7	85.4	8.1
100	4	114.3	–	–	–	–	–	–	102.3	6.0	97.1	8.6
125	5	139.8	–	–	–	–	–	–	126.6	6.6	120.8	9.5
150	6	165.2	–	–	–	–	–	–	151.0	7.1	143.2	11.0
200	8	216.3	–	–	–	–	–	–	199.9	8.2	190.9	12.7
250	10	267.4	–	–	–	–	–	–	248.8	9.3	237.2	15.1
300	12	318.5	–	–	–	–	–	–	297.9	10.3	283.7	17.4
350	14	355.6	339.8	7.9	336.6	9.5	330.2	12.7	333.4	11.1	317.6	19.0
400	16	406.4	390.6	7.9	387.4	9.5	381.0	12.7	381.0	12.7	363.6	21.4
450	18	457.2	441.4	7.9	438.2	9.5	431.8	12.7	428.6	14.3	409.6	23.8
500	20	508.0	492.2	7.9	489.0	9.5	482.6	12.7	477.8	15.1	455.6	26.2
550	22	558.8	543.0	7.9	539.8	9.5	533.4	12.7	–	–	501.6	28.6
600	24	609.6	593.8	7.9	590.6	9.5	584.2	12.7	547.8	17.4	547.6	31.0
650	26	660.4	644.6	7.9	641.4	9.5	635.0	12.7	–	–	–	–
700	28	711.2	695.4	7.9	692.2	9.5	685.8	12.7	–	–	–	–
750	30	762.0	746.2	7.9	743.0	9.5	736.6	12.7	–	–	–	–
800	32	812.8	797.0	7.9	793.8	9.5	787.4	12.7	778.0	17.4	–	–
850	34	863.6	847.8	7.9	844.6	9.5	838.2	12.7	828.8	17.4	–	–
900	36	914.4	898.6	7.9	895.4	9.5	889.0	12.7	876.4	19.0	–	–
950	38	965.2	949.4	7.9	946.2	9.5	939.8	12.7	–	–	–	–
1000	40	1016.0	1000.2	7.9	997.0	9.5	990.6	12.7	–	–	–	–
1050	42	1066.8	1051.0	7.9	1047.8	9.5	1041.4	12.7	–	–	–	–
1100	44	1117.6	1101.8	7.9	1098.6	9.5	1092.2	12.7	–	–	–	–
1150	46	1168.4	1152.6	7.9	1149.4	9.5	1143.0	12.7	–	–	–	–
1200	48	1219.2	1203.4	7.9	1200.2	9.5	1193.8	12.7	–	–	–	–

4 스테인리스 강의 이음쇠의 바깥지름, 안지름 및 두께

단위 : mm

지름의 호칭		바깥지름 D	호칭 두께					
			스케줄 5 S		스케줄 10 S		스케줄 20 S	
A	B		안지름	두께	안지름	두께	안지름	두께
15	1/2	21.7	18.4	1.65	17.5	2.1	16.7	2.5
20	3/4	27.2	23.9	1.65	23.0	2.1	22.2	2.5
25	1	34.0	30.7	1.65	28.4	2.8	28.0	3.0
32	$1\frac{1}{4}$	42.7	39.4	1.65	37.1	2.8	36.7	3.0
40	$1\frac{1}{2}$	48.6	45.3	1.65	43.0	2.8	42.6	3.0
50	2	60.5	57.2	1.65	54.9	2.8	53.5	3.5
65	$2\frac{1}{2}$	76.3	72.1	2.1	70.3	3.0	69.3	3.5
80	3	89.1	84.9	2.1	83.1	3.0	81.1	4.0
90	$3\frac{1}{2}$	101.6	97.4	2.1	95.6	3.0	93.6	4.0
100	4	114.3	110.1	2.1	108.3	3.0	106.3	4.0
125	5	139.8	134.2	2.8	133.0	3.4	129.8	5.0
150	6	165.2	159.6	2.8	158.4	3.4	155.2	5.0
200	8	216.3	210.7	2.8	208.3	4.0	203.3	6.5
250	10	267.4	260.6	3.4	259.4	4.0	254.4	6.5
300	12	318.5	310.5	4.0	309.5	4.5	305.5	6.5
350	14	355.6	347.6	4.0	346.0	4.8	339.8	7.9
400	16	406.4	398.0	4.2	396.8	4.8	390.6	7.9
450	18	457.2	448.8	4.2	447.6	4.8	441.4	7.9
500	20	508.0	498.4	4.8	497.0	5.5	492.2	7.9
550	22	558.8	549.2	4.8	547.8	5.5	–	–
600	24	609.6	598.6	5.5	596.8	6.4	–	–
750	30	762.0	749.2	6.4	746.2	7.9	–	–

5 45° 엘보, 90° 엘보 및 180° 엘보의 모양 및 치수

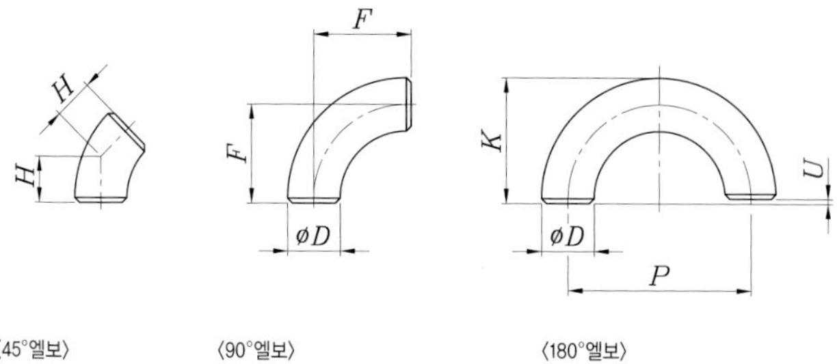

〈45°엘보〉 〈90°엘보〉 〈180°엘보〉

단위 : mm

지름의 호칭		바깥지름 D	중심에서 단면까지의 거리			중심에서 중심까지의 거리		뒤에서 단면까지의 거리	
			45° 엘보 H	90° 엘보 F		180° 엘보 P		180° 엘보 K	
A	B		길음	길음	짧음	길음	짧음	길음	짧음
15	1/2	21.7	15.8	38.1	–	76.2	–	49	–
20	3/4	27.2	15.8	38.1	–	76.2	–	51.7	–
25	1	34.0	15.8	38.1	25.4	76.2	50.8	55.1	42.4
32	1$\frac{1}{4}$	42.7	19.7	47.6	31.8	95.2	63.6	69.0	53.2
40	1$\frac{1}{2}$	48.6	23.7	57.2	38.1	114.4	76.2	81.5	62.4
50	2	60.5	31.6	76.2	50.8	152.4	101.6	106.5	81.1
65	2$\frac{1}{2}$	76.3	39.5	95.3	63.5	190.6	127.0	133.5	101.7
80	3	89.1	47.3	114.3	76.2	228.6	152.4	158.9	120.8
90	3$\frac{1}{2}$	101.6	55.3	133.4	88.9	266.8	177.8	184.2	139.7
100	4	114.3	63.1	152.4	101.6	304.8	203.2	209.6	158.8
125	5	139.8	78.9	190.5	127.0	381.0	254.0	260.4	196.9
150	6	165.2	94.7	228.6	152.4	457.2	304.8	311.2	235.0
200	8	216.3	126.3	304.8	203.2	609.6	406.4	413.0	311.4
250	10	267.4	157.8	381.0	254.0	762.0	508.0	514.7	387.7
300	12	318.5	189.4	457.2	304.8	914.4	609.6	616.5	464.1
350	14	355.6	220.9	533.4	355.6	1066.8	711.2	711.2	533.4
400	16	406.4	252.5	609.6	406.4	1219.2	812.8	812.8	609.6
450	18	457.2	284.1	685.8	457.2	–	–	–	–
500	20	508.0	315.6	762.0	508.0	–	–	–	–
550	22	558.8	347.2	838.2	558.8	–	–	–	–
600	24	609.6	378.7	914.4	609.6	–	–	–	–
650	26	660.4	410.3	990.6	660.4	–	–	–	–
700	28	711.2	441.9	1066.8	711.2	–	–	–	–
750	30	762.0	473.4	1143.0	762.0	–	–	–	–
800	32	812.8	505.0	1219.2	812.8	–	–	–	–
850	34	863.6	536.6	1295.4	863.6	–	–	–	–
900	36	914.4	568.1	1371.6	914.4	–	–	–	–
950	38	965.2	599.7	1447.8	965.2	–	–	–	–
1000	40	1016.0	631.2	1524.0	1016.0	–	–	–	–
1050	42	1066.8	662.8	1600.2	1066.8	–	–	–	–
1100	44	1117.6	694.4	1676.4	1117.6	–	–	–	–
1150	46	1168.4	725.9	1752.6	1168.4	–	–	–	–
1200	48	1219.2	757.5	1828.8	1219.2	–	–	–	–

6 리듀서의 모양 및 치수

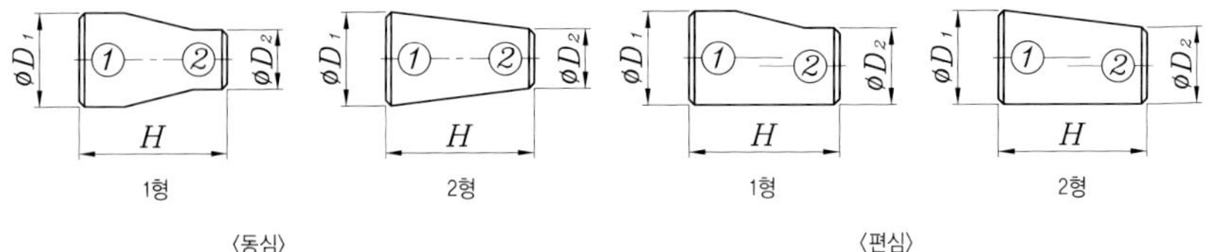

단위 : mm

지름의 호칭 ①×②		바깥지름		단면에서 단면까지의 거리
A	B	D_1	D_2	H
20 × 15	3/4 × 1/2	27.2	21.7	38.1
25 × 20	1 × 3/4	34.0	27.2	50.8
25 × 15	1 × 1/2	34.0	21.7	50.8
32 × 25	$1\frac{1}{4}$ × 1	42.7	34.0	50.8
32 × 20	$1\frac{1}{4}$ × 3/4	42.7	27.2	50.8
32 × 15	$1\frac{1}{4}$ × 1/2	42.7	21.7	50.8
40 × 32	$1\frac{1}{2}$ × $1\frac{1}{4}$	48.6	42.7	63.5
40 × 25	$1\frac{1}{2}$ × 1	48.6	34.0	63.5
40 × 20	$1\frac{1}{2}$ × 3/4	48.6	27.2	63.5
40 × 15	$1\frac{1}{2}$ × 1/2	48.6	21.7	63.5
50 × 40	2 × $1\frac{1}{2}$	60.5	48.6	76.2
50 × 32	2 × $1\frac{1}{4}$	60.5	42.7	76.2
50 × 25	2 × 1	60.5	34.0	76.2
50 × 20	2 × 3/4	60.5	27.2	76.2
65 × 50	$2\frac{1}{2}$ × 2	76.3	60.5	88.9
65 × 40	$2\frac{1}{2}$ × $1\frac{1}{2}$	76.3	48.6	88.9
65 × 32	$2\frac{1}{2}$ × $1\frac{1}{4}$	76.3	42.7	88.9
65 × 25	$2\frac{1}{2}$ × 1	76.3	34.0	88.9
80 × 65	3 × $2\frac{1}{2}$	89.1	76.3	88.9
80 × 50	3 × 2	89.1	60.5	88.9
80 × 40	3 × $1\frac{1}{2}$	89.1	48.6	88.9
80 × 32	3 × $1\frac{1}{4}$	89.1	42.7	88.9
90 × 80	$3\frac{1}{2}$ × 3	101.6	89.1	101.6
90 × 65	$3\frac{1}{2}$ × $2\frac{1}{2}$	101.6	76.3	101.6
90 × 50	$3\frac{1}{2}$ × 2	101.6	60.5	101.6
90 × 40	$3\frac{1}{2}$ × $1\frac{1}{2}$	101.6	48.6	101.6
90 × 32	$3\frac{1}{2}$ × $1\frac{1}{4}$	101.6	42.7	101.6
100 × 90	4 × $3\frac{1}{2}$	114.3	101.6	101.6
100 × 80	4 × 3	114.3	89.1	101.6
100 × 65	4 × $2\frac{1}{2}$	114.3	76.3	101.6
100 × 50	4 × 2	114.3	60.5	101.6
100 × 40	4 × $1\frac{1}{2}$	114.3	48.6	101.6
125 × 100	5 × 4	139.8	114.3	127.0
125 × 90	5 × $3\frac{1}{2}$	139.8	101.6	127.0
125 × 80	5 × 3	139.8	89.1	127.0
125 × 65	5 × $2\frac{1}{2}$	139.8	76.3	127.0
125 × 50	5 × 2	139.8	60.5	127.0
150 × 125	6 × 5	165.2	139.8	139.7
150 × 100	6 × 4	165.2	114.3	139.7
150 × 90	6 × $3\frac{1}{2}$	165.2	101.6	139.7
150 × 80	6 × 3	165.2	89.1	139.7
150 × 65	6 × $2\frac{1}{2}$	165.2	76.3	139.7

■ 리듀서의 모양 및 치수 (계속)

단위 : mm

지름의 호칭 ①×②		바깥지름		단면에서 단면까지의 거리 H
A	B	D_1	D_2	
200 × 150	8 × 6	216.3	165.2	152.4
200 × 125	8 × 5	216.3	139.8	152.4
200 × 100	8 × 4	216.3	114.3	152.4
200 × 90	8 × $3\frac{1}{2}$	216.3	101.6	152.4
250 × 200	10 × 8	267.4	216.3	177.8
250 × 150	10 × 6	267.4	165.2	177.8
250 × 125	10 × 5	267.4	139.8	177.8
250 × 100	10 × 4	267.4	114.3	177.8
300 × 250	12 × 10	318.5	267.4	203.2
300 × 200	12 × 8	318.5	216.3	203.2
300 × 150	12 × 6	318.5	165.2	203.2
300 × 125	12 × 5	318.5	139.8	203.2
350 × 300	14 × 12	355.6	267.4	330.2
350 × 250	14 × 10	355.6	216.3	330.2
350 × 200	14 × 8	355.6	165.2	330.2
350 × 150	14 × 6	355.6	139.8	330.2
350 × 200	14 × 8	355.6	216.3	330.2
350 × 150	14 × 6	355.6	165.2	330.2
400 × 350	16 × 14	406.4	355.6	355.6
400 × 300	16 × 12	406.4	318.5	355.6
400 × 250	16 × 10	406.4	267.4	355.6
400 × 200	16 × 8	406.4	216.3	355.6
450 × 400	18 × 16	457.2	406.4	381.0
450 × 350	18 × 14	457.2	355.6	381.0
450 × 300	18 × 12	457.2	318.5	381.0
450 × 250	18 × 10	457.2	267.4	381.0
500 × 450	20 × 18	508.0	457.2	508.0
500 × 400	20 × 16	508.0	406.4	508.0
500 × 350	20 × 14	508.0	355.6	508.0
500 × 300	20 × 12	508.0	318.5	508.0
550 × 500	22 × 20	558.8	508.0	508.0
550 × 450	22 × 18	558.8	457.2	508.0
550 × 400	22 × 16	558.8	406.4	508.0
550 × 350	22 × 14	558.8	355.6	508.0
600 × 550	24 × 22	609.6	558.8	508.0
600 × 500	24 × 20	609.6	508.0	508.0
600 × 450	24 × 18	609.6	457.2	508.0
600 × 400	24 × 16	609.6	406.4	508.0
650 × 600	26 × 24	660.4	609.6	609.6
650 × 550	26 × 22	660.4	558.8	609.6
650 × 500	26 × 20	660.4	508.0	609.6
650 × 450	26 × 18	660.4	457.2	609.6
700 × 650	28 × 26	711.2	660.4	609.6

■ 리듀서의 모양 및 치수 (계속)

단위 : mm

지름의 호칭 ①×②		바깥지름		단면에서 단면까지의 거리 H
A	B	D_1	D_2	
700 × 600	28 × 24	711.2	609.6	609.6
700 × 550	28 × 22	711.2	558.8	609.6
700 × 500	28 × 20	711.2	508.0	609.6
750 × 700	30 × 28	762.0	711.2	609.6
750 × 650	30 × 26	762.0	660.4	609.6
750 × 600	30 × 24	762.0	609.4	609.6
750 × 550	30 × 22	762.0	558.8	609.6
800 × 750	32 × 30	812.8	762.0	609.6
800 × 700	32 × 28	812.8	711.2	609.6
800 × 650	32 × 26	812.8	660.4	609.6
800 × 600	32 × 24	812.8	609.6	609.6
850 × 800	34 × 32	863.6	812.8	609.6
850 × 750	34 × 30	863.6	762.0	609.6
850 × 700	34 × 28	863.6	711.2	609.6
850 × 650	34 × 26	863.6	660.4	609.6
900 × 850	36 × 34	914.4	863.6	609.6
900 × 800	36 × 32	914.4	812.8	609.6
900 × 750	36 × 30	914.4	762.0	609.6
900 × 700	36 × 28	914.4	711.2	609.6
950 × 900	38 × 36	965.2	914.4	609.6
950 × 850	38 × 34	965.2	863.6	609.6
950 × 800	38 × 32	965.2	812.8	609.6
950 × 750	38 × 30	965.2	762.0	609.6
1000 × 950	40 × 38	1016.0	965.2	609.6
1000 × 900	40 × 36	1016.0	914.4	609.6
1000 × 850	40 × 34	1016.0	863.6	609.6
1000 × 800	40 × 32	1016.0	812.8	609.6
1050 × 1000	42 × 40	1066.8	1016.0	609.6
1050 × 950	42 × 38	1066.8	965.2	609.6
1050 × 900	42 × 36	1066.8	914.4	609.6
1050 × 850	42 × 34	1066.8	863.6	609.6
1100 × 1050	44 × 42	1117.6	1066.8	609.6
1100 × 1000	44 × 40	1117.6	1016.0	609.6
1100 × 950	44 × 38	1117.6	965.2	609.6
1100 × 900	44 × 36	1117.6	914.4	609.6
1150 × 1100	46 × 44	1168.4	1117.6	711.2
1150 × 1050	46 × 42	1168.4	1066.8	711.2
1150 × 1000	46 × 40	1168.4	1016.0	711.2
1150 × 950	46 × 38	1168.4	965.2	711.2
1200 × 1150	48 × 46	1219.2	1168.4	711.2
1200 × 1100	48 × 44	1219.2	1117.6	711.2
1200 × 1050	48 × 42	1219.2	1066.8	711.2
1200 × 1000	48 × 40	1219.2	1016.0	711.2

7 같은 지름 T의 모양 및 치수

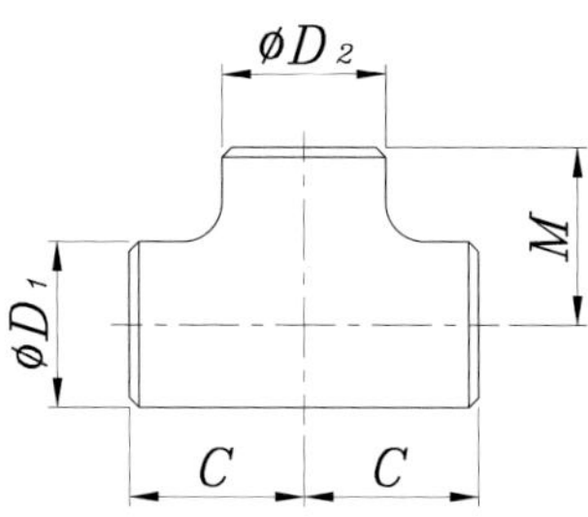

단위 : mm

지름의 호칭		바깥지름		중심에서 단면까지의 거리	
A	B	D_1	D_2	C	M
15	1/2	21.7	21.7	25.4	25.4
20	3/4	27.2	27.2	28.6	28.6
25	1	34.0	34.0	38.1	38.1
32	$1\frac{1}{4}$	42.7	42.7	47.6	47.6
40	$1\frac{1}{2}$	48.6	48.6	57.2	57.2
50	2	60.5	60.5	63.5	63.5
65	$2\frac{1}{2}$	76.3	76.3	76.2	76.2
80	3	89.1	89.1	85.7	85.7
90	$3\frac{1}{2}$	101.6	101.6	95.3	95.3
100	4	114.3	114.3	104.8	104.8
125	5	139.8	139.8	123.8	123.8
150	6	165.2	165.2	142.9	142.9
200	8	216.3	216.3	177.8	177.8
250	10	267.4	267.4	215.9	215.9
300	12	318.5	318.5	254.0	254.0
350	14	355.6	355.6	279.4	279.4
400	16	406.4	406.4	304.8	304.8
450	18	457.2	457.2	342.9	342.9
500	20	508.0	508.0	381.0	381.0
550	22	558.8	558.8	419.1	419.1
600	24	609.6	609.6	431.8	431.8
650	26	660.4	660.4	495.3	495.3
700	28	711.2	711.2	520.7	520.7
750	30	762.0	762.0	558.8	558.8
800	32	812.8	812.8	596.9	596.9
850	34	863.6	863.6	635.0	635.0
900	36	914.4	914.4	673.1	673.1
950	38	965.2	965.2	711.2	711.2
1000	40	1016.0	1016.0	749.3	749.3
1050	42	1066.8	1066.8	762.0	711.2
1100	44	1117.6	1117.6	812.8	762.0
1150	46	1168.4	1168.4	850.9	800.1
1200	48	1219.2	1219.2	889.0	838.2

8 지름이 다른 T의 모양 및 치수

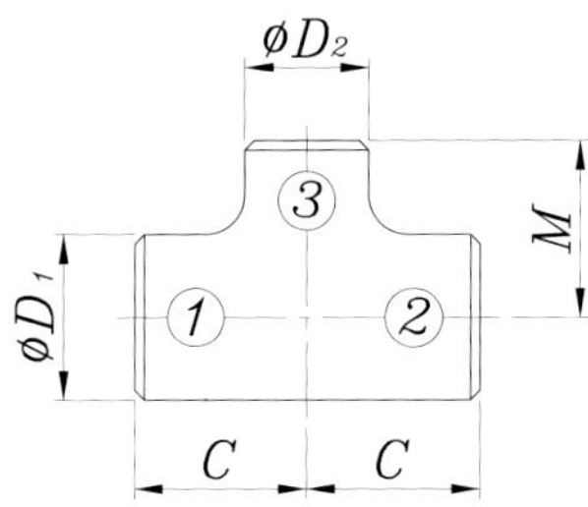

단위 : mm

지름의 호칭 ①×②×③		바깥지름		중심에서 단면까지의 거리	
A	B	D_1	D_2	C	M
20 × 20 × 15	$\frac{3}{4}$ × $\frac{3}{4}$ × $\frac{1}{2}$	27.2	21.7	28.6	28.6
25 × 25 × 20	1 × 1 × $\frac{3}{4}$	34.0	27.2	38.1	38.1
25 × 25 × 15	1 × 1 × $\frac{1}{2}$	34.0	21.7	38.1	38.1
32 × 32 ×25	$1\frac{1}{4}$ × $1\frac{1}{4}$ × 1	42.7	34.0	47.6	47.6
32 × 32 × 20	$1\frac{1}{4}$ × $1\frac{1}{4}$ × $\frac{3}{4}$	42.7	27.2	47.6	47.6
32 × 32 × 15	$1\frac{1}{4}$ × $1\frac{1}{4}$ × $\frac{1}{2}$	42.7	21.7	47.6	47.6
40 × 40 × 32	$1\frac{1}{2}$ × $1\frac{1}{2}$ × $1\frac{1}{4}$	48.6	42.7	57.2	57.2
40 × 40 × 25	$1\frac{1}{2}$ × $1\frac{1}{2}$ × 1	48.6	34.0	57.2	57.2
40 × 40 × 20	$1\frac{1}{2}$ × $1\frac{1}{2}$ × $\frac{3}{4}$	48.6	27.2	57.2	57.2
40 × 40 × 15	$1\frac{1}{2}$ × $1\frac{1}{2}$ × $\frac{1}{2}$	48.6	21.7	57.2	57.2
50 × 50 × 40	2× 2 × $1\frac{1}{2}$	60.5	48.6	63.5	60.3
50 × 50 × 32	2× 2 × $1\frac{1}{4}$	60.5	42.7	63.5	57.2
50 × 50 × 25	2× 2 × 1	60.5	34.0	63.5	50.8
50 × 50 × 20	2× 2 × $1\frac{3}{4}$	60.5	27.2	63.5	44.5
65 × 65 × 50	$2\frac{1}{2}$ × $2\frac{1}{2}$ × 2	76.3	60.5	76.2	69.9
65 × 65 × 40	$2\frac{1}{2}$ × $2\frac{1}{2}$× $1\frac{1}{2}$	76.3	48.6	76.2	66.7
65 × 65 × 32	$2\frac{1}{2}$ × $2\frac{1}{2}$ × $1\frac{1}{4}$	76.3	42.7	76.2	63.5
65 × 65 × 25	$2\frac{1}{2}$ × $2\frac{1}{2}$ × 1	76.3	34.0	76.2	57.2
80 × 80 × 65	3 × 3 × $2\frac{1}{2}$	89.1	76.3	85.7	82.6
80 × 80 × 50	3 × 3 × 2	89.1	60.5	85.7	76.2
80 × 80 × 40	3 × 3 × $1\frac{1}{2}$	89.1	48.6	85.7	73.0
80 × 80 × 32	3 × 3 × $1\frac{1}{4}$	89.1	42.7	85.7	69.9
90 × 90 × 80	$3\frac{1}{2}$ × $3\frac{1}{2}$ × 3	101.6	89.1	95.3	92.1
90 × 90 × 65	$3\frac{1}{2}$ × $3\frac{1}{2}$ × $2\frac{1}{2}$	101.6	76.3	95.3	88.9
90 × 90 × 50	$3\frac{1}{2}$ × $3\frac{1}{2}$ × 2	101.6	60.5	95.3	82.6
90 × 90 × 40	$3\frac{1}{2}$ × $3\frac{1}{2}$ × $1\frac{1}{2}$	101.6	48.6	95.3	79.4
100 × 100 × 90	4 × 4 × $3\frac{1}{2}$	114.3	101.6	104.8	101.6
100 × 100 × 80	4 × 4 × 3	114.3	89.1	104.8	98.4
100 × 100 × 65	4 × 4 × $2\frac{1}{2}$	114.3	76.3	104.8	95.3
100 × 100 × 50	4 × 4 × 2	114.3	60.5	104.8	88.9
100 × 100 × 40	4 × 4 × $1\frac{1}{2}$	114.3	48.6	104.8	85.7
125 × 125 × 100	5 × 5 × 4	139.8	114.3	123.8	117.5
125 × 125 × 90	5 × 5 × 3	139.8	101.6	123.8	114.3
125 × 125 × 80	5 × 5 × 3	139.8	89.1	123.8	111.1
125 × 125 × 65	5 × 5 × $2\frac{1}{2}$	139.8	76.3	123.8	108.0

■ 지름이 다른 T의 모양 및 치수 (계속)

단위 : mm

지름의 호칭 ①×②×③		바깥지름		중심에서 단면까지의 거리	
A	B	D_1	D_2	C	M
125 × 125 × 50	5 × 5 × 2	139.8	60.5	123.8	104.8
150 × 150 × 125	6 × 6 × 5	165.2	139.8	142.9	136.5
150 × 150 × 100	6 × 6 × 4	165.2	114.3	142.9	130.2
150 × 150 × 90	6 × 6 × 3½	165.2	101.6	142.9	127.0
150 × 150 × 80	6 × 6 × 3	165.2	89.1	142.9	123.8
150 × 150 × 65	6 × 6 × 2½	165.2	76.3	142.9	120.7
200 × 200 × 150	8 × 8 × 6	216.3	165.2	177.8	168.3
200 × 200 × 125	8 × 8 × 5	216.3	139.8	177.8	161.9
200 × 200 × 100	8 × 8 × 4	216.3	114.3	177.8	155.6
200 × 200 × 90	8 × 8 × 3½	216.3	101.6	177.8	152.4
250 × 250 × 200	10 × 10 × 8	267.4	216.3	215.9	203.2
250 × 250 × 150	10 × 10 × 6	267.4	165.2	215.9	193.7
250 × 250 × 125	10 × 10 × 5	267.4	139.8	215.9	190.5
250 × 250 × 100	10 × 10 × 4	267.4	114.3	215.9	184.2
300 × 300 × 250	12 × 12 × 10	318.5	267.4	254.0	241.3
300 × 300 × 200	12 × 12 × 8	318.5	216.3	254.0	228.6
300 × 300 × 150	12 × 12 × 6	318.5	165.2	254.0	219.1
300 × 300 × 125	12 × 12 × 5	318.5	139.8	254.0	215.9
350 × 350 × 300	14 × 14 × 12	355.6	318.5	279.4	269.9
350 × 350 × 250	14 × 14 × 10	355.6	267.4	279.4	257.2
350 × 350 × 200	14 × 14 × 8	355.6	216.3	279.4	247.7
350 × 350 × 150	14 × 14 × 6	355.6	165.2	279.4	238.1
400 × 400 × 350	16 × 16 × 14	406.4	355.6	304.8	304.8
400 × 400 × 300	16 × 16 × 12	406.4	318.5	304.8	295.3
400 × 400 × 250	16 × 16 × 10	406.4	267.4	304.8	282.6
400 × 400 × 200	16 × 16 × 8	406.4	216.3	304.8	273.1
400 × 400 × 150	16 × 16 × 6	406.4	165.2	304.8	263.5
450 × 450 × 400	18 × 18 × 16	457.2	406.4	342.9	330.2
450 × 450 × 350	18 × 18 × 14	457.2	355.6	342.9	330.2
450 × 450 × 300	18 × 18 × 12	457.2	318.5	342.9	320.7
450 × 450 × 250	18 × 18 × 10	457.2	267.4	342.9	308.0
500 × 500 × 450	20 × 20 × 18	508.0	457.2	381.0	368.3
500 × 500 × 400	20 × 20 × 16	508.0	406.4	381.0	355.6
500 × 500 × 350	20 × 20 × 14	508.0	355.6	381.0	355.6
500 × 500 × 300	20 × 20 × 12	508.0	318.5	381.0	346.1
500 × 500 × 250	20 × 20 × 10	508.0	267.4	381.0	333.4
500 × 500 × 200	20 × 20 × 8	508.0	216.3	381.0	323.9
550 × 550 × 500	22 × 22 × 20	558.8	508.0	419.1	406.4
550 × 550 × 450	22 × 22 × 18	558.8	457.2	419.1	393.7
550 × 550 × 400	22 × 22 × 16	558.8	406.4	419.1	381.0

■ 지름이 다른 T의 모양 및 치수 (계속)

단위 : mm

지름의 호칭 ①×②×③		바깥지름		중심에서 단면까지의 거리	
A	B	D_1	D_2	C	M
600 × 600 × 550	24 × 24 × 22	609.6	558.8	431.8	431.8
600 × 600 × 500	24 × 24 × 20	609.6	508.0	431.8	431.8
600 × 600 × 450	24 × 24 × 18	609.6	457.2	431.8	419.1
650 × 650 × 600	26 × 26 × 24	660.4	609.6	495.3	482.6
650 × 650 × 550	26 × 26 × 22	660.4	558.8	495.3	469.9
650 × 650 × 500	26 × 26 × 20	660.4	508.0	495.3	457.2
700 × 700 × 650	28 × 28 × 26	711.2	660.4	520.7	520.7
700 × 700 × 600	28 × 28 × 24	711.2	609.6	520.7	508.0
700 × 700 × 550	28 × 28 × 22	711.2	558.8	520.7	495.3
750 × 750 × 700	30 × 30 × 28	762.0	711.2	558.8	546.1
750 × 750 × 650	30 × 30 × 26	762.0	660.4	558.8	546.1
750 × 750 × 600	30 × 30 × 24	762.0	609.6	558.8	533.4
800 × 800 × 750	32 × 32 × 30	812.8	762.0	596.9	584.2
800 × 800 × 700	32 × 32 × 28	812.8	711.2	596.9	571.5
800 × 800 × 650	32 × 32 × 26	812.8	660.4	596.9	571.5
850 × 850 × 800	34 × 34 × 32	863.6	812.8	635.0	622.3
850 × 850 × 750	34 × 34 × 30	863.6	762.0	635.0	609.6
850 × 850 × 700	34 × 34 × 28	863.6	711.2	635.0	596.9
900 × 900 × 850	36 × 36 × 34	914.4	863.6	673.1	660.4
900 × 900 × 800	36 × 36 × 32	914.4	812.8	673.1	647.7
900 × 900 × 750	36 × 36 × 30	914.4	762.0	673.1	635.0
950 × 950 × 900	38 × 38 × 36	965.2	914.4	711.2	711.2
950 × 950 × 850	38 × 38 × 34	965.2	863.6	711.2	698.5
950 × 950 × 800	38 × 38 × 32	965.2	812.8	711.2	685.8
1000 × 1000 × 950	40 × 40 × 38	1016.0	965.2	749.3	749.3
1000 × 1000 × 900	40 × 40 × 36	1016.0	914.4	749.3	736.6
1000 × 1000 × 850	40 × 40 × 34	1016.0	863.6	749.3	723.9
1050 × 1050 × 1000	42 × 42 × 40	1066.8	1016.0	762.0	711.2
1050 × 1050 × 950	42 × 42 × 38	1066.8	965.2	762.0	711.2
1050 × 1050 × 900	42 × 42 × 36	1066.8	914.4	762.0	711.2
1100 × 1100 × 1050	44 × 44 × 42	1117.6	1066.8	812.8	762.0
1100 × 1100 × 1000	44 × 44 × 40	1117.6	1016.0	812.8	749.3
1100 × 1100 × 950	44 × 44 × 38	1117.6	965.2	812.8	736.6
1150 × 1150 × 1100	46 × 46 × 44	1168.4	1117.6	850.9	762.0
1150 × 1150 × 1050	46 × 46 × 42	1168.4	1066.8	850.9	787.4
1150 × 1150 × 1000	46 × 46 × 40	1168.4	1016.0	850.9	774.7
1200 × 1200 × 1150	48 × 48 × 46	1219.2	1168.4	889.0	838.2
1200 × 1200 × 1100	48 × 48 × 44	1219.2	1117.6	889.0	838.2
1200 × 1200 × 1050	48 × 48 × 42	1219.2	1066.8	889.0	812.8

CHAPTER 12

관 플랜지

12-1 알루미늄합금제 관 플랜지의 기준 치수 KS B 0254 (폐지)

1 호칭 압력 5K 플랜지의 기준 치수

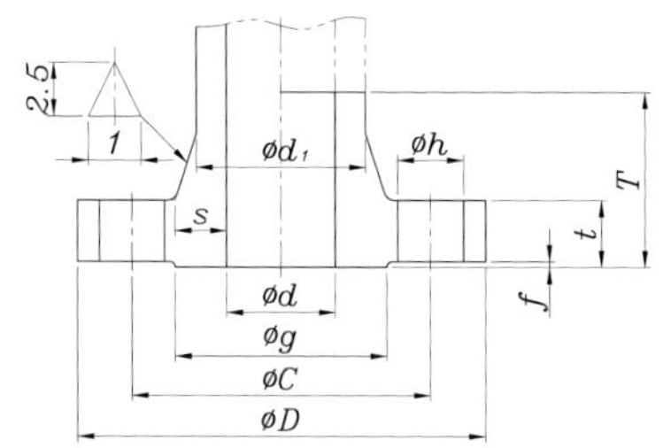

호칭 지름	적용하는 관의 바깥지름	플랜지의 바깥지름 D	플랜지 각 부의 치수				볼트 구멍			볼트 나사의 호칭	기타 치수
			t	f	g	s	중심원의 지름 C	수	지름 h		
10	17.3	75	12	1	39	7	55	4	12	M10	
15	21.7	80	12	1	44	7	60	4	12	M10	
20	27.2	85	12	1	49	8	65	4	12	M10	
25	34.0	95	12	1	59	8	75	4	12	M10	
32	42.7	115	14	2	70	9	90	4	15	M12	
40	48.6	120	14	2	75	9	95	4	15	M12	
50	60.5	130	14	2	85	10	105	4	15	M12	
65	76.3	155	14	2	110	10	130	4	15	M12	
80	89.1	180	16	2	121	11	145	4	19	M16	
(90)	101.6	190	16	2	131	11	155	4	19	M16	
100	114.3	200	19	2	141	12	165	8	19	M16	d : 적용하는 관의 안지름과 같다. d_1 : 적용하는 관의 바깥지름과 같다. T : 규정된 치수를 지켜 자유롭게 정할 수 있다.
125	139.8	235	19	2	176	12	200	8	19	M16	
150	165.2	265	19	2	206	13	230	8	19	M16	
(175)	190.7	300	22	2	232	14	260	8	23	M20	
200	216.3	320	22	2	252	14	280	8	23	M20	
(225)	241.8	345	24	2	277	15	305	12	23	M20	
250	267.4	385	24	2	317	16	345	12	23	M20	
300	318.5	430	24	3	360	17	390	12	23	M20	
350	355.6	480	24	3	403	18	435	12	25	M22	
400	406.4	540	26	3	463	19	495	16	25	M22	
450	457.2	605	26	3	523	19	555	16	25	M22	
500	508.0	655	26	3	573	21	605	20	25	M22	
(550)	558.8	720	29	3	630	21	665	20	27	M24	
600	609.6	770	29	3	680	21	715	20	27	M24	

비 고

1. ( )를 붙여 표시한 호칭지름은 되도록 사용하지 않는 것이 좋다.
2. 플랜지의 가스켓 자리는 KS B 1519의 큰 평면자리의 규정에 따른다.
3. 볼트 구멍 지름(h)은 볼트 나사의 호칭 M16 이하인 경우는 KS B 1007의 3급에 따른 것이다.

2 호칭 압력 10K 플랜지의 기준 치수

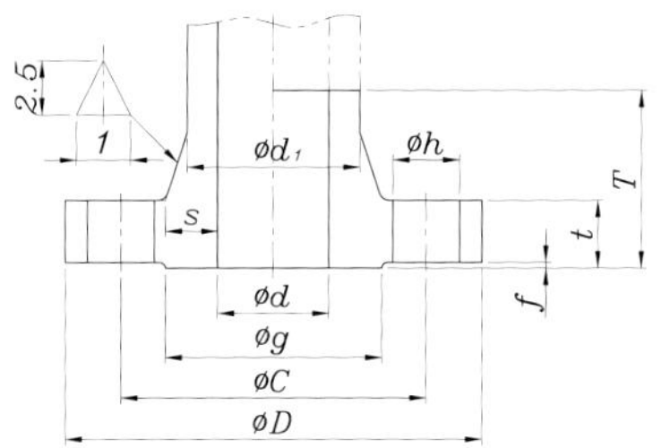

호칭 지름	적용하는 관의 바깥지름	플랜지의 바깥지름 D	플랜지 각 부의 치수				볼트 구멍			볼트 나사의 호칭	기타 치수
			t	f	g	s	중심원의 지름 C	수	지름 h		
10	17.3	90	15	1	46	9	67	4	15	M12	d : 적용하는 관의 안지름과 같다. d_2 : 적용하는 관의 바깥지름과 같다. T : 규정된 치수를 지켜 자유롭게 정할 수 있다.
15	21.7	95	15	1	51	9	70	4	15	M12	
20	27.2	100	15	1	56	10	75	4	15	M12	
25	34.0	125	18	1	67	10	90	4	19	M16	
32	42.7	135	18	2	76	11	100	4	19	M16	
40	48.6	140	18	2	81	11	105	4	19	M16	
50	60.5	155	18	2	96	12	120	4	19	M16	
65	76.3	175	18	2	116	12	140	4	19	M16	
80	89.1	185	21	2	126	13	150	8	19	M16	
(90)	101.6	195	21	2	136	13	160	8	19	M16	
100	114.3	210	21	2	151	14	175	8	19	M16	
125	139.8	250	24	2	182	15	210	8	23	M20	
150	165.2	280	24	2	212	16	240	8	23	M20	
(175)	190.7	305	25	2	237	17	265	12	23	M20	
200	216.3	330	25	2	262	18	290	12	23	M20	
(225)	241.8	350	25	2	282	18	310	12	23	M20	
250	267.4	400	26	2	324	20	355	12	25	M22	
300	318.5	445	27	3	368	21	400	16	25	M22	
350	355.6	490	27	3	413	23	445	16	25	M22	
400	406.4	560	28	3	475	24	510	16	27	M24	
450	457.2	620	30	3	530	24	565	20	27	M24	
500	508.0	675	30	3	585	25	620	20	27	M24	
(550)	558.8	745	36	3	640	27	680	20	33	M30	
600	609.6	795	38	3	690	27	730	24	33	M30	

비 고

1. ( )를 붙여 표시한 호칭지름은 되도록 사용하지 않는 것이 좋다.
2. 플랜지의 가스켓 자리는 KS B 1519의 큰 평면자리의 규정에 따른다.
3. 볼트 구멍 지름(h)은 볼트 나사의 호칭 M16 이하인 경우는 KS B 1007의 3급에 따른 것이다.

3 호칭 압력 16K 플랜지의 기준 치수

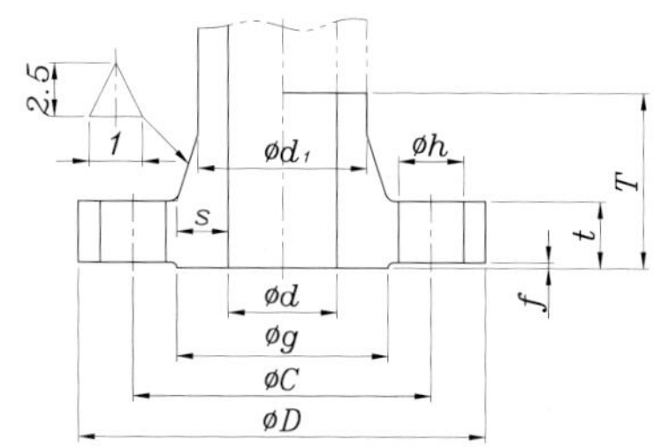

호칭 지름	적용하는 관의 바깥지름	플랜지의 바깥지름 D	플랜지 각 부의 치수				볼트 구멍			볼트 나사의 호칭	기타 치수
			t	f	g	s	중심원의 지름 C	수	지름 h		
10	17.3	90	16	1	46	10	65	4	15	M12	
15	21.7	95	16	1	51	11	70	4	15	M12	
20	27.2	100	16	1	56	11	75	4	15	M12	
25	34.0	125	18	1	67	12	90	4	19	M16	
32	42.7	135	18	2	76	13	100	4	19	M16	
40	48.6	140	18	2	81	14	105	4	19	M16	
50	60.5	155	22	2	96	14	120	8	19	M16	
65	76.3	175	22	2	116	15	140	8	19	M16	
80	89.1	200	25	2	132	16	160	8	23	M20	
(90)	101.6	210	25	2	145	16	170	8	23	M20	d : 적용하는 관의 안지름과 같다. d_2 : 적용하는 관의 바깥지름과 같다. T : 규정된 치수를 지켜 자유롭게 정할 수 있다.
100	114.3	225	25	2	160	17	185	8	23	M20	
125	139.8	270	26	2	195	19	225	8	25	M22	
150	165.2	305	30	2	230	21	260	12	25	M22	
200	190.7	350	30	2	275	23	305	12	25	M22	
250	216.3	430	30	2	345	26	380	12	27	M24	
300	318.5	480	31	3	395	28	430	16	27	M24	
350	355.6	540	38	3	440	31	480	16	33	M30×3	
400	406.4	605	38	3	495	33	540	16	33	M30×3	
450	457.2	675	41	3	560	35	605	20	33	M30×3	
500	508.0	730	41	3	615	36	660	20	33	M30×3	
(550)	558.8	795	47	3	670	38	720	20	39	M36×3	
600	609.6	845	50	3	720	40	770	24	39	M36×3	

비 고

1. ( )를 붙여 표시한 호칭지름은 되도록 사용하지 않는 것이 좋다.
2. 플랜지의 가스켓 자리는 KS B 1519의 큰 평면자리의 규정에 따른다.
3. 볼트 구멍 지름(h)은 볼트 나사의 호칭 M16 이하인 경우는 KS B 1007의 3급에 따른 것이다.

[참고] 알루미늄합금제 관 플랜지 JIS B 2241 : 2006 (2011 확인)

1 호칭 압력 5K 플랜지의 기준 치수

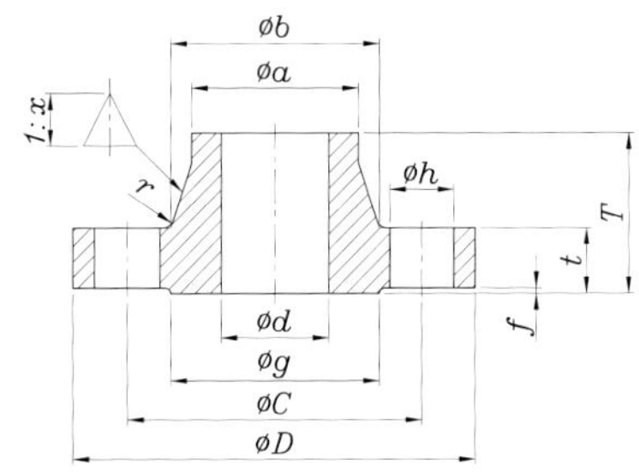

단위 : mm

호칭경	접합하는 관의 외경	접합 치수					내경	평면 자리		플랜지의 두께	허브의 지름		허브의 테이퍼 최소	플랜지의 전체길이	구석의 반지름
		플랜지의 외경	볼트 구멍 중심 원경	볼트구멍의 지름	볼트의 수	볼트 나사 호칭		지름	높이		작은 지름 측	큰 지름 측			
A		D	C	h	−	−	d	g	f	t	a	b	x	T	r
10	17.3	75	55	12	4	M10	14.0	39	1	12	17.3	28	1.25	28	3
15	21.7	80	60	12	4	M10	17.5	44	1	12	21.7	32	1.25	29	3
20	27.2	85	65	12	4	M10	23.0	49	1	12	27.2	39	1.25	30	3
25	34.0	95	75	12	4	M10	28.4	59	1	12	34.0	44	1.25	30	3
32	42.7	115	90	15	4	M12	37.1	70	2	14	42.7	55	1.25	34	3
40	48.6	120	95	15	4	M12	43.0	75	2	14	48.6	61	1.25	34	3
50	60.5	130	105	15	4	M12	54.9	85	2	14	60.5	75	1.25	37	3
65	76.3	155	130	15	4	M12	70.3	110	2	14	76.3	90	1.25	37	3
80	89.1	180	145	19	4	M16	83.1	121	2	16	89.1	105	1.25	41	3
90	101.6	190	155	19	4	M16	95.6	131	2	16	101.6	118	1.25	41	3
100	114.3	200	165	19	8	M16	108.3	141	2	19	114.3	130	1.25	44	3
125	139.8	235	200	19	8	M16	133.0	176	2	19	139.8	157	1.25	46	4
150	165.2	265	230	19	8	M16	158.4	206	2	19	165.2	184	1.25	48	4
200	216.3	320	280	23	8	M20	208.3	252	2	22	216.3	236	1.25	53	4
250	267.4	385	345	23	12	M20	259.4	317	2	24	267.4	291	1.25	60	4
300	318.5	430	390	23	12	M20	309.5	360	3	24	318.5	344	1.25	63	4
350	355.6	480	435	25	12	M22	346.0	403	3	24	355.6	382	1.5	71	4
400	406.4	540	495	25	16	M22	396.8	463	3	26	406.4	435	1.5	77	4
450	457.2	605	555	25	16	M22	447.6	523	3	26	457.2	486	1.75	84	5
500	508.0	655	605	25	20	M22	497.0	573	3	26	508.0	539	1.75	89	5
550	558.8	720	665	27	20	M24	547.8	630	3	29	558.8	590	1.75	92	5
600	609.6	770	715	27	20	M24	596.8	680	3	29	609.6	639	1.75	92	5

2 호칭 압력 10K 플랜지의 기준 치수

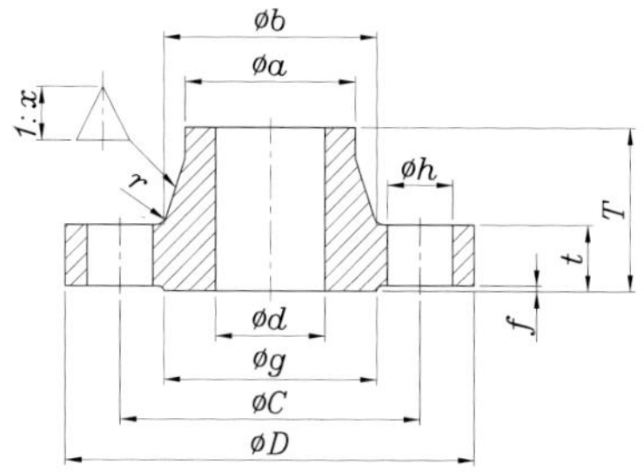

단위 : mm

호칭경	접합하는 관의 외경	접합 치수					내경	평면 자리		플랜지의 두께	허브의 지름		허브의 테이퍼 최소	플랜지의 전체길이	구석의 반지름
		플랜지의 외경	볼트 구멍 중심원 경	볼트구멍의 지름	볼트의 수	볼트 나사 호칭		지름	높이		작은 지름 측	큰 지름 측			
A		D	C	h	–	–	d	g	f	t	a	b	x	T	r
10	17.3	90	65	15	4	M12	13.3	46	1	15	17.3	31	1.25	36	3
15	21.7	95	70	15	4	M12	16.7	51	1	15	21.7	35	1.25	36	3
20	27.2	105	75	15	4	M12	22.2	56	1	15	27.2	42	1.25	38	3
25	34.0	125	90	19	4	M16	28.0	67	1	18	34.0	48	1.25	40	3
32	42.7	135	100	19	4	M16	36.7	76	2	18	42.7	59	1.25	43	3
40	48.6	140	105	19	4	M16	42.6	81	2	18	48.6	65	1.25	43	3
50	60.5	155	120	19	4	M16	53.5	96	2	18	60.5	78	1.25	46	4
65	76.3	175	140	19	4	M16	69.3	116	2	18	76.3	93	1.25	46	4
80	89.1	185	150	19	8	M16	81.1	126	2	21	89.1	107	1.25	50	4
90	101.6	195	160	19	8	M16	93.6	136	2	21	101.6	120	1.25	50	4
100	114.3	210	175	19	8	M16	106.3	151	2	21	114.3	134	1.25	52	5
125	139.8	250	210	23	8	M20	129.8	182	2	24	139.8	160	1.25	57	5
150	165.2	280	240	23	8	M20	155.2	212	2	24	165.2	187	1.25	59	5
200	216.3	330	290	23	12	M20	203.3	262	2	25	216.3	239	1.25	64	5
250	267.4	400	355	25	12	M22	254.4	324	2	26	267.4	294	1.25	69	6
300	318.5	445	400	25	16	M22	305.5	368	3	27	318.5	348	1.25	74	6
350	355.6	490	445	25	16	M22	339.8	413	3	27	355.6	386	1.25	77	6
400	406.4	560	510	27	16	M24	390.6	475	3	28	406.4	439	1.5	89	6
450	457.2	620	565	27	20	M24	441.4	530	3	30	457.2	489	1.5	90	6
500	508.0	675	620	27	20	M24	489.0	585	3	30	508.0	539	1.5	91	6
550	558.8	745	680	33	20	M30	539.8	640	3	36	558.8	594	1.5	104	6
600	609.6	795	730	33	24	M30	5906	690	3	38	609.6	645	1.5	106	6

3 호칭 압력 16K 플랜지의 기준 치수

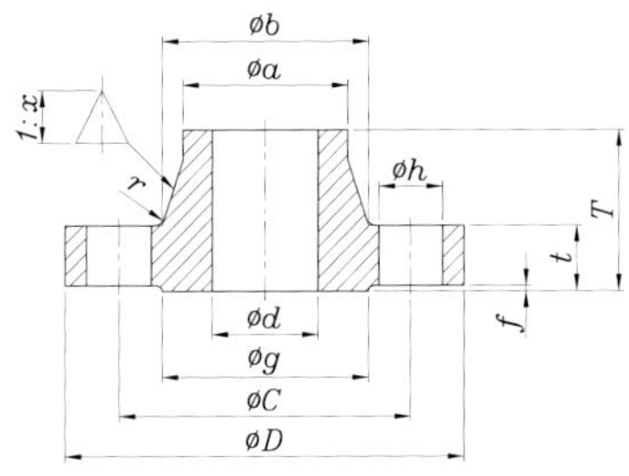

단위 : mm

호칭경	접합하는 관의 외경	접합 치수					내경	평면 자리		플랜지의 두께	허브의 지름		허브의 테이퍼 최소	플랜지의 전체 길이	구석의 반지름
		플랜지의 외경	볼트 구멍 중심원 경	볼트구멍의 지름	볼트의 수	볼트 나사 호칭		지름	높이		작은 지름 측	큰 지름 측			
A		D	C	h	–	–	d	g	f	t	a	b	x	T	r
10	17.3	90	65	15	4	M12	12.7	46	1	16	17.3	33	1.25	40	3
15	21.7	95	70	15	4	M12	16.1	51	1	16	21.7	38	1.25	41	3
20	27.2	105	75	15	4	M12	21.4	56	1	16	27.2	43	1.25	41	3
25	34.0	125	90	19	4	M16	27.2	67	1	18	34.0	51	1.25	45	3
32	42.7	135	100	19	4	M16	35.5	76	2	18	42.7	62	1.25	48	3
40	48.6	140	105	19	4	M16	41.2	81	2	18	48.6	69	1.25	50	3
50	60.5	155	120	19	8	M16	52.7	96	2	22	60.5	81	1.25	54	4
65	76.3	175	140	19	8	M16	65.9	116	2	22	76.3	96	1.25	55	4
80	89.1	200	160	23	8	M20	78.1	132	2	25	89.1	110	1.25	60	4
90	101.6	210	170	23	8	M20	90.2	145	2	25	101.6	122	1.25	60	4
100	114.3	225	185	23	8	M20	102.3	160	2	25	114.3	136	1.25	62	5
125	139.8	270	225	25	8	M22	126.6	195	2	26	139.8	165	1.25	68	5
150	165.2	305	260	25	12	M22	151.0	230	2	30	165.2	193	1.25	76	5
200	216.3	350	305	25	12	M22	199.9	275	2	30	216.3	246	1.25	80	6
250	267.4	430	380	27	12	M24	248.8	345	2	30	267.4	301	1.25	86	6
300	318.5	480	430	27	16	M24	297.9	395	3	31	318.5	354	1.25	91	8
350	355.6	540	480	33	16	M30×3	333.4	440	3	38	355.6	395	1.25	104	8
400	406.4	605	540	33	16	M30×3	381.0	495	3	38	406.4	447	1.25	108	10
450	457.2	675	605	33	20	M30×3	428.6	560	3	41	457.2	499	1.25	115	10
500	508.0	730	660	33	20	M30×3	477.8	615	3	41	508.0	550	1.5	127	10
550	558.8	795	720	39	20	M36×3	527.0	670	3	47	558.8	603	1.5	138	10
600	609.6	845	770	39	24	M36×3	574.8	720	3	50	609.6	655	1.5	145	10

4 플랜지의 치수 허용차

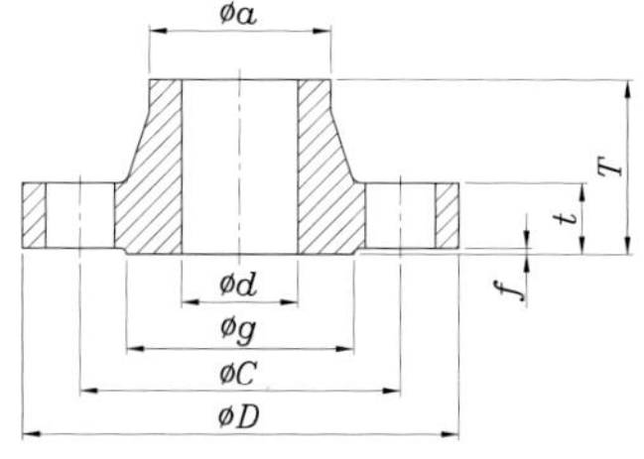

단위 : mm

치수 명	치수 구분	치수 허용차
플랜지의 외경 D	600 이하	±1.5
	600을 초과하는 것	±3
볼트 중심원경 C	–	±0.8
볼트 구멍 피치	–	±0.8
내경 d	100 이하	0 −0.5
	100을 초과 400 이하	0 −1
	400을 초과하는 것	0 −1.5
가스켓 자리의 지름 g	700 이하	±0.8
	700을 초과하는 것	±1.5
플랜지의 두께 t−f	20이하	+1.5 0
	20을 초과하는 것	+2 0
허브의 지름(작은 지름측)a	220 이하	+2 0
	220을 초과하는 것	+4 0
플랜지의 전체길이 T	–	+2 0
가스켓 자리면과 볼트, 너트 자리면과의 평행도	–	1° 이내

5 [부속서 1] 알루미늄 및 알루미늄 합금관의 외경

호칭경 A	외경 mm	호칭경 A	외경 mm
10	17.3	125	139.8
15	21.7	150	165.2
20	27.2	200	216.3
25	34.0	250	267.4
32	42.7	300	318.5
40	48.6	350	355.6
50	60.5	400	406.4
65	76.3	450	457.2
80	89.1	500	508.0
90	101.6	550	558.8
100	114.3	600	609.6

12-2 철강제 관 플랜지의 압력 단계 KS B 1501 : 2007 (2017 확인)

1 유체의 상태와 최고 사용 압력과의 관계

단위 : MPa

호칭 압력 (기호)	재료	유체 상태											수압시험 압력 (참고)
		W	G_1	G_2	G_3	H_1	H_2	H_3	H_4	H_5	H_6	H_7	
		120℃ 이하	220℃ 이하	300 ℃	350 ℃	400 ℃	425 ℃	450 ℃	475 ℃	490 ℃	500 ℃	510 ℃	
2K	GC 200	0.29	0.20	–	–	–	–	–	–	–	–	–	0.39
	SS 400, SF 390A, SM 20C, SC 410	0.29	0.20	–	–	–	–	–	–	–	–	–	
5K	GC 200	0.69	0.49	–	–	–	–	–	–	–	–	–	0.98
	B35–10, GCD 370, GCD 400	0.69	0.59	0.49	–	–	–	–	–	–	–	–	
	SS 400, SF 390A, SFVC 1, SM 20C, SC 410, SCPH 1	0.69	0.59	0.49	–	–	–	–	–	–	–	–	
10K	GC 200	1.37	0.98	–	–	–	–	–	–	–	–	–	1.96
	B35–10, GCD 370, GCD 400	1.37	1.18	0.98	–	–	–	–	–	–	–	–	
	SS 400, SF 390A, SFVC 1, SM 20C, SC 410, SCPH 1	1.37	1.18	0.98	–	–	–	–	–	–	–	–	
16K	GC 200	2.16	1.57	–	–	–	–	–	–	–	–	–	3.14
	B35–10, GCD 370, GCD 400	2.16	1.96	1.73	1.57	–	–	–	–	–	–	–	3.43
	SF 440A, SFVC 2A, SM 25C, SC 480, SCPH 2	2.65	2.45	2.26	2.06	1.77	1.57	–	–	–	–	–	3.92
20K	GC 250	2.75	1.96	–	–	–	–	–	–	–	–	–	3.92
	B35–10, GCD 370, GCD 400	2.75	2.45	2.26	1.96			–	–	–	–	–	4.32
	SF 440A, SFVC 2A, SM 25C, SC 480, SCPH 2	3.33	3.04	2.84	2.55	2.26	1.96	–	–	–	–	–	4.90
30K	SF 440A, SM 25C, SFVC 2A, SC 480, SCPH 2	5.00	4.51	4.22	3.82	3.33	2.94	–	–	–	–	–	7.35
	SCPH 11, SFVA F1	(5.00)	(4.51)	(4.22)	(3.82)	3.73	3.53	3.33	2.94	–	–	–	
	SCPH 21, SFVA F11A	(5.00)	(4.51)	(4.22)	(3.82)	(3.73)	(3.53)	(3.33)	3.14	2.94	–	–	
40K	SF 440A, SM 25C, SFVC 2A, SC 480, SCPH 2	(6.67)	6.08	5.59	5.10	4.51	3.92						9.81
	SCPH 11, SFVA F1	(6.67)	(6.08)	(5.59)	(5.10)	5.00	4.71	4.41	3.92				
	SCPH 21, SFVA F11A	(6.67)	(6.08)	(5.59)	(5.10)	(5.00)	(4.71)	(4.41)	4.12	3.92	3.73	3.53	
63K	SF 440A, SM 25C, SFVC 2A, SC 480, SCPH 2	10.49	9.51	8.83	7.94	7.06	6.18						15.69
	SCPH 11, SFVA F1	(10.49)	(9.51)	(8.83)	(7.94)	7.85	7.45	6.96	6.18				
	SCPH 21, SFVA F11A	(10.49)	(9.51)	(8.83)	(7.94)	(7.85)	(7.45)	(6.96)	6.47	6.18	5.79	5.49	

비 고

1. 유체 상태 W는 120℃ 이하의 정류수(압력 변동이 적은 것)에만 적용한다.
2. 유체 상태 G_1, G_2, G_3은 각각 표의 온도의 증기, 공기, 가스, 기름 또는 맥동수(압력 변동이 있는 것) 등에 적용한다.
3. 유체 상태 H_1은 400℃의 증기, 공기, 가스, 기름 등의 경우에 적용한다.
4. 유체 상태 H_2~H_7은 425~510℃의 증기, 공기, 가스, 기름 등에서 고온이기 때문에 재료의 크리프가 고려될 때에 적용한다.
5. 온도 또는 압력이 표 값의 중간에 있는 경우에는 보간법에 의하여 최고 사용 압력 또는 온도를 다음 그림에 따라 정할 수가 있다.
6. 충격, 부식, 기타 특별한 조건을 동반하는 경우, 높은 온도에 해당하는 최고 사용 압력을 적용하든지 또는 높은 호칭 압력을 적용한다.
7. 괄호를 붙인 것은 일반적으로 사용하지 않으나 설계상 참고로 기재하였다.
8. 유체의 상태를 기호로 나타낼 필요가 있을 경우에는 W~H_7에 따른다.

주

1. 재료는 표의 것을 기준으로 하고, 각각의 재료 기호의 해당 규격에 있어서 기준으로 한 재료보다도 인장 강도가 큰 것을 사용할 수 있다. 다만, GCD 400에 대해서는 GCD 450까지로 한다. 또한 표 이외의 재료는 인수 · 인도자 사이의 협의에 따른다. 또한 위 표의 재료 기호는 다음 표2. 재료 기호에 따른 것이다.
2. KS D 0001의 A류에 따라 검사를 하고, SM 20C는 인장 강도가 402 MPa 이상의 것, SM 25C는 인장 강도가 441 MPa 이상의 것으로 한다.
3. B35－10 및 GCD 400에 대해서는 호칭 압력 5K 및 10K의 유체 상태 G_2 및 호칭 압력 16K 및 20K의 유체 상태 G_2 및 G_3 에는 적용하지 않는다.
4. 탄소 함유량 0.35% 이하의 것으로 한다.
5. 최고 사용 온도 350℃ 이하에 적용한다.
6. 최고 사용 온도 120℃ 이하의 맥동수 또는 기름에만 적용한다.
7. 수압 시험 압력은 플랜지를 관에 부착한 경우의 시험 압력을 참고로 나타낸 것으로서, 별도로 규정된 것은 이에 따르지 않아도 된다.

2 재료 기호

기호	해당 규격
GC 200, GC 250	KS D 4301
B35－10	KS D ISO 5922
GCD 370, GCD 400	KS D 4302
SS 400	KS D 3503
SF 390A, SF 440A	KS D 3710
SFVC 1, SFVC 2A	KS D 4122
SFVA F1, SFVA F11A	KS D 4123
SM 20C, SM 25C	KS D 3752
SC 410, SC 480	KS D 4101
SCPH 1, SCPH 2, SCPH 11, SCPH 21	KS D 4107

▶ [참고 그림] 온도 또는 압력이 표 1 중 값의 중간에 있을 경우의 보간법

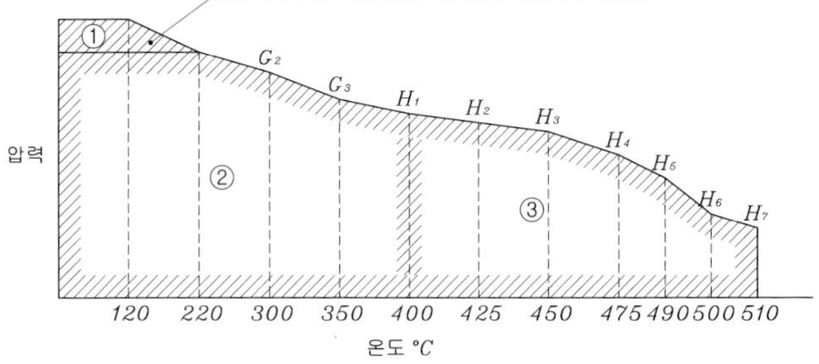

① 정류수에만 사용 가능한 범위
② 증기, 공기, 가스, 기름 또는 맥동수 등의 사용 가능한 범위
③ 증기, 공기, 가스, 기름 등의 사용 가능한 범위

3 호칭 압력 PN과 K의 재료 및 온도에 따른 최고 사용 압력 관계

▶ 온도/압력 등급 관계표

단위 : MPa

호칭 압력		재료	온도 ℃											
PN	K		−10~40	41~65	66~119	120	150	180	200	220 이하	230	250	300	350
2.5	−	회주철	0.25	0.25	−	0.25	0.23	0.21	0.2	−	0.19	0.18	0.15	−
−	2	회주철	0.29	0.29	0.29	0.29	−	−	−	0.2	−	−	−	−
6	−	회주철	0.6	0.6	−	0.6	0.54	0.5	0.48	−	0.48	0.42	0.36	−
6	−	가단주철	0.6	0.6	0.6	0.6	0.58	−	0.55	−	−	0.52	0.48	0.42
−	5	회주철	0.69	0.69	0.69	0.69	−	−	−	0.49	−	−	−	−
−	5	연성주철 가단주철	0.69	0.69	0.69	0.69	−	−	−	0.59	−	−	0.49	−
10	−	회주철	1	1	−	1	0.9	0.84	0.8	−	0.74	0.7	0.6	−
10	−	연성주철	1	1	1	1	0.95	−	0.9	−	−	0.8	0.7	0.55
10	−	연성주철	1	−	−	1	0.97	−	0.92	−	−	0.87	0.8	0.7
10	−	가단주철	1	1	1	1	0.97	−	0.92	−	−	0.87	0.8	0.7
20(300<DN<600)	−	회주철	1.03	1.03	−	0.86	0.76	0.69	−	−	−	−	−	−
20(600<DN<900)	−	회주철	1.03	1.03	−	0.59	0.34	−	−	−	−	−	−	−
20(<DN300)	−	−	1.21	1.21	−	1.03	0.96	0.86	−	−	−	−	−	−
−	10	회주철	1.37	1.37	1.37	1.37	−	−	−	0.98	−	−	−	−
−	10	연성주철 가단주철	1.37	1.37	1.37	1.37	−	−	−	1.18	−	−	0.98	−
20(<DN300)	−	회주철	1.38	1.38	−	1.21	1.14	1.03	0.98	−	0.86		−	−
20	−	연성주철	1.55	1.55	1.55	1.55	1.48	−	1.39	−	−	1.21	1.02	0.86
16	−	회주철	1.6	1.6	−	1.6	1.44	1.34	1.28	−	1.18	1.12	0.96	−
16	−	연성주철	1.6	1.6	1.6	1.6	1.52	−	1.44	−	−	1.28	1.12	0.88
16	−	연성주철	1.6	−	−	1.6	1.55	−	1.48	−	−	1.39	1.28	1.12
16	−	가단주철	1.6	1.6	1.6	1.6	1.55	−	1.47	−	−	1.39	1.28	1.12
20	−	연성주철	1.75	−	−	1.55	1.48	−	1.39	−	−	1.21	1.02	0.86
50(300<DN<600)	−	회주철	2.07	2.07	−	1.79	1.66	1.52	1.41	−	−	−	−	−
50(600<DN<750)	−	회주철	2.07	2.07	−	1.38	1.03	0.69	−	−	−	−	−	−
−	16	회주철	2.16	2.16	2.16	2.16	−	−	−	1.57	−	−	−	−
−	16	연성주철 가단주철	2.16	2.16	2.16	2.16	−	−	−	1.96	−	−	1.73	1.57
25	−	회주철	2.5	2.5	−	2.5	2.25	2.1	2	−	1.85	1.75	1.5	−
25	−	연성주철	2.5	2.5	2.5	2.5	2.38	−	2.25	−	−	2	1.75	1.38
25	−	연성주철	2.5	−	−	2.5	2.43	−	2.3	−	−	2.18	2	1.75
25	−	가단주철	2.5	2.5	2.5	2.5	2.43	−	2.3	−	−	2.18	2	1.75
−	20	회주철	2.75	2.75	2.75	2.75	−	−	−	2.45	−	−	−	−
−	20	연성주철 가단주철	2.75	2.75	2.75	2.75	−	−	−	−	−	−	2.26	1.96
50(<DN300)	−	−	2.76	2.76	−	2.34	2.14	1.83	1.77	−	1.72	−	−	−
50(<DN300)	−	회주철	3.45	3.45	−	2.86	2.59	2.31	2.08	−	−	−	−	−
40	−	회주철	4	4	−	4	3.6	3.36	3.2	−	2.96	2.8	2.4	−
40	−	연성주철	4	4	4	4	3.8	−	3.6	−	−	3.2	2.8	2.2
40	−	연성주철	4	−	−	4	3.88	−	3.68	−	−	3.48	3.2	2.8
40	−	가단주철	4	4	4	4	3.88	−	3.68	−	−	3.48	3.2	2.8
50	−	연성주철	4.02	4.02	4.02	4.02	3.9	−	3.6	−	−	3.5	3.3	3.1
50	−	연성주철	4.4	−	−	4.02	3.9	−	3.6	−	−	3.5	3.3	3.1

12-3 강제 용접식 관 플랜지 KS B 1503 : 2007 (2012 확인)

1 모양에 따른 종류 및 기호

종류(기호)		삽입 용접식 플랜지(SO)					맞대기 용접식 플랜지 (WN)	블랭크 플랜지 (BL)	
		판 플랜지 SOP	허브쪽 그루브 없음	허브쪽 그루브 있음					
				A형	B형	C형			
모양	접합면	전면 자리 (FF)	전면 자리 (FF)	대평면 자리 (RF)			대평면 자리 (RF)	전면 자리 (FF)	대평면 자리 (RF)
	개략도 (참고)	플랜지 용접부 판							
호칭 압력(기호)		호칭 지름							
5K		10~1000	450~1000	–	–	–	–	10~750	–
10K	얇은 형	10~350	400	–	–	–	–	–	–
	보통형	10~800	250~1000	–	–	–	–	10~800	–
16K		–	10~600	–	–	–	–	10~600	–
20K		–	–	10~600	10~50	65~600	–	–	10~600
30K		–	–	10~400	10~50	65~400	15~400	–	10~400

2 아연 도금의 유무에 따른 종류 및 기호

종류(기호)	비고
흑플랜지	아연 도금을 하지 않는 플랜지
백플랜지(ZN)	용융 아연 도금 또는 전기 아연 도금을 한 플랜지

▶ [참고] 위 표들에 나타내는 기호의 의미는 다음과 같다.

기호	의미	기호	의미
SO	slip-on welding	BL	blank
SOP	slip-on welding plate	FF	flat face
SOH	slip-on welding hubbed	RF	raised face
WN	welding neck	ZN	zinc coated

3 유체의 상태와 최고 사용 압력과의 관계

단위 : MPa{kgf/cm²}

기호	유체의 상태와 최고 사용 압력과의 관계				
	5K	10K 보통형	16K	20K	30K
I	KS B 1501에 따른다.				
II	0.49{5} 이하	0.98{10} 이하	1.57{16} 이하	1.96{20} 이하	3.82{39} 이하
	300 ℃ 이하				
III	0.49{5} 이하	0.98{10} 이하	1.57{16} 이하	1.96{20} 이하	–
	120℃ 이하				

[비고] 기호 II 및 III은 증기, 공기, 가스, 기름 또는 맥동수(압력 변동이 있는 것) 등에 적용한다.

4 유체의 상태와 최고 사용 압력과의 관계에 대응한 호칭 지름

호칭 압력	플랜지의 종류 (기호)	호칭 지름		
		I	II	III
5K	SOP	10~1000	–	–
	SOH	450~1000	–	–
	BL	10~600	650	700~750
10K 보통형	SOP	10~350	400~650	700~800
	SOH	250~1000	–	–
	BL	10~450	500~550	600~800
16K	SOH	10~600	–	–
	BL	10~200	250~600	–
20K	SOH	10~600	–	–
	BL	10~200	250~450	500~600
30K	SOH	10~400	–	–
	WN	15~400	–	–
	BL	200~250	10~150 300~400	–

5 재료

호칭 압력 (기호)	재료		
	규격 번호	규격의 명칭	재료 기호
5K 10K	KS D 3503 KS D 3710 KS D 4122 KS D 3752	일반 구조용 압연 강재 탄소강 단강품 압력 용기용 탄소강 단강품 기계 구조용 탄소 강재	SS 400 SF 390 A SFVC 1 SM 20C
16K 20K	KS D 3710 KS D 4122 KS D 3752	탄소강 단강품 압력 용기용 탄소강 단강품 기계 구조용 탄소 강재	SF 440 A SFVC 2A SM 25C
30K	KS D 3710 KS D 4122 KS D 3752 KS D 4123 KS D 4123	탄소강 단강품 압력 용기용 탄소강 단강품 기계 구조용 탄소 강재 고온 압력 용기용 합금강 단강품 고온 압력 용기용 합금강 단강품	SF 440 A SFVC 2A SM 25C SFVAF 1 SFVAF 11A

6 호칭 압력 5K 삽입 용접식 플랜지 판 플랜지(SOP)

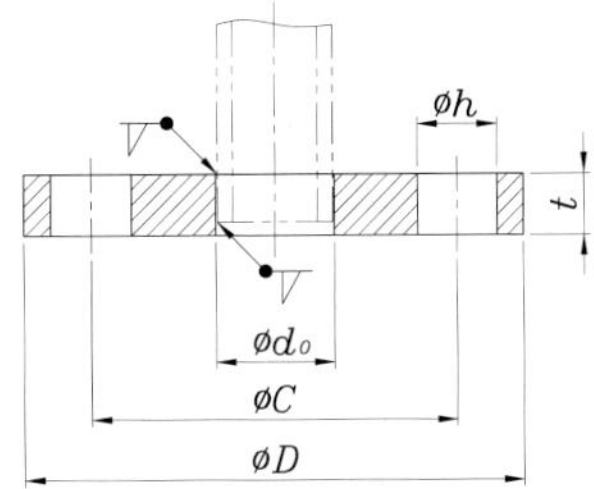

단위 : mm

호칭 지름	적용하는 관의 바깥지름	삽입 구멍의 지름 d_0	플랜지 각 부의 치수		볼트 구멍			볼트 나사의 호칭	근사 계산 질량 (참고) (kg)
			바깥지름 D	t	중심원의 지름 C	수	지름 h		
10	17.3	17.8	75	9	55	4	12	M10	0.26
15	21.7	22.2	80	9	60	4	12	M10	0.30
20	27.2	27.7	85	9	65	4	12	M10	0.36
25	34.0	34.5	95	10	75	4	12	M10	0.45
32	42.7	43.2	115	12	90	4	15	M12	0.77
40	48.6	49.1	120	12	95	4	15	M12	0.82
50	60.5	61.1	130	14	105	4	15	M12	1.06
65	76.3	77.1	155	14	130	4	15	M12	1.48
80	89.1	90.0	180	14	145	4	19	M16	1.97
(90)	101.6	102.6	190	14	155	4	19	M16	2.08
100	114.3	115.4	200	16	165	8	19	M16	2.35
125	139.8	141.2	235	16	200	8	19	M16	3.20
150	165.2	166.6	265	18	230	8	19	M16	4.39
(175)	190.7	192.1	300	18	260	8	23	M20	5.42
200	216.3	218.0	320	20	280	8	23	M20	6.24
(225)	241.8	243.7	345	20	305	12	23	M20	6.57
250	267.4	269.5	385	22	345	12	23	M20	9.39
300	318.5	321.0	430	22	390	12	23	M20	10.2
350	355.6	358.1	480	24	435	12	25	M22	14.0
400	406.4	409	540	24	495	16	25	M22	16.9
450	457.2	460	605	24	555	16	25	M22	21.4
500	508.0	511	655	24	605	20	25	M22	23.0
(550)	558.8	562	720	26	665	20	27	M24	30.1
600	609.6	613	770	26	715	20	27	M24	32.5
(650)	660.4	664	825	26	770	24	27	M24	35.6
700	711.2	715	875	26	820	24	27	M24	38.0
(750)	762.0	766	945	28	880	24	33	M30	48.4
800	812.8	817	995	28	930	24	33	M30	51.2
(850)	863.6	868	1045	28	980	24	33	M30	53.9
900	914.4	919	1095	30	1030	24	33	M30	60.7
1000	1016.0	1021	1195	32	1130	28	33	M30	70.1

비 고

- ( )를 붙인 호칭 지름의 것은 되도록 사용하지 않는다.

7 호칭 압력 5K 삽입 용접식 플랜지 허브 플랜지(SOH)

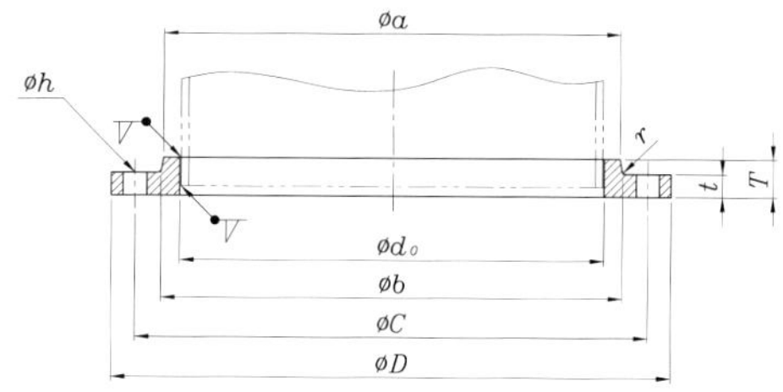

단위 : mm

호칭 지름	적용하는 강관의 바깥지름	삽입 구멍의 지름 d_0	플랜지의 각 부 치수						볼트 구멍			볼트 나사의 호칭	근사 계산 질량 (참고) (kg)
			바깥 지름 D	t	T	허브의 지름 a	허브의 지름 b	r	중심원의 지름 C	수	지름 h		
450	457.2	460	605	24	40	495	500	5	555	16	25	M22	24.9
500	508.0	511	655	24	40	546	552	5	605	20	25	M22	27.0
(550)	558.8	562	720	26	42	597	603	5	665	20	27	M22	34.5
600	609.6	613	770	26	44	648	654	5	715	20	27	M24	37.8
(650)	660.4	664	825	26	48	702	708	5	770	24	27	M24	43.2
700	711.2	715	875	26	48	751	758	5	820	24	27	M24	45.9
(750)	762.0	766	945	28	52	802	810	5	880	24	33	M30	57.7
800	812.8	817	995	28	52	754	862	5	930	24	33	M30	61.3
(850)	863.6	868	1045	28	54	904	912	5	980	24	33	M30	65.3
900	914.4	919	1095	30	56	956	964	5	1030	24	33	M30	73.1
1000	1016.0	1021	1195	32	60	1058	1066	5	1130	28	33	M30	84.8

비 고

• ( )를 붙인 호칭 지름의 것은 되도록 사용하지 않는다.

8 호칭 압력 5K 블랭크 플랜지(BL)

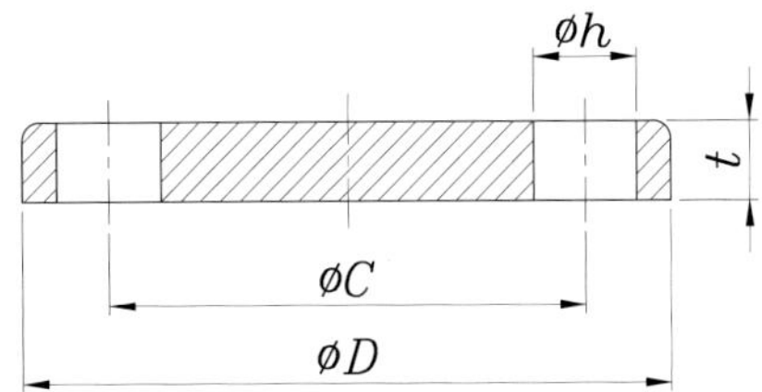

단위 : mm

호칭 지름	플랜지의 각 부 치수		볼트 구멍			볼트 나사의 호칭	근사 계산 질량 (참고) (kg)
	바깥 지름 D	t	중심원의 지름 C	수	지름 h		
10	75	9	55	4	12	M10	0.28
15	80	9	60	4	12	M10	0.32
20	85	10	65	4	12	M10	0.41
25	95	10	75	4	12	M10	0.52
32	115	12	90	4	15	M12	0.91
40	120	12	95	4	15	M12	1.00
50	130	14	105	4	15	M12	1.38
65	155	14	130	4	15	M12	2.00
80	180	14	145	4	19	M16	2.67
(90)	190	14	155	4	19	M16	2.99
100	200	16	165	8	19	M16	3.66
125	235	16	200	8	19	M16	5.16
150	265	18	230	8	19	M16	7.47
(175)	300	18	260	8	23	M20	9.52
200	320	20	280	8	23	M20	12.1
(225)	345	20	305	12	23	M20	13.9
250	385	22	345	12	23	M20	19.2
300	430	22	390	12	23	M20	24.2
350	480	24	435	12	25	M22	33.0
400	540	24	495	16	25	M22	41.7
450	605	24	555	16	25	M22	52.7
500	655	24	605	20	25	M22	61.6
(550)	720	26	665	20	27	M24	80.8
600	770	26	715	20	27	M24	92.7
(650)	825	26	770	24	27	M24	106
700	875	26	820	24	27	M24	120
(750)	945	28	880	24	33	M30	150

비 고

• ( )를 붙인 호칭 지름의 것은 되도록 사용하지 않는다.

9 호칭 압력 10K 삽입 용접식 플랜지(보통형) 판 플랜지(SOP)

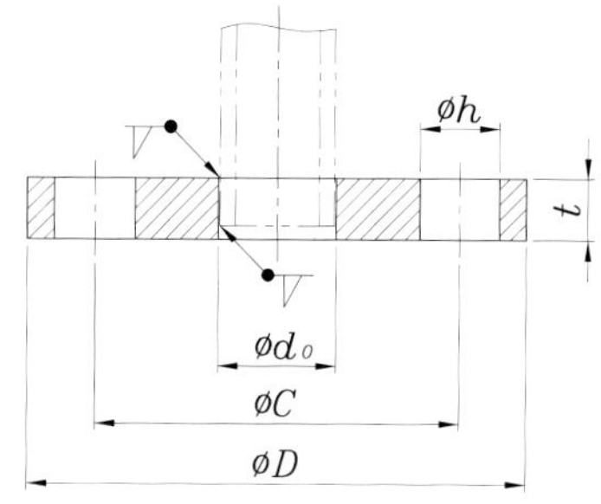

단위 : mm

호칭 지름	적용하는 관의 바깥지름	삽입 구멍의 지름 d₀	플랜지 각 부의 치수		볼트 구멍			볼트 나사의 호칭	근사 계산 질량 (참고) (kg)
			바깥지름 D	t	중심원의 지름 C	수	지름 h		
10	17.3	17.8	90	12	65	4	15	M12	0.51
15	21.7	22.2	95	12	70	4	15	M12	0.56
20	27.2	27.7	100	14	75	4	15	M12	0.72
25	34.0	34.5	125	14	90	4	19	M16	1.12
32	42.7	43.2	135	16	100	4	19	M16	1.47
40	48.6	49.1	140	16	105	4	19	M16	1.55
50	60.5	61.1	155	16	120	4	19	M16	1.86
65	76.3	77.1	175	18	140	4	19	M16	2.58
80	89.1	90.0	185	18	150	8	19	M16	2.58
(90)	101.6	102.6	195	18	160	8	19	M16	2.73
100	114.3	115.4	210	18	175	8	19	M16	3.10
125	139.8	141.2	250	20	210	8	23	M20	4.73
150	165.2	166.6	280	22	240	8	23	M20	6.30
(175)	190.7	192.1	305	22	265	12	23	M20	6.75
200	216.3	218.0	330	22	290	12	23	M20	7.46
(225)	241.8	243.7	350	22	310	12	23	M20	7.70
250	267.4	269.5	400	24	355	12	25	M22	11.8
300	318.5	321.0	445	24	400	16	25	M22	12.6
350	355.6	358.1	490	26	445	16	25	M22	16.3
400	406.4	409	560	28	510	16	27	M24	23.3
450	457.2	460	620	30	565	20	27	M24	29.3
500	508.0	511	675	30	620	20	27	M24	33.3
(550)	558.8	562	745	32	680	20	33	M30	42.9
600	609.6	613	795	32	730	24	33	M30	45.4
(650)	660.4	664	845	34	780	24	33	M30	51.8
700	711.2	715	905	36	840	24	33	M30	62.5
(750)	762.0	766	970	38	900	24	33	M30	76.9
800	812.8	817	1020	40	950	28	33	M30	84.5

비 고

• ( )를 붙인 호칭 지름의 것은 되도록 사용하지 않는다.

10 호칭 압력 10K 삽입 용접식 플랜지(보통형) 허브 플랜지(SOH)

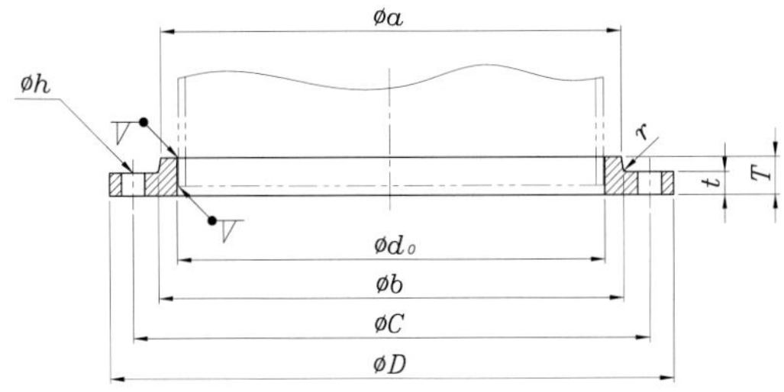

단위 : mm

호칭지름	적용하는 강관의 바깥지름	삽입 구멍의 지름 d₀	플랜지의 각 부 치수						볼트 구멍			볼트 나사의 호칭	근사 계산 질량 (참고) (kg)
			바깥지름 D	t	T	허브의 지름		r	중심원의 지름 C	수	지름 h		
						a	b						
250	267.4	269.5	400	24	36	288	292	6	355	12	25	M22	12.7
300	318.5	321.0	445	24	38	340	346	6	400	16	25	M22	13.8
350	355.6	358.1	490	26	42	380	386	6	445	16	25	M22	18.2
400	406.4	409	560	28	44	436	442	6	510	16	27	M24	25.8
450	457.2	460	620	30	48	496	502	6	565	20	27	M24	33.4
500	508.0	511	675	30	48	548	554	6	620	20	27	M24	38.0
(550)	558.8	562	745	32	52	604	610	6	680	20	33	M30	49.4
600	609.6	613	795	32	52	656	662	6	730	24	33	M30	52.6
(650)	660.4	664	845	34	56	706	712	6	780	24	33	M30	60.2
700	711.2	715	905	34	58	762	770	6	840	24	33	M30	70.2
(750)	762.0	766	970	36	62	816	824	6	900	24	33	M30	86.5
800	812.8	817	1020	36	64	868	876	6	950	28	33	M30	92.0
(850)	863.6	868	1070	36	66	920	928	6	1000	28	33	M30	98.7
900	914.4	919	1120	38	70	971	979	6	1050	28	33	M30	110
1000	1016.0	1021	1235	40	74	1073	1081	6	1160	28	33	M30	133

비 고

- ( )를 붙인 호칭 지름의 것은 되도록 사용하지 않는다.

11 호칭 압력 10K 블랭크 플랜지(BL, 보통형)

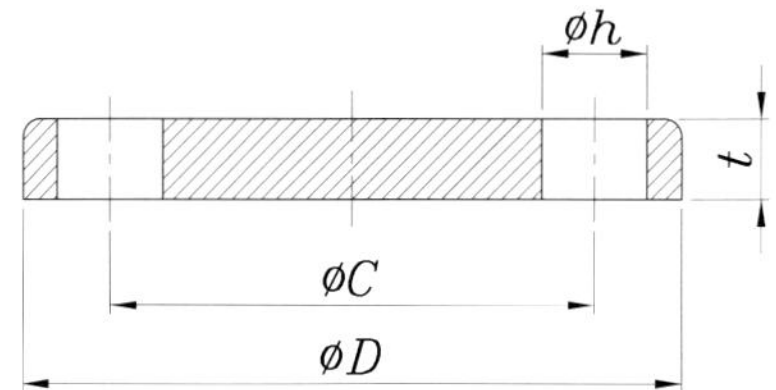

단위 : mm

호칭 지름	플랜지의 각 부 치수		볼트 구멍			볼트 나사의 호칭	근사 계산 질량 (참고) (kg)
	바깥 지름 D	t	중심원의 지름 C	수	지름 h		
10	90	12	65	4	15	M12	0.53
15	95	12	70	4	15	M12	0.60
20	100	14	75	4	15	M12	0.79
25	125	14	90	4	19	M16	1.22
32	135	16	100	4	19	M16	1.66
40	140	16	105	4	19	M16	1.79
50	155	16	120	4	19	M16	2.23
65	175	18	140	4	19	M16	3.24
80	185	18	150	4	19	M16	3.48
(90)	195	18	160	4	19	M16	3.90
100	210	18	175	8	19	M16	4.57
125	250	20	210	8	23	M20	7.18
150	280	22	240	8	23	M20	10.1
(175)	305	22	265	8	23	M20	11.8
200	330	22	290	8	23	M20	13.9
(225)	350	22	310	12	23	M20	15.8
250	400	24	355	12	25	M22	22.6
300	445	24	400	12	25	M22	27.8
350	490	26	445	12	25	M22	36.9
400	560	28	510	16	27	M24	52.1
450	620	30	565	16	27	M24	68.4
500	675	30	620	20	27	M24	81.6
(550)	745	32	680	20	33	M30	105
600	795	32	730	20	33	M30	120
(650)	845	34	780	24	33	M30	144
700	905	36	840	24	33	M30	176
(750)	970	38	900	24	33	M30	214
800	1020	40	950	28	33	M30	249

비 고

- ( )를 붙인 호칭 지름의 것은 되도록 사용하지 않는다.

12 호칭 압력 10K 삽입 용접식 플랜지(얇은 형)

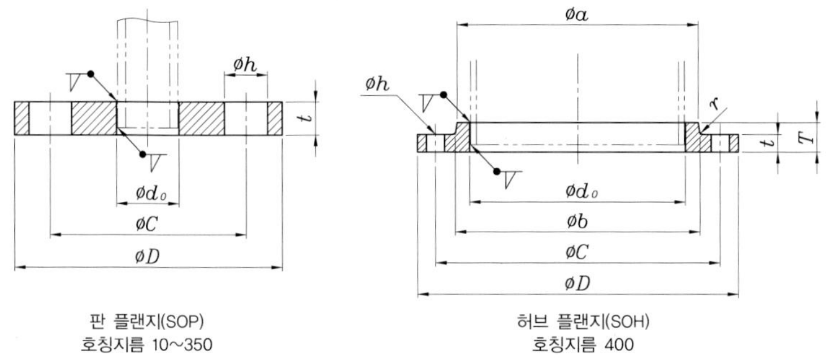

판 플랜지(SOP)
호칭지름 10~350

허브 플랜지(SOH)
호칭지름 400

단위 : mm

호칭 지름	적용하는 강관의 바깥지름	삽입 구멍의 지름 d₀	플랜지 각 부의 치수						볼트 구멍			볼트 나사의 호칭	근사 계산 질량 (참고) (kg)
			바깥 지름 D	t	T	허브의 지름 a	허브의 지름 b	r	중심원의 지름 C	수	지름 h		
10	17.3	17.8	90	9	–	–	–	–	65	4	12	M10	0.42
15	21.7	22.2	95	9	–	–	–	–	70	4	12	M10	0.45
20	27.2	27.7	100	10	–	–	–	–	75	4	12	M10	0.54
25	34.0	34.5	125	12	–	–	–	–	90	4	15	M12	1.00
32	42.7	43.2	135	12	–	–	–	–	100	4	15	M12	1.14
40	48.6	49.1	140	12	–	–	–	–	105	4	15	M12	1.20
50	60.5	61.1	155	14	–	–	–	–	120	4	15	M12	1.68
65	76.3	77.1	175	14	–	–	–	–	140	4	15	M12	2.05
80	89.1	90.0	185	14	–	–	–	–	150	8	15	M12	2.10
(90)	101.6	102.6	195	14	–	–	–	–	160	8	15	M12	2.21
100	114.3	115.4	210	16	–	–	–	–	175	8	15	M12	2.86
125	139.8	141.2	250	16	–	–	–	–	210	8	19	M16	4.40
150	165.2	166.6	280	18	–	–	–	–	240	8	19	M16	5.30
(175)	190.7	192.1	305	20	–	–	–	–	265	12	19	M16	6.39
200	216.3	218.0	330	20	–	–	–	–	290	12	19	M16	7.04
(225)	241.8	243.7	350	20	–	–	–	–	310	12	19	M16	7.35
250	267.4	269.5	400	22	–	–	–	–	355	12	23	M20	11.1
300	318.5	321.0	445	22	–	–	–	–	400	16	23	M20	12.0
350	355.6	358.1	490	24	–	–	–	–	445	16	23	M20	14.2
400	406.4	409	560	24	36	436	442	5	510	16	25	M22	22.1

비 고

- ( )를 붙인 호칭 지름의 것은 되도록 사용하지 않는다.

13 호칭 압력 16K 삽입 용접식 플랜지(허브 플랜지, SOH)

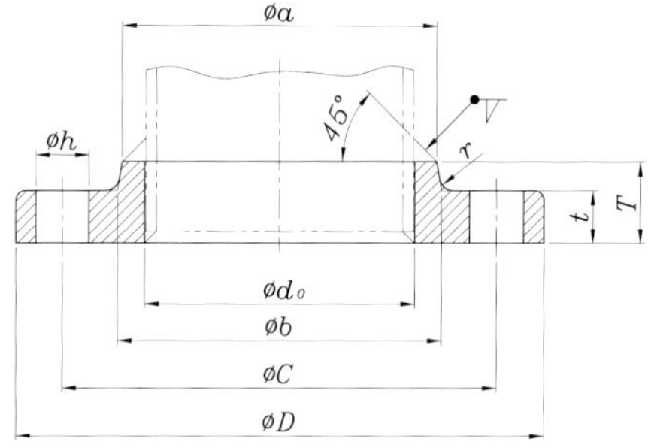

단위 : mm

호칭 지름	적용하는 강관의 바깥지름	삽입 구멍의 지름 d₀	플랜지 각 부의 치수						볼트 구멍			볼트 나사의 호칭	근사 계산 질량 (참고) (kg)
			바깥 지름 D	t	T	허브의 지름		r	중심원의 지름 C	수	지름 h		
						a	b						
10	17.3	17.8	90	12	16	26	28	4	65	4	15	M12	0.52
15	21.7	22.2	95	12	16	30	32	4	70	4	15	M12	0.58
20	27.2	27.7	100	14	20	38	42	4	75	4	15	M12	0.75
25	34.0	34.5	125	14	20	46	50	4	90	4	19	M16	1.16
32	42.7	43.2	135	16	22	56	60	5	100	4	19	M16	1.53
40	48.6	49.1	140	16	24	62	66	5	105	4	19	M16	1.64
50	60.5	61.1	155	16	24	76	80	5	120	8	19	M16	1.83
65	76.3	77.1	175	18	26	94	98	5	140	8	19	M16	2.58
80	89.1	90.0	185	20	28	108	112	6	160	8	23	M20	3.61
(90)	101.6	102.6	195	20	30	120	124	6	170	8	23	M20	3.89
100	114.3	115.4	210	22	34	134	138	6	185	8	23	M20	4.87
125	139.8	141.2	250	22	34	164	170	6	225	8	25	M22	7.09
150	165.2	166.6	280	24	38	196	202	6	260	12	25	M22	9.57
200	216.3	218.0	305	26	40	244	252	6	305	12	25	M22	12.0
250	267.4	269.5	330	28	44	304	312	6	380	12	27	M24	20.1
300	318.5	321.0	480	30	48	354	364	8	430	16	27	M24	24.3
350	355.6	358.1	540	34	52	398	408	8	480	16	33	M30×3	34.4
400	406.4	409	605	38	60	446	456	10	540	16	33	M30×3	47.4
450	457.2	460	675	40	64	504	514	10	605	20	33	M30×3	61.8
500	508.0	511	730	42	68	558	568	10	660	20	33	M30×3	73.7
(550)	558.8	562	795	44	70	612	622	10	720	20	39	M36×3	87.9
600	609.6	613	845	46	74	666	676	10	770	24	39	M36×3	98.4

비 고

• ( )를 붙인 호칭 지름의 것은 되도록 사용하지 않는다.

14 호칭 압력 16K 블랭크 플랜지(BL)

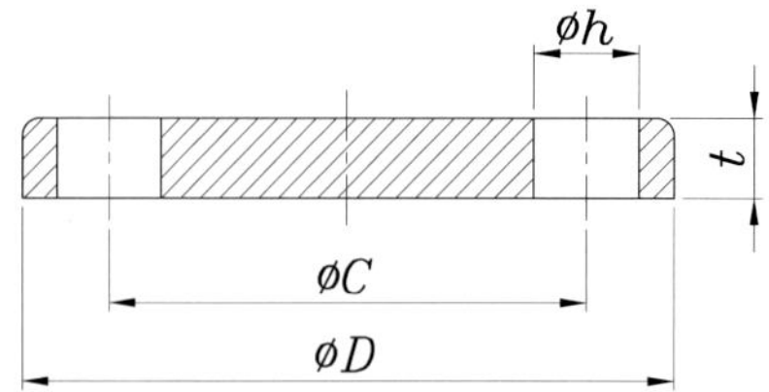

단위 : mm

호칭 지름	플랜지의 각 부 치수		볼트 구멍			볼트 나사의 호칭	근사 계산 질량 (참고) (kg)
	바깥 지름 D	t	중심원의 지름 C	수	지름 h		
10	90	12	65	4	15	M12	0.53
15	95	12	70	4	15	M12	0.60
20	100	14	75	4	15	M12	0.79
25	125	14	90	4	19	M16	1.22
32	135	16	100	4	19	M16	1.66
40	140	16	105	4	19	M16	1.79
50	155	16	120	8	19	M16	2.09
65	175	18	140	8	19	M16	3.08
80	200	20	160	8	19	M20	4.41
(90)	210	20	170	8	23	M20	4.92
100	225	22	185	8	23	M20	6.29
125	270	22	225	8	25	M22	9.21
150	305	24	260	12	25	M22	12.7
200	350	26	305	12	25	M22	18.4
250	430	28	380	12	27	M24	30.4
300	480	30	430	16	27	M24	40.5
350	540	34	480	16	33	M30×3	57.5
400	605	38	540	16	33	M30×3	81.7
450	675	40	605	20	33	M30×3	107
500	730	42	660	20	33	M30×3	132
(550)	795	44	720	20	39	M36×3	163
600	845	46	770	24	39	M36×3	192

비 고

- ( )를 붙인 호칭 지름의 것은 되도록 사용하지 않는다.

15 호칭 압력 20K 삽입 용접식 플랜지 (허브 플랜지, SOH)

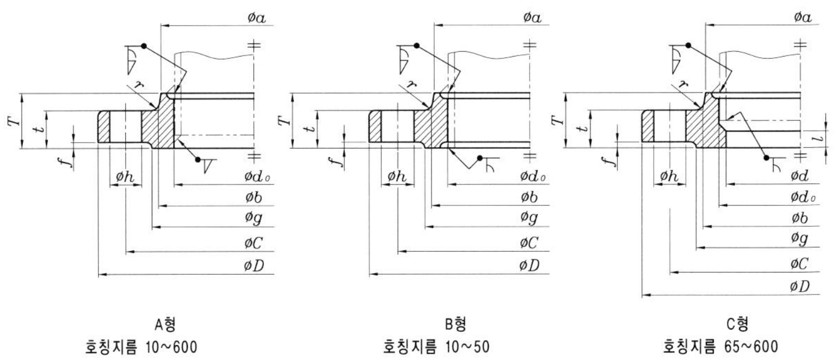

A형 호칭지름 10~600

B형 호칭지름 10~50

C형 호칭지름 65~600

단위 : mm

호칭 지름	적용하는 강관의 바깥지름	삽입 구멍의 지름 d_0	플랜지 각 부의 치수: 바깥 지름 D	t	T	허브의 지름 a	허브의 지름 b	r	f	g	d (참고)	l	볼트 구멍: 중심원의 지름 C	수	지름 h	볼트 나사의 호칭	근사 계산 질량 (참고) (kg): A형	B형 C형
10	17.3	17.8	90	14	20	30	32	4	1	46	–	–	65	4	15	M12	0.58	0.58
15	21.7	22.2	95	14	20	34	36	4	1	51	–	–	70	4	15	M12	0.65	0.64
20	27.2	27.7	100	16	22	40	42	4	1	56	–	–	75	4	15	M12	0.81	0.80
25	34.0	34.5	125	16	24	48	50	4	1	67	–	–	90	4	19	M16	1.27	1.26
32	42.7	43.2	135	18	26	56	60	5	2	76	–	–	100	4	19	M16	1.58	1.57
40	48.6	49.1	140	18	26	62	66	5	2	81	–	–	105	4	19	M16	1.68	1.66
50	60.5	61.1	155	18	26	76	80	5	2	96	–	–	120	8	19	M16	1.89	1.86
65	76.3	77.1	175	20	30	100	104	5	2	116	65.9	6	140	8	19	M16	2.73	2.81
80	89.1	90.0	185	22	34	113	117	6	2	132	78.1	6	160	8	23	M20	3.85	3.95
(90)	101.6	102.6	195	24	36	126	130	6	2	145	90.2	6	170	8	23	M20	4.47	4.59
100	114.3	115.4	210	24	36	138	142	6	2	160	102.3	6	185	8	23	M20	5.03	5.18
125	139.8	141.2	250	26	40	166	172	6	2	195	126.6	6	225	8	25	M22	7.94	8.15
150	165.2	166.6	280	28	42	196	202	6	2	230	151.0	6	260	12	25	M22	10.4	10.7
200	216.3	218.0	305	30	46	244	252	6	2	275	199.9	6	305	12	25	M22	13.1	13.6
250	267.4	269.5	330	34	52	304	312	6	2	345	248.8	6	380	12	27	M24	23.1	23.8
300	318.5	321.0	480	36	56	354	364	8	3	395	297.9	6	430	16	27	M24	27.2	28.1
350	355.6	358.1	540	40	62	398	408	8	3	440	333.4	6	480	16	33	M30×3	38.4	39.5
400	406.4	409	605	46	70	446	456	10	3	495	381.0	7	540	16	33	M30×3	53.9	55.6
450	457.2	460	675	48	78	504	514	10	3	560	431.8	7	605	20	33	M30×3	71.0	72.9
500	508.0	511	730	50	84	558	568	10	3	615	482.6	7	660	20	33	M30×3	84.6	86.7
(550)	558.8	562	795	52	90	612	622	10	3	670	533.4	7	720	20	39	M36×3	102	104
600	609.6	613	845	54	96	666	676	10	3	720	584.2	7	770	24	39	M36×3	115	117

비 고

• ( )를 붙인 호칭 지름의 것은 되도록 사용하지 않는다.

16 호칭 압력 20K 블랭크 플랜지(BL)

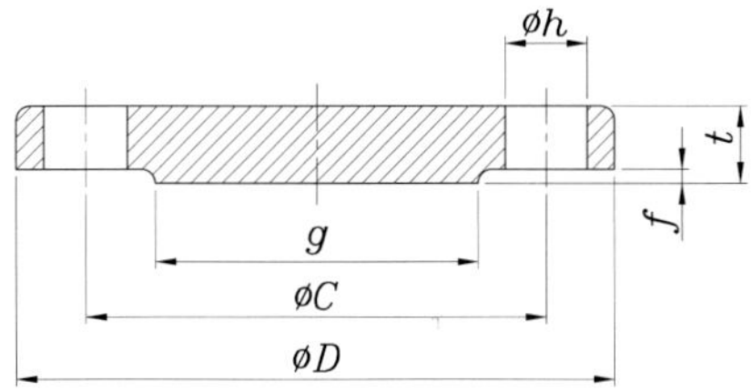

단위 : mm

호칭 지름	플랜지의 각 부 치수				볼트 구멍			볼트 나사의 호칭	근사 계산 질량 (참고) (kg)
	바깥 지름 D	t	f	g	중심원의 지름 C	수	지름 h		
10	90	14	1	46	65	4	15	M12	0.59
15	95	14	1	51	70	4	15	M12	0.67
20	100	16	1	56	75	4	15	M12	0.86
25	125	16	1	67	90	4	19	M16	1.34
32	135	18	2	76	100	4	19	M16	1.73
40	140	18	2	81	105	4	19	M16	1.87
50	155	18	2	96	120	8	19	M16	2.20
65	175	20	2	116	140	8	19	M16	3.24
80	200	22	2	132	160	8	19	M20	4.63
(90)	210	24	2	145	170	8	23	M20	5.67
100	225	24	2	160	185	8	23	M20	6.61
125	270	26	2	195	225	8	25	M22	10.5
150	305	28	2	230	260	12	25	M22	14.4
200	350	30	2	275	305	12	25	M22	20.8
250	430	34	2	345	380	12	27	M24	36.2
300	480	36	3	395	430	16	27	M24	47.4
350	540	40	3	440	480	16	33	M30×3	66.1
400	605	46	3	495	540	16	33	M30×3	97.0
450	675	48	3	560	605	20	33	M30×3	126
500	730	50	3	615	660	20	33	M30×3	155
(550)	795	52	3	670	720	20	39	M36×3	190
600	845	54	3	720	770	24	39	M36×3	223

비 고

• ( )를 붙인 호칭 지름의 것은 되도록 사용하지 않는다.

17 호칭 압력 30K 삽입 용접식 플랜지(허브 플랜지, SOH)

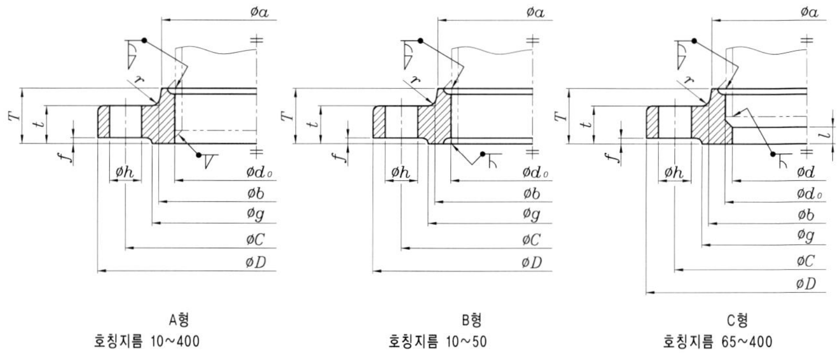

A형 호칭지름 10~400

B형 호칭지름 10~50

C형 호칭지름 65~400

단위 : mm

호칭 지름	적용하는 강관의 바깥지름	삽입 구멍의 지름 d_0	플랜지 각 부의 치수										볼트 구멍			볼트 나사의 호칭	근사 계산 질량 (참고) (kg)	
			바깥 지름 D	t	T	허브의 지름 a	허브의 지름 b	r	f	g	d (참고)	l	중심원의 지름 C	수	지름 h		A형	B형 C형
10	17.3	17.8	110	16	24	30	34	4	1	52	–	–	75	4	19	M16	1.00	1.00
15	21.7	22.2	115	18	26	36	40	5	1	55	–	–	80	4	19	M16	1.24	1.22
20	27.2	27.7	120	18	28	42	46	5	1	60	–	–	85	4	19	M16	1.36	1.34
25	34.0	34.5	130	20	30	50	54	5	1	70	–	–	95	4	19	M16	1.77	1.75
32	42.7	43.2	140	22	32	60	64	6	2	80	–	–	105	4	19	M16	2.17	2.15
40	48.6	49.1	160	22	34	66	70	6	2	90	–	–	120	4	23	M20	2.82	2.79
50	60.5	61.1	165	22	36	82	86	6	2	105	–	–	130	8	19	M16	2.89	2.86
65	76.3	77.1	200	26	40	102	106	8	2	130	65.9	6	160	8	23	M20	4.88	4.96
80	89.1	90.0	210	28	44	115	121	8	2	140	78.1	6	170	8	23	M20	5.70	5.80
(90)	101.6	102.6	230	30	46	128	134	8	2	150	90.2	6	185	8	25	M22	7.13	7.25
100	114.3	115.4	240	32	48	141	147	8	2	160	102.3	6	195	8	25	M22	8.01	8.16
125	139.8	141.2	275	36	54	166	172	8	2	195	126.6	6	230	8	25	M22	11.6	11.9
150	165.2	166.6	325	38	58	196	204	8	2	235	151.0	6	275	12	27	M24	17.0	17.3
200	216.3	218.0	370	42	64	248	256	8	2	280	199.9	6	320	12	27	M24	22.2	22.6
250	267.4	269.5	450	48	72	306	314	10	2	345	248.8	6	390	12	33	M30×3	36.8	37.5
300	318.5	321.0	515	52	78	360	370	10	3	405	297.9	6	450	16	33	M30×3	49.1	50.0
350	355.6	358.1	560	54	84	402	412	12	3	450	333.4	6	495	16	33	M30×3	60.4	61.5
400	406.4	409	630	60	92	456	468	15	3	510	381.0	7	560	16	39	M36×3	82.0	83.7

비 고

• ( )를 붙인 호칭 지름의 것은 되도록 사용하지 않는다.

18 호칭 압력 30K 맞대기 용접식 플랜지

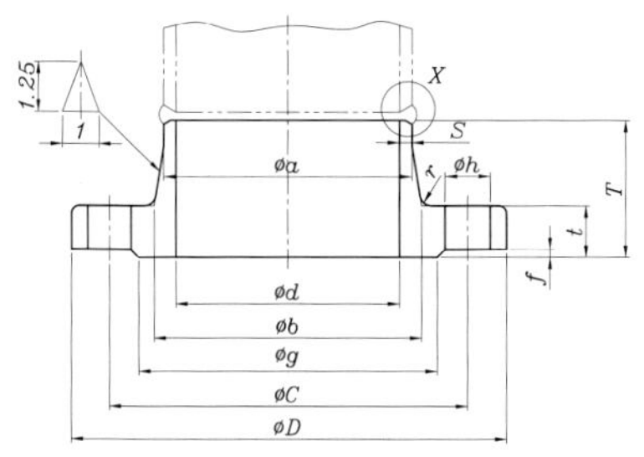

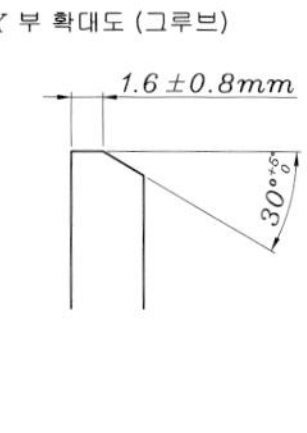

단위 : mm

호칭 지름	적용하는 강관의 바깥지름	플랜지 각 부의 치수											볼트 구멍			볼트 나사의 호칭	근사 계산 질량 (참고) (kg)
		바깥지름 D	t	T	허브의 지름 a	허브의 지름 b	r	f	g	d (참고)	S (참고)	R	중심원의 지름 C	수	지름 h		
15	21.7	115	18	45	22.0	40	6	1	55	16.1	2.95	20	80	4	19	M16	1.33
20	27.2	120	18	45	27.5	44	6	1	60	21.4	3.05	20	85	4	19	M16	1.45
25	34.0	130	20	48	34.4	52	6	1	70	27.2	3.6	20	95	4	19	M16	1.92
32	42.7	140	22	52	43.1	62	6	2	80	35.5	3.8	30	105	4	19	M16	2.39
40	48.6	160	22	54	49.1	70	6	2	90	41.2	3.95	30	120	4	23	M20	3.09
50	60.5	165	22	57	61.0	84	8	2	105	52.7	4.15	30	130	8	19	M16	3.24
65	76.3	200	26	69	76.9	104	8	2	130	65.9	5.5	30	160	8	23	M20	5.70
80	89.1	210	28	73	89.7	118	8	2	140	78.1	5.8	30	170	8	23	M20	6.72
(90)	101.6	230	30	74	102.3	130	8	2	150	90.2	6.05	30	185	8	25	M22	8.32
100	114.3	240	32	76	115.1	142	8	2	160	102.3	6.4	30	195	8	25	M22	9.41
125	139.8	275	36	86	140.7	172	10	2	195	126.6	7.05	50	230	8	25	M22	14.0
150	165.2	325	38	95	166.2	202	10	2	235	151.0	7.6	50	275	12	27	M24	20.3
200	216.3	370	42	102	217.5	254	10	2	280	199.9	8.8	50	320	12	27	M24	27.2
250	267.4	450	48	118	268.7	312	12	2	345	248.8	9.95	50	390	12	33	M30×3	45.3
300	318.5	515	52	127	320.0	366	15	3	405	297.9	11.05	50	450	16	33	M30×3	61.0
350	355.6	560	54	134	357.2	406	15	3	450	333.4	11.9	80	495	16	33	M30×3	74.6
400	406.4	630	60	149	408.3	462	20	3	510	381.0	13.65	80	560	16	39	M36×3	103

비 고

- ( )를 붙인 호칭 지름의 것은 되도록 사용하지 않는다.

19 호칭 압력 30K 블랭크 플랜지(BL)

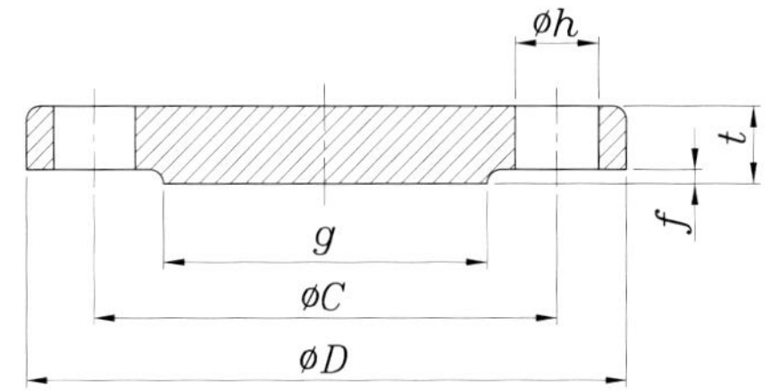

단위 : mm

호칭 지름	플랜지의 각 부 치수				볼트 구멍			볼트 나사의 호칭	근사 계산 질량 (참고) (kg)
	바깥 지름 D	t	f	g	중심원의 지름 C	수	지름 h		
10	110	16	1	52	75	4	19	M16	1.00
15	115	18	1	55	80	4	19	M16	1.25
20	120	18	1	60	85	4	19	M16	1.38
25	130	20	1	70	95	4	19	M16	1.84
32	140	22	2	80	105	4	19	M16	2.32
40	160	22	2	90	120	4	23	M20	3.00
50	165	22	2	105	130	8	19	M16	3.14
65	200	26	2	130	160	8	23	M20	5.50
80	210	28	2	140	170	8	23	M20	6.63
(90)	230	30	2	150	185	8	25	M22	8.55
100	240	32	2	160	195	8	25	M22	10.0
125	275	36	2	195	230	8	25	M22	15.3
150	325	38	2	235	275	12	27	M24	22.2
200	370	42	2	280	320	12	27	M24	32.6
250	450	48	2	345	390	12	33	M30×3	55.2
300	515	52	3	405	450	16	33	M30×3	77.9
350	560	54	3	450	495	16	33	M30×3	96.9
400	630	60	3	510	560	16	39	M36×3	136

비 고

• ( )를 붙인 호칭 지름의 것은 되도록 사용하지 않는다.

20 플랜지의 표면 다듬질 정도

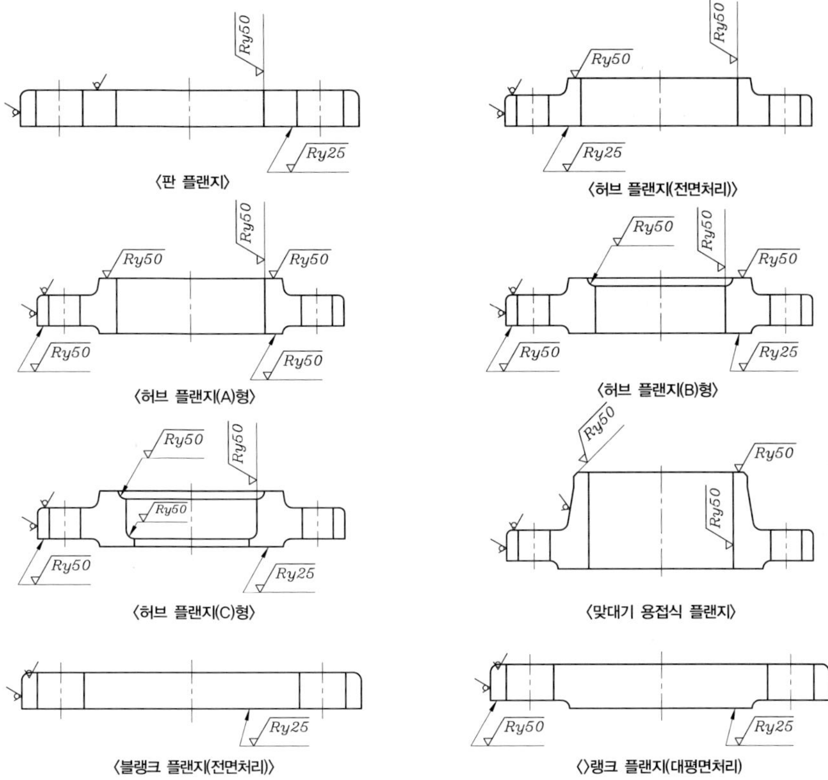

〈판 플랜지〉

〈허브 플랜지(전면처리)〉

〈허브 플랜지(A)형〉

〈허브 플랜지(B)형〉

〈허브 플랜지(C)형〉

〈맞대기 용접식 플랜지〉

〈블랭크 플랜지(전면처리)〉

〈〉랭크 플랜지(대평면처리)

비 고

1. 표면의 다듬질 정도(✓)는 강판 및 단조의 흑피 상태(제거 가공을 허락하지 않는 면)를 나타내는데 필요에 따라 제거 가공을 하여도 좋다.
2. 볼트 구멍은 실용상 지장이 없는 정도의 다듬질로 한다.
3. 너트 접촉면은 판 플랜지 및 블랭크 플랜지를 제외하고, 카운터 보어 또는 배면 다듬질을 한다.
4. 카운터 보어를 하는 경우의 카운터 보어 지름은 KS B 1502의 해설에 기술하는 카운터 보어 지름의 추천값에 따르는 것이 좋다.
5. 다듬질면의 표면 거칠기는 KS B 0161에 따른다.

21 호칭 압력 20K 삽입 용접식 플랜지의 용접부의 치수 허브 플랜지 (SOH)

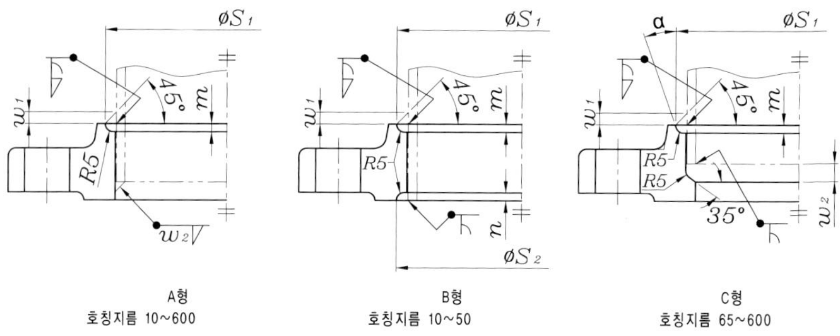

단위 : mm

호칭 지름	S1	m	S2	n	α	용접 다리 길이	
						w_1	w_2
10	27	4	27	4	–	4	3
15	31	4	31	4	–	4	3
20	37	4	37	4	–	5	3.5
25	44	4	44	4.5	–	6	4
32	52	4	53	5	–	6	4
40	58	4	59	5.5	–	6	4
50	70	4	72	5.5	–	6.5	4
65	94	6	–	–	20°	8	6
80	107	6	–	–	20°	8	6
90	120	6	–	–	20°	9	6
100	132	6	–	–	20°	9	7
125	160	7	–	–	30°	10	7
150	186	8	–	–	30°	10	8
200	237	9	–	–	30°	11	9
250	290	10	–	–	30°	12	10
300	345	11	–	–	30°	13	11
350	384	12	–	–	35°	14	12
400	437	13	–	–	35°	15	12
450	490	15	–	–	35°	16	14
500	544	16	–	–	35°	16	14
550	595	16	–	–	35°	18	16
600	646	18	–	–	35°	18	16

22 호칭 압력 30K 삽입 용접식 플랜지의 용접부의 치수 허브 플랜지 (SOH)

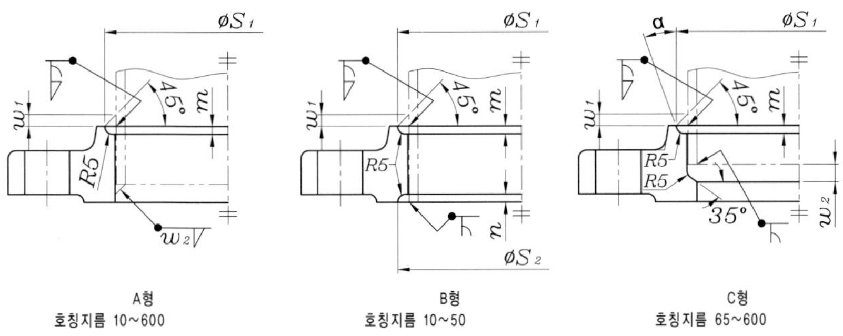

단위 : mm

호칭 지름	S1	m	S2	n	α	용접 다리 길이	
						w1	w2
10	27	4	27	4	–	4	–
15	31	4	40	5	–	4	–
20	37	5	44	5	–	5	–
25	44	6	52	5	–	6	–
32	52	6	60	5	–	6	–
40	58	6	66	5	–	6	–
50	70	6.5	78	5	–	6.5	–
65	96	9.5	–	–	20°	10	6
80	109	9.5	–	–	20°	10	6
90	122	9.5	–	–	20°	10.5	6
100	135	9.5	–	–	20°	10.5	7
125	160	9.5	–	–	20°	10.5	7
150	186	9.5	–	–	20°	10.5	8
200	237	9.5	–	–	20°	11	9
250	290	10	–	–	20°	12	10
300	345	12	–	–	30°	13	11
350	383	13	–	–	30°	14	12
400	435	14	–	–	30°	15	13

23 플랜지의 강도 확인

▶ 삽입 용접식 판 플랜지 및 블랭크 플랜지의 강도

플랜지의 종류		삽입 용접식 판 플랜지		블랭크 플랜지						
호칭 압력		5K	10K 보통형	5K	10K 보통형	16K	20K	30K		
호칭지름		450~1000	250~800	10~750	10~800	10~600	10~600	10~400		
응력 계산식		KS B 0252의 부속서 A		KS B 6712의 5.2 a)						
		가스켓						300℃ 이하		300℃ 초과
종류		F				R		R		–
재료		JS				JS		JS		VT
m		2.00				2.00		2.00		3.00
y		10.98 {1.12}				10.98 {1.12}		10.98 {1.12}		68.89 {7.03}
		볼트						호칭 지름 10~150		200~400
재료		SNB 7			SNB 7	SM25C	SNB 7	SM25C	SNB 7	SNB 7
허용응력	상온	172 {17.5}			172 {17.5}	94 {9.6}	172 {17.5}	94 {9.6}	172 {17.5}	172 {17.5}
	120 ℃	172 {17.5}			172 {17.5}	94 {9.6}	–	94 {9.6}	–	172 {17.5}
	220 ℃	172 {17.5}			172 {17.5}	94 {9.6}	–	94 {9.6}	–	172 {17.5}
	300 ℃	172 {17.5}			172 {17.5}	94 {9.6}	–	94 {9.6}	–	172 {17.5}
	350 ℃	–			172 {17.5}	94 {9.6}	–	94 {9.6}	–	172 {17.5}
	400 ℃	–			162 {16.5}	–	162 {16.5}	–	162 {16.5}	162 {16.5}
	425 ℃	–			146 {14.9}	–	146 {14.9}	–	146 {14.9}	146 {14.9}
	450 ℃	–			–	–	–	–	122 {12.4}	122 {12.4}
	475 ℃	–			–	–	–	–	94 {9.6}	94 {9.6}
	490 ℃	–			–	–	–	–	79 {8.1}	79 {8.1}

플랜지의 종류		삽입 용접식 판 플랜지		블랭크 플랜지						
호칭 압력		5K	10K 보통형	5K	10K 보통형	16K	20K	30K		
호칭지름		450~1000	250~800	10~750	10~800	10~600	10~600	10~400		
응력 계산식		KS B 0252의 부속서 A		KS B 6712의 5.2 a)						
		플랜지						호칭 지름 10~400		
재료		SS 400			SF 440 A			SF 440 A	SFVAF 1	SFVAF 11A
허용응력	상온	123 {12.5}			146 {14.9}			146 {14.9}	160 {16.3}	160 {16.3}
	120 ℃	115 {11.7}			132 {13.5}			132 {13.5}	–	–
	220 ℃	101 {10.3}			124 {12.6}			124 {12.6}	–	–
	300 ℃	99 {0.1}			112 {11.4}			112 {11.4}	–	–
	350 ℃	–			107 {10.9}			107 {10.9}	–	–
	400 ℃	–			94 {9.6}			94 {9.6}	120 {12.2}	–
	425 ℃	–			79 {8.1}			79 {8.1}	120 {12.2}	–
	450 ℃	–			–			–	117 {11.9}	–
	475 ℃	–			–			–	100 {10.2}	107 {10.9}
	490 ℃	–			–			–	–	93 {9.5}

▶ 호칭 압력 16K 이하에서 링 가스켓을 사용하는 경우의 플랜지의 사용 가능 범위

호칭 압력	플랜지의 종류 (기호)	호칭 지름			비고
		I	II	III	
5K	SOP	10~400	–	–	호칭 지름 450 이상은 사용할 수 없다.
	SOH	450~1000	–	–	–
	BL	10~450	500~550	600	호칭 지름 650 이상은 사용할 수 없다.
10K 보통형	SOP	10~225	–	–	호칭 지름 250 이상은 사용할 수 없다.
	SOH	250~1000	–	–	–
	BL	10~250	300~400	450	호칭 지름 500 이상은 사용할 수 없다.
16K	SOH	10~600	–	–	–
	BL	10~200	250~500	550~600	–

• 이 경우의 호칭 압력 5K에서 호칭 지름 450 이상의 삽입 용접식 판 플랜지, 호칭 압력 10K 보통형에서 호칭 지름 250 이상의 삽입 용접식 판 플랜지 및 블랭크 플랜지에 대해서는 다음 표에 나타내는 조건에서 강도의 확인을 하였다.

플랜지의 종류			삽입 용접식 판 플랜지		블랭크 플랜지			
호칭 압력			5K	10K 보통형	5K	10K 보통형	16K	
호칭지름			450~1000	250~800	10~750	10~800	10~600	
응력 계산식			KS B 0252의 부속서 A		KS B 6712의 5.2 a)			
개스킷	종류		R		R		R	
	재료		RS		JS		JS	
	m		1.25		2.00		2.00	
	y		2.75 {0.28}		10.98 {1.12}		10.98 {1.12}	
볼트	재료		SS 400		SS 400	SM25C	SM25C	SNB 7
	허용응력	상온	91 {9.3}		91 {9.3}	94 {9.6}	94 {9.6}	172 {17.5}
		100 ℃	91 {9.3}		–	–		
		120 ℃	–		91 {9.3}	–	94 {9.6}	–
		220 ℃	–		91 {9.3}	–	94 {9.6}	–
		300 ℃	–		–	94 {9.6}	94 {9.6}	–
		350 ℃	–		–	–	94 {9.6}	–
		400 ℃	–		–	–	–	162 {16.5}
		425 ℃	–		–	–	–	146 {14.9}
플랜지	재료		SS 400		SS 400		SF 440A	
	허용응력	상온	123 {12.5}		123 {12.5}			
		100 ℃	116 {11.8}		–			
		120 ℃	–		115 {11.7}		132 {13.5}	
		220 ℃	–		101 {10.3}		124 {12.6}	
		300 ℃	–		99 (10.1)		112 {11.4}	
		350 ℃	–		–		107 {10.9}	
		400 ℃	–		–		94 {9.6}	
		425 ℃	–		–		79 {8.1}	

비 고

1. 가스켓 종류의 기호 R은 링 가스켓을 나타내고, 치수는 KS B 1519의 부속서(관 플랜지의 가스켓 치수)에 따른다.
2. 가스켓 재료의 기호 RS는 면포함 고무 시트, JS는 석면 조인트 시트를 나타낸다.
3. 가스켓의 m 및 y는 각각 KS B 0252의 부표 1의 가스켓 계수 및 최소 설계 조임 압력(N/mm^2 {kgf/mm^2})이다.
4. 볼트 재료의 기호 SS 400, SM 25C 및 SNB 7은 각각 KS D 3503 및 KS D 3752 및 KS D 3755에 규정된 것이다.
5. 볼트 및 플랜지의 허용 응력 (N/mm2 {kgf/mm2})의 값은 KS B 1007 등, 관련 규격의 기준에 따른 것이다.

12-4 냉동 장치용 관 플랜지 KS B 1509 (폐지)

1 플랜지의 종류

주로 사용하는 냉매	접속 방법	플랜지의 모양	종류를 나타내는 기호
암모니아	관 맞대기 용접 플랜지	각형	ATK
		원형	ATM
플론(flon)	관 맞대기 용접 플랜지	마름모형	RTH
		각형	RTK
		원형	RTM
	관 삽입 용접 플랜지	각형	RSK
		원형	RSM
	관 삽입 경납땜 플랜지	마름모형	RBH
		각형	RBK
		원형	RBM

2 강제 플랜지의 종류와 최고 사용 압력 [JIS B 8602]

적용 냉매		암모니아		플론(flon)카본(carbon)							
종류의 기호		ATK	ATM	RTH	RTK	RTM	RSK	RSM	RBH	RBK	RBM
플랜지 형상		각형	원형	원형	각형	원형	각형	원형	마름모형	각형	원형
재질		JIS G 4051 S25C									
접속 형식		맞대기		맞대기			삽입				
접속 방법		용접		용접			용접		경납땜		
크기의 호칭		최고 사용 압력 MPa									
A	B										
10	3/8	5.00	–	5.00	5.00	5.00	5.00	5.00	5.00	5.00	5.00
15	1/2	5.00	–	5.00	5.00	5.00	5.00	5.00	5.00	5.00	5.00
20	3/4	5.00	–	5.00	5.00	5.00	5.00	5.00	5.00	5.00	5.00
25	1	3.45	–	–	5.00	5.00	5.00	5.00	–	5.00	5.00
32	$1\frac{1}{4}$	3.45	–	–	4.30	5.00	4.30	5.00	–	4.30	5.00
40	$1\frac{1}{2}$	3.45	–	–	4.30	4.30	4.30	4.30	–	4.30	4.30
50	2	3.45	–	–	4.30	4.30	4.30	4.30	–	4.30	4.30
65	$2\frac{1}{2}$	3.45	–	–	3.45	4.30	3.45	4.30	–	3.45	4.30
80	3	3.45	–	–	3.45	4.30	3.45	4.30	–	3.45	4.30
(90)	$(3\frac{1}{2})$	3.45	–	–	3.45	4.20	3.45	4.30	–	3.45	4.30
100	4	3.45	–	–	3.45	3.45	3.45	3.45	–	3.45	3.45
125	5	–	3.00	–	–	3.45	–	3.45	–	–	3.45
150	6	–	3.00	–	–	3.45	–	3.45	–	–	–
200	8	–	3.00	–	–	3.45	–	3.45	–	–	–
250	10	–	–	–	–	3.00	–	3.00	–	–	–

■ 동합금제 플랜지의 종류와 최고 사용 압력 [JIS B 8602] (계속)

적용 냉매		플론(flon)카본(carbon)				
종류의 기호		RBHC		RBKC		RBMC
플랜지 형상		마름모형		각형		원형
재질		JIS H 3250 C3771				
접속 형식		삽입				
접속 방법		경납땜				
크기의 호칭		최고 사용 압력 MPa				
A	B					
10	3/8	3.00	3.45	3.00	4.30	4.30
15	1/2	3.00	3.45	3.00	4.30	4.30
20	3/4	3.00	3.45	3.00	4.30	4.30
25	1	–	–	3.00	3.45	4.30
32	$1\frac{1}{4}$	–	–	3.00	3.45	4.30
40	$1\frac{1}{2}$	–	–	3.00	3.45	4.30
50	2	–	–	3.00	–	3.45
65	$2\frac{1}{2}$	–	–	3.00	–	3.45
80	3	–	–	3.00	–	3.45
(90)	$(3\frac{1}{2})$	–	–	3.00	–	3.45
100	4	–	–	3.00	–	3.45
125	5	–	–	–	–	3.45

3 관 맞대기 용접 각형 플랜지 ATK 형

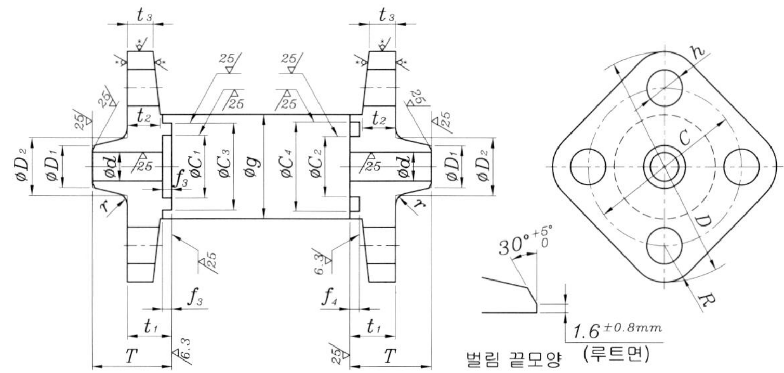

▶ * 표면의 다듬질 정도는 형단조의 경우를 나타낸다. 다만, 그 밖의 경우에는 25▽ 로 한다.

단위 : mm

크기의 호칭		플랜지의 바깥지름	플랜지의 안지름	허브			플랜지의 각 부 치수											볼트 나사의 호칭	볼트 구멍			적용하는 강관의 바깥지름	볼트의 허용 인장 응력 MPa
							홈형							두께									
A	B	D	d	D_1	D_2	r	C1	C3	f3	C2	C4	f4	g	t_1	t_2	t_3 (최소)	T		C	수	h		
10	3/8	95	12	17.3	24	5	26	36	4	25	37	3	43	19	14	11	34	M12	65	4	15	17.3	61.8
15	1/2	100	16	21.7	29	5	29	39	4	28	40	3	46	19	14	11	34	M12	70	4	15	21.7	
20	3/4	105	21	27.2	35	5	32	46	5	31	47	4	53	21	15	11	36	M12	75	4	15	27.2	
25	1	115	27	34.0	42	6	42	56	5	41	57	4	63	21	15	11	36	M12	85	4	15	34.0	
32	$1\frac{1}{4}$	140	35	42.7	52	6	50	64	5	49	65	4	71	23	17	13	43	M16	100	4	19	42.7	
40	$1\frac{1}{2}$	145	41	48.6	59	6	55	69	5	54	70	4	76	23	17	13	43	M16	105	4	19	48.6	
50	2	155	52	60.5	70	6	66	80	5	65	81	4	87	25	19	13	45	M16	115	4	19	60.5	
65	$2\frac{1}{2}$	185	67	76.3	88	6	82	96	5	81	97	4	103	25	19	13	47	M20	140	4	24	76.3	58.8
80	3	200	80	89.1	100	6	99	113	5	98	114	4	120	29	23	16	51	M20	155	4	24	89.1	
(90)	$(3\frac{1}{2})$	215	93	101.6	113	8	115	129	5	114	130	4	136	29	23	16	51	M20	170	4	24	101.6	68.6
100	4	245	105	114.3	127	8	125	145	5	124	146	4	154	31	25	18	56	M22	190	4	26	114.3	

4 관 맞대기 용접 원형 플랜지 ATM 형

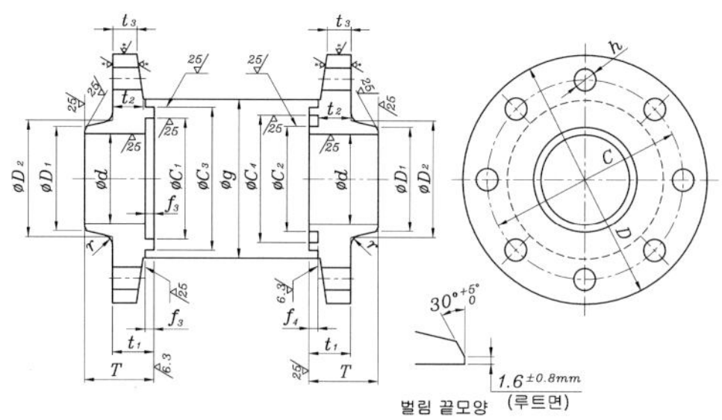

▶ *표면의 다듬질 정도는 형단조의 경우를 나타낸다. 다만, 그 밖의 경우에는 25▽ 로 한다.

단위 : mm

크기의 호칭		플랜지의 바깥지름	플랜지의 안지름	허브			플랜지의 각 부 치수											볼트 나사의 호칭	볼트 구멍			적용하는 강관의 바깥지름	볼트의 허용 인장 응력 MPa
							홈형							두께									
A	B	D	d	D_1	D_2	r	C_1	C_3	f_3	C_2	C_4	f_4	g	t_1	t_2	t_3 (최소)	T		C	수	h		
125	5	260	130	139.8	152	10	153	173	5	152	174	4	182	32	25	16	52	M20	215	8	24	139.8	68.6
150	6	290	155	165.2	182	10	178	198	6	177	199	5	207	34	27	17	60	M20	245	8	24	165.2	
200	8	345	204	216.3	237	10	228	248	6	227	249	5	257	36	29	18	70	M20	300	12	24	216.3	

5 관 맞대기 용접 마름모형 플랜지 RTH 형

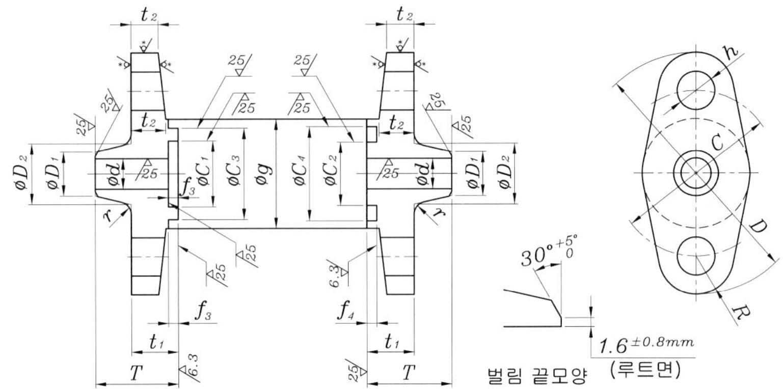

▶ * 표면의 다듬질 정도는 형단조의 경우를 나타낸다. 다만, 그 밖의 경우에는 25▽ 로 한다.

단위 : mm

크기의 호칭		플랜지의 바깥지름	플랜지의 안지름	허브			플랜지의 각 부 치수 / 홈형							플랜지의 각 부 치수 / 두께			볼트 나사의 호칭	볼트 구멍			적용하는 강관의 바깥지름	볼트의 허용 인장 응력 MPa
A	B	D	d	D_1	D_2	r	C_1	C_3	f_3	C_2	C_4	f_4	g	t_1	t_2	T		C	수	h		
10	3/8	90	12.7	17.3	26	4.5	28	38	6	27	39	5	48	21	14	36	M12	65	2	15	17.3	
15	1/2	95	16.1	21.7	30	4.5	32	42	6	31	43	5	52	21	14	36	M12	70	2	15	21.7	100
20	3/4	100	21.4	27.2	36	4.5	38	50	6	37	51	5	58	21	14	36	M12	75	2	15	27.2	

6 관 맞대기 용접 각형 플랜지 RTK 형

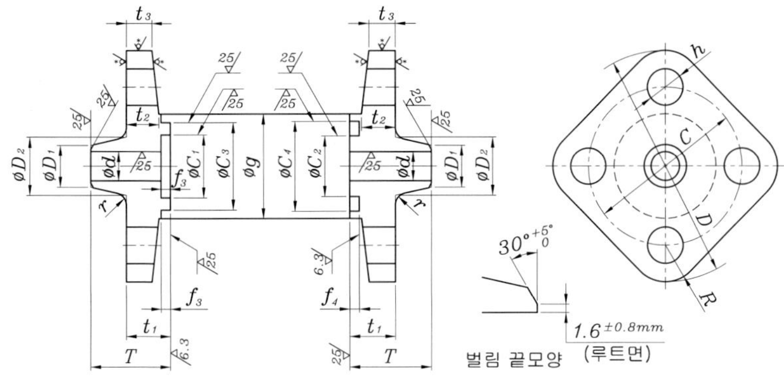

▶ * 표면의 다듬질 정도는 형단조의 경우를 나타낸다. 다만, 그 밖의 경우에는 25▽ 로 한다.

단위 : mm

크기의 호칭		플랜지의 바깥지름	플랜지의 안지름	허브			플랜지의 각 부 치수											볼트 나사의 호칭	볼트 구멍			적용하는 강관의 바깥지름	볼트의 허용 인장 응력 MPa
							홈형							두께									
A	B	D	d	D_1	D_2	r	C_1	C_3	f_3	C_2	C_4	f_4	g	t_1	t_2	t_3 (최소)	T		C	수	h		
10	3/8	90	12.7	17.3	26	4.5	28	38	6	27	39	5	48	19	12	9	34	M12	65	4	15	17.3	61.8
15	1/2	95	16.1	21.7	30	4.5	32	42	6	31	43	5	52	19	12	9	34	M12	70	4	15	21.7	
20	3/4	100	21.4	27.2	36	4.5	38	50	6	37	51	5	58	19	12	9	34	M12	75	4	15	27.2	
25	1	125	27.2	34.0	44	4.5	45	60	6	44	61	5	70	22	15	11	37	M16	90	4	19	34.0	
32	$1\frac{1}{4}$	135	35.5	42.7	54	5	55	70	5	54	71	5	80	23	15	11	43	M16	100	4	19	42.7	
40	$1\frac{1}{2}$	140	41.2	48.6	60	5	60	75	6	59	76	5	85	23	15	11	43	M16	105	4	19	48.6	
50	2	155	52.7	60.5	73	5	70	90	6	69	91	5	100	25	17	13	45	M16	120	4	19	60.5	70.6
65	$2\frac{1}{2}$	175	65.9	76.3	88	5	90	110	6	89	111	5	118	25	17	13	45	M18	140	4	21	76.3	68.6
80	3	200	78.1	89.1	104	6	100	120	6	99	121	5	135	27	19	13	52	M20	160	4	24	89.1	
(90)	$(3\frac{1}{2})$	210	90.2	101.6	117	6	110	130	6	109	131	5	143	27	19	13	52	M22	170	4	26	101.6	
100	4	225	102.3	114.3	133	6	125	145	6	124	146	5	158	30	22	16	58	M22	185	4	26	114.3	

비 고

- 90A는 사용하지 않는 것이 좋다.

7 관 맞대기 용접 원형 플랜지 RTM 형

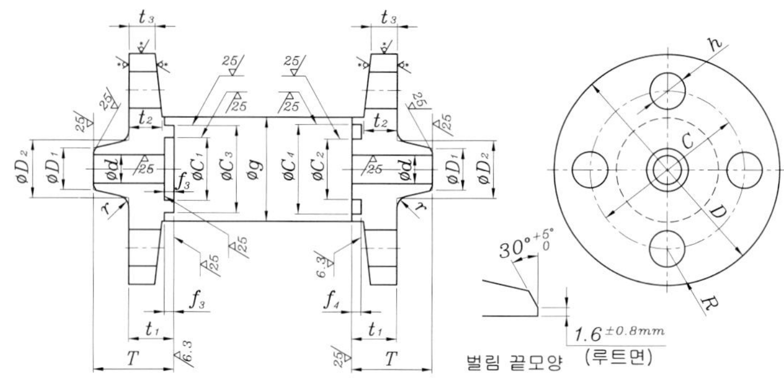

▶ *표면의 다듬질 정도는 형단조의 경우를 나타낸다. 다만, 그 밖의 경우에는 25▽ 로 한다.

단위 : mm

크기의 호칭		플랜지의 바깥지름	플랜지의 안지름	허브			플랜지의 각 부 치수											볼트 나사의 호칭	볼트 구멍			적용하는 강관의 바깥지름	볼트의 허용 인장 응력 MPa
							홈형							두께									
A	B	D	d	D_1	D_2	r	C_1	C_3	f_3	C_2	C_4	f_4	g	t_1	t_2	t_3 (최소)	T		C	수	h		
10	3/8	90	12.7	17.3	24	4.5	28	38	6	27	39	5	48	19	12	9	34	M12	65	4	15	17.3	61.8
15	1/2	95	16.1	21.7	29	4.5	32	42	6	31	43	5	52	19	12	9	34	M12	70	4	15	21.7	
20	3/4	100	21.4	27.2	35	4.5	38	50	6	37	51	5	58	19	12	9	34	M12	75	4	15	27.2	
25	1	125	27.2	34.0	42	4.5	45	60	6	44	61	5	70	22	15	11	37	M16	90	4	19	34.0	
32	$1\frac{1}{4}$	135	35.5	42.7	52	5	55	70	6	54	71	5	80	23	15	11	43	M16	100	4	19	42.7	
40	$1\frac{1}{2}$	140	41.2	48.6	59	5	60	75	6	59	76	5	85	23	15	11	43	M16	105	4	19	48.6	
50	2	155	52.7	60.5	71	5	70	90	6	69	91	5	100	25	17	13	45	M16	120	8	19	60.5	
65	$2\frac{1}{2}$	175	65.9	76.3	89	5	90	110	6	89	111	5	120	25	17	13	45	M16	140	8	19	76.3	
80	3	200	78.1	89.1	102	6	100	120	6	99	121	5	135	27	19	13	52	M20	160	8	23	89.1	58.8
(90)	$(3\frac{1}{2})$	210	90.2	101.6	113	6	110	130	6	109	131	5	145	27	19	13	52	M20	170	8	23	101.6	
100	4	225	102.3	114.3	128	6	125	145	6	124	146	5	160	27	19	13	52	M20	185	8	23	114.3	
125	5	270	126.6	139.8	157	6	150	175	6	149	176	5	195	30	22	15	56	M22	225	8	25	139.8	
150	6	305	151.0	165.2	190	6	190	215	6	189	216	5	230	32	24	17	70	M22	260	12	25	165.2	
200	8	350	199.9	216.3	240	6	230	260	6	229	261	5	275	35	27	21	73	M22	305	12	25	216.3	68.6

비 고

- 90A는 사용하지 않는 것이 좋다.

8 관 삽입 용접 각형 플랜지 RSK 형

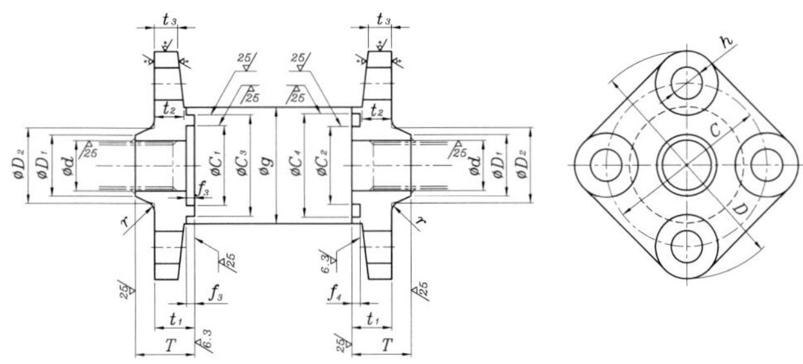

▶ *표면의 다듬질 정도는 형단조의 경우를 나타낸다. 다만, 그 밖의 경우에는 25▽ 로 한다.

단위 : mm

크기의 호칭		플랜지의 바깥지름	플랜지의 안지름	허브			플랜지의 각 부 치수											볼트 나사의 호칭	볼트 구멍			적용하는 강관의 바깥지름	볼트의 허용인장응력 MPa
							홈형							두께									
A	B	D	d	D_1	D_2	r	C_1	C_3	f_3	C_2	C_4	f_4	g	t_1	t_2	t_3 (최소)	T		C	수	h		
10	3/8	90	17.7	30	32	4.5	28	38	6	27	39	5	48	19	12	9	25	M12	65	4	15	17.3	61.8
15	1/2	95	22.1	34	36	4.5	32	42	6	31	43	5	52	19	12	9	25	M12	70	4	15	21.7	61.8
20	3/4	100	27.6	40	42	4.5	38	50	6	37	51	5	58	19	12	9	27	M12	75	4	15	27.2	61.8
25	1	125	34.5	48	50	4.5	45	60	6	44	61	5	70	22	15	11	32	M16	90	4	19	34.0	61.8
32	$1\frac{1}{4}$	135	43.3	56	60	5	55	70	6	54	71	5	80	23	15	11	34	M16	100	4	19	42.7	61.8
40	$1\frac{1}{2}$	140	49.3	62	66	5	60	75	6	59	76	5	85	23	15	11	34	M16	105	4	19	48.6	61.8
50	2	155	61.3	76	80	5	70	90	6	69	91	5	100	25	17	13	38	M16	120	4	19	60.5	70.6
65	$2\frac{1}{2}$	175	77.2	94	98	5	90	110	6	89	111	5	118	25	17	13	40	M18	140	4	21	76.3	68.6
80	3	200	90.2	108	112	5	100	120	6	99	121	5	135	27	19	13	45	M20	160	4	24	89.1	68.6
(90)	$(3\frac{1}{2})$	210	102.8	120	124	5	110	130	6	109	131	5	143	27	19	13	45	M22	170	4	26	101.6	68.6
100	4	225	115.6	134	138	5	125	145	6	124	146	5	158	30	22	16	52	M22	185	4	26	114.3	68.6

비 고

- 90A는 사용하지 않는 것이 좋다.

9 관삽입 용접 플랜지 RSM 형

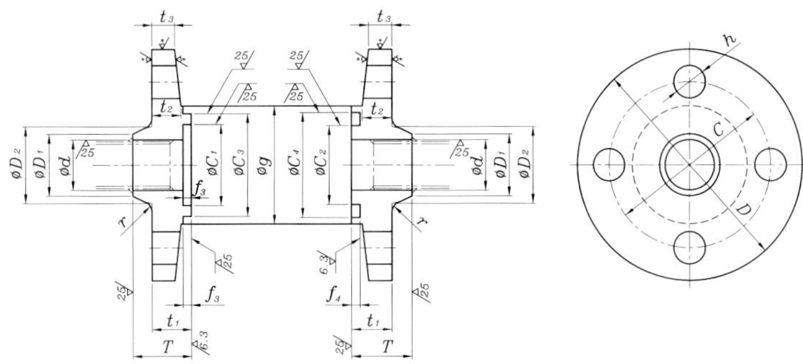

▶ * 표면의 다듬질 정도는 형단조의 경우를 나타낸다. 다만, 그 밖의 경우에는 $\overset{25}{\bigtriangledown}$ 로 한다.

단위 : mm

크기의 호칭		플랜지의 바깥지름	플랜지의 안지름	허브			플랜지의 각 부 치수												볼트 나사의 호칭	볼트 구멍			적용하는 강관의 바깥지름	볼트의 허용 인장 응력 MPa
							홈형							두께								
A	B	D	d	D_1	D_2	r	C_1	C_3	f_3	C_2	C_4	f_4	g	t_1	t_2	t_3 (최소)	T		C	수	h		
10	3/8	90	17.7	30	32	4.5	28	38	6	27	39	5	48	19	12	9	25	M12	65	4	15	17.3	61.8
15	1/2	95	22.1	34	36	4.5	32	42	6	31	43	5	52	19	12	9	25	M12	70	4	15	21.7	61.8
20	3/4	100	27.6	40	42	4.5	38	50	6	37	51	5	58	19	12	9	27	M12	75	4	15	27.2	61.8
25	1	125	34.5	48	50	4.5	45	60	6	44	61	5	70	22	15	11	32	M16	90	4	19	34.0	61.8
32	$1\frac{1}{4}$	135	43.3	56	60	5	55	70	6	54	71	5	80	23	15	11	34	M16	100	4	19	42.7	61.8
40	$1\frac{1}{2}$	140	49.3	62	66	5	60	75	6	59	76	5	85	23	15	11	34	M16	105	4	19	48.6	61.8
50	2	155	61.3	76	80	5	70	90	6	69	91	5	100	25	17	12	38	M16	120	8	19	60.5	61.8
65	$2\frac{1}{2}$	175	77.2	94	98	5	90	110	6	89	111	5	120	25	17	12	40	M16	140	8	19	76.3	61.8
80	3	200	90.2	108	112	5	100	120	6	99	121	5	135	27	19	13	45	M20	160	8	23	89.1	58.8
(90)	$(3\frac{1}{2})$	210	102.8	120	124	5	110	130	6	109	131	5	145	27	19	13	45	M20	170	8	23	101.6	58.8
100	4	225	115.6	134	138	5	125	145	6	124	146	5	160	27	19	13	49	M20	185	8	23	114.3	58.8
125	5	270	141.4	164	170	6	150	175	6	149	176	5	195	30	22	15	52	M22	225	8	25	139.8	58.8
150	6	305	167.1	196	202	6	190	215	6	189	216	5	230	31	23	15	56	M22	260	12	25	165.2	58.8
200	8	350	218.7	244	254	6	230	260	6	229	261	5	275	34	26	17	59	M22	305	12	25	216.3	68.6

비 고

• 90A는 사용하지 않는 것이 좋다.

10 관 삽입 경납땜 마름모형 플랜지 RBH 형

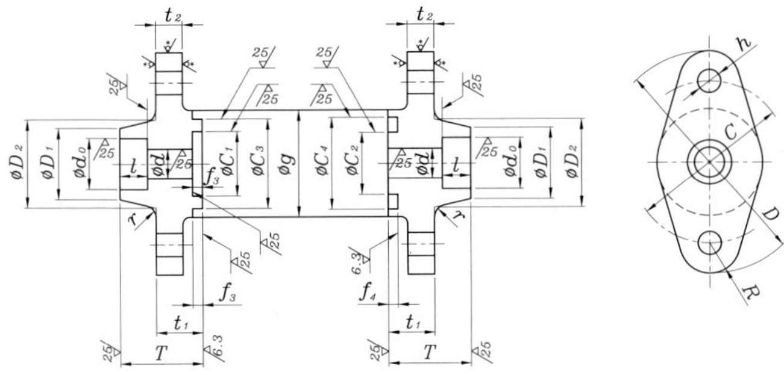

▶ *표면의 다듬질 정도는 형단조의 경우를 나타낸다. 다만, 그 밖의 경우에는 $\overset{25}{\bigtriangledown}$ 로 한다.

단위 : mm

크기의 호칭		플랜지의 바깥지름	플랜지의 안지름	삽입 구멍		허브			플랜지의 각 부 치수										볼트 나사의 호칭	볼트 구멍			적용하는 강관의 바깥지름	볼트의 허용 인장 응력 MPa
									홈형							두께								
A	B	D	d	d_0	l	D_1	D_2	r	C_1	C_3	f_3	C_2	C_4	f_4	g	t_1	t_2	T		C	수	h		
10	3/8	90				30	32	4.5	28	38	6	27	39	5	48	21	14	27	M12	65	2	15		
15	1/2	95	*	*	*	34	36	4.5	32	42	6	31	43	5	52	21	14	27	M12	70	2	15	*	100
20	3/4	100				40	42	4.5	38	50	6	37	51	5	58	21	14	29	M12	75	2	15		

비 고

- *표가 있는 란의 치수는 [동 및 강관의 겉모양별 치수표]에 따른다.

11 관 삽입 경납땜 각형 플랜지 RBK 형

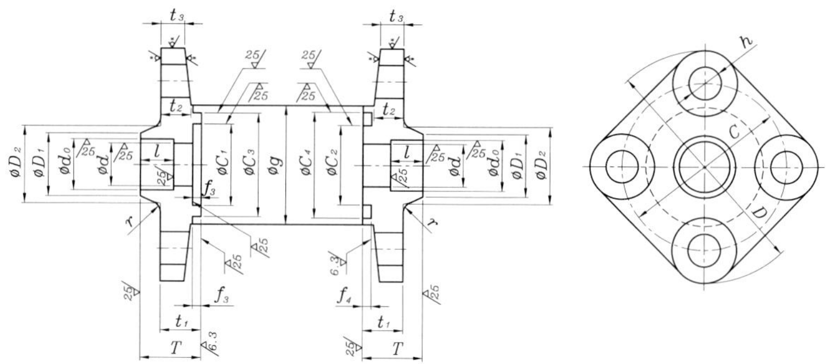

▶ * 표면의 다듬질 정도는 형단조의 경우를 나타낸다. 다만, 그 밖의 경우에는 25▽ 로 한다.

단위 : mm

크기의 호칭		플랜지의 바깥지름	플랜지의 안지름	삽입 구멍		허브			플랜지의 각 부 치수											볼트 나사의 호칭	볼트 구멍			적용하는 강관의 바깥지름	볼트의 허용 인장 응력 MPa
									홈형							두께									
A	B	D	d	d_0	l	D_1	D_2	r	C_1	C_3	f_3	C_2	C_4	f_4	g	t_1	t_2	t_3 (최소)	T		C	수	h		
10	3/8	90				30	32	4.5	28	38	6	27	39	5	48	19	12	9	25	M12	65	4	15		
15	1/2	95				34	36	4.5	32	42	6	31	43	5	52	19	12	9	25	M12	70	4	15		
20	3/4	100				40	42	4.5	38	50	6	37	51	5	58	19	12	9	27	M12	75	4	15		61.8
25	1	125				48	50	4.5	45	60	6	44	61	5	70	22	15	11	32	M16	90	4	19		
32	$1\frac{1}{4}$	135				56	60	5	55	70	6	54	71	5	80	23	15	11	34	M16	100	4	19		
40	$1\frac{1}{2}$	140	*	*	*	62	66	5	60	75	6	59	76	5	85	23	15	11	34	M16	105	4	19	*	
50	2	155				76	80	5	70	90	6	69	91	5	100	25	17	13	38	M16	120	4	19		70.6
65	$2\frac{1}{2}$	175				94	98	5	90	110	6	89	111	5	118	25	17	13	40	M18	140	4	21		
80	3	200				108	112	5	100	120	6	99	121	5	135	27	19	13	45	M20	160	4	23		68.6
(90)	$(3\frac{1}{2})$	210				120	124	5	110	130	6	109	131	5	143	27	19	13	45	M22	170	4	25		
100	4	225				134	138	5	125	145	6	124	146	5	158	30	22	16	52	M22	185	4	25		

비 고

- 90A는 사용하지 않는 것이 좋다.
- *표가 있는 란의 치수는 [동 및 강관의 겉모양별 치수표]에 따른다.

12 관 삽입 경납땜 원형 플랜지 RBM 형

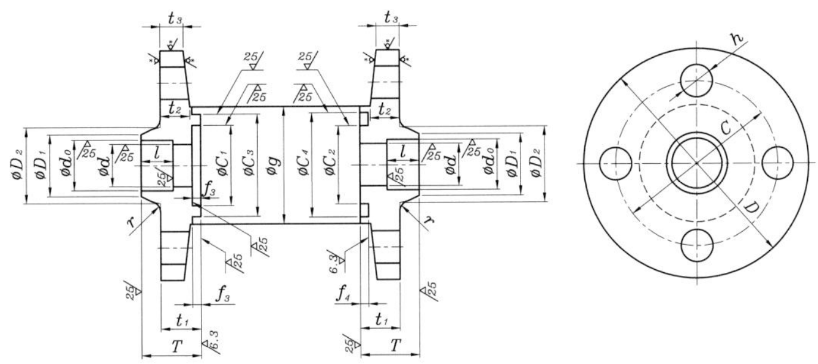

▶ *표면의 다듬질 정도는 형단조의 경우를 나타낸다. 다만, 그 밖의 경우에는 25▽ 로 한다.

단위 : mm

크기의 호칭		플랜지의 바깥지름	플랜지의 안지름	삽입 구멍		허브			플랜지의 각 부 치수: 홈형							두께				볼트 나사의 호칭	볼트 구멍			적용하는 강관의 바깥지름	볼트의 허용 인장 응력 MPa
A	B	D	d	d_0	l	D_1	D_2	r	C_1	C_3	f_3	C_2	C_4	f_4	g	t_1	t_2	t_3 (최소)	T		C	수	h		
10	3/8	90				30	32	4.5	28	38	6	27	39	5	48	19	12	9	25	M12	65	4	15		
15	1/2	95				34	36	4.5	32	42	6	31	43	5	52	19	12	9	25	M12	70	4	15		
20	3/4	100				40	42	4.5	38	50	6	37	51	5	58	19	12	9	27	M12	75	4	15		
25	1	125				48	50	4.5	45	60	6	44	61	5	70	22	15	11	32	M16	90	4	19		61.8
32	$1\frac{1}{4}$	135				56	60	5	55	70	6	54	71	5	80	23	15	11	34	M16	100	4	19		
40	$1\frac{1}{2}$	140	*	*	*	62	66	5	60	75	6	59	76	5	85	23	15	11	34	M16	105	4	19	*	
50	2	155				76	80	5	70	90	6	69	91	5	100	25	17	12	38	M16	120	8	19		
65	$2\frac{1}{2}$	175				94	98	5	90	110	6	89	111	5	118	25	17	12	40	M16	140	8	19		
80	3	200				108	112	5	100	120	6	99	121	5	135	27	19	13	45	M20	160	8	24		
(90)	$(3\frac{1}{2})$	210				120	124	5	110	130	6	109	131	5	145	27	19	13	45	M20	170	8	24		58.8
100	4	225				134	138	5	125	145	6	124	146	5	160	27	19	13	49	M20	185	8	24		
125	5	270				164	170	6	150	175	6	149	176	5	195	30	22	15	52	M22	225	8	26		

비 고

- 90A는 사용하지 않는 것이 좋다.
- *표가 있는 란의 치수는 [동 및 강관의 겉모양별 치수표]에 따른다.

13 동 및 강관의 겉모양 별 치수표

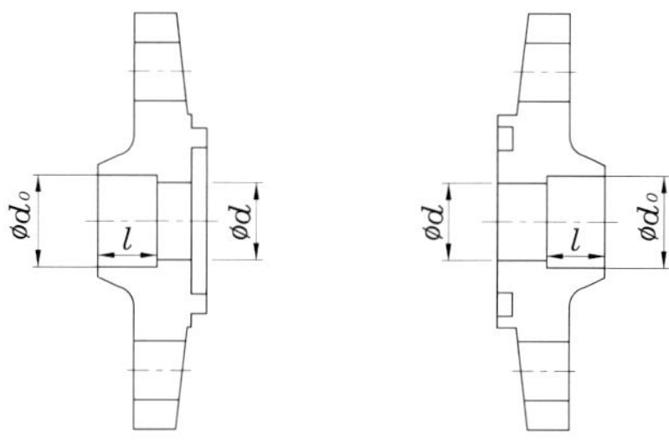

단위 : mm

크기의 호칭 A	크기의 호칭 B	관 구분	플랜지의 안지름 d	적용하는 관의 바깥지름	삽입 구멍 d0	삽입 구멍 l
10	3/8	동관	14.0	16.0	16.2	10
			16.0	18.0	18.2	
			17.1	19.05	19.3	
			17.6	20.0	20.2	
			19.6	22.0	22.2	
			19.8	22.22	22.4	
		강관	12.7	17.3	17.7	
			16.1	21.7	22.1	
15	1/2	동관	17.6	20.0	20.2	10
			19.6	22.0	22.2	
			19.8	22.22	22.4	
			22.2	25.0	25.2	12
			22.6	25.4	25.6	
		강관	16.1	21.7	22.1	10
20	3/4	동관	22.2	25.0	25.2	12
			22.6	25.4	25.6	
			25.2	28.0	28.2	
			27.2	30.0	30.2	
			28.6	31.75	32.0	
			28.8	32.0	32.2	
		강관	21.4	27.2	27.6	
25	1	동관	28.6	31.75	32.0	12
			28.8	32.0	32.2	
			31.4	35.0	35.2	14
			34.4	38.0	38.2	
			34.5	38.1	38.3	
		강관	27.2	34.0	34.5	12
32	$1\frac{1}{4}$	동관	34.4	38.0	38.2	14
			34.5	38.1	38.3	
			36.0	40.0	40.2	

크기의 호칭 A	크기의 호칭 B	관 구분	플랜지의 안지름 d	적용하는 관의 바깥지름	삽입 구멍 d0	삽입 구멍 l (최소)
32	$1\frac{1}{4}$	동관	40.4	45.0	45.2	16
		강관	35.5	42.7	43.3	14
			41.2	48.6	49.3	16
40	$1\frac{1}{2}$	동관	45.4	50.0	50.3	16
			45.8	50.8	51.1	
		강관	41.2	48.6	49.3	
50	2	동관	45.4	50.0	50.3	19
			45.8	50.8	51.1	
			50.0	55.0	55.3	
			54.0	60.0	60.3	
			59.0	65.0	65.3	
		강관	52.7	60.5	61.3	
65	$2\frac{1}{2}$	동관	63.0	70.0	70.3	22
			68.0	75.0	75.4	
			69.2	76.2	76.6	
			72.0	80.0	80.4	
		강관	65.9	76.3	77.2	
80	3	동관	77.0	85.0	85.4	26
			82.0	90.0	90.4	
		강관	78.1	89.1	90.2	
(90)	($3\frac{1}{2}$)	동관	86.0	95.0	95.4	26
			91.0	100.0	100.4	
			92.6	101.6	102.0	
		강관	90.2	101.6	102.8	
100	4	동관	100.0	110.0	110.4	33
		강관	102.3	114.3	115.6	
125	5	동관	109.0	120.0	120.4	33
			118.0	130.0	130.5	
			128.0	140.0	140.5	
		강관	126.6	139.8	141.4	

구리 합금제 관 플랜지의 기본 치수 KS B 1510 : 2007 (2012 확인)

1 호칭 압력 5K 플랜지의 기본 치수

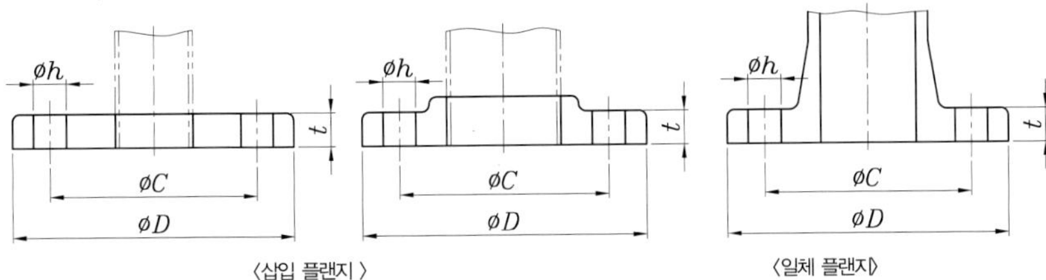

〈삽입 플랜지〉 〈일체 플랜지〉

단위 : mm

호칭 지름	적용하는 관의 바깥지름		플랜지의 바깥지름	플랜지의 두께	볼트 구멍			볼트 나사의 호칭
	①	②			중심원의 지름 C	수	지름 h	
10	16	12.70	75	9	55	4	12	M10
15	19	15.88	80	9	60	4	12	M10
20	25.4	22.22	85	10	65	4	12	M10
25	31.8	28.58	95	10	75	4	12	M10
32	38.1	34.92	115	12	90	4	15	M12
40	45	41.28	120	12	95	4	15	M12
50	50	53.98	130	14	105	4	15	M12
65	60, 75	66.68	155	14	130	4	15	M12
80	75, 76.2	79.38	180	14	145	4	19	M16
(90)	100	–	190	14	155	4	19	M16
100	100	104.78	200	16	165	8	19	M16
125	125	130.18	235	16	200	8	19	M16
150	150	155.58	165	18	230	8	19	M16
(175)	150	–	300	18	260	8	23	M20
200	200	–	320	20	280	8	23	M20
(225)	200	–	345	20	305	12	23	M20
250	250	–	385	22	345	12	23	M20
300	–	–	430	22	390	12	23	M20
350	–	–	480	24	435	12	25	M22
400	–	–	540	24	495	16	25	M22
450	–	–	605	24	555	16	25	M22
500	–	–	655	24	605	20	25	M22
(550)	–	–	720	26	665	20	27	M24
600	–	–	770	26	715	20	27	M24

2 호칭 압력 10K 플랜지의 기본 치수

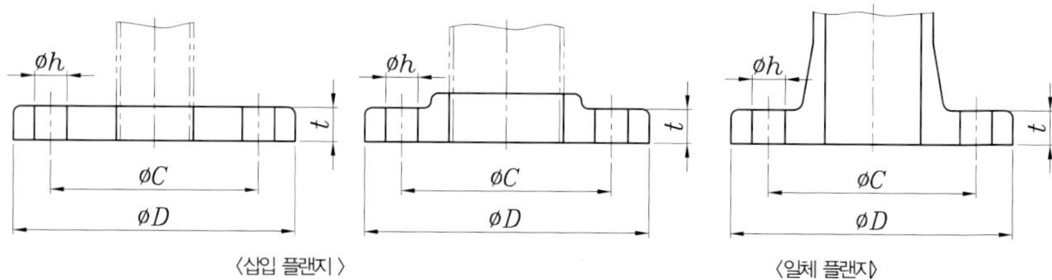

단위 : mm

호칭 지름	적용하는 관의 바깥지름		플랜지의 바깥지름	플랜지의 두께	볼트 구멍			볼트 나사의 호칭
	①	②			중심원의 지름 C	수	지름 h	
10	16	12.70	90	12	65	4	15	M12
15	19	15.88	95	12	70	4	15	M12
20	25.4	22.22	100	14	75	4	15	M12
25	31.8	28.58	125	14	90	4	19	M16
32	38.1	34.92	135	16	100	4	19	M16
40	45	41.28	140	16	105	4	19	M16
50	50	53.98	155	16	120	4	19	M16
65	60, 75	66.68	175	18	140	4	19	M16
80	75, 76.2	79.38	185	18	150	8	19	M16
(90)	100	–	195	18	160	8	19	M16
100	100	104.78	210	18	175	8	19	M16
125	125	130.18	250	20	210	8	23	M20
150	150	155.58	280	22	240	8	23	M20
(175)	150	–	305	22	265	12	23	M20
200	200	–	330	22	290	12	23	M20
(225)	200	–	350	22	310	12	23	M20
250	250	–	400	24	355	12	25	M22
300	–	–	445	24	400	16	25	M22
350	–	–	490	26	445	16	25	M22
400	–	–	560	28	510	16	27	M24
450	–	–	620	30	565	20	27	M24
500	–	–	675	30	620	20	27	M22
(550)	–	–	745	32	680	20	33	M30
600	–	–	795	32	730	24	33	M30

3 호칭 압력 16K 플랜지의 기본 치수

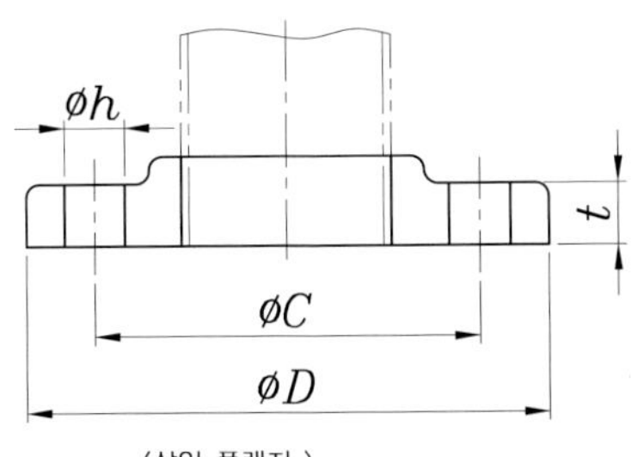

〈삽입 플랜지 〉

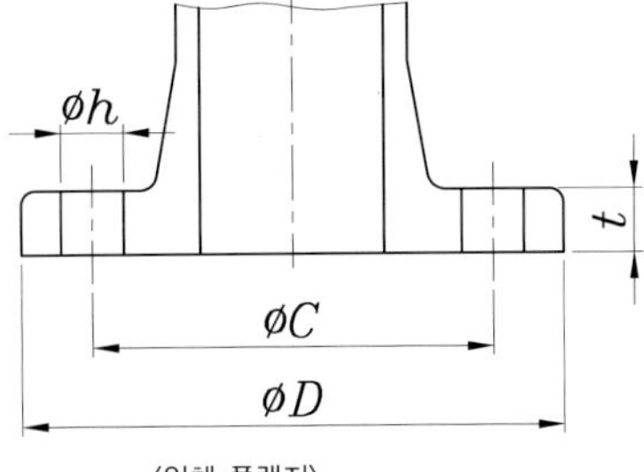

〈일체 플랜지〉

단위 : mm

호칭 지름	적용하는 관의 바깥지름		플랜지의 바깥지름	플랜지의 두께	볼트 구멍			볼트 나사의 호칭
	①	②			중심원의 지름 C	수	지름 h	
10	16	12.70	90	12	65	4	15	M12
15	19	15.88	95	12	70	4	15	M12
20	25.4	22.22	100	14	75	4	15	M12
25	31.8	28.58	125	14	90	4	19	M16
32	38.1	34.92	135	16	100	4	19	M16
40	45	41.28	140	16	105	4	19	M16
50	50	53.98	155	16	120	8	19	M16
65	60, 75	66.68	175	18	140	8	19	M16
80	75, 76.2	79.38	200	20	160	8	23	M20
(90)	100	–	210	20	170	8	23	M20
100	100	104.78	225	22	185	8	23	M20
125	125	130.18	270	22	225	8	25	M22
150	150	155.58	305	24	260	12	25	M22
200	200	–	350	26	305	12	25	M22
250	250	–	430	28	380	12	27	M24
300	–	–	480	30	430	16	27	M24

4 일체 플랜지의 안지름 및 목 부분의 치수

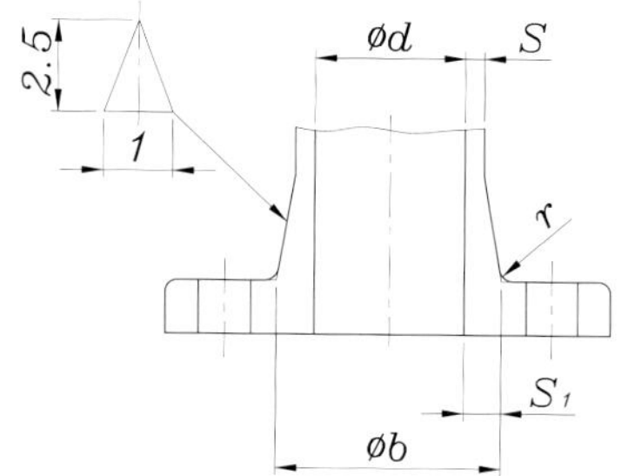

단위 : mm

호칭 지름		안지름	호칭 압력 5K				호칭 압력 10K				호칭 압력 16K			
			S	S_1	b	r	S	S_1	b	r	S	S_1	b	r
일반용 및 선박용	10	10	4	7	24	5	4	9	28	5	4	9	28	5
	15	15	4	7	29	5	5	9	33	5	5	9	33	5
	20	20	4	8	36	5	5	10	40	5	5	10	40	5
	25	25	4	8	41	6	5	10	45	6	5	10	45	6
	32	32	5	9	50	6	6	11	54	6	6	11	54	6
	40	40	5	9	58	6	6	11	62	6	6	11	62	6
	50	50	5	10	70	6	6	12	74	6	6	12	74	6
	65	65	5	10	85	6	6	12	89	6	7	13	91	6
	80	80	6	11	102	6	7	13	106	6	8	14	108	6
	(90)	90	6	11	112	6	7	13	116	6	8	15	120	6
	100	100	6	12	124	6	7	14	128	6	9	16	132	6
	125	125	7	12	149	8	8	15	155	8	10	17	159	8
	150	150	7	13	176	8	9	16	182	8	11	19	188	8
	(175)	175	8	14	203	8	10	17	209	8	–	–	–	–
	200	200	8	14	228	8	11	18	236	8	13	21	242	8
	(225)	225	9	15	255	8	12	18	261	8	–	–	–	–
	250	250	9	16	282	8	12	20	290	8	15	24	298	10
	300	300	10	17	334	8	14	21	342	8	17	26	352	10
일반용	350	340	10	18	376	10	15	23	386	10	–	–	–	–
	400	400	11	19	438	10	16	24	448	10	–	–	–	–
	450	450	11	19	488	10	16	24	498	10	–	–	–	–
	500	500	12	21	542	10	17	25	550	10	–	–	–	–
	(550)	550	12	21	592	12	18	27	604	12	–	–	–	–
	600	600	13	21	642	12	20	27	654	12	–	–	–	–
선박용	350	335	10	18	371	10	15	23	381	10	–	–	–	–
	400	380	11	19	418	10	16	24	428	10	–	–	–	–
	450	430	11	19	468	10	16	24	478	10	–	–	–	–
	500	480	12	21	522	10	17	25	530	10	–	–	–	–
	550	530	12	21	572	12	18	27	584	12	–	–	–	–
	600	580	13	21	622	12	20	27	634	12	–	–	–	–

5 삽입 경납땜 플랜지 치수

- 호칭 압력 5K의 호칭 지름 10~125의 것 및 호칭 압력 5K의 호칭 지름 150~200의 것
- 호칭 압력 10K의 호칭 지름 10~100의 것, 호칭 압력 10K의 호칭 지름 125~200의 것 및 호칭 압력 16K의 것

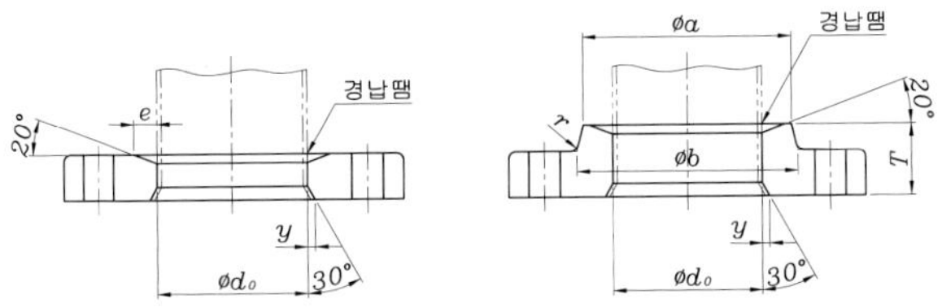

단위 : mm

호칭 지름	적용하는 관의 바깥지름	삽입 구멍의 지름	호칭 압력 5K						호칭 압력 10K						호칭 압력 16K				
				허브의 지름						허브의 지름						허브의 지름			
				a	b					a	b					a	b		
10	12.70	13.2	–	–	–	–	1.5	4	–	–	–	–	2	4	20	22	26	4	2
15	15.88	16.4	–	–	–	–	1.5	4	–	–	–	–	2	4	20	26	30	4	2
20	22.22	22.7	–	–	–	–	1.5	4	–	–	–	–	2	5	22	33	37	4	2
25	28.58	29.1	–	–	–	–	1.5	4	–	–	–	–	2	5	22	39	43	4	2
32	34.92	35.4	–	–	–	–	1.5	5	–	–	–	–	2	5	24	45	49	4	2
40	41.28	41.8	–	–	–	–	1.5	5	–	–	–	–	2	5	24	52	56	4	2
50	53.98	54.5	–	–	–	–	2	5	–	–	–	–	3	6	26	67	71	6	3
65	66.68	67.2	–	–	–	–	2	5	–	–	–	–	3	6	28	81	85	6	3
80	79.38	79.9	–	–	–	–	2	5	–	–	–	–	3	7	30	95	101	6	3
100	104.78	105.8	–	–	–	–	3	6	–	–	–	–	3	7	32	121	127	6	3
125	130.18	131.2	–	–	–	–	3	6	30	146	152	6	3	–	34	148	154	8	4
150	155.58	156.6	28	168	174	6	3	–	32	172	178	6	3	–	36	176	182	8	4

6 구리 합금제 관 플랜지 호칭 압력 및 호칭 크기에 따른 최고 사용 압력 및 치수 관계

▶ 구리 합금제 관 플랜지 압력/온도에 따른 최고 사용 압력 관계표

호칭 압력		온도 ℃									
PN	K	65	100	120	150	180	185	200	220	250	260
		최대 허용 압력 (MPa)									
6	–	0.6	0.6	0.6	0.6	0.6	–	0.5	0.4	0.25	0.2
–	5	–	–	0.69	–	–	0.56	–	0.49	–	–
10	–	1	1	1	1	1	–	0.85	0.7	0.5	0.4
–	10	–	–	1.37	–	–	1.18	–	0.98	–	–
16	–	1.6	1.6	1.6	1.6	1.6	–	1.35	1.13	0.8	0.7
20	–	1.55	1.46	1.39	1.33	1.24	–	1.18	1.13	1.07	1.03
–	15	–	–	2.16	–	–	1.86	–	1.57	–	–
25	–	2.5	2.5	2.5	2.5	2.5	–	2.12	1.75	1.22	1.05
50	–	3.44	3.23	3.11	2.93	2.74	–	2.62	2.49	2.31	2.24
40	–	4	4	4	3.85	3.4	–	3	2.55	1.95	1.75

12-6 관 플랜지의 가스켓 자리 치수 KS B 1519 : 2007 (2017 확인)

1 가스켓 자리의 모양 및 치수

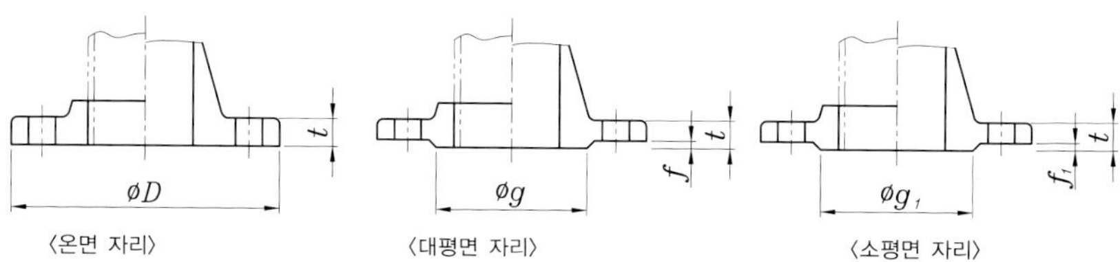

〈온면 자리〉 〈대평면 자리〉 〈소평면 자리〉

단위 : mm

호칭 지름	대평면 자리												소평면 자리	
	호칭 압력 5K		호칭 압력 10K		호칭 압력 16K		호칭 압력 20K		호칭 압력 30K		호칭 압력 40K 및 63K		g_1	f_1
	g	f	g	f	g	f	g	f	g	f	g	f		
10	39	1	46	1	46	1	46	1	52	1	52	1	35	1
15	44	1	51	1	51	1	51	1	55	1	55	1	42	1
20	49	1	56	1	56	1	56	1	60	1	60	1	50	1
25	59	1	67	1	67	1	67	1	70	1	70	1	60	1
32	70	2	76	2	76	2	76	2	80	2	80	2	68	2
40	75	2	81	2	81	2	81	2	90	2	90	2	75	2
50	85	2	96	2	96	2	96	2	105	2	105	2	90	2
65	110	2	116	2	116	2	116	2	130	2	130	2	105	2
80	121	2	126	2	132	2	132	2	140	2	140	2	120	2
90	131	2	136	2	145	2	145	2	150	2	150	2	130	2
100	141	2	151	2	160	2	160	2	160	2	165	2	145	2
125	176	2	182	2	195	2	195	2	195	2	200	2	170	2
150	206	2	212	2	230	2	230	2	235	2	240	2	205	2
175	232	2	237	2	–	–	–	–	–	–	–	–	–	–
200	252	2	262	2	275	2	275	2	280	2	290	2	260	2
225	277	2	282	2	–	–	–	–	–	–	–	–	–	–
250	317	2	324	2	345	2	345	2	345	2	355	2	315	2
300	360	3	368	3	395	3	395	3	405	3	410	3	375	3
350	403	3	413	3	440	3	440	3	450	3	455	3	415	3
400	463	3	475	3	495	3	495	3	510	3	515	3	465	3
450	523	3	530	3	560	3	560	3	–	–	–	–	–	–
500	573	3	585	3	615	3	615	3	–	–	–	–	–	–
550	630	3	640	3	670	3	670	3	–	–	–	–	–	–
600	680	3	690	3	720	3	720	3	–	–	–	–	–	–
650	735	3	740	3	770	5	790	5	–	–	–	–	–	–
700	785	3	800	3	820	5	840	5	–	–	–	–	–	–
750	840	3	855	3	880	5	900	5	–	–	–	–	–	–
800	890	3	905	3	930	5	960	5	–	–	–	–	–	–
850	940	3	955	3	980	5	1020	5	–	–	–	–	–	–
900	990	3	1005	3	1030	5	1070	5	–	–	–	–	–	–
1000	1090	3	1110	3	1140	5	–	–	–	–	–	–	–	–
1100	1200	3	1220	3	1240	5	–	–	–	–	–	–	–	–
1200	1305	3	1325	3	1350	5	–	–	–	–	–	–	–	–
1300	–	–	–	–	1450	5	–	–	–	–	–	–	–	–
1350	1460	3	1480	3	1510	5	–	–	–	–	–	–	–	–
1400	–	–	–	–	1560	5	–	–	–	–	–	–	–	–
1500	1615	3	1635	3	1670	5	–	–	–	–	–	–	–	–

2 가스켓 자리의 모양 및 치수

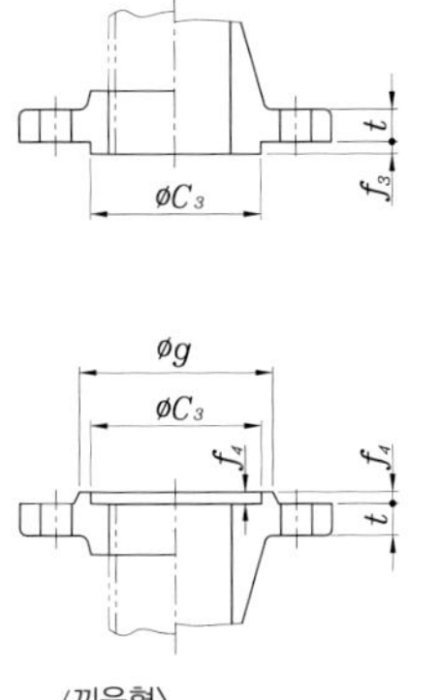

〈끼움형〉

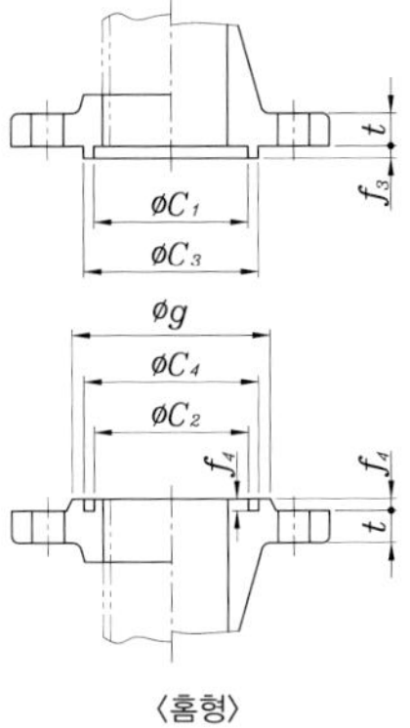

〈홈형〉

단위 : mm

호칭 지름	끼움형				홈형					
	C_3	C_4	f_3	f_4	C_1	C_3	f_3	C_2	C_4	f_4
10	38	39	6	5	28	38	6	27	39	5
15	42	43	6	5	32	42	6	31	43	5
20	50	51	6	5	38	50	6	37	51	5
25	60	61	6	5	45	60	6	44	61	5
32	70	71	6	5	55	70	6	54	71	5
40	75	76	6	5	60	75	6	59	76	5
50	90	91	6	5	70	90	6	69	91	5
65	110	111	6	5	90	110	6	89	111	5
80	120	121	6	5	100	120	6	99	121	5
90	130	131	6	5	110	130	6	109	131	5
100	145	146	6	5	125	145	6	124	146	5
125	175	176	6	5	150	175	6	149	176	5
150	215	216	6	5	190	215	6	189	216	5
200	260	261	6	5	230	260	6	229	261	5
250	325	326	6	5	295	325	6	294	326	5
300	375	376	6	5	340	375	6	339	376	5
350	415	416	6	5	380	415	6	379	416	5
400	475	476	6	5	440	475	6	439	476	5
450	523	524	6	5	483	523	6	482	524	5
500	575	576	6	5	535	575	6	534	576	5
550	625	626	6	5	585	625	6	584	626	5
600	675	676	6	5	635	675	6	634	676	5
650	727	728	6	5	682	727	6	681	728	5
700	777	778	6	5	732	777	6	731	778	5
750	832	833	6	5	787	832	6	786	833	5
800	882	883	6	5	837	882	6	836	883	5
850	934	935	6	5	889	934	6	888	935	5
900	987	988	6	5	937	987	6	936	988	5
1000	1092	1094	6	5	1042	1092	6	1040	1094	5
1100	1192	1194	6	5	1142	1192	6	1140	1194	5
1200	1292	1294	6	5	1237	1292	6	1235	1294	5
1300	1392	1394	6	5	1337	1392	6	1335	1394	5
1350	1442	1444	6	5	1387	1442	6	1385	1444	5
1400	1492	1494	6	5	1437	1492	6	1435	1494	5
1500	1592	1594	6	5	1537	1592	6	1535	1594	5

3 온면형 가스켓의 모양 및 치수

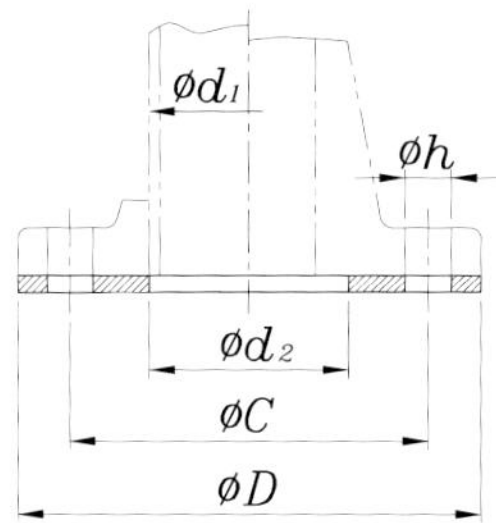

단위 : mm

가스켓의 호칭 지름	강관의 바깥지름 d_1	동 및 동합금관의 바깥지름 d_1	가스켓의 안지름 d_2	호칭 압력 2K 플랜지용 가스켓의 바깥지름 D	호칭 압력 2K 플랜지용 볼트 구멍의 중심원 지름 C	호칭 압력 2K 플랜지용 볼트 구멍의 지름 h	호칭 압력 2K 플랜지용 볼트 구멍의 수	호칭 압력 5K 플랜지용 가스켓의 바깥지름 D	호칭 압력 5K 플랜지용 볼트 구멍의 중심원 지름 C	호칭 압력 5K 플랜지용 볼트 구멍의 지름 h	호칭 압력 5K 플랜지용 볼트 구멍의 수
10	17.3	비고 2에 따른다.	18	–	–	–	–	75	55	12	4
15	21.7		22	–	–	–	–	80	60	12	4
20	27.2		28	–	–	–	–	85	65	12	4
25	34.0		35	–	–	–	–	95	75	12	4
32	42.7		43	–	–	–	–	115	90	15	4
40	48.6		49	–	–	–	–	120	95	15	4
50	60.5		61	–	–	–	–	130	105	15	4
65	76.3		77	–	–	–	–	155	130	15	4
80	89.1		90	–	–	–	–	180	145	19	4
90	101.6		102	–	–	–	–	190	155	19	4
100	114.3		115	–	–	–	–	200	165	19	8
125	139.8		141	–	–	–	–	235	200	19	8
150	165.2		167	–	–	–	–	265	230	19	8
175	190.7		192	–	–	–	–	300	260	23	8
200	216.3		218	–	–	–	–	320	280	23	8
225	241.8		244	–	–	–	–	345	305	23	12
250	267.4		270	–	–	–	–	385	345	23	12
300	318.5		321	–	–	–	–	430	390	23	12
350	355.6		359	–	–	–	–	480	435	25	12
400	406.4		410	–	–	–	–	540	495	25	16
450	457.2		460	605	555	23	16	605	555	25	16
500	508.0		513	655	605	23	20	655	605	25	20
550	558.8		564	720	665	25	20	720	665	27	20
600	609.6		615	770	715	25	20	770	715	27	20
650	660.4		667	825	770	25	24	825	770	27	24
700	711.2		718	875	820	25	24	875	820	27	24
750	762.0		770	945	880	27	24	945	880	33	24
800	812.8		820	995	930	27	24	995	930	33	24
850	863.6		872	1045	980	27	24	1045	980	33	24
900	914.4		923	1095	1030	27	24	1095	1030	33	24
1000	1016.0		1025	1195	1130	27	28	1195	1130	33	28
1100	1117.6		1130	1305	1240	27	28	1305	1240	33	28
1200	1219.2		1230	1420	1350	27	32	1420	1350	33	32
1350	1371.6		1385	1575	1505	27	32	1575	1505	33	32
1500	1524.0		1540	1730	1660	27	36	1730	1660	33	36

■ 온면형 가스켓의 모양 및 치수 (계속)

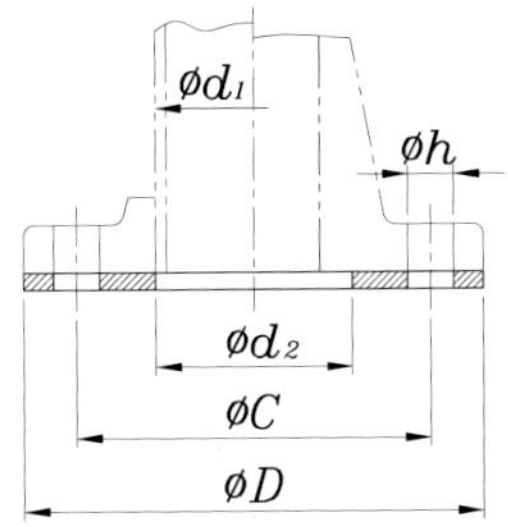

단위 : mm

가스켓의 호칭 지름	강관의 바깥지름 d_1	동 및 동합금관의 바깥지름 d_1	가스켓의 안지름 d_2	호칭 압력 10K 플랜지용				호칭 압력 16K 플랜지용			
				가스켓의 바깥지름 D	볼트 구멍의 중심원 지름 C	볼트 구멍의 지름 h	볼트 구멍의 수	가스켓의 바깥지름 D	볼트 구멍의 중심원 지름 C	볼트 구멍의 지름 h	볼트 구멍의 수
10	17.3	비고 2에 따른다.	18	90	65	15	4	90	65	15	4
15	21.7		22	95	70	15	4	95	70	15	4
20	27.2		28	100	75	15	4	100	75	15	4
25	34.0		35	125	90	19	4	125	90	19	4
32	42.7		43	135	100	19	4	135	100	19	4
40	48.6		49	140	105	19	4	140	105	19	4
50	60.5		61	155	120	19	4	155	120	19	8
65	76.3		77	175	140	19	4	175	140	19	8
80	89.1		90	185	150	19	8	200	160	23	8
90	101.6		102	195	160	19	8	210	170	23	8
100	114.3		115	210	175	19	8	225	185	23	8
125	139.8		141	250	210	23	8	270	225	25	8
150	165.2		167	280	240	23	8	305	260	25	12
175	190.7		192	305	265	23	12	–	–	–	–
200	216.3		218	330	290	23	12	350	305	25	12
225	241.8		244	350	310	23	12	–	–	–	–
250	267.4		270	400	355	25	12	430	380	27	12
300	318.5		321	445	400	25	16	480	430	27	16
350	355.6		359	490	445	25	16	540	480	33	16
400	406.4		410	560	510	27	16	605	540	33	16
450	457.2		460	620	565	27	20	675	605	33	20
500	508.0		513	675	620	27	20	730	660	33	20
550	558.8		564	745	680	33	20	795	720	39	20
600	609.6		615	795	730	33	24	845	770	39	24
650	660.4		667	845	780	33	24	–	–	–	–
700	711.2		718	905	840	33	24	–	–	–	–
750	762.0		770	970	900	33	24	–	–	–	–
800	812.8		820	1020	950	33	28	–	–	–	–
850	863.6		872	1070	1000	33	28	–	–	–	–
900	914.4		923	1120	1050	33	28	–	–	–	–
1000	1016.0		1025	1235	1160	39	28	–	–	–	–
1100	1117.6		1130	1345	1270	39	28	–	–	–	–
1200	1219.2		1230	1465	1380	39	32	–	–	–	–
1350	1371.6		1385	1630	1540	45	36	–	–	–	–
1500	1524.0		1540	1795	1700	45	40	–	–	–	–

4 링 가스켓의 모양 및 치수

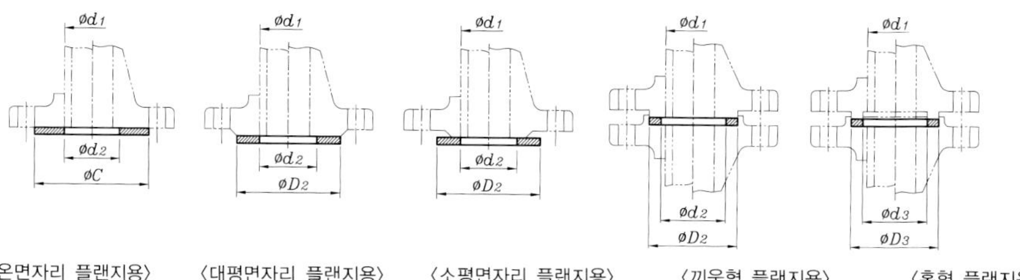

〈온면자리 플랜지용〉 〈대평면자리 플랜지용〉 〈소평면자리 플랜지용〉 〈끼움형 플랜지용〉 〈홈형 플랜지용〉

단위 : mm

가스켓의 호칭 지름	강관의 바깥지름 d_1	가스켓의 안지름 d_2	온면 자리, 대평면 자리, 소평면 자리 플랜지용								
			가스켓의 바깥지름 D_2								
			호칭 압력 2K	호칭 압력 5K	호칭 압력 10K	홈형 플랜지 호칭 압력 10K	호칭 압력 16K	호칭 압력 20K	호칭 압력 30K	호칭 압력 40K	호칭 압력 63K
10	17.3	18	–	45	53	55	53	53	59	59	64
15	21.7	22	–	50	58	60	58	58	64	64	69
20	27.2	28	–	55	63	65	63	63	69	69	75
25	34.0	35	–	65	74	78	74	74	79	79	80
32	42.7	43	–	78	84	88	84	84	89	89	90
40	48.6	49	–	83	89	93	89	89	100	100	108
50	60.5	61	–	93	104	108	104	104	114	114	125
65	76.3	77	–	118	124	128	124	124	140	140	153
80	89.1	90	–	129	134	138	140	140	150	150	163
90	101.6	102	–	139	144	148	150	150	163	163	181
100	114.3	115	–	149	159	163	165	165	173	183	196
125	139.8	141	–	184	190	194	203	203	208	226	235
150	165.2	167	–	214	220	224	238	238	251	265	275
175	190.7	192	–	240	245	249	–	–	–	–	–
200	216.3	218	–	260	270	274	283	283	296	315	330
225	241.8	244	–	285	290	294	–	–	–	–	–
250	267.4	270	–	325	333	335	356	356	360	380	394
300	318.5	321	–	370	378	380	406	406	420	434	449
350	355.6	359	–	413	423	425	450	450	465	479	488
400	406.4	410	–	473	486	488	510	510	524	534	548
450	457.2	460	535	533	541	–	575	575	–	–	–
500	508.0	513	585	583	596	–	630	630	–	–	–
550	558.8	564	643	641	650	–	684	684	–	–	–
600	609.6	615	693	691	700	–	734	734	–	–	–
650	660.4	667	748	746	750	–	784	805	–	–	–
700	711.2	718	798	796	810	–	836	855	–	–	–
750	762.0	770	856	850	870	–	896	918	–	–	–
800	812.8	820	906	900	920	–	945	978	–	–	–
850	863.6	872	956	950	970	–	995	1038	–	–	–
900	914.4	923	1006	1000	1020	–	1045	1088	–	–	–
1000	1016.0	1025	1106	1100	1124	–	1158	–	–	–	–
1100	1117.6	1130	1216	1210	1234	–	1258	–	–	–	–
1200	1219.2	1230	1326	1320	1344	–	1368	–	–	–	–
1300	1320.8	1335	–	–	–		1474				
1350	1371.6	1385	1481	1475	1498	–	1534	–	–	–	–
1400	1422.4	1435	–	–	–	–	1584	–	–	–	–
1500	1524.0	1540	1636	1630	1658	–	1694	–	–	–	–

■ 링 가스켓의 모양 및 치수 (계속)

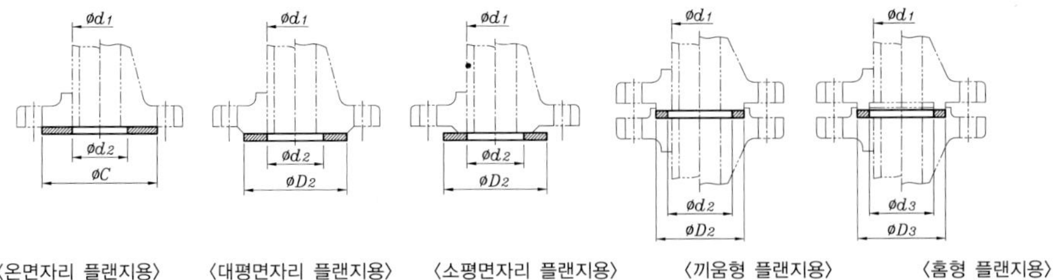

〈온면자리 플랜지용〉 〈대평면자리 플랜지용〉 〈소평면자리 플랜지용〉 〈끼움형 플랜지용〉 〈홈형 플랜지용〉

단위 : mm

가스켓의 호칭 지름	강관의 바깥지름 d_1	가스켓의 안지름 d_2	끼움형 플랜지용		홈형 플랜지용	
			가스켓의 안지름 d_2	가스켓의 바깥지름 D_3	가스켓의 안지름 d_3	가스켓의 바깥지름 D_3
10	17.3	18	18	38	28	38
15	21.7	22	22	42	32	42
20	27.2	28	28	50	38	50
25	34.0	35	35	60	45	60
32	42.7	43	43	70	55	70
40	48.6	49	49	75	60	75
50	60.5	61	61	90	70	90
65	76.3	77	77	110	90	110
80	89.1	90	90	120	100	120
90	101.6	102	102	130	110	130
100	114.3	115	115	145	125	145
125	139.8	141	141	175	150	175
150	165.2	167	167	215	190	215
175	190.7	192	–	–	–	–
200	216.3	218	218	260	230	260
225	241.8	244	–	–	–	–
250	267.4	270	270	325	295	325
300	318.5	321	321	375	340	375
350	355.6	359	359	415	380	415
400	406.4	410	410	475	440	475
450	457.2	460	460	523	483	523
500	508.0	513	513	575	535	575
550	558.8	564	564	625	585	625
600	609.6	615	615	675	635	675
650	660.4	667	667	727	682	727
700	711.2	718	718	777	732	777
750	762.0	770	770	832	787	832
800	812.8	820	820	882	837	882
850	863.6	872	872	934	889	934
900	914.4	923	923	987	937	987
1000	1016.0	1025	1025	1092	1042	1092
1100	1117.6	1130	1130	1192	1142	1192
1200	1219.2	1230	1230	1292	1237	1292
1300	1320.8	1335	1335	1392	1337	1392
1350	1371.6	1385	1385	1442	1387	1442
1400	1422.4	1435	1435	1492	1437	1492
1500	1524.0	1540	1540	1592	1537	1592

12-7 유압용 21MPa 관 삽입 용접 플랜지 KS B 1521 : 2002 (2017 확인)

1 플랜지의 모양 및 치수(SHA 및 SHB)

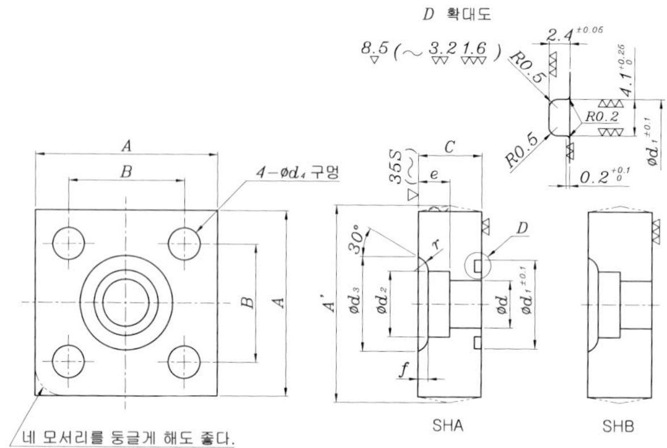

단위 : mm

크기의 호칭	A		A'(최대)	B		C		d	d1		d2		e	d3	d4	f	r	참고	
																		볼트	O링
15	63	±1	67	40	±0.2	22	0 −1	16	30	±0.1	22.2	+0.2 0	11	32	11	3.5	5	M10	G25
20	68		72	45		22		20	35		27.7		12	38	11	4.0	5	M10	G30
25	80	±1.2	85	53		28	0 −1.5	25	40		34.5	+0.3 0	14	45	13	4.0	5	M12	G35
32	90		95	63		28		31.5	45		43.2		16	56	13	6.0	5	M12	G40
40	100	±1.5	106	70	±0.4	36	0 −2	37.5	55		49.1		18	63	18	7.0	5	M16	G50
50	112		118	80		36		47.5	65		61.1		20	75	18	7.0	5	M16	G60
65	140	±2	148	100		45		60	80		77.1	+0.4 0	22	95	22	9.5	6	M20	G75
80	155		163	112		45		71	90		90.0		25	108	24	11.0	6	M20	G85

플랜지의 종류 및 구분

모양에 따른 구분	볼트의 구분	O링 홈의 유무	종류를 표시하는 기호
유로가 똑바른 것	6각 볼트	있음	SHA
		없음	SHB
	6각 구멍붙이 볼트	있음	SSA
		없음	SSB
유로가 직각으로 구부러져 있는 것	6각 구멍붙이 볼트	있음	LSA

2 플랜지의 모양 및 치수(SSA)

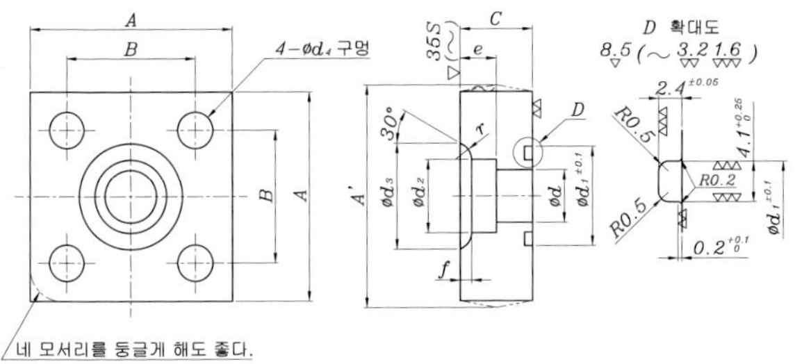

단위 : mm

크기의 호칭	A		A' (최대)	B		C		d	d_1		d_2		e	d_3	d_4	f	r	참고 볼트	참고 O링
15	54	±1	58	36	±0.2	22	0 / −1	16	30	±0.1	22.2	+0.2 / 0	11	32	11	3.5	5	M10	G25
20	58		62	40		22		20	35		27.7		12	38	11	4.0	5	M10	G30
25	68		73	48		28	0 / −1.5	25	40		34.5	+0.3 / 0	14	45	13	4.0	5	M12	G35
32	76	±1.2	81	56		28		31.5	45		43.2		16	56	13	6.0	5	M12	G40
40	92		98	65	±0.4	36	0 / −2	37.5	55		49.1		18	63	18	7.0	5	M16	G50
50	100	±1.5	106	73		36		47.5	65		61.1		20	75	18	7.0	5	M16	G60
65	128		136	92		45		60	80		77.1	+0.4 / 0	22	95	22	9.5	6	M20	G75
80	140	±2	148	103		45		71	90		90.0		25	108	24	11.0	6	M20	G85

3 플랜지의 모양 및 치수(SSB)

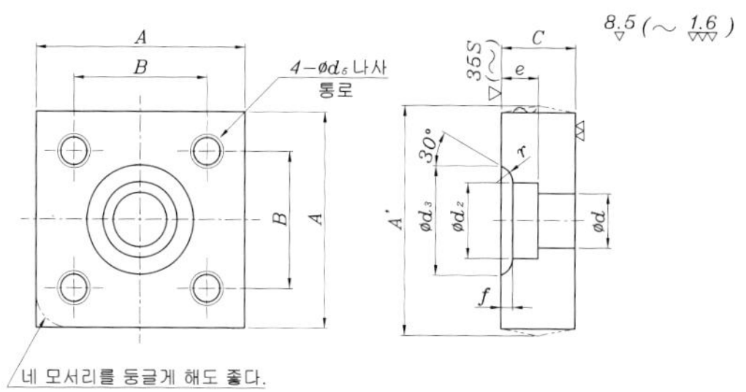

단위 : mm

크기의 호칭	A		A' (최대)	B		C		d	d2		e	d3	d5	f	r
15	54	±1	58	36	±0.2	22	0 −1	16	22.2	+0.2 0	11	32	M10	3.5	5
20	58		62	40		22		20	27.7		12	38	M10	4.0	5
25	68		73	48		28	0 −1.5	25	34.5	+0.3 0	14	45	M12	4.0	5
32	76	±1.2	81	56		28		31.5	43.2		16	56	M12	6.0	5
40	92		98	65	±0.4	36	0 −2	37.5	49.1		18	63	M16	7.0	5
50	100	±1.5	106	73		36		47.5	61.1		20	75	M16	7.0	5
65	128		136	92		45		60	77.1	+0.4 0	22	95	M20	9.5	6
80	140	±2	148	103		45		71	90.0		25	108	M22	11.0	6

4 플랜지의 모양 및 치수(LSA)

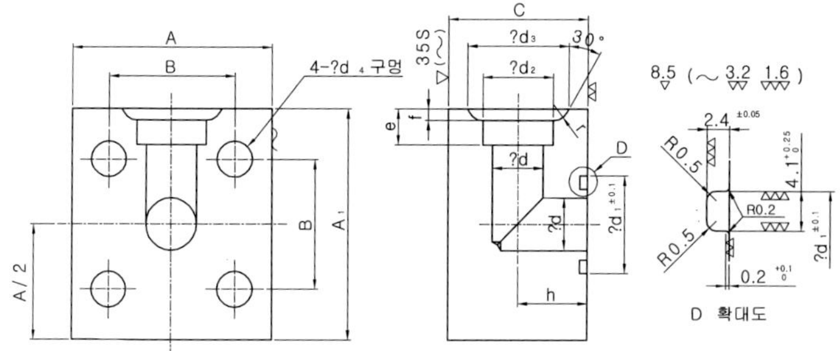

단위 : mm

<table>
<tr><th rowspan="2">크기의 호칭</th><th colspan="2" rowspan="2">A</th><th colspan="2" rowspan="2">A1</th><th colspan="2" rowspan="2">B</th><th colspan="2" rowspan="2">C</th><th rowspan="2">h</th><th rowspan="2">d</th><th rowspan="2">d1</th><th colspan="2" rowspan="2">d2</th><th rowspan="2">e</th><th rowspan="2">d3</th><th rowspan="2">d4</th><th rowspan="2">f</th><th rowspan="2">r</th><th colspan="2">참고</th></tr>
<tr><th>볼트</th><th>O링</th></tr>
<tr><td>15</td><td>54</td><td rowspan="3">±1</td><td>63</td><td rowspan="3">±1</td><td>36</td><td rowspan="4">±0.2</td><td>40</td><td rowspan="8">0
−2</td><td>20</td><td>16</td><td>30</td><td>22.2</td><td rowspan="2">+0.2
0</td><td>11</td><td>32</td><td>11</td><td>3.5</td><td>5</td><td>M10</td><td>G25</td></tr>
<tr><td>20</td><td>58</td><td>70</td><td>40</td><td>45</td><td>22.5</td><td>20</td><td>35</td><td>27.7</td><td>12</td><td>38</td><td>11</td><td>4.0</td><td>5</td><td>M10</td><td>G30</td></tr>
<tr><td>25</td><td>68</td><td>82</td><td>48</td><td>50</td><td>25</td><td>25</td><td>40</td><td>34.5</td><td rowspan="4">+0.3
0</td><td>14</td><td>45</td><td>13</td><td>4.0</td><td>5</td><td>M12</td><td>G35</td></tr>
<tr><td>32</td><td>76</td><td>±1.2</td><td>92</td><td rowspan="2">±1.2</td><td>56</td><td>63</td><td>31.5</td><td>31.5</td><td>45</td><td>43.2</td><td>16</td><td>56</td><td>13</td><td>6.0</td><td>5</td><td>M12</td><td>G40</td></tr>
<tr><td>40</td><td>92</td><td rowspan="3">±1.5</td><td>110</td><td>65</td><td rowspan="4">±0.4</td><td>71</td><td>35.5</td><td>37.5</td><td>55</td><td>49.1</td><td>18</td><td>63</td><td>18</td><td>7.0</td><td>5</td><td>M16</td><td>G50</td></tr>
<tr><td>50</td><td>100</td><td>125</td><td rowspan="2">±1.5</td><td>73</td><td>85</td><td>42.5</td><td>47.5</td><td>65</td><td>61.1</td><td>20</td><td>75</td><td>18</td><td>7.0</td><td>5</td><td>M16</td><td>G60</td></tr>
<tr><td>65</td><td>128</td><td>150</td><td>92</td><td>106</td><td>53</td><td>60</td><td>80</td><td>77.1</td><td rowspan="2">+0.4
0</td><td>22</td><td>95</td><td>22</td><td>9.5</td><td>6</td><td>M20</td><td>G75</td></tr>
<tr><td>80</td><td>140</td><td>±2</td><td>170</td><td>±2</td><td>103</td><td>118</td><td>59</td><td>71</td><td>90</td><td>90.0</td><td>25</td><td>108</td><td>24</td><td>11.0</td><td>6</td><td>M20</td><td>G85</td></tr>
</table>

1 플랜지의 기준 치수

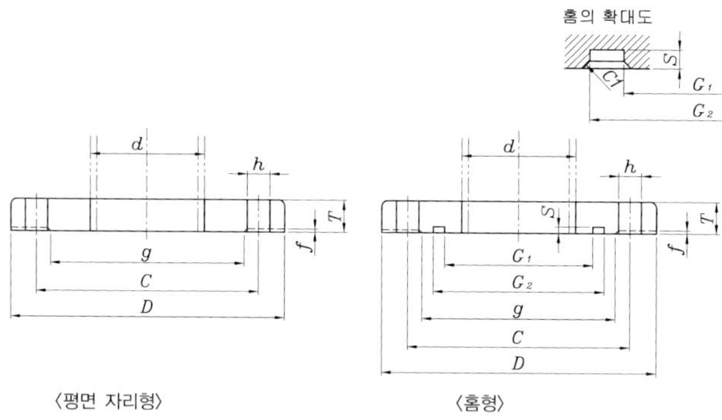

〈평면 자리형〉　　〈홈형〉

단위 : mm

호칭 지름	적용하는 강관의 바깥 지름 d	플랜지의 지름 D	플랜지의 각 부 치수 플랜지의 두께 T 주조 플랜지	플랜지의 각 부 치수 플랜지의 두께 T 기타 플랜지	플랜지의 각 부 치수 f	플랜지의 각 부 치수 g	볼트 구멍 중심원의 지름 C	볼트 구멍 수	볼트 구멍 지름 h	볼트 구멍 볼트의 호칭	가스켓의 홈 안지름 G_1	가스켓의 홈 바깥 지름 G_2	가스켓의 홈 깊이 S
10	17.3	70	10	8	1	38	50	4	10	M8	24	34	3
20	27.2	80	10	8	1	48	60	4	10	M8	34	44	3
25	34.0	90	10	8	1	58	70	4	10	M8	40	50	3
40	48.6	105	12	10	1	72	85	4	10	M8	55	65	3
50	60.5	120	12	10	1	88	100	4	10	M8	70	80	3
65	76.3	145	12	10	1	105	120	4	12	M10	85	95	3
80	89.1	160	14	12	2	120	135	4	12	M10	100	110	3
100	114.3	185	14	12	2	145	160	8	12	M10	120	130	3
125	139.8	210	14	12	2	170	185	8	12	M10	150	160	3
150	165.2	235	14	12	2	195	210	8	12	M10	175	185	3
200	216.3	300	18	16	2	252	270	8	15	M12	225	241	4.5
250	267.4	350	18	16	2	302	320	12	15	M12	275	291	4.5
300	318.5	400	18	16	2	352	370	12	15	M12	325	341	4.5
350	355.6	450	–	20	2	402	420	12	15	M12	380	396	4.5
400	406.4	520	–	20	2	458	480	12	19	M16	430	446	4.5
450	457.2	575	–	20	2	511	535	16	19	M16	480	504	7
500	508.0	625	–	22	2	561	585	16	19	M16	530	554	7
550	558.8	680	–	24	2	616	640	16	19	M16	585	609	7
600	609.6	750	–	24	2	672	700	16	23	M20	640	664	7
650	660.4	800	–	24	2	722	750	20	23	M20	690	714	7
700	711.2	850	–	26	2	772	800	20	23	M20	740	764	7
750	762.0	900	–	26	2	822	850	20	23	M20	790	814	7
800	812.8	955	–	26	2	877	905	24	23	M20	845	869	7
900	914.4	1065	–	28	2	983	1015	24	25	M22	950	974	7
1000	1016.0	1170	–	28	2	1088	1120	24	25	M22	1055	1079	7

2 플랜지의 치수 허용차

단위 : mm

플랜지의 부분		표면의 상태	기준 치수의 구분	치수 허용차
바깥 지름 D		흑피	70~235	+3 0
			300~575	+4 0
			625~1170	+6 0
		다듬질	70~235	+1 0
			300~575	+1.5 0
			625~1170	+2 0
두 께 T		한면 다듬질	8~18	+1.5 0
			20~28	+2 0
		양면 다듬질	8~18	+1 0
			20~28	+1.5 0
볼트 구멍	중심원의 지름 C	–	50~210	±0.5
			270~585	±0.6
			640~1120	±0.8
	구멍의 피치	–	(39.25~146.53)*	±0.5
가스켓의 홈	안지름 G1	–	24~325	+1.0 0
			380~640	+1.5 0
			690~1055	+2 0
	나비	–	(5~12)*	+0.1 0
	깊이 S	–	3~7	0 −0.2

3 가스켓의 종류, 모양 및 치수

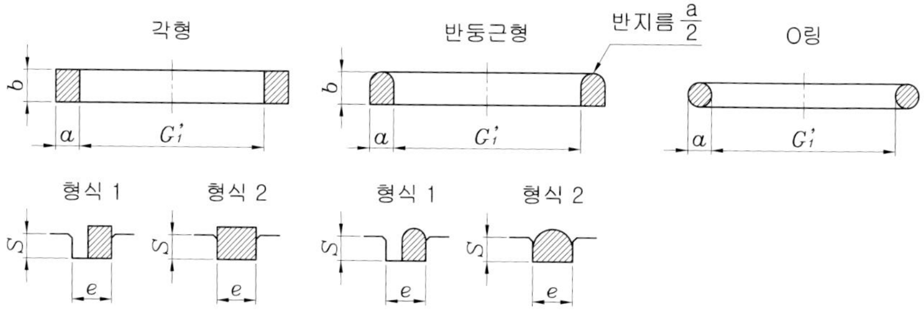

단위 : mm

가스켓											플랜지			
안지름 G′1		각형				반둥근 형				O링	호칭지름	적용하는 강관의 지름	홈	
		형식1		형식2		형식1		형식2						
호칭	치수	a	b	a	b	a	b	a	b	a			폭 e	깊이 S
24	23.5 ±0.15										10	17.3		
34	33.5 ±0.15										20	27.2		
40	39.5 ±0.15										25	34.0		
55	54.5 ±0.25										40	48.6		
70	69.0 ±0.25										50	60.5		
85	84.0 ±0.4	4 ±0.1	4 ±0.1	5 ±0.15	5 ±0.15	4 ±0.1	4 ±0.1	5 ±0.15	5 ±0.15	4 ±0.10	65	76.3	5	3
100	99.0 ±0.4										80	89.1		
120	119.0 ±0.4										100	114.3		
150	148.5 ±0.6										125	139.8		
175	173.0 ±0.6										150	165.2		
225	222.5 ±0.8										200	216.3		
275	272.0 ±0.8										250	267.4		
325	321.5 ±1.0	6 ±0.15	6 ±0.15	8 ±0.2	8 ±0.2	6 ±0.15	6 ±0.15	8 ±0.2	8 ±0.2	6 ±0.15	300	318.5	8	4.5
380	376.0 ±1.0										350	355.6		
430	425.5 ±1.2										400	406.4		
480	475.0 ±1.2										450	457.2		
530	524.5 ±1.6										500	508.0		
585	579.0 ±1.6										550	558.8		
640	633.5 ±1.6										600	609.6		
690	683.0 ±1.6										650	660.4		
740	732.5 ±2.0	8 ±0.2	10 ±0.3	12 ±0.35	12 ±0.35	8 ±0.2	10 ±0.3	12 ±0.35	12 ±0.35	10 ±0.30	700	711.2	12	7
790	782.0 ±2.0										750	762.0		
845	836.5 ±2.0										800	812.8		
950	940.5 ±2.5										900	914.4		
1055	1044.0 ±3.0										1000	1016.0		

MEMO

MEMO